2020 中国建筑学会学术年会论文集

中国建筑学会　主编

中国建筑工业出版社

图书在版编目（CIP）数据

2020 中国建筑学会学术年会论文集/中国建筑学会
主编．—北京：中国建筑工业出版社，2020.10
ISBN 978-7-112-25479-8

Ⅰ．①2… Ⅱ．①中… Ⅲ．①建筑学－文集 Ⅳ.
①TU-53

中国版本图书馆 CIP 数据核字（2020）第 184894 号

本书是配合2020中国建筑学会学术年会的成果图书，书中收录了国内外建筑学界、城市设计界产、学、研等企事业单位的专家学者及广大的科技工作者结合大会的主题和平行论坛议题的主题论文60余篇，充分展示了契合"好设计·好营造——推动城乡建设高质量发展"会议主题，值得建筑设计、城市规划等相关专业互相交流学习。本书适用于建筑行业、城市设计等专业从业者、相关单位负责人、建筑师、规划师、工程师、科技工作者、院校师生阅读。

责任编辑：唐　旭
文字编辑：李东禧　孙　硕
责任校对：李美娜

2020 中国建筑学会学术年会论文集
中国建筑学会　主编
＊
中国建筑工业出版社出版、发行（北京海淀三里河路 9 号）
各地新华书店、建筑书店经销
北京鸿文瀚海文化传媒有限公司制版
广州市一丰印刷有限公司印刷
＊
开本：880×1230 毫米　1/16　印张：27　字数：809 千字
2020 年 10 月第一版　2020 年 10 月第一次印刷
定价：**148.00** 元
ISBN 978-7-112-25479-8
（36497）

编　委　会

前　言

　　主题为"好设计·好营造——推动城乡建设高质量发展"2020中国建筑学会学术年会，定于2020年10月28日～30日在广东省深圳市召开。会议以习近平新时代中国特色社会主义思想为指导，贯彻"创新、协调、绿色、开放、共享"的发展理念，坚持"适用、经济、绿色、美观"的建筑方针，聚焦建筑创作与建筑设计在工程建设全过程的引导作用，促进行业创新发展、绿色发展、高质量发展。围绕美好环境与幸福生活共同缔造活动，推进美丽城市和美丽乡村建设，塑造新时代中国特色城乡建筑风貌。结合深圳特区成立40周年以及建设中国特色社会主义先行示范区，探索打造国际化中心城市的创作理念与实践。

　　自2020年6月发布2020中国建筑学会学术年会论文征集第一号通知以后，得到了全国广大建筑科技人员和高校师生的积极响应和踊跃投稿，截至2020年7月31日共收到论文300余篇，投稿地区覆盖了全国大部分省、区、市，论文作者来自于广大建筑院校、相关企业和科研机构等。经过全文审查、学术不端文献检测等阶段，论文集编委会最终遴选66篇论文收录于《2020中国建筑学会学术年会论文集》。论文内容涵盖建筑理论、文化与评论、设计研究、建筑创作、城市设计、历史遗产保护与利用、地域文化与乡土营建、城市更新与乡村振兴、建筑技术与施工建造、建筑教育等方面，代表了新时代我国建筑领域所取得的一系列研究成果。

　　本届学术年会论文征集受理和组稿等相关工作由北京建筑大学负责完成。在本书出版之际，中国建筑学会谨向为论文集组稿辛勤付出的北京建筑大学建筑学院，为论文集出版给予大力支持的中国建筑出版传媒有限公司（中国建筑工业出版社）表示诚挚感谢。

　　由于出版时间紧、周期短，疏漏之处在所难免，还望读者谅解。

中国建筑学会

2020年9月

目 录

| 专题一　建筑理论、文化与评论

| 专题二　建筑教育

| 专题三　设计研究

专题四　建筑创作

专题五　城市设计

专题六　历史遗产保护与利用

专题七　地域文化与乡土营建

专题八　城市更新与乡村振兴

专题九　建筑技术与施工建造

专题一　建筑理论、文化与评论

"金枝"与人类早期建筑空间文化基质溯源

陈蔚　胡斌

作者单位
重庆大学建筑城规学院

摘要： 人类学巨著《金枝》中所谈到的古老神树崇拜对人类社会产生过重大影响。本文从对宇宙（生命）树图像、神话和考古现象学解释入手，对其演化出的"神圣场所与建造、神圣中位与身体"等建筑学基本问题进行回答，提出由神树崇拜衍生出的空间意识是人类早期建筑空间意识和文化的基本共识之一，并以此为基点追寻早期人类建筑和场所神圣意义的基本原型模式，提示建筑空间意识和意义本原研究的神话学和前宗教学视角。

关键词： 宇宙（生命）树；萨满信仰；方位；建造；场所

Abstract: The ancient phenomenon of sacred tree worship mentioned in the anthropological masterpiece *"The Golden Bough"* have had a significant impact on human society.Starting with the interpretation of the cosmic (life) tree with phenomenology in Iconography, Mythology and Archaeology, This article to answer the basic architectural questions, such as "sacred place and construction, sacred median position and body", evolved from the cosmic (life) tree, and to put forward it is a part of the basic consensuses of human early architectural space consciousness and culture that "the awareness of space-orientation by centering, the awareness of space-boundary by planting column as axis, the awareness of space-body by the behavior around the column, the awareness of space-Construction by choosing wood as start", to pursue the basic prototype model of the sacred meaning of early human buildings and places, and to prompt the perspective of Mythology and pre-religions architectural in the field of the research on the space consciousness and original meaning of architecture.

Keywords: Cosmic (Life) Tree; Shamanism; Orientation; Construction; Place

1　前言

相较世界上许多民族对于远古大洪水的共同记忆和传说，人们对同样广泛存在的"宇宙（生命）树"的认知并没有那么高。人类学家弗雷泽（J.G.Frazer）在其所发表的神话人类学巨著《金枝》中最早地注意到了神树崇拜的文化价值。[1]近年来，人类早期文明的研究者发现在整个象征符号的领域内，没有其他任何符号比树枝或树木标志的分布范围更广，或者对人类制度产生更大的影响。从埃及法老神话中伴随冥神奥里西斯死亡复活的生命树、印度古老吠陀神话的通天树、希伯来神话的伊甸园生命的知识树到中国的"建木、若木、桑木"神话，相关记录非常丰富。对于它的来源，有学者结合早期人类文明传播说理论提出"宇宙（生命）树"神话意象起源于非洲并最终扩散至全球，[2]但更多的线索也揭示了它与原始广义萨满信仰有着密切的关系。与其他领域

对这种前宗教信仰及其"宇宙（生命）树"图像文化内涵的深入挖掘相比，建筑界对该文化图像中蕴涵的人类建筑空间早期意识的信息密码，以及在住屋与神性建筑空间塑造过程中的"文化原型"意义尚缺乏跨学科系统研究。本文初步探讨了这种根基非常深厚的文化符号对人类早期空间秩序意识形成以及神圣空间建构的本原意义，提示建筑空间形态和意义原型研究的神话学和前宗教学视角。

2　萨满信仰与"宇宙（生命）树"崇拜

萨满信仰（Shamanism）是一种起源于原始社会，以万物有灵为哲学基础的"前宗教形态古老习俗"。[3]①根据目前研究，萨满信仰曾经是一个全球性的文化现象，在全球范围内它存在着诸多的共性[4]。

作为现代宗教范畴之外的古老萨满信仰并没有发展出规范的体系，它们普遍以"天神"为宇宙主

---

① 萨满有广义和狭义之分，本文采取的为广义萨满概念。

宰，"祭天"为最高规格的祭祀活动。同时，所有沟通天地的活动须由萨满巫师主持，通过巫师"出神（ecstasy）"实现与神灵相通。在这种意识转变的状态中，平常实在（ordinary reality）和超常实在（non-ordinary reality）之间出现桥梁，从而实现"疗愈"。[4]除了让自己的精神进入超常状态，萨满巫师也需要借助物质媒介和途径完成通达上下两界的活动。萨满信仰中就出现了对各种物质化的"通天"

途径的崇拜，它们基于万物有灵的思想，最初产生了"宇宙山"意象，进而出现了更具综合抽象能力的"宇宙树"，因为树木所代表的生命生生不息的意义，通过"复活"神话系列，它们也被称为"生命树"。[①]在众多纷繁的树木崇拜习俗中，宇宙（生命）树（以下简称宇宙树）是最重要的一类（图1、图2）。

图1 古代文明中关于宇宙（生命）树的图像遗存
（来源：作者根据网络素材整理）

图2 萨满活动仪式、鼓、服饰及"神树形象"
（来源：分别源自《萨满文化与中华文明》、网络、王倩《论陕北汉画像圣树符号的宇宙论意义》）

3 "通天与复活"宇宙（生命）树神话与人类早期空间文化意向

早期人类社会以"联系性的宇宙观"为基础。[5]在萨满神话体系中，宇宙树正是这种宇宙观的重要连

接物，它具有某种决定其内在结构的意义，也是一种人类确定宇宙空间形式和内容的重要想象物。其中以"通天中柱、多层天穹"[②]为主体的宇宙空间概念和以"生命死亡与复活"为主体的循环时间观对原始初民建构空间文化原型模式和秩序化自然的过程具

---

① 对于这一转化过程以及宇宙树形象经常附加的诸多符号和意义，陈训明在《世界天柱神话略论》中的观点是宇宙树比宇宙山的象征意义更为集中，具有更大的总和抽象能力。

② 萨满信仰的"三界"观念，把宇宙分为即天、地和冥三界。这三个世界互相独立，各有其明确的疆域，然而它们又是相互联系的。这种将宇宙联为一体的东西，称之为"宇宙轴"或"天柱""宇宙树"。

有很强的影响力，是人类时空观念结构网络最初的那个"绳结"。从空间意识建构到空间本体建造，归纳起来，它的影响主要表现为：定中为起点的空间—方位意识、立柱为核心的空间—边界意识、绕柱行为形成的空间—身体意识和择木为起点的空间—建造意识。

3.1 宇宙之轴：神圣的"中位"

方位意识是空间意识的重要组成部分，方位观是客观世界折射也是文化产物。除了与自然现象的观察体验、国家政治地理意识有关，方位也与人类自我存在性意识的心理建构过程以及在此过程中混杂着想象和经验的早期宇宙空间模型相关。

萨满宇宙树的"沟通天地模型"非常在意神树的"中位"绝对价值，并且以"中（树）"为核心发展"中央—四方"空间方位观念体系。这与普遍认知中以"东西二向"为方位意识之始（主要依据是人类对太阳的观察和崇拜）不同。"大地肚脐"是神话中对天地中位神奇的创造力量来源的比拟。比如阿尔泰语系民族就认为宇宙树耸立在大地的中心即大地肚脐上，在印度神话和马来神话中宇宙树的形象则演变为了莲花和卡巴赫柱（图3）。

"中"的概念与宇宙树崇拜的关联从古文字中可以找到线索。在甲骨文和金文中，"中"字的字形主体为柱（杆）状物[①]，上挂旗、幡等饰物，解释为宇宙树衍化为神杆的表现。旗帜的方向和数量变化反映出早期"中"字明确表示了"神杆沟通三界"本义；[②]中间的口字，或暗示祭天仪式中玉琮套木杆的做法[③]；或可以解释为围绕神杆插木围栏形成的神域，都是在确立神杆和中位的重要性（图3）。

在原始初民的空间想象中普遍将自己所在的地理领域视为中心。萨满宇宙树存在于地之中央，通天柱就是世界的中轴线这样的观念，在想象的宇宙模型与真实的大地空间景观之间建立了联系。"中（心）"概念代表的积聚性、求心性、控制性和导向性使空间得以有了最初的界定。以"中（我）"为起点，结合对日升、日落、下雨等自然现象的理解，"东—中—西、上—中—下"等方位概念才逐步形成。印度神话中创世者梵天虽然诞生在宇宙中央却无法看见宇宙，故四方生长出四个头颅（图4）。[6]北欧创世神话中，宇宙最初产生的是一个飞速回旋的无底深洞"金伦加鸿沟（Ginnungagap）"，其后从中产生了北方的尼福尔海姆（Niflheim）和南方的穆斯贝尔海姆（Muspelheim）。《山海经》中"扶木在阳州，日之所；若木在建木西，末有十日，其华照下地"之说，表达了建木为中，若木在其西方位的概念。在印度《梨俱吠陀》中东（pūrva）南（daksina）西（uttara）北（pascima）四个方位词又分别代表"前右后上"的双重含义。[7]它们都暗示着四方位观依赖于中位观的建立（图5、图6）。

中国早期的宇宙模型也涉及对"天地之中（轴）"概念的描述。不过神话中那些可以在天地间沟通人神的"通道"在后来逐渐消失，取代的是更加理性抽象的结构化模型。比如"星"在甲骨文中的形

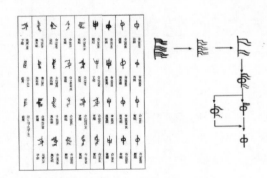

图3 汉字中"中"字的演变
（来源：说文解字）

图4 印度神话中关于梵天出生的描绘
（来源：维基百科）

---

① 《说文解字》解曰："象旗杆"，中间加口，以示中部。
② 三星堆青铜神树分为三层，可能寓意"三界宇宙空间"，每层的树枝向三个方向分叉，似乎代表着每层世界的象限分布。
③ 这一说法最早由张光直先生提出，他认为，琮的方与圆表示地和天，中间的穿孔表示天地之间的沟通，从孔中穿过的棍子就是天地柱。

图5 北欧神话宇宙模型
（来源：网络）

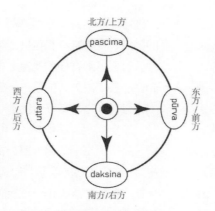

图6 印度古代空间观念图示
（来源：作者自绘）

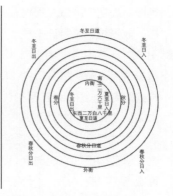

图7 "星"字甲骨文演变与《周髀算经》七衡六间图
（来源：分别源自《说文解字》《牛河梁遗址晚期遗存若干问题研究》）

象与《周髀算经》提出的"七衡六间模型"①都表示星辰围绕中心运动的状态。不过"星"字表现出了中央轴是一棵树的形象，而《算经》中它已经消失了，被中星所代替（图7）。

3.2 圣域与边界：神圣的场所

以"天地之中"为精神象征，最初的宇宙树祭祀活动在野地里面展开，以密林中的树丛为依附对象。印度文献提到："大约五千年前，以邵纳真人为首的诸多圣哲聚集在奈弥刹蓝耶森林，举行了一场旷日持久的秘密祭祀。据说创世者梵天曾以冥思之力创化出一个无与伦比的巨大时轮环绕整个宇宙，这时轮的枢轴即天地之中就是奈弥刹蓝耶森林。"[6]中

国的《墨子·明鬼》记载："……择林木之茂者，立以为丛社。"宋之桑林、楚之云梦就是汉民族神话中这样的祭祀场所。凯尔特文化的宗教祭祀仪式在被称作"圣所"的小树林中或林间空地举行。仪式中德鲁依（Druid）们身着教服，以金镰割取槲寄生枝条，并在圣树下举行两头白牛的牺牲祭祀。在神话传统和祭天仪式禁忌文化的双重加持下，以上这些区域逐渐成为最初的神域。从"神树崇拜到神域（圣所②）崇拜"的转变表达了原始初民关于地理与空间意义（场所精神）关系的早期认识。

当大的树丛逐渐向独树崇拜演化，天然树木向神柱转化，宇宙树通天的神性以"柱"这一竖向中心向四周一定半径范围内辐射，并界定四周的某个明确

图8 苗族"椎牛节"与欧洲"五朔节"（来源：向宗文 摄、哥伦布纪念图书馆摄影作品集）

---

① 中国古书《周髀》（盖天说）中描绘的天地模型，（七衡六间图）"天地形状大体一致，同时，天与地在中心处都有一个轴，大地的中心轴叫'璇玑'，天的中心轴围绕北极旋转"。
② 《金枝》第九章"树神崇拜"，西方古语"圣所"一词的词义就是小树林，或森林中的一小块空地。

场域。最初的神域是通过在圆圈外围支插木桩、木围栏，或张拉彩带等而形成。保留至今的印第安人"太阳节"、德昂族"帕空树"祭祀、欧洲"五朔节"、苗族"椎牛节"等都以神木为中心以一定半径建立围栏或彩带确定神域范围和边界。后来简单的围栏逐步向人工砌筑的实体围墙、圣殿①、神庙一步步地发展。由内而外，建筑神圣空间由此产生。据文献记载，早在印度河文明时期，在摩亨佐·达罗和哈拉帕等城市，没有神庙，人们以砖石围成一个场所，其上由菩提树枝叶形成伞盖般的凉棚，形成一个天然的圣地。[8]在2013年的佛祖诞生地尼泊尔蓝吡尼的"树堂"建筑②考古发掘中发现，这座约建成于公元前6世纪的木结构建筑与叠加于其上的之后建成的佛教寺庙有着大致相同的轮廓。"回"字形平面，有标志方位的木栅栏或栏杆残骸，在围合的开敞场地正中央发现了更为古老的树木残骸，表明这座古老佛堂的中心位置原来有一棵树，而这一部分也从来没有屋顶覆盖。"神树"的发现在文化上印证了传说中佛祖母亲扶着婆罗双树生下王子的故事，其实是建立了圣人、圣灵与圣树之间的联系。③对于神灵崇拜和外部遮蔽物（建筑）之间的关系，Vincent Scully在《大地、神庙和神祇：希腊宗教建筑》中这样描述："……随着庙宇的落成，将神像容纳于其中，建筑自身发展成为体现着神灵存在和特征的一个雕塑，拥有了双重的涵义，其一是自然的神性，其二是人们想象出来的神灵。"其实庙宇不仅是雕塑，它应该被解释为森佩尔《建筑四要素》中的"边界"。边界，作为围合和形成空间的基础，围绕神域、圣物而建立，它又有两个完全相反的喻义。一方面是吸纳，让勇敢者进入神域范围内来，让人们信仰神，表达虔诚，形成某种"共同体意识"；另一方面，却是阻隔。目的是建立封闭的围护，保持神物和信仰的神秘性，抵抗邪恶外力入侵。世界各地神庙的圣室（内殿）外墙封闭并且都不允许除祭司以外人的踏入，表现了神庙最核心空间的"不可进入性"特征（图9）。

宇宙树之"庇护、遮掩"之意，又隐喻着"庇护所"是所有空间的另一重原初意义。在古埃及的文字中，"树"这个词可以转写为"nht"，限定符号为一棵小树，如果将这一限定符号换成"房屋"（pr）的符号，则可表达"庇护、掩蔽"之意。"复活"神话中，一直笼罩奥西里斯的无花果树正是圣树为神和人提供保护的源头。[9]

3.3 技术与权利：神圣的"建造"

在众多的创世神话中，擎天柱是混沌宇宙中天地分离最重要的基础，大地也被视为被神柱围合和加固着。萨满信仰"三界天穹观"将这种意识吸收进来，不少宇宙树神话中枝茂繁密的通天树牢牢扎根于土地之中，获得伸长到天穹的能量也支撑着大地。这种复杂的结合，使人类沟通天地的欲望中，逐渐夹杂着对人（英雄人物）以自我力量立柱撑天"事迹"的神圣化。随着萨满宇宙树崇拜从树丛（树林）野祭活动逐渐向家祭、国祭的形式发展，与"立柱"祭天地相关的建造活动，包括择木、取木和立中（柱）等都贯穿着"神圣的意味"。在解读汉字"申、神"的过程中，其本义可理解为在表达于凹洞中立柱的行为。《山海经》中"建木"一词，从建造角度来理解，恰好表达了对"立柱"这一行为神圣性的肯定。巴比伦的巴别塔（Etemenanki），其意"自建庙宇，天地之间的纽带"也表明了同样的意义（图10）。

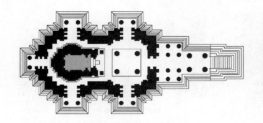

图9 印度教圣室与希腊神庙密室
（来源：作者自绘，底图源自《印度教神庙建筑研究》和网络）

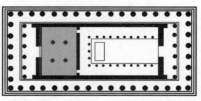

图10 "神"字释义
（来源：《说文解字》）

① 关于神庙圣殿（室）供奉神物与宇宙（生命）树崇拜的宗教文化演化关系，另文专论。
② 研究成果已经发表在《古代》期刊。是由英国杜伦大学考古学家罗宾·科宁汉（Lumbini）领队。
③ 圣人出生与神树有关联，这本身也是神树崇拜神话的一部分。

1. "择木+取木+立木"的神圣权力

萨满宇宙树崇拜早期经历了树丛（树林）野祭活动逐渐向特定的一种或一棵树转化。对于什么树种可以代表宇宙树，不同地区民族各不相同。神树的形态在世界各地也出现了多种变体。比如索伦杆、羽葆幢、鬼杆、敖包、林伽①、本本石（Ben-ben stone）和节德柱（Djed pillar）等。这些和擎天柱神话中表现出支撑物材料形态的变化是一致的。早期神话主要采用自然材料，比如山、木、动物腿等，后来出现人工材料，比如铜柱等。从自然物到人造材料，不仅反映出人类建造技术能力的增强，在"宇宙树通天到人类立柱撑天"的意识转化中，人类也获得了关于建造与材料原初价值的认识和终极意义的确立。

在人类社会活动逐渐复杂化的过程中，这种原初意义及超越性价值和现实社会的管理组织体系结合在一起。除了占卜的能力，萨满（巫）掌握"沟通天地"具体手段——"建造"技艺和资源也会帮助他树立政治权威，并成为规训民众的有效手段。苏美尔神庙建设过程就充满了寓意"君权神授"的目的。在拉伽什第二王朝统治者古迪亚德滚筒铭文A和Bde记录中，国王修建拉伽什城邦主神宁吉尔苏的神庙的目的之一就是通过神庙建筑准备活动获得神灵认

可，通过自己亲自参加制砖活动获得权力合法性的再次认可，"国王象征性举起砖模，篮筐于头顶，制造出第一块神庙用砖"的形象镌刻于神庙锥形奠基石上，埋在神庙基址中心，这在后来的亚述、巴比伦神庙遗址中都有被发现，说明这一传统被一直延续。这无疑是树立通天中央神柱仪式在野祭向神庙（圣所）建筑发展后的一种转换形式。塑像上国王古迪亚的膝盖上刻画了神庙布局图及测量工具，其象征意义和中国伏羲女娲手持尺规是否相同还值得研究。目前出土的陶寺邦国的王权除了有玉钺为标志，还出现了测定地中和制定历法的圭尺作为权柄，无疑是中国早期王权注重建造的有力证明。许多民族建房习俗中对于中柱不约而同地举行非常严格的"择木—择时"仪式使房屋建造行为一直延续着超越其他工艺活动的神圣性。藏彝走廊氐羌系民族建房仪式至今保留着完整的立"中柱"和祭"中柱"仪式流程。即使在"中柱"消失的情况下，"中心柱—地中"概念在许多地区神殿中隐藏，立中柱活动是最重要和神圣的步骤。日本伊势神宫内宫主殿"御之心柱"的位置确立了整个神社方位，与"御之心柱"相关的"择木—取木—运木"仪式活动也是日本最重要的非物质文化遗产（图11、图12）。

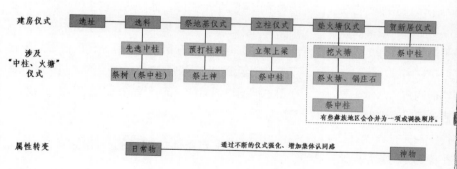

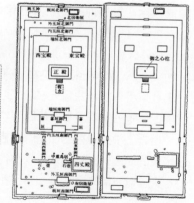

图11　彝族建房"中柱"仪式流程
（来源：作者自绘）

图12　伊势神宫的御之心柱
（来源：日本建筑史图集）

2. "堆土为台+中央立柱"的神圣形态

如果我们注意到萨满宇宙树以中为尊的方位观

以及创世神话中那些从原初之水中不断涌出的土丘以及宇宙树以土为本的"生长"特征，我们会发现，早

---

① 《往世书》认为林伽是宇宙的起源。《室犍陀往世书》尊林伽为宇宙的最高存在，印度神话中林伽有通天达地的无穷性。

期与宇宙树相关的神物和场所在形态上都相似地表现为"堆（封①）土为台（坛、圭）+中央植木"四象对称的"立中"模式。从埃及冥神奥西里斯神庙门楣上发现的"生命树"图像，到蒙古族敖包树、汉族"测影台"圭表、满族索伦杆子等，都有着四方棱台基座和树木立中的形态。当我们用这种神圣的形态原型去分析从"封土露天而祭"向神庙（神的住所以及祭天场所）的各种形态，如中国的"灵台②"、印度教和耆那教的神庙、苏美尔和巴比伦的"塔庙（Ziggurat）"、玛雅太阳神庙等都会发现它们中间隐含着的这种"象征性"形态特征。虽然还难以论断他们之间的谱系关系，但是无法否认作为宗教建筑形态衍化的某种关联（图13）。

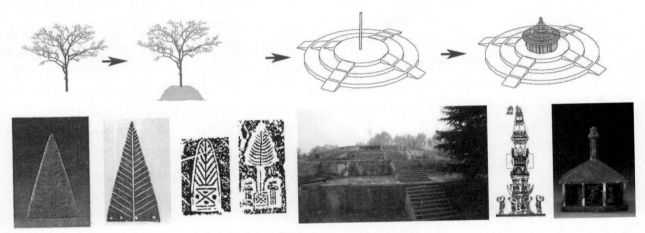

图13　从宇宙（生命）树到祭天人工神庙的形态衍化
（来源：作者自绘，部分素材源自《论陕北汉画像圣树符号的宇宙论意义》《三星堆"铜神坛"的复原》）

3. 喻意"唯一与重生"的神圣基址

Vincent Scully在《大地、神庙与神祇：希腊神圣建筑》论及："所有重要的希腊圣所，都是围绕着露天祭坛发展而来的，那些祭坛之所以置于其所置之处，通常是因为地点本身就暗示出了神祇的在场……"天地之中，基址的神圣性对后来各地神庙选址的"必然性和神圣意义"给予了充分的解释。作者尚未考察所有古老的露天祭坛，但是在中国古代灵台遗址上，考古学者发现并研究了它们四方（八角）高大地台之上中央遗存的凹洞，它表达着已经消逝的立柱祭天的痕迹。[10]神庙的基址与神物相关，表达着对特定天神以及后来泛化神灵系统多神的专门崇拜，比如古希腊神庙与奥林匹克诸神有自己明确的对应关系。被选择的圣所所在地的神圣意义通过历代的"原址重建"被尊重和沿袭成为神庙建造行为的重要特征。希腊德尔斐世界中心"地缝与脐石"之上，先后有6座神庙被建造；苏美尔人新神庙直接在古庙坍塌的废墟基础上砌砖建成；玛雅人的原址建造习俗使新老神庙出现"套筒"式结构③。这些活动都表现出人们对地点和基址的关注，他们认为这个位置在时间之轴上重叠了过去、现在和未来，它是宇宙中永固的一点。同时，神庙圣殿在历史上不断新建的过程则表达了宇宙树蕴含的"万物死亡与重生"的信仰，这一点在日本神道教伊势神宫的"造替制度"中表现得尤其充分体现。

3.4　意识与身体：神圣的"路径"

除了用物质围合物形成基于神树中位的圣域与边界，人的身体与场所的形成也密切关联。维特根斯坦曾说："人的身体是灵魂的最好图画。"与现代人

---

① 封，初文见于商代甲骨文。其古字形象在土堆上种树。封的本义是种树。后引申为封疆。
② 河南登封王上古城（南城）城门外东南"鲊钟"遗迹可能是夏朝祭天郊社遗址，坛为八角形，青石基座，高约5米多，周长20多米，直径约9米左右，周围古砖护砌，上面平整的平台，中间有一个圆洞，当为立柱之穴。
③ 墨西哥尤卡坦奇琴伊察城中央的"库库尔坎"金字塔，在玛雅语意为"带羽毛的蛇神"，即"羽蛇神"，在一次地震之前一直生活在洞穴中。这最初的建筑被认为是在公元500~800年之间建造的，而中间层被认为是在公元800~1000年之间建造的。最大的建筑被认为是在1050~1300年之间建立的。

理解的身体个性不同，早期人类的身体是建立集体共同身份意识的物质基础。萨满宇宙树崇拜既离不开巫师"出神"的身体媒介，也离不开众人参与的身体活动。他们共同创造了一种天人沟通、神人合一的虚拟场景。

为了表达特定的"中心"意义，原始初民不约而同普遍选择了用移动中的身体沿着一定方向围绕神树"绕行"的方式。《史记·匈奴列传》曾记载，匈奴人"秋，马肥，大会蹛林，课校人畜计。"颜师古在注疏中解释："'蹛'者，绕林木而祭也。"《北史·高车传》也记载，"五部高车合聚祭天，走马游绕，歌声吟吟，未有如是之盛者。"追究其来源，除了神树拱卫仪式中围绕式行为容易形成，"生命"沿着天地大道的周而复始，这一精神内核也使得重复的身体动作成为宗教仪式的基本模式。古老的祭祀舞蹈产生过程也证实了绕圈式动作是原始舞蹈最主要特征。苏珊·朗格就认为："环舞或圈舞作为舞蹈形式与自发的跳跃无关。它履行的是一种神圣的职能，将

神圣的'场域'与世俗存在区分开来的过程。"在不断折返绕行的仪式过程中，身体的力量都集中到"行走"这一人类最基本行为上，借助肉体达到一定心灵平静，并且获得安全感。从体悟向内在的省悟，存在向意识转化。

当圣所和圣域在大地上发展，古老的"绕树"仪式衍化出"转山、绕三灵、绕敖包、绕房"等活动。他们构成古老圣域地景文化的组成部分。"绕柱"活动也构成了后来神庙前导性空间与"朝圣"路径设计的部分构思来源。苏美尔文明中建于吉尔美伽什时期的乌鲁克城的"白庙"，整个攀登路径就是一种围绕式设计。神殿坐落在一个12米高的古庙废墟的基础上，一系列阶梯和坡道绕着土丘逆时针上升，通向神殿北侧的入口，盘旋上升的路径模拟了朝拜者升入神界的过程，同时人们能够从三面目睹祭司们攀登土丘的仪式。后来的"巴别塔"也有类似的图像（图14）。

图14 苏美尔埃利都城与新巴比伦王国巴别塔复原想象图（来源：源自网络）

4 结语

萨满宇宙树不仅仅是存在于人类社会早期的一种通神寄托，也提供了一个与生活深层意义相关的符号，是古代人类在理念里表达世界图示、构建意识世界不可或缺的要件，是关于意识和生命的象征形式①。它是人类文明发展进程中的"建构"产物。它所代表的世界"原初"状态②和一种"联系性的宇宙观"与人类环境场所精神形成与纪念性建筑空间起源之间存在着尚未被完全认清的内在关联。通过重新审视历史文献、考古材料以及相关神话图像，人类早期文明形态中，由宇宙树引申出的"场域景观塑造、权

---

① 德国哲学家恩斯特卡西尔"象征符号是感性实体和精神行事之间的中介物。"

② 这里所说的"原初"，在《空间性与身体性——海德格尔与梅洛庞蒂在对"空间性"的生存论解说上的分歧》一文中被解释为"一种存在论的也是现象学的语汇。它所揭示的是前科学、前概念的、要追溯到源头的状态，同时，这一最原初的样态也意味着一种奠基和展开的开始，原初的领域才是我们如今关于一切事物的认识基础。"

力规训制度与建造、身体本身的空间存在"等问题不约而同指示着早期人类建筑和神圣场所基本原型模式和普遍规律,而如何进一步理清这些规律、模式在各地区空间与建筑文化中的发展衍化将是下一阶段的工作。

参考文献

[1]（英）J. G. Frazer. 金枝[M]. 耿丽译. 重庆:重庆出版社,2017.

[2] 朱大可. 华夏上古神系（上卷）[M]. 北京:东方出版社,2014.

[3] 迪木拉提·奥迈尔. 阿尔泰语系诸民族萨满教研究[M]. 乌鲁木齐:新疆人民出版社,1995.

[4]（美）Mircea Eliade. 萨满教:古老的入迷术[M]. 段满福译. 北京:社会科学文献出版社,2018.

[5]（美）张光直. 美术、神话与祭祀[M]. 郭净译. 北京:生活·读书·新知三联书店,2013.

[6]（印）毗耶娑天人. 薄伽梵往世书[M]. 徐达斯译. 西安:陕西师范大学出版社,2017.

[7] 池明宙. 印度方位观、方位神和神庙朝向关系初探[J]. 科学文化评论,2018,15（01）:66-78.

[8]（美）J. M. Kenoyer. 走进古印度城[M]. 张春旭译. 杭州:杭州人民出版社,2018.

[9] 张悠然. "生命树"与埃及来世信仰[C]//李肖. 丝绸之路研究第1辑. 北京:生活·读书·新知三联书店,2017:41-50.

[10] 甘肃经济日报. 灵台-沉寂在黄土塬上的商周文化,[EB/OL]. http://www. sohu. com/a/338864782_120206635,2019-09-04.

空间政治经济学视角下的食物都市主义解读

牟一丹

作者单位
重庆大学建筑规划学院

摘要：食物都市主义是在城市的可持续发展与食物安全背景下所提出的强调城市食物系统的概念，源于都市农业，兴于因城市超长食物里程而发起的本地食物运动。本文将从空间政治经济学视角，分析都市农业在工业革命、世界大战、经济危机下的兴衰以探究食物都市主义的产生背景，并以伦敦食物里程变迁为例，探究食物都市主义的兴起原因。最后结合当前新时代背景，对食物都市主义的发展建设进行一定的批判性反思。

关键词：食物都市主义；空间政治经济学；都市农业；食物里程；食物安全

Abstract: Food urbanism is a concept that emphasizes the urban food system under the background of urban sustainable development and urban food safety.It originated from urban agriculture and flourished from the local food movement initiated by the city's long food mileage.This article will analyze the rise and fall of urban agriculture under the industrial revolution, world wars, and economic crises from the perspective of spatial political economy to explore the background of food urbanism, and take the change of food mileage in London as an example to explore the reasons for the rise of food urbanism.Finally, based on the background of the current new era, the author will make a certain critical reflection on the development and construction of food urbanism.

Keywords: Food Urbanism; Spatial Political Economy; Urban Agriculture; Food Mileage; Food Safety

1　理论背景

1.1　食物都市主义

　　食物都市主义最早由美国爱荷华州立大学学者瓦格纳2009年提出[1]，而后2011年国际景观设计师联盟（IFLA）年度会议上，对食物都市主义进行了专题研讨——确定其通过规划设计等专业手段，推动实现城市的可持续发展与食物安全。

　　食物都市主义强调食物生产在城市空间的出现位置和形式，更需要从一个系统化的角度来整合食物生产、加工、配送、消费及废物处置的过程[2]。相较于同时段由新城市主义领军人物安德雷斯·杜安尼（Andres Duany）聚焦于食物生产所提出的农业都市主义，食物都市主义则更强调包含了食物生产的食物系统的概念（图1）。

1.2　都市农业

　　食物都市主义源于都市农业。早在公元前2500年前，随着农业文明的发展，美索不达米亚平原上的

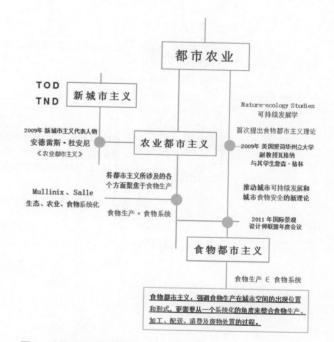

图1　食物都市主义的概念（来源：自绘）

乌尔城出现了农田与居民点混合分布的建设模式。2000年，加拿大国际发展研究中心（IDRC）环境与自然资源部专家将都市农业定义为"位于城镇内部或

边缘，循环利用自然资源，同时充分利用城市内部或周边的人力资源、产品和服务，为城市生产、加工或销售各种食物、非食物产品或服务的产业"[2]。都市农业的发展既对发展中国家有着降低生活成本、改善生活条件的实际意义，又对发达国家有着调节应对战争乃至经济危机的长远影响。

1.3 相关城市规划理论中的农业思想

1516年，托马斯·莫尔在其著作《乌托邦》中描述了一个以农业为经济基础，依靠食物维持秩序的海岛；1898年，英国学者埃比尼泽·霍华德构建了一个乌托邦新蓝图——田园城市，六个由耕地包围的单体社会城市环绕一个中心城市，城市间由铁路联系，食物本地生产消费。1935年，美国建筑师弗兰克·劳埃德·赖特在《广亩城市：一个新的社区规划》中，提出了广亩城市的概念：低密度、分散的城市，构架于地区性农业网格之中，城市与乡村没有了明显的界线，食物自给自足、本地消费。

不同于霍华德和赖特的"城市分散主义"，勒·柯布西耶提出了体现"城市集中主义"的光辉城市——高城市密度、多种交通运输方式、大面积绿化及开敞空间……在他看来，小面积的城市农地耗时耗力且产量较低，有专人打理、大面积整块的农业开发单元更值得推广。此外，他还提出"垂直田园城市"同样能解决城市食物问题，甚至取代"水平田园城市"（图2）。

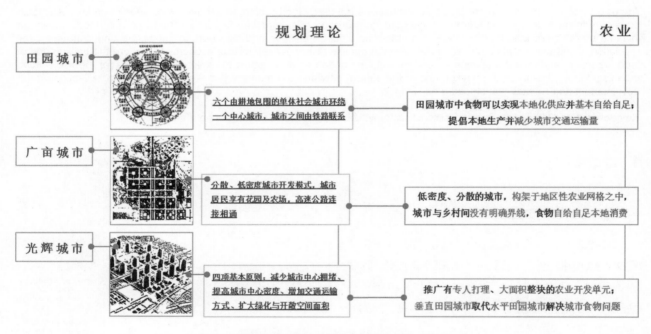

图2 相关城市规划理论中的农业思想（来源：自绘）

2 空间政治经济学视角下分析

2.1 都市农业的起承转合

在近现代工业革命、世界大战、金融危机等各种时代背景下，都市农业历经兴衰。

1. 都市农业的兴起——工业革命下的食物生产

18世纪初期，英国高密度发展城镇中心出现了由慈善机构及资本家出租的份地，它们用于失地农工阶级的农业生产或社会中上层阶级的聚会；1819年[3]，英国政府颁布《任命教区会法案》，将城市边缘区及教区预留土地划入份地中；随着欧洲产业革命的进行，受"圈地运动"影响，涌入城市的农民阶级让城市出现人口迅速扩张、食物用地紧缺等诸多社会问题，1845年，英国政府颁布《一般圈地法》，预留1/4英亩份地于失地农民。随后政府通过颁布《份地扩张法案》《小农场与份地扩张法案》，成立全国份地与休闲园丁协会、空置土地耕种协会等诸多措施来保护英国份地的稳定增长，1913年[4]，英国份地总量达到60万块。

在中世纪时期的德国，居民可以通过租赁土地进行农作体验田园生活；随着19世纪的工业化浪潮及市民对于自然疗法的追捧，德国政府建立了"市民农园体制"，以保证城市食物供给。社区农园在美国最早伴随移民潮及衰退的制造业出现，用于促进社区交往以增加凝聚力[5]。在1893~1897年美国大恐慌时期，底特律市长倡导将城市空地租赁给失业人群进行生产，而后美国各地纷纷效仿；20世纪初期，美国教育部设立了学校和家庭园艺局，在校园及家庭中推广农业。

2. 都市农业的波折——战争与经济的双向驱动

伴随着一战的爆发，英国政府在军事封锁、食物紧张的局势下，大力推行份地农业，第一次世界大战结束时期蔬菜产量高达2000万吨[3]；美国则政府在该时期推出了"Sow the Seeds of Victory"计划，500多万人参与到了农业生产中[6]。第一次世界大战后的大萧条时期，为应对经济颓势，英国采用免征税、专项技术指导的方式鼓励发展份地农业发展，德国则颁布了《市民农园法》支持城市农园的建设，美国成立救济农园补贴食物缺口，但随着经济的回暖，城市中各种形式的农园份地逐渐减少。

第二次世界大战爆发，继第一次世界大战时期都市农业发展经验，英国农业部长发起"Dig for Victory"运动，征用城市中的各种公共空间乃至大面积的私营用地用于农业的生产；美国开始了"Victory Gardens"[7]计划，其间都市果蔬的生产量占到了全国需求的44%。随着战争后局势的稳定，农业向社会经济发展的需求让步，大面积集中的农业用地转换用地性质，农业向城市外迁移；大规模、工业化的农业生产极大地提升了农业产量，食物富裕使得都市中所剩的农业性农园也开始向观赏性花草、园艺转变。

3. 都市农业的再复苏——可持续发展的全球化背景

第二次世界大战后，世界各国经济危机频发，在面对人口增长、生产力提升、环境破坏等诸多问题时，1972年，联合国在人类环境会议上提出"人类环境"概念，并在1987年正式提出可持续发展理念。此后，体现可持续发展理念的都市农业再次回归人们的视野。1998年，英国出台报告《份地的未来》以促进份地立法改革[3]；2008年伦敦政府为树立环保伦敦奥运形象，推出"首都种植计划"以缩短食物里程[8]；2009年，花园菜地种植继第二次世界大战后再次出现在白金汉宫内。

美国作为一个移民国家，在面对种族矛盾、反文化运动等社会现状时，由公众参与，加强居民沟通的"合作居住模式"兴起，因而都市农业在美国的发展模式更加集中于具有某种相同社会属性的人群（如学生、居民、机构成员等）从事农业种植的社区农园。1978年，美国成立社区农园协会，据其统计[7]，1997年全美共有成立了6000余个社区农园。2005年，"食物规划"作为议题第一次出现在美国规划协会年会上[8]。

从城市扩张、经济发展、农民失地，到城市份地农业缓解就业生存压力及社区农业增加凝聚力；从两次世界大战食物紧缺、城市战略性农业种植，到战后经济恢复农业大面积外迁；从劳动力富余及劳动产品产量过剩频繁引发的经济危机、高速发展带来环境污染生态破坏，到全球践行可持续发展建设、本地食物运动流行，都市农业再次回归主流视野，食物都市主义应运而生。

2.2 食物里程的发展变迁——以伦敦为例[9]

食物里程的概念，最早是由英国伦敦城市大学提姆·郎（Tim Lang）教授提出的，指食物消费地和原产地间的距离。食物作为塑造城市最为基础的载体，食物里程的变迁反映了城市的变化。在英国工业时代之前，伦敦城市街道的名称蕴藏着食物的足迹。

皇后港（Queenhithe）在12世纪时因玛蒂尔达女王对其减免税收而得名，该码头在17世纪时承担着货物进口的主要功能。综合市场（Cheapside）、鱼类市场（Billingsgate）、肉类市场（Smithfield）是当时伦敦食物供给最为主要的三个市场（图3）。

粮食和鱼类主要由经皇后港进入伦敦，然后分别通过 Bread Street 及 Fish Street 到达综合市场；泰晤士河除却食物运输，同样兼具农地灌溉及鱼类养殖功能，因此，皇后港东侧形成了就地形成鱼类市场。肉类的运输则倚靠动物自己走向城市，伦敦消费的大量肉类来自于西北方的苏格兰和威尔士，因而城市西北面的 Smithfield 则是大型的肉类市场；家禽

图3　17世纪伦敦不同种类的市场及食物运输流线（来源：依据文献[9]整理）

则来自东北面，它们大多运输至 Cheapside 市场被卖掉，Cheapside 前街也由此得名Poultry Side。

　　因为食物供应的限制，城市规模处于集中发展、本地食物处于自产自销的主要模式，畜类禽类游走在城市之间，最新鲜的食物靠着最原始有机的方式缩短着食物的里程。

　　直到1840年，大西铁路建成，从最初运输成活的畜禽，到直接屠宰加工后运输至城市，城市从食物带来的地理限制中解放，快捷、大批量的交通运输开始拉长食物里程（图4）。

　　从1840年到1929年的90年时间里，伦敦迅速扩张，生长成为难以仅靠步行喂养的大都市。随着城市路网的建设以及汽车的普及，城市彻底跳脱出了食物的限制（图5）。

图4　1840 年大西铁路运输（来源：参考文献[9]）

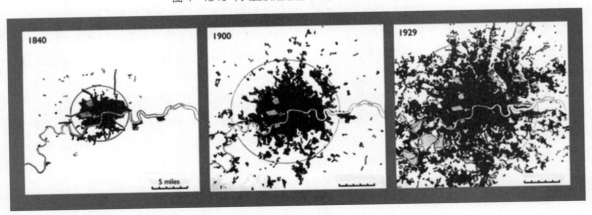

图5　1840~1929 年伦敦城市规模（来源：参考文献[9]）

车辆的使用让人们不再在城市中等待食物的到来，他们驱车前往因低廉租金及运输成本而修建在郊区的超级市场批量采购。食物与城市之间的距离越来越远，依靠食物、劳作联系在一起的人群之间的距离也变得越来越远。而曾经聚集在城市核心地带的食品市场被分散到了郊区，处理加工好配套的食材替代新鲜完整的瓜果蔬菜开始出现在超市，包装上的烹饪说明替代人们通过反复操作所获得的烹饪经验。食物变得简单化、机械化，人们也开始担心难以看到加工过程的食物的安全性。

城市需要、也应该具备一个可持续、自给自足的食物系统。

3　新时代背景下的批判性思考

食物都市主义作为聚焦于食物全生命周期系统的现代理论，其发展对于城市的经济、社会、环境都有深远的意义：①缩短食物里程：既能减少运输过程中对于化石燃料以及食物包装的消耗，也利于降低对食物储存场地的要求；②保证食物安全：既能确保城市在战时、极端天气、疫情等情况下的食物供给，也能通过小块农地的精细耕种、及时产销，减少化学农药及防腐剂的使用；③健全食物系统：既有利于缓解雨水径流负担、水土流失及滑坡、热岛效应等诸多城市问题，更利于实现废水、废物的城市性循环再利用；④建立食物空间：既有利于增加在社区、校园等权属性较高空间使用者的归属感，更有利于传播农耕文化，弥补城市中乡村景观的匮乏。

但食物都市主义同样也存在着一些问题：①为了减少对于化学试剂的使用，需要引入生物防治手段建立能构成循环的食物链。但在城市中进行生禽养殖、废弃物灌溉，是否会带来新的环境污染？②农业种植既受到土壤气候的影响，更需要有一定的技术手段，而能实现推广耕种的农作物必然更容易养活。小块农地的供给是否真能满足本地人群对于多种食物需求？③都市生活节奏快、成本高，年轻人喜欢采用外卖代替烹饪。对于这类人群，农业种植所带来的收益与其时间投入是否成正比？他们能否接受？④随着农业

的迁出及城市边缘化发展，大家对于农业有着刻板印象。"高大上"的绿地植物被农业作物所替代，这样的城市形象可否被接受？政府是否愿意建立这样的城市形象？

4　小结

2050年，联合国预测世界人口将达到96亿，这也意味着有60亿的饥饿人口需要解决吃饭问题。我们推进着世界城镇化的进程，但城市，也同样需要农业。食物都市主义回应了城市对于可持续发展以及食物安全的诉求，但作为一个成长中的城市理论，其发展仍然需要各方的努力。

期待未来的某一天，食物能重新走回城市。

参考文献

[1] 宋祥中. 食物城市主义策略下城市公共空间设计研究[D]. 济南：山东建筑大学，2018.

[2] 刘娟娟，李保峰，宁云飞，张卫宁. 食物都市主义的概念、理论基础及策略体系[J]. 规划师，2012，28（03）：91-95.

[3] 孙莉. 城市农业用地清查与规划方法研究[D]. 天津：天津大学，2014.

[4] 朱金，潘嘉虹. 城市中的"菜地"——英国"份地"制度及其启示[J]. 国际城市规划，2014（3）：62-69.

[5] 郭世方. 引入农业的城市空间研究[D]. 北京：清华大学，2012.

[6] 刘长安. 城市"有农社区"研究[D]. 天津：天津大学，2014.

[7] Sandra Spudife. The New Victory Garden[D]. London: Royal Horticultural Society, 2007.

[8] 高宁. 基于农业城市主义理论的规划思想与空间模式研究[D]. 杭州：浙江大学，2012.

[9] Carolyn Steel. Hungry City: How Food Shapes Our Lives[M]. England: Chatto & Windus, 2008.

全媒体时代的经典建筑叙事研究
——以北京故宫为例

谢天

作者单位
汕头大学

摘要： 本文以北京故宫为例，分析新媒体传播方式下的故宫媒介形象的变化，传统纸质媒介塑造的故宫经典形象转变为年轻化、时尚化的故宫网络视觉影像。全媒时代的经典故宫逐渐走向虚拟化、网络化的时代，这是一个经典—消解经典—再经典化的过程。

关键词： 经典化；全媒体；叙事；互动

Abstract: Taking The Palace Museum as an example, this paper analyzes the changes of the media image of The Palace Museum under the new media transmission mode.The classic image of the Imperial Palace created by traditional paper media has been transformed into a young and fashionable online visual image.The classic Imperial Palace in the all-media era is gradually moving towards the era of virtualization and network, which is a recycle of canonization.

Keywords: Canonization; All-media; Narration; Interaction

1　故宫经典化的历程

北京故宫是中国明清时期古建筑的最高水平代表作之一，在现代化的国际大都市背景中，故宫以其独一无二的古建筑技术成就屹立在京城的核心区域，成为首都北京乃至中国的地标建筑之一，甚至成为中国文化的象征。

在中国近现代史上，以梁思成先生为代表的一批建筑学家以故宫为研究对象，以详尽的史实和论述呈现了故宫的建筑型制、建筑技术等特征，将其列为清代官式建筑的代表作，并写入《中国建筑史》一书中，开启了故宫经典化的征程。

此后关于故宫的经典论述层出不穷，主要集中于美学、历史学、考古学等方面的著述，这些著述进一步巩固了故宫的历史地位，各类经典著述共同将故宫演绎为中国古代的经典建筑。

从20世纪80年代开始，故宫的影响力和传播方式已经不再局限于学术专著等纸媒传播方式，小说、电影、图像以更加可读的叙事方式展现故宫的风云变迁。既有故宫亲历者的个体叙述视角，如爱新觉罗·溥仪的《我的前半生》（同名小说改编为电视剧），也有基于宏大叙事的国家视角，如电影《故宫》等。它们以不同的方式渲染了故宫所承载的国家和社稷命运重任的角色。这些影像或文本叙事将故宫作为叙事背景和事件场所，凭借背景的独特性为影片或故事增色不少，有的甚至成了之后的故宫多元叙事的铺垫。

2000年以后，故宫逐渐成为国家文化形象的代言人，尤其在北京2008年奥运会前后其形象达到了巅峰之值。近年来，随着微信、微博、手机APP等新传播媒介的出现，故宫的传播路径逐渐从精英化走向大众化的路线，从国家层面的官宣到各种自媒体的展示，从文字、图像到新媒体，故宫文本不仅经历了从静态到动态的传播过程，还实现了经典的"民间化"和"大众化"蜕变，这也意味着故宫的"去文本化"。就其传播媒介、传播路径、叙事方式而言，主要通过影视叙事和"两微一端"（微博、微信、新闻客户端）的方式对故宫进行全新的解读。本文以纪录片《我在故宫修文物》和"数字故宫"为例，阐述故宫这一经典建筑在当下语境中的叙事方式。

2 全媒时代的经典故宫叙事方式

众所周知，"当代文化已经形成了一个由多种媒介所编织的传播网络"，[1]传播网络中的传播主体和传播路径发生了巨大的变化。从经典的精英解读（专家学者）、权威发布途径（如出版社）转变为全民皆可阐释，发布途径也不再受限，许多自媒体可以轻松获得超过10万的浏览量，尤其是"大V"们的"带货"能力不容小觑。故宫的经典形象在全民的参与下，具有更加宜人的尺度感和亲近感。

2.1 影像叙事——《我在故宫修文物》

《我在故宫修文物》（2015年）是一部纪录片，记录了故宫内部工作人员的日常，从文物修复师的视角阐述故宫文物的修复过程和修复技术。背景大部分是故宫的非开放区域，采用了板块式的叙事结构，每个板块有明确的主题，围绕"青铜器""木器""书画"修复等多个主题，内容丰富，文物修复师工作的严谨细致与私下的轻松调侃等不同场景穿插融合，非常接地气，在Bilibili网站上超过百万点击量，豆瓣评分高达9.4分。

1. "形象"塑造：从高大上到亲民化的转向

这部纪录片以普通人物的平常视角进行叙述，主角不再是帝王妃嫔，内容也不再是朝政和宫斗，而是平实地记录文物修复师的工作和业余生活，这种纪实的方式、轻松的语境消解了故宫庄严肃穆的氛围，亲民性很强。Bilibili网站上提供的弹幕方式还形成了一种互动空间，弹幕的氛围、话题很轻松，观众的互动效果颇佳。

2. 叙事方式：从宏大叙事到微小叙事

这部纪录片摒弃了宏大叙事的叙事方式，展示了故宫的非开放区域和非礼仪空间，矮小平常的建筑与开放区域的高大宫殿形成了对比，但场所并非是重点，人物的活动、人物的轨迹成为重点表达内容，细节与琐碎战胜了情节的跌宕起伏，场景符合现代人的生活，近似碎片化的内容反而提供了一种真实感。与2005年拍摄的影片《故宫》相比，《故宫》的宏大叙事和这部影片的微小叙事之间的差异体现在人物、地点、时间、情节各个方面（表1），后者的观众缘明显高于前者。

电影《我在故宫修文物》和《故宫》的
叙事方式比较　表1

电影	《我在故宫修文物》	《故宫》
叙事方式	微小叙事	宏大叙事
人物	工作人员（普通人）	帝王、妃嫔
地点	非展览区域	宫殿
时间	当下	帝王朝代
事件	文物修复	朝政和宫斗

2.2 数字故宫

"数字故宫"具有多层含义，首先，它是一种"线上"博物馆，每日8万人的限流导致大部分参观者采取登录故宫博物院的官方网站进行"全景虚拟游览"。其次，它是一种新媒体的网络传播方式，是以微博、微信、手机APP等为代表的社交媒体和传播手段，有别于传统的纸质媒介的传播载体。

1. 虚拟故宫与在场体验

在数字故宫中，新媒体艺术的特征得到了充分的展现，尤其是"全景故宫"以全景漫游的方式让屏幕前的网友可以全天候地参观故宫各种展馆，智能化的数字展示环境不仅带来了动感逼真的多维虚拟场景，甚至展品的细节比现场更能打动人心，辅以悠扬的音乐、文字说明、导航提示，以VR和AR技术为代表的"浸入式"空间还无缝对接了真实空间与虚拟空间的各种转换，互动装置和小游戏带来的参与感、沉浸性为观者带来良好的在场和交互体验。数字故宫同时还提供了"教育""学术""文创"等内容，将数字故宫打造为一个综合性的社交和服务平台。

2. 两微一端的新媒体社交平台

故宫博物院开通了新浪微博、腾讯微博、人民微博，以及微信公众号"微故宫"。其中蓝V符号加持的"故宫博物院"新浪微博坐拥960万粉丝。与市场接轨的"故宫淘宝"微博与微信也上线了，无论是语言风格和形象展示都显示了故宫向年轻人靠拢的努力，展示了卡通形象的各种故宫文创产品，甚至还有故宫表情包，网友惊呼"故宫怎么可以这么可爱"。

故宫的日常成为焦点。例如故宫的景，尤其是故宫的雪总是能上热搜，甚至连故宫的猫也是网友关注的热点。通过新型社交平台，可以从不同视角展现故宫的各种姿态，让人足不出户共同领略故宫细节的美，故宫连带它的各类衍生产品共同创造着吸引力经济，而且传播的速度远甚于纸质媒介。

2.3 经典故宫的媒介再生产

传播学意义上的媒介是指信息传播采用的工具，当代媒介的作用已经远超工具一词，甚至可以再生产一个不同于传播本体的媒介形象，犹如明星包装中的各种人设。新媒介塑造的故宫形象已经不是等级森严、庄严高大的建筑群体，它不再高冷神秘，而是年轻充满活力。在视觉形象、话语形象方面赋予故宫更加网络化、时尚化、潮流化的特征。除了故宫的官方两微一端，自媒体也积极参与到故宫的网络传播当中，自媒体的传播具有即时性，不需要权威的认证，不需要专门机构的许可。即使是非权威性解读，也并不影响其获得高票的赞数或人气，粉丝数量挑战了传统权威地位，网络平民的互动构建了沟通的平台——即时共享信息，发表观点。

1. 视觉形象丰富

微信微博上大量转载的故宫景观，如"紫禁城的初雪""故宫的猫"，或者故宫不定期举办的特定活动（如故宫上元之夜元宵灯会）都可获得足够的关注度，全方位塑造并奠定了故宫的"网红"形象；新媒体展示的手绘故宫卡通人物还塑造了可爱的"青春"故宫形象；此外，新媒体爱用图片表情包、流行的网络语言戏说历史人物或历史故事，语言表达风趣，塑造出故宫的"幽默"形象。这些视觉形象与经典故宫的想象相辅相成，共同为故宫文化的传播发挥了作用，也赋予故宫时代的气息。

2. 寓教于乐，交互感增强

故宫本质上是一座博物馆，新媒体对其核心功能的促进作用体现为寓教于乐。通过具有互动性的游戏APP，如瑞兽DIY小游戏，网络游戏《皇帝的一天》将历史知识巧妙地传递给参与者。

"工匠"精神也是故宫文化的一个重要组成部分，这种传统精神通过《我在故宫修文物》中各位文物修复师的工作日常得到了完美的体现。影片并没有摆出一副说教的面孔，但是电影的播放平台是年轻化的社交平台——Bilibili网站（下文简称"B站"），"工匠"精神的传递离不开其播放平台的助力，"B站受众以弹幕的方式对纪录片进行了大量的细节补充和个人表达，使该片在B站的意义呈现更加丰富"。[2]这与数字故宫的网络化传播有异曲同工之处，受众在弹幕中的积极参与和互动使得电影达到了很好的收视效果，故宫博物院院长表示，自纪录片播出后，故宫文物修复工作一改无人应聘的局面，报考人数达到4000余人。

3 结语

全媒时代的经典故宫逐渐走向虚拟化、网络化的时代，这是一个经典—消解经典—再经典化的过程，如果说纸质传媒塑造的是实体化的经典故宫形象，"数字故宫以多元化的叙事形态、叙事主体、叙事载体和叙事体验完成了现实故宫和虚拟故宫之间的有效融合"。[3]媒介意义上的故宫是多元化的，这是全民参与经典再生产的过程，用全媒体的方式进行着故宫的空间生产，在传播的过程中促进了文本的再生产，也加速了经典的传播速度和传播范围。

参考文献

[1] 翁再红，论全媒体时代的艺术经典传播方式[J]. 新疆大学学报（哲学·人文社会科学版）：79.

[2] 张斌，马梦迪，当传统撞上二次元[J]. 探讨与争鸣，2018（7）：62.

[3] 谢天，当代博物馆建筑的跨媒介空间叙事形态研究[J]. 美与时代，2019（4）：4.

公输堂的文化研究与文物保护刍议①

仝朝晖

作者单位
北京建筑大学建筑与城市规划学院

摘要： 公输堂是一座明代中期的民间宗教建筑，其宗教信仰具有一定的典型性。今天公输堂的"宗教"已经转型为"民俗"。公输堂宗教信仰并非邪教，要还原其民间信仰的原本面目。公输堂文物的意义不仅体现为建筑技术方面的价值，它也具有在宗教学和社会学等领域研究中的文化标本特性。

关键词： 公输堂；命名；民间宗教；建筑文化；文物保护

Abstract: Gongshutang is a folk religious building in the middle of Ming Dynasty.Its religious belief is typical.Today, gongshutang's "religion" has been transformed into "folk custom".The religious belief of gongshutang is not a cult, and its original folk beliefs should be restored.The significance of gongshutang cultural relics is not only reflected in the value of architectural technology, but also has the characteristics of cultural specimens in Religious Studies and sociology.

Keywords: Gongshutang; Name; Folk Religion; Architectural Culture; Cultural Relics Protection

公输堂位于今陕西省西安市鄠邑区②祁村。这是一座明代中期的民间宗教建筑，其木雕工艺精湛，彩绘工艺弥足珍贵。特别是殿内的天宫楼阁，作为宋代《营造法式》记载的天宫楼阁小木作建筑的再现，是全国稀有的瑰宝。从20世纪中叶，这座建筑就引起相关文物部门关注，其后，我国古建筑专家单士元等人都曾来此考察，给予高度评价。2001年它被国务院定为"国家重点文物保护单位"，2017年"中法高级别人文交流机制会议"签署了"公输堂彩绘木作保护研究"合作协议，2017年中央电视台《探索发现》栏目播放纪录片"古宅新生"，进一步把公输堂的影响扩大到海内外。

我们说任何建筑物作为某种既定文化的载体，其文化要素结构的深层形态，就是文化整体的群体心态，包括伦理、宗教、民俗、价值观等。本文即是以此作为认识论的起点，进行论述。

1　公输堂文化研究的现状

关于公输堂（工师堂）最早的文献记录，是民国22年（1933）《重修鄠县志》"乡村表"，在祁南村备注"有工师堂，俗传鲁班所修，雕刻极其精巧"。为什么它在同时代并没有其他的记载？这和其作为民间秘密宗教法堂的背景有关系。这种民间宗教"圆顿正教"长期隐授密传，教规严饬，所以一般外人对内情知之甚少。1936年的《中央古物保管委员会议事录》有"考察鄠县周至咸阳文物"报告，当时政府的文物考察专员，的确来到鄠县北乡，还特别记录了附近一带的涝店关帝庙，但是并没有提及祁村的工师堂。[1]1936到1937年，梁思成、林徽因曾经两次来陕西，对西安、咸阳和耀县的十几处古建进行考察，但他们也没有到祁村。

1956年鄠县在进行文物普查过程中，工师堂建筑再次被发现，并且为了规避封建迷信成分，而重新命名为"公输堂"，遂沿用至今。当时鄠县隶属咸阳，由咸阳专家为公输堂断代"建于明代永乐年间"。

在1987年版的《户县志》中记："公输堂系纪念公输般的一座建筑物，为我国小木作建筑中之精品。原名源远堂，亦名万佛堂，又名祁村宫。"显而

---

① 基金项目：北京市社会科学基金项目 Z18079。
② 鄠邑区隶属于陕西省西安市，原称鄠县，1965年改为户县，2016年撤县设立鄠邑区。

易见，这个解释是有错误的，公输堂的建筑功能是民间宗教建筑性质，而并非纪念鲁班。

1995年版的《户县文物志》（完稿于1991年），其中对公输堂的记载，肯定了公输堂是民间宗教法堂的性质，但沿用了其建于"永乐年间"的定性。而在1995年版《陕西省志 第66卷 文物志》等文献中，关于公输堂的介绍特别提出：元代文宗天力年间，山西太原府祁县南渠里小汾村人李金荣兴办"白阳三会"教，李被尊为"教主"。明永乐年间（1403—1424年）教会弟子为祭祖师，遂在北依渭河、地势平坦的户县"依河园"村建"源远堂"。

这里多了两个信息：李金荣兴教于元代文宗天力年间，祁村的原名叫"依河园"村。对于"依河园"事由，笔者采访祁村人全生茂，他证实乡里确有此口传。但是关于"李金荣兴教于元代文宗天力（应为'天历'）年间"，笔者找不到史料支撑。2020年祁村人全延龄作《公输堂历险记》一文，回忆20世纪90年代他参与祁村村民阻止公输堂搬迁至县城的事件经历。当时他为了搞清楚公输堂的历史背景，曾经托在咸阳市文物局工作的同学贺雅宜，但是贺也没有找到1957年公输堂申报省级重点文物保护的原始材料。也就是说，最初咸阳专家依据什么资料对公输堂做出了相关定性，至今不得而知。

1990年，来自北京的文物考古与古建研究专家单士元、郑孝燮、罗哲文来祁村考察，这无疑是公输堂研究进展中的大事。他们对公输堂的古建价值高度评价，此事件记录在陕西省文物事业管理局1993年6月13日《传阅件》中。但遗憾的是当时考察者中并没有文史方面的专家，所以关于公输堂的历史文化和宗教背景，并没有引起人们的足够重视并予以深入探究。1992年《人民日报》、1993年《中国历史学年鉴》中均报道了公输堂，但是对其历史和文化方面的介绍却是片面的。比如这两篇文中均记：公输堂是"后人认为非建筑工匠祖师公输班莫属，故誉其名"。（事实是，"公输堂"之名是1956年鄠县文化馆人员生造的。）

直到2004年出版的《全国重点文物保护单位 第3卷 第一批至第五批》，以及2013年出版的《户县志》等文献，其中关于公输堂的介绍也基本沿用了相同的结论。

原户县政协文史研究者赵生博，在1993年作《漫话"公输堂"》（载于《户县文史资料 第9辑》），这是一篇采访记录和相关文献整理的文章。它首次揭开公输堂宗教背景的神秘面纱，其中也描述了公输堂相关的一些民俗及历史背景等。比如文中提到"1957年在公输堂内发现记事木牌，写其建于嘉靖年"，这是重要的研究信息。还有，与赵生博文章的研究方法相近，原户县图书馆馆长刘高明，在1995年作《户县公输堂的修建时间及相关问题考》一文。作者曾经来祁村采访，同样也借阅了公输堂的原始经文。他在文章中还原了公输堂曾经的部分宗教活动，并且通过对《红炉宝卷》经文的解读，提出观点：公输堂的初建，当在康熙二年（1663年）至二十八年（1689年）之间，当然，现存法堂却是雍正十二年（1734年）"整理""重雕"之物。但是，此文中的论点亦有"孤证"之不足。

民间对公输堂研究的资料文献方面，1995年祁村村民全有诚著《话说公输堂》，该文从民间俗文化（口头文学）的角度，对公输堂的信仰文化和历史传说进行了挖掘和补充，是公输堂研究的可贵成果，填补空白。而且值得注意，文中以许多篇幅谈佛教的"圆顿教"（圆教）教义，而较少谈及民间宗教的"圆顿教"（圆顿正教）教义，这似乎也说明，公输堂的信众可能分为两类，佛教信仰者和民间宗教信仰者，而且两者的界限并不明晰。而不同于全有诚在文章中叙述了公输堂是"皇家冥府行宫"的传说，在祁村村民全生茂的口述史中，他提出公输堂是"皇家园林建筑"的另一种说法。这两个民间传说都和祁村最初的建村历史相关，但目前对村史方面的研究还没有实质性突破。

2020年全朝晖发表《祁村宫的宗教文化和全姓宗族迁移》论文，从文化考古和历史研究的角度，得出新的学术结论。文章以点带面，捋清了公输堂宗教信仰和明清民间宗教史的渊源联系，论证了公输堂的建筑时间以及公输堂信仰和乡民宗族行为的互动关系，该研究触及公输堂文化的深层问题。

2 公输堂的几种命名

公输堂的名称，原本在信教的人中，称为"源远堂"（源远宫）、"四正香"，而对于不信教的人，则称之"工师堂""万佛堂"，在乡间俗称为"祁村宫""鲁班庙"。民国22年《重修鄠县志》，其中的"乡村表"，记录了每个村子的重要古迹。在祁南村的备注："有工师堂，俗传鲁班所修，雕刻极其精巧。"这短短15个字，留下了极其重要的历史文献。

该志的总核是吴继祖，编辑段光世、王汝玉。段光世（1881—1946年）字济安，清末秀才，鄠县渭曲坊北堡人。当时他和许村王汝玉担任县修志馆正副馆长兼编辑，从搜集资料、伏案撰书，一至校勘，工作贯穿始终，而渭曲坊北堡紧邻祁村一里地。吴继祖（1871—1944年）字象先，鄠县小王店村人，光绪二十九年（1903年）癸卯科经魁（前五名举人），故乡间人称其"吴举人"。他曾任陕西临潼县知事，民国3年（1914）后，投身鄠县教育事业。小王店村和祁村相隔仅仅数里，吴继祖和祁村还有姻亲关系（其侄媳妇是祁村全兆榕的二妹）。所以，《重修鄠县志》中对"工师堂"的记载，是可信的。

"工师"本意是古代掌管百工和官营手工业的官职名，《古今姓氏书辩证》卷二云："公输，鲁有公输般，为工师。"数千年来言及工师，必推鲁班，而技巧之事亦咸归此一人，群籍所载，不胜举矣[2]。所以在民间一般说到"工师"就是指鲁班。例如明代在建筑工匠中流传的《鲁班经》全称即《新镌京版工师雕斫正式鲁班经匠家镜》，清代北京东岳庙鲁班殿也有匾额"工师万古"。所以这里"工师堂"或"鲁班庙"的称呼是一个意思，都是盛赞其建筑技艺的高超。

公输堂的其他几个名字的由来是这样："祁村宫"是以所在地名而俗称；"源远堂"取了源远流长之说，因其信仰的"圆顿正教"和"圆顿教"为一类，但是从民间宗教渊源而论，"圆顿正教"比"圆顿教"的发源更早，用"源远堂"名字也有追溯"圆顿教"的正宗"圆顿正教"的用意。

还需指出"源远宫"和"源远堂"的区别。1961年11月11日鄠县人民委员会颁发公输堂的文物保护牌，即记"公输堂，原名源远堂，亦名万佛堂"。公输堂信奉的圆顿正教属于明代魏希林创建的圆顿教一系，这一教派的特征就是在各地自建"某某堂"传教，作务"四正香"。例如，明代陕西华州的圆顿教信徒，就将其法堂称作为"乐山堂、金祖堂、旺里堂"等。[3]而在祁村当地，民间也把"源远堂"称为"源远宫"。比如早先在公输堂东侧还建有"史家法堂""仝家法堂"，属于家庭私堂，它们均称为"源远宫"。这两处建筑在20世纪70年代前后拆除。

"四正香"之名，这是因为当地居士每天在"子、卯、午、酉"四个时辰进香而故名。明清时期的民间宗教中，作务"四正香"的教规比较普遍，比如圆顿教、黄天教均有此举；另外"万佛堂"的说法，因为传说宫殿中的天宫楼阁设有大大小小的佛龛，供奉数百个佛像，这些佛像直到20世纪60年代在"破四旧"运动中销毁。

所以，"源远宫""源远堂""工师堂""鲁班庙""祁村宫""万佛堂"，这些称呼均是历史上确有。而所谓"宫祠堂""工祠堂""公祠堂"等，大抵是以讹传讹。

最后说"公输堂"，这是1956年鄠县文化馆谢志安馆长命名的，因怀疑民国年间《重修鄠县志》记载的"工师"是"公输"的音误。现在看这个理解是错误的。但是在当时社会背景下，"公输堂"名称淡化其原有的民间宗教色彩，重新赋予了"劳动人民勤劳智慧结晶"的含义，这对于之后相关文物保护工作的展开起到了积极作用。

3 公输堂的民间信仰并非邪教

在中国历史上，对民间宗教的定性问题，这一直是和社会的现实政治密切相关的。

明清时代，官方对于民间宗教发展大多是采取严苛控制的政策，因此除了"佛""道"等正统宗教，其余民间宗教往往被视为"邪教"。特别在清代表现得尤为突出，从清代当时就遗留了大量的"邪教司法案件档案"，这些也成为今天学界研究明清民间宗教的重要文献。

3.1 历史研究的客观性

20世纪50年代后，在很长时期中国社会对于民间宗教的研究，一度被列为禁区，而仅在对历史上农民起义的研究中有所涉及，其中也把与农民起义相关的一些民间宗教或民间组织视为"合法"。1999年以后，由于国内环境的需要，社会上出现了一批反邪教的著作、论文，其中有的研究把"圆顿教"定为"邪教"。这些观点通过网络传播，影响大众。但是，此类研究自相矛盾的地方是：其定义历史中的"邪教"而加以批判的宗教团体或者组织活动，却恰是在之前时期的农民起义研究中的歌颂对象，它们被看作是"民族革命团体"或"农民革命组织"，还视为"反对封建压迫""是中国历史发展的唯一动力"。

所以，类似这些"历史研究为现实服务"的文章，其学术性、客观性值得质疑。

3.2 "取缔会道门"运动

那么，到底能不能作"圆顿教为邪教"这样的定义呢？

首先回到20世纪50年代的"取缔会道门"运动。在当时的社会环境下，涉及面广泛，但是根据不同性质，实际执行过程中还是有所区别。

根据1987年版《户县志》记载，鄠县政府"取缔反对会道门"工作前后进行了两次。第一次由1953年4月15日开始至当年5月15日结束，当时在全县发动群众性斗争，对象主要是取缔一贯道。"按照党的政策，对点传师以上的道首，处决了1名，判处有期徒刑的17名，管制的13名。"[4]

第二次1959年4月15日，在"鄠县人民委员会关于取缔反动会道门组织的布告"中，取缔对象包括"双香门""三宝门""同善社""明心善社""济世道""三臂道""四正香"等。其中，"四正香"即公输堂的又一个名称。

值得注意，虽然政策要求"特明令取缔一切反动会道门组织"（这一事件在原祁南村支部书记仝兆榕生前工作笔记中记，1959年4月28日 "大王乡取缔会道门堂口登记表"，并没有"反动"二字），但是相比1953年的第一次运动，处理力度截然不同："政府对待一切反动会道门组织之道首、道徒的政策是：'坦白从宽，抗拒从严'……""政府将根据情况从宽处理或免于处分。"[5]

在1959年文件中列举了反动会道门的种种"罪行"（造谣惑众、诈骗财物、反革命活动、破坏了工农业生产和社会治安……），但是，并没有事实可以证实公输堂与此有关。而且20世纪50年代后，公输堂的"堂头"（教首）仝登耀，不仅没有法办，在

1957年鄠县开展的"高级社"运动中，他被任命为社长，以后还曾多年担任村里的生产队队长。

3.3 民间宗教的精神信仰性质

严格来讲"民间宗教"不一定就是"会道门"。两者特征有所不同，会道门具有严格的社会化组织，参与的社会活动较多；而民间宗教，往往局限在精神信仰层次。公输堂信众活动的会道门形式并不明显，更接近民间宗教的性质。

"民间宗教"或"民间秘密宗教"，这是中国历史上的一种特殊文化现象。明清的民间宗教大都带有秘密宗教性质，因为这些民间宗教屡屡受到官方的打压，而不得不转入民间秘密宗教的形式。但也应该认识到，以民间宗教形式进行聚众起事，并不是民间宗教的"常态"。中国大多数民间宗教信仰，仅是为了满足底层社会的草根民众在日常生活中追求内心精神寄托的需要，其中并没有"改天换地""扭转乾坤"的政治意图。包括明清民间宗教中常为今人诟病的"三佛应世""无生老母"义理，如果仅是属于精神信仰层面，那么它和佛教宣讲的"极乐世界"，基督教的"末日审判"说法就没有根本的性质差别。比如，明清民间宗教的"三佛应世"论，其源于佛教的"三世有佛"思想。在古代犍陀罗艺术中即有过去六佛、现在释迦摩尼佛、未来弥勒佛的造型。在麦积山早期洞窟中也有大量的"三世佛"题材造像。十六国时期后秦皇帝姚兴著《通三世论》，当时国师鸠摩罗什《答后秦主姚兴书》中称 "雅论之通，甚有佳致"，从理论上支持其观点。

同时，在中国传统的乡土社会中，民间宗教也具有一定积极的社会管理功能，如群体认同、道德教化、民间互助、宗族联盟等，这些都与普通乡民的日常生活息息相关。因此，2004年马西沙等著《中国民间宗教史》的再版序言写道："《中国民间宗教史》的问世，为两千年下层民众信仰的合理性作了有力的学术支撑。代表了一个时代的一种声音。"

3.4 圆顿教的不同分支

再来解释明清历史上的"圆顿教"背景。在1999年后出现的一些反邪教文章中，其中大多观点定义"圆顿教为邪教"所引证的历史事件，就是清代圆顿教案的相关史料。

嘉庆六年（1801年），在陕甘交界的宝鸡一带发生圆顿教教徒民变。事件失败后，导致参与者"四百三十八名立即斩首枭示。六百一十九名妇女儿童一律付给功臣为奴。"此外，这一时期的甘肃也有数起相关事件，如乾隆四十二年（1777年）、嘉庆十年（1805年）、嘉庆十一年（1806年）的圆顿教案，教徒均死伤惨烈。[6]

但这些文章却忽略了历史事实的另一面：公输堂信仰的"圆顿正教"属于魏希林一系的圆顿教，它并不同于弓长一系的圆顿教。

根据马西沙等著《中国民间宗教史》，明清时期，在陕甘交界地区传播的民间宗教中，虽都名为圆顿教，但细究各自渊源不同。陕西扶风、宝鸡一带的圆顿教，"明系直隶弓长圆顿教信徒"。[7]因其教义充满浓烈的反叛色彩，或组织结构遵照弓长倡立的"三宗五派"体系，并时有教众聚集起事对社会造成冲击。所以，在乾嘉年间陕西的多起镇压圆顿教惨案，均发生在这些教团之中。相较之下，学界一般认为，山西魏希林一系的圆顿教是比较保守而循规蹈矩的教派，它不倡导参与现实政治活动，仍以修炼内丹为宗旨。[8]例如，现存公输堂的经书《红炉宝卷》（清代手抄本）即是一部该教派气功行气理论为主的典籍。故此，在公输堂的历史上并没有发生过重大的官民冲突，以至导致宗教惨案。当然，也无今人妄论的"邪教"之说。

而且，因公输堂的信仰隐传秘授，教规严饬，所以其虽经历数百年，但一直到20世纪中叶，教宗相传有序，法堂建筑保存基本完好。在明清民间宗教史上，这实属异数。它更是对公输堂民间信仰存在的历史合理性的最好证明。

3.5 公输堂"宗教"转型为"民俗"

目前在国内学界，对民间宗教的学术研究比较自由。比如在《国家社会科学基金项目2020年度课题指南》中，就有"民间信仰文化及其社会功能研究""民间信仰文献整理与研究"等内容。但是在社会范围，就行政和法律层面，有时也对民间宗教问题采取规避。2008年前后，公输堂保护围墙修建完成，大门的"公输堂小木作博物馆"挂牌，同时门额也恢复了"源远宫"的本名，但在不久这个本名即取消了。

然而，由于中国乡村社会大环境的古今变迁，公输堂的宗教信仰在现今已成为"历史"。即便目前仅遗留的一些文化活动，也从"宗教"转型为"民俗"，即它不再具有宗教性质的组织结构和精神控制力。因此，我们对待公输堂宗教的认识，只需要以客观的历史态度来看待，还原其民间宗教信仰的原本面目。

4 余论：公输堂文物保护的思考

《易经》有云："形而上者谓之道，形而下者谓之器"。由于现代中国社会的特殊现状，曾经一度回避对民间宗教的研究，这样公输堂的文化价值就仅局限于古建技术方面。这种"道""器"分离的思维方式，也影响了20世纪90年代户县当地政府片面提出对公输堂迁移的决议。今天来看，姑且不谈公输堂作为"不可再生"且"不能移动"的文物，搬迁会面临极大的安全风险，仅就文化研究的角度，每一件文物都有具体的文化生态环境，一旦人为改变，文物的社会意义和历史价值也会大大折损。同时，今天为世人瞩目的公输堂小木作建筑技术，并非源于陕西本土，而是随着村民的宗族迁移和宗教文化传播，因为建造公输堂，而由山西工匠引进来的。所以如果离开对公输堂文化背景的研究，也就很难捋清这种珍贵的民间建筑技艺源流。

圆顿教是明清民间宗教中影响较广泛的流派。但笔者查阅文献，发现今存实例称为"圆顿正教"者，仅公输堂一家。公输堂民间信仰的典型性在于：它是保存至今有固定法堂，有明确的主事人传承，有存世经书典籍，并且有日常诵经的文字内容和录音文献的具有完整体系的民间宗教文化形态。

现代史学领域中的法国年鉴学派提出"总体论"思想，这种历史研究方法也启示我们，如果只站位于超越旧时代普通乡民理解的"文物保护"的外部视角，去俯视民间社会的信仰和文化，而无视在长期的"大时段历史"过程中，公输堂对于民间社会塑造"精神神话"的自身意义。那么，我们对公输堂文物的理解就混淆了历史文化的逻辑。这样主导思想因为忽略了文化整体的上下文联系，把真实历史描述成平面化的孤立事件，它会导致历史文化结构的断裂，而使文化主体异化。事实上，在数百年来，正是由于如此"精神神话"的作用，公输堂才能历经劫难而不毁。可以说，祁村人创造了公输堂，并且历代祁村人用自己的人生和信念来敬畏她、珍视她，也相信她会保护自己和家园。

总之，今天公输堂文物的意义，不仅体现为古建技术方面重要的实物研究价值，同时在宗教学和人类学等人文社会学科研究领域中，它也具有一定典型性的文化标本特性。要全面发掘公输堂文化，就应该突出民间社会的文化视角和价值立场，着眼文化本体论，从宏观的文化系统论的视域，探求公输堂文化与民间信仰、民俗传统、移民文化，以及宗族社会的内在联系。进一步认识公输堂自身的文化功能、社会意义与由其衍生的工匠精神、建筑技艺的区隔，以及这些不同文化价值之间的意义互动。走出当前公输堂保护的迷思，我们才可以深度解读其建筑文化，揭示这一文物应有的社会价值。

参考文献

[1] 中央古物保管委员会.中央古物保管委员会议事录 第2册[M]. 1936: 62-63.

[2] 瞿宣颖纂辑，戴维校点. 中国社会史料丛钞 甲编397[M]. 长沙：湖南教育出版社，2009: 418.

[3] 仝朝晖. 祁村宫的宗教文化和仝姓宗族迁移[J]. 唐都学刊，2020（03）: 85.

[4] 户县志编纂委员会. 户县志[M]. 陕西：西安地图出版社，1987: 393.

[5] 户县志编纂委员会. 户县志[M]. 陕西：西安地图出版社，1987: 652.

[6] 马西沙，韩秉方. 中国民间宗教史[M]. 上海：上海人民出版社，1992: 890-905.

[7] 马西沙，韩秉方. 中国民间宗教史[M]. 上海：上海人民出版社，1992: 893.

[8] 马西沙，韩秉方. 中国民间宗教史[M]. 上海：上海人民出版社，1992: 888.

变动的"场所精神"
基于关键词文本分析的建筑评论

陆地

作者单位
同济大学建筑与城市规划学院

摘要： 结合前期理论阅读与文献分析，筛选出 37 篇时间跨越 1996~2020 年的建筑项目描述类文章作为分析样本，对"场所精神"这个关键词进行文本分析，以期换一种视角对 20 多年来所面临的城乡空间环境问题，以及身处其中建筑师所作出的价值判断进行整体的观察。

关键词： 场所精神；建筑师；文本分析；建筑评论；意义

Abstract: Combining with pre-reading and literature analysis, the author selected 37 papers from 1996 to 2000 as analysis samples, and carried out textual analysis on the keyword "site spirit", hoping to make an new observation on Chinese urban and rural space over the past 20 years as well as the value judgements made by architects.

Keywords: Site Spirit; Architect; Textual Analysis; Architectural Criticism; Meaning

诺伯格·舒尔茨（Norberg Schultz）的《场所精神——走向建筑的现象学》中，提出讨论建筑应该回到"场所"，从"场所精神"（Genius Loci）中获得建筑最为根本的体验。场所是由具体事物组成、具有清晰特性的整体。"场所精神"是古罗马的概念，古罗马人认为每个"存在"均具有其精神，这种精神赋予人和场所以生命，场所精神伴随着人与场所的整个生命旅程。[①] 而建筑是这种精神意义的形象化。"场所精神"一词也经常出现在中国建筑学的讨论中，最早能在建筑类期刊中被检索到的"场所精神"位于1989年发表于《世界建筑》，由汪坦所译的《诺伯格·舒尔茨：<场所精神——关于建筑的现象学>前言》里。对使用该词作为关键词的文章进行数量统计，可以发现尽管不同年份的使用频率有高有低，但整体上20多年间都保持着一定的讨论量（图1）。

尽管在诺伯格·舒尔茨的讨论里，场所精神似乎是在变化的现象中场地所蕴含的某些凝固在历史中、不变的精神，正是这种不变性使历史、现在、未来被

统一在一起。然而笔者阅读时却发现在实践中，真正不变的只有此时此刻前的基地历史资料，涉及对当下以及未来的判断时，理论中不变的"场所精神"因建筑师的价值观不同而异。例如在景德镇丙丁柴窑的设计里，张雷认为窑房随着手工技艺的凋零，很快就要成为景德镇的未来遗迹，一个纪念的历史符号，因此窑炉的纪念性和窑房的仪式感成为设计发展的内在动因是历史的必然[②]。建筑师对建筑未来的判断是一个纪念符号，由此引发了接下来设计：在建筑中强化了主厅和侧廊的轴线仪式感，屋面中间断开的光带和地面的开槽都指向窑炉的中轴。假使换了一位对窑房未来抱有乐观态度的建筑师，也许我们会看到完全不同的空间模式，运用窑房原型对当代产生更加积极的影响。

一个关键词不仅是论文检索系统中的重要词汇，同时也具有深刻的文化与社会意涵。变动的"场所精神"背后正是每个建筑师面对当时现实环境所秉持的价值取向，因此对这个词进行的观察也许可以反过来过去20年中国建筑所面临的某些现实。本文希望借

① 沈克宁. 建筑现象学 第2版[M]. 北京：中国建筑工业出版社, 2016.
② 张雷. 景德镇丙丁柴窑的场所精神[J]. 建筑学报. 2020(01): 59-65.

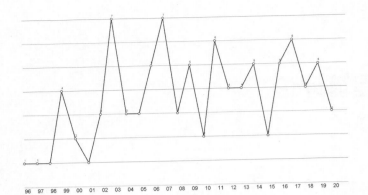

图1 将场所精神作为关键词的论文在不同年份分布
（来源：作者自绘）

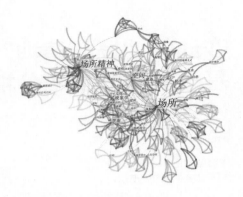

图2 对初步筛选文献进行关键词共现分析
（来源：作者自绘）

助"场所精神"这个关键词的文本分析，窥视20多年来城乡环境的发展变化，以及处在该环境中的建筑师所关注的问题，进而更深刻地理解当前现实，以启发对于城乡建筑高质量发展的思考。

1 关键词分析说明

在选择分析文本时，笔者首先结合期刊的创刊时间、创刊宗旨、总文献量、影响因子等内容，选定了《建筑学报》《世界建筑》《时代建筑》《建筑师》《新建筑》《建筑创作》这六本目标期刊。由于有的论文可能存在正文中涉及"场所精神"，但未在关键词中标明的情况，笔者检索了截止至2020年6月，目标期刊中关键词包含"场所精神"或"场所"，或篇名中包含"场所精神"的文章，以保证结果能够涵盖大部分目标研究材料。对初步检索的145篇文章进行关键词共现分析[①]（图2），进行一个较粗略的观察[②]，可以发现提及"场所精神"的讨论一方面关联着空间、建造、技术、材料等建筑本体话题，另一方面也涉及地方主义、批判的地域主义、城市、城市公共空间等建筑外部环境的关键词，证明该词具有对现实状况进行窥视的能力。

将初步检索出的文章下载之后，为了确保发表时间较早的论文字词也能被查找发现，笔者对文件进行了光学字符识别，接着以感性理解结合文献阅读器的搜索功能进行快速阅读、筛选。有关筛选文章的标准，首先，文章正文中必须明确提到"场所精神"这个词，并在论文中对其进行个人化的描述，这种引用甚至是"误读"的过程也代表了建筑师当时的价值取向；其次，必须是由实践建筑师所写下的对建成作品的描述或反思，这类文字能让读者了解建筑师在当时所面临的现实状况；第三，结合中国知网（CNKI）收录的年份信息，需要尽量保证论文分布时间段均匀，使研究材料整体能够反映不同年份对"场所精神"理解的演变。最终笔者筛选出37篇时间范围跨越1996~2020年的文章作为主要分析对象。最后，笔者对这37篇文章进行精读，记录下了文中涉及的建筑类型，文中对"场所精神"进行的解释或解读，作者对当时城乡环境的观察、批判与做法，如图3所示。对于精读结果的分析将组成文章的主体内容。

2 词语使用观察

2.1 "场所精神"中的"场所"是什么

首先让我们来观察"场所精神"这个词在实际中所使用的场合。要理解变动的"场所精神"，需要弄清楚那个所谓承载"场所精神"的"场所"是指什么？"场所"实际的运用范围显然比"场所精神"要广的多，但需要注意的是下文中试图分析的"场所"并不是作为一个独立的词，而是指使用"场所精神"这个概念时具体依托的事物，它究竟包含多大的范围（图4）？

---

① 利用citespace软件可以根据关键词在同一篇文章中共同出现的情况来分析各个词之间的关系，在同一篇文章中出现的频率越高，关联性就越强。
② 尽管分析样本中包含仅将场所作为关键词的文章，但观察共现图中不同关键词之间的连线，可以发现左上角"场所精神"意群与中间其他关键词的联系也十分紧密。

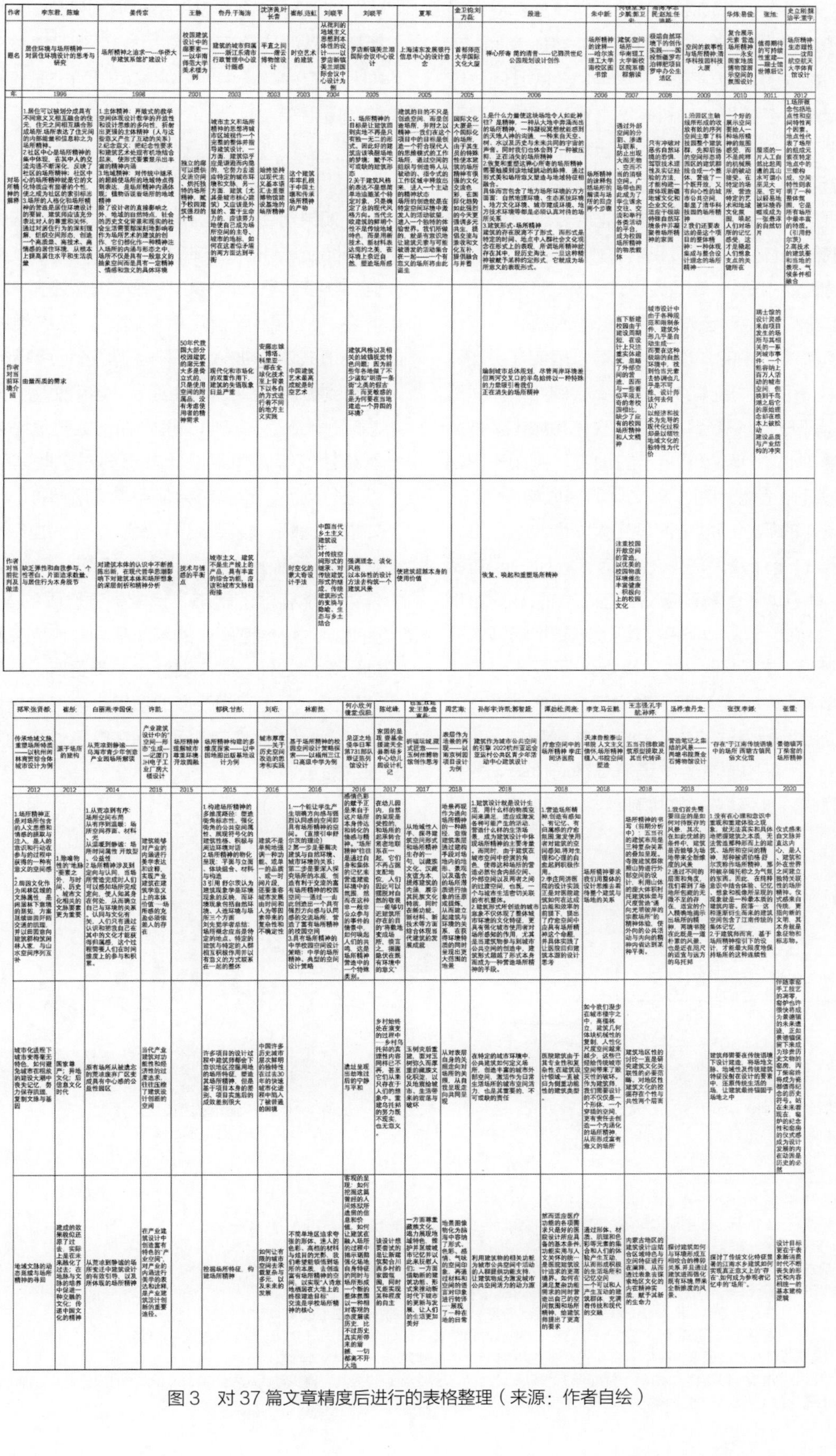

图3　对37篇文章精度后进行的表格整理（来源：作者自绘）

"场所精神"这个词本身就具有建筑与环境之间关系的意涵。当"场所"指代建筑的外部环境时，可以代表一种抽象的想象共同体。这种抽象的共同体可能是中国传统：在崔彤的中科院图书馆设计中，建筑师提到这个设计是牢牢扎根于中国土壤和场所精神的产物[①]，建筑师认为自己通过转译传统空间的时间观表达了场所精神，而这种传统并未指代任何具体的地方；抽象的共同体还可以是拥有共同特征的区域，在西塘古镇民俗文化馆中，建筑师就试图从"江南民居"院落体验这个广义范畴出发来营造"场所精神"。[②]

"场所精神"中的"场所"也可以落实在更加具体的环境中：可能是具体的概念转译，例如根据凤凰卫视"创新、开放、融合"的企业文化与城市精神所设计的凤凰中心[③]；可能是特定的地域，例如玉树州博物馆的设计就考虑到对玉树文化的提取与表达[④]；也可能是具体的场地问题，滨理工大学南校区图书馆将场所精神的诠释分为场所的解读、场所的回应两个步骤[⑤]，其中场所的解读部分涵盖了校园环境、地形、气候、人的活动、文脉等有场地的基本问题。

当"场所精神"延伸到建筑本体问题的讨论中时，有的作者会从特定功能出发引申出更多的意义，例如有人提出场所表达的住元间内部能量和信息称之为场所精神。[⑥]有的作者会将场所精神与体验到的氛围感受等同，以提倡展览馆的氛围空间应该更多关注人的空间体验而不仅仅是机械的展示。[⑦]此外，能被明确识别的建筑手法有时也被认为可以体现"场所精神"，有人就认为独立的廊可以为校园建筑赋予独特的场所精神。[⑧]

2.2　涉及建筑类型

如果对目标文献所描述的项目类型进行统计与分析（图5），可以发现大部分建筑属于文化类建筑，例如学校建筑、博物馆、展览馆；还有一些建筑与世博会、亚运会等特定事件有关，在这类大型活动中建筑形式本身被认为是一种营造场所精神的手段，参与到城市公共空间的创造，强化使用者对于城市的感知。[⑨]还存在其他类型例如商业建筑、办公建筑、医疗建筑等，如果设计者想要对这些常见的功能计划进行创新，也有时会使用"场所精神"这个词，例如提及医院一般会联想到医院功能的复杂与专业，但在李庄同济医院的设计中，建筑师希望能摆脱医院作为功能容器的状态，追求更高境界的人文关怀[⑩]，因此以"疗愈空间中的场所精神"作为文章标题。在建筑设计之外，城市设计、城市更新，特别是涉及传统转译、历史空间改造的项目也会经常提及"场所精神"，以讨论城市空间如何在继承过去的同时承载未来的发展。

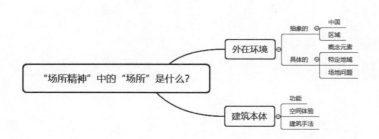

图4　场所精神所依托"场所"的逻辑分析
（来源：作者自绘）

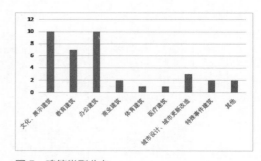

图5　建筑类型分布
（来源：作者自绘）

① 崔彤，范虹. 时空艺术的建筑[J]. 建筑学报. 2003(02): 28-33.
② 张弢，李娜."存在"于江南传统语境中的场所 西塘古镇民俗文化馆[J]. 时代建筑. 2019(01): 142-145.
③ 场所精神 理解城市·尊重环境·开放圆融[J]. 建筑创作. 2015(06): 76-101.
④ 包莹，丘建发，王静等. 祈福坛城，藏式匠意——玉树州博物馆创作思考[J]. 新建筑. 2017(04): 82-86.
⑤ 朱中新. 场所精神的诠释——哈尔滨理工大学南校区图书馆[J]. 新建筑. 2006(02): 35-37.
⑥ 陈瑜，李东君. 居住环境与场所精神——对居住环境设计的思考与研究[J]. 时代建筑. 1996(04): 32-35.
⑦ 华炜，易俊. 复合展示元素 营造场所精神——永安国家地质博物馆展示空间的氛围设计[J]. 新建筑. 2010(03): 132-135.
⑧ 王静. 校园建筑设计中的廊要素——以华南师范大学美术楼为例[J]. 新建筑. 2001(04): 44-45.
⑨ 孙彤宇，许凯，郭智超. 建筑作为城市公共空间的引擎 2022杭州亚运会亚运村公共区青少年活动中心建筑设计[J]. 时代建筑. 2018(06): 172-175.
⑩ 谭劲松，周亮. 疗愈空间中的场所精神 李庄同济医院[J]. 时代建筑. 2018(02): 136-141.

3　场所—城市—乡村：对于城乡空间环境的观察

诺伯格·舒尔茨在书中后续章节列举了一些城市作为例子以证明理论的说服力。然而大部分欧洲城市都拥有连续的历史，中国在城市化进程中却面临更加复杂的问题。将研究样本中作者对当前城乡空间环境的介绍、批判、做法进行汇总，我们可以进行一种切片式的观察。总的来说，"场所精神"这个词的使用，和许多中国城市的粗放式发展导致千城一面毫无特色、缺乏人文关怀有很大的关系。刘珩在论述城市改造更新的方法论时就提到中国许多历史城市层次鲜明的独特性在过去30年的快速城市化进程中陷入了被普通的困境，历史城区原本层次鲜明的独特性被破坏。① 除此之外在大量建设的新城中建筑师不得不面对缺乏历史与文脉的环境，有的建筑师选择从地形入手，利用地景的手法来在形态上建立建筑与环境的关系。② 还有风格选择的问题，罗店新镇美兰湖国际会议中心不得不面对在郊区建造一个北欧的异乡环境，建筑师选择逃离单纯风格的讨论，回到更加本体的设计方法去构筑"场所精神"。③

甚至存在一些特殊事件，建筑从原属环境搬移到迥异的环境中去。在上海世博会落幕之后，丹麦馆的重建权被一家企业买到，建筑师因而产生了困惑：一个由城市活动事件引发的人工自然建筑在结束后被迁移了千岛湖这个大范围的自然中，建筑可能会被环境吞噬为一张悬浮的自然切片。④

地标也是非常有意思的话题，涉及城市核心建筑的设计，建筑师会认为地标建筑所要求的外显属性也应该和城市环境一起纳入场所精神的范畴中考虑。⑤ 在一栋国际文化大厦的设计里建筑师甚至认为建筑的场所精神是很强的文化交流色彩。⑥ 这类"场所精神"似乎已经和历史文脉关联不大，更多是受建筑本身的功能属性启发之后设计者想要给建筑赋予的意义。

"场所精神"这个广义的词除城市之外也能用来形容乡村，甚至经常与地方性的话题关联。那么在乡村建设中又面临什么呢？提到乡村人们会有一种乌托邦式的想象，但新场乡中心幼儿园的设计中设计者认为乡村也始终处在演变的过程中，恢复或者重建在很多时候看起来没有太大的意义，建筑师更想要的是在平衡现实的各种问题需求的夹缝中抓住此刻的某种自主性。⑦

4　词语背后的建筑师

4.1　设计过程：感性理解，理性策略

"场所精神"一词背后涉及设计过程中建筑师如何切入场地的倾向。有的建筑师会把自己对场地的感性理解当成场所精神，这种理解一般会来源于场地的特殊历史、旧物遗存或地形地貌。侵华日军第731部队罪证陈列馆的设计就是这样的例子，建筑师感受到场所本身传达出了劫难过后的宁静与平和⑧，于是试图将这种情感转化到建筑中以唤起人的共鸣。还有另外一种倾向是理性地结合经济与现实对场地进行判断，有的建筑师提出他构建场所精神的多维度路径：塑造街角标志性、强化街角的公共空间属性、展现符号化的建筑性格、积极与周边环境对话⑨，实际上就是为了解决场地问题所采用的鲜明的设计策略。

4.2　时间维度：面向现在与未来

意义的重新探究不能通过模仿已成为空洞形式的体系，而必须通过在新的历史条件下重新寻索人之诗性实践方能实现。⑩ 在实践中，除了在历史中寻找场所的本质并将其现实化之外，我们看到了更强烈的面

① 刘珩. 城市厚度——关于历史空间改造的思考和实践[J]. 建筑学报. 2016(12): 9-15.
② 周艺南. 表层作为地景的再现——以南京树园项目设计为例[J]. 新建筑. 2018(01): 54-58.
③ 刘晓平. 从批判的地域主义思想到本体性的设计——以罗店新镇美兰湖国际会议中心设计为例[J]. 建筑师. 2004(05): 56-64.
④ 张旭. 值得期待的可持续性重建——瑞士馆世博后记[J]. 新建筑. 2011(01): 37-39.
⑤ 鲁丹, 于海涛. 建筑的城市归属——浙江乐清市行政管理中心设计随感[J]. 新建筑. 2003(05): 31-33.
⑥ 金卫钧, 刘方磊. 首都师范大学国际文化大厦[J]. 建筑学报. 2005(12): 66-67.
⑦ 陈屹峰. 家园的呈现 壹基金援建天全县新场乡中心幼儿园设计札记[J]. 时代建筑. 2017(03): 96-103.
⑧ 何小欣, 何镜堂, 倪阳. 见证之地 侵华日军第731部队罪证陈列馆设计[J]. 时代建筑. 2016(05): 98-103.
⑨ 郁枫, 甘彤. 场所精神构建的多维度探索——以中国地图出版基地设计为例[J]. 世界建筑. 2015(11): 96-99.
⑩ 王群. 意义的探究——克里斯蒂安·诺伯格-舒尔茨建筑理论评述[J]. 世界建筑. 1997(04): 68-72.

向现在与未来的色彩："我们首先需要回应的是如何对待既存的风景，其次，在如此优越的条件中，建筑是否能够为场地带来全新维度的风景"①这是建筑实践相较于理论的生动与多样所在。

4.3 建筑师的自身意志：添加意义

建筑师在实践中更多作为事件的被动承受者，围绕不同方面之间的斡旋者，需要在设计之上添加能够表达设计者意图的意义，以争取作为设计者的自主性。将设计理念与"场所精神"相联系，属于其中的一种做法。以校园建筑为例，有的设计者就从校园的文化历史以及典型案例中出发，把交流看作学校的场所精神②，接着总结出典型的空间设计策略，导向最后的设计；华南理工大学新校区的设计中设计者认为当下新建校园忽略了校园开敞空间的营造，③而那些承载学生活动的外部空间应该成为校园场所精神的物质载体。以上的例子中设计者给校园空间添加上了一层"交流"的意义，但这种做法也需要警惕滥用，有些文章甚至不顾逻辑，直接将任何设计意图都套上场所精神的外壳，使这个词语变成了一种学术包装的手段。

5 结语

本文回顾了1996~2020年间建筑项目描述类文献中"场所精神"关键词的使用特点，以及背后所依托的城乡空间环境、建筑师隐含的价值判断，希望有助于理清对当下的认识。在描述设计时，"场所精神"是一个好用的词，它中文翻译意涵的宽泛性使之可以容纳更多诺伯格·舒尔茨的理论所界定范围以外的内容。"场所精神"中所含的"场所"一方面代表建筑所处的地点，这个地点位置既涵盖城市也涵盖乡村，既可以联想至更大范围、更抽象的文化环境，也可以更加微观，关注场地中具体问题的解决；另一方面也能够关注空间本体，表达一种重视空间中具体事物，以及空间使用者体验的倾向。而"场所精神"中包含的"精神"，使它在实际使用中更类似一种建筑说明，能够承载设计师经由主观判断所赋予建筑的意义、内涵。

当然，基于限定样本的文本分析有其局限性，能够写下思考并发表文章在建筑期刊上的建筑师毕竟属于少数，并不能涵盖大多数由于缺乏话语权等现实原因在媒体中保持静默的生产实践者；此外，一个概念本身就随着时代变化、作者具体经历等原因一直在变动，这样有限的观察也许无法得出特别强有力的结论，样本也不足以形成词语演变历史的深度，但笔者的意图在于通过与"场所精神"这个关键词保持距离，换一种视角对建筑界作出整体的观察，由此为建筑评论以及建筑师写作获取更多的启示。

参考文献

[1] 诺伯格·舒尔茨. 场所精神 迈向建筑现象学[M]. 武汉：华中科技大学出版社，2010.

[2] 耿士玉，沈旸.《建筑学报》60年的建筑话语流变——基于关键词条的统计分析[J]. 建筑学报. 2014（Z1）：74-79.

[3] 王凯，王颖. 概念地图和四元谱系 从建筑媒体透视20世纪中国建筑话语的演变[J]. 时代建筑. 2014（06）：28-33.

[4] 王志强，孔宇航，孙婷. 五当召佛教建筑原型提取及其当代转译[J]. 新建筑. 2018（06）：14-18.

[5] 李竞，马云鹏. 天津鲁能泰山书院 人文主义情怀，场所精神植入，书院空间塑造[J]. 时代建筑. 2018（06）：158-161.

[6] 许凯. 产业建筑设计中的"空间—形态"生成——记厦门JH电子工业厂房大楼设计[J]. 新建筑. 2015（05）：76-81.

[7] 崔彤. 源于场所的建构[J]. 新建筑. 2012（06）：14-21.

[8] 郑军，张贤都. 传承地域文脉，重塑场所特质——以杭州闲林商贸综合体城市设计为例[J]. 新建筑. 2012（05）：136-139.

[9] 史立刚，魏治平，董宇. 场所精神·生态理性——沈阳航空航天大学体育馆设计[J]. 新建筑. 2012（01）：47-50.

[10] 段进. 禅心所寄 简约清音——记泗洪世纪公园规划设计创作[J]. 建筑学报. 2006（11）：50-53.

[11] 夏军. 上海浦东发展银行信息中心的设计意念[J]. 时代建筑. 2005（05）：140-147.

[12] 姜传宗. 场所精神之追求——华侨大学建筑系馆扩建设计[J]. 建筑学报. 1998（01）：3-5.

---

① 汤桦，袁丹龙. 营造笔记之集结的风景——两塘书院暨金石博物馆设计[J]. 建筑师. 2018(05): 61-65.
② 林蔚然. 基于场所精神的校园空间设计策略探索——以福州三江口高级中学为例[J]. 新建筑. 2016(04): 105-109.
③ 何镜堂，郑少鹏，郭卫宏. 建筑·空间·场所——华南理工大学新校区院系楼群解读[J]. 新建筑. 2007(01): 37-40.

清代巴蜀城镇聚落中魁星阁的布局特征及其文化意涵探析

孙锟

作者单位
重庆大学建筑城规学院

摘要： 通过对清代巴蜀魁星阁在城镇聚落中的布局特征研究，本文结合方志史料及历史影像，探析巴蜀魁星阁在巴蜀城镇聚落形态和空间格局中的重要角色，并揭示城镇聚落中魁星阁各类空间布局方式的文化意涵，以期更好地理解清代巴蜀传统城镇聚落形态和空间格局及其文化背景。

关键词： 巴蜀；魁星阁；选址布局；聚落形态；建筑文化

Abstract: Based on the study of the layout of the Kuixing Pavilion in the settlements of Bashu area in the Qing Dynasty, combined with local chronicles and historical images, this paper explores the important role of the Kuixing Pavilion in the settlement and spatial pattern of Bashu towns, and reveals the various types of Kuixing Pavilions in the urban settlements, in order to better understand the settlement form, spatial pattern and cultural background of traditional towns in Bashu in the Qing Dynasty.

Keywords: Bashu Area; Kuixing Pavilion; Site Selection; Settlement Pattern; Architectural Culture

1 魁星、奎宿崇拜与宋代官学中魁星阁的产生

魁星阁是全国各地常见的一类楼阁建筑，又称奎星阁、魁星楼、奎阁等[①]，魁星与奎宿是古代天文星象中两个不同的概念：魁星是北斗七星第一星，因其"第一"之意，在宋代与科举考试发生关联，始称科举状元为"魁甲"，至明清时期，科举每经第一名为经魁，又称魁首，而奎宿是二十八星宿之一，汉代以来素有"奎主文章"一说，又因奎、娄二宿为鲁地分野，孔子为鲁人，奎宿被当作是兴儒之象，到了清代，"奎""魁"二字已混用。魁星崇拜的物化进一步出现了魁星阁建筑。历史学者江玉祥认为，魁星至迟在南宋已神化，南宋时期已有魁星的造像，建立楼阁祀魁星，亦始自南宋官学，经元明，至清代，魁星祭祀虽自始至终都未被纳入国家正式祀典，但是因其与地方的文教事业紧密关联，魁星阁已成为城镇营建的重要组成部分，地方官员对其重视有加，并规定了魁星阁祭仪，如"爵三、牲三、馔五、镫二、炉一、尊一、香盘一，地方官诣阁致祭，行两跪六叩礼"[②]。

2 巴蜀魁星阁的历史文化背景

巴蜀兴文重教，魁星崇拜由来已久，早在唐朝，玄宗入蜀避乱，曾利用蜀地民间文昌神信仰巩固政权，而文昌神信仰和魁星信仰，在民间信仰体系中，均为执掌文运功名的神祇。北宋四川文人苏轼因"文章冠天下"而被奉为"奎宿下凡"，元曲《折桂令·苏学士》中"叹坡仙奎宿煌煌"便是称赞其文采照人。至清初连续60年大规模移民后，巴蜀地区魁星崇拜空前兴盛，民间魁星信仰广泛融入世俗生活，例如巴蜀代表性民间艺术川剧中便不乏魁星元素，《魁星笔》《文金玉》《水漫金山》等剧目对魁星均有世俗化的演绎，魁星形象在川剧舞台已有固定范式的脸谱。截至目前，巴蜀魁星阁省级以上文物保护单

---

① 本文所涉各地魁星阁名称各有不同，为忠实于地方史料，均遵照各地惯用写法。
② 清·王梦庚：《新津县志》，清道光九年（1829）刻本。

位数量冠全国，许多魁星阁虽已在历史浪潮中损毁拆除，但从文献和零星的历史影像中尚能窥其一二，惜学界尚未对巴蜀魁星阁作系统研究，本文据现存实物、历史影像及方志史料，对清代巴蜀魁星阁在城镇聚落中的布局特征进行梳理研究。

3 巴蜀魁星阁与城镇聚落环境的关系及文化阐释

3.1 巽位奇峰——城镇总体布局的传统方位观念

1. 城池营建的巽位与文运

古代城池的营建以及重要建筑的修建，都离不开对方位的考量，在传统方位观念中每个方位各有文化内涵，其中巽位是影响城邑"文运"的方位。"巽"为八卦之一，即东南，旧时认为"巽位"主文章兴文运，从一些地方的魁星阁和文昌阁又名"巽阁"可作印证。故而古代城池营建中，为了城内学人的文运功名，往往对城池巽位十分重视，巴蜀地区亦不例外，如威远县城池营建中，"于城之东南隅，创方楼二重，象斗魁焉，以培文风"[①]；乐至县修建奎光阁时记载，"形家谓此巽方，必有奇峰杰立，乃以壮

其气，否则卑庳陵夷"[②]；德阳知县修复文庙旁奎星阁时讨论了文运和方位之关系："作事者，始事于东南，而收功者，实尝于西北，余谓文运亦然"[③]；剑州重建奎星阁时，"采形家言，从巽位，建奎阁，补其未备"[④]。这种方位观念使得旧城池中魁星阁通常在城池的巽位（图1）。

2. 巴蜀魁星阁与城池的空间关系

在传统方位观念中东南方位主文运的影响下，巴蜀魁星阁与城池的空间关系一般表现为三种类型：一是建于城池内，多在东南方位，与城内文庙、书院等建筑有机协调，如乐至县城、丹棱县城、泸州城、永川县城等；二是建于城池外，充分利用城外自然山体加强魁星阁的高耸形象，如西充县城、安岳县城等；三是建于城墙之上，多在东南角，凭城筑台，形成魁星阁的高大台基，既可节省成本，亦可起到瞭望的作用，多见于平原城市，如川西平原上的汉州城、邛州城、华阳县城、崇庆州城、彭县县城等均在城墙东南角上建奎星阁（图2），再如威远县城，于城墙其东南角上立魁星阁，又名"看河"，可览全城，远眺城外清溪河。此外，还有建层楼于水门城楼之上祀魁星的，如渠县水城门，"甬道之末树水栅，建层楼，其上曰奎星阁，东指文峰塔，西对文庙山，以畅文气"[⑤]（图3）。

图1　会理州祠坛全图
（来源：同治《会理州志》）

图2　汉州城墙东南角的奎星阁
（来源：梁思成、刘致平于1941年摄）

图3　渠县水门城楼上的奎星阁
（来源：同治《渠县志》）

① 清·张翼儒：《威远县志》，清乾隆四十年（1775年）刻本。
② 清·张松孙：《乐至县志》，清乾隆五十一年（1786年）刻本。
③ 清·何庆恩：《德阳县志》，清同治十三年（1874年）刻本。
④ 清·李溶：《剑州志》，清同治十二年（1873年）刻本。
⑤ 清·何庆恩：《渠县志》，清同治三年（1864年）刻本。

3.2 相映相扶——建筑群体空间的有机组成部分

1. 与文教类建筑有机组合

魁星阁虽未被纳入国家正式祀典，但其作为培植文运的楼阁建筑，常与城内外的文庙、文昌宫、书院等文教类建筑进行有机组合，方志史料记载中诸如"学宫建设，皆置奎阁于左右"[①]，"天下府、厅、州、县学宫，皆于巽方建阁"[②]，"学必建奎阁，所以崇祀典，壮文风也"[③]等描述屡见不鲜，说明文庙和魁星阁的组合已经形成了一定的规制。在与文庙的组合中，魁星阁通常在其巽位，即"主文章兴文运"的东南方位，如犍为奎阁在县文庙外的东南方向（图4），重庆府魁星阁在府文庙外泮池左（图5），灌县魁星阁在县文庙左等。魁星阁与文昌宫、试院、书院等其他文教类建筑的组合方式并无定法，根据实际情况各有不同，如洪雅魁星阁建于城南文昌宫雅雨楼院落之中，丰都考棚中魁星楼建于后殿之上，华阳锦江书院奎星阁建于建筑序列收尾处，并以甬道与讲堂相连（图6）。

图4 犍为文庙与奎星阁的组合关系
（来源：平面图自绘、照片自摄）

图5 重庆府文庙泮池旁的魁星阁
（来源：T.C.Chamberlin 于1909年摄）

2. 与其他建筑有机组合

在民间，祀魁星现象普遍存在，巴蜀地区明清以来移民会馆大量兴建，部分会馆也有祀魁星的情况，这是同乡移民、行业成员对美好未来的共同想象，如自贡西秦会馆（又称陕西庙、关帝庙）中的参天奎阁（图7），有机地融入整个建筑群的轴线序列中，永川五间场高处的关圣殿上殿顶亦建魁星楼，当地俗谚以"五间有个魁星楼，半截插在天里头"形容其高上加高。还有部分寺庙也常建有魁星阁作为建筑群的山门，如宜宾临江而建的半边寺（图8）、大英寂光寺、南部保城乡瘟祖庙等。

3.3 第居阛阓——商贸市井街道的空间环境标志

1. 城池市井环境的标志

巴蜀地区城镇营建常把楼阁建筑设于城池市井环境中，作为城镇的空间标识和限定要素。在成都市郊出土的汉代"市肆"画像砖（图9）的市井图案中，一座重檐楼阁立于十字口，沿街建筑仅作简要勾画，而着重描绘街心楼阁，可见其在城镇的不凡地位。魁星阁作为一种被赋予特殊文化意义的楼阁建筑，亦常直接设在商业氛围浓厚的闹市街头，魁星阁主体部分一般高起地面，或底层筑台，或底层架空，利用建筑空间的竖向发展来寓意魁星的崇高地位，教化学子不断向上进取，及第夺魁。

巴蜀城池市井环境中的魁星阁，通常建在城内交通的关键位置：一是建在城池十字口，如德阳县城十字中古为来鹤楼，其后毁于火，县令就其地改建奎星楼，"危檐飞栋，甲于川西，第居阛阓之中，商贾蜂聚，居屋鱼鳞栉比，殆无隙壤，构梯于楼下，其势陡峻，屹然如长虹之下乘也"[④]（图10）；二是建在重要街道的街心，如罗江奎星阁（图11），位于县城南

① 清·纪曾荫：《蒲江县志》，清乾隆四十九年（1784年）刻本。
② 吴鸿仁：《资中县续修资州志》，民国18年（1929年）铅印本。
③ 清·连山、白曾煦：《巫山县志》，清光绪十九年（1893年）刻本。
④ 清·何庆恩：《德阳县志》，清同治十三年（1874年）刻本。

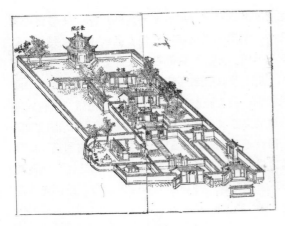

图 6　华阳锦江书院讲堂后的奎星阁
（来源：嘉庆《华阳县志》）

图 7　自贡西秦会馆中的参天奎阁
（来源：自摄）

图 8　宜宾半边寺入口处的奎星阁
（来源：Ernst Boerschmann 于 20 世纪初摄）

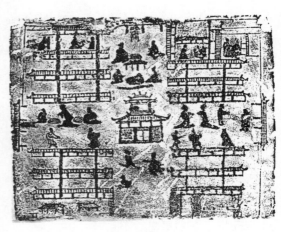

图 9　四川汉代"市肆"画像砖拓片
（来源：《四川汉代画像砖》）

图 10　德阳县城十字口的四面鼓楼（祀魁星）
（来源：同治《德阳县志》，照片取自《梁思成全集（第三卷）》）

图 11　罗江南街街心的奎星阁
（来源：平面图自绘、照片取自《中国古建筑装饰》）

街中部街心，街道在奎星阁处加宽扩大，因罗江旧城在纹江畔，山丘环绕，当地人又称罗江为"船城"，耸立在南街街心的奎星阁象征"桅杆"，标识空间的中心地位，已毁的绵州魁星阁亦如此类；三是城镇主

要街道设上、中、下三阁，如德昌县城原有的三座魁星阁，分设于主街上、中、下三处，故名上魁阁，中魁阁和下魁阁，今存中魁阁于街心，下部石台辟有一门南北通衢，标定了城镇中心，而上、下魁阁限定城

镇空间边界（图12）。

2. 场镇集市空间的限定

此外，清代乾嘉时期巴蜀地区随着农业生产的发展，人口的聚集，农村场镇在这一时期大量兴建。嘉庆前后，四川的场镇数量发展至三千左右，到清末光绪、宣统时期，场数约达四千个[①]。魁星崇拜作为普遍的民间信仰，魁星阁在巴蜀所兴盛的场镇中也普遍存在，地方志中常以"各场俱有"来描述，其通常建在场镇空间的关键节点：一是设在场口，例如成渝路上的重要交通节点龙泉驿（图13），场镇东起财神楼，西止魁星阁，位于西场口的魁星阁，与东场口

的财神楼共同限定了场镇边界，并作为场镇的空间标志，其接地层为类似城门的石台，台上置重檐楼阁，又称"西栅子"（图14），是巴蜀场镇中在特殊时期能起到一定防卫作用的栅子门；二是设在场中，如入蜀古驿道上的广元柏林沟魁星阁（图15），位于场镇主街中央，底层架空，向北通往古街端头的广善寺，向南通往古街尽端的桥头，是限定古街的中心节点，其顶层祀魁星，底层架空于街道，中间层为戏台，人们又称其为钟鼓楼和财神楼，旧时戏班当街唱戏，乡民赶场于街头观戏，市井气息浓厚。

图12 德昌的三座魁星阁
（来源：平面图自绘、照片取自《凉山彝族自治州建筑志》）

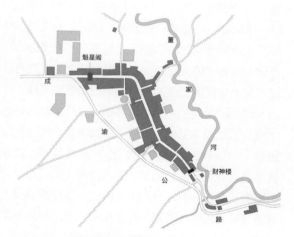

图13 龙泉驿场镇平面格局
（来源：自绘）

图14 龙泉驿西栅子上的魁星楼
（来源：Carl Mydans 于1941年摄）

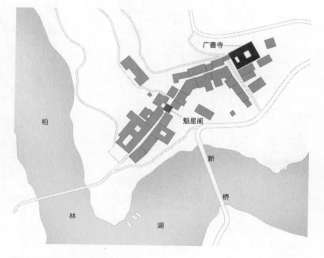

图15 柏林沟场镇平面格局
（来源：自绘）

① 高王凌.乾嘉时期四川的场市、场市网及其功能[C].//中国人民大学清史研究所编.清史研究集（第三辑）.成都：四川人民出版社，1984:74-92.

3.4　攒峰耸翠——山水自然环境的人文景观节点

1. 增补山水地势：视觉空间环境的平衡协调

巴蜀地理环境复杂多变，从西部平原，到中部丘陵，再到东部平行岭谷，城镇的山水形势不尽相同。魁星阁选址布局充分利用自然条件的山水要素，加强城镇聚落中魁星阁的耸峙形象，如北川禹里城东门外奎星山顶的奎星阁，楼式壮丽，风景绝佳，其"奎阁连云"之景致为八景之一，再如资州奎星阁建在城东北重龙山腰，可俯瞰全城（图16）。对于不甚理想的城镇聚落环境，一些魁星阁的选址布局起到了"风水修补"的功能，在低陷之地树立魁星阁，"增补"山水地势，对城镇聚落的视觉空间环境进行平衡协调，所谓"地舆有阙，天象可以补之"，如合江县城东关的奎星阁，便是考虑到其地势低陷而建，"凤山高数十仞，而东关独卑且下焉，况且东系奎星躔次之位，奎星即文星也，文星不高耸崇隆，笔怎能出类拔萃"[1]；再如灌县文庙，"左右两峰并峙，其东为奎星阁，故址而形势稍弱，昔人建阁于上以振之，秀拔穹隆，与西峰并"[2]。此外川江水运交通节点上的城池常常凭城临江建阁，如重庆府东水门内高耸的文星阁（图17），再如巫山奎阁（图18），"在东城隅，拱卫学宫，耸峙巫峡，有高阁临江之势"[3]。

2. 点缀溪流池畔：城镇园林景观的人文雅趣

除濒临江河外，还有魁星阁选址于巴蜀城镇的溪流池畔，颇具人文雅趣，如蓬溪奎阁被穿城而过的蓬溪水流环绕，似大船泊于蓬溪水畔，又如璧山南关之外的奎阁，"临河而建，前山曰金剑，后山曰挂榜，河之上岸，当阁之左，则象文笔，河之下岸，当阁之右，则象墨池，此皆地势天然，不烦点缀也"[4]，再如筠连魁星楼建于玉壶井前定水和乾溪汇流而成的水

图16　资州重龙山腰的奎星阁
（来源：Manly，Wilson Edward 摄）

图17　重庆东水门内的文星阁
（来源：Sidney D.Gamble 摄）

图18　巫山城东南临江而建的奎阁
（来源：岛崎役治于 1927 年摄）

---

① 清·秦湘：《合江县志》，清同治十年（1871年）刻本。
② 叶大锅：《灌县志》，民国22年（1933年）铅印本。
③ 清·连山、白曾煦：《巫山县志》，清光绪十九年（1893年）刻本。
④ 清·寇用平、彭际瀛：《璧山县志》，清同治四年（1865年）刻本。

池畔隆起的巨石上，植被掩映，构成一处文风盎然的园林景致。

参考文献

[1] 梁思成. 梁思成全集 第3卷[M]. 北京：中国建筑工业出版社，2001.

[2] 萧易. 影子之城：梁思成与1939\1941年的广汉[M]. 桂林：广西师范大学出版社，2018.

[3] 高文. 四川汉代画像砖[M]. 上海：上海人民美术出版社，1987.

[4]（日）伊东忠太原. 中国古建筑装饰 上[M]. 刘云俊等译. 北京：中国建筑工业出版社，2006.

[5]（德）恩斯特·柏石曼. 中国的建筑与景观 中国文化史迹[M]. 杭州：浙江人民美术出版社，2018.

[6] 江玉祥. 中国民间魁星信仰源流考——兼论文昌神和梓潼帝君诸问题[J]. 国学，2017（02）：367-385.

中国近代建筑彩瓷材料应用的跨文化圈影响调查研究：以马约利卡瓷砖为例

卢艺灵[1]   雷祖康[2]

作者单位
1. 华中科技大学建筑与城市规划学院
2. 通讯作者，华中科技大学建筑与城市规划学院

摘要： 20世纪初，泉州出现了以马约利卡瓷砖为建筑材料的现象，为了解这现象产生的原因，笔者通过田野调研先后在我国东南沿海城市、东北地区发现了该材料，其间从瓷砖背面所刻信息得知此砖多产自日本。结合厦门、上海等多个城市档案馆的资料以及文献整理发现：在东南亚、南亚亦出现这建筑材料，且多产至日本；日本制马约利卡瓷砖通过跨海贸易传到中国后应使用者要求生产带中国吉祥纹样的瓷砖，出现"中国化"现象，在印度亦如此；日本制马约利卡在亚洲各地区使用时，因建筑文化的不同产生不同的装饰文化；而中国的马约利卡瓷砖建筑文化是注重在不破坏传统建筑整体的情况下，局部重点部位用该瓷砖。最后得出结论：中国日本制马约利卡瓷砖的建筑装饰文化是在多种跨地区文化影响下形成的。

关键词： 马约利卡瓷砖；彩瓷材料；跨文化圈研究；闽南建筑；东亚建筑

Abstract: At the beginning of the last century, the phenomenon of using Majorica tiles as building materials appeared in Quanzhou. To understand the cause of this phenomenon, through field research, the author successively discovered this material in the southeast coastal cities and the northeast region. During the period, we learned from the information engraved on the back of the tiles that most of the tiles in our country were produced in Japan. Combining the archives of Xiamen, Shanghai and other cities, as well as the documentation, it is found that this building material also appears in Southeast Asia and South Asia, and it is mostly produced in Japan; Japanese-made Mayorica ceramic tiles should be used after they are passed to China through cross-sea trade The authors demanded the production of ceramic tiles with Chinese auspicious patterns, and the phenomenon of "sinicization" appeared in India; when the Japanese-made Mayorica was used in various parts of Asia, different decorative cultures were produced due to the difference in architectural culture; and the Chinese horse The architectural culture of Yolica ceramic tiles is mainly based on the local architectural culture, supplemented by the external architectural culture. It pays attention to using the ceramic tiles in some key parts without destroying the overall situation of the traditional building.

Keywords: Majolica Tiles；Decorative Tiles；Cross-cultural Research；Minnan Architecture；South Asia Architecture

1 前言

20世纪初在我国东北地区、东南沿海地区出现了以马约利卡瓷砖作为建筑材料的现象。笔者通过田野调研，先是在鲤城区李妙森故居和泉州关岳庙发现了该材料，后又在我国东南沿海地区、东北地区发现有使用该瓷砖，且通过背面所刻信息可知这些瓷砖多产自日本，亦有产自英国的维多利亚瓷砖。在这些瓷砖中有与英国维多利卡相似的，以花草几何为主题的砖，有以日本富士山为母题的瓷砖，更出现了带有中国吉祥纹样的瓷砖（图1，用于中国东北的炕琴上）。而同样也出现了以印度神萨拉斯瓦蒂像为纹样的瓷砖

图1.1
英国JOHNSON
公司所制瓷砖

图1.2
淡陶普通
纹样瓷砖

图1.3
佐治以富士山为
母题的瓷砖

图1.4
佐治中国吉
祥纹样瓷砖

图1.5
佐治印度神
像纹样瓷砖

图1.6
印度女神萨
拉斯瓦蒂

图1 日本佐治瓷砖图案的演变
（来源：图1.1~图1.4为作者自摄，图1.5 https://mp.weixin.qq.com）

（如图1该瓷砖用于加尔各答寺庙的瓷砖）。据《不二見タイル110史》记载，在1920年末日本瓷砖大量出口于中国、印度等亚洲地区[①]。在当时该瓷砖在亚洲地

---

① （株）INAX，《不二見タイル110史》（东京：（株）INAX出版社，1991）：168。

区形成时尚的建筑装饰文化。这样的建筑装饰文化如何跨洋传播？这些瓷砖在传播过程中产生了怎样的建筑文化融合？

2 日本制马约利卡瓷砖的发展历程

2.1 在维多利亚瓷砖基础上发展的日本制马约利卡瓷砖

马约利卡瓷砖源自于西班牙（图2）或更早的伊斯兰陶器，16世纪中叶以后流传到英国。19世纪

在工业革命时期，Maw and Co.开始以蒸汽机来带动瓷砖大量生产。英国在这个时期以这种方法生产的瓷砖，一般称之为维多利亚瓷砖。维多利亚瓷砖在中国亦有出现，尺寸15.2厘米×15.2厘米（6英寸），多以花草几何为题材，且在其背面刻生产厂商的商标、编号等（图3），而不同厂家亦会出现使用相同纹样的情况（如图3的NO.4型号瓷砖与NO.5型号瓷砖）。其中有的瓷砖背面可发现有H.&R.JOHNSON.Ltd字样（表1），英国JOHNSON公司为英国有名的瓷砖制造公司。

商标特征：SANIT+圆形
产地：西班牙
背面所刻文字：
LUCENA DEL CID CASTELLON
（卢塞纳·德尔·西德·卡斯泰隆）
MADE IN SPAIN

图2 西班牙瓷砖（来源：作者自摄）

JOHNSON公司商标图　维多利亚瓷砖纹样

图3 维多利亚瓷砖纹样（来源：作者自摄）

维多利亚瓷砖背面所刻文字信息　　表1

NO.1	NO.2	NO.3	NO.4	NO.5	NO.6	NO.7	NO.8
ENGLAND	H.&R. JOHNSON.Ltd	ENGLAND	ENGLAND-A.MPATTERN NO.482（产品型号）	H.&R. JOHNSON. LtdNO.482	H.&R. JOHNSON. LtdNO.686	H.&R. JOHNSON. LtdNO.338	H.&R. JOHNSON. LtdNO.661

而日本的马约利卡瓷砖是从模仿维多利亚瓷砖开始的。在1907年左右，由东京高等工业学校窑业科的两名同期毕业生——名古屋的村濑二郎磨（不二见烧）及兵库县淡路岛的能势敬二（淡陶烧），成功模仿英国的维多利亚瓷砖的制作之后，彩瓷在日本开始被大量制造[①]。从瓷砖背面的商标可以得知，目前在国内发现的日本马约利卡瓷砖主要是日本不二见烧等八家公司生产的（表2），其中以不见二烧（资）、淡陶（株）、佐治TILE（资）较多。这些瓷砖的尺寸与维多利亚瓷砖一致，有三种：15.2厘米×15.2厘米、15.2厘米×7.5厘米、7.5厘米×7.5厘米，几乎每块瓷砖背后都会有公司的商标、厂家地址等信息。从淡陶跟佐治瓷砖的型录上可知（这两本型录是在中国出现的），这两家公司的瓷砖有一些是以花草几何

为母题制做（图4），这些多是在模仿维多利亚瓷砖的样式上发展起来的，带有新艺术运动的风格。在上文我们提到了以富士山为主题制作的瓷砖，有以山水画为主题制作的瓷砖（图4）。可见当时这些厂家已经依据中国文化生产被中国人接受的纹样。

2.2 日本制马约利卡瓷砖纹样的变迁：亚洲地区建筑装饰文化的跨海传播

在中国出现的一些马约利卡瓷砖是在日本特许局（专利局）的意匠登录上有记录，瓷砖背后有登录番号及纹刻，推断大约是在大正末期或者昭和元年（1926年）至昭和五至六年（1930~1931年）的产品[②]。在大正末期以前日本生产的马约利卡瓷砖在意匠登录上没有记录，所以时常发生多家公司生产样式

---

① （株）INAX，《不二见タイル110史》（东京：（株）INAX出版社，1991）：166。
② 特许厅，《特许厅年报（平成8年版）》（东京：日本国特许厅，1997年）：238。

日本制马约利卡瓷砖背面所刻文字信息　　　　　表2

不二见烧(资)		淡陶（DANTO）株式会社		佐治（SAJI)砖厂	
	商标特征： FM+一对鱼 公司名称及产地： 不二见烧(资) 背面所刻文字信息 SHACHI FUJIMIYAKI TILE WORKS 生产年代： 约1920~1935年		商标特征： DK+菱形 公司名称及产地： 淡陶（DANTO）株式会社 背面所刻文字信息 DANTO KAISHA LTB MADE IN JAPAN 生产年代： 约1920~1935年		商标特征： SAJI+方框 公司名称及产地： 佐治（SAJI)砖厂 背面所刻文字信息 SPECIAL MAKE 佐治瓷砖特制 PLNAGOYA 4 2 SAJI TILE WORKS 生产年代： 约1920~1935年
川村组（株）		日本TILE工业株式会社		佐藤(SATO)化妆炼瓦工厂	
	商标特征： 本 MARHON 公司名称及产地： 日本 川村组（株） MADE IN JAPAN 生产年代： 约1920~1935年		商标特征： NTK+蜻蜓 公司名称及产地： 日本 日本TILE工业株式会社 背面所刻文字信息： TONBO N.T.K TILE-WORKS 生产年代： 约1920~1935年		商标特征： ST+六角星 公司名称及产地： 日本 佐藤(SATO)化妆炼瓦 工厂 生产年代： 约1920~1935年
山田TILE(资)		神山陶器（资）			
	商标特征： K.Y.+菱形 公司名称及产地： 山田TILE(资) 生产年代： 约1920~1935年			商标特征： CLUB +梅花 公司名称及产地： 日本三重县伊贺市神山陶 瓷制作所 神山陶器（资） 生产年代： 约1920~1935年	

（来源：作者自绘）

淡陶瓷砖型　带有新艺术运　带有吉祥寓　以山水画为
录封面　　　动风格的纹样　意的纹样　　主题的纹样

佐治瓷砖型　带有新艺术运　　以山水画、花鸟为
录封面　　　动风格的纹样　　主题的纹样

图4　淡陶、佐治瓷砖型录（来源：作者自摄）

日本TILE工　未知　　川村组　　淡陶烧　　淡陶烧
业株式会社　　　　　（株）

图5　日本制马约利卡瓷砖（同一纹样不同公司制造）
（来源：作者自摄）

相同的瓷砖。同一厂家也会生产样式相同颜色不同的瓷砖。通过图5可知同一样式花砖至少有四家公司生产，佐治瓷砖、淡陶瓷砖、不二见烧等公司均存在这种现象。据推测是因为当时英国设计好的纹样，被日本多家公司同时购买，故出现了多家公司生产同一样式的马约利卡瓷砖[1]。这实质上也是欧洲的建筑装饰文化渗透到亚洲地区，要知道当时的维多利亚瓷砖的纹样多受新艺术运动的影响。

在中国出现的背后带有意匠登录番号的瓷砖的多

① 见堀込宪二.日本占领台湾时期使用于台湾建筑上彩瓷的研究[J].台湾史研究，8：2（2001）：84-85.

带有中国吉祥纹样。据《不二見タイル110史》记载"出口至上海以后，亦开始出口至满洲地区，但输出至满洲地区的瓷砖为有吉祥纹样的瓷砖，当初日本或欧美式的意匠纹样瓷砖皆销售出去，但是满洲方面要求一些中国独特的意匠设计图案，而这些中国风格图案日本人士无法理解，这些图案是日本人绝对不会设计的，所以依赖中国商社代理公司将这些图形送至日本瓷砖公司"[①]。吉祥纹样大多由不二见烧、淡陶、佐治瓷砖三家制作。这些瓷砖有意匠登录番号（专利登记）并被刻在瓷砖的背面。有意匠登录番号的瓷砖，不会出现几家公司生产相同纹样的情况。这些瓷砖多为型版瓷砖，纹样以中国故事、民国女人、龙、麒麟、山水画等为主题（图6）。

从上文可知，从模仿维多利亚瓷砖开始的日本

背面刻意匠登录
四四九五二号

以山水画为主题

带有寿桃纹样

以龙为主题

图6 淡陶烧（带有中国祥纹样）
（来源：作者自摄）

背面印意匠登录资

图7 不二见烧
（来源：作者自摄）

以中国古代故事
为主题的纹样

佐治瓷砖特制
意匠登录第七
六四〇五号

以中国古代故事与
民国女人为主题的纹样

图8 佐治瓷砖（带有中国祥纹样）
（来源：作者自摄）

制马约利卡瓷砖，在本土的装饰文化影响下，纹样"日本化"，出现了以日本富士山为主题的瓷砖。后外销到中国，在中国装饰文化的影响下"中国化"，出现了有中国吉祥纹样的瓷砖。外销到印度，在印度文化的影响下"印度化"，出现了以印度神像为主题的瓷砖。日本制马约利卡瓷砖漂洋过海外销到这些地区，改变了这些地区的建筑装饰文化。而这些地区的本土装饰文化反过来影响了瓷砖纹样，中国的马约利卡瓷砖建筑装饰文化就是在这种背景下形成的。这个现象表明马约利卡瓷砖的建筑装饰文化的形成过程是一个本土装饰文化与外来装饰文化冲突融合的过程。该瓷砖在被使用后，又因使用者的需求改变，而这个改变的过程便是新的装饰文化形成的过程。

3 日本制马约利卡瓷砖的建筑装饰文化在亚洲地区的形成与传播

3.1 日本制马约利卡瓷砖的出口

在20世纪30年代至20世纪40年代之间，日本陶器被积极出口到菲律宾，印度，中国关东、"伪满

洲国"等地（图7）。推测是因1932~1945年日本占领中国东三省建立伪满洲国，1904~1945年占领旅顺、大连等山海关以东地区，这些地区便成为日本货品的主要倾销地。经过调研在东三省地区出现了以镶嵌该瓷砖的炕琴、在辽宁沈阳的张氏帅府出现了用该种瓷砖作为建筑材料的现象。而且在20世纪20年代中期，日本陶瓷工业取代了英国工业的主导地位。日本的瓷砖在1929~1934年向英属印度出口的陶器和彩陶的数量超过了英国（图8~图10）。

3.2 发达的跨海贸易促使亚洲地区马约利卡瓷砖建筑装饰文化的形成

根据笔者田野调研资料整理，在中国使用日本制马约利卡瓷砖作为建筑材料的现象主要出现在福建泉州和厦门、汕头等东南沿海和东北地区等。在访谈现有屋主得知在泉州有三处建筑的瓷砖为印尼进口，可推测当时印尼亦有售卖这种砖。在泉州地区屋主多为在南洋经商华侨（表3），在重要的庙宇中也有使用该种花砖如泉州的关岳庙，民国时期重要的建筑如辽宁沈阳的张氏帅府中的大青楼、南京总统府、澳门市政署大楼。值得一提的是镇江的唐老一正斋，据现在

---

① （株）INAX，《不二見タイル110史》（东京：（株）INAX出版社，1991）：78.

图9　日本固体瓷砖的出口数量（1937年）
（来源：Synopsis of the Ceramic Industry, Nagoya: Tojikai Kenkyusha, 1937）

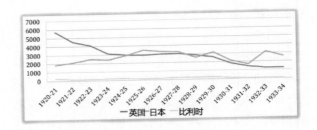

图10　进口到英属印度的陶器和彩陶的数量
（来源：Statistical Abstract for British India, Nos. 64-69, London: HSMO, 1932-1938）

泉州鲤城区以马约利卡瓷砖为建筑材料的华侨民居统计表　　　　　　　　表3

		所在位置	经商地	时间	材料来源
泉州鲤城区	吴序掇古厝	泉州鲤城区仙塘	印尼泗水	20世纪30年代初	未知
	吴润泽宅	泉州金浦	泗水	1921年	印尼
	郭氏洋楼	泉州鲤城区新府口52号	东南亚	1930年	未知
	吴家此民居	鲤城区浮桥街道延陵社区下堡96号	印尼泗水	始建于1926年，1936年加建	未知
	李妙森故居	泉州鲤城区青龙巷	菲律宾	1936年	印尼
	许奕胜民居	泉州鲤城区赤土顶厝巷13号	泗水	1934年	未知
	蒋钦钦大厝	树兜田洋	泗水	1928年	未知
	蔡水影洋楼	开元街道梅山社区大城隍口12号民居	泗水	1934年	印尼

（来源：笔者自绘）

屋主描述，当初该栋房屋的建造者唐元兰并没有出过国，也就是说当时在国内甚至镇江应当是有店铺销售该种瓷砖的。

从厦门档案馆的《昭和十九年船积物资数量调查书》中记载当时名古屋、东京的杂货有运输至厦门。在日本制马约利卡瓷砖中不二见烧、佐治瓷砖的产地就是在名古屋。且从天津、上海、广东、汕头、海南岛输出的物资有运送到厦门，而厦门输出的物资也多到这几个城市（图11）。而在调研过程中笔者整理统计在广东、海南、天津、上海均有出现以马约利卡瓷砖作为建筑材料的现象。而据《不二见タイル110史》记载日本最初的瓷砖出口是在大正九年（1920年）的不二见烧通过在上海的代理店贩售①。所以该瓷砖亦有可能是从上海运到厦门。通过翻阅《近代厦门经济档案资料》可知在1929~1931年期间厦门进口的大宗洋货中有瓷器。

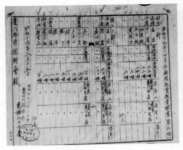

图11　《昭和十九年船积物资数量调查书》
（来源：厦门市档案馆）

3.3　亚洲不同地区的马约利卡瓷砖建筑装饰文化

在已收集的资料显示，在中国台湾金门、高雄、台南、云林等地均有发现使用马约利卡瓷砖，且通过对比得知，马约利卡瓷砖的装饰文化在闽南、台湾地区在很大程度具有相似性。而使用的位置包括屋脊、檐口、壁柱、出入口等位置，这些位置在本土的传统

① （株）INAX，《不二见タイル110史》（东京：（株）INAX出版社，1991）：78.

民居中多用泥塑砖刻等工艺进行装饰。而该瓷砖，作为一种新兴材料，在传统民居的使用位置多是作为砖刻石刻等工艺装饰的替代品而出现（图12）。在整体保持传统建筑的风格下，将某些重要装饰部位换成马约利卡瓷砖。由于闽南地区与台湾地区的传统民居在材料的使用、空间的布局、形制等方面有很大的相似性，所以在该瓷砖的方法上也很相似。而这样的传统装饰材料与新潮装饰材料相互融合逐渐形成新的建筑文化，而这文化也随着华侨的跨海贸易传播。

图12　马约利卡瓷砖在泉州民居柱子使用
（来源：笔者自摄）

据文献资料整理，在东南亚地区的槟城、新加坡、马来西亚地区等国家均有发现使用马约利卡瓷砖的现象（图13）。以新加坡为例，在新加坡使用马约利卡瓷砖的建筑多为店屋，多用于窗下墙、柱子等位置用作装饰。据记载在新加坡马约利卡瓷砖最早是在1920年年末流行起来的[①]，与中国使用马约利卡瓷砖的时间相近。在华侨居住的新加坡店屋中，外立面既有用中国传统泥塑、石雕刻画龙、狮子等图案进行装饰。也有用弧形山花、拱券等西式装饰。新加坡的马约利卡瓷砖是中西方建筑文化融合的结果，但与中国闽南、台湾地区不同，在新加坡西方的建筑文化为主，中国的建筑文化为辅。

图13　马约利卡瓷砖在新加坡店屋的柱子上使用
（来源：Singapore shophouse，Julian Davison，66-69）

---

① Singapore shophouse，Julian Davison，66-69.

马约利卡瓷砖文化经欧陆宗教、贸易之路的传递来到了18世纪的英国，再借由日本的西化运动引进东亚，通过海上贸易，传播至亚洲其他地区形成一种装饰文化。在日本马约利卡瓷砖的使用多用在澡堂、浴室的地面与墙体，因为当时的日本建筑多采用木结构，而该瓷砖的使用在某种程度上是对原有建筑的改善。而该材料在不同的地区使用后，因各个地区本土建筑的材料、形制不同产生不同的建筑装饰文化。

而在中国，不同地区使用该种瓷砖的方法亦不相同。例如在东北地区有很多花砖用于家具上，以用在炕琴柜上为主，多采用带有中国吉祥纹样瓷砖。用于建筑最典型的例子当属沈阳张氏帅府大青楼，主要是用于室内的厅堂、楼梯等。而在澳门的民政总署亦出现青花纹样的具有葡式风格的马约利卡瓷砖，推测是葡萄牙的在侵占澳门时，在澳门留下的。除了上文所提到的纹样"本土化"之外，更有"本土化"后的瓷砖再传播，如在泉州李妙森故居出现了以印度象头神（象征财富）为主题的瓷砖。由此可知亚洲地区的马约利卡瓷砖装饰文化就是在跨海贸易中形成起来的，中国的马约利卡瓷砖建筑文化的形成亦是如此（图14）。

4　中国的马约利卡瓷砖建筑装饰文化的形成

4.1　马约利卡瓷砖在闽南地区的传统建筑上的使用

马约利卡瓷砖在这闽南地区的传统民宅使用的部位，包含了屋脊堵、墀头、廊墙、出入口、窗框、匾额、门框部分、山墙部分等处。马约利卡瓷砖代替了传统民宅中的雕刻及绘画成为新的装饰。例如闽南民宅的墙墙、屋脊本来有各式各样的装饰，如龙、狮、人物等，这些装饰图案多是采用剪黏、陶作、泥塑等装饰工艺制成的。瓷砖代替了传统装饰工艺，建筑原本装饰纹样所承载的意义消失，加之采用了西洋建筑中的装饰元素。如泉州李妙森故居、郭鸿益故居采用弧形山花。这些瓷砖表达着另外一层含义，暗示着屋主的财力与前卫。据调查统计当时福建中使用该瓷砖的传统民宅的屋主绝大部分是南洋经商的华侨。

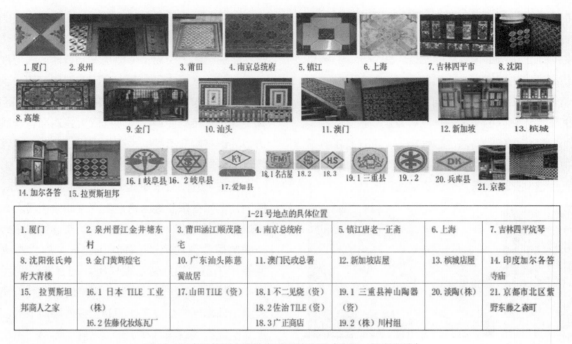

| 1. 厦门 | 2. 泉州 | 3. 莆田 | 4. 南京总统府 | 5. 镇江 | 6. 上海 | 7. 吉林四平市 | 8. 沈阳 |

8. 高雄　　9. 金门　　10. 汕头　　11. 澳门　　12. 新加坡　　13. 槟城

14. 加尔各答　15. 拉贾斯坦邦　16.1 岐阜县　16.2 岐阜县　17. 爱知县　18.1 名古屋　18.2　18.3　19.1 三重县　19..2　20. 兵库县　21. 京都

1-21 号地点的具体位置					
1. 厦门	2. 泉州晋江金井塘东村	3. 莆田涵江顺茂隆宅	4. 南京总统府	5. 镇江唐老一正斋	6. 上海	7. 吉林四平炕琴
8. 沈阳张氏帅府大青楼	9. 金门黄辉煌宅	10. 广东汕头陈慈黉故居	11. 澳门民政总署	12. 新加坡店屋	13. 槟城店屋	14. 印度加尔各答寺庙
15. 拉贾斯坦邦商人之家	16.1 日本 TILE 工业（株）16.2 佐藤化妆炼瓦厂	17. 山田 TILE（资）	18.1 不二见烧（资）18.2 佐治 TILE（资）18.3 广正商店	19.1 三重县神山陶器（资）19.2（株）川村组	20. 淡陶（株）	21. 京都市北区紫野东藤之森町

图 14　日本马约利卡瓷砖在亚洲的传播（来源：笔者自绘）

在闽南区可发现花砖大部分用于镜面墙及出入口位置。为防止盗窃，在泉州地区若瓷砖用于外墙往往会设围墙，就算没有设围墙，若瓷砖用于入口处也会加设围护墙体，泉州青龙巷的李妙森故居便是如此，因为当时该种瓷砖是舶来品价格较昂贵。李妙森故居采用了以印度象头神为母题的瓷砖（图15）铺贴于入口廊下墙面。在传统建筑这个位置多采用砖刻、彩绘等传统工艺装饰。而在泉州关岳庙花砖，该瓷砖用于主殿的倒座、天井两侧的连廊下佛龛两侧墙面以及佛龛内。在目前的调查中尚未出现第二例。且其中一款瓷砖带有伊斯兰教的元素（图16）。在金刚巷15号民居中出现了将瓷砖用于外墙的窗下墙的做法，这种做法在闽南较少见（图17）。在这三处马约利卡瓷砖的用法十分严谨，讲究对仗工整。

在郭鸿益洋楼中有两处使用了马约利卡瓷砖。一处是用于二层的外廊的栏板处，从大门进去在天井中一抬头便看到该处瓷砖（图18）。在二层拱廊下以瓷砖铺贴形成镜面墙外框。这位置以往是闽南建筑的着重装饰部位，以红砖砌筑墙体而在四周以泥塑、石刻形成边框，这与南安霞美的陈氏民居以及蔡水影洋楼的用法相似。但是，同样是用于镜面墙，吴家此民居却是采用完全不一样的做法。吴家此民居为三间张榉头止，主楼主立面以壁柱分为三开间，次间又以壁柱分之，然后以瓷砖重复铺贴形成装饰（图19）。在这几处民居瓷砖的使用并不十分讲究整齐，即使在同一处位置使用，所用瓷砖的图案种类也完全不一样，有的地方甚至用不同纹样的瓷砖拼凑，但是所用位置却是经过考量过的，着重用于某些重点部位。

图 15　日本马约利卡瓷砖在李妙森故居的使用（来源：笔者自摄）

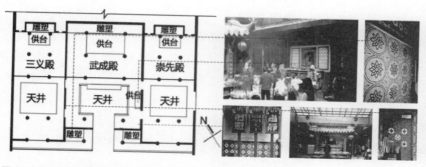

图16 日本马约利卡瓷砖在关岳庙的使用（来源：笔者自摄）

图17 金刚巷15号马约利卡瓷砖
（来源：笔者自摄）

图18 日本马约利卡瓷砖郭鸿益故居的使用
（来源：笔者自摄）

为了防滑，在闽南地区尚未看到。这与南京总统府使用的是同一种瓷砖（图21），这种瓷砖亦有在天津出现。

图20 日本马约利卡瓷在陈慈黉故居的使用
（来源：http://www.lvmama.com/trip/show/79811）

蔡水影洋楼外观   二层外廊镜面墙   吴家此民居镜面墙瓷砖

南安霞美村蔡氏民居   镜面墙位置   郭鸿益故居

图19 日本马约利卡瓷在闽南建筑的镜面墙的使用
（来源：笔者自摄）

图21 马约利卡瓷在总统府 图22 唐老一正斋药店使用
的使用（来源：笔者自摄） 的瓷砖（来源：笔者自摄）

通过整理调研材料可看出，闽南的华侨民居在材料、装饰、建筑形制依旧遵循传统建筑的建造原则，而在局部会使用马约利卡瓷砖作为装饰。在使用位置的选择较为严谨，即使作为泥塑、石雕等装饰的替代品出现，遵循的依旧是闽南传统建筑的装饰原则。在使用时量不大，还是以红砖、花岗石等本地材料为主，建筑整体保持传统建筑风格。

4.2 马约利卡瓷砖在中国其他地区的传统建筑上的使用

在广州汕头地区该瓷砖多在天井地面、建筑门斗、围墙、栏板、门牌楼等位置（图20）。广东陈慈黉故居所用瓷砖的量非常大，且在天井走廊的地面，采用了的是带有凹凸不平小颗粒的砖，应当是

在江苏，南京总统府总统会客室的走廊与总统府的子超楼的副总统办公室卫生间的地面上使用了马约利卡瓷砖。镇江的唐老一正斋药店的门楼、地板、卫生间墙上也有采用瓷砖。该建筑采用前店后屋，通过遗留下的老瓷砖的背面信息可知瓷砖来自日本不见二烧（资）、淡陶（株）等公司。其中有两块上刻有"楼""台"二字，为不二见烧瓷砖。据现在的屋主描述，这两块砖是用于入口门楼上的对联上，而这瓷砖应当是定制（图22），可见当时的日本制马约利卡瓷在进入中国后会因使用者的需求而产生本土化现象。

5 结论

亚洲地区的马约利卡瓷砖建筑装饰文化的形成是

从维多利亚瓷砖借由日本的西化运动进入东亚开始。而日本制马约利卡瓷砖通过海上贸易进入亚洲其他地区。从英国到日本再到中国、印度、新加坡等地。而这种材料之所以成为一种时尚，一方面是海上贸易推动，另一方面是种新材料可以满足人们对建筑装饰、建筑功能等方面的要求。而日本瓷砖之所以可以取代英国瓷砖，掀起一场跨海的建筑装饰改革，与日本瓷砖文化具有更大包容性有关。

日本制马约利卡瓷砖之所以在不同的地区形成不同的建筑装饰文化，一方面是不同地区对装饰图案的要求不同，例如印度崇尚神，在他们的寺庙中使用的自然会是以印度神像为主题的瓷砖。而在中国则会出现以寿桃、麒麟为主题的瓷砖。一是不同地区本土建筑的布局、空间、场所意义不同，造成使用马约利卡瓷砖的位置不同。例如在新加坡该瓷砖多用于店屋入口位置，以彰显富贵，而在印度则由用于寺庙的大厅；二是不同地区对马约利卡瓷砖的接受度不同，所呈现出来的建筑风格也会不同，例如新加坡地区对西方文化的接收度较高，瓷砖的使用较为随意。而在闽南地区，则是在保持传统建筑的形制、风格不变的情况下，在某些重点部位谨慎地使用该瓷砖。

在中国，马约利卡瓷砖建筑装饰文化的形成是在亚洲马约利卡瓷砖跨海传播的这个大背景下，是外来的文化与本土文化相融合的结果。但是在中国马约利卡瓷砖的使用是谨慎的，用在什么位置、采用什么纹样都是有考究的。以闽南地区为例，使用该瓷砖的多为华侨民居。瓷砖多是替代原有的石刻、剪黏等装饰，用于屋脊、镜面墙等位置。多采用以海棠花、寿桃等象征富贵吉祥为纹样的瓷砖，这瓷砖的使用是华侨对于自己前卫思想的彰显，对自己财富的象征，且在中国的不同地区所形成的马约利卡瓷砖的装饰文化也不同，在我国，从南方到北方，各个地区的传统民居差异很大，从材料到装饰工艺再到建筑平面布局相差也很大，所以各个地区使用马约利卡瓷砖的手法也不尽相同。但是都有一个共同点：马约利卡瓷砖的使用并不影响传统建筑整体风格。中国的马约利卡瓷砖建筑文化是以本土文化为主、外来文化为辅的一种建筑装饰文化。

参考文献

[1] Bernard Rackham. Recent Studies of Maiolica[J]. The Burlington Magazine，1918，96：619（Oct.）：324-327.

[2] Edwin A. Barber. Maiolica Tiles of Mexico[J]，Bulletin of the Pennsylvania Museum，1908.6：23（Jul.）：37-41.

[3] Ella Schaap. Three Delft Pieces in the Philadelphia Museum of Art[J]，Philadelphia Museum of Art Bulletin，1967，62：294（Jul.－Sep.）：276-291.

[4] 康格温. 建筑装饰文化跨海传播研究：以台湾、星马地区之建筑彩绘瓷版为例[J]. 海洋文化学刊，2008（06）：115-151.

[5] 堀込宪二.日本占领台湾时期使用于台湾建筑上彩瓷的研究[J].台湾史研究，2001，8（2）：84-85.

[6] 陈志宏，涂小锵，康斯明.马来西亚槟城福建五大姓华侨家族聚落空间研究[J].新建筑，2020（03）：30-35.

[7] 王量量，蒋珏瑾.海洋文化影响下的闽南传统民居建筑形制演变探究——以泉州市泉港区南埔镇萧厝村泉成为例[J].城市建筑，2020，17（07）：108-113.

[8] 李岳川.近代闽南与潮汕侨乡侨批馆建筑文化比较研究[J].南方建筑，2016（03）：63-70.

[9] 郑来发.漳籍建筑匠师与台湾寺庙建筑[J].福建史志，2016（01）：41-43.

[10] 缪小龙.金门传统聚落及建筑研究[J].华中建筑，2009，27（08）：224-233.

[11] 蔡馥.浅谈潮汕侨乡建筑——陈慈黉故居之美[J].才智，2014（12）：269.

[12] 周燕玲.新加坡马来西亚与潮汕侨乡建筑审美装饰比较研究[J].建材与装饰，2020（06）：88-89.

[13] 唐孝祥.近代岭南侨乡建筑的审美文化特征[J].新建筑，2002（05）：66-69.

[14] Beckwith, Arthur. Pottery： observation on the materials and manufacture of terra-cotta, stone-ware, fire -brick, porcelain, earthen-ware, brick, majolica, and encaustic tiles with remarks on the products exhibited[M]New York： D. Van Nostrand, 1872.

[15] Powell, Robert. Singapore Architecture： A Short History[M]，Hong Kong： Periplus Editions（HK）Ltd，2004.

[16] Julian Davison. Singapore Shophouse [M], Singapore： Talism Publishing Pte Ltd，2010.

[17]（株）INAX.不二見タイル 110 史[M].东京：（株）INAX 出版社，1991.

[18]（株）淡陶.日本のタイル文化[M].大阪：（株）淡陶，1976.

[19] 梁春光.泉州华侨民居 鲤城卷[M].北京：九州出版社，2015.

[20] 杨思声. 近代闽南侨乡外廊式建筑文化景观研究[D].广州：华南理工大学，2011.

[21] 李岳川. 近代闽南与潮汕侨乡建筑文化比较研究[D].广州：华南理工大学，2015.

[22] 田源. 新加坡马来西亚华侨建筑研究现状初探[D].华侨大学，2018.

[23] 王颖. 潮汕嵌瓷文化与工艺传承研究[D].长沙：湖南师范大学，2016.

[24] 王永志. 闽南、粤东、台湾庙宇屋顶装饰文化研究[D].广州：华南理工大学，2014.

拼贴城市与城市中的城市
基于柯林罗与翁格斯的文本比较评述

蔡祯

作者单位
重庆大学建筑城规学院

摘要： 20 世纪 70 年代，柯林·罗（ Colin Rowe ）与翁格斯（ Oswald Mathias Ungers ）几乎于同年发表城市设计宣言式论著《拼贴城市》《城市中的城市：柏林 绿色群岛》，通过对两人思想与研究成果的比较，从城市设计视角回顾两人的学术争辩，评述两人对于城市破碎化现象解析、理论原型建构、城市网络发展与城市设计框架整合四个方面认知视角的异同，从而为今天的城市设计理论提供多维的参考。

关键词： 柯林罗；翁格斯；拼贴城市；城市中的城市；批判性评述

Abstract: In the 1970s, Colin Rowe and Oswald Mathias Ungers published urban design manifesto-style works "*Collage City*" and "*City in the City: Berlin Green Islands*" almost in the same year.The comparison of research results, reviewing the academic debate between the two from the perspective of urban design, commenting on the similarities and differences between the two cognitive perspectives on the analysis of urban fragmentation, the construction of theoretical prototypes, and the integration of urban network development and urban design framework.Urban design theory provides a multi-dimensional reference.

Keywords: Colin Rowe; O.M Ungers; Collage City; The City in the City; Critical Review

1 引言

柯林·罗（ Colin Rowe ）在《拼贴城市》中围绕着城市肌理[2]，对建筑实体、建筑自主性[1]、文脉主义展开分析，批判了现代主义之后建筑与城市如"白纸般的发展路径"，以拼贴术作为城市扩张的方法，并将其比喻为如狐狸般具有灵活性与自由度的策略[2]。同时期共同任教于康奈尔大学的翁格斯（ Oswald Mathias Ungers ）也提出了城市中的城市：绿色群岛的城市架构策略。通常认为，两者的观点存在本质不同[5]，但他们所想解决根本问题、时代背景、建立框架等相似之处却被忽视——随着现代城市发展，城市空间碎片化现象也因之产生，应怎样看待传统的实体肌理在城市中的作用？更进一步，在同样反乌托邦式的认知视角中，两者对于城市肌理在城市形态发展中又有怎样相同或不同的建构方式？本文将从两人对于相同城市现象认知差异比较开始，《拼贴城市》与《城市中的城市》对于城市碎片化现象的认知视角，比较二人对于城市中"拼贴"的肌理的认

知视角与研究方法的异同，随后比较两人对城市碎片化解决思路的理论原型的差异，分析两人构建的城市网络，最终总结其城市设计框架的区别与联系，最后研究的局限性得到了讨论。

2 文献综述：缺失的比较分析

从研究背景来看，两本著作均完成于两人同时任教康奈尔大学的时期。此时柯林·罗的研究兴趣从单独建筑空间转移到了城市肌理结构分析之中。由于罗认为翁格斯观点可能与他相同，便邀请他从柏林工业大学至康奈尔大学进行共同研究《城市中的城市：城市绿岛》[6][9]由翁格斯、库哈斯等人写作，出版于1977年；而《拼贴城市》由柯林·罗等人完成于1978 年。相同的研究地点与出版时间反映出两人关注的问题与背景存在相关交集（图1）。

目前现有的文献中，《拼贴城市》研究重点在于文脉主义，传统的城市肌理如何镶嵌于现代城市格局之中。在此类研究中，"拼贴"概念更多作为一种

图1 重要事件的时间线总结（来源：根据资料自我整理）

街巷空间、城市肌理操作手法，运用于城市设计之中。另外学者以拼贴城市核心思想为思路，傅韵认为此书的核心是寻找一条"共存之道"，城市应在尊重过去的基础上理性地展望未来。城市的实体拼贴只是城市历史与未来的发展"一种"手段，但并非唯一手段[5]。这说明，这部著作的主题在于提出一种城市可持续发展的方式，但是不否认有其他方式。从这一角度分析，《城市中的城市：柏林 绿色群岛》便是另外一种新的可持续发展观念。

目前国内关于《城市中的城市：柏林 绿色群岛》的研究仍停留在对其基础概念的总结与归纳、历史语境的当代解读等基础认知之上[6]。城市形态发展不应停留在对历史重要元素的简单怀旧上，应对实体与开放空间的尺度规模、密度连接等进一步思考，于是以保留特殊肌理，并将其作为区域发展触媒的城市绿岛模式便应运而生[8]。城市中的城市描述了一种状况——城市中的各部分是分离并各具特色的，然而但又因它们并置的共同基础而结合在一起[2]。

对于《拼贴城市》与《城市中的城市：柏林 绿色群岛》的对比分析，现有研究较少。孙德龙认为，翁格斯与柯林·罗意识本质上是对立的，具体表现为翁格斯将现代城市看作辩证城市（dialectic city）而柯林·罗将其看作拼贴城市（collage city），更深层次则体现出如是美学（as found）与完形美学本质的营造理念差别[5]。然而从两者的文本中，在相同的时代与语境下，无论拼贴或辩证的城市认知，两人均对城市碎片化的历史肌理提出了城市发展设想，故两人的认知论述关系为有交集却又未包含。然而目前尚缺乏详细而系统的辨析与总结，因此为更全面地了解与认知两本书的内容，故对文本展开辨析式阅读。

3 城市中的城市与拼贴城市

3.1 城市碎片化现象认知视角对比

对于城市碎片化现象，从宏观层面上，通常认为是将城市空间中连续的城市肌理"打破或分离成碎片"的过程[11]。20世纪70年代城市面对战后重建危机与挑战，不仅要恢复破碎的城市肌理，碎片化现象更代表着如何在中观与微观层面将城市的历史融入当代新的意识形态之中。

柯林·罗对于城市碎片化的认知集中关注于城市的形态特征与城市意象方面。城市正在用一个看似街道分离、公共空间高度组织化、严谨的格局代替中世纪随机、偶发的世界，从而引发城市出现无法分辨地方性、民间性文化以及批量生产等现象。同时城市的碎片化会导致对城镇景观的造景式营造或对科学的膜拜幻想而产生的超级理性营造，在城市的碎片化修复中无论采用哪种形式柯认为均会丧失城市中的历史图景，导致实体的危机。面对城市碎片化，通过折中地对传统城市进行改造与修复则可以将实体肌理与心理结构吻合，将历史肌理转化为城市的拼贴，方是一条明智的城市普遍肌理发展路线。对于翁格斯而言，城市碎片化现象更是一种政治经济发展过程中的空间投射。由于受到了冷战后西德柏林城市发展强烈影响——彼时的柏林便面临着人口减少城市收缩等强烈挑战，同时也要修补被夷为平地的战后碎片，面对这样的碎片化，仅通过补充建设恢复中世纪的城市肌理不仅无助于减缓人口减少后带来的不良影响，反而是对乡愁的过分迷恋。从1960年起，近十年的现代城市重建形态也反映出依靠大尺度规划作为城市化空间解决方式的无力性——城市化的进程带来街区的整合与封闭，这种城市形态协调与管理的副产品形成了城市的碎片。城市碎片中微观表现为随处可见的城市飞地与城市边界墙等空间元素，同时也包含逐渐衰落的历史空间元素，这些元素的随机分布也便成为城市中的城市。对于该现象的认知，翁格斯将大海与群岛的关系与城市中的城市进行类比，正是群岛与海的清晰对比带来了群岛的清晰框架。故对"城中城"的空间形态来讲，也许应积极拥抱人口减少与空间的剩余生产产生的空间形式，通过整合形态，强化每个中心的个性特征，来明确界线丰富内涵，也可使得碎片化的空间合并成为多元且包容的城市并置。

通过对碎片化实体的观察，使得柯林·罗与翁格斯都将问题聚焦在如何在现代城市中建立城市形象的特征，并且从物理空间上保证城市的传统连续？在同时认为现代主义规划途径对城市的发展进程具有反作用之后，而面对已有的城市碎片，柯林罗的思路为折衷式寻求历史城市中的空间意向与结构和现代城市的组合；而翁格斯则积极拥抱碎片，进行空间特征强化整合，建立城市形态的自然多元并置。

3.2 原型：催化剂

现象的认知差异使得两人看似对城市修复产生了不同的发展路线，然而对城市设计问题的原型选择，他们都体现出对建筑自主性的充分自信。柯与翁不约而同地主张尽可能在建筑自身范围内认知与研究美学性与技术性问题[8]。后来Pier Vittorio Aureli也称这种趋势为"绝对建筑学（Absolute Architecture）"，在前言中他解释到"存在一种统一的解读，使得建筑形式自身作为构成理想城市的目录式索引"从这个角度来看，二者都将某种建筑形式

当作城市形态延续或发展的催化剂[3]。

在《拼贴城市》这本书中，柯林·罗并未直接指出其拼贴城市的建筑形式的目录索引是什么，也许我们可从《拼贴城市》的扉页中虚拟城市平面图找出一些线索，柯林罗称之为"历史与传统的成见"（Parti and poche），这种古典包扎体系下的延续——建筑实体与虚体关系解读，是柯林·罗心目中"建筑形式"作为理想城市的索引。Parti 是古典建筑中对轴线的控制与分析，而poche 则是指不同大小厚度的"墙体"构成联通的建筑平面的虚实表征。作为城市的索引，本质上是建筑形态在城市化平面中的放大性解读，从城市的角度来看城市的parti 指从传统城市出发的轴线关系，区域的poche 也是不同大小厚度的"城市实体"构成城市的贯通系统。柯林罗的原型则将古典建筑中轴线与空间中"空"的关系作为城市发展的原型，通过不断的联通与实体肌理填充使得城市延续传统城市被"切割"出的空间特征与美学感知（图2）。

对于翁格斯"城市中的城市"的原型索引，则具体体现在海与群岛的辩证关系上。一方面，选择"特殊的群岛"，对城市建筑体在美学、政治学、社会学价值框架下，寻找可成为区域发展的触媒性空间元素，随着城市发展，原型成为区域象征性空间。另一方面创造巨大的海，在人口减少的城市结构中进行删除式设计（the design of decay），增绿留白[9]。为了使得城市地区的发展辩证而互补，形式上与特定范围内其他的部分不同且对立。最后在原型尽量采用清晰且简明可读的"有限形式"（finite form），在整体框架下允许居民的自我改造，从而向内丰富空间形态[7]（图3）。

图2 罗马平面图 柯林·罗的空间原型参照
（来源：Rome: urban formation and transforma-tion）

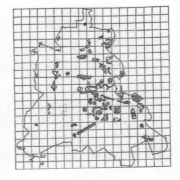

图3 柏林群岛的碎片原型
（来源：The City in the City: Berlin: A Green Archipelago P73）

3.3　城市的空间网络

从拼贴城市理论中，柯林·罗将城市空间网络结构也由城市肌理中作为图的公共空间的虚体与作为底的建筑实体通过形态互动来体现活力。同时虚体在某种意义上可以认为是城市空间中一种积极的实体，从城市设计视角来看，正是通过公共空间的三维图式表达，与建筑实体的拼接与拼贴，从而建构城市网络[11]。从这一角度看，以公共空间的虚体的三维空间图式表达某些传统城市的空间感知，将一系列柯林罗称之为具有特征的场域（fields）[2]，如广场街道、园林相互拼贴与串联，从而调节肌理的虚实比例、正规场形态程度与密度。在柯林·罗参加的被打断的罗马竞赛中（Roman Interventions），柯林·罗正是运用虚空间肌理碎片组织、轴线拼贴、肌理连接三个具体的操作，将罗马七山中的其中三山Avetine Hill、Palatine Hill 和caelian Hill与还有两个重要区域——大学城区域罗马斗兽场进行有机串联。在碎片组织上，场地内每个山体均利用古典场域原型作为城市肌理发展的网络原型参考。Avetine hill 依据沿河等地理特征进行适应。Palatine Hill 由于其周边复杂的地形与遗迹，故选择巨构建筑虚空间通过植入园林、台地与连续柱廊作为尺度感知的调整。轴线连接主要作为拼贴的主要景观视觉通廊望向圣彼得大教堂广场轴线，与台伯河垂直轴线互为参照。

尽管翁格斯认可柯林·罗城市网络中街道、广场和公共空间重要的组织作用，然而在群岛理论中他并不认可通过拼贴城市，将普通城市肌理与重要意向性肌理（identical fabric）形态逐渐趋同化来建立联系的逻辑。"城市修复否定了一个事实即大多数地区已成为废墟，移除表现不佳的城市组织并将它替换成一个自然的中性场地，反而是一种强化保护的街区二元化的手段"，这种强化手段在其早期实践中称之为"对存在元素片段式选取作为中介"（photograph existing eliment as new intervention）[8]。旨在建立一个城市抽象的分类系统：如防火山墙的分隔节奏、城市建筑体的构成分析等，以上区别于二维肌理，为三维最微观且底层的空间逻辑。这些空间分类是城市日常性的体现，具有某些集体性特征，也反映出了当代公共空间和集体空间的形式组织。建立这样的分类后，一种匿名性的纪念感也可不通过广场、纪念碑等传统的象征性元素所体现。故在组织空间时，采取简洁的空间形态作为日常性、匿名性的体现成为翁格斯的正式的空间语法（fomal grammar）。从他在柏林的Tiergarten Viertel区的城市设计中，面柏林音乐厅与德国国家画廊，翁格斯未采用重组的概念，而用6个完整体量的自主单元强调现状，对比并突出了该地区组合并置的碎片化状态。每个单元作为大街区将混合功能置入其中同时又是对日常性空间的反映，用简洁空间与表现日常性的纪念性成为其城市网络的组织语言即关注日常美学的非理想化投射（图4、图5）。

图4　实体与虚体相互转换网络
（来源：https://lookingatcities.info/）

图5　翁格斯柏林 Tiergarten Viertel 城市设计方案
（来源：The City in the City: Berlin: A Green Archipelago P158）

3.4　拼贴术与群岛理论：作为城市设计的框架

从今天视角回顾，两人无论以"拼贴术"还是"群岛理论"发展而成的城市设计框架建构，均存在不足，且共同选取了"参照"思路作为城市设计的思路。但笔者在比较后发现两人在以参照先例作为城市实际的大框架时，二者仍然存在细微的差别。于柯林·罗而言，这种参照是对城市中历史肌理历史实体和所围合成的三维虚空间的参照，试图从轴线、与空间建立虚空间的连接，而形成对传统城市空间秩序的某种参考。但从选择上也可发现选取时候主观性较为强烈，且存在某些地区缺乏历史积淀而缺乏参照的情况。对翁格斯来讲，这种参照在群岛理论中分为两个步骤，首先根据日常意识形态建立一个空间抽象分类系统作为城市空间体系的参照，其次为了提高每个群岛的相异性，翁格斯将每个部分与其他城市项目范例进行类比与对标，将部分群岛形态与城市的整体平面做类比，意图在更大范围内寻找到群岛策略的潜在形式，同时不同于《拼贴城市》的类比，一些抽象形式的建筑也被提出，旨在提供一个群岛内建筑的可识别性范例与触媒（图6）。

从城市设计中的管理与控制而言，柯林·罗将其称为"狐狸与刺猬"的游戏。在他的定义里，狐狸代表多元论的城市控制方法，大量的积极因素随着城市发展而被吸收融合。尽管从城市控制论的角度来看两人都应被视为"狐狸"式的方法，然而在城市中的城市的群岛理论中，城市的设计控制仅为对群岛边界与内部公共空间致密化原则，群岛周边的"海"被视为非正式的自组织绿色流动空间。这些区域被想象成森林、农田、花园和岛屿居民或那些选择在这个非正式的临时栖息地生活的人的任何自组织活动的空间。从这一视角，岛屿中的绿色区域是与城市化完全对立的两面，一种更加自由、自组织的形式。

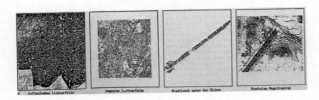

图6　翁格斯城市设计中的参照与并置肌理
（来源：The City in the City: Berlin: A Green Archipelago P89）

4　研究结论与研究局限

本文对同时期的两本城市设计中宣言式论述著作《拼贴城市》《城市中的城市：柏林 绿色群岛》进行了对比。从对城市现象认知、理论原型、城市网络建构与城市设计框架四个方面对其进行了比较。对于城市碎片化的认知，两人共同均反对现代规划手段进行城市开发，因此奠定了比较的基础，柯林·罗认为城市碎片化带来了城市公共空间偶发性丧失，并且将导致传统城市的衰落；而翁格斯将危机视为机遇。对于理论原型，两人均认同以建筑逻辑形式作为城市发展的原型与索引，然而在原型建构阶段，柯林罗尝试以古典建筑的空间原型作为索引，而翁格斯寻求更简洁而具有更多可能性的现代形式。在城市网络建构阶段，也是两人的根本不同，柯林罗将城市碎片、轴线肌理连接作为城市发展网络方法，试图形成与传统城市建立联系的拼贴城市；而翁格斯强调的是本质的"空"与"实"，用简洁的城市网络发展对比并置传统城市的碎片，形成一种日常纪念性反差。对于城市设计的框架与控制，两人都采用了参照与对标作的建构方法，但其中存在细微差别，一种为参照建立联系，另一种为参照作为类比。同时均作为"狐狸"的多元论城市设计者，翁格斯的"如是美学"观使得他对于城市的控制更加自由且随意。但也正是由于此，导致目前他的设计思想存在着较大的争议（表1）。

作为如今的城市设计者，比较二人学术论著我们可以切身体会同在20世纪70年代的学术争鸣与理论思辨。对于柯林·罗来说，也许是沉迷于古典空间形式而使得城市空间形态成为平面的游戏？对翁格斯而言，尽管提出了符合如今紧凑发展的城市战略，多元并置发展下是否又将引起一番新的城市土地利用危机而导致每个群岛的形态缺乏多元特征？也许此次比较最大的意义便是探索比较了不同的城市设计理论，

柯林·罗与翁格斯的研究对比　　　　　　　　　　　　　　　表1

研究者	碎片化现象认知视角	空间原型	城市网络	城市设计理论框架
柯林·罗	碎片化来源：新旧融合的城市扩张 问题：公共空间偶发性丧失 后果：建筑实体危机	建筑作为城市设计的原型索引，其中原型为古典建筑的空间体系与轴线结构	纪念性网络，以古典建筑虚空间的三维拼贴方式组织纪念性城市网络	参照性思路的多元融合城市设计框架；城市设计管理控制力适中
翁格斯	碎片化来源：城市收缩内生动力不足 问题：公共空间飞地、公共空间衰落 后果：建筑实体危机	建筑作为城市设计的原型索引，其中原型为有利于自适应发展的建筑架构体	日常性网络，以匿名生活体型学分类与并置，建立新生于旧的日常性城市网络	参照思路的城市设计框架结合类型学分类体系；城市设计管理控制力较为自由

为今后更加综合的城市肌理操作与设计提供智慧的种子。

参考文献

[1] 童明. 城市肌理如何激发城市活力[J]. 城市规划学刊, 2014（03）：85-96.

[2] [美]柯林·罗, 费瑞德·科特. 拼贴城市[M]. 童明译. 中国建筑工业出版社, 2003.

[3] 王群. 柯林·罗与"拼贴城市"理论[J]. 时代建筑, 2005（01）：120-123.

[4] 傅韵. 寻找一条"共存"之路——简析柯林·罗的《拼贴城市》[J]. 华中建筑, 2007（02）：44-45.

[5] 孙德龙. "绿色群岛"城市概念的历史语境分析与当代解读[J]. 建筑师, 2016（01）：62-70.

[6] 李丹锋. 一个都市宣言的重启：《城市中的城市；柏林：绿色群岛》[J]. 建筑学报, 2015（01）：115-117.

[7] 朱佩娟, 贺清云, 朱翔, 崔树强, 吴小双. 论城市空间破碎化研究[J]. 地理研究, 2018, 37（03）：480-494.

[8] Pier Vittorio Aureli, The Possibility of an Absolute Architecture, MIT Press, 2011.

[9] Ungers, O. M.（Oswald Mathias）, Koolhaas, Rem, Riemann, Peter, etc. The City in the City: Berlin: A Green Archipelago[M]. Lars Müller Publishers, Zürich, 2013.

[10] Julia Walker（2015）Islands-in-the-City: Berlin's urban fragments, The Journal of Architecture, 20: 4, 699-717, DOI: 10.1080/13602365.2015.1075226.

[11] Pedro Vasco de Melo Martins. Rome: urban formation and transforma-tion[J]. Urban Morphology, 2018, 22（2）：173-174.

知觉的后颈
探析人类造物进程中消失漫游的物我世界

张菡　刘剀

作者单位
华中科技大学建筑与城市规划学院

摘要： 对物质的盲目崇拜伴随时代发展如大浪冲刷般更替城市表象、刺激人类生活。人类以造物者的姿态开启建设的大门，以竞速的形式疯狂物化人类的感官体验。结合历史理论与具体案例，看从初期工业革命发展至当代虚拟现实、人工智能技术应用热潮背后的物我关系，探析全面信息时代背后的危机，这也许正无意搭建起人类知觉的后颈，即最终成为这个进击时代背后的致命弱点。通过对人类造物活动历程反思，对当代智能化造物活动进行前瞻式探讨。

关键词： 物我关系；造物；知觉；智能化；危机

Abstract: With the development of the times, the blind worship of matter replaces the appearance of the city and stimulates human life like a big wave.Human beings open the door of construction as a creator, and crazily materialize human sensory experience in the form of racing.The relationship between things and people is analyzed by combining historical theories and specific cases, from the initial industrial revolution to the contemporary virtual reality and artificial intelligence technology application boom.And it implies the crisis behind the era of comprehensive information.This may be unintentionally building the back neck of human perception, which will eventually become the Achilles heel behind this offensive era.Through reflections on the process of human creation activities, this paper makes a forward-looking discussion of contemporary intelligent creation activities.

Keywords: Relationship between Things and Me; Creation; Perception; Intelligence; Crisis

1　物的溢出

1.1　工业时代的启蒙

伴随19世纪末的第二次工业革命，技术物替代手工制品登上历史舞台。工艺美学的淘汰孕育人类对自然物征服的思想，现代主义连同工业生产一起掀起了时代的巨大建设狂潮。"装饰就是罪恶"[1]的论调下，人类以造物者的姿态控制物质的批量生产，笃信现代主义思潮下的未来城市必然以摩天大楼、高速工业转机、简洁又充满理性的形式感构图将"量"的可积与"技"的进步毫无保留地展现出来。从1927年德国导演弗里茨·郎拍摄的第一部科幻电影《大都会》（图1）可见一斑：巨大的工业烟囱、形式单一的芝加哥窗、充满"包豪斯"[2]风格的日常用品。

图1　电影《大都会》片段截选
（来源：电影截图）

而现代主义的理性在发展到高峰之时伴随20世纪70年代圣路易斯社区的崩塌[3]转向了关注城市物质空间和真实生活多样性的"后现代"。对人情化、个

---

①　"装饰就是罪恶"盛行于现代主义时期，主张去除建筑冗余装饰，为阿道夫·路斯的理论。
②　"包豪斯"一词是瓦尔特·格罗皮乌斯（格罗佩斯）创造，主张用用理性的、科学的思想来代替艺术上的自我表现和浪漫主义。
③　该事件被后现代建筑理论家詹克斯宣布为现代主义建筑的"死亡"。

性化的关注抹去了科学技术理性的光辉，也用一种更自由的态度间接刺激了后现代的欲望都市，促使了消费时代的诞生。但无可厚非的是，人仍作为主角操控着世界物的秩序。

1.2　劳动的异化

随着劳动和分工发展，人与人在劳动中的分工、协作关系扩大，在对自然界改造得越是成功的背后，财富累积导致阶级的出现，人与人关系的对立冲突愈加尖锐。普通劳动的生产成果在经历一系列社会发酵后变成了主宰、奴役和压迫劳动者的利器。原本自觉的劳动活动成为一种外在压力下机械运作的活动。在拉美特利《人是机器》中就曾说，"人体是一架会自己发动自己的机器：一架永动机的活生生的模型。体温推动它，食料支持它。没有食料，心灵便渐渐瘫痪下去，突然疯狂地挣扎一下，终于倒下，死去。"而人类的本质，也从一种包括人与自然自由相处变成了异己与维持他人生存的手段。

这个时期，人对自然的改造达到了前所未有的程度，但"与这个社会阶级相比，以前的一切社会阶段都只表现为人类的地方性发展和对自然的崇拜。只有在资本主义制度下自然界才不是人的对象，不过是有用物。"①这些都充分表现了人类造物文明中那些神话般的自然哲学思想已然转向，自然界从被崇拜和神化的对象变成了造物的资源，甚至连人本身也沦为机器，通过营建出的造物世界与原生自然界对抗。

1.3　消费社会的引导

"社会活动固定化，我们本身的产物聚合为一种统治我们，不受我们控制，使我们的愿望不能客观并使我们打算落空的物质力量，这是迄今为止历史发展的主要因素。"②"物质丰盈"与"消费社会"在市场上达成了某种契合。其雏形在1982年上映的电影《银翼杀手》（图2）复杂的城市空间可析，整个城市基调全然不同于《大都会》时期：街道被光怪陆离、缤纷霓虹据满，人潮涌动在灯红柳绿、商铺招牌之间的甬道上（图3）。新与旧的并置、东方与西方

的杂糅、多元拼贴的时代诉说了消费时代人群意志中的复杂与彷徨。"消费存在论"使我们在消费中不断达成自我接受自我认同的形象③。鲍得里亚认为消费的真相不是对物的占有和利用，而是从获得的占有物中找到一种符号传承。这种以"符号"物化精神的存在，促成当今时代流行"颜值偶像""小鲜肉"等顶流明星。美貌作为一种物被人群消费，传达出符号的意义。而这个时候的物不仅仅是人类选择用于生产生活的附属品，已然具有自我意识，能够作为符号存在，成为不同阶层人群划分的身份象征。

图2　电影《银翼杀手》片段截选
（来源：电影截图）

图3　光怪陆离的消费都市——Serge Mendzhiyskogo 艺术家新视角城市景观作品　（来源：网络）

---

① 引自马克思《资本论》。
② 引自马克思《论意识形态与其现实基础》。
③ 引自鲍曼《后现代性的通告》，里面谈到"消费性的选择在当代社会中扮演了某种极为中心的角色。现代人乃是持续不断地在新的城市空间和初生作起的消费文化中理解生活体验以及努力创造他自己的人。"

2 物的异化

2.1 具象边界的消失

随着信息技术与全球化的步伐，物质空间在世界范畴内愈趋均质。假设我们初次到达了上述城市中某一个不太熟悉的地方，我们也不会深究这个地方与其他地方的距离、边界在哪里等问题帮助我们了解这个地点，城市体验往往能达到同等流畅、迅捷。可见，跨地域、跨文化圈提供的城市体验基本一致，当我们对于地理区域的必要性提出疑问，或许也就印证他们的差异性越来越小。这一点为具点之间相互的流通带来了切实的便利。物质串联社会构成的核心力量能打破人群的限制。复杂的具点则包容着复杂的群体流动。

在张永和先生《小城市》一文中"旅馆大堂又是办公楼门厅，餐馆又是职工食堂，商务中心又是宿舍的物业管理，旅馆的会议室是某局会议室的出租。楼内每一个空间都具有双重身份。"既作为旅馆职能复合体，又作为政府办公复合体的深圳某大楼的复杂城市片段，其建筑本身在空间位置层面实现了人群伴随社会活动与多义性物质在现实操作层面达成了有目的、可反复的位移、交换和互动。而该建筑也被作为微型城市案例之一，是否说明了城与城之间，在基本的平等基础上也能实现类似的大范围内流动的平衡。终极城市化进程的结果是无区域划分的城市，既各具象的点内物的资源分配近乎匀称齐全，而边界在具点与具点的连线冲击下变得模糊。

《海上钢琴师》中的音乐天才蒂姆·罗斯在试图走下轮船的阶梯时迷失（图4），他对于网格状的无边尽的城市途径产生了深深的不安定感，通过西方电影艺术真实表现当代城市理性均质的构成秩序与无限扩张的构成力量。再说当代的快速交通体系与高速信息网路的介入对传统城市的破壁作用。交通和信息从时间维度破除了空间的距离感，传统意义的地理限制对大部分人类活动的影响逐渐减弱。这种调动空间的可能性使得我们常常感觉到具象的点无处不在，而原先清晰的边界给予人类的分寸感已然消逝。

2.2 抽象关联作为物体存在

以历史的建筑审美思潮为例，其空间美学所历经的变化就从强调审美主体的宏伟古典逐步迈向了流动、解构、后现代、散乱、突变等，如此审美文化诱育了愈发新颖的设计走向。如立体主义画派代表毕加索试图通过不同的画面碎片以表现时间的持续性和空间的延续性，有意刻画出时空混合、动态流动的状态（图5）。对于雅典神庙与古根海姆博物馆（图6），前者在比例的静态美学和精美的人工雕刻中达到极致，而后者却是一场空间美学动态的追逐。在新建筑中，古典艺术的静态构图破碎，取而代之的是人体"漫游式"的空间经历。

图4 电影《海上钢琴师》片段截选
（来源：电影截图）

图5 毕加索立体主义代表作品《格尔尼卡》
（来源：网络）

但在最初，建筑本身就是一场"身体"与"整个存在"的互动。只是先进的当代材料与新兴科技重新为身体行为从"习惯"被空间形塑、"下意识"感知中解脱出来提供机会。[①]较为著名的案例如上海世博会英国馆"种子圣殿"（图7），其外部6万余根伸展的亚克力杆，墙体与身体愉悦互动的过程成就

---

① 原概念取自斯蒂芬·霍尔基于现象学的建筑实践——悬置观、知觉体验观。

了建筑空间的主要意义。而"悬置既定建筑观"[1]是"综合知觉体验建筑"的前提，通过视觉、触觉、听觉、嗅觉和味觉、动觉来综合性地感知建筑物的存在，"使设计过程成为一种关于计算而非符号的问题"[2]。

图6 雅典神庙与古根海姆博物馆
（来源：网络）

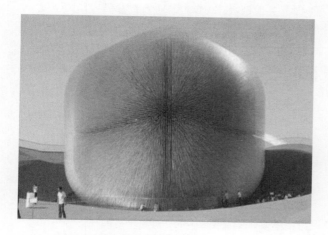

图7 上海世博会英国馆"种子圣殿"
（来源：网络）

3 物的反噬

3.1 信息革命时代对虚拟现实技术应用热潮的反思

与工业革命类似，20世纪末期的"第三次技术革命"使互联网技术得到广泛运用。当代信息技术已经对空间维度提出了新的挑战，网络能即时联系各种地点，虚拟世界在未来完全有能力给予我们同样真实的空间享受。从虚拟现实（VR）至增强现实（AR）、混合现实（MR）应用的不断普及，在传统的物我世界观内通过精密的信息重建再现了足以混淆人体知觉的编织式新世界。而城市作为容纳人群聚集体的必要载体，人群活动与物质追求是否可能在更高维度成为最终产物？正如电影《黑客帝国》中看似稳固的信息技术下信息时代借由机器让我们对"灵与肉"提出问题。

3.2 人工智能时代对智能化应用热潮的反思

试想当网络信息完全填补现实空间障碍，人工智能技术在各个行业全面渗透、代替大脑完成精准复杂的工作。与人下棋博弈的机器人不是算法不够输给人类，而是拥有超前意识而"故意输给人类"。人类的对于物的崇拜、符号的消费、自我价值的认同都将在那时完全湮灭……当代社会中哲学科学的应用需求在如今智能化建设道路中比技术应用更为急切。否则稍不留神，这场数字游戏最终将会驾驭人类伦理与认识观，在"人"战胜"机器"的陈述中完成主客转换。

4 知觉的后颈

4.1 消失漫游的物我世界——以中国当代建筑装置影像展未知城市为例

基于时代演替下的三种物我关系的梳理2019年中国当代先锋设计师们汇聚深圳市坪山美术馆的建筑装置影像主题下的作品，可发现其中包含着丰富的物我关系讨论。物我的主客关系随着人类知觉体验的不断拓展进行两者的互相辩护与更新（图8）。

---

① 原概念取自斯蒂芬·霍尔基于现象学的建筑实践——悬置观、知觉体验观。
② 引自杨宇振《景观作为空间语法》。

图8　2019 "未来城市" 建筑装置影像主题下物我关系讨论（来源：图表自绘 + 网络图片）

（1）单纯对自然物或技术物的崇拜（图8-A）：王澍《未知花园》、董功《GB 50016—2014 6.4.5-3》直接对物的自然质性再现；或孟建民《未来穴居》、冰逸《扫描夜空：高山化为流水》转移意识于自然形态之上，利用一种万物生而"无题"的形态体现出空间设计的内涵；祝晓峰《云集城市》作品通过有限的图幅收纳庞大的数据信息构建未来人居，打造由像素化结构拼合的可持续的物的累砌；王子耕《黑色玛丽》、许东亮《数字大院》、周长勇《陆家嘴》直述技术物本身的建构魅力。

（2）通过"悬置体验式过程"（图8-B），激发物体多样化的显示、与人体知觉相连接，进行再创造与变态异化：如张永和《寻找帕拉迪奥》借助动态分镜场所空间，通过独立动线展现城市复杂的生命特征；魏春雨《出入》空间装置如一团迷雾，诱导惯性之外、想象之外的事件发生——用新兴材料、高技手段集结身体感官再塑空间行为的过程。

（3）最后，未来城市在信息时代的变革得到正视（图8-C）：如唐康硕、张淼《后连接》中强调未来多向度流动城市与时空分配的碎片化；卜骁骏、张继元《三秒钟的超现实主义都市》同样以极具张力的片段形式标识数字时代被极度压缩的时间和空间；

张之杨《城市大脑》使人在穹顶式数字屏幕包围下切身体验当代互联网急速扩张下人类与机器对峙博弈的过程。

4.2 信息时代的黑匣子

在此，以"进击的后颈"一词喻进击时代人群在瑰丽的消费世界、信息爆炸的虚拟世界疯狂输出的同时，也暴露出背后"主客颠覆"的致命弱点。

从传统角度来说，早于1940年阿西莫夫提出"机器人三原则"起人类对于智能化的制约就表达出人类通过科学理性主导造物秩序的理念。而在信息时代的同步更新中，研究者也需要同步理解智能的新定义、给出新概念与新规则，再与世界发生互动。由此，人类有必要对大数据驱动的人工智能进行预判及决策，通过建立新的关系让数字环境作为载体适应人类生活，而非本末倒置。而作为人类立身之本的人类精神，在当代猛烈的信息冲刷下是否能持续构建一个被众人认同、遵守的本体法则，这将是至关重要的研究课题。人类作为主体存在的新理念、新方法将会为物我关系的重新认识带来新的定义，也会对新时代的信息构建系统提供指导意义。

从前瞻性角度来说，智能化的不断发展是人类文化不断进步的结果。虽然目前人的自主性还远远高于被人工组建起来的智能系统，人思维中的非线性特征使人在处理事件的方式上更具弹性和不确定性，但难以保证未来算法进步后的现象是否发生逆转。一旦意识脱离肉体成为独立的存在物，人类千百年以来之所以为人的意义也将不复存在。但在跨空间的互联网信息时代，独立于身体的自我意识成为事实，线上空间成为另一世界人类文明搭建起来的信息巨塔，人的社会性在这样的空间内被充分强化。与此同时，个人隐私信息空间也应该在更为严格的全球网络治理管控下被重视、被保护。

而在人的本质需求、实践与社会关系的总和条件下[①]，物我关系的守恒始终会达成内部的辩证统一。在世界不断发展、诱发人类需求变化的过程中，人类的实践形式也会积极变化、使环境更适应人的生产活动，人类社会关系也随之改变。相信通过包容历史性的传统思维与前瞻性的创造思维共同指导当代社会发

---

① 引自马克思《关于费尔巴哈的提纲》对人的本质的界定。

展，人类将在造物活动中找到物我关系最有益的结合点。

参考文献

[1] 许斗斗. 休闲、消费与人的价值存在——经济的和非经济的考察[J]. 自然辩证法研究, 2001（05）: 50-53.

[2] 杨宇振. 景观作为空间语法：流动性与设计转向——从景观都市主义谈起[J]. 建筑师, 2012（06）: 5-9.

[3] 刘建洲. "我消费，我存在"——影像生存及其问题[J]. 当代青年研究, 2004（01）: 27-33.

[4] H. 波瑟尔, 刘钢. 人文因素与技术：事实、人造物及其解释[J]. 哲学译丛, 1999（03）: 3-5.

[5] 舒红跃. 人造物、意向性与生活世界[J]. 科学技术与辩证法, 2006（03）: 83-85.

[6] 李德毅, 刘常昱, 杜鹢, 韩旭. 不确定性人工智能[J]. 软件学报, 2004（11）: 1583-1594.70-75.

[7] 罗嘉昌. 从物质实体到关系实在[M]. 北京：中国社会科学出版社, 1996.130, 89.

[8] 科尔. 科学的制造——在自然界和社会之间[M]. 上海：上海人民出版社, 2001.

[9] 张永和. 小城市. 作文本[M]. 生活·读书·新知三联书店, 2012.

[10] LEMMENS P. Bernard Stiegler on agricultural innovation[C]//ROMANIUK S, MARLIN M. Development and the politics of human rights. Florida: CRC Press, 2015.

[11] 赵大鹏. 中国智慧城市建设问题研究[D]. 吉林：吉林大学, 2013.

[12] 华霞虹. 消融与转变[D]. 上海：同济大学, 2007.

[13] 冯琳. 知觉现象学透镜下"建筑—身体"的在场研究[D]. 天津：天津大学, 2013.

[14] Weiying Qi. Research on Art of Artificial Intelligence from the Perspective of Symbolic Aesthetics[P]. Proceedings of the 3rd International Conference on Art Studies: Science, Experience, Education（ICASSEE 2019）, 2019.

[15] Pinlei Lv, Yong Liu. Research on Agriculture-

based New Media Art Creation in the Internet Context Taking the Popular Science Film "The Secrets of Fields and Balcony" as an Example[P]. Proceedings of the 3rd International Conference on Art Studies: Science, Experience, Education（ICASSEE 2019）, 2019.

[16] Fish, T.' AI BREAKTHROUGH: Scientists Build 'Self-aware' Robot Able to REPAIR ITSELF' [OL]. https://www. express. co. uk/news/science/1087888/artificial-intelligence-self-aware-robot-arm-ai-columbia-lipson, 2019-02-18.

专题二　建筑教育

本科课程设计指导中的自然语言
——以"城市建筑综合体设计"课程为例

周晓红 孙光临 陈宏 王蕾 连慈汶 谢振宇 戴颂华 汪浩

作者单位
同济大学 高密度人居环境生态与节能教育部重点实验室·生活空间实验中心

摘要： 本文以本科三年级"城市建筑综合体设计"课程中，学生与指导教师的一段自然语言为观察对象，分析了双方所用词汇的词频分布情况，指出了课程设计指导语言的离散性特点。

关键词： 课程设计；指导教师；本科生；自然语言

Abstract: This article takes the natural language of students and instructors as the observation object in the 3rd grade "Architectural Complex Design" course of the undergraduate, analyzes the word frequency distribution of the vocabulary used by both parties, and points out the discrete characteristics of the curriculum design instruction language.

Keywords: Course Design; Mentor; Undergraduate; Natural Language

1 前言

在2019中国高等学校建筑教育学术研讨会投稿论文中，笔者基于建筑学课程设计指导教师自然语言对本科生建筑设计能力巨大影响的考虑出发，尝试通过把握教师指导设计的自然语言特征，从信息源（之一）的方面，来窥探初入行学生如何通过接收外部信息源——"学习"，来逐步提高个人建筑方案设计能力。因此，笔者搜集整理了XX大学建筑与城市规划学院"城市建筑综合体设计"指导教师的讲评（自然语言），提取其中的"实词"进行了统计分析，并粗浅地猜测：可能务"实"相对"懵懂"时期的本科学生更为合适一些[1]、[2]。

"城市建筑综合体设计"是XX大学建筑与城市规划学院建筑系三年级春季学期设计课程，任务书内容包括商业、旅馆、办公，历时18周，8学时/周。在XX大学，"城市建筑综合体设计"上衔三年级秋季学期的"博物馆设计""山地俱乐部设计"，下接四年级秋季学期的"城市设计""住区规划设计""共享建筑"等分专题设计，是在学生一至三年级功能认知——如"住宅设计"、空间认知；如"博物馆设计"、环境认识；如"山地俱乐部设计"等之后，对功能、空间、环境等的整合。该课程结束后，学生已接触到绝大部分常见民用建筑类型，也代表着建筑设计通识性教育在XX大学的教学安排上告一段落①。

但是，在本年度同一本科生设计课程——"城市建筑综合体设计"的指导过程中，笔者发现，指导教师就某一问题进行的解释、指导，有时存在：听讲学生听懂了字面中国话，但却并不能在头脑中形成正确、抑或大致正确的映射，无法获得共鸣，更无认可可谈，即教师们常说的"没有理解"。换句话说，"理解"是不是也是不"务"实的说法呢？在建筑学专业本科三年级的后半阶段，学生们的设计"理解"是否是一种可以外窥的"物理"结构呢？

本文即以XX大学建筑与城市规划学院建筑系三年级春季学期设计课程——"城市建筑综合体设计"为例，通过事例，尝试说明是否在指导教师自然语言的信息刺激（明确的、无误的）、与学生设计思维的意识形成之间，是否可能还存在着其他某些链条，是目前不被大家所知，或者因熟视无睹，反而被大家忽略掉了呢。

---

① 三年级春季学期末，进入"研究生推荐免试"阶段，需对学生各科成绩进行总排队，其中，课程设计成绩核算至"城市建筑综合体设计"。

2 记录

本次教学某班级有20名学生[①]，配置的3位指导教师，均曾连续指导本专题课程设计10年以上（表1）。

指导教师与学生分配情况（来源：自绘） 表1

教师	性别	年龄	教龄	指导学生
甲	男	53岁	20~30年	8人
乙	男	56岁	30年以上	6人
丙	女	54岁	10~20年	6人

本文即以1组学生（2位女生）一草（2020年4月20日）方案汇报阶段，1位学生的汇报，3位指导教师的点评为例，观察双方自然语言的词汇使用特点。

学生A方案介绍：

"用两个庭院组织综合体。北侧针对社区，南侧针对商业部分。酒店在东侧，办公在西侧。

从北侧看，办公1层是门厅，2层高，商业架在3层以上；酒店3层以上为商业，底下是运动、早餐等。

（本案）用2个庭院将各种各样的活动、人流编织在一起。

从西北入口进去以后，可以（通过庭院内楼梯）上到一个平台。这个平台是可以为社区居民服务的一个空间，（掉头）可以上到这一块平台（北侧建筑物屋顶）。这边（北）3个体量主要是一些社区服务用的，这边（西）是办公的部分。如果他们想去商业，可以通过（地面）通道通到另一商业体量，可以进行一些活动。同样2层也是有一条直接的通道可以是连接庭院与商业的部分。

……"（图1~图4）

指导教师甲点评：

"大的构成逻辑、布局逻辑没有问题。

办公部分门口回车空间可能不太够，除非不考虑回车，但是从办公空间的档次来说，应该考虑。（插入学生提问，回答）汽车入口距离交叉口距离是由规范、规划设计条件决定的，可做汽车入口范围与入口位置是两个概念。一般*100*米宽的城市主要道路要求

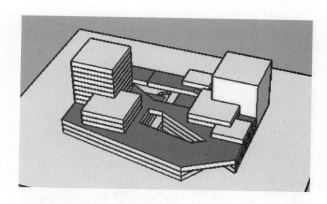

图1 南侧鸟瞰（来源：王蕾、连慈汶）

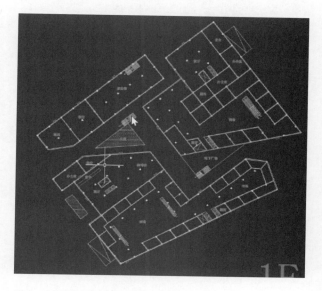

图2 1层平面（来源：王蕾、连慈汶）

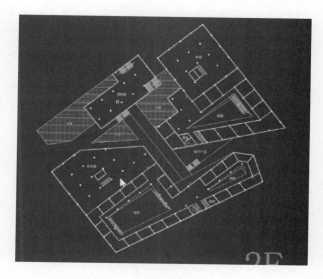

图3 2层平面（来源：王蕾、连慈汶）

[①] 本次任务书要求，2名学生自愿结合，合作完成1个设计方案。每班配置3位指导教师，每位教师指导6~8人，计3~4个方案小组/教师。

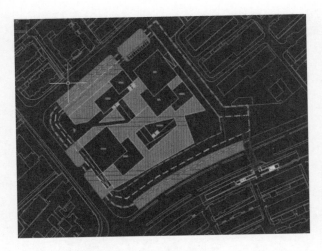

图4 总平面图（来源：王蕾、连慈汶）

严格，但是小一些的次级道路没有那么严格。

最大的问题有两个。一个是办公、酒店部分到上面各层平面时，办公与商业是混在一起的，这个不是说不可以，需要注意，纯办公或纯客房，它们的层高和商业是不一样高的，与将裙房部分全部给办公使用不是一个概念。当然，如果说裙房部分全部给办公可不可以，这个肯定是可以的，但是，如果考虑这个是纯办公，或是纯商业，两者的层高是不一样的，商业的层高是要求比较高的，办公的层高不用那么高，宾馆客房就更低了，这个要注意。

……"

指导教师乙点评：

"看一下1层平面，总的来讲，中间区域还是要适当放大一点，因为主要流线是由西北至东南，有两个院子，两个院子是由中间区域连接起来的，中间的区域的空间似乎可以做得再丰富一些，现在相对来讲就是一个墙、一个地的关系，这个区域是牵扯到以后两个空间过渡的一个相互渗透的一个关系。

第二个就是商业部分（西南部分），里面到底是什么，如果是中庭，那么图底关系肯定是弱的，公共空间和商业经营面积实际上是有一个比例的，那么较厚的话，那么就变成双面店铺或者怎么样，如果双面，那么另一面怎么办？是从街道进来还是怎么样，要让商业面积适当增加，如果做了很大的公共面积，如果有讲法，如旱冰场，那是另一回事，总体来讲。从底层来讲，商业面积和公共空间，包括室内外公共空间，其面积的配比，下面要注意。

……"

指导教师丙点评：

"平面已经暴露了一些问题，就如同前面老师所说。总体感觉，还可以将自己思路的主线再提纲挈领一下，方案做起来会更有指导性。比如说，沿着北侧是一层层向上走的三角形空间，对着天空，天际线是一个凸空间；然后翻到西南测。你的方案实际上是中间一条线，上下一分二，上下2个三角形，上面的三角形是一个向上走的凸空间，翻到下面的三角形，假如能够再把这个概念再强化一下，你的想法就会更突出……"

3 考察

依据上述学生方案介绍与教师点评实录，可以发现：学生、教师用大量篇幅说明的事情主要为"体块""主动线"的组织。但是，有趣的事情是，假如忽略掉具体段落的内容含义，4个人自然语言的使用却存在某些美妙的差异。

将4人在4月20日的自然语言文本化，然后将文本做分词处理，做实词词频统计，结果如表2。

个人自然语言的实词词频（来源：自绘）　　表2

实词	学生A	教师甲	教师乙	教师丙	小计
商业	17%	13%	7%		37%
办公	12%	20%	3%		35%
庭院	11%		3%		14%
部分	11%	3%			14%
社区	9%				9%
平台	9%				9%
酒店	8%	15%	5%		28%
入口	6%				6%
电梯	5%				5%
活动	5%		25%		30%
服务	5%	3%			8%
绿化	3%				3%
空间		17%	9%	21%	47%
特点		6%			6%
问题		6%			6%
客房		6%			6%
区域		4%	4%		8%
独立		4%			4%
通道		3%			3%

实词	学生A	教师甲	教师乙	教师丙	小计
层级			8%		8%
屋顶			7%		7%
关系			6%		6%
业态			5%		5%
面积			4%		4%
发展			5%		5%
采光			2%		2%
不同			7%		7%
三角形				25%	25%
概念				21%	21%
方案				11%	11%
天际				11%	11%
突出				11%	11%
小计	100%	100%	100%	100%	400%

续表

　　其中，除了"商业""办公""酒店"为设计任务书建筑功能要求，被屡屡提及外，学生A与指导教师有交叉的词汇为"庭院""活动""服务"；而相对应的，"空间""区域"则为指导教师之间发生交叉的词汇。

　　因此，从自然语言的使用词汇上来说，学生与教师、教师与教师之间的共同关键词，或者说讨论议题，可能是较为分散的、开放的。

　　那么，带来的问题就是，这种离散的信息刺激是否是建筑学本科生设计课程的"应该"方式，或者说，是否是建筑学课程设计的"最佳"方式呢？它的影响与作用方式具体又是如何呢？

4　思考

　　本文没有得出任何结论，也没有任何意见与建议可言，因而，也没有解决任何问题，仅仅是将在教学指导过程中的思维困惑用文本语言努力表达出来。也许将闪现、飘忽的感觉映射到片段的自然语言，再到逻辑的文本语言，该过程本身就已经是对自然感觉如何通过大脑，再经由手指，凝练出相对逻辑的文本表述的一种尝试，而这恰好也是我们高校建筑学教师，在指导初入行学生课程设计时，最急需的教学技能，也是目前未解的难题。

参考文献

　　[1] 周晓红，佘寅，江浩，黄一如，谢振宇，戴颂华，张婷. 本科生理念成型过程中指导教师的自然语言——以"城市建筑综合体设计"课程为例[J]. 2019中国高等学校建筑教育学术研讨会论文集，北京：中国建筑工业出版社，2019（10）：113-115.

　　[2] 周晓红. "形式"对"出发点"的多样化追随——"住区规划"课程设计教学中学生思路变化过程的考察[J]，南方建筑，2012（04）：90-93.

建筑艺术与建筑技术的融合
——建筑技术系列之"建筑材料"课程的若干思考与实践①

冯萍　邹越

作者单位
北京建筑大学建筑与城市规划学院

摘要： 在新时代背景下，建筑学的教育面临着更多机遇与挑战。"建筑材料"课程作为建筑学专业的基础课程，应肩负起引领建筑学子开启建筑技术之旅的重担。文章从分析建筑技术系列课程及"建筑材料"课程的相关性和重要性入手，重点阐述了在"建筑材料"课程中，通过深挖教学内容内涵，丰富教学模式等方法，努力引导学生建构建筑技术观，从而在设计中自觉实现建筑艺术与建筑技术的融合。

关键词： 建筑艺术；建筑技术；建筑材料；课程教学

Abstract: Under the background of the new era, the education of architecture is facing more opportunities and challenges. As a basic course for architecture majors, "Building Materials" should bear the heavy burden of leading architectural students to start a journey of architectural technology.Starting with the analysis of the relevance and importance of architectural technology series courses and "Building Materials" courses, this paper focuses on how to guide students to construct architectural technology concept by deepening the teaching content and enriching the teaching mode in the course of "Building Materials", so as to consciously realize the integration of architectural art and architectural technology in design.

Keywords: Architectural Art; Architectural Technology; Building Materials; Course Teaching

1 建筑技术系列课程在建筑学专业教育中的重要性及现状

1.1 建筑技术系列课程在建筑学专业教育中的重要性

建筑技术系列课程对于建筑学专业教育至关重要。根据《中华人民共和国注册建筑师条例》（国务院令第184号）和《中华人民共和国注册建筑师条例实施细则》（建设部第52号令）文件精神，从1995年起，国家开始组织实施注册建筑师执业资格考试。注册建筑师分为一级注册建筑师和二级注册建筑师，全国统一大纲、统一命题、统一组织、统一证书[1]。其中一级注册建筑师九门考试科目中的五门都涉及建筑技术类知识的考核：①建筑材料与构造；②建筑结构；③建筑经济；施工与设计业务管理；④建筑物理与建筑设备；⑤建筑技术设计（作图题）。与此同时，为保证和提高建筑学专业教育质量，使毕业生达到注册建筑师的专业教育标准要求，全国高等学校建筑学专业本科教育评估从建筑技术专业教育质量的四个方面——建筑结构、建筑物理环境控制、建筑材料与构造、建筑的安全性提出了各级评估指标。

1.2 建筑技术系列课程的现状

但理想很丰满，现实却很骨感。尽管作为专业从业人员，我们均知建筑技术无论是对建筑的正常使用，还是对于学生在校教育抑或对未来建筑师的执业能力都意义重大，但是深入了解建筑技术教育现状后，却发现其远没有获得它应有的重视，甚至可以毫不夸张地说一直处于专业的边缘。这其中既有长期以来我国建筑学高等教育的课程是将设计课程与技术类课程分开设置的缘由，也有课程本身内容繁杂、教师

① 基金项目：
北京建筑大学教育科学研究项目"跨专业建筑技术课程群建设的教学改革"（项目编号：Y1802）
北京建筑大学云课程建设项目（项目编号：YC190116）

不潜心教学、学生懈怠等各种原因，使得建筑技术课程常常成为学生熬夜赶图后补觉的地方，做设计时也往往忽略技术问题，实在绕不开时才会去找技术老师咨询解决方法。

2 "建筑材料"课程与建筑技术系列课程的关系

2.1 由建筑美学巡礼想到的

建筑是凝固的历史，是石头的史书。回望历史，金字塔层层叠压、咬合而成的石材镌刻着古埃及不朽的文明；万神庙的穹顶闪烁着古罗马时期天然混凝土的光辉；矗立近千年不倒的应县木塔以其优雅的曲顶、起翘的深檐赞美着木材的柔美与刚劲……人们在尽享这些建筑饕餮盛宴时，是否曾想过这些石材、火山灰、木材等材料能带给人类如此多的艺术瑰宝？是材料成就了这些传世佳作？还是巧夺天工的技艺赋予了材料不一样的生机？还是这其中蕴含着的就是建筑的逻辑？——是技术与艺术的融合见证了建筑奇迹。进入21世纪后，随着世界环境的不断恶化，人与自然的和谐共处越发成为人类关注的焦点。建筑师们也将目光更多聚集在如何建造与环境和谐共生的建筑上，更多思考可以采用哪些绿色环保建材、建筑技术去回应建筑全生命周期、可持续发展等一系列新问题，这也由此引发了我们对"建筑材料"课程以及建筑技术系列课程的更多思考。

2.2 "建筑材料"课程的思考

"建筑材料"课程由于知识点多、内容庞杂且看似与设计课联系不大，如若再讲授枯燥易被学生贴上乏善可陈的标签，从而造成学生学习兴趣下降，这不仅不利于材料课程的学习，也不利于后续技术类课程的开展，进一步加剧了建筑学教育中"重艺术、轻技术"的态势。而当我们无论是欣赏奈尔维、路易斯·康的作品，还是揣摩贝聿铭、安藤忠雄作品时，都能看到大师作品在实践与引领着建筑艺术与建筑技术的完美融合，其空间、光线、材料、构造、结构乃至施工等处处见细节。

"建筑材料"作为建筑技术系列课程的开篇，北京建筑大学在大二上学期开设，那么我们能不能以此课程为契机做好整个建筑技术系列课程的铺垫？通过低年级的"建筑材料"课程教学，使学生明确恰当的材料选用是建筑作品的表达基础；再通过课程中除材料外的构造、结构、物理环境等课程知识的穿插讲解，进一步引导学生重视技术课程学习，帮助学生树立初步的建筑技术观；而后通过后续建筑技术系列课程的深入学习完善技术观，从而在设计中主动实现艺术与技术的融合。

3 深挖教学内容内涵

3.1 从建筑技术到与建筑艺术的融合

如果细心地观察一下身边的建筑，你就会发现一个很有趣的现象并能轻易地得出一个结论，那就是建筑材料是非常丰富的。但是，可以作为建筑结构的材料却少之又少，常见的材料主要有砖、石、钢、木、混凝土、钢筋混凝土等[2]。但恰恰就是这些主要的结构材料就演绎了一部丰富的建筑史。因此，剥茧抽丝先从庞杂的建筑材料中抓住核心的建筑结构材料，从技术的角度掌握其性能特点对于后期理解与学习建筑结构大有裨益。可以根据结构的受力特点选择适当的材料，如利用混凝土、砖石砌体建造较大跨度的受压为主的拱式结构，利用高强钢丝建造大跨度的受拉的悬索结构；也可以注重材料的搭配组合，如由于钢筋和混凝土两种材料的热膨胀系数相近，相互之间有牢固的粘结力，两者取长补短、协同工作组成的钢筋混凝土——利用钢材的受拉性能将钢筋主要布置在构件的受拉区，混凝土则重点解决构件受压区的受力要求，材尽其用。

另外要结合建筑学的专业特点引导学生实现从材料技术到材料艺术的关注。从古埃及的石结构建筑到沼泽阿拉伯人的芦苇房再到黄土高原窑洞，相对于某一特定的有限时空区域内（如一个国家、地区、城市、民族，又如一个时代，一个文化等），材料可能只有有限的两三种，而不同的材料应用正是当地环境、气候、习俗等折射出的文脉反映；又仿佛同样是混凝土，不同的施工技艺营造出的材质感受或粗犷豪放或细腻光滑，这些材料美学所反映的正是技术与艺术的融合。

3.2　从传统到传承更新

从秦砖汉瓦到钢筋混凝土，建筑材料作为建筑的最基本物质条件，技术创新起着至关重要的作用。正是由于混凝土和钢材、玻璃的大量普及，形成了现代建筑的常见形态；轻质高强材料的研发，使人类在大跨与超高层建筑中更大有作为；织物材料的改进，使膜建筑能以更加轻盈的身姿出现……因此，教学内容组织上既有传统建筑材料的营建，也有新型建筑材料的闪亮登场，使材料课常学常新。具体内容既包含目前教材上普遍介绍的石膏、水泥、混凝土、钢材、木材等常规建筑材料；也结合绿建设计，介绍一些诸如新型墙材、新型保温材料、高性能混凝土等高效低耗、生态环保、轻质高强新材料，引导学生关注技术对材料的改变进而带来的建筑革新。

在进行现代建筑设计时，借用传统建筑材料表达设计理念也是传承和发扬传统建筑文化的一种方式。因此，在材料课程教学中除了强调材料自身的更新外，也注重引导学生思考如何用传统建筑材料来解读与诠释文化的传承与更新。很庆幸，我们身边就有这样的老师在做着这样的工作，穆钧教授以其对生土建筑的营造赢得了2019年度世界人居奖。当学生漫步校园，触摸到图书馆下沉广场里层叠的夯土柱子，近距离观察到由师生亲自动手夯制而成的校园建筑现代生土建筑研究中心时，这段建筑之旅已从校园开启……

3.3　从原理到应用

"建筑材料"课程的教学目标是让学生认识材料、理解材料、会用材料。课程粗略讲授材料原料组成、生产过程等，重点讲授材料基本性能、应用范围特点等，并通过案例帮助学生认识到合理选择建筑材料对作品表达的重要性，充分认知材料艺术性和技术性的融合是营造建筑作品氛围的基础。

同时重视材料在应用过程中的技术问题。如在讲授砌块材料时，既从材料来源讲节能减排，也从烧制方式及砌筑方式关注色彩、肌理，更向学生介绍砌块泛霜、石灰爆裂等技术质量问题；又如在讲授石材物理、力学、装饰性能时，既展示石材美丽的纹理，也展示其使用过程中常出现的白华、水斑、锈斑等问题，使学生对材料在使用过程中可能出现的问题提前

有认知，以便在后期进行建筑设计时能根据现场状况选择合理的建筑材料及施工工艺等，从而达到对方案的准确完美表达。

3.4　从单科作战到多科课程间的交叉渗透

建筑不仅是艺术与技术的综合，也是多门技术的集合。课程讲授中，不孤立地看待一门课程，而是将各课程之间进行关联学习，从而引导学生对后续的建筑技术课程体系有一个总体认知，形成初步的建筑技术观。

例如，材料课程与构造课程融合，在讲授砂浆时与墙体砌筑及防潮层处理联系，在讲授防水材料时与屋面及地下室防水等构造联系；与结构课程融合，诸如砌块、水泥、混凝土、钢筋等材料的强度等级是结构设计的基础；与建筑物理课程融合，舒适的室内环境营造离不开绝热材料、吸声材料等的合理选用；而防火材料与钢结构、钢筋混凝土结构的结合，正是建筑防灾与安全中的重要技术措施。

4　丰富教学模式

4.1　从被动听课到主动参与教学

"满堂灌"这种传统的讲授方式显然已不适用于现在的教学。课程选择"建筑材料与建筑作品的关联性"以及"混凝土在建筑中的应用"两个主题鼓励学生主动参与教学。各组同学通过课余时间查找资料、调研、精心准备文案；课上再针对性地开展主题讨论，不同的关注点激发学生思考更多自己未曾想过的问题，领悟在作品中的材料"设计"，从中体会材料之美、技术之美、建筑之美。从被动地听课到主动地参与教学，消除了传统技术课程中较为消沉的氛围，活跃课堂氛围的同时提高了学生学习技术类课程的兴趣。

4.2　从静态的图片展示到动态的视频演示

以往的教学以静态图片展示为主，现在则充分利用多媒体教学的优势，加入教学影像和二维扫码等，科学合理地采用动画、视频等进行理论或实验讲解。将由于没有实验条件及课时所限而不能设置的实验环节以及材料选择、建筑施工场等视频，或通过课堂

播放或通过网络教学平台让学生课下自行观摩。学生通过视频学习，加深对课程的理解，也对建筑的建造实施有了进一步的直观感受，更为深远的意义在于树立起工程人员的责任感——这种理论课程与工程实践的融合将有助于学生今后真正肩负起建筑师负责制的重任。

4.3　从生硬的理论学习到鲜活的实践应用

建筑不同于文学、绘画、音乐、舞蹈、雕塑、戏剧、电影等其他艺术门类，所需满足的不仅仅是人们的视觉要求，还应同时满足人们对触觉、听觉、空间、情感等生理心理各方面追求。因此，在教学中引导学生要主动从单纯理论学习向深入实践转变，一方面通过教师选择案例或学院组织执业建筑师讲座中所涉及案例中的材料应用部分来讲，例如赵扬建筑师在其作品"大理洱海双子旅舍"中石灰岩墙壁与木质结构的结合是对当地传统建筑材料、营造技术和工艺的实践与传承创新；另一方面则是通过理论教学之后为期一周的材料实习周进行实践——学生首先通过对建筑材料的调研加深对各类材料质感、触感、性能的了解，进而为自己设计课程中的方案选择合适的建筑材料，完成从理论到实践、从学习到应用的完整过程。

4.4　从榜样学习到自我提升

大部分人心里都珍藏着对榜样的另眼相看，同样大学生的榜样崇拜与专业学习的动机激发之间也存在着一定的关联。强化专业型榜样偶像的榜样功能，不仅可以提高大学生的专业学习兴趣，培养学习信心，而且可以帮助学生树立人生目标，做好职业生涯的规划，从而更好地完成学业、走上社会[3]。当学生身边有诸如汤羽扬、穆钧这样在建筑专业上颇有建树的老师在校园；有北京建筑大学土木工程专业建筑材料方向优秀教师：如高强高性能混凝土领域专家宋少民教授、中国混凝土与水泥制品协会外加剂应用技术分会专家李崇智教授、中国混凝土与水泥制品协会预拌混凝土分会专家及国家科技进步二等奖获得者周文娟副教授等的专业支撑；有张宇、马岩松这样的优秀校友在前面领航，学生会以这些榜样的经历作为参考，主动思考设定自己的目标，鞭策自身不断提高。

5　结语

建筑材料作为建筑的基本物质基础，更是作品升华、充分表现的艺术基础。没有材料的进步，就没有今天蓬勃发展的土木工程，也更不可能为世界创建如此多绚烂多姿的建筑；与此同时，建筑材料与构造、结构、施工等的关系也从来没有像今天这样互相制约、密不可分。因此，利用"建筑材料"课程作好建筑技术类系列课程的铺垫，希望我们的教学带给学生的不仅仅是一门专业基础课程的知识传授，更是一种建筑技术观的建立，从而在设计中主动实现艺术与技术的融合。

参考文献

[1] 注册建筑师资格考试. http://www.cpta.com.cn/test/20.html. 2018-01-12.

[2] 樊振和. 建筑结构体系与选型[M]. 北京：中国建筑工业出版社，2011.

[3] 黄时华，邱鸿钟. 大学生的榜样偶像崇拜与专业学习的动机激发[J]. 社会心理科学，2006，21（5）：562-565.

"通专结合"目标下关于建筑历史类课程教学模式的思考[①]

欧阳虹彬　张卫

工作单位
湖南大学建筑学院

摘要：建筑历史类课程是能促进建筑学、城乡规划等专业实现通专结合的重要课程类别。为实现传授专业知识、开阔学生文化视野、培育批判性思维和正确价值观的通专结合目标，基于其知识点在自身体系化、与其他专业课程的关系、内容属性等方面的差异，将知识点分为地域文化型、交叉型、多元观念型等三种类型，并提出相应的"PBL+文化扩展""翻转课堂+合作研究课题""对分课堂+观点讨论"等教学模式，以期推动通专结合。

关键词：通专结合目标；建筑历史课程；知识点类型；教学模式

Abstract: Architectural history is an important course category which could promote architecture, urban and rural planning majors to combine general and professional education.Teaching professional knowledge, broadening students' cultural vision, cultivating critical thinking and correct values are the combination goals.This essay divided the knowledge points into such three types as Regional Culture Type, Cross-course Type and Multi-idea Type, based on every knowledge point's systematization, relationship with other professional courses and content attributes.Three teaching modes as "PBL+Culture Extending" "Flipped Classroom+Cooperative Research Project" "Split Class+Idea Discussion" are put out.

Keywords: Combination of General and Professional Education; Architecture History Course; Knowledge Point Category; Teaching Modes

1 通专结合与建筑历史类课程

新工科教育强调打破学科壁垒、促进学科交叉，以培育工程创新人才，其实是通专结合的呼唤与倡导。如何实现"通专结合"成为建筑教育关注的热点问题。通识教育是指不直接为学生将来的职业活动作准备的那部分教育[②]，其目的是培养有教养的人，其具有清晰、批判性思维，了解自然、社会和人文方面的知识，掌握实验、数学分析、历史文献分析等基本研究方法，能克服偏狭的文化视野，对伦理道德问题能做出智慧的判断和道德的选择[③]。而专业教育的目标是培育精通某一专业领域的人。因此，通专结合的教育目标是不仅使学生具备专业知识与技能，而且拥有开阔的文化视野、批判性思维和正确价值观。

从课程类别来看，建筑历史类课程是在建筑学、城乡规划专业内的重要的专业理论课，具有史实、史论、史观等层次的课程内容，含有丰富的人文素材，是促进建筑学、城乡规划等专业实现通专结合的重要课程类别；也是可以向学校非建筑学科方向的学生全面开放，形成学校通识课程体系的核心内容的课程[④]。

2 基于历史类课程知识点特性的"通专结合"教学模式

建筑历史类课程的知识点在自身体系化、与其他专业课程等的关系、内容属性等方面有较大差异。依据上述属性，本文将知识点分为三类，并提出相应的"通专结合"模式。

① 支持基金：湖南大学教学改革基金项目：建筑艺术与赏析类通识课程思政策略研究；"通专合一"目标下建筑历史系列课程教学研究
② 李曼丽，汪永铨.关于"通识教育"念内涵的讨论[J].清华大学教育研究，1999（001）：96-101.
③ 潘懋元，高新发.高等学校的素质教育与通识教育[J].煤炭高等教育，2002，74（1）：1-5.
④ 卢峰.当前我国建筑学专业教育的机遇与挑战[J].西部人居环境学刊，2015，30（06）：28-31.

2.1　地域文化型知识点与"PBL+文化扩展"模式

从内容看，地域文化型知识点以史实特征鲜明的建筑风格或流派为主体，其风格或流派的特征及基本原理已成体系，教学内容充实，但需借助较为系统的专业知识储备才能理解其特征；同时，其具备鲜明的地域性。从学生情况看，学生难以接触到相关实际建筑，相关专业书籍也相对较少。

综合内容和学情特点，由于学习该类知识点所需的专业知识充实、系统，教师进行系统讲授是一种较好的教学方式，其鲜明的地域文化特点可用于开拓学生的文化视野，增强其人文素养。因此，在教学模式上可采用"PBL+文化扩展"的方式，即课前设置与地域建筑文化相关的问题引导学生主动思考，课堂讲

授与讨论都围绕问题展开。

以《外国建筑史》课程中的"古埃及建筑"教学为例说明该模式特点（图1）。《外国建筑史》在本院课程体系中为核心理论课，48学时，在本科二年级开设，"古埃及建筑"的计划学时为2学时。

古埃及建筑是上古时期杰出的建筑风格，独具特色的陵墓建筑是其突出的建筑成就，为了提升学生的人文修养，将陵墓建筑与死亡文化结合。在本部分教学时，课前设置思考题：为什么古埃及法老热衷于修建自己的陵墓，却忽视现世的居所？并要求学习小组结合预习、在组内讨论，并将讨论结果上传至论坛（图2）。

课堂上，由设置问题引出对古埃及陵墓建筑实体特征的教学，包括选址、布局、造型、结构与构造、空间等。为了激发学生的兴趣和体验感，在教学过

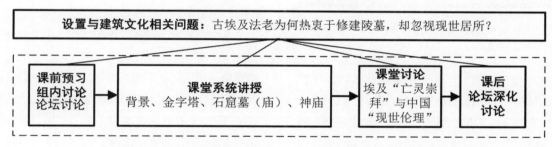

图1　古埃及建筑：地域文化型知识点与"PBL+文化扩展"教学模式（来源：作者自绘）

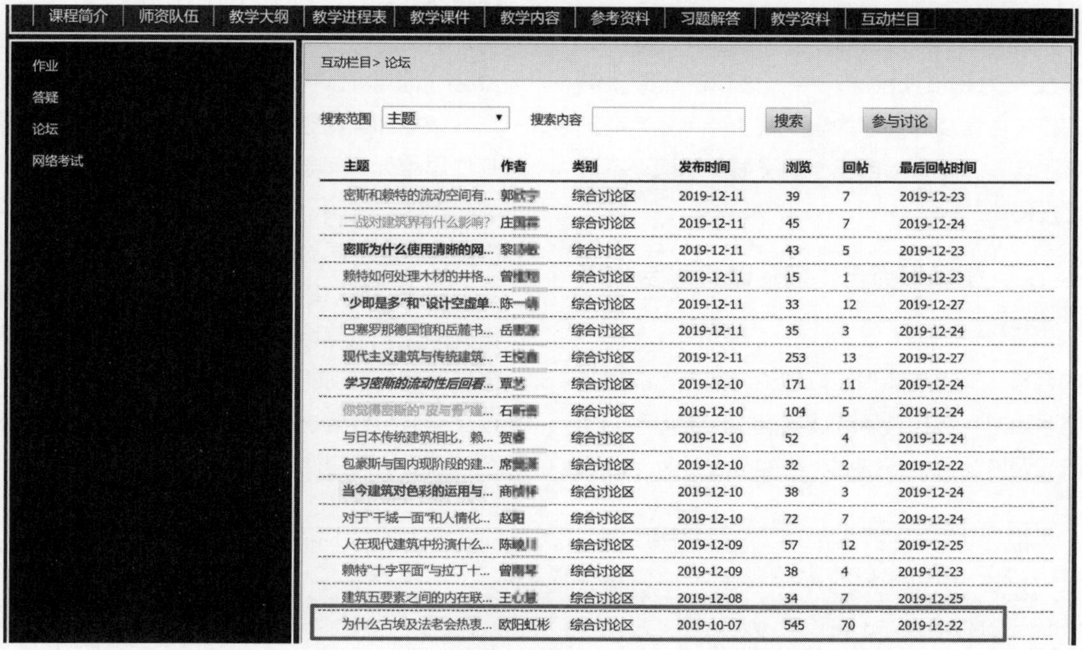

图2　对古埃及"死亡文化"的论坛讨论截图（来源：作者制作）

程中植入了真实场景和前沿探讨，如2003年古埃及金字塔探秘直播事件、古埃及金字塔建造过程的若干种猜想等，结合PPT图片（图3）、手绘图等进行直观展示，并截取美国《探索》杂志拍摄的"金字塔探秘"视频，使学生能系统地学习该部分的专业知识，同时，进一步激发其对古埃及建筑神秘、压抑气质形成机理的好奇心。

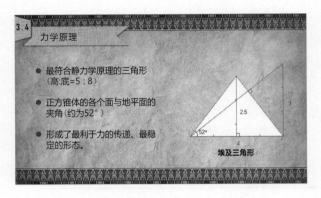

图3 专业知识：古埃及金字塔的力学原理
（来源：作者设计、制作）

在此基础上，组织学生在课堂上比较中、埃文化，来理解其热衷于建造陵墓建筑的现象，在讨论中教师指出古埃及"亡灵崇拜"和中国"现世伦理"等文化差异的核心概念。课后，组织学习小组在论坛空间继续深入讨论，实际上，该问题在论坛被学生持续讨论了2个多月。

2018级学生的教学效果问卷结果显示，有10%左右的学生认为在该课程学习中，该知识点印象最深，原因是"古埃及对死亡的崇拜很独特，建筑很宏大而不可思议""因为给自己增添了很多知识，不论是人文还是建筑"等。

2.2 交叉型知识点与"翻转课堂+合作研究课题"模式

从内容看，交叉型知识点以理论内涵丰富的建筑风格或流派为主，其相关研究成果基本形成体系，但仍有大量知识内涵可进行挖掘；与建筑设计等专业课程内容有较大交叉，对学生的专业设计等课程有较强的直接理论指导作用。从学生情况来看，学生在平时的专业设计等学习中已有所接触，但缺乏理论系统性和深度，在日常生活中，有很多机会接触到同类型建筑甚至经典建筑案例，并且有丰富的学习资料。

综合内容和学情特点，该类型知识点具有丰富的理论内涵，同时对设计等主干课程有直接影响，学生有梳理出其间的理论关系的潜在需求，也具备相应能力、能获取相关资料，可利用该理论梳理过程系统、全面培育学生的批判性思维。因此，在教学模式上可采用"翻转课堂+合作研究课题"方式，即课前学生合作课题研究，在课堂围绕知识点展开讨论，是以学生自主学习为主的一种模式。

以《外国建筑史》中"现代建筑派"教学为例，现代建筑派是新建筑运动的核心内容，具备社会背景、设计理念及代表人物等较完整的知识体系，计划学时为10学时。

本部分教学中设置了小组合作的研究作业，作业要求为：学生自行分组，针对现代建筑派的5位大师，通过自主学习教材内相关内容、课外相关参考资料，提出有价值的问题，进行有逻辑的研究，得出相应的研究结论。研究作业在课外完成，集中作业时间4周，小组反思时间0.5周，相当于课外学时18学时。研究课题在课题研究完成之后，再围绕"时代背景""形式建构法则""空间特性"等主题，进行课堂交互讨论，同时，利用课程信息平台的论坛进行线上交流，讨论时间8学时，对该部分内容总结2学时。

依据加里森的批判性思维过程和保罗等提出的批判性思维元素等理论[1][2]，上述教学过程被分为提出问题、建立框架、深入研究、建构结果四个阶段，依次培育学生不同的批判性思维元素（图4）。

提出问题阶段要求学生围绕知识点提出有价值的研究问题，主要培育的批判性思维元素是明确目的和提出问题，教师把控问题的质量和大小等（表1）。建立框架阶段要求学生建立研究框架，提交研究思路图，主要培育的批判性思维元素是使用信息、建构概

① [美]理查德.保罗，琳达.埃尔德.批判性思维工具[M].侯玉波，姜佟林译.北京：机械工业出版社，2018.该书提出批判性思维的基本元素包括目的、问题、信息、概念、推论、假设、结论与意义、观点等，它们相对独立又相互关联。
② Garrison D R，Anderson T，Archer W.Critical Thinking，Cognitive Presence，and Computer Conferencing in Distance Education[J]. American Journal of Distance Education，2001，（1）：7—23.加里森（Garrison D R）等认为批判性思维过程包括四个阶段：触发阶段，包含发现问题和迷惑感；探究阶段，包含信息发散、信息交换、建议考虑、头脑风暴、跳跃的结论等；整合阶段，包含小组成员间的信息聚敛、观点关联和综合、创造解决方案等；总结阶段，找到解决方案。

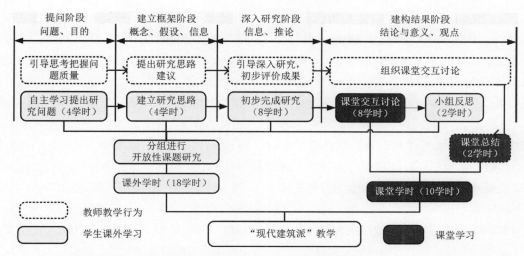

图4 现代建筑派：交叉型知识点与"翻转课堂+合作研究课题"教学模式（来源：作者自绘）

学习小组对"现代建筑派"的研究选题（来源：作者自绘）　　表1

序号	学习小组名称	研究选题
1	全面小康	对阿尔瓦·阿尔托在建筑及家具领域里弧形的运用的研究
2	陕桂澳同胞心连心	格罗皮乌斯在建筑上对功能性的考虑
3	选我就队	密斯柱子的形成与发展
4	神人炼	阿尔瓦·阿尔托建筑设计中对于地形的认识与使用
5	LZ	阿尔瓦·阿尔托内心的"巴洛克"在建筑中的体现探究
6	1111	格罗皮乌斯与建筑制造工业化
7	飞虎队	包豪斯思想的产生以及为何成为现代建筑教育体系的根基
8	莫得头发	探究赖特的建筑如何与自然融合
9	无胡萝卜味	赖特对日本建筑元素的吸收与运用
10	A组	模度与模数
11	吴彦组	蕴藏在玻璃幕墙下的密斯式美学
12	真理照亮我	格罗皮乌斯的几何
13	刨根问底组	关于勒柯布西耶多米诺体系的探究
14	开山之组	柯布西耶色彩键盘在其建筑中的应用
15	翔之队	柯布西耶的模数理论
16	帅过吴彦组	柯布西耶的屋顶花园
17	4399	阿尔瓦·阿尔托的曲线的生长模度
18	四只松鼠	阿尔瓦·阿尔托与埃萨·皮罗宁建筑立面表现中芬兰地域性表达的对比研究
19	诺亚方舟	勒柯布西耶与底层架空理论发展与应用
20	重案六组	从墙的演变看密斯建筑空间
21	欧阳老师是女神	莱特别墅住宅作品的出檐的研究
22	创建群组	柯布西耶的楼梯设计
23	关东组	包豪斯的教学体系
24	外建史儿童车	流动空间的理解暨初步量化
25	还没想好	多米诺体系是怎样建立起来的
26	六神无组	阿尔瓦·阿尔托眼中的木材
27	斡门鸤鸠	阿尔瓦·阿尔托的白与白
28	开山鼻组	柯布西耶的突出小体块
29	厉害组	赖特的混凝土编制体系的产生于发展
30	大哥不玩摇滚战队	网格化——被困住的密斯
31	华尔街31号	从柯布西耶画作中的曲线到建筑中的曲面

念、提出假设，教师参与小组讨论、提出建议。深入研究阶段要求学生进行深入研究、并初步形成研究成果，主要培育的批判性思维元素是推论，教师对研究成果进行初步评价和分类。建构结果阶段要求学生通过班级交互讨论、小组反思等建构研究成果（图5），主要培育的批判性思维元素是明晰结论与意义、建构观点，教师会围绕学习主题、组织学生进行课堂交互讨论，使学生可以从多视角来审视同一研究问题，以提高其思维的公正性，之后会进行相关专业知识的系统总结。

以2018级学生的教学效果问卷结果为例，学生在专业知识及批判性思维能力方面得到较大提升①，对讨论课的印象也比较深刻，原因有"讨论比较深入，引起我的思考""不同的观点相互碰撞，不断地从现象深入到本质""讨论提问很激烈""老师总结五大师很系统，因为讨论过内容，印象深"等。

2.3 多元观念型知识点与"对分课堂＋观点讨论"模式

从内容看，多元观念型知识点以蕴涵多元化观念、观点等的建筑流派为主，建筑现象和理论较为复杂，已基本或正在形成体系化的研究成果；与建筑设计等专业课程内容有一定交叉，对学生的专业设计等课程有直接指导作用。从学生情况看，学生在平时的专业设计等学习中有一定接触，在日常生活中有很多机会接触到与知识点相关的经典建筑案例，并且有丰富的学习资料，其在学习与生活中会面临与该类知识相关的价值观抉择等问题。

综合内容和学情特点，该类知识点多包含多个知识片段，常常是伴随历史变革而产生的对新问题不同、甚至是对立的观点，可用其启发学生对设计观、职业观等价值观的思考。由于便于将其拆分为知识片段，知识片段中又易于找到观点类型的教学素材，采用"对分课堂＋观点讨论"模式较为适合，即采用讲授、内化吸收和讨论的方式：教师在课堂讲授重、难点内容，课后布置阅读作业，在下一次的课堂教学的部分时间内，让学生围绕阅读材料中的观点展开小组间讨论，教师引导和组织。

《湖南传统建筑》是我院开设的专业选修课，共24学时，以湖南传统民居、寺院、书院、文庙、祠堂等为主要内容，在本科三年级开设，"传统建筑文化可持续发展"为最后一个知识点，以传统建筑文化与现代建筑的融合为主要教学内容，计划2学时，以该部分为例说明该模式特点（图6）。

图5 "现代建筑派"课堂讨论场景（来源：作者自摄）

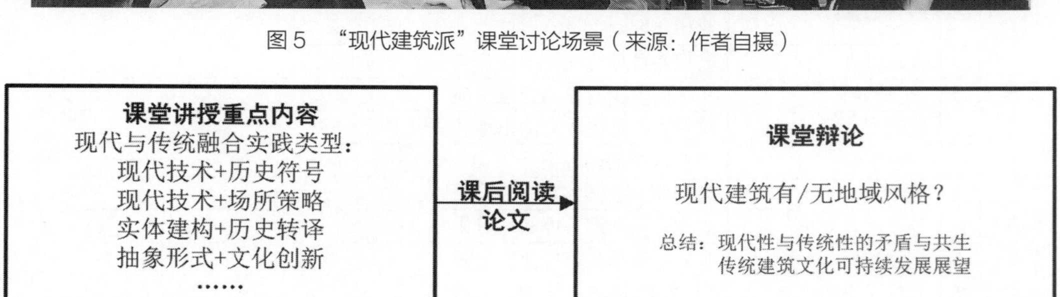

图6 传统建筑文化可持续发展：多元观念型知识点与"对分课堂＋观点讨论"教学模式（来源：作者自绘）

---

① 2018级共124人，回收有效问卷114份。在批判性思维能力收获方面，对于水平提升较大的批判性思维元素，有32人（28%）选择提问，50人（44%）选择概念组织，87人（76%）选择信息使用，24人（21%）选择假设建构，38人（33%）选择推论，34人（30%）选择结论与意义建构，57人（50%）选择理解观点与视角关系。说明该模式全面地培育了学生的批判性思维且效果较好。

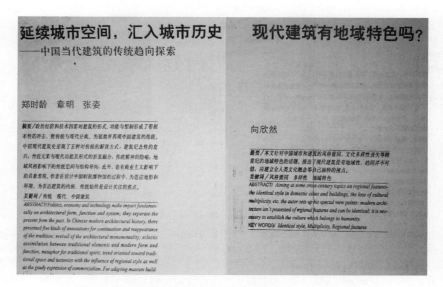

图7 课后文献阅读：持不同观点的学术论文（来源：作者自绘）

在课堂教学中，教师讲授了典型的传统文化与现代建筑的融合方式及案例，如贝聿铭的香山饭店、王澍的乌镇互联网国际会展中心、西扎的加利西亚当代艺术中心等，课后安排学生参观以传统符号为设计特点的现代别墅小区汀香十里，尽可能地使学生全面体验到传统建筑文化的现代传承路径，同时也布置了学术论文研读作业，是对"现代建筑有无地域风格"的持有不同观点的两篇学术论文（图7），要求学习小组先进行组内交流，每个人都提交自己的观点，再从中选择持有截然不同观点的同学组成正反方辩论小组，利用第二次课堂教学的部分时间来展开辩论，由此促使学生形成自己的建筑设计观[①]。历年课程中学生的参与热情都非常高，争论激烈，正方观点多与"传统装饰的意义""人的需求与建筑的关系""地域性的借鉴"等有关联，反方观点多从"全球化的影响""对时代和技术变革的回应"等方面立论，因此，学生也就可以理解现代性和传统性只能在矛盾中共生，而批判性的借鉴地域建筑、实现建筑的在地性是其未来可持续发展的重要方向。

3 结论与讨论

建筑历史类课程兼具专业性和富于人文素养等属性，是实现大学专业教育、通识教育融合的重要课程载体。结合建筑历史类课程知识点特性和学生实际情况，将其分为地域文化型、交叉型、多元观念型等三类知识点，提出相应的"PBL+文化扩展""翻转课堂+合作研究课题""对分课堂+观点辩论、讨论模式"等教学模式，并进行教学实践，"通专结合"效果良好。希望对通专结合目标下的建筑历史类课程教学抛砖引玉，有所贡献。

参考文献

[1] 孙英浩, 谢慧. 新工科理念基本内涵及其特征[J]. 黑龙江教育（理论与实践）, 2019（Z2）.

[2] 刘先觉. 再论外国建筑史教学之道——教研结合, 史论并重, 开拓外建史教学新视野[J]. 建筑与文化, 2009（11）: 66-71.

[3] 王凯. 作为思维训练的历史理论课——"建筑理论与历史Ⅱ"课程教案改革试验[J]. 建筑师, 2014（3）.

[4] 张学新. 对分课堂: 大学课堂教学模式的一个新探索[EB/OL]. 北京: 中国科技论文在线[2014-08-11]. http://www.paper.edu.cn/releasepaper/content/201408-102.

---

① 两篇论文为：（1）向欣然. 现代建筑有地域特色吗？[J]. 建筑学报, 2003（1）: 66-67.
（2）郑时龄, 章明, 张姿. 延续城市空间, 汇入城市历史——中国当代建筑的传统趋向探索[J]. 建筑学报, 2005（8）: 10-13.

历史建筑保护工程任务与现行建筑设计规范之间的教学矛盾与实践契合

何力

作者单位
北京建筑大学建筑与城市规划学院历史建筑保护系

摘要： 历史建筑保护工程任务制定，是一项具有创新意义的教学内容与传达实践能力的平台。根据国家现行的建筑设计规范研究发展，往往不能满足历史建筑保护工程任务的特征。在国内设立相应的专业及在建筑、风景园林、城市规划及环境艺术设计、室内设计及家具设计等领域都需要既规范，同时又理性对待历史建筑价值中个体面貌的辨析问题。而培养历史建筑保护工程人才，高校需要引入教学思维的专业性与工程深度。理性对待矛盾，创造能够契合时代及专业发展的教学思想。并带动职业化的发展，令历史建筑保护工程项目及人才具有创造经典的自信与能力。

关键词： 理性；历史建筑保护工程任务；规范；矛盾；契合

Abstract: The project requirements of historical buildings conservation is a text which architects write with modern architecture rules in a creative value of teaching and practice during the period of a fresh man who will transform a student to the career days today as a subject to the university system about educating of the engineer and designer in many historical buildings project so far, The rational way is the students who will be the new architects especially in the area remind forward to discuss the contradiction from school theory more than practice the classical works of them one by one in the professional as well as the time needs in the view of globalization.

Keywords: Rational; The Project Requirements of Historical Buildings Conservation; Rules; Contradiction; Harmony

中国历史建筑保护工程专业任务，有一个非常重要的现象是：一方面历史建筑保护工程作为一个创新的发展领域，提供了多种建筑工程类型，提供了多种工程的发展方向交集。例如，历史性城市与建筑保护规划、老城改造、历史性城镇保护、历史街区保护规划、历史性城市设计、历史性城市与建筑保护修缮、复原及仿古工程、历史景观整治及室内设计仿古及家具陈设物品修复等工程序列。

而作为建筑学及城市规划专业教学与实践，有一个重要的设计内容是与现行建筑规范进行契合。举例而言，城市规划提出了针对历史建筑保护区的紫线概念，但是在现行的很多工程和尤其是在建筑的大学教育中，似乎并没有把它拟到任务里，尤其是任务书中去。另外，像城市棕地这样的概念仍然处在硕博甚至博士后阶段的一些研究中，或者是在一些规划业内具体的项目实践。历史景观也是个交集。而控制性详细规划、修建性详细规划、城市设计及建筑单体修缮各执行一套图纸、规划及施工。造成任务折叠，而修缮技术定位很难统一。加上投资方、仪器勘查介入的多元化发展，建成遗产目标似乎给很多从大学校门入世的建筑师带来了很多实践与理论，尤其是规范意识界定的矛盾。

所谓我们提出的这个矛盾，是一种前沿性的内容，如何将实践应变与现行教学理论进行结合的一个产物，一个现象。有一点值得深思，大学教学的任务书与实际工程的环节几乎是不对位的，信息是不对称的。因此比较突出的问题是当学生进入实践工程那么就出现了很多需要不断增补学习的内容，使得学生对自己在学期间的教学活动产生一定的质疑，甚至是对实践活动比重产生强调的呼声。笔者认为他们会产生很强的教学互补要求是从感知而来，但是其实是理论教学需要刻画的。通识地说，是实践能力及完整过程思维的建筑工程知识的反应能力，而不是教条地、机械地完成教学任务的模式，是培养建筑学专业大体系下，能够适应所有工程，体察工程规律，能够控制工程流程从起笔到收尾的意识及操作能力的人才。

建筑学大类人才的培养目标是脱离教学环境后，能够实现工程任务本体的设计与实践能力，而不是对教学环境形成惯性，依赖教学内容而没有实现工程控制意识，甚至返回研讨思维初步阶段的实践，脱离规范，无序设计命题的所谓教条学习状态，降低大学各阶段学习的深度目标，而形成同质化、模板化的简化心态是不可取的。从现实工程看，由于国内工程任务量大，对建筑师需求强烈，理性束缚较少，很多作品往往既不考虑建成环境的特色，也不以绣花为课题任意创新，令城乡面貌不知所云的MIX时代感。这些问题的矛盾与契合恰恰在于对公共文化的整体性及规范性内容没有理性地掌控。即不能将个人特质、工程属性以及成果质量良好契合。

早在21世纪初，MIT及瑞典皇家学院提出的CDIO，分别是CONCEIVE、DESIGN、IMPLEMENT、OPERATE四个环节，即构思、设计、实现及操作四个环节。培养的实质，如很多老师所说，要"眼低手高"，而非"眼高手低"。想的与实现的，宏观、中观到微观不能很好控制是不行的，应能够自我认定、管理及客观评价自身的工程行为。正如有些建筑师，尤其是历史建筑保护工程，往往建成后，因织补不通而露痕迹，因材料性能不足而略显仓促，因涉及规范没有吃透而对后延的空间形成捉襟见肘。例如对于保护范围的划定，是否要最大限度还是最经济限度会形成两个退线的命题标准，要不要塑造如卢佛尔宫一样的地标价值，这些问题就是矛盾与契合的思辨。尤其体现在历史建筑保护任务的完善上，从其教学的经济性考虑，也是最佳方案模式。

目前我们发现历史建筑保护专业的学生毕业后，普遍认为自己在学期间的内容与现实的很多工程脱节，需要再学习的内容比较多，应对不了设计院的任务难度及期望值。相对而言文物系统的工程项目似乎对他们更有适应力，因为专业团队构成是航母级的，有文博及考古系列的人才及设备充分配合。而在现代建筑设计院及城市规划研究院所设立的历史性城市与建筑保护项目中往往有无从下手的感觉。再加上社会整体形势，本科生对读研的普遍要求，使他们对自己在学的预期延伸了时间的轴线，而且很多内容他们认为还需要在博士甚至博士后阶段去解决。但是作为专业，如果说50%以上的人都进入硕博阶段，而就业者相对小，对就业的学生而言，他们就形成了一个实践矛盾的空窗期。他们的基础知识加上创新研究的内容，给他们带来非常大的一种挑战，当然这种挑战有可能是对个体积极的。那么这个挑战都在哪里呢？我们想从以下几点分述。首先是，他们在工程类型里面如何形成任务制定的完整能力。与现代建筑项目的成熟发展不同的是，历史性城市与建筑的保护往往没有具体的任务指标，即任务书。而建筑院校毕业的学生现象是他们在学期间与学现代建筑的概念是比较接近的，因此他们对自己去面对任务书的拟定这个问题往往产生很多困惑。那么这也是建筑学发展的一个惰性现象、惯性现象。也就是说一旦面临全新的问题，他们往往不知所措，但其实任务书本来就是经常由建筑师，或者我们称之为文物建筑保护师，自己可以拟定的。如实际当下很多工程为历史景观问题，需要结合风景园林学的跨学科进行构思。

而建筑师在拟定这些历史建筑保护项目的任务书时，我们发现他们往往忘记了，中国城市与建筑保护，具体的规范，比如说绿化率、限高、容积率，在身份认定困惑后，又经常顾此失彼，认为这些指标是不重要的。所有的原因都归结于所谓的古代建筑专业发展的特点。那么第二个问题是他们在做规划或者历史建筑保护时，往往有一气呵成的做法。这就造成他们在对历史建筑这样一个类似古董的问题上，有时又往往忽略了一点就是我们说国际上通行的消极保护法，过分地去设计。所谓消极保护法是尽量不干预、最少干预历史建筑的原貌和现状，那么对于它周围的原有古树、水体、地形、文化氛围，还有一些构筑物都是要进行保护范围的划定。例如建筑物周围有没有历史建成遗迹、交通遗迹等，农业区有无灌溉遗产、农业遗产等，这些都是需要注意的，并且要划定保护范围。再有由于过去文物建筑在保护发展上相对内向，因此，他们其实对于所谓的防火间距、日照间距的处理，不能够与现代建筑完全统一，但是也要考虑这方面的问题。当代随着汽车工业发展，消防车等都开始使用电动微型车适应古代城市空间的交通尺度。人的行为活动，如停车等也可以进行异地规划或地下等形式。对于景观上统一入地的要求，日本其实至今仍有使用煤气灯及近代消防栓、邮政系统设备的情况，因为对景观审美的认知有所不同使然。而在一般任务书中，几乎很少见到相应的内容，尤其在经济性及最少干预的问题上，有很多文章可作。

在工业遗产项目中我们也会看到一个问题，就是所谓的城市棕地问题。具体城市棕地它是由谁来做，或者说在做的时候我们要发展哪些项目,目前还仍然是一个科研研讨的项目,往往由大学或者是一些科研机构来研究发展。国内比较通行的方法是,目前对于历史建筑的修复或历史性城市空间的发展,我们在规划层面、城市设计层面进行导则设计。相对而言,这又带来千城一面、千像一面的一些潜在问题,包括树种、小品的配置。在国内很多有识之士早已发现了这个问题,例如在城市空间修复的时候绿化如何处理,铺砌如何处理。

第三个问题是目前国内各地根据本地方的历史建筑,往往推出了历史建筑修缮图集,例如四合院图集,但是这些图集的整体推出并没有带来制图的规范化,甚至由于作为地方文化推广至其他地区的文化传播问题,而忽略了自身的建筑风貌及空间特色背后的文化因子。因此作为城市规划与城市景观与建筑保护等交叉的这样一个项目类型,我们的工作者们面临的规范性问题是非常多的,那么除了可以借鉴现代建筑规范补足以外,一个重要的任务是如何自己来定义任务书的内容,任务书的条理,这不是一个简单的模板可以概括的,应该说中国历史建筑保护与历史性城市保护是一个因地制宜、因材施教、对症下药的攻城方式,它需要学生和工程人员具备多方面的素质,不急不缓。类似的规定已经在我们中国的有关规范以及世界性的规范中,对于历史建筑保护工作者的定义中已经给出了这样一个条理,那么在具体做工程的时候,如果说个人的专业素养没有抵达这个条件,那么就会引起我们团队发展的不断补足的要求。从文物系统的建设看,历史建筑保护团队发展要求需要有多专业的结构,因此我们在建筑教育教学中应该及时挖掘学生的潜力,比如说他们在修缮方面的或者是美学方面的,或者在艺术的鉴定方面,或者是一种历史学方面各具特色,只有这样才能对历史性城市与建筑保护的项目达到国际水准。

中国传统建筑往往具有独特的审美和独特的地域性,有人文地理学及人类学考证的一些目标,由此引起我们一个启示,就是任务书也要具有田野考察的深度。例如对当地的人文及社会现象进行深度辨识及口述史采集,我们才能够定义任务书中的一些目标。

上面我们谈到规范问题,尤其是在防火间距问题上,对于历史建筑,最好采用半地下的方式,比如说我们在地下有一个升降车,或者是我们生产一种小型

的消防车具,而不是去改造历史原定义风貌、街道宽度或者是改造历史建筑价值具体的一些空间内容。那么中国的消防车、清洁车已经有微型的,而有些车型被称作古街巷之宝。在全世界历史建筑保护工程中是一个进步,而我们的消防通道宽度是否可以根据微型车车轴车距的宽度来进行一些针对性的调整也是非常重要的。目前在国内已经看到一个现象,就是历史性城市建筑保护规划本身具有具体的法律意义,也就是说法律条款。因此这是每一个项目都可以自己实现自身完善的一个条件,比如说近年我们在北京的旧城改老城改造中实现了一院一方案、一个胡同一个方案的阶段。就是实践性环节带来的有价值的教学内容,那么也要及时地传达到学校的教学与实践中去,结合学校的教学实现老城活化的方案统一,结合学校教学,实现多专业的任务统一。

在历史建筑保护工程课程中有一门课叫作古建筑认识实习。这门课也曾叫作古建筑创新认识实习,在教学中,它是结合参观观摩历史建筑保护的方案来认知专业,当学生来到北京著名的高粱桥保护遗址,他们马上提出说,看到了很多具体的石质文物的保护方案,或者是一些加固方案,那么这些方案的各种手法,例如作为交通岛,且形成地标景观。在这个基础上我们再去讲解理论和概念的时候,他们就觉得特别通顺,书上并没有特别提类似的并不是那么大型的或者是旅游上热点的工程实例。而大一的同学已经有这样的认识了。而另外一些课程,比如说理论教学课程,一直伴随有经典建筑观摩,比如我们讲到佛教建筑的时候去广济寺,广济寺的空间序列对于佛教建筑具有普遍性的普世意义,台湾汉宝德所写的佛教建筑理想空间在广济寺可以阅读到。儒释道三教合一的一些特征都有具体的体现,尤其是一系列无梁殿、各种北京明清官式建筑构造与佛教艺术的结合,是学习理论的印证。然后让他们与信众僧人交流,经常有很多佛教的书籍馈赠,有一次,学生甚至打听出大雄殿的传说,是恭王府的银安殿搬迁来的。当然这些内容,文献几乎没有记载,但是对于考证上非常有难度的恭王府银安殿消失的问题,不失为一个考证参考的注解。

在具体的社会实践中,我们也会带同学们去一些博物馆,像胡同博物馆,他们对于四合院及胡同空间的关系也是由此一目了然。鼓励学生前往异地去进

行建筑的观摩，例如在北京联合大学的建筑历史教研中，他们结合教学内容前往曹魏邺城，即今天河北廊坊一带参观。这些教学形式都是打破了过去很多观念，用实践内容不断补充到现实的理论教学中去。对学生起到一定专业观摩的效应，而类似的旅行实习也是现代建筑甚至工业设计教学中特别注重的。增强了身临其境的感受，实现过目不忘的教学目标。国内外都很重视，尤其北京紧邻山西、河北与山东等地，都是古代建筑博览的胜地，交通也比较发达，沿途所见极为开阔眼界。北京建筑大学研究生则多有导师组织开车，探寻建筑史上比较专业的建筑，像河北正定隆兴寺、山西春秋战国古城遗址、河北井陉桥殿等，所学所见又是另一番学术风景。

　　中国传统建筑的内容是千变万化的，在具体的分析和研究中，这不是我们的教材容量可以完全满足的。必须掌握的内容也是类似现代建筑的一些创新项目，要有一定的自拟任务书的能力，能够对现场的问题进行辨识和分析，并及时找到自己参与工作的方向。而这些内容并不是老师都能够完全去介入带入的，因为有一些工程可能是在工作以后才出现，有些学生他工作以后继续跟老师进行及时的联络，老师也就发现了这些问题。问题的关键性是在于如何引导学生能够独立地完成科研和工程项目，这是目前我们在历史建筑保护工程中非常重要的一个课题。就是如何引导所有的年轻历史建筑保护师们实现他们对所接的任务的普适性与开拓性，进行研究的创新能力。例如接触到雕刻、壁画的问题，我们就要从美术的角度去进行深入，对做法进行一些调整研究，而工程时间及任务的具体的项目都要进行改变，这与现代建筑有很大不同。有一位毕业很多年的学生，他每遇到一个工程都会与学校的老师进行再联系，比如说他写论文研究北海的宫殿，那么他就有一些观点认为北海的山石除了艮岳之外，应该是有很多从辽金时期的一些阶段发展而来。在辽金时期上面有一座建筑三天两头，名称经常改变，也就是今天琼岛春荫上面的辽金时期的宫殿，那么这个学生在问我问题的时候就提出来，老师您在看什么书呢。这些问题是他在学的时候很少问的，因为我们有教材，有标准的教材和一些系列教材，聊的历史比较冷僻模糊。有一段时间，两宋辽金列标题在教材上，下面没有任何文字。往往大家就觉得这些内容是不是就是我们学的内容呢，当然它

会涵盖一些我们要研究的项目和理论，但是很多书籍的文献内容仍然需要同学们自己能够去思辨，自己主动去填补空白研究，那么学校并不是他的完全的资源源头，而是说他自己为什么没有查阅到老师提供的资料，这个是需要思考的，相对而言，术业有专攻，在教师环境经常交谈的就是那些图书资源，比如类书是在哪里。我们在这个能力上要对学生进行培养。同学们可能说我们到了设计院以后，往往发现没有那么多的工程来源，尤其是历史性城市与建筑保护项目不充足，这也是现实问题，可能需要他们做的项目类型会更丰富，例如他们也要做旅游规划中文化创意产业的产品，要做现代建筑、甚至景观以及立面改造，或者是展示宣传的工作。那么这部分内容往往是我们在今天，可能说教学中没有完全强调出来的，但是事实存在的内容。

　　举例而言，文创产品它的发展早已在建筑学专业的日常生活中发展出来，例如举办T恤衫设计大赛或者是图标或者是吉祥物的设计大赛，例如笔者曾做过校办企业的橱窗装潢。建筑系的同学往往在其中取得了很多优越的成绩，随着专业的细化这些功能，包括书籍版式的设计，封面的设计，装饰画的设计，或者是一些翻译工作，以及海报的设计等，那么这些内容都是他们工作的可实施的部分，要点在历史建筑保护及历史性城市保护工作中，是时常会溢出的外沿部分，甚至涉及结构、水暖电的形式设计或历史年代断代等。而这些能力实际上在学校中都进行了培养，但是在设计院中如果提出类似的项目，学生往往又感觉无从下手，或者不习惯而质疑。今天看历史性城市与建筑保护的内容是非常丰富的，甚至包含一定的社会学引领下的社造项目，类似西村幸夫的学派观点。是从规划角度或城市的保护意识角度，引领市民去主动地参与到设计的内涵中去，那么我们的设计其带来全新的意识与研究方向，即人人设计，我们要在这方面多做工作，多与同学们在实践实习以及工作阶段进行反馈，回来的一些经验之谈，必将给未来的历史性城市与建筑保护专业的发展带来补充。最终从学校反馈来的内容必将带给他们很多动态。我们教学上的内容会反回来激励教学内容的成长。在我们做的这个古代建筑认知实习中，有一个作业，经常会把这个作业交给有关专家进行评价，在作业设计时候，任务书形成时，也是来自于学生的意见，来强化学生主动思维的

动机。往年我们的古建筑认识实习，是采用了一些左图右书的图版方式来进行传达，而这个作业可能会在形式上、在各个年级作业中有一定的重复。由此，我们就听从学生提出的一些建议进行了调整，比如说我们从建筑界画的角度进行研究，从散点透视的角度进行研究，这些内容将会影响到他们未来一些三维的制作或者是对于中国古代建筑界画审美的发展上，尤其是微妙的色彩搭配，是非常古典而复杂的，甚至超越现代窠臼的。其实是非常世界的，当下国际热点研究的内容。

从一种审美的角度、鉴赏的角度来说，如果我们的学生及早地进入一种传统文化的审美状态，那就必将带来未来，他们对于我们的建筑意，尤其是能够回归到古代建筑的一些神韵中去，那么它是一种潜移默化的、比较微妙的，不可言状的一些思想和体会，这个训练，可能带来另外一个作用就是我们使用了口述史和建筑图档，我们叫目录学的方法。目录学，实际上它的潜在的对于学生能力的培养是多元的，它不仅仅是我们去调研了一座建筑，而是将一年级的作业作品，从一个高度提升到古代的精品级绘画阶段。而从档案目录学的角度来说，也给他们带来一个很重要的提示，就是我们需要他们去完成一个任务，对经典的建筑一再解读，并交叉人文学科，从中读出图中的很多具有技术性和艺术性的内容，那么融入他们自己的血脉之中，然后再进行辨识，有的同学还做了分析图与文字提纲。进一步可以参与人民大学"我的北京记忆"项目中建筑历史的目录学工作。由此体现出他们此一阶段的认知水平，这个是对我们在专业教学上面，尤其是在历史建筑教学的古建筑的基础上是非常重要的。最后我们要说的就是经过圆明园图档的整理，包括以后在新的主题计划引入以后，我们将是对于古建与园林，对于艺术与古建，以及对于圆明园问题本身的研究，又积累了一套建筑学同学的图档，这套图档也是一个研究载体，它对于建筑教学的发展，对于未来解决全新的问题，解决历史建筑保护的内容都是一个高度。例如这些作品可以作为艺术品放在画框里面，是一个木刻板、原版、法国西画仿版等版之外，在教室空间以及相应空间进行展示的现代版，进一步的传播，建筑学专业的文化以及历史建筑保护专

业的它的特点以及宣传圆明园的建筑技艺与空间形制的特殊性，包括我们在圆明园的研究上在认识在传达这个内容，都是有历史史料学的价值以及艺术品的艺术学设计作品的价值。而这些作品本身其实也是一套非常优秀的文创产品，它可以成为文化创意领域，让学生进行训练的一种方式方法，并已经效果显著，形成一批可以展示的，可以在圆明园学上进行再认识的一个作品，发现古代建筑的建构原理，不是一成不变的模式。疫情期间网课，在运用视频的方法上，我们其实也给学生带来一个内容，就是让学生去做自己在18、19岁对于历史建筑保护初体验，他选择这个专业或者是认知这个专业进行口述史的研究。口述史是一个背景比较大的方法，这些内容将给他们未来的工作，所有的问题，比如说塑造任务书的问题，这些项目具体怎么发展的问题，都会带来独立思考和进一步研讨思考的初心、反馈、互对，以使他们未来的工作，也就是高校及设计院的教学与实践能够知行合一，解决矛盾，达到契合。能够顺利进行，这一点是非常重要的。去创造属于中国的建筑心智，大家做的是同一件事，古今相同，不仅是历史建筑保护工程任务本身。历史性城市与建筑保护行业的发展，给人们带来很多挑战，它所引起的所有教学以及实践任务的课题都是为我们把同学带入文化复兴的实质上，对今后的建筑学整体的发展是有积极引导意义的，我们在教学中将继续思考和引入。

参考文献

[1] 王英杰. 美国高等教育的发展与改革[M]. 北京：人民教育出版社，2002.

[2] 吴良镛. 广义建筑学[M]. 北京：清华大学出版社，1989.

[3] 张绮曼. 环境艺术设计与理论[M]. 北京：中国建筑工业出版社，1996.

[4] [美]伦德纳·史来茵. 艺术与物理[M]. 暴永宁，吴伯泽译. 长春：吉林人民出版社，2001.

[5] [美]彼得·柯林斯，现代建筑思想的演变[M]. 英若聪译. 北京：中国建筑工业出版社，1987.

建筑学专业色彩设计教学的应用探讨①

阚玉德

作者单位
北京建筑大学

摘要： 色彩是建筑设计的一个重要视觉元素，建筑学专业的色彩设计课程在授课内容安排、课题的设置上应围绕其设计实践的应用目的展开，即通过对色彩相关知识的学习、课题设计实践的训练使学生掌握相应的建筑设计中色彩要素设计的原则和方法。

关键词： 建筑；色彩；色彩设计

Abstract: Color is an important visual element of architectural design.The teaching content of the color design courses of architecture majors should be arranged around the purpose of its design practice.That is through the learning of color-related knowledge and the training of subject design to make students master the principles and methods of color design in corresponding architectural design.

Keywords: Building; Color; Color Design

色彩作为一个重要的视觉要素在各行业中被广泛应用，设计相关专业的色彩设计大多沿用美院的色彩构成课程内容。美院的色彩构成课程强调的是色彩及图案在二维平面中的视觉呈现，而建筑学专业的色彩设计则强调色彩在三维空间中的呈现。建筑学专业的色彩设计课程内容仅涉及美院色彩构成课程的部分内容，但更加强调色彩在建筑室内外空间中的应用。围绕这一目的进行授课内容的安排和组织课题设计的训练，有助于促进建筑设计的内容完整，完善建筑设计的呈现手法。

1　授课内容注重共性色彩知识的讲解，同时要凸显出满足建筑学专业色彩应用的需求

针对建筑学专业色彩设计的特点，结合大纲对授课内容进行修订（表1）。课程分为四个单元：第一单元为色彩概论部分，主要讲解课程的内容、学习方法及要求，使学生明白该课程与整个专业课程体系的关系；第二单元为理论讲授部分，重点进行色彩的基本知识、色彩心理、色彩设计方法等方面的知识讲授与课题训练，目的是提升学生对色彩的认识，使学生掌握色彩的配色方法；第三单元为建筑色彩案例分

析，通过有针对性的案例分析，建立对建筑的色彩认知，了解建筑色彩设计的影响因素，进而掌握色彩设计的具体原则；第四单元为课题设计，结合授课进度同步安排相应的课题设计训练，使学生掌握建筑色彩设计的具体方法。

2　教学内容增加案例的分析环节

2.1　通过案例讲解，探讨色彩设计中的影响因素

通过大量的典型建筑案例分析，得出色彩设计过程中的影响因素。即针对典型案例，从建筑的功能、所处区域环境、建筑用材、室内空间的陈设和设计师的个人风格等方面进行详细的讲解和深入的课堂讨论。

1. 建筑的功能与色彩设计的关系

建筑功能决定了建筑服务的人群，建筑的空间色彩设计应从使用者自身特点出发，进行合理的色彩规划，最终实现使用者获得更好的用户体验。教学中案例讲解与讨论均选择建筑功能相同，但色彩设计风格不同的实例进行。如上海龙美术馆西岸馆和上海博

① 基金项目：北京建筑大学校级教育科学研究项目 "专业色彩设计专题" 在多专业教学中的应用研究（项目编号Y1821）

专业色彩设计教学内容（来源：作者自制表格） 表1

序号	单元名称	教学内容	教学目的
1	色彩概论	课程介绍	了解课程脉络
2	色彩基本理论	色彩基本知识	了解色彩的属性、色彩体系、色彩研究的代表人物等内容
		色彩感知	理解色彩心理
		色彩的流行趋势	了解色彩机构的色彩趋势预测：国际色彩流行色委员会（INTERCOLOR）、潘通（PANTONE）、德国劳尔（RAL）
3	建筑色彩案例分析	建筑外观色彩案例分析	了解建筑色彩设计的影响因素，掌握建筑外观、室内空间的色彩设计原则
		建筑室内空间色彩案例分析	
4	课题设计	色彩提取	训练利用色彩进行城市印象内涵的表达能力
		色彩形象设计：季节色彩设形象、个人情绪色彩形象	训练进行色彩配色调和的能力
		建筑色彩设计：建筑外观色彩设计、建筑室内空间色彩设计	探讨建筑外观、室内空间的色彩设计方法

物馆的展厅色彩设计，都是博物馆建筑，都以展品为主，但是色彩设计却有很大的差别；上海龙美术馆西岸馆的水泥灰色作为建筑空间底色能够凸显展品的视觉效果，而上海博物馆内的中国古代雕塑馆则采用橘红色作为空间的底色，从实际观赏效果看橘红色背景墙辅以灯光照明更能突出展厅的气氛与佛像的细节。

2. 建筑所在的区域环境与色彩设计的关系

建筑所在的区域环境是进行建筑色彩设计前期重点调研的内容，具体包括建筑所处地区的文化、周边其他建筑的色彩、景观特点等。色彩设计依据前期详细调研进行创意设计，授课内容以实践设计案例进行详细讲述。

3. 建筑材质与色彩设计的关系

建筑材质本身呈现的色彩及肌理图案是建筑色彩的主要组成部分，课程案例分析选择多种色彩风格的建筑实例进行，内容以建筑材质直接呈现色彩的建筑实例为主。如安藤忠雄的清水混凝土建筑系列作品、高迪的系列建筑作品。安藤忠雄设计的清水混凝土建筑展现出的材质的灰色系色彩，能够更准确地传达建筑空间的简洁、安静；高迪设计的建筑采用瓷砖和瓷片材质进行建筑装饰，其独一无二的造型加上丰富多彩的瓷砖和瓷片材质构成的马赛克图案赋予了建筑空间更多的浪漫气息。

4. 设计师的个人风格与建筑色彩的关系

设计师的个人风格会以其独特的形式表现在建筑设计作品中，教学讲解与讨论案例以大师和目前新锐的设计师作品为主。如路易斯·巴拉甘的系列作品

和新锐西班牙设计师亚米·海因的作品。在巴拉甘的作品中，其高饱和度色彩能够更加充分表现出设计者所要传达的对建筑饱含的情感。在亚米·海因的作品——马德里高塔酒店设计中，亚米·海因从空间界面的多种色彩的运用到家具、挂画等陈设品的图案搭配，到处都凸显出浓郁的西班牙文化主题。

2.2 通过案例的分析，讲解色彩的配色方法

授课通过大量案例的分析，讲解色彩设计的流程、配色方法等内容。在建筑色彩设计流程中，首先要进行建筑与所处区域环境的调研，然后在明确建筑功能前提下进行色彩风格主题的确定，进而进行颜色的选择，最后结合材质进行建筑室内外空间的色彩搭配设计。

配色方法主要包括两部分内容，即颜色选择、色彩搭配。颜色的选择依据设计主题进行主色、辅色、重点色的选取，在选色时注意控制颜色的数量，避免因为色彩过多造成视觉疲劳。在颜色选择时采用色卡进行颜色标记。色彩的搭配主要就是对主色、辅色、重点色的比例、图案进行色彩搭配，具体就是对所选颜色的色相、明度、饱和度、数量、色调等方面进行对比与调和的设计。在色彩设计时可以依据普世的形式美法则进行具体的操作。

在建筑外观色彩设计上，色彩搭配可以采用色调调和、色调对比的手法来与区域景观进行搭配。建筑室内空间的色彩设计搭配手法与外观色彩设计相同，

设计内容包括建筑空间界面材质、家具、陈设、植物等呈现出的色彩。

3 课题设计训练结合授课内容循序渐进展开

课程内的课题训练应结合授课内容循序渐进开展。课题一（色彩提取训练）结合色彩基本原理的授课内容进行布置和开展。强调从体验者的视角进行城市色彩的提取，从城市的自然景观、历史建筑物、文化内涵、特色饮食等方面进而调研，最终形成有代表性的城市色卡。这一课题训练的是如何运用色彩元素进行城市印象内涵的抽象表达。

课题二（色彩形象设计：季节色彩形象、个人情绪色彩形象训练）结合色彩感知理论授课内容同步开展。选取代表季节、情绪的颜色进行色彩主题的设计。课题训练的是色彩调和能力，即通过对色彩三要素色相、纯度、明度的改变与组合进行配色练习。

课题三（建筑色彩设计）安排在原理授课内容之后，学生可以选择建筑外立面色彩设计，亦可以选择建筑室内空间色彩设计。建筑外立面色彩设计之初要对所选建筑的功能、周边环境进行充分调研分析，确定改造主题，进行色彩的选择与材质搭配，强调建筑对所处区域色彩的延续与创新。建筑室内空间色彩设计，可以结合空间功能调整同步进行，确定空间设计主题后重点对空间界面、家具、陈设装饰品等进行色彩设计。

4 结语

通过学生的作业和课堂反馈，证明课程的授课内容安排与课题的设置合理，符合学生的认知学习过程。在授课与课题设计过程中，随着对色彩相关知识的逐步加深理解，学生由最开始对色彩元素的忽略，到后来实现了主动利用色彩元素进行建筑的提升设计。课程将色彩教学融入建筑设计实践中，通过不断对色彩教学内容调整、完善、更新，更好地促进了建筑学专业教学的成熟和完善。

参考文献

[1] 渡边安人. 色彩学基础与实践[M]. 北京：中国建筑出版社，2010.

[2] 郭娟娟. 关于建筑色彩设计课程教学的探讨[J]. 文教资料，2012（1）：191-192.

[3] 汪斌. 基于建筑学的色彩构成教学概述[J]. 研究探讨，2019（8）：192.

[4] 刘琳. 建筑设计专业设计色彩教学改革探讨[J]. 美术大观，2014（7）：168.

"主动学习"与"关联学习":
建筑设计课程在线教学模式探索

傅东雪   任娟   张磊

作者单位
长安大学建筑学院

摘要:新冠肺炎疫情防控背景下,建筑设计课程整合多方教学资源,依托科学管理机制,发展以学生为核心的"主动学习"与"关联学习"教学模式,组织高效互动、瞬时反馈以及有迹可循的教学活动,以达到良好的教学效果。本文以"公路汽车客运站建筑设计"课程在线教学实践为例,将网络数字技术与信息时代教学理念互相融合,鼓励学生在思想交流的开放式知识网络体系中研究与解决问题,培养独立思考能力和创新精神,希望能为设计类课程在线课程常态化改革提供参考与借鉴。

关键词:主动学习;高效互动;线上教学;关联主义;涟漪模型

Abstract: In order to cope with the delayed opening of the school due to the pandemic prevention of COVID-19, architecture design courses integrate multiple teaching resources, rely on scientific management mechanism, develop student-centered teaching mode of "Active Learning" and "Connectionism Learning", and organize efficient interaction feedback and traceable teaching activities to achieve good teaching results.Based on the "Architectural Design of Highway Bus Station" online class, the network teaching concept merges with digital technology, encourages students to research in open knowledge network system and solve the problem, cultivates the spirit of independent thinking and innovation, hoping to provide reference for the normalization reform of online courses.

Keywords: Active Learning; Effective Interaction; Online Teaching; Connectionism; Ripples of Learning

以面对面师生互动为基础教学方式的建筑设计课程在线上教学常态化的当下,相较于其他传统讲授式课堂面临着更为巨大的考验。基于此,本文以"公路汽车客运站建筑设计"课程在线教学实践为例,探寻总结以培养学生主动学习与思考能力为目的设计类课程在线教学新模式,希望能为疫情教学工作及未来在线设计课程常态化改革提供参考与借鉴。

1   在线教学模式难点分析

近年来在线教学逐渐形成去中心化的多样教学形式,注重构建个性化的学习空间、网罗多途径的学习资源、关注知识脉络的动态生成[1],然而各类在线教学平台在实践中仍普遍存在着由于缺乏师生教学情感的渗透而导致的学习懈怠、交流不畅等问题[2],如何最大限度地保留"互动性"成为教学模式探索的重中

之重。传统的师徒式授课方式易造成学生把握整体知识能力的欠缺,以及由依赖引起的学生自主解决难题能力的弱化[3]。基于关联主义理论,设计课堂应利用网络平台帮助学生建立一个开放式知识网络体系,鼓励学生独立思考和自主学习。除此之外,加强教学管理,尤其是针对缺乏内动力的边缘化学生,管理机制应迅速调整以保证基本教学知识的有效传递、消化吸收与运用。

2   学习模式理论研究

2.1   主动学习——涟漪模型

授之以鱼不如授之以渔,无论教学的形式如何变化,培养学生自主学习动力及能力都是教学工作亘古不变的主题。根据莱斯教授的学习涟漪模型,主动

①   基金项目:长安大学高等教育教学改革研究项目《基于培养"互通协同"型创新人才的建筑设计类课程教学改革研究》(项目编号:300103304102)

学习的培养需要以下要素的支撑：提升学习兴趣，激发学习内在动因；明确学习目标和结果，自我制定时间规划；通过探索实验、试错学习、重复练习帮助学生消化知识；通过学生之间的互动，如相互解释、讨论、评价、指导等深化学习内容；加强师生间的交流，使教师有针对性地帮助学生；通过反馈学习以及痕迹留存，帮助学生了解其在学习中取得的进展，保持较强的成就感[4]。

2.2 信息时代——关联主义

在信息爆炸的时代，知识不再是静态的、层级的、体系的结构形式，而是呈不断流通、互相关联的空间网络结构。关联主义将学习的过程视为在信息资源与专业节点间构建连接的过程，其主要特征可以概括为知识的关联性、学习资源的开放性以及学习过程的交互性[5]。由于不断缩减的知识半衰期，相较于要求学生掌握专业内的全部知识，帮助学生建立学习路径显得更为重要。教学的目的应侧重辅助学生根据个人目的和兴趣，主动地在开放的网络资源中，整合连接各种知识节点，并通过与外界不断交互的过程，形成并构建自我知识体系。

3 在线教学目标、策略及措施

《公路汽车客运站建筑设计》教学活动依托QQ

班级设计群进行直播教学，其基本教学目标为掌握具有较大空间和复杂流线的建筑设计的基本原则、方法和步骤。在此之上，教学应在充分发挥网络技术优势的同时，克服交流的不畅、主动性的降低和管理的缺失三个在线教学的难点，并根据涟漪学习模型和关联主义理论研究构建在线教学整体框架与策略，通过实践教学研究总结具体有效措施，完成信息时代更为迫切的两个深层目标：培养学生主动学习能力和缔结个人知识网络。

由于学生在主动学习能力、态度、习惯等方面存在较大的差异，因此在线学习首要任务是通过提升学习兴趣激发内在动因，其次确保课堂的高效互动，紧抓注意力，并整合网络教学资源支持课下自主学习，以及通过完善在线教学管理体制帮助主动性较弱的学生逐步建立学习习惯，最终提升学生整体主动学习能力。而对于构建学生个人知识网络，主要通过整合教学资源使学生了解网络时代获取知识的多种途径，以及通过引导学生进行关联学习将各个知识节点相互串联构建知识网络，并加强与他人的线上交互来不断强化和修正自我知识构架（图1）。

具体的教学策略与措施应结合设计课堂的特点，以《公路汽车客运站建筑设计》实践课堂为例，第一，题目设置仅限定场地尺寸，学生可以自由选择地区和设计方向，如可从建筑结构、空间、节能、城市设计、地域文化、综合交通等方面择其一二进行

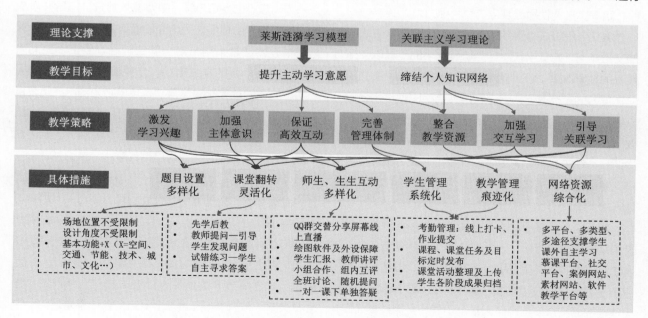

图1 建筑设计类课程在线教学目标、策略及具体措施（来源：作者自制）

深度思考，教师应鼓励学生在完成基本功能的基础上，通过深度挖掘设计方向提升创新能力。题目设置的开放性不仅能激发学习兴趣，也很大程度地避免了方案的相似性，放大个人方案特点除了能够提升学生设计自豪感之外，还会增强对他人方案的好奇心，进而促进学生之间的相互交流。"基本功能＋"的题目设置下，将建筑基本功能作为形心，与其他知识节点产生连接和碰撞，依托学生的兴趣支撑，自由的题目设置将以设计课堂为基础，激发学生自主学习研究以及关联各个节点知识的能力，辅助个体建立自我知识构架。

第二，翻转课堂，加强学生"学习主体"意识。设计课堂中的教师从来都不应当是知识传播的权威者，而应是经验的分享者、活动的组织者、学习的引导者。当学生完全依赖教师的建议修正方案时，不仅易造成其思考惰性，且由于丧失设计主动权易引发学习成就感的降低。因此，以学生为中心反转课堂主体，教师通过先学后教的方式帮助学生建立发现问题并自主解决的能力：以连续的问题引导学生发现自我及他人方案的不合理之处，并组织讨论鼓励学生针对自我或互相提出改进建议，在此过程中允许学生以不断的试错练习寻找解决策略。其次，在线理论授课应组织学生先通过各类资源整理建筑设计要点并进行线上汇报，教师随后组织讨论并补充授课。通过锻炼学生在网络时代对知识、信息的快速搜集、筛选和接收，培养其批判性思维及自主思考能力。

第三，保证在线课堂的高效互动，强化学生之间的交互学习，将数字技术作为协作学习的工具以支撑系统的教学改革。设计课堂基于QQ设计群师生交替分享屏幕的直播教学方式，利用各类绘图软件和外设以达到无障碍实时沟通和改图的目的，并根据不同的教学目的采取多样化的互动方式，通过小组合作、学生汇报、组内互评、单独辅导、教师讲评、全班讨论及文字提问等多样教学模式的最优组合来优化教学成效[6]。

第四，整合多平台、多类型、多途径的网络教学资源辅助学生进行设计，为"先学后教"创造条件。学生可以通过各类授课平台、社交平台、设计网站等自主学习设计理论、案例、软件及图纸绘制方法等，但往往在面临众多资源时因缺乏引导、类目过多而浪费时间，因此教师需要及时演示如何快速联动各类网络学习平台，搜索信息并与他人基于网络平台进行交互学习。

第五，建立科学完善的教学管理系统，包括明确的考勤管理、课堂任务发布、教师反馈、学生成果建档以及教学痕迹留存机制。首先，在线作业提交与发放相比线下时间节点更为明确，管理有效且省时省力。其次，教师应明确每节课的教学任务与目标，帮助学生建立长短期时间规划。再者，线上化后所有课堂活动均有电子痕迹留存，教师应及时整理、归档并在群内上传，以使学生得到清晰有效的反馈。

4 在线教学实施步骤及方法

"公路汽车客运站建筑设计"课程教学分为三个环节：建筑设计理论授课、学生设计成果推进、学生设计成果评图。其中成果推进环节设置三个阶段，分别为概念草图，要求表达场地分析、设计构思及概念生成；基础草图，表达平面流线组织、内部空间组合以及初步建筑形态；最终草图，要求深化表达建筑结构、建筑立面设计以及初步图纸表达设计。评图环节则由中期班级评图与终期年级评图组成。三个环节的教学目标及教学组织根据课前、课中、课下三个部分详细列于图2。

由于课堂时间限制，全班30位学生无法同时在班级设计群内汇报交流，因此以每组15人创建设计一组与设计二组QQ群，由两位教师分开指导并隔次调换，为学生提供更为全面的设计建议。线下设计课程中教师通常采用一对一单独辅导，但由于空间限制，能够旁听的学生很少，学生之间的交流呈消极状态，而线上教学的屏幕共享技术则为群内成员教育资源的公平性提供了保障。设计组内以随机5人小组为单位进行成果汇报、教师讲评与学生互评，组内成员深入思考他人方案，通过相互解释、讨论、评价、指导等深化学习、规避错误、启迪思路，非组内成员也全程参与，教师遇到共性问题可以随时展开群内讨论与讲解，节省时间。除此之外，中期班级评图和终期年级评图在更大范围内打破设计群及班级之间的壁垒，促进全年级学生之间的相互学习。

学生每节课需上传设计成果并对全体群成员进行分享，教师将随机5人小组的个人成果整理为一张图纸进行批改讲解并上传至群内长久留存，有意识地

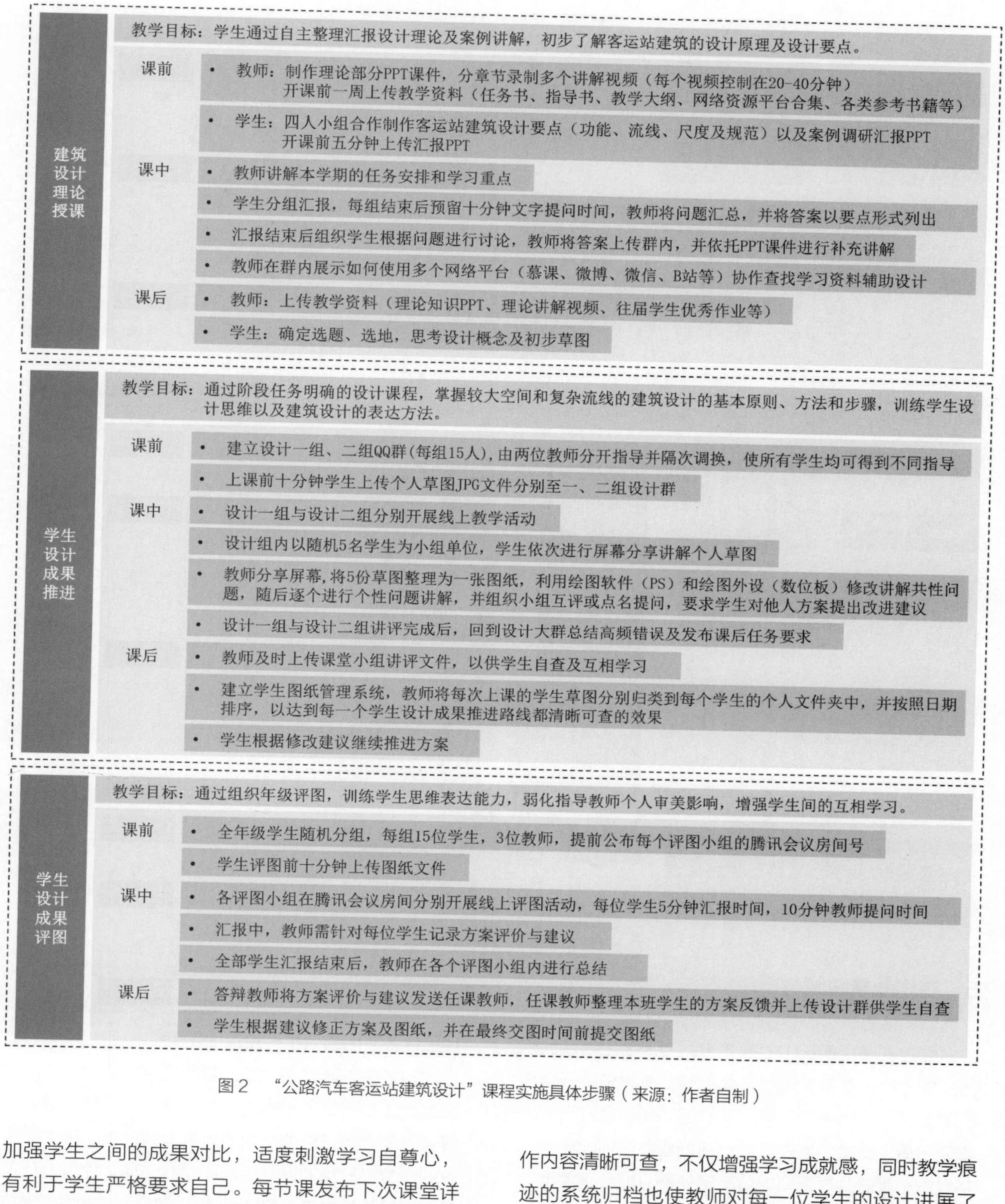

建筑设计理论授课	教学目标：学生通过自主整理汇报设计理论及案例讲解，初步了解客运站建筑的设计原理及设计要点。	
	课前	• 教师：制作理论部分PPT课件，分章节录制多个讲解视频（每个视频控制在20-40分钟） 开课前一周上传教学资料（任务书、指导书、教学大纲、网络资源平台合集、各类参考书籍等） • 学生：四人小组合作制作客运站建筑设计要点（功能、流线、尺度及规范）以及案例调研汇报PPT 开课前五分钟上传汇报PPT
	课中	• 教师讲解本学期的任务安排和学习重点 • 学生分组汇报，每组结束后预留十分钟文字提问时间，教师将问题汇总，并将答案以要点形式列出 • 汇报结束后组织学生根据问题进行讨论，教师将答案上传群内，并依托PPT课件进行补充讲解 • 教师在群内展示如何使用多个网络平台（慕课、微博、微信、B站等）协作查找学习资料辅助设计
	课后	• 教师：上传教学资料（理论知识PPT、理论讲解视频、往届学生优秀作业等） • 学生：确定选题、选地，思考设计概念及初步草图
学生设计成果推进	教学目标：通过阶段任务明确的设计课程，掌握较大空间和复杂流线的建筑设计的基本原则、方法和步骤，训练学生设计思维以及建筑设计的表达方法。	
	课前	• 建立设计一组、二组QQ群（每组15人），由两位教师分开指导并隔次调换，使所有学生均可得到不同指导 • 上课前十分钟学生上传个人草图JPG文件分别至一、二组设计群
	课中	• 设计一组与设计二组分别开展线上教学活动 • 设计组内以随机5名学生为小组单位，学生依次进行屏幕分享讲解个人草图 • 教师分享屏幕，将5份草图整理为一张图纸，利用绘图软件（PS）和绘图外设（数位板）修改讲解共性问题，随后逐个进行个性问题讲解，并组织小组互评或点名提问，要求学生对他人方案提出改进建议 • 设计一组与设计二组讲评完成后，回到设计大群总结高频错误及发布课后任务要求
	课后	• 教师及时上传课堂小组讲评文件，以供学生自查及互相学习 • 建立学生图纸管理系统，教师将每次上课的学生草图分别归类到每个学生的个人文件夹中，并按照日期排序，以达到每一个学生设计成果推进路线都清晰可查的效果 • 学生根据修改建议继续推进方案
学生设计成果评图	教学目标：通过组织年级评图，训练学生思维表达能力，弱化指导教师个人审美影响，增强学生间的互相学习。	
	课前	• 全年级学生随机分组，每组15位学生，3位教师，提前公布每个评图小组的腾讯会议房间号 • 学生评图前十分钟上传图纸文件
	课中	• 各评图小组在腾讯会议房间分别开展线上评图活动，每位学生5分钟汇报时间，10分钟教师提问时间 • 汇报中，教师需针对每位学生记录方案评价与建议 • 全部学生汇报结束后，教师在各个评图小组内进行总结
	课后	• 答辩教师将方案评价与建议发送任课教师，任课教师整理本班学生的方案反馈并上传设计群供学生自查 • 学生根据建议修正方案及图纸，并在最终交图时间前提交图纸

图2 "公路汽车客运站建筑设计"课程实施具体步骤（来源：作者自制）

加强学生之间的成果对比，适度刺激学习自尊心，有利于学生严格要求自己。每节课发布下次课堂详细任务要求，将长时间的设计任务划分为短时间的目标要求，可以帮助学生逐步减轻拖延问题。同时，电子成果及教师批改痕迹的留存，能够提升设计交流并帮助学生随时自检，使其成果推进路线以及阶段性工作内容清晰可查，不仅增强学习成就感，同时教学痕迹的系统归档也使教师对每一位学生的设计进展了然于心。相比线下教学，线上实时屏幕共享打破空间限制，使教师针对某一学生的方案问题随时提问全班同学成为可能，显著提升了学生注意力（图3、图4）。

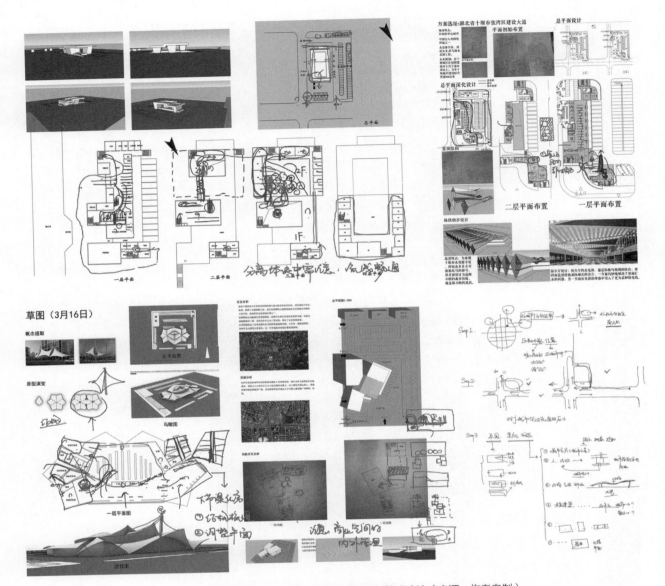

图3 5人小组的个人第一次草图设计成果及教师批改痕迹（来源：作者自制）

5 在线教学总结与反思

通过对班级的线上教学效果调查，学生普遍反映虽然线上课程在单独辅导方面不能完美复刻线下课程的高效互动，但由于其强大的改图功能，各方资源的方便易得，使学生能够更加迅速地理解设计的要点。并且由于实时共享屏幕，所有学生都可以公平清晰地看到其他同学的方案和老师的讲评，增进了学生间的相互学习，以及痕迹清晰的教学方式对方案的推进管理更加严格。受限于软件、设备及网络技术条件，线上教学的开展也遇到了一些问题。目前的绘图软件无法支撑多人同步修改图纸的功能需求，并且由于网络卡顿现象，无法同时进行全班视频及分享屏幕，切断了教师通过学生面部表情反馈来了解信息接收程度的途径，会对沟通效率产生负面影响。

目前各地高校逐步开始复课复学，教学模式即将面临线上线下的衔接问题，如何在线下课堂中融入在线课程的优势，形成一个创新的混合式教学模式，是下一步教学改革的重点工作和实践方向。建筑设计课堂应以设计教学理念推动信息化教学，以网络数字技术手段辅助设计教学，最大限度地发挥线下与线上教学的各自长处，并不断在实践中修正与改进教学策略及措施，辅助学生逐步完善知识脉络并建立终身学习习惯。

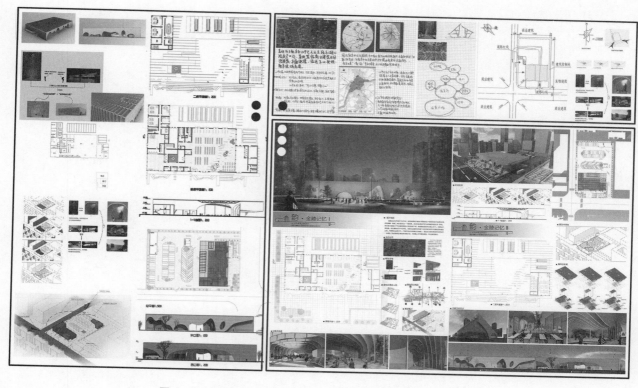

图 4　学生个人成果一、二、三草阶段推进痕迹（来源：作者自制）

参考文献

[1] 李志超. 网络在线教学的价值及其限度[J]. 教育理论与实践，2016，36（25）：61-64.

[2] 田生湖，赵学敏. 我国高校信息化教学的现状、趋势与发展策略[J]. 当代教育科学，2016（11）：37-39+44.

[3] 曾思颖. "认知理论"视角下数字技术手段在建筑教育中的应用探析[D]. 广州：华南理工大学，2017.

[4] Linda Rowan. Phil Race: Making Learning Happen: A Guide for Post-compulsory Education（3rd ed.）[J]. New Zealand Journal of Educational Studies，2016，51（1）.

[5] 柳文华，高岩. 关联主义：数字化时代大学生有效学习的新维度[J]. 黑龙江高教研究，2019，37（10）：157-160.

[6] 杨金勇，裴文云，刘胜峰，张东淑，张湘，姜卉，姜莉杰，于瑞利. 疫情期间在线教学实践与经验[J/OL]. 中国电化教育：1-13[2020-04-07]. http://kns. cnki. net/kcms/detail/11.3792. G4.20200317.1105.004. html.

专题三　设计研究

适老住宅分级潜伏设计体系研究及其对本土的启示

王栋博　刘浩楠　李思聪

作者单位
沈阳建筑大学建筑与规划学院

摘要： 本文针对德国住宅设计与人居研究所"ready- 适老住宅分级潜伏设计体系"的特点、思路和原则进行研究，分析其制定路线和适用性。研究通过对新建适老住宅进行分级，依据房屋建设指数从低到高，将住宅依次划分为基本级、标准级、舒适级三类，为符合每种等级要求的适老住宅提供指导方针，为住宅提供全生命周期内的分级改造方案。我们期望结合该体系的设计策略，为本土居住建筑全生命周期的适老性潜伏设计体系构建提供充分的研究基础。

关键词： 适老住宅分级体系；潜伏设计；全生命周期住宅

Abstract: In this paper, the characteristics, ideas and principles of "ready-Graded Pre-design System for Old Residence" of German Institute of Housing Design and Human Settlements are studied, and its formulation route and applicability are analyzed.According to the housing construction index from low to high, the newly-built suitable old residences are divided into three categories in turn: basic level, standard level and comfortable level, which provides guidelines for the suitable old residences that meet the requirements of each level, and provides a grading transformation scheme for the residences in the whole life cycle.We expect to combine the design strategy of this system, and provide sufficient research basis for the construction of the Pre-design system for the whole life cycle of local residential buildings.

Keywords: Grading System of Suitable Old Residence; Pre-design; Whole life Cycle Residence

1 引言

在人口老龄化社会压力日益凸显的时代背景下，随着全球城市化进程的加快，社会对城市老年人养老体系及适老性建筑的思考逐步深入。"适老住宅""老年社区""通用住宅"等实践探索不断发展演进，社会各界也在思考对于老年人和残疾人等"弱势群体"的平等居住权利的最优解决方案。德国斯图加特大学住宅设计与人居研究所提出的"ready-适老住宅分级潜伏设计体系"，为住宅设计的资源节约和灵活可变提供了新的思路。

1.1 中德两国适老化住宅发展情况对比

德国步入老龄化社会较早，老龄化程度更高。截至2015年，其60岁以上人口占总人口比例达到27.4%[①]。而截至2015年年底，我国60岁及以上老年人口22200万人，占总人口的16.1%[②]。在这种人口结构下，德国在过去很长一段时间内应对人口老龄化所做的研究和实践经验更为丰富，适老化住宅探索起步更早，可供参考的成功案例较多，因此其适老住宅设计体系对我国的相关研究具有一定的预见性和参考性。

该体系通过为符合不同等级要求的新建住宅提供必要的适老化设计指导方针和技术措施的最小数值要求，在合理的造价控制下为建筑提供居住家庭全寿命周期内的改造方案，为预留空间的灵活运用提供了更多的可能性。其研究目的与我国目前探索的SI体系下的"百年住宅"模式接近，而该体系仅在结构及智能化等方面满足未来适老性改造的最小值设计，设计更为灵活，造价控制更严格，分级制度下的阶段性改造投资，可以为住户提供多样化选择，因此该体系对我国庞大的住宅建设量来说具有更好的普遍适用性。另一方面，其对适老住宅潜伏设计中技术设施的控制较为完善。在可持续发展和环境友好型住宅的大课题

① 德国联邦统计局https：//www.destatis.de/EN/FactsFigures/SocietyState/Population/CurrentPopulation/Tables_/lrbev01.html?cms_gtp=150344_list%253D1&https=1.

② 中华人民共和国民政部，2015年社会服务发展统计公报，http：//www.mca.gov.cn/article/zwgk/mzyw/201607/20160700001136.shtml.

下，分级潜伏设计体系可以合理控制长寿命周期的适老化改造造价，通过对技术措施的把控，避免大量资源浪费，其经济性和科学性在一定程度上可以为我国适老性设计研究提供新的思路。

2 设计体系的定义、基本思路及原则

2.1 定义

德国的三代或多代居的家庭数量在1995年到2015年的20年间，从35.1万户下降了40.5%，目前仅有20.9万户家庭选择三代或多代人共同居住①。在未来老年人独居的上升趋势下，促使研究者认为应该对新建住宅从设计之初就考虑根据需求对空间灵活改造的可能性。在这也是该项目以"Ready—预备标准"为主导概念的原因。结合适老住宅的三种等级划分，体系划分的分级定义如下：

2.1.1 Ready—基本级

基本级中所提供的指导意见和设计及施工参数为德国适老住宅提供了最低的预备参考标准。这一级标准的主要特点是控制包括造价和适用性在内的所有要素，以适应使用助行器及轮椅的老年人的使用需求，与现有的规范和指导意见不同的是，该标准同时也要被房地产市场所接受。此级标准的住宅不是所有部分都符合现行规范中对于无障碍设计的要求，但是在建筑层面为轮椅访客作了初步的准备，例如较宽的通行尺度，充裕的起居和就餐空间以及卫浴空间设计的多种可能性。

2.1.2 Ready—标准级

标准级所定义的是每一户新建住宅的推荐配置。在满足了适老性和投资的需求后，这个"标准"等级让现阶段使用助行器的老人在今后需要使用轮椅时，只要经过小范围改造就可以在住宅内通行。研究团队在某些方面突破了现行的规范，提高了要求，以配合适老改造的需求（例如带有双侧扶手的楼梯间）。

2.1.3 Ready—舒适级

舒适级展示了配置齐全的适老住宅在满足舒适性的层面上组织和设计适老性空间。在最初的设计过程中就考虑到轮椅使用的需求，通过满足个性化需求

的适老性改造后，Ready—适老住宅分级预备标准（舒适级）已经在许多方面超越了设计规范，并在安全性和舒适性方面达到了相当高的水平。

2.2 基本思路

该体系设计的基本思路是试图建立一个最低标准（基本级），依据大部分购房者能够承受的成本来定义适老住宅。同时建立一个三阶段模型（基本级、标准级、舒适级）以考虑功能性和舒适度等方面的需求。虽然当前德国老年人身体素质已经得到了显著提高，但是对于适老住宅住户中的一小部分人群，当其使用拐杖和助行器时，住户的部分行动需求已经受限。只有在高年龄段住户比例较高的情况下，轮椅的使用需求才会更大。因此研究团队需要面对一个主要不同年龄段住户需求的冲突：对大多数购置适老住宅的老年人来说，其入住后相当长的一段时间内，不需要一栋完全无障碍的住宅。但是随着年龄的增长，这类住户在今后的十年甚至二十年的时间内，随着身体机能的下降或疾病的危害，其依然会有使用轮椅的需求。这种长期潜在需求，事实上也存在于年轻人群之中。因此研究团队期望建立一个便捷的灵活性标准，可以用合理的改造预算快速满足住户全生命周期中不同阶段的空间使用需求，适老住宅的空间和设施也可以根据住户的需要快速进行调整，让适老住宅实现全生命周期改造的设计愿景。

2.3 设计原则

分级预备标准在满足适老住宅设计不同需求的基础上，将设计原则划分为五条，分别为无高差、空间充裕、适应性、吸引力与安全性、自动化与智能化。

无高差原则，该条原则重点强调电梯间、建筑室内与室外交通空间、公共空间和私人空间，以及住宅中需要满足便捷性和安全性的所有区域等四个部分消除高差和门槛，其中对于公共空间和私人空间部分，具体指社区花园、地下储藏室、车库和住宅套内空间；空间充裕原则，对门、落地窗及走廊宽度，活动区域，门窗把手、暖气调节钮、电气开关和信报箱等部位的操作高度，对轮椅和助行器使用者的可访性，

---

① 德国联邦统计局https://www.destatis.de/EN/PressServices/Press/pr/2016/07/PE16_263_122.html.

以及卫浴空间及阳台的尺寸等五个部分提出了较高的要求；适应性原则要求所有楼层设计消除高差，浴室及卫生间尺寸、步入式淋浴间的地面、厨房与餐厅或与客厅平面组合的改造方案、房间面积、双侧扶手等部分均需要满足今后改造的预备标准；吸引力与安全性原则，采用直跑楼梯，楼梯间满足自然通风采光，设置双侧扶手。住宅设计达到改造预备标准并采用防滑地面，降低窗台高度，安装可调节遮阳设备和防盗安全门窗系统；自动化与智能化原则，安装门窗开合的减力装置，在主入口和地下车库入口安装自动感应门。

2.4 适老住宅分级标准的技术措施

在技术措施层面，德国适老住宅分级潜伏设计体系依据其五条设计原则，将三个等级的住宅标准针对建筑的不同部位具体措施和参数进行了较为细化的规定。例如将无高差通行原则划分为五个方面，针对三层以上的居住建筑，READY（基本级）的住宅将预留出电梯井空间，而READY PLUS（标准级）和ALL READY（舒适级）将直接安装无障碍电梯。与此同时，标准对施工精度也提出了较高的要求，例如对基本级的住宅要求施工精确性误差小于0.4厘米，而标准级为小于0.2厘米，舒适级的住宅施工误差更是提高到了小于等于1毫米（表1）。

技术措施A1：无高差通行 表1

无高差部位	READY—基本级	READY—标准级	READY—舒适级
三层以上建筑设置电梯或同等设备	预留	建成	建成
无高差、门槛、台阶（一般情况）	最佳	最佳	建成
微小高差、半圆形门槛（特殊情况）	≤2.0厘米	≤1.5厘米	≤1.0厘米
施工精度要求（包括高差）	≤0.4厘米	≤0.2厘米	≤0.1厘米
施工完成面容差（施工面在3米以上）	≤2.4厘米	≤2.0厘米	≤1.0厘米

（来源：斯图加特大学住宅设计与人居研究所）

在面积要求和安全性要求两个方面，标准提出了最为详尽和严格的技术措施要求。面积要求方面，对走廊、轮椅回转场地、阳台面积和淋浴间面积等对无障碍特别是轮椅通行要求较高的部位进行了分级标准

制定，以提供每种适老住宅需求等级的最低标准，为适老住宅提供较为科学和灵活的指导意见。在安全性方面，对台阶、坡道、防滑扶手尺寸，台阶尺寸和操作高度等进行了量化规定。为施工选材和细部设计提供了参考数值（表2、表4）。

技术措施A2-面积要求 表2

面积要求	READY—基本级	READY—标准级	READY—舒适级
停车位宽度	≥2.50米	≥2.75米	≥3.5米
通道/走廊-净宽	≥0.90米~1.20米	≥1.20米	≥1.50米
电梯轿厢尺寸	≥1.00米×1.25米	≥1.10米×1.45米	≥1.10米×2.10米
房屋入口与住宅单元入户门宽度	≥0.90米	≥0.90米	≥1.00米
门-净宽	≥0.80米	≥0.80米	≥0.90米
单元外回转场地	≥1.20米×1.20米	≥1.40米×1.70米	≥1.50米×2.00米
单元内活动区域	≥0.90米×1.20米	≥1.20米×1.20米	≥1.50米×1.50米
无障碍浴室	≥1.70米×2.35米	≥1.80米×2.35米	≥1.70米×3.55米
阳台-使用面积，进深≥1.2m	≥3.5qm	≥5qm	≥6qm
附属/储存间-住宅单元内部	≥0.60米×1.20米	≥1.50米×1.80米	≥2.00米×2.00米
无高差的步入式淋浴间（最小使用面积，不计额外活动面积）	≥0.90米×0.90米	≥0.90米×1.20米	≥1.20米×1.20米
洗手台（b×t）最佳尺寸	≈50厘米×40厘米	≈60厘米×55厘米	≈60厘米×55厘米

（来源：斯图加特大学住宅设计与人居研究所）

技术措施A3-改造适应性要求 表3

改造部位	READY—基本级	READY—标准级	READY—舒适级
停车位	预留	预留	建成
双侧扶手	预留	建成	建成
适应性浴室-轮椅通行	建成	建成	建成
浴缸	预留	预留	建成
坐便器65~80厘米进深以及侧面辅助起坐装置拉手固定件	预留	预留	预留
洗手台-下方轮椅可进入	预留	预留	预留
支撑与抓握扶手	预留	预留	预留

（来源：斯图加特大学住宅设计与人居研究所）

如表3和表5所示，为改造适应性和自动化与智能化的措施要求。这两部分的要求依据三类等级适老住宅需求将需改造部位和已建成部位进行了规定，减少前期投资预算，为在此标准下建设的适老住宅今后的既有建筑改造提供了相对模式化但灵活化的设计思路。

技术措施A4-安全性要求　　　　表4

安全性要求部位	READY—基本级	READY—标准级	READY—舒适级
助行器停放面积（助行器、代步车）≥1.10米x1.40米	每5个居住单元设置一个	每3个居住单元设置一个	每2个居住单元设置一个
助力装置（自动闭门器）带动力标识	≤50牛顿	≤25牛顿	≤15牛顿
坡度（坡道、行走及停留区域）	≤12%	≤6%	≤2%
台阶（最大踢面高度/最小踏面进深）	≤18/27厘米	≤17/29厘米	≤16/30厘米
连续的防滑扶手直径（ISO）	ϕ2.5~4.5厘米	ϕ3.0~4.5厘米	ϕ3.5~4.5厘米
抓握与操作高度（轴线尺寸）	85~105厘米	85~105厘米	85~105厘米
独立房间的窗台高度（至玻璃下缘）最佳	≤60厘米	≤50厘米	≤40厘米
机械或电子开窗器与锁	预留	建成	建成
浴室-外开门	建成	建成	建成
多种定向措施	预留	建成	建成

（来源：斯图加特大学住宅设计与人居研究所）

技术措施A5-自动化与智能化要求　　　表5

自动化设施	READY—基本级	READY—标准级	READY—舒适级
自动闭门器或遥控器	预留	预留	建成
自动开门器	预留	预留	建成
适应性浴室-轮椅通行	预留	预留	建成

3　结构设计体系及套型特征

3.1　技术措施系统化

德国适老住宅分级潜伏设计体系，依据前文提到的五项技术措施为设计原则，将设计体系系统化划分。通过对不同等级适老住宅的各个部分提出较为弹性的要求，使未来的改造依据不同部位技术措施的最低要求进行弹性设计，以满足多元化和个性化的使用

需求。结构设计体系依据各项技术措施的面积需求进行潜伏设计，预留出供灵活改造的空间，同时控制基本成本。例如围绕电梯井的潜伏设计，在基本级中低层住宅不布置电梯，但是留出梯井结构空间，同时满足A1无高差通行的结构需要，方便在改造方案中设计满足助行器使用的无障碍电梯安装空间（图1、图2）。在依据标准级和舒适级标准设计的住宅中，全尺寸电梯已经建成，标准级可供轮椅使用，舒适级可供轮椅及照护床或担架使用（图3~图6）。整个设计体系通过五类技术措施，将适老住宅套内空间、室内外公共空间和单元入口等各个部分串联起来构成了一个具有连续性和系统性的设计体系。

由于设计体系为适老性设计提供了充分的灵活性，而从研究团队的角度出发又期望控制基本的配置和标准。因此整个设计体系中，对标准级和舒适级的住宅，都在关键技术节点特别是无障碍设计方面采用了德国标准化学会（DIN）的建筑和工业标准进行限定。因此，德国适老住宅分级潜伏设计体系是建立在德国DIN标准体系下的设计指导体系，为适老住宅的潜伏设计的系统化和整体性提供了必要的保障。

3.2　套内空间灵活化

适老住宅最为核心的部分是套内空间设计。在分级潜伏设计体系中，研究团队通过结构体系的预先设计，将承重墙体布置与空间设计结合，预留改造空间以满足居住家庭未来使用需求发生变化时可以灵活自由地改造。

在适老住宅中，厨房、卫浴空间、储藏空间及卧室都是设计的难点，在有限的经济条件下，面积受限带来的潜伏设计难度往往会给今后的适老性改造带来较大的困难。如图1所示，分级潜伏系统为了克服不同面积的住宅带来的不同问题，依据基本级、标准级和舒适级的不同空间和设备配置标准建立指标模型，控制原始户型，保证设计体系能够在较大的差异化市场需求下满足适老化潜伏设计要求。依据不同空间的需求，指标模型在以下方面进行了基本的控制。

1. 厨卫空间

在三个等级中，模型均对厨卫空间进行了潜伏设计。厨房与餐厅的墙体采用隔墙，是比较普遍的适老空间设计方法，随着住户身体机能的衰退以及对助行器和轮椅的依赖性增强，开敞厨房更有利于高龄住户

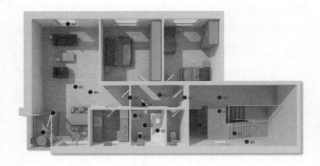

图1 基本级原始户型
（来源：斯图加特大学住宅设计与人居研究所）

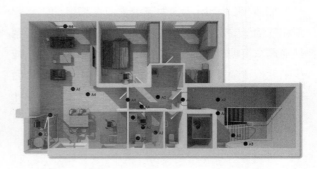

图2 基本级改造户型
（来源：作者改绘）

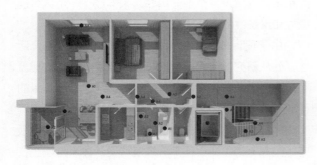

图3 标准级原始户型
（来源：斯图加特大学住宅设计与人居研究所）

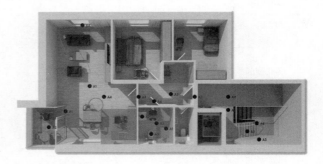

图4 标准级改造户型
（来源：作者改绘）

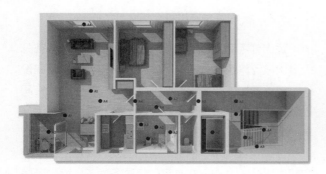

图5 舒适级原始户型
（来源：斯图加特大学住宅设计与人居研究所）

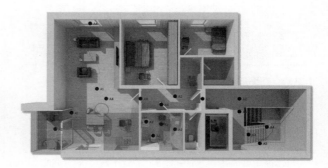

图6 舒适级改造户型
（来源：作者改绘）

进行简单的烹饪和用餐。操作台的高度也应进行适当的降低，并预留适当的操作台下空间方便轮椅使用。由于德国厨房多为电磁灶，针对我国的实际情况，提前考虑电磁灶线路改造或者煤气监测装置的问题也能够为今后的适老化改造提供一个较好的基础。

针对卫生间的适老性潜伏设计是所有空间中面积和管道限制最为复杂，在适老住宅分级潜伏设计系统中，由于潜伏设计可以尽可能减少后期改造工程量，所以管道部分的位置已经纳入潜伏设计之中，无需进行管道线路改造，位置已经固定。因此设计重点主要

在于卫生间满足轮椅回转最小面积的把控。在该体系中，基本级的卫生间最低面积标准为3.6平方米，标准级为4.0平方米，舒适级为6.0平方米。不同等级的适老住宅，对卫生间轮椅回转半径和设备尺寸又提出了不同的标准进行界定。

2．交通空间

如图1、图3、图5所示的三套基础户型中，套内通道、公共走廊和垂直交通空间按照各自的等级标准进行设计，满足不同的适老性标准使用需求。针对交通空间的设计主要集中在A2（面积要求）和A4（安

全性要求）两项设计原则内进行控制。例如在入户门的尺寸上，基本级和标准级的住宅控制在≥0.9米，舒适级则需要在1.0米以上，浴室门从安全性角度考虑也需要向外侧开启。其余交通空间，也需要按照标准做好无高差无门槛的潜伏设计，方便今后的无障碍改造。

3. 储藏空间

随着住户身体机能的衰退和家庭生命周期的转变，老人往往需要较多的储藏空间满足助行器或者轮椅的储藏功能。除了适老性交通工具以外，随着家庭形成时间的增长，累积的衣物和其他物品也总是缺乏必要的空间安放。从老年人的自尊心和社会存在感角度出发，也需要对自己的身体机能辅助设备储藏提供一个基本的私密空间。由于面积限制，部分户型无法满足室内空间划分出储藏间，而老年人通常比较喜欢晒太阳，在交通不便的情况下，阳台成了一个较为重要的休憩空间，而非使用时段其功能会转换储藏空间。

3.3 改造成本集约化

在控制成本方面，本身业主选购的从基本级到舒适级的三个等级已经能够从房屋面积和设备配置方面已经可以在很大程度上满足不同收入阶层的购买力和使用需求。而研究团队宣称，其基本级的适老性住宅设计体系仅会增加同等面积普通住宅造价的若干个百分点。这种成本控制的有效性也依附于设计体系中规定的房屋从施工到设备标准各个部分所依据的DIN标准。与此同时，研究者也提到该设计体系较适用于新建房屋，而不适用于老旧房屋改造。潜伏设计在适老住宅和全寿命住宅设计中的优越性，不仅仅局限于舒适性和改造难度，也可以在造价控制中提供必要的预测和判断。潜伏设计中针对线路、管道和空间转换的

预判，可以将未来的改造成本进行有效的控制，而成本的集约化，也可以为促成该体系的普及和发展提供更好的基础。

4 结语

当前我国适老住宅建设主要以新建老年社区、老旧小区提升和机构养老单位三种模式为主。老年社区与敬老院两种模式往往需要老年人适应不同的生活环境，子女或其自身具有一定的经济实力。另一方面，这两种方式往往会导致居住主体与社会脱节，产生一系列的心理及社交问题。面对当前建设量巨大的老旧小区适老性改造，给社会和居民造成极大压力。新建居住建筑的适老住宅分级潜伏设计体系，可以为住宅建成后的二十至三十年间的适老性改造提供相对科学和完善的策略。针对潜伏设计的分级，也是我们应当借鉴的重要思路。

参考文献

[1] 吴国力. 我国现代化住宅设计的探讨[J]. 建筑学报，1981，（03）：33-42.

[2] 张菁. 日本长寿社会住宅发展[J]. 建筑学报，2006，（10）：13-15.

[3] 张伶伶，李存东. 建筑创作思维的过程与表达[M]. 北京：中国建筑工业出版社，2014.

[4] 周燕珉，程晓青，林菊英等. 老年住宅（第二版）[M]. 北京：中国建筑工业出版社，2018.

[5] 胡仁禄，马光. 老年人居住环境设计[M]. 南京：东南大学出版社，1995.

基于国际经验对创造我国城市代际交往空间的启示
——在我国老龄化和二孩政策背景下

薛名辉　胡佳雨　苏奕铭

作者单位
哈尔滨工业大学 寒地城乡人居环境科学与技术工业和信息化部重点实验室

摘要：随着我国老龄化程度的逐步加深和全面开放二孩的政策，我国老年人口数量和新生儿的数量都有所提高。但是仍然存在老年人和儿童群体的社会隔离现象。因此，本文关注于老年人和儿童群体，从代际交往空间的概念出发，研究了日本、新加坡、德国和美国代际交流项目的案例。通过对案例的学习并结合我国的实际情况，将代际交往空间分为被动交往型代际空间和主动交往型代际空间，提出了我国城市发展代际交往空间的设计策略。

关键词：代际交往空间；老龄化；二孩政策；国际经验

Abstract: With the gradual deepening of China's ageing and the full opening up of the second-child policy, the number of older people in China has increased and the number of newborns has also increased.However, with technological advances in society and the significant division of labour in cities, there is a degree of social segregation between the elderly and children, and the space that cities can provide for intergenerational interaction is not sufficient for current needs.It is therefore necessary to create spaces for intergenerational interaction in the city.This paper examines the cases of intergenerational exchange programs in Japan, Singapore, Germany, and the United States from the concept of intergenerational spaces, targeting both groups, the elderly and children.Based on the case study and the actual situation in China, this paper divides the intergenerational space into passive intergenerational space and active intergenerational space, and proposes the design strategy of intergenerational space for urban development in China respectively.

Keywords: Intergenerational Space; Ageing; Two-child Policy, International Experience

1 我国老龄化问题与二孩政策

截至2019年年末，中国的平均城市化率已经达到了60%[1]，超过一半以上的人口居住在城市。这意味着我国有一半多的人口在城市生活和工作，而且随着时间的流逝，城市的新陈代谢随时都在发生着，承载了很多人的一生。我们的城市包容了不同年龄群体的差异，提供了满足个性需求的场所，这是其魅力。但与此同时，城市极大的包容性和明确的功能分区让城市居民也有相对固定的活动场所，同一土地上生活的人们可能并不了解其他生活在同一城市居民的生活，带来社会冷漠和社会隔离等问题。

老人和儿童作为年长者和年幼者，是城市居民年龄层次的"两端"。创造出能够让老人和儿童交往的空间自然也适用于中间年龄层的群体。因此，本文主要基于对老人和儿童这两种群体的跨代际交往空间进行研究，旨在探讨如何在城市中创造出跨代际交往的空间，减少城市冷漠，让城市不同年龄层次的群体能够互相交流和帮助。

我国的人口结构呈现出由中华人民共和国成立以来以中青年一代占主导逐步走向以老龄人口为主导的发展趋势。截止2019年年底，我国65周岁及以上的老年人口占总人口的12.6%，16岁以下人口占总人口的17.9%[1]。据中国社会科学研究院预测，我国人口老龄化速度将不断加快，从初级老龄化到加速老龄化，走向深度老龄化，21世纪中叶将成为全球人口老龄化程度最高的国家。但是我国的现代化城市还很年轻，难以满足与之规模对应的日益增长的城市代际空间的需求。不同代的人群对城市公共空间的使用产生了一定程度上的矛盾。

我国人口老龄化主要有两方面的原因，其一是由于社会整体的进步和医疗健康水平的提升，我国居民的平均寿命延长；其次是由于新出生人口的数量持续、快速地下降[2]。自1982年计划生育被定为基本国策以来，对我国人口数量基数大、增长快的情况起到了一定的作用。同时，也成为我国人口老龄化问题的开端。2001年起，人口专家顾宝昌教授与王丰教授针对中国生育政策不断展开相关研究与论证，曾经多次提议开放二胎政策；2010年，国家人口计生委下发文件开始试点单独二孩政策[3]；2011年11月起，我国为应对不断变化的人口老龄化结构，在原计划生育的基础上正式提出了二孩政策；2012年，葛延风等专家在撰文，提出尽快调整完善人口和计划生育政策[4]；2014年，王广州[5]、翟振武等陆续针对二孩政策开放后可能增加的人口等问题展开了进一步深入研究[6]；2015年，中共第十八届五中全会通过了《中共中央关于制定国民经济和社会发展第十三个五年规划的建议》，宣告自1980年推行了35年的城镇人口独生子女政策正式宣告结束。

2　"代际交往空间"的发展与内涵

社会对于代际空间的关注主要来自于两个方面：一方面是基于对城市中弱势群体和年龄友好空间的关注而创建的"老年友好型"和"儿童友好型城市"；另一方面则是关注能源消耗和环境保护的"资源节约型"和"环境友好型"城市[7]。前者从城市弱势群体出发，后者考虑到资源的延续和传承，从更长远的时间意义上去设计当下的城市环境。本文以第一种视角为出发点。

国际上对于老年人和儿童的关注也引发了我国学者的关注。很多学者也分析了国外年龄友好型城市建设的经验，政府部门也开发了一些试点城市。2002年世界卫生组织（World Health Organization）提出了"积极老龄化（Active Ageing）"，即"优化健康、参与和安全的机会的过程，以达到生活质量随着人们年龄的增长而提高"[8]。退休后的老人依然能够在文化、社会、精神等领域为国家和社会贡献自己的力量。2006年世卫组织又设置了"年龄友好城市（Age-friendly Cities）"项目，以期在全球不同城市的环境和社会背景下引入"积极老龄化"的理念[9]。2010年，世卫组织建立了"年龄友好城市和社区全球网络（The WHO Global Network for Age-friendly Cities and Communities）"，以促进全球城市和社区之间的经验交流和相互学习[10]。

1996年，联合国儿童基金会（UNICEF）提出了"儿童友好城市倡议（Child Friendly Cities Initiatives）"，指出建立儿童友好城市和社区的指导原则，包括尊重儿童的意见、不歧视、公共参与、保护儿童利益等[11]。我国深圳市2016加入了该倡议并于2018年印发了《深圳市建设儿童友好型城市战略规划（2018—2035年）》[12]。

但是对于代际交往空间的研究国内的学者做的还比较少，更多的只是关注于老年人或者儿童单独的群体。最早意识到将二者结合起来的是美国于1965年启动的"福斯特祖父母计划（Foster Grandparents）"，该项目招募55岁以上志愿者作为有特殊需要的孩子的榜样、导师和朋友，为他们提供了一种为社区中的儿童和青少年服务的活动[13]。对于代际空间的概念，美国学者Vanderbeck和Worth在他们2015年出版的论文集《代际空间（Intergenerational Space）》中将"代际空间"定义为"为促进和促进不同代际群体的成员（最常见的是年轻人和老年人）之间的互动而设计的场所"[14]。其内涵也是被普遍接受的，本文所探讨的代际交往空间也是基于此概念。

3　国际代际交往项目案例研究

3.1　日本代际交往项目

日本是少子高龄化社会，如何降低老龄人口的社会隔离是日本学者研究的重点。2004年在东京开始的REPRINTS项目旨在通过图画书进行代际的交流（图1）。该项目与美国福斯特祖父母项目类似，通过招募60岁以上的老人为志愿者，每周为幼儿园、小学、初中的孩子们志愿读书[15]。该计划实施以来，研究表明与未参加该计划的老人健康状况相比，参加该计划的老人的健康状况普遍好于未参加者[16]。该项目已经进行了十几年，目前还在进行中。另外，该项目的成功实施与各方的协作密不可分，通过与当地协调员、高级志愿者、行政人员和当地教师的合作开发，使得该项目具有很高的协作性，从而确保了它能够长期地实行下去，并使其能够在多代当地居民之间建立邻里信任并减少或防止老年人之间的社会孤立[17]。

图1　REPRINTS 项目
（图片来源：https：//www.nporeprints.com/）

图2　日本 Ibasho 老年人共同经营
（图片来源：https：//ibasho.org/blog/20150914-1708）

另一个例子是Ibasho 组织，该组织致力于创建重视老年人的社会融合和可持续发展社区，与当地组织和社区合作，为老年人创造机会，帮助社区内各个年龄段的成员（图2）。这个项目在日本、菲律宾、尼泊尔等国都开展了实践。他们制定了针对老年人的八点原则，尊重老年人的智慧、给予社区老年人社区所有权、鼓励多代人的交流学习等[18]。在社区中，Ibasho邀请老年人参与社区的设计中，共同建造和运营其共同创造的场所。在这些场所中，老年人将发挥领导作用，与社区成员建立联系，并将知识和经验传授给年轻一代[19]。

3.2　新加坡代际交往项目

2015年，新加坡老龄化部长委员会（Ministerial Committee on Ageing）宣布了一项30亿新元的"成功老龄化行动计划（Action Plan for Successful Ageing）"，涵盖12个领域的70多项举措，以帮助新加坡人自信地变老并过上积极的生活，并与家庭和社区建立牢固的联系。从面向所有年龄层次的机会年龄平等、住房年龄平等和城市年龄平等三个方面实施了很多举措[20]，有效地改善了新加坡老年人的居住处境，为代际交往提供了良好的政策背景。

在住房政策上，新加坡给予了代际共同居住的倾向和优惠条件。新加坡建屋发展局（Housing and Development Board）的"多代优先计划（Multi-generation Priority Scheme）"鼓励家庭在同一建造项目中共同居住，以鼓励新加坡人与年迈的父母住在一起并为其提供支持；而"年长者优先计划（Senior Priority Scheme）"则优先让符合条件的年长购买者购买两居室或者与他们的子女居住在同一或附近的公寓[21]。

另外，新加坡在城市空间上也设计了可以引发代际交往的空间。例如住宅的公共空间、育儿和养老设施以及儿童的游乐场和老人的健身场地共同规划以促进自发的代际交流活动。新加坡建屋局（HDB）、卫生部（MOH）和幼儿发展局（ECDA）还计划在约10个新的住房开发项目中同时安置老年人和儿童的康养和保育设施。通过将设施设计和规划在相近的位置并创造出了许多共享空间，以此来为代际交往创造空间[22]。卫生部还将鼓励现有的养老项目的经营者引入创新计划，让年轻人和老年人有更多的互动。将这些老人和儿童使用的设施设计在临近的位置是促进代际互动的第一步[23]。

3.3　德国代际交往项目

德国2006年启动了"多代屋"项目，该项目核心内容是构建无血缘关系的多代居民会面的公共场所，打破原来按照家庭区分的居住模式，为不同代人之间创造代际交流的机会和空间，激发社区活力[24]。多代屋为解决老龄化问题提供了新的思路。老年人在社区中不仅可以受到年轻人的照料和陪伴，同时老年人也很热心地为社区做志愿服务、帮助社区年轻人以及为他们传授经验和知识。据统计，有65%的多代屋都成功地把各代人聚集到了一起，在这些多代屋中居住的65岁以上的老年人只占17%，其余有部分中

图3 新加坡老年友好住宅
（图片来源：参考文献[22]）

图4 新加坡家庭游乐设施
（图片来源：https://www.hdb.gov.sg/cs/infoweb/residential/living-in-an-hdb-flat/for-our-seniors/safer-environment-for-seniors）

年人，大部分是年轻人和儿童，极大地激发了良好的代际交流环境[25]。

在柏林的繁华地区，甚至出现了"世代区隔"的现象，有的小朋友从来没有见过老人，这是畸形的社会现象，因此德国政府开始注重"世代共融"[26]。柏林的多代屋项目Sredzkistraße44就是为了让老人和年轻人生活在一个社区。该建筑原来是一栋有100多年历史的破旧建筑，进行了翻新，并改建成了现代无障碍建筑（图5）。年轻人和老人一起生活在该社区中，从计划到共同生活，每个人都参与其中，实现了一个示范性的社区（图6）。通过该项目老年人也能

够在社区中和家中保持独立性，展览和信息中心还为社区住户提供了代际交流的场所，居民可以在此进行社区的活动或者进行会议等[27]。

3.4 美国代际交往项目

1965年福斯特祖父母计划（Foster Grandparents）在全美范围内启动，其目标是吸引60岁以上的人有机会在机构中对孩子们提供一对一的爱和关怀。该计划表明这些年长的美国人不仅愿意分享他们的时间，而且渴望帮助他人，并可能对他们产生持久而积极的影响。1986年成立了世代团结会

图5 SredzkistraBe44
（图片来源：https://www.sohu.com/a/252159885_720180）

图6 SredzkistraBe44 的居民
（图片来源：Stefan Korte）

（Generations United，GU），该组织是美国唯一通过代际策略、计划和公共政策专门致力于改善儿童、青年和老年人生活的美国全国性会员组织。该组织一直为教育者、决策者和公众解决有关代际合作的经济、社会和个人需求。世代团结会促进了老人、儿童和青年组织之间的合作，为探讨代际之间的共同话题的领域提供了平台[28]。

世代团结会（GU）和俄亥俄州立大学（OSU）合作并由艾斯纳基金会（Eisner Foundation）支持的一项新研究代际共享站点计划（Intergenerational Shared Sites，IGSS）。代际共享站点计划（图7）指的是儿童、年轻人和老年人在同一场所接受服务的项目。两代人在定期安排的代际活动中以通过非正式见面会互动[29]。据该组织调查，超过三分之二的受访者表示该计划有利于促进代际关系，改善对老年人和年轻人的态度并有助于参与者的健康和发展。大多数成人参与者（97%）表示他们从代际交往中感到快乐、有趣、被爱、年轻和需要[30]。共享站点的好处包括它们可以提高所有参与者的生活质量，改善对不同年龄组的态度，为社区提供所需的服务，节省成本并创造共享资源的机会，并吸引更多的资金来源并充当积极的公共关系和营销工具。代际共享站点为儿童、青年和老年人提供服务并提供照料，同时也是解决老龄化社会问题的一种机制[31]。

4 我国城市代际交往空间设计策略

我国由于处于发展中的阶段，对于老人和儿童等群体的特殊设计在很多城市还做得不够到位。在建设"老年人友好社会"和"儿童友好社会"的同时，我国也可以发挥后发优势，统筹规划和考虑这两代人的互动。根据代际交往的主动性和被动性，笔者根据前文对于国际案例的研究，对我国城市建设代际交往空间从以下两个方面进行阐述：

4.1 被动交往型代际空间

城市中的公共空间无处不见，理论上来说只要空间对于个人具有可达性，那么在该空间中就会"偶遇"其他同样可到达该场所的人们，这样的被动型相遇的空间可以称之为"被动型交往空间"。城市的街道、公园等都是典型的例子，每天有大量的人们在城市的这些场所相遇，但是并不是每个人都会愿意停留并停下来与他人闲谈。在被动型交往空间中，要想提高空间的代际交往属性，可以从保障物质环境、交流环境和支持环境着手。

首先要提高城市空间对于老人和儿童的友好程度，降低老人和儿童到达场所的难度。例如城市的无障碍设施、第三卫生间和母婴室的设置、步行友好街道等。而做好这些适老化和儿童友好的措施是保障代

图 7 代际共享站点计划（图片来源：译自参考文献 [29]）

际交往空间的基础。另外，从规划的角度可以借鉴新加坡将儿童设施和老年设施规划到一处，或者借鉴德国的多代屋，营造多代居住的社区。其次要为代际交往提供必要的物质环境。设计师和规划师可以将舒适性和趣味性结合在一起，设计出更多安全、有趣的城市代际交往空间。最后，交往空间的支持度也是重要的指标，即当老人和儿童在面临着一些风险时环境能够最大限度地缓解这些风险的程度，例如周围是否有医院、消防通道是否通畅、是否设置有监控等。老人和儿童自身的抗风险能力比青年人和中年人要弱，因此，一个安全的代际交往空间应为老人和儿童提供应对潜在风险的保障或是应急措施。

4.2　主动交往型代际空间

　　与被动交往型代际空间不同，主动交往型代际空间是老人和儿童主动进行交往的场所。美国的代际共享站点计划和日本的REPRINTS计划都是主动交往的案例。而发生主动交往的场所既可以是城市的公共空间，也可以是具体功能的建筑，如学校、社区、图书馆等场所。由于主动的交往具有一定的目的性，代际交往的深度也较被动交往要深。老年人可能会作为志愿者主动地帮助儿童传授自己的经验或者帮助他们解答困惑。儿童也可以主动去帮助社区中的老人或是陪伴他们。主动型代际交往的时间更长，对交往空间的要求既要满足被动交往空间的要求，也要在此基础上提供更加专业和个性化的空间设计。除了在空间设计上更加注重代际交往之外，一些社会机构和政府等，也可以提供可供老年人和儿童选择的代际交往活动。例如前文中美国的代际共享站点计划和日本的REPRINTS计划，都是第三方为其搭建了代际交往的平台。最后，未来理想状态下的儿童和老人能够自主决策，自己决定交往的空间和方式。过去，社会对于老年人和儿童的设计方法是家长式的，目的是保护和照料，将来的重点则应该在创建物质和社会基础设施上，赋予老年人和儿童权力并减少社会隔离，填补家庭与机构之间的空白[32]。老年人友好和儿童友好的城市不仅仅为他们提供安全舒适的空间环境，也有良好的社会环境，没有年龄歧视，人人都尊重老年人和儿童，作为城市主人公的一份子，他们应该有话语权，有权利决定其所生活的城市的面貌。

5　结论与展望

　　进入21世纪以来，我们都见证了科技的飞速发展和进步。同时我们也强烈地感受到"科技代沟"。知识更新迭代的速度飞快，如果不持续学习很可能会和时代脱钩。对于年轻人、中年人来说这已经是一个很严峻的现状，何况是老年人与儿童。代际沟通除了空间问题之外，心理代沟乃至于时代的鸿沟都是很难逾越的障碍。但是，我们生活的城市需要传承，文化与精神需要传承，城市不是冷漠的数据，而是由一个个具有个性的个体所组成的，对于老年人、残疾人等群体的认识也是儿童认识世界的重要部分，而儿童为老年人带来的快乐和新鲜是在其他地方所不能取代的。因此，在我国老龄化日益加深和二孩政策背景下，如何在借鉴世界其他国家的经验之上，结合我国的国情，让我国城市中的老人和儿童找到新的相处模式是未来值得研究的课题。

参考文献

　　[1] http: //www.gov.cn/xinwen/2020-01/17/content_5470179.htm.

　　[2] 穆光宗.银发中国: 从全面二孩到成功老龄化.[M].北京: 中国民主法制出版社，2016.

　　[3] 国家人口和计划生育委员会.《国家人口发展"十二五"规划》辅导读本[M].北京: 人民出版社，2012.

　　[4] 葛延风，喻东，张冰子.完善社会政策需要着重解决一些关键体制机制问题[J].中国发展评论: 中文版，2012，014（003）: 24-28，105-111.

　　[5] 张丽萍，王广州."单独二孩"政策目标人群及相关问题分析[J].新产经，2014，000（004）: 15-15.

　　[6] 翟振武，李龙."单独二孩"与生育政策的继续调整完善[J].国家行政学院学报，2014，000（005）: 50-56.

　　[7] Biggs S，Carr A.Age-and child-friendly cities and the promise of intergenerational space[J].Journal of Social Work Practice，2015，29（1）: 99-112.

　　[8] World Health Organization.Active ageing: A policy framework[R].Geneva: World Health Organization，2002.

　　[9] World Health Organization.Global age-friendly

cities: A guide[M].World Health Organization, 2007.

[10] https: //www.who.int/ageing/projects/age_friendly_cities_network/en/.

[11] 联合国儿童基金会构建儿童友好型城市和社区手册[R]. United Nations Children's Fund（UNICEF）, 2019.

[12] http: //www.sz.gov.cn/zfgb/2018/gb1044/content/post_4997846.html#.

[13] https: //www.nationalservice.gov/programs/senior-corps/senior-corps-programs/fostergrandparents.

[14] Vanderbeck R, Worth N.Intergenerational space[M].Routledge, 2015.

[15] https: //www.nporeprints.com/.

[16] https: //www.tmghig.jp/research/cms_upload/acce709296733b2d9438a3c94ade8e37_5.pdf.

[17] Murayama Y, Murayama H, Hasebe M, et al.The impact of intergenerational programs on social capital in Japan: a randomized population-based cross-sectional study[J].BMC public health, 2019, 19（1）: 156.

[18] https: //ibasho-japan.org/ibasho-principles.

[19] https: //ibasho.org/blog/20150914-1708.

[20] Centre for Liveable Cities, Singapore and the Seoul Institute.Age-Friendly Cities Lessons from Seoul and Singapore[M].CLC Publications.2019.

[21] https: //www.hdb.gov.sg/cs/infoweb/residential/buying-a-flat/new/eligibility/priority-schemes.

[22] I Feel Young in my Singapore Action plan for successful ageing[R].Ministry Of Health.2016.

[23] https: //www.ura.gov.sg/Corporate/Resources/Ideas-and-Trends/Designing-an-intergenerational-city.

[24] 彭伊侬，周素红.行动者网络视角下的住宅型多代屋社区治理机制分析——以德国科隆市利多多代屋为例[J].国际城市规划, 2018, 33（2）: 75-81.

[25] 刘苹苹.建立宜居社区与 "多代屋" ——中国应对人口老龄化问题的路径选择[J].人口学刊, 2013（06）: 47-53.

[26] https: //www.sohu.com/a/252159885_720180.

[27] https: //www.test.de/Mehrgenerationenwohnen-Mehr-als-nur-Nachbarn-ein-Fallbeispiel-5458874-0/.

[28] United G.Generations united[J].2012.

[29] INTERGENERATIONAL SHARED SITES: Making The Case[R].Generations United.2006.

[30] United G.All in together: Creating places where young and old thrive[J].2018.

[31] https: //www.gu.org/.

[32] Kiyota E.Co - creating Environments: Empowering Elders and Strengthening Communities through Design[J].Hastings Center Report, 2018, 48: S46-S49.

防疫形势下，北京"新内天井"住宅的典型通病值得警惕

王鹏

作者单位

北京市建筑设计研究院有限公司

摘要： 当前防疫形势下，北京一批在售和设计中的"新内天井"住宅就呈现不利于卫生健康的典型通病：户内厨房和卫生间的外窗都开向北向内凹档，自然采光和通风效果本来就不佳，与内天井基本相似，而且承接的又是溢出的厨房油烟和卫生间湿气，卫生条件堪忧。特别值得行业及主管部门关注。

关键词： 北京；"新内天井"住宅；典型通病

Abstract: Under the current epidemic prevention situation, a number of "new interior patio" residences under sale and design in Beijing present typical problems that are not conducive to health: the exterior windows of kitchens and toilets are opened to the north and inward concave, and the natural lighting and ventilation effect is not good, which is basically similar to that of the inner patio.Moreover, it also undertakes the overflow of kitchen fume and toilet moisture, and the sanitary conditions are acceptable Worry.It is particularly worthy of the attention of the industry and competent departments.

Keywords: Beijing; "New Inner Courtyard" Housing; Typical Common Problems

笔者通过对北京市住宅区规划和建筑设计项目的调研，发现"优秀的设计作品，既有共性的优点还有各自的特色；而不合理的住宅区规划设计，往往有典型的通病"。在当前防疫形势下，北京一批在售和设计中的"新内天井"住宅就呈现不利于卫生健康的典型通病，特别值得行业及主管部门关注。具体原因和案例分析如下：

案例1：北京西部某区长安街南侧某住宅项目（某国有开发商项目）

住宅单体：11层以下高层板式住宅，每单元两户；

户型C1：三室两厅一卫，建筑面积约78平方米（图1）；

广告语：南北通透，全明格局，采光充足，明厨明卫，居住舒适。

果真居住舒适么？不尽然，因为户型设计有两点不满足国家标准《住宅设计规范》的要求：第一，北侧右上角的次卧室布置双人床（画2个枕头），房间面积6.25平方米，不满足规范中"双人卧室面积不小于9平方米"的要求；第二，户内没有阳台，更缺少晾晒空间，不满足国标和北京市地标《住宅设计规

范》中"套型设计宜有生活阳台，宜设置晾晒空间"的要求。

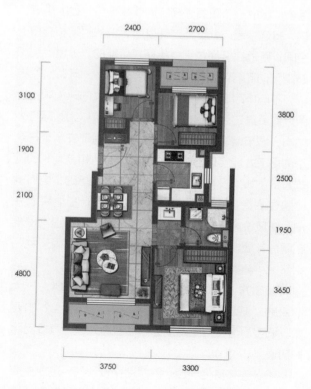

图1 案例1-C1户型平面图（来源：搜狐房地产网站）

修改方法：调整房间达到面积要求；设置晾晒空间。

保证健康卫生么？难保证，因为户内厨房和卫生间的外窗都开向北向内凹档，单元拼接后的内凹档实际最大净尺寸小于2.0米×2.3米（设置约2米的视线挡板，造成凹档最窄不到1.0米），而且内凹档的北部更有净宽小于1.0米的狭长"开口"。由于单元组合后深凹档的宽度和深度比值（简称"宽深比"）大于1:6.3，突破了本市住宅评审对凹档"宽深比不大于1:2"的要求。根据北京市《居住建筑节能设计标准》，组合深凹档造成右上角次卧室违反了"居住建筑在设计时，不宜设计有三面外墙的房间"的要求，很多曲折的外墙造成体型系数不佳，影响实际节能效果。这种内凹档由于开口窄，尺寸小，高度高，自然采光和通风效果本来就不佳，与内天井基本相似，而且承接的又是溢出的厨房油烟和卫生间湿气，卫生条件堪忧。在三十年前，北京市曾经建设过带内天井的多层住宅（内天井多是为暗厅或者卫生间提供间接采光和通风），但是由于卫生状况较差，所以逐渐被淘汰出设计领域。2003年非典疫情前后，行业专家经过对香港淘大花园传染事件调研和分析，认为开向内天井的卫生间外窗排气和管线泄漏是病毒污染扩散的一条重要途径。而就在近日，世卫组织承认，有证据表明，在特定环境中，例如封闭和拥挤的空间，新冠病毒通过空气传播是可能的。（世卫组织感染预防和控制技术负责人贝内达塔·阿勒格兰齐说，不能排除在拥挤、封闭、通风不良的环境中出现新冠病毒通过空气传播的证据。）北京作为国际特大城市，城市建设和房地产开发首要是保证安全，在这个前提下才能实现"经济、适用、绿色和美观"的建筑方针，如果没有安全、卫生和健康的基础，更何谈"居住舒适"呢？近年，健康住宅设计提倡采取分户式新风设施或预留条件，而新风采风终端通常设置在厨房外墙。难以想象：采风终端如果向"内天井"采新风，健康条件如何保证？

修改方法：取消"内天井"式的内凹档，扩大北侧的"开口"并达到"宽深比不大于1:2"的要求，调整厨房和卫生间设计，使厨房外移，直接向北开窗通风。

设计还有其他问题么？"潜伏设计"，造成主要居室设计不合理。右上角的次卧室不满足规范中"双

人卧室面积不小于9平方米"的要求，而北侧空调室外机平台却明显偏大，面积约2.5平方米，净尺寸不小于1.0米×2.5米，而且平台位于钢筋混凝土外承重墙内侧，洞口与次卧室外窗大小相似。合理经典的空调室外机平台应对外开敞，有利散热，尺寸合理。方案中室外机平台对于散热和尺寸明显不合理。同时，本项目的E1三居室户型中（图2），北侧的空调室外机平台连位置布局都不合理，造成右上角次卧室的空调铜管和冷凝水软管出外墙后直接暴露悬在空中，软绵的管子要斜向连接平台的室外机。这种布局既要每户在平台外墙多打一个洞，还影响建筑外立面品质。另外，起居室南侧室外机平台的布局和面积就更不合理了。"潜伏设计"的直接后果就是开发商"偷面积"，间接后果是住户私搭乱建会影响住宅区的城市界面和形象。

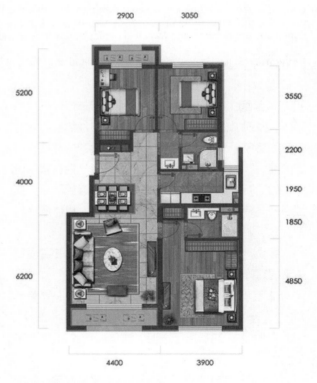

图2 案例1-E1 户型平面图
（来源：搜狐房地产网站）

修改方法很简单：恢复成正常的空调室外机平台，统筹安排好空调铜管和冷凝水软管等，就能解决问题。

案例2：西部某区长安街附近某住宅项目（某国有开发商项目，与案例1同属一个开发单位）

C1户型：3室2厅1卫，建筑面积87.0平方米（图3）；

户型朝向：南北；

总套数：189套；

广告语：南北通透，全明格局，客厅及主卧均朝南，采光好，居住舒适度高。

C1户型：三居，3室2厅1卫，建筑面积82.0平方米（图4）；

使用率：78%；

广告语：南北通透，户型方正，精致三居，全明空间。

图3 案例2-C1户型平面图
（来源：搜狐房地产网站）

首先，案例2的卫生和健康方面的问题与案例1相同。其次，在起居室南部和次卧室北部的虚线所示区域、主卧室南侧的满开间飘窗也存在"潜伏设计"问题。另外，户内的钢筋混凝土承重墙过多过密，既不经济也造成空间灵活性受限制；例如起居室和主卧室、两个次卧室之间的承重墙就可以取消修改为轻墙；又如厨房由四面承重墙包围的空间布局，不能实现未来的适老化改造。

修改方法：只要取消厨房一至两面承重墙，修改为轻墙就可以预留适老化改造条件。

案例3：南部某区某项目（某国有开发商项目）

住宅单体：11层以下中高层板式住宅，每单元两户；

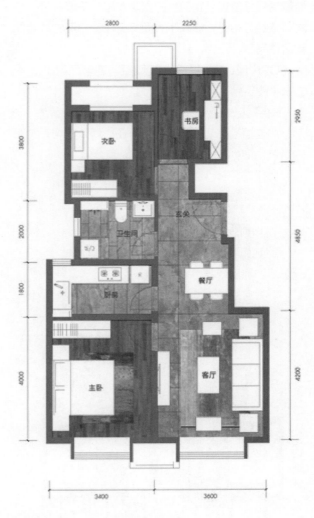

图4 案例3-C1户型平面图
（来源：搜狐房地产网站）

案例3的C1户型在卫生和健康、"潜伏设计"、结构承重墙限制空间灵活性方面的问题与前面的案例相同或相似。但是，C2户型所在单元的楼电梯交通核的布局造成电梯井道紧邻南向次卧室，违反了《住宅设计规范》和《住宅建筑规范》中"电梯井道不得贴邻卧室"的强条要求。这是行业内近年来严查的一个噪声扰民问题，而且特别不应该在大面宽的单元设计中出现，反映出设计团队的职业素质和质量管控等方面存在问题。

修改方法：采用腾挪设计，互换电梯井道和次卫生间的位置，把楼电梯交通核的现状"一字型"布局修改为北侧"并列"布局，电梯远离卧室等主要居室，户门和入户玄关南移，餐厅北移与厨房统筹，现状储藏室位置改为主卧室和北向次卧室共用的门廊，储藏室另寻位置；次卫生间由明改暗，干湿分区，与次卧室贴近布置，提高了大面宽三居室户型的适老性和居住品质。

C2户型：三居，3室2厅2卫，建筑面积89.0平方米（图5）；

使用率：79%；

广告语：南北通透，户型方正，精致三居，全明空间。

典型案例除了这些取得一定手续信息公开的住宅区项目，还有刚刚拿地后正在设计和申报中的项目，例如北京东北部某区某住宅项目。上述问题近期同时出现在本市的不同地区（近郊和远郊）、不同开发单位（国有和民营企业）、不同项目（商品住宅、政策房配建项目）中，反映出房地产开发单位的追求与国家和北京市的高质量发展政策有出入，开发单位"东施效颦"甚至"相互学坏"；设计单位和团队没有认真、充分地学习和掌握国家和北京市有关设计标准以及绿色、健康建筑、产业化等行业方向动态；在营商环境下的规划管理和评审程序、行业评议机制、机构质量管控体系等未能及时有效地发现和解决上述问题等（图6）。

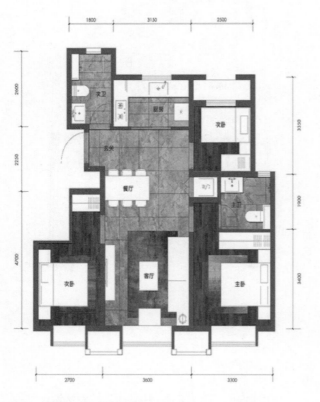

图5 案例3-C2户型平面图
（来源：搜狐房地产网站）

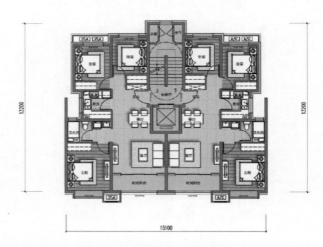

图6 北京东北部某区某住宅项目单元平面图
（来源：笔者拍照）

当前，北京市正在开展健康的城市、建筑的相关研究和实践。从国际、国内防疫的形势和经验来看，整个建筑行业的管理、设计、开发等单位既应该向医疗卫生领域的医生、护士、医院的建设者、社区值守志愿者等最美逆行者学习，还需要反思：城市建设和开发如何为保障市民的卫生、健康生活尽力，绝不能"搞出问题和添乱"。

社区公园环境对老年人体力活动质量的影响研究
——基于个体活动与社交互动的关联视角[①]

谭少华

作者单位
重庆大学建筑城规学院

摘要： 以个体活动与社交互动的关联视角为切入点，提出体力活动的必要性、自发性、社会性质量层级；归纳出空间适宜度、设施支持性、氛围舒适性、植被观赏度、地方依恋感五类满足老年人体力活动质量需求的环境特征。以重庆 10 个不同品质的社区公园为例，运用结构方程模型分析环境特征对各质量层级的影响程度。低质环境仅能支持体力活动必要性质量层级，而高质环境能够满足自发性、社会性质量层级的发生；质量的"必要性层级"受空间适宜度和设施支持性的影响显著；"自发性层级"受氛围舒适度影响最显著；五类环境特征均对"社会性层级"有影响，地方依恋感影响最显著，传统元素多和活动丰富多样因子影响程度高。揭示影响老年人体力活动质量的社区公园空间环境配置特征，可为多路径设计营造健康社区及养老设施提供借鉴。

关键词： 社区公园；老年人；体力活动；结构方程模型；重庆市

Abstract: As an important place of daily physical activity for the elderly, community park is closely related to the physical and mental health of the elderly. From the perspective of the relationship between individual activities and social interaction, this paper proposes the necessity, spontaneity and sociality of physical activity, five kinds of environmental characteristics, including space suitability, facility support, atmosphere comfort, landscape ornamental and local attachment, are summarized to meet the quality requirements of physical activity of the elderly. Taking 10 community parks with different qualities in Chongqing as examples, the structural equation model was used to quantitatively analyze the impact of the environmental characteristics of community parks on the quality levels. The results show that low quality environment can only support the level of physical activity necessity, while high quality environment can meet the occurrence of spontaneous and social quality level, "necessity level" of quality is significantly affected by space suitability and facility support, "spontaneous level" was most significantly affected by the atmosphere comfort, the five types of environmental characteristics have an impact on the "social level" of quality.

Keywords: Community Park, The Elderly, Physical Activity, Structural Equation Model, Chongqing

1 引言

随着现代社会的快速发展，人们物质生活水平大幅提高的同时，环境的恶化和生活方式的变化却引发了新的健康问题，特别是许多慢性疾病逐渐呈上升趋势，研究显示在未来20年里，全世界40岁以上的人群中，慢性病患者人数将增长两倍，甚至三倍[②]，已经严重威胁到人们的生存与健康。并且在人群中，很大一部分群体为老年人，根据国家卫健委数据显示，我国超过1.8亿老年人患有慢性病，患有一种及以上慢性病的比例高达75%[③]。而我国老年[④]口的比例预计将从2010年的12.4%（1.68亿）增加到2040年的28%（4.02亿），到2050年左右数量将会到达最高值，每3人之中就会有一个老年人，慢性病高发也成为老龄化社会的一大挑战。老年人各类慢性病的发生，虽与遗传和个体因素联系紧密，但短时间内慢性病迅速增长，更大程度上与现代城市生活有着密不可分的关系，除却现代生活环境下不参与运动、缺乏体力活动等生活习惯因素外[1]，活动质量得不到保障也是导致问题的重要原因之一，加之，老年人因生理机

① 本文基金项目：国家自然科学基金面上项目"社区公园缓解人群精神压力的绩效及空间优化研究"（编号51478057）；重庆市研究生科研创新项目"社区公园促进邻里交往的空间作用机制及优化研究"（编号CYB20034）资助。
② https://www.worldbank.org/en/topic/health.
③ http://www.nhc.gov.cn/wjw/xinx/xinxi.shtml.
④ 本研究对象老年人遵循我国《老年人权益保障法》规定年龄起点标准最低60周岁，且具有自理能力。

能的衰弱等原因阻碍其对环境的适应，又受社会角色转变、长期独处所产生的消极悲观情绪的影响，更加降低了参与体力活动的质量。

而有效、高质的体力活动是降低慢性病发生率、增强老年人健康的重要途径[2]，体力活动在现代生活环境下亟需得到一定程度的提升。就空间环境而言，适宜的城市建成环境能够有效吸引人们进行体力活动以及提升其质量，降低慢性疾病的发生[3]，尤其是公园绿地等城市公共环境在此方面作用显著。与此同时，邻近的社区公园是老年人进行体力活动的重要场所，也成为提高其生活品质和身体健康的关键载体[3][7][10]，学界也有大量针对体力活动健康质量与社区公园环境特征的研究，也多围绕活动的内容、时长、多样性等展开[5]~[7]，如Gunnarsson等研究发现居住区中公园的设置，会显著增加老年人的散步频率，平均寿命比远离公园居住的老年人高[8]；Rhodes等证明优质的美学感知环境通过影响居民态度及社会凝聚力，对增强居民体力活动多样性具有积极的作用[9]。随着当代对健康的深入认识，公园环境健康关注从早期以单一生理健康为目标逐步转变到注重从身体、心理、社会角度的多维需求，更加重视公园环境促进行为活动的多维健康效益，但目前针对老年人体力活动质量的复合效益研究相对薄弱，仅以单一层级健康效益为目标无法完全捕捉老年人健康需求，况且实体环境促进活动健康效益更多是体现在身体、社会等复合层面[4][10][11]。

那么本研究从高效调控角度，以个体活动与社交互动的关联视角概括公园环境与体力活动质量关系，同时揭示影响体力活动质量的社区公园环境配置特征，为多路径推进健康社区及养老设施建设提供借鉴。

2 研究基础

老年人作为社会生态系统中的一个角色个体，其体力活动质量不仅受到自身个体特征的直接影响，也会受到家庭、人际和社会等系统的重要影响，同时世卫组织认为"健康"包含身体、心理和社会幸福感三个维度，如Huber等认为健康身体维度为个体拥有强壮的体格和更好的自我保护能力以减少伤害[12]；Ettema等研究健康心理维度指的是一种情绪健康状态，在这种状态下，人们能够有效地应对压力，自我调节并完成工作计划[13]；Zhang等认为社会幸福感是人们拥有良好人际关系和社会适应能力[4]，也就是空间环境主要是通过健康的三个维度影响人群健康，并且三个健康维度之间存在相互作用关系，如身体残疾或长期独处老年人往往会有不良心理问题，而身体健康的人这种可能性较小[12]；心理健康不佳会减弱自我保护能力，影响身体健康[14]、影响自身的人际关系和社会适应[15]；不良的社会健康状况会对人们的身心状况产生负面影响[12]，可以说，学界对健康的多维度关联性已有充实的研究，而公园环境与体力活动质量同样具有维度关联性，依据支持性环境理论认为人通过感觉、认知等方式与环境发生互动，并以金字塔的模式来反映人群行为活动对环境质量的所需度，金字塔上层为高环境质量，更支持群体类、与社交互动多层面的活动质量，而金字塔较低层的环境质量，仅支持独自类的个体活动[16]。

也就是说，公园环境要素具有特定的活动属性，并且人的活动也趋向于进行在最能满足其要求的环境，而环境要素品质的高低也决定了行为活动质量由低向高的转变的发生，进而促进健康的身体、心理和社会幸福感三个维度扩展。可以认为，个体活动因素为低层级，社会互动因素为高层级，当空间整体环境质量较低时，环境增效带来的体力活动质量增效为个体必要性层级增效（身体维度）；但当空间整体环境质量较高时，所带来的是活动自发性与社会性层级增效（心理、幸福感维度）。必要性层级仅为环境品质基本满足体力活动发生所产生的健康效益，如活动量、频率等；自发性层级强调的是效益由必要性向高质量自发性增效，如社区公园环境能更好的维持巩固活动的发生，并同时拓展活动的内容等，所以健康效益是已有的低质刚需向高质丰富的转变；社会性层级关注的是高质量空间环境不仅能支持活动长期、有效的开展，同时还提供增强活动人群的地方依恋感，促进地方认同的健康增效，三个质量层级共同构成了由个体活动与社交互动的关联视角所关注的体力活动质量复合效益（图1）。

3 研究方法

为进一步概括公园环境因子与体力活动质量关系

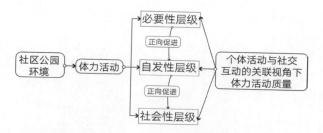

图1 个体活动与社交互动视角下高质量体力活动内涵模型
（来源：作者自绘）

以及相互作用机理，本文以重庆10个社区公园为案例开展实证研究。基于预调研中老年人对体力活动质量需求评价，结合国内外学者的研究结论和采用专家打分法归纳公园环境特征因子，以及体力活动三个质量层级的观测变量；通过问卷访谈获取基础数据，运用结构方程模型构建高质量体力活动内涵模型，明确各因子之间的影响路径和作用关系。

3.1 研究对象

所选取的10个社区公园位于渝中区，其在建设时期、区位规模、环境特征等方面能代表大多数高城镇化地区社区公园特征，且不同公园之间环境质量具有高低差异，便于区分质量等级；使用者大多为周边社区居民，使用频率高且休闲活动丰富；公园内部老年人数量大，便于研究基础样本数据的采集，以保证数据的科学性（图2）。

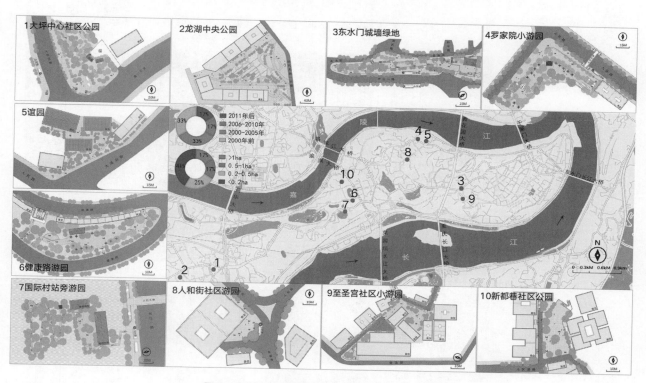

图2 案例社区公园基本概况（来源：作者自绘）

3.2 因子选取

预调研中，对不同案例公园中体力活动频率较高的23名老人经行录音访谈，使用Nvivo 10软件逐字转录并归纳编码分析经常重复出现的、影响体力活动质量需求的社区公园环境。同时，考虑城市规划、风景园林专业15名师生给出的意见，还结合林广思、Ekkel、王兰等人围绕公园环境评价的研究成果给予修正，归纳得出公园设施支持性、空间适宜度、氛围舒适性、植被观赏度、地方依恋5类公园环境评价特征[17]~[19]。基于研究基础中对体力活动质量层级的论述，并综合国际体育活动问卷（IPAQ）[20]、社会支持列表互动（SSL-I）[21]、社会凝聚力和信任量表[22]等研究量表总结出必要性、自发性、社会性质量层级的观测变量。

利用公园评价因子，以及预调研中老年人对所在公园的质量评价结果，将案例公园的整体环境质量分为高质、中质、低质（表1）。

案例社区公园环境图册　　　　　　　　　　　　　　　　　　　　　　　表1

（来源：作者自绘）

品质	名称	社区公园实景照片			
高质	1大坪中心社区公园				
	2龙湖中央公园				
	3东水门城墙绿地公园				
中质	4罗家院小游园				
	5谊园				
	6健康路游园				
低质	7国际村站旁游园				
	8人和街社区游园				
	9至圣宫社区小游园				
	10新都巷社区公园				

3.3 模型建构

运用结构方程模型构建高质量体力活动内涵模型，进一步分析社区公园环境特征因子对老年人体力活动的三个质量层级的影响关系，构建初始模型（图3）。

3.4 调查与数据收集

研究问卷借鉴Likert量表法设计，采用半结构式问卷调查与观察访谈相结合的方法获取样本基础数据，并于2019年7~9月，工作日、周末各两天时间，分别对三组不同品质的社区公园中的老年人发

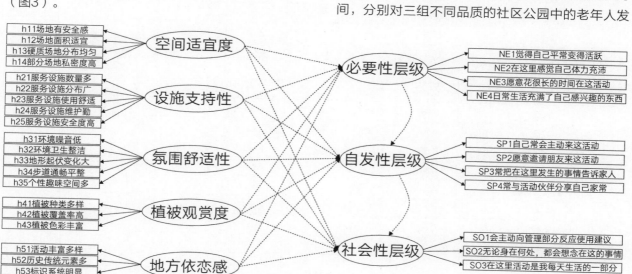

图3 社区公园环境因子影响老年人体力活动不同质量层级概念模型（来源：由数据结论整理改绘）

放问卷，每个公园50份（共500份），问卷回收500份，后期剔除不完整、不实问卷32份，最终得到有效问卷468份，有效率93.6%。

4 模型检验与结果

4.1 信度与效度检验

运用SPSS 22.0对数据样本进行信度、效度检验。检验中各潜变量克朗巴哈系数（α系数）均大于0.7(0.7是可接受的门槛[23])，潜变量具有较好内在信度。

效度检验中，通过计算单项与总和相关系数检验测量指标能否代表指标内容，分析发现，h13、h14、h22单项总和相关系数较低，删除后可提高量表内容效度。此外，KMO值达到了0.85（接近于1），Bartlett's球状检验Sig（p）=0.000，满足标准，说明所收集观测变量数据满足研究要求。AMOS 21.0检验数据中，问卷的标准化负荷范围基本满足大于0.5的标准；各潜变量组成信度满足了大于0.6的标准，平均方差提取值(AVE)也均已达到0.5的标准，模型整体具有较好的解释能力，具体检验数据如表2所示。

信度与效度检验数据　　表2
（来源：由数据结论整理改绘）

观测变量	单项总和相关系数	误差方差	t值[a]	标准化负荷	α系数	平均变异抽取量（AVE）	组成信度（CR）
h1空间适宜度					0.739	0.611	0.722
h11	0.78	0.52	10.87**	0.78			
h12	0.65	0.68	7.53*	0.52			
h13	0.43	0.78	6.62	0.33			
h14	0.51	0.71	8.53	0.53			

续表

观测变量	单项总和相关系数	误差方差	t值[a]	标准化负荷	α系数	平均变异抽取量（AVE）	组成信度（CR）
h2设施支持性					0.869	0.616	0.831
h21	0.51	0.63	8.33*	0.51			
h22	0.45	0.87	2.52	0.33			
h23	0.62	0.33	7.65*	0.71			
h24	0.78	0.35	13.28**	0.83			
h25	0.78	0.35	10.18**	0.81			
h3氛围舒适性					0.871	0.743	0.893
h31	0.76	0.52	12.73**	0.71			
h32	0.82	0.31	13.36**	0.88			
h33	0.57	0.61	10.36*	0.62			
h34	0.56	0.69	7.29*	0.58			
h35	0.62	0.53	7.65**	0.54			
h4植被观赏度					0.711	0.763	0.793
h41	0.63	0.52	9.73*	0.55			
h42	0.67	0.51	4.36*	0.59			
h43	0.83	0.31	4.36**	0.76			
h5地方依恋感					0.865	0.751	0.841
h51	0.77	0.45	10.28**	0.76			
h52	0.81	0.41	13.18**	0.82			
h53	0.67	0.42	11.18*	0.55			
NE必要性层级					0.732	0.723	0.766
NE1	0.56	0.61	7.22*	0.59			
NE2	0.68	0.67	13.07**	0.67			
NE3	0.70	0.62	10.18*	0.78			
NE4	0.73	0.45	11.26**	0.74			
SP自发性层级					0.784	0.763	0.887
SP1	0.52	0.66	9.84*	0.58			
SP2	0.69	0.59	9.73**	0.65			
SP3	0.63	0.55	10.56**	0.73			
SP4	0.67	0.38	7.43**	0.74			
SO社会性层级					0.875	0.747	0.935
SO1	0.63	0.54	9.12**	0.72			
SO2	0.73	0.42	10.66**	0.83			
SO3	0.68	0.51	13.98*	0.79			

标识**表示p<0.01，*表示 p<0.05；不带**或*表示不显著

4.2 拟合度检验

研究最终模型(删除观察变量h12、h23、h24、NE1)通过AMOS 21.0构建并检验模型拟合度，模型各项指标均符合标准，可认为模型较理想，拟合样本数据较好（表3）。

模型拟合度检验数据 表3

（来源：由数据结论整理改绘）

指标	CMIN/DF	IFI	NFI	CFI	RMR	RMSEA
建议标准	<3	>0.9	>0.9	>0.9	<0.05	0.05~0.08
模型指标	1.041	0.933	0.912	0.957	0.049	0.076

4.3 模型结果

通过最终模型分析结果，证明了社区公园环境对老年人体力活动层级质量的影响路径，通过各因子系数，确定各要素之间的影响关系。其中，对体力活动质量的必要性层级最大路径影响为社区公园环境的空间适宜度，自发性层级最大影响路径为设施支持性，社会性层级最大影响路径为地方依恋感；并且，体力活动必要性质量层级会对自发性有正向促进作用，自发性层级对社会性层级亦有促进作用，具体路径系数如图4所示。

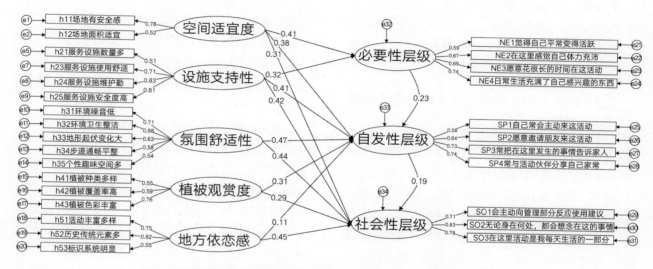

图4 不同质量层级模型标准化参数估计路径（来源：由数据结论整理改绘）

5 结论与讨论

了公园环境安全性的重要程度。

5.1 社区公园环境对老年人体力活动必要性质量层级的影响

对体力活动质量的"必要性层级"影响中，"空间适宜度"的总影响效应最显著（0.41），"设施支持性"（0.32）其次，能说明环境品质仅满足体力活动发生时，老年人更多关注的是空间的适宜程度，"空间适宜度"类的"h11""h12"2个环境因子通过检验，"h11场地有安全感"路径系数最大（0.78），反映老年人由于生理特点，易受到意外伤害，仅为了简单的体力锻炼等活动会重点避免不安全的环境因素，与阿佛诺佐理论中的安全性是影响体力活动的基本因素结论相似[24]。此外，"设施支持性"中的"h24服务设施维护勤"路径系数最大（0.83），说明老年人在简单的、独自的活动时，在意服务设施的维护，这类问题多反映于低质公园的活动人群中，可能的原因是老年人间接地通过公园设施的维护程度判断其对自身伤害可能性的影响，更证明

5.2 社区公园环境对老年人体力活动自发性质量层级的影响

"氛围舒适度"（0.47）、"设施支持性"（0.41）对质量的"自发性层级"影响总效应相接近，"设施支持性"中的环境因子均通过了检验，"h25服务设施安全度高"路径系数（0.81）略低于"h24服务设施维护勤"，值得说明的是，老年人对服务设施的安全性考虑除了出于自身因素外，也受"隔代育儿"要求影响，调研中多数老年人表示平时他们需要照料孙辈，所以很关心公园服务设施能否为孩童提供安全保障，愿意主动选择设施无安全隐患的公园活动，能折射老年人行为活动会受到家庭、人际等社会环境因素影响[19][21]。而在"氛围舒适度"类环境中"h32环境卫生整洁"因子路径系数最大（0.88），"h31环境噪音低"（0.71）次之，这些变量结果很好地解释了对于老年人来说，缺少滋扰（附近无噪音、破坏迹象）、卫生条件良好是最吸引的公园特征[25]。"植被观赏度"类环境对质

量的"自发性层级"总效应（0.31）高于"地方依恋感"（0.11），其中"h43植被色彩丰富"因子影响作用最大（0.76），说明老年人在选择活动公园时受环境植物、花卉色彩品质的影响较大，这可能与老年人生理视觉能力减弱相关，单一的色彩容易让老人觉得乏味和单调；另外，受社会角色转变、长期独处所产生的消极悲观情绪的影响，老年人从心理上也偏爱丰富绚丽、暖色调的色彩，得以从潜意识精神层面找寻年轻时的生命活力，与张云吉等人研究结论相似[26]。

5.3 社区公园环境对老年人体力活动社会性质量层级的影响

社区公园环境对质量的"社会性层级"影响中，5类环境因子均有较大的影响效应，总体上能说明高品质环境不仅能支持活动有效的开展，同时还能增强活动人群的地方依恋感，促进社会健康的增效，更反映老年人的高质量体力活动趋向于进行在高品质的环境中。5类环境因子中，"地方依恋感"的总效应最大（0.45），说明对空间的地方历史、依恋感的营造能较好服务老年人情感联系，维护社会关系，这对因退休角色转变处于社会低关怀位并且长期独处的老年人群十分重要，其中，"h52历史传统元素多"因子路径系数最大（0.82），说明环境中历史元素能唤醒老年人潜意识记忆和熟悉感，能有效促进活动的社会性质量层级，高环境质量的公园，如大坪中心社区公园（内以历史文化碑林）、东水门城墙绿地公园（古城遗迹），其中多数老年人反映自己和伙伴在公园有固定的"小地方""来公园就到这里来找伙伴"，普遍认为这些地方很舒适，适合大家共同活动。与阿尔托曼研究相似，认为历史元素是空间的特定属性，能支持个体或群体活动时的特殊情感，使人激发共鸣并对空间产生依恋联系[24]。"h51活动丰富多样"影响作用也较大（0.75），能解释公园环境质量的品质能支持老年人开展丰富多样的体力活动，为满足其通过活动来维持自身人际网络的场所需求，活动环境中有更多的伙伴陪同锻炼，能增进互助、信任、沟通交流，进一步促进活动质量的提升。另外，"设施支持性"（0.42）和"氛围舒适性"（0.44）的总效应接近，也说明了更高质量的体力活动需要整体环境质量的支持。

6 结语

本研究得出，低质公园环境基本上不会带来社会交往层级增效，只会在个体活动层面，而高质环境能够满足自发性、社会性质量层级的发生，能兼具社会交往质量的提升。体力活动质量"必要性层级"受空间适宜度和设施支持性的影响显著，场地安全感、设施维护最具影响力；"自发性层级"受氛围舒适度影响最显著，环境卫生和噪音低因子影响程度高；并且五类环境特征均对"社会性层级"有影响，地方依恋感影响最显著，传统元素多和活动丰富多样因子影响程度高。

目前，政府建设以及公众关注已经从宏大叙事转向微小弥合，"自下而上，全社会参与"的模式，对健康的关注不仅限在国土空间的可持续发展、三区三线的划定等大议题，更着眼于日常社区空间的设计。将健康意识、方式融入居民日常生活空间等小议题是未来健康城市的着力点。如重庆市在利用城市边角地建设的社区体育文化公园，成为周边居民相互沟通、融洽邻里关系的重要场所，不仅提升了体力活动质量而且还促进了社会交往，此类社区公园的建设已达到了国家层面的高度，具有一定成效。同时，也意味着在改善环境的过程中，需要对活动与社交两者的关系双向考虑。而目前大部分的社区公园据此需求还有较大差距，也随着当下社区邻里关系的紧张、联系松弛等问题，高质量的社区公园在社会健康层级还有较大提升的空间。在未来对健康需求的进一步深入，科普教育、全面参与的进一步提高，如智慧公园、社区农耕等高质量公园的普及，社区公园对深层级活动质量的完善能在更广阔的空间进行实践探索。

参考文献

[1] 孙斌栋,阎宏,张婷麟. 社区建成环境对健康的影响——基于居民个体超重的实证研究[J]. 地理学报,2016,71(10):1721-1730.

[2] 李德明,陈天勇. 认知年老化和老年心理健康[J]. 心理科学进展, 2006, 14(4): 560-564.

[3] 鲁斐栋,谭少华. 城市住区适宜步行的物质空间形态要素研究——基于重庆市南岸区16个住区的实证[J]. 规划

师,2019,35(07):69-76.

[4] Zhang Lin, Zhou Suhong, Kwan Mei-Po. A comparative analysis of the impacts of objective versus subjective neighborhood environment on physical, mental, and social health. [J] Health & amp; place,2019,59.

[5] 李昕阳，洪再生，袁逸倩等. 城市老人、儿童适宜性社区公共空间研究[J]. 城市发展研究，2015，22(5): 104-111.

[6] 王珺，林文洁，汤丽珺. 居住区老年人户外活动场地规模特征研究——基于北京老年人户外活动实态调查 [J]. 华中建筑，2013，5: 177 - 181.

[7] 王兰，张雅兰，邱明，王敏. 以体力活动多样性为导向的城市绿地空间设计优化策略[J]. 中国园林，2019，35(01): 56-61.

[8] Gidlöf Gunnarsson A, Öhrström E. Noise and well-being in urban residential environments: The potential role of perceived savailability to nearby green areas[J]. Landscape and Urban Planning, 2007, 83(2): 115-126.

[9] Rhodes R E, Brown S G, McIntyre C A. Integrating the Perceived Neighborhood Environment and the Theory of Planned Behavior When Predicting Walking in a Canadian Adult Sample[J]. American Journal of Health Promotion, 2006, 21(2): 110-118.

[10] 谭少华，杨春，李立峰，章露. 公园环境的健康恢复影响研究进展[J]. 中国园林，2020，36(02): 53-58.

[11] 于一凡. 建成环境对老年人健康的影响：认识基础与方法探讨[J]. 国际城市规划，2020，35(01): 1-7.

[12] Huber, M. , Knottnerus, J. A. , Green, L. How should we define health? [J]. BMJ, 2011,343 d4163.

[13] Ettema, D. , Schekkerman, M. How do spatial characteristics influence well-being and mental health? Comparing the effect of objective and subjective characteristics at different spatial scales [J]. Travel Behav, 2016,Soc. 5,56-67.

[14] Diener, E. , Chan, M. Y. Happy people live longer: subjective well - being contributes to health and longevity [J]. Health Well Being, 2011,3(1), 1-43.

[15] Thoits, P. A. , 2011. Mechanisms linking social ties and support to physical and mental health[J]. Health Soc, 2011,52 (2), 145-161.

[16] Adevia A A,Kerstin Uvnäs-Moberg, Grahn P. Therapeutic interventions in a rehabilitation garden may induce temporary extrovert and/or introvert behavioural changes in patients, suffering from stress-related disorders[J]Urban Forestry & Urban Greening,2018(30): 182-198.

[17] 林广思，李雪丹，茌文秀. 城市公园的环境-活动游憩机会谱模型研究——以广州珠江公园为例[J]. 风景园林，2019，26(06):72-78.

[18] 陈永生. 城市公园绿地空间适宜性评价指标体系建构及应用[J]. 东北林业大学学报，2011，39(07):105-108.

[19] Ekkel E D, De Vries S. Nearby green space and human health: Evaluating accessibility metrics[J]. Landscape and Urban Planning, 2017, 157:214-220.

[20] Craig, C. L. ; Marshall, A. L. ; Sjorstrom, M. et al. International physical activity questionnaire: 12-country reliability and validity[J]. Sports Exerc. 2003, 35, 1381-1395.

[21] Kempen, G. I. J. M. ; Van Eijk, L. M. The psychometric properties of the SSL12-I, a short scale for measuring social support in the elderly[J]. Soc. Indic. Res. 1995, 35, 303-312.

[22] Völker, B. ; Flap, H. ; Lindenberg, S. When Are Neighbourhoods Communities? Community in Dutch Neighbourhoods[J]. Sociol. Rev. 2007, 23, 99-114.

[23] HAIR J F, BLACK W C, BABIN B J. Multivariate Data Analysis: A Global Perspective[M]. Upper Saddle River, NJ: Pearson Education, Limited, 2010.

[24] 林玉莲，胡正凡. 环境心理学[M]. 中国建筑工业出版社，2006.

[25] Alves, S, Aspinall, P, Ward Thompson, C, Sugiyama. Preferences of older people for environmental attributes of local parks: The use of choice-based conjoint analysis[J]. Facilities, 2008, 26(11), 433-453.

[26] 张运吉，朴永吉. 关于老年人青睐的绿地空间色彩配置的研究[J]. 中国园林，2009，25(07):78-81.

从二维到三维
——透明性空间设计方法初探

丁顺　赵筱丹

作者单位
华建集团华东都市建筑设计研究总院

摘要： 透明性理论的提出与发展对现代建筑产生了深远的影响。其描绘了一种去中心化、同时性、矛盾性、模棱两可和流动性的丰富空间。文中对透明性的源起与特点进行了研究，并以此为基础对透明性的二维图示与三维呈现的关联性进行了探索，并提出了相应的空间组织方式，以期在实践中有更为广泛和简化的思考与运用。

关键词： 透明性理论发展；广义透明性；二维图示与三维演化；方法论

Abstract: The proposition and development of transparency theory has a profound impact on modern architecture.It depicts a rich space of decentralization, simultaneity, contradiction, ambiguity and fluidity.In this paper, the origin and characteristics of transparency are studied, and on this basis, the relationship between two-dimensional diagram and three-dimensional presentation of transparency is explored, and the corresponding spatial organization mode is proposed, so as to have more extensive and simplified thinking and application in practice.

Keywords: Development of Transparency Theory; The Generalized Transparency; 2D Graphics and 3D Evolution; Methodology

1 二维的源起与分析

1941年，希格弗莱德·吉迪恩（Sigfried Giedion）在《空间·时间·建筑》中，首次将立体主义绘画与包豪斯建筑为代表的现代建筑进行了相似性关联。

1944年，戈尔杰·凯普斯（Gyorgy Kepes）在《视觉语言》中指出两个或多个图形叠加时会呈现出透明性："一种互相渗透且在视觉上不会彼此破坏的特征"以及"一种空间维度的矛盾"，同时"还意味着一种更为广泛的秩序"，从而带来"空间一直处于深浅的变化中"，并获得"模棱两可的意义"[1]。

1956年，柯林·罗（Colin Rowe）和罗伯特·斯拉茨基（Robert Slutzky）在对前两者的批判性分析与借鉴的基础上[2]，完成了《透明性I》。书中界定了关注材料、构造和光线的作用的"物理透明"和呈现出空间层化现象和图示化特点（图1）的"现象透明"。现象透明的建筑也往往在深空间与浅

空间的变化之间，带给体验者或对应或错位的趣味与张力。

随着认知的拓展变化，简而述之，透明性空间具有模糊暧昧、层叠多义、同时性与矛盾性的特点。其在二维的某一固定视点下，可以看到空间不再单一完整，而是呈现出视线、深度和维度上的交叠、延展与渗透。甚至随着身体和时间的介入产生变化性和流动感。

图1　加歇别墅立面的层化现象
（来源：柯林·罗《透明性》）

---

① 参见戈尔杰·凯普，《视觉语言》，1944年。
② 科林·罗从《视觉语言》中借用了"透明性"（transparency）一词，并发展出他的"透明性"定义。

2 三维的演化与生成

透明性理论的提出伊始，只是三维空间的二维表现，但却对德州大学的教学产生了直接的影响，现象透明成为空间组织的手段，发展出以约翰·海杜克（John Hejduk）为代表的九宫格问题（图2），以及演变出的方盒子问题，平面立面交错渗透。

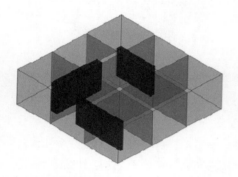

图2 九宫格问题
（来源：韩艺宽《再读透明性》）

1968年，德州骑警（Texas Rangers）中的伯哈德·霍伊斯里（Bernhard Hoesli）将《透明性I》翻译发表，并添加了大量案例与相应的评价，认为透明性是一种创造空间秩序的一种工具。其后续的补遗文献中定义了广义透明性，即"在任意空间中，只要某一点能同时处在两个或更多的关系系统中，透明性就出现了，这一空间位置到底从属哪个关系系统，暂时悬而未决，并为选择留出空间"[①]。广义透明性既是对空间透明性的检验分析手段，也成为一种普遍的形式组成原则，进入到了方法论领域。

2.1 二维与三维的关联性探索

霍伊斯里曾基于广义透明性做过一个建筑设计教学案例（图3）：在几个矩形图案交叠重合的平面上，提取平行线条，再将其于垂直方向进行拉伸。这样既具有了平面上的透明性，也在立面上具备了层化的空间效果。这可以看作是从二维构图到三维空间的演化与生成。

在实际设计中，则可以依据预设行走路径、观看方式、光线组织、围合感受的原则来设计二维平面构图，再垂直拉伸得到三维空间。由此实现静态视觉愉

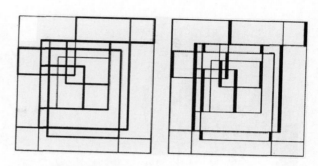

图3 霍伊斯里的建筑设计教学案例
（来源：柯林·罗《透明性》）

悦和动态身体愉悦的合一。密斯·凡·德罗的德国馆以空间流动著名，主厅里或平行或垂直的墙体实现了自由化的游走路径。其空间对应的二维平面也清晰地显现出行进、回转、围合、多向的图示状态。

类似的关联性原理也可以延展向垂直剖面。MVRDV的双宅（图4）利用楼板墙体的咬合变化，在垂直方向上形成了类似柯布西耶迦太基别墅（方案B）的连续而又分隔、整合而又分化的空间状态。

2.2 二维叠合到三维复合的演化

广义透明性的理论中提到，由某一点同时处于多个系统中就可以带来透明性，那么将不同系统的二维图示语汇通过偏移、交叠、穿插、拼贴等方式进行叠合，也可以生成更具有复合态的透明性三维空间。

1. 点线面系统

在空间里，"点"为柱；"线"为梁、片墙、楼板、分隔体；"面"为实体、腔体。在建构逻辑上，点线面是图解化的构成要素。屈米的拉·维莱特公园（图5）中，"点"是阵列式的红色构筑物，"线"是主要的交通骨架，"面"是分区块的活动场地。当点线面分层叠加后，即可形成复杂多元的丰富空间和活动场所。

2. 轴线/框架系统

当两套及以上的轴线或框架系统交叠、偏移、相贯、旋转时，其重叠的部分就会产生透明性。彼得·埃森曼（图6）常以网格、轴线来控制建筑形式的产生，再对轴线或网格进行多种手法的错位、旋转、并置。

---

① 引自霍伊斯里《作为设计手段的透明形式组织》一文。

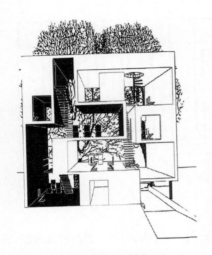

图 4 MVRDV 的双宅剖透
（来源：Archinerds）

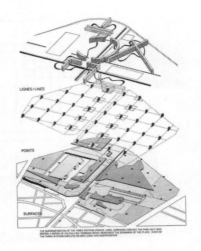

图 5 拉·维莱特公园的点线面
（来源：《探索巴黎拉维莱特公园》）

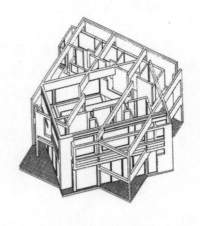

图 6 彼得·埃森曼的 House III
（来源：EISENMAN ARCHITECTS）

3. 平立剖系统

实际项目中，空间的层化可以是平面、剖面和立面的叠加。西班牙建筑师桑丘·玛德丽德霍斯曾提出"空间折叠"的概念，他的经典作品阿利坎特艺术博物馆的雕塑庭院或许可以理解为平面与剖面系统分别切分后的拼合。平面通过门洞口与藏品室相连（图7）；剖面上为光线预留出向下倾泻的通道，形成了垂直上的延续（图8）。于是身处其间，既可以感知到水平相邻空间的衔接，也可以体会垂直维度上层层递进的体验变化。

2.3 二维图底与空间褶子

柯布西耶在《走向新建筑》里说"一切外部皆是内部"[1]，他所描绘的庞贝诺采住宅（图9）和诗人悲剧住宅，都具有重重天井和内院。行走其间，可以感受内与外、虚与实、间与空在柱廊、院落和天井间反复转换，连缀而成空间褶子。这与德勒兹所说的"褶子完全是外部的内部""内部与外部不再是固定不变的""褶子由内向外及由外向内的双向折叠和包裹中生成"[2]不谋而合。体现的都是空间之间、空间内部与外部的融合、贯穿与交裹。

那么对应到二维平面和剖面上，则可以通过图底关系进行理解，即内空间为底，外空间为图，将外空间点缀于内空间之间，形成一种外部场域的占据，营造内外交替渗透的状态。

3 从二维到三维：空间组织方式初探

从前述的研究可以看出，营造透明性空间在操作方式上可以从物理透明和现象透明两个角度考虑。物

图 7 平面通过门洞相连
（来源：www.gooood.cn）

图 8 剖面形成垂直上的连续
（来源：知乎网）

图 9 柯布西耶庞贝诺采住宅速写
（来源：《走向新建筑》）

---

① 原文the exterior is always an interior，引自《走向新建筑》。
② 引自DELEUZE Gilles.The Fold：Leibniz and the Baroque[M].London：The Athlone Press，1993.

理透明关注材质本身，无论是透明的玻璃、半透明的格栅、磨砂玻璃等，都可以带来空间虽被分隔却视线可达的效果。现象透明则可以将三维营造进行简化，以二维构成的三维呈现、系统交叠、内外图底为手段，以感官、身体运动和时间为参照，通过多向路径进行空间秩序的组织。具体到实操层面上，则是从空间内部、空间之间、空间内与外三个方面进行分隔、边界和连接的设计，最后还可以通过叠合来实现空间的复合态。

3.1 分隔

对单一空间在平面或剖面上通过杆件（点）、板片（线）、腔体（面）进行层化分隔，使得空间不再一览无余，增加其丰富性。

平面上的杆件（图10）主要为结构柱，也包含格栅等非承重装饰性杆件。由于杆件的体量观感偏小并常成组出现，从而既可保证空间的完整感与通透性，亦可形成方向性与局部的边界感。妹岛和世的蛇形画廊（图11）就以柱廊形成似有若无的界面感以及行走的引导性。而柱阵本身强烈的规则性则可以为

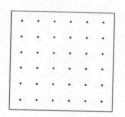
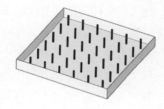

图10 平面上的杆件（来源：笔者自绘）

图11 蛇形画廊的柱廊（来源：www.archdaily.com）

空间赋予一层逻辑系统。

平面上的板片（图12）则为墙体、隔板等，其面域性的特点带来对行走和视线的阻隔性，因此利用板片间的相互关系去预设路径，从而营造或开敞或围合或贯通的局部空间，彼此分而复合。妹岛和世的Hiroshi Senju博物馆（图13）通过展板的设置，将单一的展厅空间更具变化性和探索感。

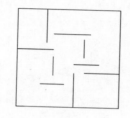
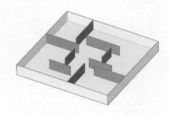
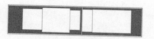

图12 平面上的板片（来源：笔者自绘）

图13 Hiroshi Senju 博物馆展板的分隔效果（来源：www.archdaily.com）

平面上的腔体（图14）往往为大空间的辅助性用房及交通体，其空间组织模式类似于板片，但由于体量观感较大，更易形成虚实相间的空间效果。彼得·卒姆托的瓦尔斯温泉浴场（图15）就是利用腔体体积的占据，界定出多个连续的半围合空间，以体的实衬托出温泉区的空。

剖面上的板片（图16）主要包含楼板与墙体两部分，利用楼板与墙体间的开阖关系，营造出上下渗透的垂直空间。

剖面上的腔体（图17）常为功能实体。OMA的美国西雅图图书馆通过功能重组，分为五个相对固定、封闭的功能实体（图18），并通过垂直方向上相互错动，分离产生四处不均质的虚空，成为流动而

 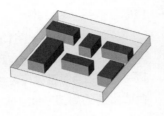

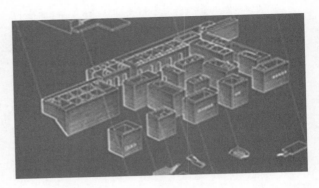

图 14 平面上的腔体（来源：笔者自绘）

图 15 瓦尔斯温泉浴场（来源：有方）

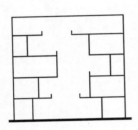 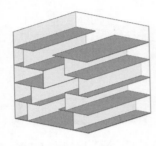

 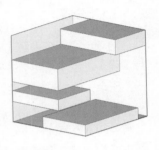

图 16 剖面上的板片（来源：笔者自绘）

图 17 剖面上的腔体（来源：笔者自绘）

图 18 西雅图图书馆剖面腔体
（来源：www.archdaily.com）

开阔的交互平台。荷兰格罗宁根市多功能会议文化中心剖面也具有类似的功能和空间构成方式。

3.2 边界

完整的空间单元往往由四面墙体、顶面和地面组成。利用边界的凹凸曲折（图19）形成不可见却可

感的层化空间。此时空间虽尽显眼前，却在身体推向纵深的过程中，带来确定又不同的感知体验。

柯布西耶的拉图雷特修道院祈祷室（图20）就是边界变化带来现象透明性的化境之作。从较窄一侧沿着轴线上望，水洗石地坪缓慢抬升，祈祷台三个一组错位置于台地之上。两边一侧为两段色彩角度不同的折形墙体，一侧为向内倾斜的三维曲面墙体。行走其间，边界引发的差异在由近及远和由远及近中反复被感知与强化。

3.3 连接

为空间单元内部被分隔的局部空间之间增加一层联系性，也使空间单元之间、内与外之间构成渗透与

 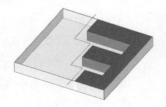

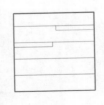 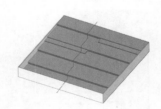

图 19 边界的凹凸曲折（来源：笔者自绘）

秩序，可通过板片的切割、上下的联系、腔体的挖去进行。

板片的切割（图21）即为在墙面和楼板上挖洞或形成具有视线光线通达性的洞口。并依据行走的阻隔性分为可穿行与不可穿行两种状态。在中国的传统园林中，月牙门为可穿行的切割，窗洞则是可观不可行的切割。但两者均可将邻近庭院或园外中的景色纳入，漏窗更是具有一种似实而虚、似虚而实的半透明模糊美。

而楼板上的切割（图22）更多是形成中庭空间，并常与上下的联系体同时出现。Henning Larsen Architects的南丹麦大学科灵校区教学中心（图23）就是通过对每层楼板进行三角形态的切割，并依序旋转，从而形成了四个两层通高的半限定空间和一个全部通高的主要中庭。同时层与层之间通过大台阶、楼梯等垂直交通体连接，实现了不同标高间行走的流动性。

腔体的挖去（图24）是将外空间以庭院的方式

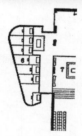

图20 祈祷室的层化空间与对应的平面
（来源：有方）

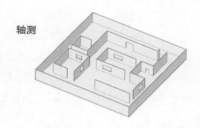

轴测

平面

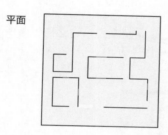

可通行

不可通行

图21 平面上板片的切割（来源：笔者自绘）

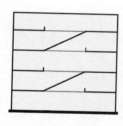

图22 剖面上板片的切割与上下的联系
（来源：笔者自绘）

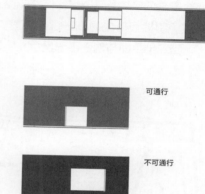

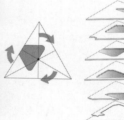

图23 南丹麦大学科灵校区教学中心贯通上下的三角中庭
（来源：非标准建筑工作室公众号）

图24 腔体的挖去（来源：笔者自绘）

置入内部空间之间，从而形成"间"与"空"相间、连接内外的状态。寿县文化艺术中心就是一个院落式

的内向型建筑，通过挖出大大小小的内院（图25）将室外景色置入其间。再以一条蜿蜒起伏、时上时下的公共廊道串联起庭院和室内。

3.4 叠合

叠合既是对前述三种空间组织方式的集成之法，也体现多系统间的组合相对关系。阿尔瓦·西扎在Iberê Camargo基金会展览馆的主体空间（图26）

图 25　寿县文化艺术中心空间的内与外（来源：www.gooood.cn）

图 26　叠合态的内部空间
（来源：divisare.com）

中，在二维平面（图27）上通过片墙分隔出三个独立展厅。其后切割片墙连接展厅，其中以可穿行的洞口，形成连续的观展流线；以不可穿行的洞口，形成层层累进的空间景深效果。二维剖面（图28）上则通过切割楼板形成通高三层的中庭，以坡道连接上下。当二维平面与剖面系统叠合，更具有延绵不尽之感，也实现了去中心化、模糊多义的透明性效果。

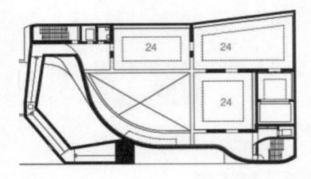

图 27　平面上分隔出的三个展厅
（来源：divisare.com）

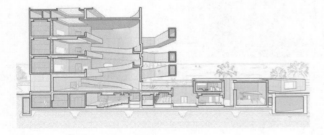

图 28　剖面上的中庭和坡道
（来源：archspeech.com）

4　结语与启发

透明性理论的发展与运用既是从理论层面进入方法论层面的过程，也是从二维形式分析到三维空间营造的演化。它作为一种可被广泛使用的设计方法，丰富了空间的变化性与体验感，也联系了视觉感官、身体运动、光线材质等多维度。在建筑中成为一种或被强化或被暗含的、更为广泛和连续的空间秩序，成为众多优秀作品的迷人特质之所在。

文中所探索的从二维到三维的分析与空间组织方式，仅为从技巧方面提供一种更为简化的思考方式与角度。重拾图纸思考方式，通过二维图示反映空间的动态形成过程，再以三维呈现进行复核与调整，启发和带来更多丰富动态的空间与体验。

参考文献

[1] 柯林·罗，罗伯特·斯拉茨基. 透明性[M]. 金秋野，王又佳译. 北京：中国建筑工业出版社，2008.

[2] 勒·柯布西耶. 走向新建筑[M]. 陈志华译. 西安：陕西师范大学出版社，2004.

[3] 韩艺宽. 再读透明性[J]. 华中建筑，2015，（9）：17-20.

[4] 金秋野. "面壁"·"破壁"——关于《透明性》的延伸思考[J]. 建筑学报，2020（5）：116-123.

[5] 朱雷. "德州骑警"与"九宫格"练习的发展[J]. 建筑师，2007（4）：40-49.

[6] 朱荣丽，支文军. 剖面建筑现象及其价值[J]. 时代建筑，2010（2）：20-25.

[7] 顾大庆. 从平面图解到建筑空间——兼论"透明性"建筑空间的体验[J]. 世界建筑导报，2013（4）：35-37.

某综合医院门诊空间环境满意度试点研究①

齐飞　陈易

作者单位
同济大学建筑与城市规划学院

摘要： 为了深入了解门诊患者的空间环境满意度与空间环境特征的相互关系。本研究选取上海市某三级甲等综合医院为研究对象，采用复合的研究方法：现场观察、小组访谈和问卷调查，对门诊患者满意度和门诊空间环境进行了调研。通过门诊患者满意度问卷调查，初步归纳了患者对门诊空间环境的满意度的影响因子，其中空间质量、空间舒适度、空间秩序、景观及绿化是综合医院门诊空间着重关注的空间环境要素。研究显示采用复合研究方法可以更加全面地了解医疗空间环境特征对空间使用者在行为和认知上的影响，研究结论为设计师和医院管理者了解患者对医疗空间环境的需求提供了可靠证据。

关键词： 医疗环境；空间特征；患者满意度

Abstract: In order to understand the relationship between the patients' satisfaction of healthcare environment and the environmental characteristics of outpatient area in general hospital.This study selected general hospitals with typical features as research object and adopted a comprehensive research method from three aspects: on-site observation, focus group or interview and questionnaire or survey.Patient satisfaction and outpatient environment were investigated. The study summarized the influential factors of patients' satisfaction within outpatient area.Among them, space quality, space comfortability, spatial orderliness, landscape and greening were environmental elements that general hospital should focus on.The study shows that the application of multiple research methods contributed to the understanding of impact of environmental characteristics on users' behavior and cognition in healthcare facilities.The findings provide reliable evidence for designers and hospital administrators to understand the patient's need for healthcare settings.

Keywords: Healthcare Environment, Environmental Characteristics, Patient Satisfaction

满意度评价源于商业社会中企业想要了解某种商品或服务是否达到客户的预期的想法或态度。随着这一公共经济学的概念逐渐进入医疗领域和以患者为中心的意识被普遍接受，患者满意度成为了解患者对医疗机构、医疗成果是否达到预期的重要指标。在我国患者满意度调查是综合医院的工作任务之一。空间环境满意度调查是指通过小组访谈、现场观察、问卷等形式收集使用者对建成环境（室内或室外空间）的主观评价。患者对医疗设施整体环境的评价通常也可以作为建筑使用后评估和患者满意度调查的一部分。

建筑使用后评估的价值在于从已建成的建筑中收集关于建成环境技术、功能和环境行为上的信息，搭建一条从设计—建造—使用—评估—设计的闭合链条。从20世纪末开始，建成空间的研究更多地关注设计过程、设计成果与空间环境的关系，Zeisel提出设计师应把研究成果应用到设计决策过程中，提出"在实践基础上的研究"[1]。但目前建筑设计从建成后使用到使用后评估，再到回馈设计的环节还较薄弱。在医疗建筑领域，西方国家重视建筑策划在医疗项目中的作用，提出了以实证研究为基础的循证设计理论，循证设计是指通过搜集规范化的研究证据、进行批判性的评价、与同行共享研究成果，用丰富的实践案例支持医疗设计质量的提升[2]。通过大量证据和研究成果的总结和发表，前人研究得到的证据可以作为设计决策的依据。

国内大型综合医院门诊建筑通常包括交通空间（门诊大厅及医疗内街）、功能空间（候诊就诊区和医技部门），往往是患者到达医院的第一站，不熟悉室内环境和就医流程的患者和家属往往进入门诊大厅后搞不清楚方向和程序，加之医院建筑空间布局复杂、室内环境嘈杂、就诊人数和排队等候的人数多、时间长。再者国内医疗资源分布不均衡，迫使患者多

① 基金项目："虚拟技术条件下的医疗空间环境要素对寻路表现的影响研究"（编号：2019010107）

倾向医疗质量较高的综合医院。这些问题和矛盾都很难在短时间内得以解决。本文从门诊空间中随机选取在候诊区等候的患者进行问卷的发放。

1 研究方法

本次调研采用定性与定量的研究方法，定性研究包括对上海市东方医院的管理层、患者服务部和社工部的管理人员的小组访谈。由于他们熟悉医院环境和日常管理，了解医院目前存在的问题，为深入研究空间环境对患者就诊、医院管理的影响提供了可靠的材料。定量研究包括对门诊患者的空间满意度问卷调查，从患者的角度通过数据收集和分析，对医疗空间环境满意度成因做出科学的解释。此外，研究人员采用自然式观察法记录了门诊部空间特征和患者候诊行为。

1.1 调查对象

2019年2~3月，研究人员先后与上海市东方医院的管理层、患者服务部和社工部的管理人员进行了三次小组访谈。2019年3月进行了门诊部的现场观察，观察主要在人流量较大的门诊候诊区进行，如心内科、消化内科门诊等。问卷调研选取上海市东方医院南院门诊患者作为调研对象，2019年4月进行了门诊空间患者满意度调查。随机共发放问卷132份，回收132份，剔除无效问卷16份，最终的有效问卷共计116份，有效回收率为87.9%。

1.2 问卷设计

本次调查所用问卷在对文献的整理与回顾、专家小组讨论的基础上编制的，并在现场调研之后对问卷进行了修订。问卷中主要考虑室内环境、候诊秩序、座椅家具、室内外绿化、标志信息等，问卷包含12项量表，每一项采用李克特（Likert）5级度量方法。此外，问卷还包含8项开放式问题。

除了问卷的设计，本研究采取了以下两个方面的措施尽量减少研究实施过程中的误差：1）以Cronbach's α系数为指标，本问卷的系数为0.761，表明问卷的内部一致性较好，有较高的可信度。2）为了让患者毫无顾虑地表达自己的想法，调研人员均为医院招募的志愿者。

1.3 统计学方法

使用Excel软件进行数据的录入和初步筛选，保证原始数据的有效性，然后采用SPSS 22.0对数据进行描述性统计和推论统计分析。$P<0.05$表示差异具有统计学意义。

2 结果

2.1 人口统计学特征

有效问卷的患者人口特征详见表1。116名门诊患者中有62名男性（52.4%），54名女性（46.6%）。从教育程度上看，63.8%的受访者接受了本科教育，其次为研究生和专科，分别占15.5%和11.2%。从收入水平上看，约有三分之二受访者的月收入在3000~6000人民币之间，约有四分之一受访者在6000~10000人民币之间（表1）。

人口信息相关分析					表1
	年龄	性别	来访次数	教育程度	收入水平
年龄	1	-.145	.242**	-.017	-.185*
性别		1	.173	.146	.055
来访次数			1	.106	-.073
教育程度				1	.250**
收入水平					1

**.在置信度（双测）为0.01时，相关性是显著的，
*.在置信度（双测）为0.05时，相关性是显著的。

2.2 来访次数及调研科室

来访次数为3~4次的最多，占72.4%，5~10次的占14.7%，1~2次的占10.3%，女性与男性的来访频率相差不大；接受问卷调查的门诊患者来自25个科室，问卷来自不同科室有助于反映整体门诊患者的满意度。

2.3 满意度分析

满意度均值比较可以看出，患者对门诊空间就诊秩序（M=3.73，SD=1.058）的满意度水平最低，维持在"满意"与"一般满意"之间；对其他11项的满意程度略高（M=4.22-4.44），保持在"满意"水平，其中对电子显示设施的满意度最高

（M=4.44，SD=0.749），其次为卫生整洁度、室内陈设、照明及采光、室内空气温湿度、室内空气质量、室内绿化、座椅舒适度、座椅数量、室外绿化（表2）。

满意度均值与标准差　　　　表2

| | 满意度分布（%） | | | | | 均值（M） | 标准差（SD） |
	1	2	3	4	5		
电子显示设施	0	3.4	5.2	35.3	56.0	4.44	0.749
卫生整洁度	0	0.9	2.6	49.1	47.4	4.43	0.593
室内陈设	0	0	6.0	49.1	44.8	4.39	0.601
照明及采光	0	0	10.3	44.0	45.7	4.35	0.663
室内空气质量	0	0.9	6.0	50.9	42.2	4.34	0.634
室内空气温度、湿度	0	0.9	3.4	56.9	38.8	4.34	0.589
室内绿化	0.9	3.4	5.2	45.7	44.8	4.30	0.794
座椅舒适度	0	2.6	6.9	50.9	39.7	4.28	0.705
座椅方向	0	2.6	10.3	45.7	41.4	4.26	0.747
候诊座椅数量	0	3.4	6.9	51.7	37.9	4.24	0.730
室外绿化	0.9	3.4	7.8	49.1	38.8	4.22	0.800
就诊秩序	2.6	14.7	12.9	46.6	23.3	3.73	1.058

1为非常不满意、2为不满意、3为一般、4为满意、5为非常满意。

2.4　相关性分析

在人口统计信息的相关性中，年龄与来访次数呈现正相关性（$r=0.242$，$p<0.01$），随着年龄的增加，就医的次数也随之增加；年龄与收入水平呈负相关性。此外，教育水平与收入水平呈现正相关性（$r=0.250$，$p<0.01$），一般情况下，学历越高的人群收入也较高。

各个问题之间相关性分析显示：就诊秩序与座椅方向（$r=0.462$，$p<0.01$）、室内陈设（$r=0.260$，$p<0.01$）、室内绿化（$r=0.231$，$p<0.05$）、室外绿化（$r=0.233$，$p<0.05$）具有相关关系，但与座椅的数量无相关性（$r=0.152$，$p=0.104$）。室内陈设与室外绿化具有相关性（$r=0.313$，$p<0.01$），室内绿化与室外绿化具有相关性（$r=0.376$，$p<0.01$）（表3）。

3　讨论

3.1　门诊候诊空间环境优化

从问卷的结果来看，对医院室内物理空间（空气温湿度、空气质量、照明环境）的评价得分均较高，其原因可能有：第一，试点调查的医院建筑设计与施工均按照医院建筑设计相关规范及公共建筑绿色节能标准。第二，案例位于夏热冬冷地区，调研期间正值该地区气候较为舒适的时期。第三，案例医院不在城市中心。对室内物理环境的问卷评价可以为相关设计

评价项相关分析　　　　表3

	就诊秩序	座椅方向	座椅舒适度	候诊座椅数量	卫生整洁度	室内陈设	室内绿化	室外绿化	室内空气温度、湿度	室内空气质量	照明及采光	电子显示设施
就诊秩序	1	.462**	.123	.152	.130	.260**	.231*	.233*	.132	.113	.111	.139
座椅方向		1	.210*	.203*	.119	.181	.131	.168	.295**	.306**	.147	.152
座椅舒适度			1	.275**	.233*	.238*	.130	.125	.214*	.213*	.255**	.131
候诊座椅数量				1	.240**	.221*	.264**	.253**	.275**	.157	.110	.059
卫生整洁度					1	.137	.239**	.261**	.179	.272**	.295**	.333**
室内陈设						1	.154	.313**	.218*	.285**	.220*	.313**
室内绿化							1	.376**	.228*	.224*	.143	.155
室外绿化								1	.288**	.178	.265**	.334**
室内空气温湿度									1	.292**	.138	.155
室内空气质量										1	.308**	.300**
照明及采光											1	.472**
电子显示设施												1

**.在置信度（双测）为 0.01 时，相关性是显著的，
*.在置信度（双测）为 0.05 时，相关性是显著的。

规范提供建成环境使用者的主观认知和感受，为规范的进一步修订提供有效的参考。

景观及绿化因子包括室内绿化和室外绿化。景观及绿化设计除了提供怡人的建筑环境外，对缓解压力起到重要作用。Roger Ulrich[4]较早关注室外景观对病人恢复的影响，与窗外为墙面的病房相比，窗外有自然景观的病房可以减少住院时间和用药量，更有利于患者的恢复。直接接触的室内外绿化和间接接触到风景的外窗都与压力的缓解相关[5]。

空间秩序因子的满意度最低，其中就诊秩序得分最低。现场观察发现候诊区的座椅布置方向与诊室前的走廊垂直，患者在候诊等候时不能直接看到诊室门口外的情况，尤其是老年患者担心错过了叫号，不断地走到诊室门口前，造成秩序混乱。若候诊座椅的摆放方向面向候诊走廊，满足了大部分座椅与候诊走廊的可视性（图1、图2）。因此座椅布置不当不但会引发门诊患者的焦虑情绪，还会造成就诊秩序混乱，增加护士及管理人员的工作负担。问卷调研的结果反映出门诊候诊空间的室外和室内环境，如环境质量、卫生程度、窗外景观、室内绿化、色彩、导向标志、家具布置等都会从不同方面影响就诊秩序和患者满意度。

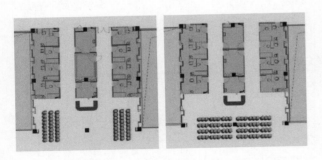

图1　门诊候诊区原座椅布置　　图2　门诊候诊区改造后座椅布置

3.2　人口统计因素的差异与特征

在性别差异上，男性与女性患者的满意度基本一致，但男性在卫生整洁度、室内空气质量、座椅舒适度的满意度水平上都较高于女性，而女性在室内绿化、座椅数量的满意度上高于男性。男性与女性在电子显示设施、室内陈设、照明及采光、就诊秩序的满意度基本一致。在性别差异上，问卷中所有问题均未显示出统计意义上的显著差异。

年龄阶段在26~35岁的患者对室内绿化的满意度明显低于其他年龄阶段患者的满意度，通过非参数检验，不同年龄阶段患者对室内绿化的满意度具有显著的差异性（x^2（3）=10.920，p=0.012）。可能由于该年龄段的患者（主要是青年患者）对绿化因素有更高的期望值。教育水平为本科及研究生的患者对就诊秩序的满意度明显低于其他教育水平患者的满意度。通过非参数检验，不同教育水平患者对就诊秩序的满意度也具有显著性差异（x^2（5）=13.323，p=0.021）。教育水平较高的患者对门诊秩序、环境质量与卫生有更高的期望值。但在其他人口统计分类上（如性别、收入水平、来访次数），患者的空间环境满意度并没有发现显著差异。

3.3　开放问题

通过对问卷中开放问题的整理，归纳出8项影响空间环境满意度的问题：①就诊过程中找不到科室、容易迷路，②缺少指向标志，③绿化种类少，④候诊区座椅的数量少、材质硬，⑤听不清楚叫号，⑥候诊时间长，⑦候诊秩序混乱，⑧迷路后感到不安、不知所措。

在医疗建筑的就诊过程中，寻找不同的目的地对患者来说是件既花时间又花精力的事情，要搞清楚每个科室之间的联系或与入口门厅的关系，并找到正确的方向长期困扰着患者。在参与回答问卷开放问题中，约有25%的患者反映来到医院后感觉容易迷路、找不到科室，甚至质疑建筑交通设计出了问题，另外约有12%的患者提到缺少相应的导向标志。医院建筑的复杂性决定了其出入口、建筑平面、空间特征（开敞空间、室内中庭等）、窗外景观、标志物、指向标志、室内地图等对寻路行为的影响，同时不同人群的寻路能力（如老年人的认知能力逐渐下降）也不一致。因此清晰的交通组织、容易识别的空间环境特征都有利于门诊患者短时间内形成更加完整的空间认知地图，顺利地到达诊室或检查科室。

本次调研的问卷中约有9%的患者在开放问题中提到景观及绿化的种类偏少（某些患者还特别指出缺少开花植物）。对于长时间等候的患者来说，枯燥和乏味的室内外环境也会导致患者的满意度下降。调查还发现约有8%患者在开放问题中提到座椅的材质太硬、缺乏舒适度、座椅的间距太近等问题，因此候诊区的平面设计、家具布置和材料选择等都会影响患者就诊体验和满意度。

门诊部的候诊空间虽然所占的面积不多，但在就诊的过程中，患者在候诊区停留的时间最多。若候诊区域无法满足患者需求，可能会造成就诊秩序混乱、就诊效率低下等问题。问卷中的就诊秩序得分最低，参与回答开放问题的患者中约有30%抱怨就诊秩序不佳，并提到某些科室的就诊人数太多、不按照顺序就诊、随意插队等现象比较普遍。再者，大部分门诊患者无法实现提前预约，在就诊之前都有一段等候时间。根据梁颖对上海市居民就医等待时间的调查[6]，患者平均候诊等待时间在三甲医院的候诊时间接近45分钟或更长，远远超出门诊挂号时间（约13分钟）和患者就诊时间。因此实际就诊时间与等候时间之间的巨大差异是影响患者满意度的重要因素之一，除了优化就医流程，通过候诊区域的空间环境优化设计分散患者的注意力、缓解心理焦虑，也有助于提高患者满意度。

4 结论

患者满意度调查是从用户的角度研究医疗空间环境特征对患者就诊行为的影响。本试点研究选取国内某三级甲等综合医院为研究对象，采用复合的研究方法，从多个角度对门诊空间环境和患者满意度进行了调研。通过现场观察，发现就诊秩序受到候诊空间环境和门诊患者行为影响；通过小组访谈深入了解医院门诊空间存在的问题；通过门诊患者满意度问卷调查，归纳患者对门诊空间环境的满意度的影响因子，其中空间质量、空间舒适度、空间秩序、景观及绿化是综合医院门诊空间着重关注的空间环境要素。研究结果显示门诊候诊空间的环境质量、卫生程度、窗外景观、室内绿化、色彩、导向标志、家具选材和布置等都会不同程度地影响就诊秩序和患者满意度。

参考文献

[1] ZEISEL J. Inquiry by design: tools for environment-behavior research[M]. Cambridge[Cambridgeshire]; New York, NY, USA: Cambridge University Press, 1984.

[2] HAMILTON D K, WATKINS D H. Evidence-based design for multiple building types[M]. John Wiley & Sons, 2009.

[3] MALONE E B, Dellinger B A. Furniture design features and healthcare outcomes[J]. Concord, CA: The Center for Health Design, 2011.

[4] ULRICH R S. View through a window may influence recovery from surgery[J]. Science, 1984, 224: 420-421.

[5] LARGO-Wight E, CHEN W, DODD V, et al. Healthy Workplaces: The Effects of Nature Contact at Work on Employee Stress and Health[J]. Public health Reports, 2011, 126: 124-130.

[6] 梁颖，鲍勇. 上海市居民就医等待时间调查分析[J]. 上海交通大学学报（医学版），2012, 32（10）: 1368.

后防疫时代下房车营地转换集中隔离区可行性探讨
——以南京某房车营地为例①

杨景升　郭海博　董宇

作者单位
1. 哈尔滨工业大学建筑学院 寒地城乡人居环境科学与技术工业和信息化部重点实验室；2. 通讯作者

摘要： 新型冠状病毒肺炎（COVID-19）疫情紧急防控期间，为了控制病毒的传播，改造和建设大量集中隔离场所。研究受新西兰使用房车对机场回国人员进行隔离的启发，对南京某房车营地状况卫生要求、规划布局以及工作流程等进行分析，论证房车营地转换集中隔离区可行性，总结被隔离者需求优化集中隔离设计策略。为后防疫时代下疫情防控提供了房车营地隔离区改造方案，对于应对新型肺炎及相似传染性疾病集中隔离场地紧张的情况起到缓解作用。

关键词： COVID-19；集中隔离；房车营地；功能转换；后防疫时代

Abstract: During the emergency prevention and control of COVID-19, a large number of centralized isolation sites have been renovated and constructed to control the spread of the virus.Inspired by New Zealand's use of RV to isolate returnees at the airport, the study analyzed the health requirements, planning layout and work flow of a RV camp in Nanjing, demonstrated the feasibility of RV camp conversion into a centralized isolation zone, and summarized the needs of the quarantined people to optimize the centralized isolation design strategy.It provides the RV camp isolation zone reconstruction program for epidemic prevention and control in the post-epidemic era, which plays a role in alleviating the shortage of the centralized isolation site for new pneumonia and similar infectious diseases.

Keywords: COVID-19; Centralized Isolation; RV Camp; Function Transformation; Post-epidemic Prevention era

1　前言

新型冠状病毒肺炎（COVID-19）是由新型冠状病毒引发的一种传染性很强的呼吸道疾病。国家卫生健康委员会将其纳入《中华人民共和国传染病防治法》规定的乙类传染病，但采取甲类传染病的防控措施[1][2]。在全国力量协助武汉抗击疫情期间，武汉当地先后建立了雷神山与火神山医院用于重症缓则治疗，多处体育中心、会展中心等大空间场所改造成为"方舱医院"用于集中隔离轻症患者和疑似病例，百余家酒店被临时征用用作集中隔离点。在国内疫情刚刚稳定之时，国外疫情在多国爆发，各国大量国外人员归国需要在机场附近进行集中隔离，包括中国北京、上海、广州等地作为国外回国航班集中地，需要大量集中隔离场所。

奥克兰机场下飞机的入境旅客都会被直接运往附近的一家酒店，然后等待下一步安排。如果酒店已满，患者将转移到酒店附近的一处空旷场地，500辆露营车整齐排列成为除酒店外第二个指定隔离点[3]。仓内卧室、卡座沙发区、卫生间、厨房等生活设施一应俱全，且具有通风功能非常好的优点，马路对面是一家较大型医院，万一病情由轻变重还可以直接开到医院，避免二次交叉感染（图1）。

图1　新西兰房车方舱医院鸟瞰图
（来源：网络）

① 资助项目情况：黑龙江省自然科学基金项目（LH2019E055）；黑龙江省高等教育教学改革项目（SJGY20180164）

我国房车营地保有量近年逐步增加，《2018中国露营地行业投资报告》指出，截至2018年12月底，我国房车保有量达到100458辆；中国已建成露营地1239个，在建451个，共计1690个。庞大的房车营地保有量为隔离点转化提供了可能，本文主要讨论后防疫时代下房车营地转化隔离方式中的医学观察的集中隔离。

2 设置隔离点的设计要求

主要参考集中隔离医学观察点的设置标准及管理技术指引（第一版）中各项指标与要求，下文中简称为隔离点标准，对比分析南京一处房车营地设置为隔离点符合程度及优势特点。确定主要设计原则，分析选址要求、平面布局、污物处置、通风系统及废弃物处置。

2.1 设计原则

后防疫时代下房车营地设计四点原则：平急共创、娱乐休闲、医养结合、快速转化（图2）。根据平时开放与应急封闭的特点，在营地设计初期就应加入应急设计的思路，兼顾房车营地平时住宿、休闲、娱乐功能的同时，充分发挥应急隔离功能；医养结合，平时加入康养、医疗等项目应急时部分员工可直接进入应急工作环节，减少人员调动和重新培训的时间；快速转化，平时提早做出紧急预案包括营地改造预案和人员调配预案，做到迅速反应快速进入状态。

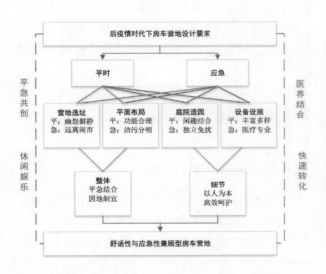

图2 后防疫时代房车营地设计要求图（来源：作者自绘）

2.2 选址要求

隔离点标准中对选址的要求交通方便，具有较完备的城市基础设施；环境应安静，远离污染源及易燃、易爆产品生产、储存区域及存在卫生污染风险的生产加工区域；远离人口密集居住与活动区域，并处于本区域当季主导风向的下风向。

房车营地位于距离南京市中心25公里汤山温泉景区附近（图3），临近G42高速路，北侧全部为林地（图4）无直接影响、无被污染风险；西侧为公墓距离无影响无风险，南侧有一处私立学校、度家山庄具有一定影响与风险，东侧为大学试验中心与驾校，但疫情期间旅游度假区、校园、驾校处于关闭状态。相南侧隔一个街区处住宅区风险较小。南京夏季主导风向为东南风，在区域内属于主导风向下风向。

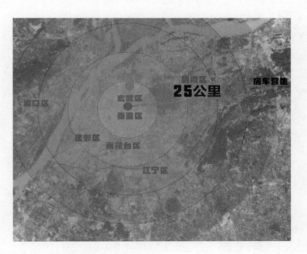

图3 房车营地区位示意图
（来源：作者改绘百度卫星地图）

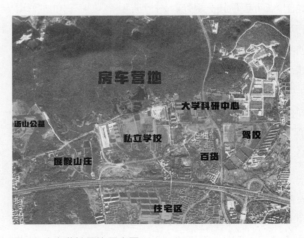

图4 房车营地周边示意图
（来源：作者改绘百度卫星地图）

综合而言，该处房车营地位置基本符合隔离点标准中对选址的要求，适合作为城市疫情发生时的临时隔离点。

2.3 平面布局

1. 洁污分区

隔离点标准中对平面布局要求进行功能分区，包括清洁区、半污染区和污染区（图5）。清洁区是工作人员的一般活动区域及洁净品库房；半污染区为医务人员进行相关诊疗的工作辅助区域，位于清洁区和污染区之间；污染区是隔离观察者起居及活动治疗诊断限制在此区域，还包括了卫生间、污物间、洗消间等此处病毒浓度较高。隔离区医护人员必须按三级防护要求进入，戴N95口罩，穿防护服、隔离服、隔离鞋、戴手套、防护眼镜等[4]。

图5 房车营地转换隔离区洁污分区图（来源：作者自绘）

2. 污物处理

标准中对于污物有严格的处理规定，主要要求垃圾统一回收处理，并且对垃圾袋和垃圾箱进行消毒，尤其针对排泄物和医疗垃圾需更加严格消毒。整个场地出入口应不少于两处，附近应设有救护车冲洗消毒的场地。房车营地具有独立的院落，每个院落配备单独的垃圾箱便于垃圾分类和消毒，避免了由于垃圾而造成的病毒传染。该处房车营地具备两个出入口以及车辆冲洗消毒的场地。污水废水需经过消毒处理，达到环保部门要求才可排放[5]。

3. 通风系统

标准中对于通风系统的要求主要是针对建筑中的中央空调进行规定，主要目的是防止中央空调将各个屋内空气流通造成传染，确保每个房间是独立通风，同时做好空调的防护与消毒。而房车营地的房车是独立的单元住宿体，同时空调均为独立外挂空调，非中央空调不存在因空调造成的二次传染。

3 后防疫时代隔离特点

3.1 隔离期间需求调查问卷

后防疫时代下根据被隔离人群特点发放网络问卷调查，共获得171份有效问卷。其中有84名被访者表示愿意在房车中度过集中隔离占被访问者的49.12%；WIFI、三餐、系数功能和居住环境均在70%以上，证明被隔离者十分看重以上思想；43.86%的人表示需要集中隔离期间室外活动；64.91%受访者表示需要在集中隔离期间周围环境是安静的；集中隔离期间对于洗澡需要和非常需要的人共占90%；共85%的受访者表示他们需要或者非常需要隔离期间洗衣服；91%的受访者表示在隔离期间需要或者非常需要一定的私密空间；在价格方面56%的人能接收300元每晚的定价，34.5%接受300~500元每晚定价，少数人能接收500元以上的价格；在隔离期间的室外环境中，希望居住在湖边或独立院落的人较多。

3.2 后防疫时代下隔离特点

后防疫时代下隔离者特点数量少、境外为主、需求高；隔离地点医护充足、数量充沛、品质提升。隔离人员主要以境外回国人员为主，该群体人员对生活要求较高，境外进入人员数量增加较为稳定，这些因素对隔离地点有了新的要求。后防疫时代下需隔离人员人数远低于疫情期间人数，同时对于医疗设施和医护人员的数量需求也随之降低。随着场地、人员、设施的短缺程度的降低，隔离者对于集中隔离地点的生活环境、体育娱乐、医疗服务都有了更高的水准要求。

4 房车营地转换隔离点优势

4.1 居住空间私密性强

相比于方舱医院而言，房车营地具有更好的私密性，每个人或家庭单独生活在一辆房车内，隔离者拥有独立的生活空间，在用户调研中显示隔离者对洗澡需求大过八成，对于洗衣服功能而言大于六成，这两项功能是方舱医院集中隔离时无法满足的功能，房车营地隔离对此功能进行弥补和完善。

相较于一般酒店进行隔离，房车酒店隔离一方面可以为隔离者提供设施完备、舒适的居住环境和独立室外空间；另一方面，房车酒店更贴近自然，空间不封闭，不会给隔离者带来精神上的压抑，有效缓解长期隔离的枯燥、紧张和焦虑。

4.2　室外活动空间独立

在集中隔离过程中，无论是方舱医院还是酒店隔离点都不允许人员进行室外活动，对于体育改造的方舱医院来说，隔离者可以进行一些体育锻炼和床位到洗漱位置的走动；对于酒店集中隔离来讲，隔离者只能在房间内小幅度运动。通过调查问卷可知，43.86%的人表示需要集中隔离期间室外活动。由此可见一般的集中隔离场所无法满足集中隔离人员需要室外活动的要求。对于房车营地而言，一般的自行式房车营位相对开阔，包括房车停靠区及室外生活区，且营位与营位之间会有灌木丛相隔。对于院落式房车住宿，居于更大的房车车型、更大的室外生活区和完备的娱乐设施。院落与院落之间的围墙有效防止了飞沫传播，室外的流通空气有效防止了气溶胶的形成。院落是相对安全且独立的生活空间对比传统隔离点更加舒适的隔离场所。

4.3　分区明确

房车营地本身就分为接待区、配套服务区、游客休闲区及住宿体验区；传染病防控分三区（清洁区、半污染区、污染区）三流线（病人流线、医生流线、物品流线）[6]。房车营地改造分区只需增加弹性缓冲区即可满足"三区三通道"的传染病房设计要求，极大缩减了疫情期间转化隔离点的改造时间，缓解集中隔离场所不足的问题。

4.4　房车机动性

拖挂式房车作为营地房车的主要使用车型，具有机动性强、依赖性弱、空间大等特点。主要表现在日常居住使用过程中，可脱离牵引车接入水电后几乎可以与正常房屋功能保持一致；需要转移居住地时，挂入牵引车可随时移动。在疫情隔离期的观察期期间拖挂式房车可以作为生活单元进行隔离观察使用，当出现特殊症状患者可以在不转移其他车辆的情况下，直

接将患者送到指定医院进行医学隔离，可以避免疑似病例在送到医院过程中增加更多的接触者，避免了二次交叉感染。

5　改造优化建议

5.1　污染区升高院落隔墙

通过调查问卷可知，43.86%的人表示需要集中隔离期间室外活动。证明大多数人还是在隔离期间需要室外活动，院落之间的绿色植物隔离过矮的情况下会造成飞沫传播（图5），增加院墙植物高度至2米，超过一般人群身高可有效防止飞沫的传播，有效阻断了两个相邻院落之间因飞沫传播导致病毒传染。与此同时2米的院墙植物也可以提高各个庭院的隐私性，使得每个院落的被隔离者有更加自由且私密的独立空间，提升隔离期间的生活舒适度。

5.2　半污染区完善防护措施

半污染区主要处在配套服务用房区域，房车营地服务用房在一般营业期间主要特点是通畅且便于到达住宿区和休闲区。在疫情应急情况下应提高各个区域间的缓冲区域隔离标准，主要是降低被隔离到达半污染区自由通过性，其次是增加医护人员通过增加半污染区的消毒手段，使得半污染区不会受到污染区的直接影响，同时半污染区的防护与消毒等级也影响着清洁区安全。增加半污染区的隔离手段和消毒措施可以有效阻隔污染区病毒，保证清洁区的安全。

6　结语

房车营地作为平时休闲娱乐户外场所，可以作为营业性场所对外开放，疫情应急期间可以迅速转化为营地隔离集中观察点，可作为方舱医院的补充与丰富。从形式上丰富了疫情隔离点的种类，数量上缓解了收治观察对象的压力。宽阔的庭院和合理的原始分区都为房车营地功能转化为疫情隔离点提供了有利条件，使得隔离者在漫长隔离期间度过居家隔离般悠闲的生活。在未来的房车营地建设过程中应加入应急情况下作为集中隔离点的功能转换设计，在设计初期引入功能转换概念，遵循后防疫时代房车营地设计原

则，减少后期功能转换复杂性。

参考文献

[1] 中华人民共和国国家卫生健康委员会. 关于修订新型冠状病毒肺炎英文命名事宜的通知[EB/OL]. （2020-02-22）[2020-02-25].

[2] 中华人民共和国国家卫生健康委员会办公厅，国家中医药管理局办公室. 新型冠状病毒肺炎防控方案（试行第五版）[EB/OL]. （2020-02-21）[2020-02-22].

[3] 张斯粤. 这很新西兰脑洞大开新西兰500辆房车一夜建成方舱医院. 21世纪房车网. 2020-03-27. https://www. 21rv. com/mobile/html/2020/03/27/968342. html.

[4] 赵芳芳，李丽，常杰，祁智，周国斌，陈丽珊，柴明珍，王谨，杨莹，程亚庆，许开云. 新型冠状病毒肺炎隔离病房快速改造实践探索[J]. 解放军护理杂志，2020，37（02）：13-15+17.

[5] 金羽灵. 当代传染病医院建筑功能空间设计研究[D]. 哈尔滨：哈尔滨工业大学，2019.

[6] 邵征，肖丰银. 应急工程中装配式钢结构箱式房的设计建造浅析——以宿州市埇桥区新冠肺炎医学医疗集中隔离点为例[J]. 建筑与文化，2020（04）：12-21.

浅谈援外项目的当地适应性设计策略
——以西非某国政府办公楼项目为例

戴锦晓

作者单位
中国航空规划设计研究总院有限公司

摘要： 近年来，众多援外项目建成对我国建筑行业走出国门、提升国际影响力起到举足轻重的作用。随着世界一体化进程的发展、我国建筑设计能力的突飞猛进，援外项目的设计水平也受到了新的挑战。如何做到不生搬硬套国内设计语言、使建筑适应当地环境是评价一个项目优劣最重要的标准之一。本文以援西非某国政府办公楼项目为例，浅谈在援外项目设计中针对当地适应性设计问题的部分思考。

关键词： 援外项目；西非国家；当地适应性；应对措施

Abstract: In recent years, the completion of foreign aid projects has played an important role in promoting the international influence of China's construction industry.With the development of the world integration process and the rapid development of China's architectural design ability, the design level of foreign aid projects is also facing new challenges.One of the most important criteria for evaluating a project is how to avoid mechanically copying the domestic design language and make the building adapt to the local environment.Taking a government office building project in West Africa as an example, this paper discusses some thoughts on local adaptive design in foreign aid project design.

Keywords: Foreign Aid Projects; West African Countries; Local Adaptability; Coping Strategies

1 序言

我国对外援助的历史从20世纪50年代便已开始，进入21世纪后，随着我国综合国力的提升，对外援助工作也有了进一步发展。近些年，伴随经济和文化全球化发展，"一带一路"政策的进一步落实，我国建筑行业走出国门也迎来了新的契机。从我国对外发展战略的角度看，援外项目是提升我国国家形象，进一步增强国家软实力的需求，是践行国际社会责任，推进国家关系的切实需要。随着越来越多海外工程的落地，我国的设计理念、技术规范也顺其自然地走出国门，建筑领域的国际影响力进一步提升，海外项目的开展也增进了建筑文化全球化进程，促进了国家之间建筑文化的交流与融合。

与此同时，需要引起重视的是，目前我国所承接的海外项目，特别是援外项目，绝大多数位于亚非拉美等经济文化相对落后的国家，这些国家中，许多缺乏本土化的近现代建筑文脉传承，甚至没有成体系的

建筑规范可循，在这样的项目土壤中，如果没有深入的思考和研究，生搬国内设计语言，极易形成强势国家对弱势国家的建筑文化入侵，这样的建筑难以融入项目环境，也无法以更具亲和力的形式赢得受援国家的信任和尊重。近些年，科学技术的突飞猛进也进一步开阔了受援国家人民的视野，对援外项目的品质也有了进一步的要求。

对于一个优秀的建筑设计项目来说，首先应该做到的便是充分根植于项目土壤，融入所处环境的自然、人文、建筑氛围，援外项目也必应有此要求；此外，不盛气凌人地建造一个凌驾于其本土文化之上的建筑，也是我国对援外项目的设计要求，更是我国传统文化中谦逊内敛、兼容并包特质的体现。

综上所述，伴随援外项目的日益增多，国内外各方面对援外项目设计质量要求也在进一步提高，如何做到援外项目的当地适应性更是项目首先需要解决的问题之一。在此，结合笔者主创的援西非某国政府办公楼项目，浅谈一下自己在此方面的心得体会。

2 项目当地特点分析

援西非某国政府办公楼项目位于该国首都。该国位于非洲西北部，北纬15°~17°，西经5°~7°之间。西邻大西洋，东部深入撒哈拉沙漠腹地，属热带沙漠性气候。伊斯兰文化是该国最为重要的民族文化，全国约96%的居民信奉伊斯兰教，宗教文化深切地影响着其政治、经济、艺术等方方面面。1986年该国被联合国定为世界最不发达国家之一。根据世界银行2013年标准，人均GDP为1035~4085美元，为中等偏下收入国家（图1）。

该国首都干旱少雨且多风。9月为最热的月份，白天气温约29.4~38.5℃，夜晚气温平均介于20.1~26.7℃，极端气温47℃；11月至次年4月份为冷季，12月至1月为最冷的月份，白天气温约23.5~31.9℃。年降雨天数2至19天，年降水量远小于蒸发量。

项目总建筑面积约3000平方米，地上1层无地下室，包含会议厅、办公、餐厅三个主要功能，地块用地面积约10700平方米。项目体量虽不大，却是该国重要部委的一处办公场所，深受该国政府重视，不管是从项目本身的建筑性质还是该国政府感情出发，项目都应具有一定的标志性及庄严性（图2）。

综上所述，可将本项目的当地特点归结为以下几项：该国具有较为强烈的宗教文化氛围，本国民众对本土文化认同感较强；该国建筑具有比较鲜明的当地特色；项目所处自然环境相对较为恶劣，与我国存在较大差别；该国经济相对落后，设施设备维护能力较低。针对以上几点，项目的设计应加以充分思考并予以回应。

3 当地适应性应对措施

本文已对援外项目当地适应性设计的第一步——

图1 努瓦克肖特城市风光（来源：网络）

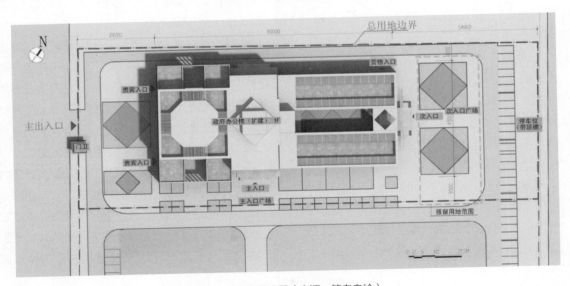

图2 项目总平面图（来源：笔者自绘）

项目所处环境特点归纳做出简要说明,本章节将从项目的造型、自然环境应对措施、特殊功能应对措施三个方面浅谈设计中针对上述特点的应对策略。

3.1 造型设计应对

造型语言基于一个建筑的气质塑造起着举足轻重之功效,其给人视觉感官的第一印象无疑直接影响着使用者对其直接的评价,也是对地方宗教文化和建筑环境特色的主要回应手段。

本项目的难点首先表现为如何在有限的项目造价下恰如其分地表达项目的地域性文化内涵,其次为较小的建筑体量与其政府办公建筑标志性、庄严性之间的矛盾,设计通过对立面色彩、当地性元素运用以及整体设计策略的把握等几个方面化解矛盾。

1. 立面色彩

该国首都当地建筑外墙普遍采用以暖黄、浅灰为主的涂料,涂料表面处理一般为平涂或压花。公共建筑大面积玻璃幕墙建筑基本少见,基本为伊斯兰风格或结合伊斯兰风格的现代建筑为主。

本项目立面选择深浅两种淡黄色涂料,力求色彩稳重大气,庄重典雅。建筑色彩及质感的选择首先能够与周边环境中其他建筑协调,也符合国家机关办公建筑的功能气质。

在建筑色彩协调的基础上,设计注重立面细节

刻画。在重点部位结合造型加入伊斯兰纹样,纹样与立面开洞、凹凸关系配合运用,使建筑远观古朴大气富于韵律,近看又细节丰富精致典雅。压花纹样来源于伊斯兰传统纹样,又进行了适当简化,以圆形及三角进行组合提炼,方便施工。具体施工做法上,在主入口大厅外墙、南北立面竖向长窗上部采用真石漆压印花饰,在主入口玻璃门窗上部镶挂GRC装饰构件(图3)。

2. 当地建筑立面元素运用

拱券是伊斯兰建筑中最为经典的建筑元素。其各种简化后的立面语言也常出现在当代世界各地的伊斯兰文化氛围下的建筑中,如何镜堂院士设计的大厂民族宫及贝聿铭先生设计的伊斯兰艺术博物馆等项目中都有很好的表达。

在该国首都,无论传统的教堂还是现在的城市公共建筑、民居都有大量的拱券语言存在,拱券语言在空间文化氛围的塑造上起着举足轻重的作用。本项目中以当地清真寺的尖券高宽比例为原型,将其拱券的线条和造型进行适当简化,在项目的主入口、内庭院走廊两侧等部位加以运用,烘托了在伊斯兰文化氛围下的特有气质(图4)。

受当地气候的影响,该国首都的城市建筑一般开窗都较小。在呼应当地开窗特点的同时,考虑到项目办公及会议功能的实际需求,项目在主要功能房间适

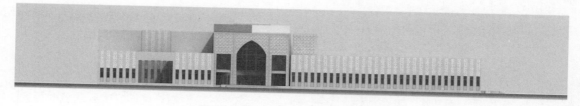

图3 建筑南立面(来源:笔者自绘)

图4 主入口及内庭院效果(来源:笔者自绘)

当调整开窗尺度，采取竖向条窗的形式。结合立面涂料色彩，在造型上通过明暗色彩配合将开窗位置上下贯通，进一步加强开窗位置视觉上的狭长感，另外，

结合外墙双层中空设计，增加开窗进深，使外窗内凹，从非正面角度观察时，进一步缩小开窗的视觉大小（图5）。

图5　竖向条窗的运用（来源：笔者自绘）

建筑的主入口大厅上部采用方形旋转、层层递进的造型语言。该造型抽象于伊斯兰建筑的穹顶造型，呼应文化氛围的同时使立面整体高低错落更富有节奏感，将建筑的标志性进一步增强。从室内看，正方形的扭转自然形成的菱形元素与拱券造型呼应，中间提高的空间强化了大厅的对称性和仪式感，阳光从花窗透过斑驳地洒在地面上韵味十足（图6）。

图6　主入口大厅效果（来源：笔者自绘）

3. 整体造型策略

前文中提到，本项目建筑面积仅3000平方米，建筑高度仅为一层，如何将相对较小的体量做出政府办公建筑的气势也是项目需要解决的一个难点。本项目立面设计采取拉长建筑东西向体量、设计语言统一化两个应对措施。首先，设计梳理项目功能，将平面设计为东西展开的组织形式，以中部入口大厅为轴

线，会议和办公、餐厅分列东西两侧，提高大厅层高，形成中部高两侧低的三段式语言，并将建筑的整体造型调整为横向舒展的比例形式。其后，将功能体块适当归拢，通过连梁等设计手法减少各段立面进退关系，南北主立面高度左右一致，使建筑更加沉稳大气。最后，减少建筑立面语言种类，采用统一的细部处理方式，使建筑既有丰富的细节，又能够做到大气统一（图7）。

该国首都低矮建筑较多，高大建筑屈指可数。项目的立面整体设计手法既能更好地融入环境、不盛气凌人，又良好地表达了建筑的肃穆感。

3.2　气候环境应对

气候的应对措施直接影响到建筑使用者的舒适性，援外建筑所处的自然环境往往与国内建筑存在较大差异。在建筑设备选择过程中，项目往往受当地人员管理、设备维护水平的限制。同时，存在维修资金不充裕，一旦损坏，直接闲置的现象，因此设计中往往不会选用使用成本高、机械复杂的设备。这种前提下，如何合理运用被动性建筑措施尤为重要。

该国首都处于热带沙漠性气候中，常年高温少雨，具有较强的盐蚀及白蚁侵害。

1. 整体策略

整体布局上，本项目力求整个建筑各区域主要房间均具备自然采光和通风的条件。在办公和餐厅区

图 7 项目人视效果图（来源：笔者自绘）

设置内庭院，适当降低内庭院的开间尺度，将庭院的整体比例调整为狭长竖高的形式，减少庭院内部的阳光直射，庭院两侧设置柱廊用以放大活动区域开间尺寸，令使用者不因空间的狭长而感到压抑，柱廊结合庭院景观所创造的半室外场所为使用者提供休憩场所，改善建筑的微环境。

由于当地光照强烈，当地建筑或采用较小尺寸的外窗，难以取得良好的采光条件，或正常开窗，在白天日照强烈时将室内窗帘拉上开灯办公，不利于节能。本项目在门窗设计上，根据其位置不同采取两种形式：建筑外围，结合双层中空墙体采用竖向深窗的形式，保证水平和竖直方向的遮阳效果；朝向内庭院的外窗均布置于外廊下，依靠外廊遮阳，力求使用者满足遮阳需求的同时拥有较好的自然采光条件。建筑全部门窗均采用可开启断桥铝合金中空玻璃门窗（图8）。

（空气）+100混凝土小型空心砌块双墙，加厚的双墙及中间的空气间层有效阻挡强烈的日照引起室内温度升高，窗户采用断桥铝合金中空玻璃窗（5+9A+5），利于隔热。

主要功能房间屋面均采用架空隔热屋面，具体做法如下：平屋面采用3+3厚APP改性沥青防水卷材，40厚细石混凝土刚性防水层，在混凝土刚性防水屋面上方做一层混凝土预制板架空屋面形成空气间层，有效隔热（图9）。

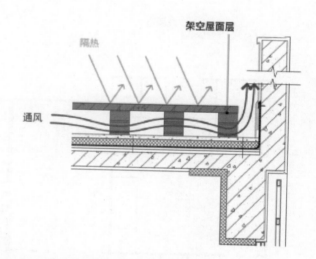

图 9 架空屋面示意图（来源：笔者自绘）

当地的风沙、海洋性环境对建筑物的表层剥蚀严重，本项目室外不采用任何钢材料构件。当地白蚁侵害较为严重，项目在地面设置防水层，避免地面垫层下填土潮湿，使白蚁不宜在地面下浅层中营巢、繁殖、蔓延；屋面采用外排水，避免排水管道与木结构接触，以防木结构受潮，引发白蚁孳生；厨房、卫生间等易湿区，尽可能减少木结构的使用，保持屋内通

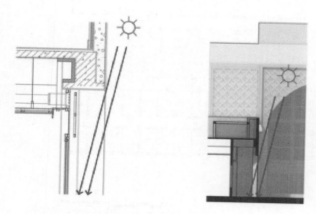

图 8 外窗遮阳意向分析（来源：笔者自绘）

2. 细部构造

在细部构造上，外墙地上部分主体采用150+50

风透光、干燥，避免管道堵塞；室内装饰减少木构件的使用，对于插入墙体的木桁条、门框、窗框，采用水泥预制件在底部垫起，减少白蚁从底部缝隙上直接蛀蚀木材造成危害。

3.3 特殊功能应对

该国当地的人种及生活工作习惯与我国存在较大差异，这些差异造成了设计尺度和实际功能上的区别，设计针对项目的实际需求，在功能上主要进行了以下处理。

该国约96%的居民信奉伊斯兰教，宗教活动已经融入项目使用者工作生活的方方面面，当地穆斯林每天要进行5次祈祷仪式，因此本项目在建筑内设置专用祈祷室，此外，考虑到使用者祈祷前净身需求，设计在进入祈祷室前布置了洗漱空间。

按项目需求，项目的餐厅应满足200人同时进餐，其规模在75~250座之内，应定义为中型餐厅，其厨房及辅助区域应占餐厅总面积约四分之一，用餐空间应占餐厅总面积的二分之一左右，考虑到当地穆斯林工作中饮食较为清淡，常以冷餐为主，设计适当

缩小餐厅厨房及辅助用房面积，其比例调整为餐厅总面积的五分之一（图10）。

当地人身材普遍较为高大，在卫生间设计中，将内开式大便器隔间的国内惯用尺寸900毫米×1500毫米调整为1200毫米×1600毫米，并根据当地习惯设置坐式马桶，马桶旁设手持式洁身器，不设厕纸；小便器间距由800毫米调整为850毫米；洗脸盆间距由700毫米调整为900毫米；各洁具之间的通道尺寸也在国内常用数据基础上进行扩大处理。会议厅两排桌子之间排距1350毫米，座位间距600毫米。同时，餐厅及办公区的桌椅尺寸、间距也进行了适量的扩大化设计。

4 结语

"……建筑应该属于那片土地而不是自己，为建筑寻找适合那片土地的特色，而不是追求个人的特色……"——崔愷《本土设计——以土为本的理性主义创作策略》。

同样，一个优秀的援外项目也应该属于其使用国

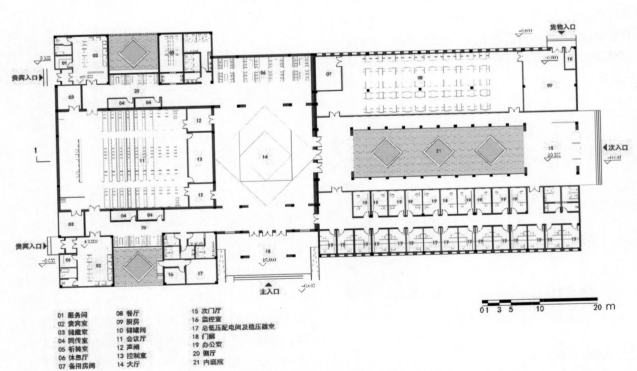

01 服务间	08 餐厅	15 次门厅
02 贵宾室	09 厨房	16 监控室
03 储藏室	10 储罐间	17 总低压配电间及稳压器室
04 同传室	11 会议厅	18 门廊
05 祈祷室	12 声桥	19 办公室
06 休息厅	13 控制室	20 侧厅
07 备用房间	14 大厅	21 内庭院

图10　建筑方案一层平面图（来源：笔者自绘）

的土地，在兼顾中国援助特色的基础上，更要为建筑寻找到适合那片土地的特色。援外建筑的当地适应性设计应该更加全面地思索切入，方案创作时应充分考虑受援国的文化、气候、特殊生活工作习惯、设备维护能力等各个方面。只有经过深入思考，切实从受援国国情出发，才能做出一个建筑学层面的优秀设计，方便受援国使用，进而赢得受援国尊重，达到援助项目的建设目的。

参考文献

[1] 郝杰. 中国境外建设项目建筑设计策略研究——以格鲁吉亚. 第比利斯青奥村项目为例[D]. 北京：北京建筑大学，2017.

[2] 任力之，张丽，萍吴杰. 矗立非洲 非盟会议中心设计[J]. 时代建筑，2012（03）.

[3] 窦志. 架起友谊之桥：BIAD第七设计所援外设计回顾[J]. 建筑创作，2010（04）.

[4] 薛求理，丁光辉，常威，张璐嘉. 援外建筑 中国设计院在海外的历程[J]. 时代建筑，2018（05）.

[5] 范路，孙凌波. 访谈：中国建筑师的境外实践[J]. 世界建筑，2015（01）.

[6] 胡志强. 浅谈建筑本土化与国际化的协调发展[J]. 沿海企业与科技，2005（07）.

[7] 董振侠. 援外建筑设计——援老挝国际会议中心项目设计漫记[J]. 建筑知识，2013（03）.

[8] 宋建华. 援外工程建筑设计有感[J]. 安徽建筑，2019（09）.

[9] 江叶帆. 援外建筑本土化的设计表达[D]. 长沙：湖南大学 2013.

[10] 崔愷. 本土设计[M]. 北京：清华大学出版社，2008.12.

从开敞空间到私人花园
——乔治时代伦敦广场中央空间的再生产

蔡思雨　李鹤飞

作者单位
中国建筑西北设计研究院有限公司

摘要： 伦敦广场的中央花园是英国对欧洲城镇设计与城市形态发展的独特贡献。在乔治时代，广场中央从开敞空间转变为广场居民的私人花园，直到维多利亚时代中晚期，一些广场的中央花园才重新向大众开放。在此过程中，精英阶层的文化扮演着重要的角色。精英阶层将广场中央看作自己的文化领地，并在此进行空间的再生产。因此，广场中央负载了精英阶层的文化资本，并以特有的方式表达了文化等级区隔特质。

关键词： 乔治时代；广场；花园；精英文化；区隔

Abstract: The central garden of the London square is a unique landscape in Europe, contributing a lot to the Europe's city planning.In the Georgian era, the London square witnessed a gradual transition from the public space to the private garden. Some enclosed gardens were re-opened until the end of the Victorian era.The elite culture played a critical role in the historical process.Elites perceived the central of the square as an important part of their culture and made constructions of the space, demonstrating the distinction of their own culture.

Keywords: Georgian Era; Square; Garden; The Elite Culture; Distinction

乔治时代[①]（Georgian era）伦敦广场花园营造在整个欧洲都是独一无二的，贵族率先把自然景观引入城市广场中，进行空间的再生产，并由此出现了第一批现代意义上的公园，可谓是英国在城市规划领域的创举。

然而，伦敦广场花园的诞生并不能仅从建筑艺术与纯粹审美的角度来解释，[②]对这一现象的探讨不能与英国当时的社会与文化背景割裂开来。本研究着眼于自乔治时代起伦敦广场中央空间的演变，探讨隐藏在其后精英文化资本的社会巫术，揭示了空间与权力的内在关系。

1 伦敦广场的兴起：公用地传统的延续

广场，这一欧洲大陆城市建筑的重要组成部分，不仅凭借其宏大的建筑而闻名于世，其极具开敞性和公共性的风格也使其别具一格。[③]而在欧洲大陆已流行千年的城市广场，直到17世纪才蔓延到英国。可以说，伦敦广场的兴起既不是偶然的，也不是平静的。英国君主打造伦敦面貌的野心、贵族通过房地产业获利的欲求，以及伦敦市民在维护其公用地权利方面的努力，都在广场出现的过程中起到了不可忽视的作用。[④]詹姆斯一世和查理一世要求，贵族若要开发公用地，必须留出一片供市民活动的开敞空间。[⑤]而集

---

① 乔治时代指英国国王乔治一世至乔治四世在位时间，1714~1830年。
② Henry W. Lawrence的The Greening of the Squares of London: Transformation of Urban Landscapes and Ideals探讨了伦敦广场中央花园风景所体现的英国人的审美趣味；John Summerson的Georgian London (New Haven and London: Yale University Press, 2003)和Architecture in Britain, 1530 to 1830 (New Haven and London: Yale University Press, 2003）都对伦敦广场做了考察，虽然他指出应该从建筑艺术与审美的角度来理解建筑空间的社会用途，但他主要关注的是广场住宅的建筑风格与结构，在广场花园上下笔墨很少；Todd Longstaffe-Gowan的The London Square: Gardens in the Midst of Town (New Haven and London: Yale University Press, 2012) 详细介绍了伦敦广场中央从建立之初到现今的演变。他联系当时的社会实际，重点关注了广场中央形态的演变与人们在其中的各种活动。
③ 蔡永洁.城市广场[M]. 南京：东南大学出版社，2006：50.
④ Todd Longstaffe-Gowan, The London Square: Gardens in the Midst of Town[M]. New Haven and London: Yale University Press, 2012：17.
⑤ 同上，17页。

宏大与开敞性于一体的欧洲大陆广场则正好满足了君主、贵族、市民三方面的要求。在这一背景下，居住型广场在伦敦兴起。最初建成的广场中央都继承了英国公用地传统，是一处任何人都可以进入的公共开敞空间。

英国第一座广场是由第四代贝德福德伯爵——弗朗西斯·拉塞尔投资建成的，即考文特花园（Covent Garden）。他任用伊尼戈·琼斯为建筑设计师，在这片土地上实践他的建筑与文化理念。伊尼戈·琼斯是一位深受意大利文艺复兴建筑风格影响的建筑师。他借鉴欧洲大陆广场风格，特别是法国和西班牙广场，设计了考文特花园，为英国广场建筑提供了模版。考文特花园整个呈长方形展开，其北侧和东侧都筑有房屋，西侧则是圣彼得教堂。房屋与教堂的建筑风格都借鉴了欧洲大陆的帕拉迪奥风格。广场中央铺有石子，用木质的篱笆围住，保持着开敞。人们可以在这片土地上进行传统的活动，如娱乐活动。到1654年，广场中央甚至建立起了市集。①

另一座在此时期发展起来的广场就是林肯会馆（Lincoln's Inn），其中央空地也保持着开敞状态，当地居民可以自由进入。②

虽然广场从17世纪30年代起就已经在伦敦兴起，但直到斯图亚特王朝复辟时期，在伦敦西区迅速发展的情形下，广场的建设热潮才开始来临。③布鲁姆斯伯里广场和圣詹姆斯广场就是在这个时期建成的，其中央都只是铺着石子，与考文特花园相仿。④

广场中央开敞空间是在平衡伦敦当时各方利益的情形下建成的，是本国古老传统与外来建筑风格结合的产物。然而，这一建筑模式并不是完美的。它的出现并没有根本解决公共与私人空间之争。由于大众的长期侵入，广场中央空间无法满足广场居民的需求，二者的冲突在乔治时代逐渐加深。⑤

2 精英文化资本与18世纪伦敦广场中央圈地

光荣革命后，随着伦敦社交季的定期性与长期性趋势，⑥越来越多的贵族、乡绅迁移至西区。在他们看来，那是居住、消费、娱乐的最佳之地。⑦西区这些新兴的专为中上层阶级设计的具有高雅品位的广场自然成为他们的理想居所。⑧

然而，这一精英阶层的领地由于保有了开敞性特征，成为大众活动的长期场地。诸如考文特花园、林肯会馆的居民向议会抱怨，广场中央成为"邪恶的、不规矩之人的常临之地。他们在此做苟且之事，如玩非法游戏等，并且引诱一些年轻人变得懒惰、粗俗，流浪汉、乞丐等底层人群也常来此地。"⑨

广场居民将大众行为看成是粗俗的、邪恶的、不规矩的。与此相比，他们自己则是高雅的、规矩的。他们将自己与大众所做的鲜明区分，促使他们愈加不能忍受这些粗俗大众入侵自己的高雅领地。然而，若考察先前几个世纪精英的行为，就会发现他们并未如此强烈地排斥大众。甚至在16世纪，他们还在节日中参与大众文化，融入大众。而这一时期精英自身所形成的强烈的"高雅"意识，则是自16世纪以来精英阶层"文雅化"的结果。特别是自17世纪末，这一趋势加速，并最终在精英阶层内部形成了"文雅社会"，逐渐积累形成了文化资本。

在文雅化的潮流下，精英阶层由于自小受到"文雅"的浸润，已将这一客观条件内化了。他们将自己等同于"文雅"，而在下层人民身上贴上"粗俗"的标签。在这里，这一后天获致的文化资本扮演了等级

① Todd Longstaffe-Gowan, *The London Square: Gardens in the Midst of Town*[M]. New Haven and London: Yale University Press, 2012: 29.
② A. E. J. Morris, *History of Urban Form: Before the Industrial Revolution*[M]. Essex: Prentice Hall,1994: 253-254.
③ Peter Borsay, *The English Urban Renaissance: Culture and Society in The Provincial Town 1660-1770*[M]. New York: Oxford University Press, 2002: 75.
④ Roy Porter, *London: A Social History*[M]. London: Penguin Books, 2000: 128.
⑤ 同上，41页。
⑥ F. M. L Thompson（eds.）, *The Cambridge Social History of Britain, 1750-1950*[M]. Volume1, Regions and Communities, Cambridge: Cambridge University Press, 1990: 16.
⑦ Roy Porter, *London: A Social History*[M].115-116.
⑧ Guy Miege, "Present State of Great Britain" in Todd Longstaffe-Gowan, The London Square: Gardens in the Midst of Town[M]. New Haven and London: Yale University Press, 2012: 43.
⑨ Sexby J. J. 1898, "The Municipal Parks, Gardens, and Open Spaces of London: Their History and Associations" London: Elliott Stock, p.500 in Henry W. Lawrence, "The Greening of the Squares of London: Transformation of Urban Landscapes and Ideals"[J]. Annals of the Association of American Geographers, Vol. 83, No. 1 (Mar.,1993): 99.

区隔者的角色。可以说，精英阶层正是为了与大众相"区隔"，才从普通人聚居的东区迁移到了高雅时尚的西区。他们希望在此追求自己的独特文化趣味。

城市建筑也被裹挟进文雅化的潮流中。17世纪中叶兴起了由伦敦引领的几乎弥漫英国所有城市的城市文艺复兴（the Urban Renaissance）。受意大利文艺复兴影响，其主要特点就是对城市景观的革新。城市的外在形态不仅能体现城市居民的地位与财富，还传达了他们的文化与社会想象。受意大利文艺复兴影响，城市文艺复兴更多着力于发展公园、花园、排屋、广场与小街，[1]并且提倡采用对称统一的古典建筑模式。

由此，广场这一对称统一，集古典建筑风格为一体的建筑模式博得了精英阶层的青睐，成为高雅文化的符号。而长期受大众侵入的广场中央开敞空间，作为广场的重要组成部分，自然成为广场居民眼中的毒瘤。在他们看来，大众在广场中央的长期活动严重影响了广场的形象。从两则于18世纪颁布的广场中央圈地法案可以看出广场居民的圈地意图。1726年议会颁布的圣詹姆士广场圈地法案和1766年的伯克利广场圈地法案都明确写道，"此法案的颁布是要圈住广场中央，装饰与美化广场，以延续其荣光。"[2]

18世纪初期，居民对广场环境的不满萦绕在布鲁姆斯伯里广场、林肯律师学院、莱斯特广场的开敞空间上。理查德·格罗夫纳爵士在察觉到这些情况之后，在从1725年开始建立格罗夫纳广场起就注意吸取先前广场的教训。[3]他认识到，封闭的花园不仅可以为广场增彩，还可以在一定程度上阻隔粗俗的大众。[4]在他的兴建计划中，一个占地8英亩的花园坐落在广场中央，只有持有钥匙的广场居民才可以进入。花园中央伫立着塑像，其周围按几何形规整地分布了16块绿地，由宽阔的人行道分隔，并种植着修剪整齐的植物。围栏将花园完全圈住，只有通过四扇大门才可以进入广场。

格罗夫纳广场一举成为伦敦当时几乎最时髦的居所，权贵们都心向往之（图1）。圣詹姆斯广场的

图1 格罗夫纳广场

（来源：Anon.*Grosvenor Square*，c.1754，London Metropolitan Archives，http://collage.cityoflondon.gov.uk/collage/app?service=external/Item&sp=ZGrosvenor+square&sp=18758&sp=X，showing the view of Grosvenor Square，Westminster with a street scene；including horse-drawn carriages，sedans and figures.）

① Frank O'Gorman, The Long Eighteenth century: British Political and Social History 1688-1832[M]. London: The Arnold History of Britain, 1997: 117.

② "A Bill to Enable the Prefent and Future Inhabitants of the Eaft, North, and Weft Sides or Lines of St. James's Square, to Make A Rate on Themfelves, for Raifing Money Fufficient to Clean, Adorn and Beautify the Faid Square, and to continue the fame in Repair" [Z]. Great Britain Parliament, 1726, p.2; "An Act For Inclofing, Paving, Cleafing, Lighting, and Adorning Berkeley Square, in the Parish of Saint George Hanover Square, in the County of Middlefex" [Z]. Great Britain Parliament, 1766: 2.

③ Todd Longstaffe-Gowan, The London Square: Gardens in the Midst of Town[M]. 50-51.

④ Henry W. Lawrence, "The Greening of the Squares of London: Transformation of Urban Landscapes and Ideals" [J]. 97.

居民在格罗夫纳广场富丽堂皇环境的刺激下，向议会请求圈住广场中央的开敞空间。最终，圈地法案于1726年通过，开创了广场中央开敞空间再生产的先例。[①]在其带动下，伦敦其他广场的居民也纷纷向议会申请广场中央的圈地：林肯会馆（1734）、红狮广场（1737）、卡文迪什广场（1737）、卡尔特广场（1742）、黄金广场（1750）、伯克利广场（1766）、格罗夫纳广场（1774）、侯克斯顿广场（1776）。[②]

3 花园风景与区隔的加强

广场居民将广场中央看成是自己的文化领地，他们致力于营造这个空间，以呈现他们特有的文化趣味，并且与大众相区隔。18世纪中期，虽然精英阶层所认定的"粗俗"大众已被驱逐出这一文化领地，但是广场中央的状态还远远不能达到他们文雅化的需求。因此，几乎在圈住广场的同时，广场居民就继续在这一空间进行再生产，突出表现为兴建广场中央花园。

花园的出现是这一时期精英阶层对乡村怀恋的结果。随着城市的快速发展，城市与乡村之间在各个方面的差异越来越大。"城市"与"乡村"两个词愈加意味着文化上、心理上、道德上的对立。中上层阶级更加钟爱乡村而不是城市，正如他们认为从事农业生产比商业与制造业活动要更高尚。因此，作为"乡村在城市"的理念的有力表达，广场花园的意义对于这些长期居住在广场的居民来说非比寻常。

广场花园是在英国园艺设计理念的基础上发展的。在大土地主的推动下，英国的园艺业很是繁荣，它的影响甚至蔓延至欧洲大陆。中上层阶级热衷园艺并不仅是因为它将他们带回到了乡村理想中，还因为它以古典经典为模式。园艺代表了一种盎格鲁式的古典价值观念，它强调乡村的和谐、美丽、悠闲以及一个体现着理智与品味的自然。因此，当时的精英们认为，花园的设计传达了他们的文化趣味。[③]

早期广场花园深受欧洲大陆（特别是法国和西班牙）花园风格的影响，强调严格的对称统一，偏爱水池或喷泉等元素。[④]之后在"如画"观念的影响下，广场花园景观设计也发生了明显的转变。人们将花园风景改造成符合古典风景画所营造出的自然特质。从大约1775年起，广场中花园的植被密度有了显著的变化。人们在花园中种植了诸如英国梧桐、小无花果树等更高大的树木，并不再定期修剪植物，而是任其生长。花园植被不受限制的生长不再被看作是对周围宏大、统一、规整的建筑的潜在威胁，而被认为是对建筑高雅化与精巧化的有力补充。比如，格罗夫纳广场的中央花园在1774年被重新规划，花坛中的灌木可以任意生长。[⑤]从这幅于1789年绘制的关于格罗夫纳广场的图可以看出，高大的树木已经覆盖了花园，人们几乎很难从其外部看到内部的景色。这一风格到了19世纪蔓延地更广。比如，曾经是詹姆斯·斯图尔特所推崇的开阔空间典范的圣詹姆斯广场，在1817年也开始引入大量树木。1825年，人们还在花园内种植菩提树和金莲花树。在这一时期，特别是稍大一些的广场，就像一个小公园，愈加着重向内部发展，而不再被看作一个由四周建筑物构成的开敞空间。[⑥]

广场中央花园的变化不仅是精英阶层纯粹审美的变化，还强化了文化区隔和社会区隔。[⑦]一方面，广场花园文雅化趋势的加强，使早前广场中央所承载的大众文化消失殆尽，加深了它与大众之间的文化鸿沟。另一方面，早期广场中央植被稀疏和低矮，人们几乎可以一眼饱览广场全景。然而这一视觉上的开敞性与当时精英文化所表现的愈加明显的文化区隔的趋势不相符。虽然圈住广场中央的栏杆与大门将大众阻隔在了广场居民的文化领地之外，但是路过广场的大众仍能轻易看到在广场中活动的中上层阶级。到18世纪末，居民们认为应该采取措施来从视觉上将大众区

① Todd Longstaffe-Gowan. The London Square: Gardens in the Midst of Town[M].54.
② Todd Longstaffe-Gowan. The London Square: Gardens in the Midst of Town[M].55.
③ Jeremy Black, Culture in Eighteenth-Century England[M], New York: Hambledon Continuum, 2007: 58.
④ Frank O' Gorman, The Long Eighteenth century: British Political and Social History 1688-1832[M]. 60.
⑤ Henry W. Lawrence, "The Greening of the Squares of London: Transformation of Urban Landscapes and Ideals" [J]. 101.
⑥ 同上，104页。
⑦ 张意.文化与符号权力：布尔迪厄的文化社会学导论[M].北京：中国社会科学出版社，2005: 28.

隔，以保持花园的高雅形象。[①]高大、密集的树木在广场花园的种植正好达成了居民的愿望。在这些葱郁植被的掩护下，身处外围的大众实际上是看不到广场中央的景色的。树叶在进一步加强中央花园排外性的过程中起到了重要作用。因此，只有广场居民才可以占据花园，特别是在视觉上欣赏花园景色。在这一过程中，花园偏离了其先前的社会角色，即充当人们集会的场所，并且几乎完全成为精英的私人文化公园。历史学家西蒙·雅蕾认为，广场居民从看到广场中央的无人状态中实际上得到了一种消极的快乐，这表达了当时社会分隔的观念。[②]

4 结语

正如温迪·J.达比所说："风景并不仅是一个名词，而是一个动词；风景有为，风景是文化权力的工具，是一种社会和主体身份赖以形成，阶级观念得以表述的文化实践"。[③]广场中央景观凝结了精英阶层的文化趣味。这一优雅的纯粹审美是在精英阶层文雅化的进程中所建构起来的。它通过与粗俗的大众文化趣味的彻底分离和强烈对比，"形成了雅与俗、好与坏、神圣与低劣之间的区隔"。[④]精英阶层声称粗俗大众在广场中央的活动破坏了他们高雅的广场文化环境，将大众从广场中央驱逐出去，并在之后的空间再生产过程中，将自己的文化领地完全与大众区隔。他们正是通过这一建构的符号系统将自身伪装成合法者，为统治提供合法性游说，鼓励被统治者相信既定的社会体系。[⑤]在这里，符号暴力这一软性暴力使得精英阶层在场域的博弈中取得的战利品呈现出合法表象，当社会不假思索地接受和认同这些表象时，符号暴力也就顺当地剥夺了个体对真相的思考能力。[⑥]可以说，精英阶层下意识地实施了符号暴力，而大众也下意识地接受了符号暴力。这也就是为何英国社会形成了向上看齐的各阶级的价值取向。[⑦]

随着工业化发展带来的民主化进程的加速，19世纪、20世纪大众喧嚷着进入这些原属于精英阶层的文化领地。他们所要求的进入权不仅具有政治上的含义，还具有文化上的意味。他们想要欣赏花园中的风景，体味并享受高雅的生活境界。具有讽刺意味的是，虽然大众争取到了进入权，但是在这民主成果的背后却是，大众在这一原属于精英阶层的空间中享受着原属于精英阶层的文化。原来的精英阶层虽丧失了原有的政治统治权，但他们的文雅文化资本仍然统治着英国社会。英国各阶层都向往精英阶层的品质生活，把追求闲暇、悠闲作为生活中的重要目标。虽然这促进了整个社会的"文明化"进程，但也在另一方面体现了英国社会结构并非"自由"。英国的精神领域仍然存在着金字塔式的结构。虽然各个社会阶梯上的各个阶层都有可能凭自己的努力进入高一级的阶梯，但金字塔本身的社会结构是固定的。大众即使会不满与抗议，也并不是要求改变整个社会制度，而是要求在现存制度下尽量改变自己的命运和地位。这种垂直流动的灵活性使得学者们将英国上流社会称为"开放的精英"。而英国的社会就本质而言仍是一个典型的贵族社会。[⑧]因此，伦敦广场的开放之路才走得如此艰难，并且每一步都伴随着巨大的社会争议。第二次世界大战后，许多广场在公有化的过程中向公众开放。然而，近期，广场的状况又有反弹。一些广场管理者再次打着保护广场环境的大旗，重新封闭广场中央。比如，1993年，林肯会馆再次被围上栏杆。[⑨]

参考文献

期刊文章

[1] Lawrence, Henry W., "The Greening of the Squares of London: Transformation of Urban

---

① Henry W. Lawrence, "The Greening of the Squares of London: Transformation of Urban Landscapes and Ideals" [J].106.
② Todd Longstaffe-Gowan, The London Square: Gardens in the Midst of Town[M].91.
③ 温迪·J.达比.风景与认同：英国民族与阶级地理[M].张箭飞，赵红英译.南京：译林出版社，2011: 12.
④ 张意.文化与符号权力：布尔迪厄的文化社会学导论[M].北京：中国社会科学出版社，2015: 20.
⑤ 同上，210页。
⑥ 同上，75页。
⑦ 钱乘旦，陈晓律.在传统与变革之间：英国文化模式溯源[M].南京：江苏人民出版社，2010: 326.
⑧ 钱乘旦，陈晓律.在传统与变革之间：英国文化模式溯源[M].南京：江苏人民出版社，2010: 301-302.
⑨ Todd Longstaffe-Gowan, The London Square: Gardens in the Midst of Town: 280.

Landscapes and Ideals" [J]. *Annals of the Association of American Geographers*, Vol. 83, No. 1（Mar., 1993）：90-118.

专著

[2] 张意. 文化与符号权力：布尔迪厄的文化社会学导论[M]. 北京：中国社会科学出版社，2005：28.

[3] 蔡永洁. 城市广场[M]. 南京：东南大学出版社，2006.

[4] 钱乘旦，陈晓律. 在传统与变革之间：英国文化模式溯源[M]. 南京：江苏人民出版社，2010.

[5] 温迪·J. 达比. 风景与认同：英国民族与阶级地理[M]. 张箭飞，赵红英译. 南京：译林出版社，2011.

[6] Thompson, F. M. L（eds.），*The Cambridge Social History of Britain, 1750-1950, Volume1, Regions and Communities*[M]. Cambridge: Cambridge University Press, 1990.

[7] Morris, A. E. J, *History of Urban Form: Before the Industrial Revolution*[M]. Essex: Prentice Hall, 1994.

[8] O' Gorman, Frank, *The Long Eighteenth Century: British Political and Social History 1688-1832*[M]. London: The Arnold History of Britain, 1997.

[9] Porter, Roy, London: *A Social History*[M]. London: Penguin Books, 2000.

[10] Borsay, Peter, *The English Urban Renaissance: Culture and Society in The Provincial Town 1660-1770*[M]. New York: Oxford University Press, 2002.

[11] Black, Jeremy, *Culture in Eighteenth-Century England*[M]. New York: Hambledon Continuum, 2007.

[12] Longstaffe-Gowan, Todd, *The London Square: Gardens in the Midst of Town*[M]. New Haven and London: Yale University Press, 2012.

未定义类型的文献

[13] "A Bill to Enable the Prefent and Future Inhabitants of the Eaft, North, and Weft Sides or Lines of St. James' s Square, to Make a Rate on Themfelves, for Raifing Money Fufficient to Clean, Adorn and Beautify the Faid Square, and to Continue the Fame in Repair" [Z]. *Great Britain Parliament*, 1726.

[14] "An Act For Inclofing, Paving, Cleafing, Lighting, and Adorning Berkeley Square, in the Parish of Saint George Hanover Square, in the County of Middlefex" [Z]. *Great Britain Parliament*, 1766.

[15] Ralph, James, "A Critical Review of the Publick Buildings, Statues and Ornaments In, and about London and Westminster. To Which is Prefix' d. The Dimensions of St. Peter' s Church at Rome, and St. Paul' s Cathedral at London" [Z]. *History and Geography*, 1734: 133.

[16] Stuart, James, "Critical Observations on the Buildings and Improvements of London" [Z]. *Social Science*, 1771: 70.

基于用户行为视角的商业冰场空间研究

柴颙生　刘德明

作者单位

哈尔滨工业大学建筑学院 寒地城乡人居环境科学与技术工业和信息化部重点实验室

摘要： 冬奥契机推动下，我国冰上运动产业蓬勃发展。坐落于购物中心的商业冰场在现运营的冰上运动场馆中占有重要份额。本文以北京市现有 9 家购物中心内商业冰场空间作为研究对象，通过对商业冰场用户行为进行实地调研，把握商业冰场用户空间利用类型及分布规律。研究在深入探讨行为场景与空间环境之间关系的基础上，提出商业冰场空间应秉持有机性、便捷性、舒适性、展示性的设计策略。

关键词： 用户行为；商业冰场；空间类型；行为场景；设计策略

Abstract: Following the chance of 2022 Winter Olympics, China ice-sports industry has been flourishing.The commercial ice rinks located in shopping centers occupy an important place in sports venues on the ice.Based on the field investigation of the commercial ice rinks users behaviors, the study focuses on the space of 9 open commercial ice rinks in Beijing to grasp the commercial ice rinks customers space-use types and the user-behavior distributing regulations.After discussing the relationship between behavior settings and spatial environments, the study comes up with organic, convenience, comfort and display design strategies.

Keywords: Users Behaviors; Commercial Ice Rink; Spatial Type; Behavior Setting; Design Strategies

1　引言

北京2022年冬奥会的成功申办，为冰上运动产业走出传统"冰雪五省""北冰南移东进西扩"注入了强大动力。坐落于购物中心中的室内商业冰场以其气候适应性、功能综合性、休闲娱乐性成为当前面向公众开放型冰场的主力军[1]。同时，商业真冰场是体育运动项目休闲娱乐化的代表，对实现"全民健身"具有重要意义。

本研究调研了北京市现运营的9家购物中心内的商业冰场的空间使用情况，在对冰场用户的活动行为分类的基础上，对各类活动的空间分布进行研究，进而把握商业冰场空间体验的影响要素，提出商业冰场空间利用潜力与设计策略。

关于冰上运动场馆的现有研究大多集中于专业的独立冰场[2]-[7]。随着体验型消费在我国兴起，出现了有关购物中心中主力店的相关研究。高宁宁通过研究万象城模式商业建筑功能设计，提出应整合真冰场、电影院等娱乐性主力店的平面布局，并创造舒适型强的观赏空间[8]。王东丽提出商业冰场应为各类用户提供满足多种需要的多样化服务品种[9]。目前，学界尚缺乏人本主义视角下，基于商业冰场用户行为特征对冰场空间特定活动场景的设计探讨。本研究旨在向时下蓬勃发展的商业冰场空间设计中引入使用者行为视角，对挖掘商业冰场空间价值、提升空间环境品质、激发商业冰场空间活力具有重要意义。

2　研究要素的界定与分类

2.1　用户及用户行为活动的分类

依据现场调研，冰场用户可依据其行为主要行为方式大致分为三类：直接上冰者、陪伴等待者以及途径观赏者三类，其行为内容可划分为9大类型（表1）。

2.2　商业冰场空间

商业冰场作为大众滑冰空间的重要组成部分，应当与商场内部周边的其他功能空间产生积极关联互动[2][10]，真冰场开放式空间极具观赏价值，能够形成趣味体验性强的非购物消费功能空间，对提升周边客流量具有巨大"磁石效应"[2][11]。

冰场用户与用户行为关系表 表1		
冰场关联用户	用户行为	
直接上冰者	休闲行为	嬉闹、滑冰游玩、使用手机
	购买行为	购买食品、购买体育器材、办理上冰手续
	交往行为	问候寒暄、交谈、咨询、请教、请求（被）照料、引发关注
	观看行为	观看、观赏、观赛、拍照录像
	学习行为	做作业、训练、练习、模仿
	休憩行为	倚靠、站立、坐
	准备行为	刷卡购票、冰鞋租赁、换鞋更衣、热身活动、整理物品、寄存物品
	生理行为	急救、如厕、进食
陪伴等待者	休闲行为	阅读、使用手机、处理工作、听音乐、享受服务
	购买行为	购买食品、体育器材、办理上冰手续、购买日常生活用品、购买服务
	交往行为	闲谈、咨询、加油打气、给陪同的上冰者提供照料
	观看行为	观看、观赏、观赛、拍照录像
	学习行为	阅读、与教练交谈
	休憩行为	坐、倚靠
	准备行为	办理上冰手续、协助更衣换鞋、整理用品
	生理行为	如厕、进食
途径观赏者	休闲行为	使用手机、听音乐
	购买行为	就餐、饮茶咖啡、购买商品
	交往行为	闲谈
	观看行为	观赏、观赛、拍照录像
	休憩行为	坐、倚靠、站立
	准备行为	咨询冰场相关活动

（来源：笔者自制）

3 研究结果及分析

3.1 用户活动与空间场景整体状况

目前按照功能划分，购物中心内面向用户的商业冰场空间场景主要包含以下几大部分：入口空间、引导空间、装备租赁空间、换鞋准备空间、观看等候空间、服务增值空间及冰场内场空间。

以WB冰场为例，分析用户行为在空间上的分布（图1）。WB冰场为商场物业公司管理模式，其特色在于冰场周边商业业态、景观小品与冰场的观看席位有机结合。以中高档餐厅、咖啡水吧及快餐为商业冰场周边主要业态，不同品类、价位的餐饮结构能够通过吸纳大量途径观赏者，实现创收；同时冰场优质的观赏界面成为周边餐厅的卖点。另外，商场结合冰场上空挑台，在非消费区引入坡地、人造绿植，并在视域开阔处设置大量座椅，吸纳大量途径观赏者。其中，生理行为、观看行为、休憩行为、交往行为、休闲行为是途径观赏者的主要活动内容。陪伴等候者的休憩行为与上冰运动者的学习行为直接关联，而上冰运动者的学习行为往往取决于冰场的课程时长安排。

3.2 外场空间场景下用户行为分析

1. 入口空间

冰场入口空间是冰场与商场相接的部分，包括进入冰场外场前办理入场手续、冰务咨询的服务前台空间以及面向商场各类消费者的展示空间，服务人群包

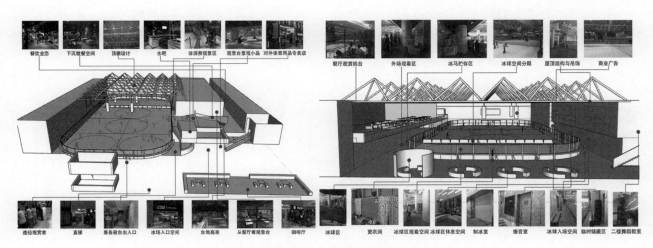

图1 商业冰场空间场景与用户分布示意图（来源：笔者自制）

括途径观赏者、陪伴等候者与上冰运动者。

CY冰场入口空间通过在入口设置"奖杯亭"的方式，为途径观赏者提供认知冰场荣誉与文化的窗口与休憩停驻的空间，更易激发途径观赏者对冰上运动观看与了解冰场的兴趣。但受到"奖杯亭"空间局限，入口空间设置座椅不足，无法引发"途径观赏者"长时间观看、休憩与停留行为，冰场与商场之间缺乏统筹布局（图2）。

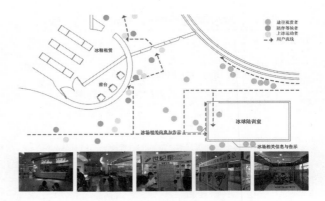

图3 SJ商业冰场入口空间场景与用户分布
（来源：笔者自制）

看行为。部分上冰运动者与陪伴等候者存在以观看行为为主导的短时间停驻行为，另有少部分观赏者长时间停驻观赏冰姿（图4）。

3. 装备租赁空间

装备租赁空间包含冰鞋及护具租赁，主要使用者集中在散客及初次上冰用户。装备租赁在冰场内场中的位置对内场空间用户流线的简明与空间秩序极为重要，应协调其与冰场内场入口、冰场入口的位置关系。在XY冰场中，装备租赁紧邻更衣间设置，同时靠近冰场入口。在空间序列上，位于冰场入口、办公室、熊猫大学、更衣间之后，在更鞋区之前。使用更衣间的用户以会员用户及学员为主，不适用装备租赁空间，冰场从而规避了流线折返，维持了空间秩序（图5）。

4. 准备空间与等候空间

换鞋准备空间设置上冰者更换冰鞋区、花样滑冰及冰球运动所需的密闭更衣区、衣物鞋袜存储区。观看等候区与换鞋准备区通常相邻设置，部分冰场受到空间局限而将二者混合设置。准备空间与等候空间是进入冰场的用户使用频率最高的空间。考虑到等候空

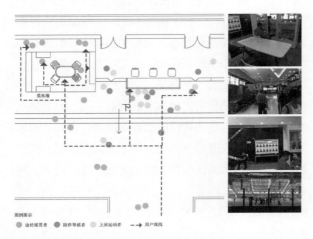

图2 CY商业冰场入口空间场景与用户分布
（来源：笔者自制）

SJ冰场入口将冰球陆训室外置处理，并在陆训室朝外界面张贴冰务信息与宣传海报。冰球陆训室、前台与入口闸门之间形成途径观赏者自发性地远离的冰场前导空间，对保证冰场入口空间活动秩序有积极意义（图3）。

2. 引导空间

引导空间作为通过性质的空间，上冰运动者与陪伴等候者移动行为占比最多，同时伴随问候、询问、闲谈等简短的交往行为与观看冰姿、文化展示墙等观

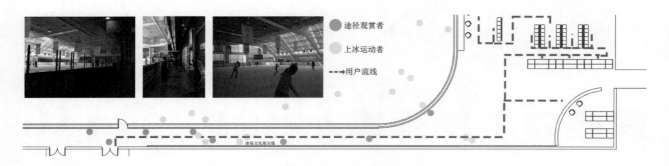

图4 CY商业冰场引导空间场景与用户分布（来源：笔者自制）

间的观赏性、舒适性与准备空间的便利性、安全性，冰场通常将二者分开设置。准备空间应当具有充足的存储柜与更鞋座椅，等候空间应当结合用户的多重需求植入适当的功能（图5）。

GM冰场中，准备空间中的存储柜与更鞋沙发沿冰场进深方向靠墙排列布置，在准备空间与等候空间之间设置过人走道。鞋柜结合换鞋椅整体化设计，鞋柜高度900毫米，用户可以在上面暂时放置更换的和换下的衣物、运动包箱，最大限度拓展了空间利用。冰场在准备空间内部植入零食、水饮为主的小卖部与

冰上运动装备展示橱窗，为冰场用户提供便利，促进冰场用户消费。但由于GM冰场等候空间部分座椅过少，实质上等候空间与准备空间二者含混，大多数用户的等候休憩行为发生于准备空间，造成了准备空间内管理混乱，座椅紧张。同时，为了满足观看冰姿的需要，部分陪伴等候者的休憩行为以站立、倚靠的方式在冰场内场隔挡处进行，对坐在等候空间的用户形成实现上的遮挡，也形成了拥挤，不利于上冰运动者的穿行（图6）。

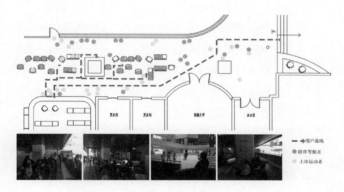

图5　XY商业冰场装备租赁空间场景与用户分布
（来源：笔者自制）

图6　GM商业冰场换鞋空间场景与用户分布
（来源：笔者自制）

5. 辅助空间

实地调研发现商业冰场存在四类辅助空间：服务增值空间、教学配套空间、用户其他辅助空间及后勤辅助空间，其中前三类是用户使用的空间类型（表2）。服务增值空间根据用户多样化需求植入多种功能，为冰场带来更大效益。

6. 内场空间

商业冰场作为商场主力店，其位置、面积、形态较大受制于商业空间。目前，商业冰场场地面积在800平方米到1800平方米不等。1200平方米以下的冰场通常以基础培训、花样滑冰等为主训项目，面积充裕的冰场则在此基础上增加冰球培训。

空间开阔的冰场利用注满水的可移动冰马对冰面划分，组织同时间段内不同类别上冰用户有序开展运动，对场地充分利用。1/3的场地用于日常冰球培训，2/3的冰场接待散客、普通会员及基础培训、花样滑冰的学员（图7）。具有冰球项目的冰场，通常

冰面具有冰球场地标记。在非举办表演、比赛、考级等活动的活动日时，通常会在5个半径4.5米的争球圈中形成花样滑冰教学或自由练习。当活动日或日常清冰时，冰场整合冰面，统一使用。根据面积的不同，冰场通常设置2~3个人行出入口与1个冰车出入口。人行出入口通常以上冰与下冰为划分依据，少数冰场以用户类别为划分依据，如学员入口、散客入口。

辅助空间分类　　　　　　　　表2

辅助空间类别	空间植入功能
服务增值空间	运动装备、自动售卖机、咖啡水吧、小卖部、美容美甲、充电宝、托管辅导班、按摩椅
教学配套空间	舞蹈室、陆训室
用户其他辅助空间	开水间、医疗室、卫生间
后勤辅助空间	设备用房、制冷冰库、办公室、储藏室、音响、灯光、教练休息室、冰车库、配电室

（来源：笔者自制）

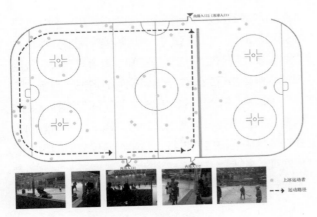

图7 WB 商业冰场换鞋空间场景与用户分布
（来源：笔者自制）

依据大多数商业冰场的规定，上冰运动者在内场中的运动轨迹通常为沿冰场边界逆时针绕行，大范围穿行冰场的移动行为通常发生于儿童青少年之间打闹嬉戏的休闲行为中。初学者倾向于扶内场内侧设置的握杆把手缓慢移动。上冰人数较多的时段内，技术水平的差异致使冰场转角部出现人群堆积。学习行为与交往行为是上冰运动者在内场的主体活动。学习行为包括私教授课、自学行为以及同伴教学，通常伴随交往行为。交往行为还包括上冰运动者与其陪伴等候者之间隔冰场分隔交谈行为、上冰运动者之间的交往行为。观看行为大多发生于水平差异较大及运动类别不同的上冰运动者之间。

4 商业冰场空间设计策略

建造一座满足于不同冰场关联用户需求、与周边商业形成良性互动、适应购物中心整体运营的冰场具有重要意义。本研究在分析用户行为与空间场景的基础上，进一步提出商业冰场空间设计策略。

首先，商业冰场应当采取有机性的设计策略，进行周边业态高效的组合。冰场周边业态设置应充分结合冰场特性、用户群体及支付意愿。餐饮类与面向儿童的体验型服务型商业具有较好的运营效果；注重冰场主力店在商城中的布局，结合中庭设置以充分利用冰场观赏价值商业价值；灵活划分空间，冰场内场尽量采用灵活的弹性空间划分，避免空间局促紧张，同时适应冰场发展；提供适量可移动的座椅。

其次，商业冰场应当采取便捷性的设计策略。冰场内场功能选择。冰场外场功能应当以快速满足用户刚需为主，辅以少量人性化服务功能；以机器入口闸门取代人工入口闸门，疏解入口密集人群；设置足量的活动更衣间：数量充足的更衣间可以大幅减少排队等候时间。

再次，商业冰场应当采取舒适性的设计策略。冰场可以结合弹性空间划分方式，明确合理的外场功能分区；在内场观赏视角好的区域设置足量座椅，以满足等候者观赏需求；等候空间中，应当结合视域条件、座椅类别合理区分观看空间、休憩空间等层次，高效利用空间；注重内场环境品质舒适性：从光环境、热环境、声环境对冰场加以改善。

最后，商业冰场应当采取展示性的设计策略。立体化公共观赏空间：在购物中心各层具有对冰场良好观赏角度的公共空间设置观赏空间。观赏空间应包括座椅、趣味装置等吸引人流量，并具有一定留客力；向外延伸冰场功能：展示墙、体育用品商店、陆地体验装置等外场功能可适度外置，以扩大冰场影响力，吸引普通购物者兴趣；在购物中心的建筑外立面上张贴冰场俱乐部标识，作为面向城市的冰场名片；定期更新冰场展示墙内容：避免展示内容的陈旧，可以增强展示墙对老会员用户的使用效率。

5 结语

在冬奥会日益临近与居民生活水平不断提高的背景下，综合商业购物中心内面向公众开放的娱乐性冰场越来越受到人们的青睐。以用户行为为导向提升商业冰场空间品质，能够进一步激发商业冰场的空间活力，为商场带来更优效益。

参考文献

[1] 孙承华,杨占武,刘戈,张鸿俊,尹振华,于洋. 中国冰上运动产业发展报告[M]. 北京: 社会科学文献出版社, 2017: 61-63.

[2] 梅季魁. 吉林冰上运动中心设计回顾[J]. 建筑学报, 1987（07）: 40-45.

[3] 梅季魁. 效率和品质的探求——黑龙江省速滑馆设计[J]. 建筑学报, 1996（08）: 13-16.

[4] 孙逊. 冰雪体育建筑生态化设计研究[D]. 哈尔滨: 哈尔滨

工业大学，2014.

[5] 王少鹏.当代冰上运动建筑形态设计研究[D].哈尔滨：哈尔滨工业大学，2013.

[6] 李澌洁.大众娱乐型冰上运动中心设计研究[D].北京：北京建筑大学，2018.

[7] 卢耀星.速滑馆建筑设计研究[D].广州：华南理工大学，2017.

[8] 高宁宁.万象城模式商业建筑功能设计研究[D].哈尔滨：

哈尔滨工业大学，2012.

[9] 王东丽.上海市商业性冰上运动健身场所的现状与发展对策研究[D].上海：华东师范大学，2008.

[10] 汪浩，朱文一.大众滑冰空间与北京城[J].北京规划建设，2011（06）：93-97.

[11] 种莉莉，张显军，段菊芳.中国冰上项目场地资源现状调查研究[J].中国体育科技，2016，52（02）：31-36.

专题四　建筑创作

回归土地的设计与建造
姜庄改造——黄河岸边一座废弃村落的重生

袁野

作者单位
中建工程设计有限公司 / 袁野建筑工作室

摘要： 本文通过对姜庄——黄河岸边一座废弃村落进行乡土改造和有机更新的项目回顾，阐述了建筑师在"乡建"过程中所采取的原则、立场、态度及策略。以"对话与共生""融入与新生"为理念，以"在地设计"和"在地建造"为方法，建筑师倡导回归土地的设计观，以找寻土地的灵魂，让建筑自然地从土地中"生长"出来，借此重建人与土地的情感和人与自然的亲密关系，最终实现现代人对"故乡"的心灵回归。

关键词： 土地；乡土；改造；生长；回归

Abstract: This paper reviews the rural reconstruction and organic renewal project of Jiang village: an abandoned village on the bank of the Yellow River, and expounds the principles, positions, attitudes and strategies adopted by architects in the process of "rural construction".With the concepts of "dialogue and symbiosis" "integration and rebirth", and with the methods of "design on the ground" and "construction on the ground", architects advocate the design philosophy of returning to the land, so as to find the soul of the land and let the buildings "grow" from the land naturally, so as to reconstruct the emotion between people and the land and the intimate relationship between people and nature, and finally realize the spiritual return of modern people to "Hometown".

Keywords: Land; Local; Reconstruction; Grow; Return

1 建设背景

姜庄，也被称为姜村或姜庄村，位于河南省濮阳市台前县夹河乡，河南省与山东省交界的黄河岸边。村庄始建于明代末年，是一座拥有约400年历史的古村落。姜庄村中99%的村民姓"姜"，并完好保存了一部清朝乾隆八年（1743年）修撰的记载了自周代姜子牙至今97代的"姜氏族谱"。因紧邻黄河，自建村以来，洪涝频发，大量耕地村宅塌陷于河，后几易其址，但均未离开此地。20世纪60年代，黄河再次泛滥，姜庄村300多户村民陆续迁于黄河大堤西侧，组建新村，老村建筑多废弃至今，仅余三五户年长者至今居住在老村中（图1、图2）。

现村庄中主要民居建于20世纪四五十年代，几

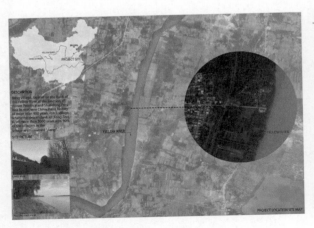

图1 姜庄所在地理位置（来源：作者自绘）

图2 姜庄改造前航拍（来源：中国扶贫基金会）

十座院落散落于树林和田地中。建筑就地取材,挖掘黄河岸边生土并混杂黏土砖砌筑墙体。由于预防黄河泛滥冲垮房屋,村民掘土筑基,房子多建在土台之上,而在土台旁则是掘土留下的土坑。建筑外观多厚重朴素,青石的墙基、微拱形的黄泥屋顶、石板和交错叠砌的砖檐口、木门窗及过梁。稍晚建造的建筑采用混凝土和水刷石饰面的过梁,有的用石子或玻璃碎片点缀几何形的装饰图案,具有鲜明的时代特征。屋内几乎全无吊顶,暴露木屋架椽檩及苇席。很多弯曲木梁未经任何处理,直接、粗放但有效的做法体现了农户盖房时贫困的生活状态和智慧的建造技巧。每户人家由正房和厢房形成"L"形或"U"形院落,院子里种植枣树、核桃等当地树种,院落周围种植农田、菜地及果树林木,逐渐形成今日所见之村落格局(图3、图4)。

图3 废弃民居的生土墙(来源:作者摄)

图4 改造之前的废弃民居(来源:作者摄)

台前县是国家级贫困县,姜庄村是一个贫困村。2016年全村320户中有89户建档立卡户,贫困发生率22.5%。该项目是中国扶贫基金会"百美村宿"的组成部分,采用村民合作社和参与村集体资产入股分红的形式,将农户组织起来,提供满足市场需要的产品和服务,帮助农户增加收入,并让他们逐步走上自我发展的道路,也为中国其他地区贫困乡村的扶贫和未来发展提供了新的思路。

2 改造原则与目标

黄河是中华文明的母亲河,姜庄位于黄河与黄河大堤之间,因黄河而建并深受黄河的滋养。但历史上每逢黄河泛滥之季,紧邻黄河的村庄经常遭受洪水侵袭。姜庄人就是在不断的文化更替以及人与自然共生和博弈中扎根于此地,并繁衍几百年至今。

改造设计的主要原则之一是强调村落与黄河、大堤、树林和农田的亲密关系,尊重乡村原有的肌理和原始风景。这就要求建筑师梳理出村落的总体空间结构和更大范围的风景结构,并通过设计加强这种结构的清晰性。另一个原则是在对基础设施进行改造和对旧建筑进行加固、改造及适量新建的情况下,确保新与旧的协调与融合,甚至不着痕迹。整个村落就如同自然的生长状态,吐故纳新,有机更新,焕发新的生机(图5、图6)。

除了物质层面的改造,乡村社会的再造也是本项目的重要任务。姜庄改造前由于大量青壮年外出务工,大量老人和儿童留守乡村,空心化和老龄化十分严重。公共性设施的缺乏,导致村中公共文化生活的贫瘠,也大大限制了村民与外界联系和交往的机会。

改造的基本目标是通过民宿改造、公共建筑的改造建设和公共空间的引入,对原有乡村环境进行有机更新,使其具备以乡村旅游带动经济发展并助力脱贫的物质空间环境和功能,并通过有效运营并获取合理经济回报,反哺乡村,提高村民的收入和物质生活水平。更进一步的目标是通过对姜庄进行整体的物质层面改造所带来的社会及文化建设,尝试建立一种新型的乡村社会生态环境,让姜庄人热爱姜庄,让离开姜庄的人回到姜庄,让更多的人来到姜庄,从而促进村民之间以及村民与外界的社会经济交往,改善村民的公共生活品质,提升村民的自我价值意识和社会公共意识,从而实现传统乡村社会向现代乡村社会的有机转变(图7、图8)。

图 5 黄河大堤风景（来源：作者摄）

图 6 黄河岸边风景（来源：作者摄）

图 7 严重老龄化的姜庄（来源：作者摄）

图 8 闲适但贫瘠的公共生活（来源：作者摄）

3 总体改造规划

经过改造规划的"新"村落由十个当地民居改造的院落民宿、三座小型公共文化建筑和两个树屋组成的用于休闲度假的民宿酒店群落，并与未被改造的旧民居院落一起形成新的"姜庄"（图9）。

在保持村落原有道路系统不变的基础上，将从大堤进入村落的主要道路适当拓宽，并在村口设置了一个小型公共停车场，另一个停车场在主路尽端，接近主村落，主要满足住宿停车的需要。主路及停车场采用不规则形状的料石铺砌，石块之间留有较宽的缝隙给杂草的生长提供空间。围绕老村的小路保持原有的宽度和泥土路面的形态，表面采用新型泥土固化措施以防止扬尘。

三个主要的公共建筑分别设置在村落重要的节点：村口停车场旁的"以工换宿"、用于接待的"黄

河文化客厅"以及村落中心靠近黄河岸边的"村民文化中心"。民宿规划以院落为单元组成三个主要的组团，相对均衡地分部于村落的中部、西部和东部，并在村落原有的肌理和风景结构之上，各自形成独特的空间氛围。新建的院落、改造的院落及保留的老院落错落有致，有机融合，难分彼此。建筑师谨慎且"不动声色"地巧妙加入适量新的元素，织补了村落因废弃荒败而产生的"破损"，将村落结构中的公共空间潜力最大限度地挖掘出来，让整个村庄在保持原有气质的同时，焕然一新（图10~图12）。

规划同时对村落的基础设施（主要是水电系统）进行全新的改造和新建。其中对于最重要的污废水处理系统，建筑师仔细评估和计算未来村庄的最大用水量和污废水排放量，在每个院落组团和主要公共建筑附近设置地埋式化粪池，并与当地污水处理厂家紧密合作，在村落的北端树林中，也是整个村庄范围的最

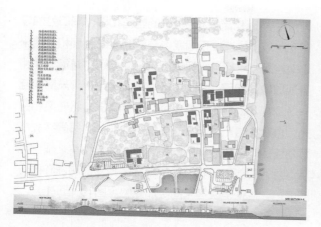

图9　姜庄改造规划总平面图（来源：作者绘制）

图10　改造后航拍图（来源：中国扶贫基金会）

图11　改造规划鸟瞰图（来源：作者绘制）

图12　改造后航拍图（黄河与村落）
（来源：中国扶贫基金会）

低点建设集中化粪池、格栅井、调节池和毛管渗滤式污水处理池，采用物理和生物技术进行污废水的过滤和净化，最后汇入潜流式人工湿地，蒸发后剩余的水体再通过紫外线消毒渠后排入河道（图13、图14）。

4　建筑改造设计

4.1　民宿改造设计

老民居建筑为生土和砖砌结构混合建造的单层建

图13　改造后航拍图（核心部分）（来源：中国扶贫基金会）

图14　改造后村中道路（来源：中国扶贫基金会）

筑，木屋架，平拱屋顶。部分建筑保留完好，少量建筑墙体和屋顶局部坍塌，墙体裂缝，个别建筑仅余土墙，无屋顶。所有改造建筑均需要进行结构加固，部分拆除和新建，并进行室内精装修，以满足民宿的功能需要。

改造民宿延续了当地民居的"L"和"U"形的院落格局，保持了夯土、砖、青石的外墙材料特色、微微起拱的木屋架形式、黄泥屋面和交错的砖檐口和具有保留价值的老门窗，并对建筑的结构进行了加固：主要加固措施为在建筑的四角和门窗洞口处加设钢筋混凝土构造柱和圈梁，并对开裂的土墙和砖墙采用钢丝网和高标号水泥进行防开裂处理。建筑墙体和屋顶加做内保温，同时将室内净高由约2.4米增加至3~3.3米。加大了建筑开窗，更有利于自然通风和采光，也令室内空间与室外环境融为一体。每间独立院落均包括一个餐厅和两间带有卫生间的卧室。根据酒店运营的功能需求，院落中新建了独立的厨房和服务间建筑，也使得院落空间更加完整（图15~图21）。

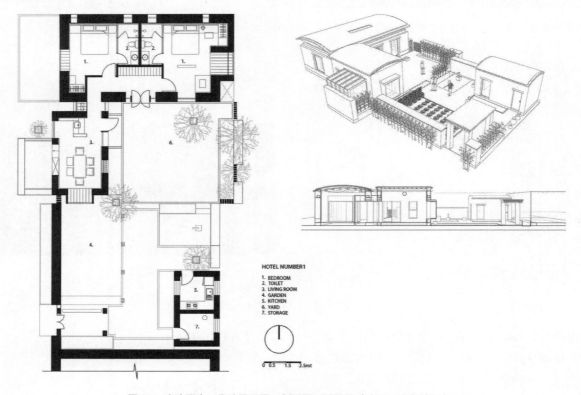

图15　改造酒店一号院平面图、剖面图、透视图（来源：作者绘制）

图16　改造后一号院院落景观
（来源：中国扶贫基金会）

图17　改造后一号院室内餐厅与茶室
（来源：中国扶贫基金会）

图18 改造后八号院与树屋透视
（来源：作者绘制）

图19 改造后八号院林中景观
（来源：中国扶贫基金会）

图20 改造后四号院（距离黄河最近的院落）
（来源：中国扶贫基金会）

图21 改造后四号院朝向黄河的玻璃茶室
（来源：作者摄）

改造后的民宿，基本保留了原有院落的空间格局。部分拆除墙体的新建部分均采用生土夯筑或旧青砖砌筑，保证了新老材料的有机融合。新的设计元素（木过梁、灰色断桥铝门窗框以及局部耐候钢的门窗套等）的谨慎加入和点缀使得旧建筑具有新意，但无突兀之感，如同在老树的主干上长出的新芽。室内空间设计简练且朴实无华，顶部保持原民居暴露木梁和苇席的特征，具有粗朴而温暖的北方乡土气质。空间通透而流动，打破了原民居建筑内房间之间的隔离感，并通过巧妙增加挑窗、玻璃连廊和茶室等小空间，形成室内外景观的高度融合（图22~图24）。

由于所有的民宿均采用类似的材料和细节处理方式，院子里的菜地、水缸、水井、农具等给人以乡村生活的真实体验，从而体现出乡土风格的统一和完整感。另一方面，尽管空间格局类似，但由于每个院落的布局均有差异，并通过户外主题景观的精心布置，

使得每个院落均具有各自的个性特征，丰富了整个村庄的形态和空间体验。

4.2 公共建筑设计

村民文化中心在原有村民家的羊圈和猪圈基础上改造而成，是姜庄最重要的公共文化建筑。建筑基本保持原有的空间格局，保留了一座废弃的生土民居作为接待空间，新建了图书室、酒吧、展示馆和餐厅，形成相互串联的三个院落，并将面向黄河的主"红砖院落"作为整个村庄的公共活动广场，长方形的院落尽端作为村民的舞台。红砖院落两侧单坡建筑的瓦作和屋脊均采用当地民居做法，并将檐口出挑，形成开放的檐下空间（图25~图27）。

这一组建筑与院落空间的丰富组合，形成一个乡村公共活动和文化展示的"乡村综合体"。生土墙、镂空砖墙、钢框架和挑檐、石碾子影壁以及细腻的锯

图 22　客房卧室空间 1
（来源：中国扶贫基金会）

图 23　客房卧室空间 2
（来源：中国扶贫基金会）

图 24　客房走廊空间
（来源：中国扶贫基金会）

图 25　村民文化中心入口外景（来源：作者摄）

图 26　村民文化中心红砖院落（来源：中国扶贫基金会）

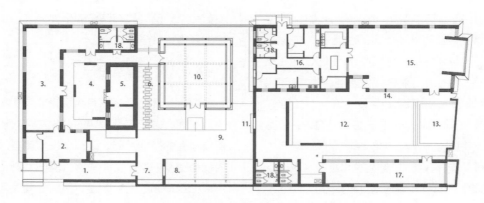

图 27　村民文化中心平面图（来源：作者绘制）

齿形砖檐口等地方乡土风格与现代建筑语言的杂糅呈现出一种时代和地域特有的"复杂性与矛盾性"，从而具有了建筑学层面的特殊意味。其中酒吧"姜子牙的魔方"是村民文化中心的核心建筑：一个方形的玻璃体被镂空红砖墙包裹，在双层建筑表皮之间留出600 毫米宽的空隙，种植毛竹和爬藤植物。白天日光透过花砖墙，在室内留下斑驳变幻的光影；夜里，酒吧内的灯光渗出砖墙，如同一座砖造的花灯（图 28~图 31）。

图28　村民文化中心红砖围墙镂空的光
（来源：中国扶贫基金会）

图29　村民文化中心入口石碾子影壁
（来源：中国扶贫基金会）

图30　红砖酒吧（来源：作者摄）

图31　红砖酒吧夜景（来源：作者摄）

　　两座轻巧的树屋分别位于村落的东西两侧，"漂浮"于树林之中，如同风景的收纳器。一座成为民居院落向黄河大堤方向的延伸，另一座则曲折伸向黄河方向，并成为村中观看黄河风景的最佳场所。树屋形态和尺度均源自村中最小的民居建筑，尤其是缓缓拱起的屋顶传达出一种尊重的姿态，轻盈而通透的形体则是民居建筑厚重体量的对比，有轻松、调皮的趣味，为躲避树木而曲折有致的连桥如同现实与幻想的连接。在树屋中看风景，树屋也成为风景的一部分（图32~图34）。

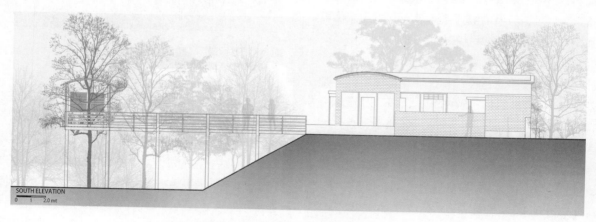

图32　八号院建筑与树屋立面图（来源：作者绘制）

图 33 树屋外景（来源：作者摄）

图 34 树屋外景（来源：中国扶贫基金会）

5 在地建造

建筑的改造施工主要由当地村民组成的工程队伍完成。其中大量的传统建造技艺如生土夯筑、镂空砖墙砌筑、木椽檩屋顶结构的搭建、苇席的铺设等均由当地有乡村房屋建造经验的老师傅负责，从而再现和延续了乡土建造传统和地方民俗，实现了物质文化和非物质文化遗产的双重保护和传承，并由此强化了乡村社区的认同感和凝聚力。

在乡村环境中进行设计和在地建造对习惯了城市环境建筑师而言是一个不小的挑战。不同于在城市中的职业实践，乡村由于缺少严格意义的设计条件与规范的制约，建筑师需要根据实际情况不断调整设计的专业习惯和流程，并将大量的精力投入到与地方政府、村民、施工队伍以及运营机构的沟通协调之中，尤其是与当地施工队伍在设计与建造过程中的博弈与合作是项目成败的关键。

在姜庄改造项目中，建筑师通过"现场设计"和"工地督造"的方式，深入到设计与建造的每个具体细节之中，用自己的"专业智慧"解决一个又一个实际问题，将技术、文化、社会、经济等多方面的需求整合在一起，纳入乡村物质空间环境的改造之中，保证了设计理想和社会理想的双重实现（图35、图36）。

图 35 建筑师现场与施工队伍沟通设计
（来源：作者摄）

图 36 驻场建筑师与施工人员现场沟通建造细节
（来源：作者摄）

值得一提的是，在姜庄改造完成后不久，中国扶贫基金会启动了"2019中国公益·乡村建造营"活动，邀请国内外各大高校的大学生志愿者，与村民共同参与村庄社区的营造。这些完全没有实践经验的年轻学子在没有图板和电脑的条件下，通过实地生活体验和协力劳动，历时10天，在姜庄完成数个乡土材料的游憩休闲设施的实际建造。这十天的难忘经历不仅激发了他们的专业兴趣，提升了他们的专业实践技能，更重要的是通过深入乡村，并与村民一起"在地建造"的过程会让他们更了解乡村，热爱乡村，并在乡村种下建筑师职业理想和社会责任的种子（图37~图40）。

图37　有传统建造技艺的村民指导夯筑生土墙体
（来源：作者摄）

图38　村民采用传统建造方式上梁
（来源：作者摄）

图39　天津大学师生公益建造活动作品"垚望"
（来源：作者摄）

图40　天津大学师生公益建造团队
（来源：中国扶贫基金会）

6　可持续策略

针对中国北方地区的气候特征，本项目了延续本土民居围合院落的布局形式，建筑朝向分为南北向的"正房"和东西向的"厢房"，一方面是基于对传统文化的尊重，另一方面源于对日光和季节风方向的分析。并通过独立厨房的加建，强化了院落的围蔽性，绿化的种植更有助于形成院落内部舒适的微气候。

改造建筑利用民居生土建筑墙体优良的物理特性，主墙体达500~600毫米厚，并在室内增加了内保温。屋顶采用木屋架，在增加防水层和保温层的基础上沿用传统屋顶做法：掺杂稻草的黄泥抹面作为最外层的保温和防水措施，对室外温度变化形成有效的阻隔，导致冬暖夏凉的效果。建筑的北侧窗狭小，有效防止了寒冷季节的北风侵袭；南侧窗扩大，让更多的日光进入室内，提高室内的温度，减少冬季对暖气的依赖。建筑层高加高，局部设置屋顶天窗，室内空间形成热空气上升并形成"对流风"，强化了自然通风的效果，在炎热夏季，有效降低了空调的使用（图41、图42）。

图 41 村庄改造的可持续策略（来源：作者摄）

图 42 建筑改造的可持续策略（来源：作者摄）

整个项目除了用于结构加固的构造柱和圈梁之外，无钢筋混凝土的使用。建筑多就地取材，如生土、拆除建筑的废旧砖和废木梁等，均是可以循环利用的材料。建筑改造施工的主体为当地村民组成的施工队伍，门窗等工厂生产的金属制品也均来自本地的工厂，极大减少了材料和运输的成本。

对于水生态系统，除了前面提到的采用生物和物理手段进行污废水处理之外，雨水通过自然地面的重力下渗和利用村落中的水塘、农田、菜地及大量低洼坑池进行滞蓄，从而保持一种自然水体的生态循环。院落和公共广场地面均采用大量透水砖铺砌以保证雨水的快速回渗。

7 结语 回到土地

前工业时代，人民生存、生产、生活均依存于土地，土地更起到寄予情感、承载文化和文明延续的使命，然而人类对土地的依赖性随着工业社会的发展和

信息化社会的到来已经消失殆尽。在我国近三十年的城市化运动中，城市的发展不断侵蚀乡村，土地成为商品，情感与文化的属性正在飞快丧失掉。丢掉了土地的人如同少了灵魂，找不到"故乡"的城市文明也终将走向不归路。

姜庄改造提供了这样一个宝贵的机遇，让建筑师真正走进乡村，回到土地。姜庄的自然风貌与乡土之美，传承三千年的姜氏宗族历史，黄河滋养下深厚的文化，与洪水博弈的时代印记，贫困、淳朴又天性乐观的姜村人……这一切都蕴含在这片土地上，是土地的脉络和灵魂。

姜庄改造是"设计"助力脱贫和乡村振兴的一次完整案例，实现了乡村物质环境的再造并促进了乡村社会的有机更新。整个项目的改造尽最大努力保持了村庄的原始风景和地形地貌，保护树林和黄河堤岸，保护生态系统和生物多样性，保护地域民风的延续并促进传统文化的继承与发展，体现出建筑师在乡村建设中的重要社会价值。姜庄改造也让我们学到了深刻的一课：建筑师唯有回归到"原点"——土地，经历与土地的亲密接触和情感融入，通过"在地设计"与"在地建造"，让建筑自然地从土地中"生长"出来，方可寻回"乡愁"，并重新建立人与土地的情感和人与自然的亲密关系，最终实现对"故乡"的心灵回归。

项目信息

项目名称（中英文）：姜庄改造　Reconstruction of Jiang village

设计单位（中英文）：中建工程设计有限公司/袁野建筑工作室　CCEDC/Yuan Ye Architects

建筑师：袁野，董一帆，刘少庆，杨小小

地点：河南省濮阳市台前县姜庄村

设计时间：2017.10~2018.5

竣工时间：2018.12

业主：中国扶贫基金会，台前县政府

基地面积：66500平方米

建筑面积：2100平方米

结构形式：生土墙、砖混、木屋架

摄影：中国扶贫基金会，借宿，袁野

国防工程建筑创作相关问题思考

秦丽

作者单位
军事科学院国防工程研究院

摘要： 文章从建筑师的角度总结回顾了新中国成立以来国防工程发展历史，结合新军科使命要求和职能定位，牢牢把握"面向战场、面向部队、面向未来"这一根本方向，在梳理分析国防工程特点规律基础上，提出以作战效能为统领的国防工程建筑设计原则，以规范提升国防工程建筑创作整体水平。

关键词： 国防工程；建筑设计原则

Abstract: This paper concludes development history of national defense engineering since the foundation of the People's Republic of China, and makes a summarizing review from architect's perspective. Combine with the new duty requirements and specific function of Academy of Military Sciences, keeping focus on the basic direction of the battlefield role, the needs of troops, and the future trend, this paper carries through an analysis of national defense projects' features and laws, and above that, gives a principle of architecture design for national defense engineering, which is leading by operational effectiveness, to standardize and improve the architecture design process of national defense engineering.

Keywords: National Defense Engineering; Principle of Architecture Design

作为军队工程建设前期工作的重要环节，国防工程建筑创作塑造着营房的样子，展示着军队形象，体现着历史传承，牵动全局、影响长远。必须坚决贯彻落实军委决策部署，紧紧围绕实现强军目标，按照"营房就要有营房的样子"指示要求，对国防工程建筑创作相关问题进行全面思考。

1 国防工程发展历史

随着军事斗争形势的发展和军事战略方针的调整，国防工程建设经历了从小范围、小规模到整建制建设，从注重平时生活设施保障到聚焦备战打仗，从陆域到全域的全面发展。总体上可以分为四个阶段。

第一阶段是起步建设期（20 世纪 50 年代~70 年代）。中华人民共和国成立后，百废待兴，配合城市基础设施建设，我军在工程建设领域得到全面发展。相继完成各军兵种机关、院校以及科研单位的整建制营区规划建设。包括军事博物馆（图1）、总后礼堂（图2）、原四总部机关、国防大学、军事科学院等。同时，针对美苏台武力威胁，以备战打仗为目的，一方面重点在沿海主要作战方向和重要岛屿设

图1 军事博物馆老馆（上图）及改扩建后的新馆（下图张广源摄）

防，一方面抓紧"三线建设"。按照大分散、小集中，"靠山、分散、隐蔽"建设原则，相继建成一批国防战略工程、后方基地仓库洞库油库、卫星发射和科研设施等重大军事工程，国防工程建设从依靠苏联

图2 总后礼堂改造前后效果

图4 解放军总医院西区病房楼

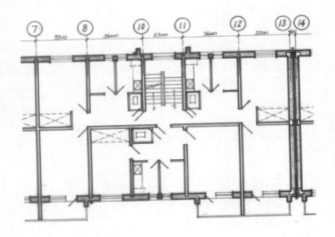

图5 20世纪80年代典型军官公寓

老大哥到自主设计施工建设，取得卓越成就。

第二阶段是和平发展期（20世纪80年代~20世纪末）。随着党中央明确以社会主义现代化建设为重点的改革开放政策，国防工程建设指导思想也发生了战略性转变，以服从国家经济建设为大局，从临战准备转到和平时期建设的轨道。在坚持"军民结合、平战结合"总体建设方针基础上，重点开展办公、生活保障以及配套设施建设，包括新建改建的机关办公建筑、军事医疗建筑、军官公寓等（图3~图5）。同时，对已建防护工程进行升级改造，使工程口部和主体结构、抗震、防电磁脉冲和工程内部环境保障

以及内部设备自动化、指挥自动化能力水平有了很大提高。

第三阶段是科学发展期（21世纪前15年）。在新的历史起点上开启了国防和军队现代化建设新局面。以营房建设为例，2003年以打造21世纪新军营为目标，中缅边防四团两营工程拉开了以整建制部队为重点的营区规划建设进程（图6），提出"基地化部署、集成化建设、一体化配套和生态化环境"的新概念军营建设理念。2008年前后，全军营区综合配套整治工作全面推开，营区建设综合质量得到全面提升。直至2010年，作为现代营房试点工程，汶川地震灾后恢复重建的五个重点营区项目陆续建成验收（图7），是对"集中部署、集成建设、集约保障、科学管理"现代营房规划设计理念的一次全面体现。在住房保障方面，根据中央军委《进一步深化军队住房制度改革方案》，要求控制公寓住房新建规模，发展经济适用住房。从1999年起，除旅团部队

图3 八一大楼

图6 新概念军营

图7 现代营房试点工程

干部住房建设，公寓区的危房翻建、缺房添建外，其他住房的新建，原则上按经济适用住房的政策组织建设（图8）。通过大量的工程实践，使国防工程在理论创新、技术创新、组织创新、管理创新多方面取得突破，为国防和军队现代化建设打下坚实基础。

图8 某经济适用住房小区

第四阶段是聚焦战场、向高水平发展迈进期。党的十九大报告进一步明确了国防和军队现代化的"三步走"战略，《军队建设发展"十三五"规划纲要》提出，到2020年，军队要如期实现国防和军队现代化建设"三步走"发展战略第二步目标，军队主要领域发展指标要取得较大突破，关键作战能力要实现大幅跃升，整体发展布局得到明显优化。概括为一句话就是：军队一切工作向备战打仗聚焦。面对当今世界大发展、大变革、大调整的新特点，面对现代战争形态和武器装备发展对国防工程建设提出的新要求，国防工程设计科研中心工作以战场需求为牵引，在职能任务、思维观念、研究重点、技术手段等方面实现了全面的转型升级。随着国家综合国力和经济实力的提升，我军首座海外保障基地建成投入使用[1]，是国防工程建设发展史上的里程碑工程，为捍卫国家经济利益、维护世界和平和共同发展提供了强有力的保障。

2 国防工程特点分析

长期和平建设环境使得将国防工程地面建筑等同于普通民用建筑的观念和做法根深蒂固，直接导致营房没有样子、营房不像样子等现象问题，阻碍了国防工程迈向新时代战场建设发展要求。问题背后原因主要有两点，一是认识层面上缺乏对国防工程特点的系统分析研究；二是实践层面上缺少符合国防工程建筑特点的设计标准遵循。综合来看，区别于民用建筑，国防工程应具备的建筑特点主要包括以下四方面内容：

整体安全性能：建筑主体、结构构造、设备设施和材料等应具有能够有效抵御自然与人为（战争、恐怖袭击）破坏，实现生存能力最大化所必备的建筑性能；

功能适用性能：建筑在确保结构安全的前提下，按照标准化、通用化、机动化设计理念，满足多样化保障需求，实现并保持建筑及其设备设施良好的使用性能及功能；

系统耐久性能：建筑结构、设备设施以及材料在一定年限内保证正常安全使用的性能；

绿色建筑性能：涉及建筑安全耐久、健康舒适、生活便利、资源节约（节地、节能、节水、节材）和环境宜居等方面的综合性能[2]。

其中，与民用建筑强调"适用、经济、绿色、美观"，侧重功能适用性、绿色建筑性能不同，国防工程作为平时防恐与战时保障的重要设施，其整体安全性能尤为重要。

国外研究机构及学者在建筑整体安全性能方面开展了大量卓有成效的研究，以美国为例，美国政府在该领域投入了大量精力，《统一设施标准》（Unified Facilities Criteria，UFC）[3]由美国国防部组织制定，作为兼顾了各军兵种特点且共同遵守的基础设施建设标准，从规划设计、建筑结构、缓冲距离、外墙防护涂料等全方位对确保各类军事设施安全做出了明确规定。相关研究机构还出台了多个用于建筑结构抗爆设计的指导性文件、技术手册，较新的研究成果包括"新联邦办公楼防连续坍塌分析设计规程"[4]以及美国联邦紧急事务管理局（FEMA）持续更新的系列设计规范[5]。学者研究认为，在城市总体规划、建筑设计以及景观环境设计中，可以通过采取针对性的设计策略来提高建筑物整体安全性能[6][7]。

与国外基于建筑整体安全较为全面系统的研究视角相比，我国国防工程相关研究还主要侧重于结构与防护专业硬防御手段设计研究，重在工程结构主体采取的防护措施，全专业多领域研究有待进一步加强。

3 国防工程建筑设计原则

新时代的强军目标是把人民军队建设成为世界一流军队。一流的军队需要一流的营房，对军队设计人员提出了更高要求。既要平战一体，又要以战统领；既要立足现有，又要兼顾长远；既要创新突破，又要把握标准；既要美观和谐，又要坚固耐用；既要技术先进，又要安全可靠。面对当前国防工程建设存在的矛盾问题，需要我们主动作为，思考应对。从统一认识、规范自律、严谨务实、创新求精的角度出发，提出国防工程建筑设计原则：作战效能、安全适用、简约朴素、持续创新。

作战效能：就是把国防工程作为准备战争、服务战争、保障战争的环境保障平台，建筑创作上着眼于作战效能的深入研究，在满足建筑学普遍规律基础上，突出军事特点。

安全适用：要求在符合保障对象特点需求基础上，严格执行建设标准，杜绝铺张浪费、贪大求新，适用就好，管用就好，以标准化、通用化、机动化设计方案满足多样化军事需求。

简约朴素：提倡减量装饰设计理念，探索"零装修"新材料新构造，实现以高效实用为目的的全专业一体化设计。

持续创新：强调安全坚固、适用经济基础上的创新，彰显军事文化的创新，贯彻绿色环保理念的创新，解决技术难题的创新，实现国防工程建筑创作从"住用保障技术应用型"向"战备保障创新引领型"升级发展。

4 结语

新的形势呼唤新的观念。历史赋予这一代军队建筑师艰巨光荣的任务，也赋予了我们机遇和挑战。我们必须正视面临的问题，树立信念牢记使命，积极探索现代背景下的国防工程设计科研创新思维。在强国梦、强军梦目标指引下，在军队建筑师的共同努力下，国防工程建筑创作事业必将迎来辉煌的明天！

参考文献

[1] 张庆宝，胡善敏. 我驻吉布提保障基地部队进驻营区仪式举行[N]. 解放军报，2017-08-02（04）.

[2] 中华人民共和国住房和城乡建设部. GB/T 50378-2019 绿色建筑评价标准[S]. 北京：中国建筑工业出版社，2019.

[3] UFC3-190-06 Unified facilities criteria（UFC）: Protective Coatings and Paints[S]. Washington DC, USA: US Army Corps of Engineering, 2004.Unified Facilities Criteria（UFC）.

UFC3-340-02 Unified facilities criteria（UFC）: Structure to Resist the Effects of Accidental Explosions, with change 2[S].Washington DC, USA: US Army Corps of Engineering, 2008.Unified Facilities Criteria

（UFC）.

UFC4-010-01 Unified facilities criteria（UFC）：DOD Minimum Antiterrorism Standards for Buildings[S].

Washington DC, USA: US Army Corps of Engineering, 2018.Unified Facilities Criteria（UFC）.

[4] GSA. Progressive Collapse Analysis and Design Guidelines for New Federal Office Buildings and Major Modernization Projects[S].Washington DC, USA: the US General Services Administration, 2003.

[5] FEMA 426 Reference manual to mitigate potential terrorist attacks against buildings[S]. Washington DC, USA: Federal Emergency Management Agency. Department of Homeland Security, 2003.

FEMA 427 Primer for design of commercial building to mitigate terrorist attacks[S].Washington DC, USA: Federal Emergency Management Agency.Department of Homeland Security, 2003.

FEMA 428 Primer to design safe school projects in case of terrorist attacks[S].Washington DC, USA: Federal Emergency Management Agency.Department of Homeland Security, 2003.

FEMA 452 Risk assessment a how-to guide to mitigate potential terrorist attacks against buildings[S]. Washington DC, USA: Federal Emergency Management Agency.Department of Homeland Security, 2005.

FEMA 453 Safe rooms and shelters[S].Washington DC, USA: Federal Emergency Management Agency. Department of Homeland Security, 2006.

[6] Norbert Gebbeken, Torsten Döge. Explosion Protection: Architectural Design, Urban Planning and Landscape Planning[J].International Journal of Protective Structures, 2010（1）.

[7] [美]迈克尔·奇普雷. 建筑物防御潜在恐怖袭击参考手册[M]. 蔡浩，沈蔚，缪小平等译. 北京：国防工业出版社，2011.

城市中心区中小学高容量校园整合设计研究
——以西安市高新区 2019 年新建学校为例

宋婕[1] 李子萍[2]

作者单位
1. 西安建筑科技大学，中国建筑西北设计研究院有限公司；
2. 通讯作者，中国建筑西北设计研究院有限公司

摘要：城市中心区的基础教育资源现状与当前快速城市化进程不匹配，导致基础教育设施配置不充足且不平衡，体现在建设条件上，存在新建校园的建设用地普遍低于城市普通中小学校校舍建设标准的现实问题。本文基于西安市集中新建中小学校项目的实践与调研，提出现阶段高容量校园的概念以及整合设计的方法论，以实现校园用地受限的情况下，空间高容量与空间品质优化的设计目标。

关键词：城市中小学校；高容量校园；空间品质；整合设计

Abstract: The current situation in the city central district is the mismatch between the basic education resources and the rapid urbanization process, resulting in insufficient and unbalanced allocation of basic education facilities.Especially under the realistic condition, the amounts of construction land of primary and secondary schools are generally lower than the requirements for construction standards.Based on the practice and survey of the newly concentrated school projects in Xi'an, the conception of High capacity spatial form and Integration Design is propound in this paper, so as to solve the problem of insufficient school lands and realize the effectiveness of spatial capacity and the optimization of spatial quality.

Keywords: Urban Basic Educational School; High Capacity School; Space Quality; Integration Design

1 研究背景

中国建筑西北设计研究院有限公司于2019年集中承接了由西安市高新区交通和住房建设局、教育局发起的二十余所中小学项目，具有一定的政策指导特性和社会需求共性。本文以此项目为基础实例，将设计实践与调查研究相结合，以期有效地反映社会需求，解决建设难题，反思设计模式。

城市中心区土地资源稀缺，居住人口激增，学位需求旺盛，使得全国各地城市中心区普遍存在基础教育设施配置不充足与不平衡的现象。反映在校园建设上，出现校园建设规模大、校园用地严重不足、环境品质低等现实问题。机械的参照建设标准的传统校园模式已无法适应新的建设和使用要求，客观条件的变化迫使校园空间模式的变革，容积率与建筑密度双高的"高容量"新型校园空间模式由此产生。

2 建设标准的分析

从设计依据入手研究建设指标的变化，根据西安市高新区2019年集中建设的中小学校以及十余所同时期新建的西安市其他中心区中小学校园的调研资料，对比国家颁发的建设标准、地方颁发的建设标准[1]，以及实际项目规划条件之间的差异与变化。选取五项关键指标：生均用地面积、生均建筑面积、容积率、建筑密度、占地配比，主要关注三个层面：①横向比较"国家标准或地方标准"与"实例项目"之间的指标差异；②纵向比较施行十年前后的标准指标差异；③类比同一时期不同地域间的标准差异。由于实例项目数量较多，因此对数据采取加权求平均值的方法，虽然平均值无法体现最高值及最低值的特殊性，但对共性问题的归纳仍具有解释力（表1）。

---

① 现行国家标准有：2002年施行的《城市普通中小学校校舍建设标准》（后文简称2002国标），2015年编制的《普通中小学校建设标准（征求意见稿）》（后文简称2015国标）。本文的项目案例位于陕西省西安市，地方标准为基于2002年版国家标准制定的《陕西省义务教学阶段学校办学标准》（后文简称2002陕标），并选取深圳市地方标准——基于2015年版国家标准的《深圳市普通中小学校建设标准指引》（后文简称2016深标）与之对照。

生均用地面积、生均建筑面积、容积率、建筑密度指标比照表 　　　　表1

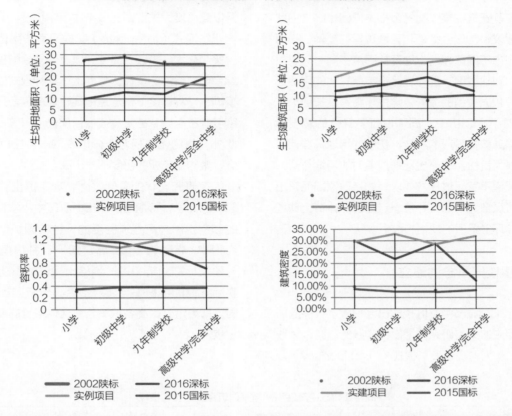

注：1.2002国标未明确规定容积率及生均用地面积，2002陕标仅涉及九年义务教育学校，陕标中的高中指标参照陕西省"双高双普"评估验收标准。
2.国标及陕标中生均建筑面积不包括选配的学生餐厅、宿舍、浴室、单身教师宿舍、教工值班宿舍及室外厕所。而实例项目的建设内容除上述选配内容外还增加了多功能厅、室内游泳池等功能。

2.1　建设标准与实例项目指标的对比分析

实际建设的学校规模普遍大于建设标准，虽然班额已经得到严格控制，但是学校的学生规模仍持续扩大，平均超出2002陕标的40%；实际建设的生均用地面积普遍不满足建设标准，平均低于2002陕标的36%；实际建设的生均建筑面积普遍高于建设标准，平均超出2002陕标的1.5倍；实际建设的校园容积率以及建筑密度经计算，超出2002陕标的三倍。

校园建设用地由建筑用地、体育运动场地、绿化用地、停车场地四项部分构成。15国标提出体育运动场地需占建设用地37%~44%，绿地率需达到35%，计算可得建筑用地及停车场地约占28%~21%。然而实例项目中，建筑用地中一层平面占建设用地面积比（即建筑密度）平均值已超过30%，其中建筑用地除一层平面外还包含道路及绿地，故建筑用地占地比大于30%。即使停车全部设置于地下，上述三大部分的占地比相加，总和已大于100%，因此校园各项建设用地无法采用同一平面组合的方式，而必须立体叠加利用。

2.2　建设发展趋势分析

生均建筑面积及容积率指标在修订后的2015国标均有所提高，2016深标更在2015国标基础之上进一步提高。由此可以预见我国城市仍将向更为紧凑密集的城市空间方向发展，城市中心区中小学校的容积率与建筑密度的迫切需求和提升难度将持续增大。

西安市与深圳市的人口规模与经济发展水平差异巨大，然而西安市实例项目指标已基本与深圳市地方标准持平。虽然一线城市用地紧缺问题更突出，但目前全国城市中心区的教育资源大多不能满足需求，因此在完善基础教育设施的建设背景之下，合理应对高建筑密度高容积率的现实条件，已成为城市中小学校建设普遍存在且不容忽视的共同课题。

综上，学校规模过大和生均用地面积严重不足是导致容积率及建筑密度过高的最根本原因，本文由此提出如下建议：①区分地理和区域位置的差异。不同城市以及城市不同区域的土地开放强度不同，建议对已建城区、新建城区、远郊城区设定差异化的用地标准。②区分校园类型的差异。学生年龄跨度长达十二年，建议对小学、初中、高中设定差异化的建设标准。比如义务教育阶段的小学、初中的用地标准相较于高中应更为宽松。③超出标准规模时的用地补偿。学校建设规模不宜超过标准要求，如特殊原因而超出标准最大班级数时，建议补偿一定比例的体育运动场地，如增加环形跑道的规格与数量。

3 高容量校园概念的建立

近五年来，城市中心区校园已经积累了较多的项目实例，相应的策略研究作为设计实践的总结，大致归为两类，一为"高密度"模式（High Density）。

成果有同济大学董春方提出的"高密度建筑学"[1]以及以高密度为关键词的城市中小学校设计；二为"集约化"模式（Intensive）。成果有华南理工大学的"集约化大学校园"研究，以及以复合型校园及教育综合体为概念的设计。然而上述两种模式的定义较为模糊，"高密度"概念是指高建筑密度还是指高人口密度并不明确，密度高或低目前仍没有统一的标准。此外，集约化是相对于分散式的一种空间形态的概念，集约化校园的密度不一定高。

在研究现状的基础之上，本文提出"高容量校园"的概念，特指当前城市中心区中小学校普遍呈现的高容积率与高建筑密度的一种校园类型，既"高容积率+高建筑密度=高容量"。并根据实例项目与建设标准分析，进一步给出建议的量化指标：当实际建设的容积率与建筑密度高于依据标准的10%时，即可定义为高容积率与高建筑密度的高容量校园（表2）。

高容量概念中高容积率与高建筑密度的参考指标   表2

指标参考	小学	初级中学	九年制学校	高级中学/完全中学
15国标容积率	0.32~0.37	0.36~0.4	0.34~0.4	0.36~0.4
15国标建筑密度	8.7%	7.6%	7.4%	8.2%
"高"容积率	>0.35~0.41	>0.40~0.44	>0.37~0.44	>0.40~0.44
"高"建筑密度	>9.6%	>8.36%	>8.1%	>9.0%

4 人性化教育空间的反思

需要强调的是，高容量校园的提出并非仅以完成高容积率、高建筑密度的指标为目的，高容量校园更应关注空间品质的提升。知识时代对正式学习空间、非正式学习空间以及生活交往空间的要求更高，教育空间因此更加重视促进多样化教学、开放式活动和创造更多交流机会的人性化特性，不少设计实践已经体现出此趋势。例如，杭州未来科技城海曙学校突破宽泛的集约形态总结，强调情感化的用户设计、城市视角的环境感知、连接性的流线空间等理念[2]。深圳红岭实验小学校园则对垂直化的高密度提出质疑与反思，强调应遵循水平的建筑学模式，回归校园的场所本源[3]。

高容量校园的空间形态对于创造多样化教学、开

放式活动和自发交流机会的空间具有天然优势，然而也应清醒地认识到高容量校园在消防安全疏散、交通流线组织、城市应急避难、防疫防控及防范校园暴力事件等方面同样也存在隐患。此外，快速城市化的新形势下，新建公办学校多为政府代建的交钥匙工程，建设需求尚未明确，规划条件不断调整，要求建筑师构想空间使用对象，预测空间使用方式，规划校园可持续发展。上述反思对高容量校园的环境品质提出了更高的要求。

5 高容量校园的整合设计方法

由西姆·范·德莱恩提出的"整合设计"理念，注重建筑环境的整体设计，关注有限资源与技术手段的整合集成。其理念在大型公共建筑及商业综合体等

多功能建筑类型中应用较多,比如庄惟敏在清华科技园科技大厦项目中应用集成设计理念,将办公园区塑造成有场所感的城市公共空间[4]。相类比,高容量校园也呈现出综合体的类型特征,使用功能和空间形态趋向复杂和公共性。由此提出"高容量校园的整合设计"方法,寻求最大化利用土地资源,创造出复合化、多样化、人性化的新型教育空间,最终实现高容量与高品质共同提升的目标。

5.1 方法策略的重点

高容量概念基于社会层面的"就学难"现状,侧重解决校园功能需求与用地极端紧张的问题;整合设计则偏重于系统思维和方法论层面,解决"优化高容量校园的空间品质"的问题。

在塑造空间形态上,不同于传统模式仅限于功能流线的组合,高容量校园整合设计强调空间元素及空间结构的立体整合。设计策略之一:集约体量。运用建筑综合体的设计方法,将非正式学习空间即体育活动用房及生活服务用房——第二类功能用房设计为裙房部分,将正式学习空间——第一类教学用房设计为主楼部分,共享中庭和交通空间的整合为公共交往空间,构成高度集约化的教育空间(图1)。策略之二:多重地面。指将建筑用地、体育运动场地、绿化用地立体叠加,在自然地坪之下局部设计下沉广场,或在自然地坪之上利用屋面或者抬高架空层,建构多层次的"人造地坪",用于活动场地或者景观绿化,提高单位用地的复合使用效率(图2)。

在提升空间品质上,高容量校园整合设计通过优

图1 集约体量设计策略(来源:笔者自绘)

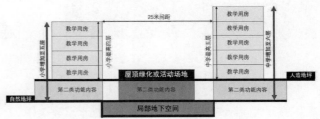

图2 多重地面设计策略(来源:笔者自绘)
注:人造地坪需消防车可达,才能实现教学楼层增加。

化设计流程,综合考虑场地、建筑、景观、室内等各部分设计内容,系统整合结构、设备、经济等各专业技术要求,一方面,补偿高容量校园开放空间有限的缺陷,创造安全且舒适的"物理环境";另一方面,期望从实际使用者——学生和教师的角度出发,关注行为发生的"使用环境",践行以人为本的原则,保护学生的身心健康,促进多样灵活的学习活动,满足教育教学的管理需求,营造校园特有的场所精神。

5.2 实践项目的应用

在2019年西安市高新区集中建设的校园项目中,笔者参与的西安市高新区第三初级中学(以下简称"三初")及第九初级中学(以下简称"九初")综合运用了高容量校园整合设计的理念。第三初级中学为24班初级中学,生均用地面积为19.4平方米,生均建筑面积23.7平方米,容积率1.22,建筑密度38.4%;第九初级中学为36班初级中学,生均用地面积为19.3平方米,生均建筑面积20平方米,容积率1.0,建筑密度25.3%。两所学校的容积率与建筑密度均大于参考标准的10%以上,可定义为高容量校园。

三初和九初运用整合设计的策略,可归纳出如下具体的设计方法(图3、图4):

1.用地布局叠加。将建筑与场地整合设计,综合考虑用地特殊条件。三初的建设场地大部分为深约7米的垃圾土坑,需开挖清运;九初的建设场地大部分现状为深约5米的取土坑,按常规需土方回填。利用现存深坑设置下沉庭院及地下空间,减少土方回填投入,容纳更多功能用房。同时考虑下沉庭院的防涝问题:九初将校园主入口抬高,教学楼下自然形成的架空层防止雨水倒灌;下沉层与地面层分设排水系统,确保排水通畅;结合下沉景观设计蓄水池,旱时为绿化庭院,保证绿化率指标要求,涝时形成湿地景观,兼做部分雨水回用设施。

图3 高容量校园整合设计实例之一：西安高新区第九初级中学

图4 高容量校园整合设计实例之二：西安高新区第三初级中学——多重地面及空中廊道设计

2.功能空间复合。充分提高操场用地的土地利用率，将教师及学生餐厅、风雨操场、游泳馆等大体量、高大空间化零为整。九初采用将综合功能放置于操场地面之下，利用下沉庭院自然采光，操场看台与教学楼入口相结合，不同功能空间过渡流畅；三初则将操场整体抬高，结合空中连廊与教学楼各层相联通。停车库、人防、设备用房、生活辅助用房集中设置于地下，有利于管线的整体布置，提高设备的使用性能。高大空间采用大跨度结构形式，与其他教学用房脱离，有效降低局部地下室引发的地面不均匀沉降。

3.整体环境营造。将建筑与景观整合设计，通过下沉庭院、屋面平台、架空廊道、操场看台形成不同高差且形态丰富的开放空间，在有限的用地下最大限度地争取景观绿地与活动场地，缓解高容量环境的压力。连贯的开放空间也符合学生热爱自然、追逐嬉戏的特性，增强校园活力和归属感。在提升室内环境品质方面，将家具设施与空间使用整合设计，室内设计与设备安装一体化，形成便捷舒适的学习环境。

4.复合步行动线。关注步行动线的组织，教育建筑具有同时间、大规模集散的使用特征，因此步行流线直接关乎消防疏散的安全问题。除此之外，高容量

校园中的交通空间往往成为教室之外活动与社交的重要场所，三初与九初均利用交通空间将室内空间与室外空间、教学空间与非教学空间组织在一起，同时突破上下层的垂直连接，水平向度延展的学生行为动线能更好地促进自发的交流与活动。

5.多重交通体系。交通体系充分考虑校园建成使用后的管理与运营情况。三初将食堂的操作区设置于地下，并通过下沉庭院通至各教学单元，保证送餐流线的便捷与食品检验要求。九初设置上下两层相叠合的消防环路，实现家长车行接送与学生步行活动的人车分离，保证消防扑救的绝对安全，同时减少社会交流与物流运输对日常教学的干扰。

6 发展趋势

当前的校园设计已呈现出"绿色校园"及"智能校园"两大趋势，对于校园的可持续发展不仅体现在高容量校园对土地资源的高效利用，更强调构建校园生态环境为目标的建筑性能整体化框架[5]。而智能校园则将设计领域由建筑学科扩展到信息技术与人工智能等跨专业学科，高容量校园整合设计的优势将更为突出。期望通过高容量校园整合设计的研究，

提供切实有效的设计方法论，积累真实广泛的校园实践样本，为城市中心区中小学校园设计模式的研究作基础。

西安高新区第三初级中学及第九初级中学设计团队——中国建筑西北设计研究院有限公司：李子萍、马力、王国维、刘奚青、陈祥云、陈歌、高扬、区昊羽、李国栋、刘斌、秦发强、刘琬铭、曾振辉、贲兆强、王莹莹、樊倩。

参考文献

[1] 董春方. 高密度建筑学[M]. 北京：中国建筑工业出版社，2012.

[2] 阮昊，詹远，陈文彬. 高密度环境下中小学设计的三种策略研究——杭州未来科技城海曙学校[J]. 时代建筑，2019.03：120-129.

[3] 源计划建筑师事务所. 从户牖到都市苍穹——深圳红岭实验小学校园设计笔记[J]. 建筑学报，2020.01：32-37.

[4] 庄维敏，张维，梁思思. 建筑策划与后评估[M]. 北京：中国建筑工业出版社，2018.

[5] Wolfgang F. E. Preiser. 建筑性能评价[M]. 北京：机械工业出版社，2009.

基于老年人群知觉体验的社区卫生服务中心空间研究
——以武汉市社区卫生服务中心为例

胡小艺

作者单位
重庆大学建筑城规学院

摘要： 随着老龄化的加剧和家庭小型化的普及，社区卫生服务中心逐渐成为提供医疗养老服务的重要场所。然而老年人作为社区卫生服务中心未来的主要服务对象，有针对性的空间研究仍较少。已有研究发现，老年人群由于知觉感知能力的衰退，在建筑环境中需要丰富的知觉体验以维持健康活力。故本研究从基于视觉的知觉体验入手，以武汉两所社区卫生服务中心为研究对象，运用流线跟踪法和画面层析法，结合格式塔心理学绘制老年人群流线图、空间感知比例分析图，与实际环境进行叠图比对分析，从水平交通的宽度优化、垂直交通的空间组织、公共空间的通高设置、室内装饰的后期优化布置四个方向提出优化设计策略，并提供相应的设计思路。

关键词： 知觉体验；社区卫生服务中心；格式塔心理学；老年人群；视觉

Abstract: With the intensification of aging and the popularization of family miniaturization, community health service centers have gradually become important places for providing medical and elderly care services.However, the elderly, as the main service objects of community health service centers in the future, still have few targeted spatial studies.Studies have found that due to physiological decay, the elderly mainly rely on vision for spatial perception.Therefore, this research starts with the perception experience based on vision, taking two community health service centers in Wuhan as the research object, using streamline tracking and image tomography, combined with Gestalt psychology to draw the streamline diagram and spatial perception analysis diagram of the elderly population, Carrying out overlay comparison analysis with the actual environment, proposing optimized design strategies from four directions: optimization of the width of horizontal traffic, spatial organization of vertical traffic, overall height setting of public spaces, and post-optimal layout of interior decoration, and provide corresponding design Ideas.

Keywords: Perceptual Experience; Community Health Service Center; Gestalt Psychology; The Elderly; Vision

1 前言

中国老龄化进入了快速发展阶段，目前中国60岁以上老年人口已经达到2.49亿，平均需要4个劳动力来抚养一个老人。我国于2005年提出了"9073"养老体系，主要依托家庭进行养老，但家庭的小型化意味着越来越多的4-2-1家庭难以提供居家养老的环境，需要借助社区卫生服务中心（以下简称社卫中心）提供的医疗和养老服务，这也就意味着社卫中心接待人群中老年人的占比会持续增长，甚至成为其服务主体。而社卫中心的设计和研究工作，还停留在功能的配置和设计标准的探索上，呈现出普适性设计的态势。老年人群由于身体机能衰变所引起的行为模式与空间知觉体验能力的变化，应当引起我们对空间设计和研究的重新思考。

环境心理学认为，知觉是人感受外界的重要途径，其中视觉和触觉占比共为78%。而老年人群由于生理条件衰退，获得的外界信息减少，需要建筑空间帮助其形成良好的空间体验。而要形成良好的空间体验，则需要形成视觉上更易被感知到的空间。这种情况下，基于视觉的知觉体验成为研究社卫中心建筑空间的新视角，跳脱出平立剖的局限，从使用者的视角研究老年人群的空间体验。基于此，本研究以武汉地区两家社卫中心为研究对象，运用流线跟踪法、画面层析法绘制老年人群流线图和空间感知分析图，与实际环境进行叠图比对分析，提出有实际价值的空间优化方案，为以后新建社卫中心提供参考。

2 我国社卫中心现状与特征

随着我国老龄化程度的加剧，越来越多的家庭面临养老的困扰。2015年国务院在《关于推进医疗卫生与养老服务相结合的指导意见》中正式提出"医养结合机构"的概念，社卫中心承担起提供社区医疗养老服务的重要功能。相较于综合医院和养老院，社卫中心遍布城市各个社区，能更加充分地发挥地理优越性。我国社卫中心现已大规模开办老年人免费体检、健康小屋自助检查等活动，吸引更多老年人来到社卫中心接受医疗养老综合服务。

在建设历程上，一方面大多数社卫中心是由原乡镇卫生院和小型专科医院改造而来，在功能排布和空间营造上受到较多约束，难以顾及老年人群的使用体验；另一方面，随着近年来"社区医养结合"以及"分级诊疗"政策的推进，越来越多综合型社卫中心陆续建成，但其设计研究却还停留在医疗功能配置和设计标准上，建筑师大多参考综合医院或是凭借自身经验进行设计和建造，忽视了老年人群的空间知觉体验。以上两点都使得老年人在社卫中心获取医疗服务时，其感官质量难以得到保障，空间体验被选择性忽略。

3　研究方法

3.1　透视图辅助知觉体验分析

知觉体验为人们提供了对外界环境的感知。在面对建筑空间环境时，人们的知觉体验主要体现在物质、空间和时间三个维度：物质体验指人在建筑中对建筑实体的感受，空间体验指人对于空间尺度的感受，时间体验则指人在建筑中随着环境变化，获得不同的空间体验。也就是说，知觉体验的研究，需要对整个运动路径中所经历的一系列空间序列进行记录和分析，建筑师斯蒂芬霍尔称其为"构成连续透视图的局部视觉"。

本文在研究知觉体验过程中，对社卫中心的老年人群进行观察并绘制行为流线图，选取老年人群使用最频繁的流线作为研究路径，并且在路径上选取一系列研究点进行拍照记录。由相机代替人眼，收集老年人群在社卫中心接受医疗养老服务时所获得的知觉体验信息（图1）。

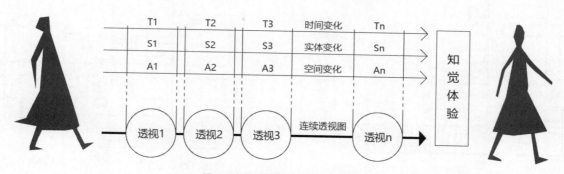

图1　连续透视图构成的知觉体验

3.2　空间感知度量化老年人群知觉体验

格式塔心理学中的"图底关系"认为，在视觉画面中，面积越大的对象越容易被感知为背景，面积越小的对象越容易被感知为图形。空间感知度的计算公式为：视觉画面中的空间面积/视觉画面的总面积。以0.5为感知界线，只有当空间感知度小于感知界线时，老年人的知觉体验才会倾向感知空间。感知度越低，围合感越好，相应的逼仄感会上升；感知度越高，空间越空旷，空间感知会偏向感知建筑实体；当感知度接近0.5时，空间尺度较良好。

在研究过程中，针对现场不同研究点记录下的透视图，先将其转化为只保留基本轮廓的线稿图，紧接着在图上界定出建筑空间和建筑实体的范围，将其转译为可以量化分析的空间感知度及其相关数据，结合地图进行综合比对，得出老年人群在社卫中心的知觉体验情况，并提出有实际价值的空间优化方案，为以后新建社卫中心提供参考。

4　社卫中心内老年人群的建筑知觉体验

4.1　调研对象的基本情况

武汉市洪山街社卫中心开设了中医科、骨科等老年特色科室,在推动医养结合和分级诊疗方面也实现了一定的成果,与三家综合医院建立了紧密型医联体,联系三甲医院的专家定期坐诊,增设武汉市急救中心南湖站以实现危重病人的及时转运。所以在现场调研中可以看到,人员构成较为复杂,老年人流线交叉的现象比较严重;武汉市水果湖社卫中心服务总户籍人口85890人,其中65岁以上老人6110人,占总人口的7%,由于辖区内的东亭社区是大型动迁农民安置社区,周边建房密集,老龄化压力较大。水果湖

社卫中心实行"互联网+居家养老+医疗健康"的医养结合政策,除了基本医疗科室外还开设了康复理疗室、中医科等老年特色科室,老年人群在总人群比例中占比大。

本研究选取的洪山街社卫中心和水果湖社卫中心,其服务范围内老年人占比均较大,并且都配置了老年科室。较能吻合社卫中心发展趋势,故以这两家社卫中心为对象所得出的结论在一定程度上可以保证其客观性,且具有一定的前瞻性(图2)。

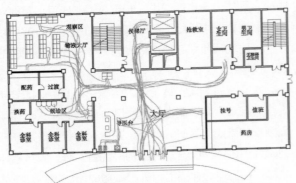

a) 洪山街社区卫生服务中心一层老年人群研究路径

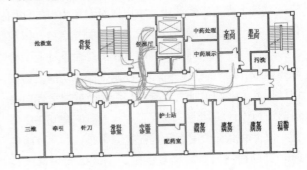

b) 洪山街社区卫生服务中心二层老年人群研究路径

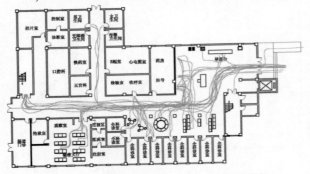

c) 水果湖社区卫生服务中心一层老年人群研究路径

d) 水果湖社区卫生服务中心二层老年人群研究路径

图2 社区卫生活动中心老年人群研究路径
(观察时间:7:30~8:00,9:00~10:00,11:30~12:00,14:00~17:00,每10分钟记录1次,来源:作者自绘)

4.2 社卫中心空间感知度分析

1. 知觉体验研究路径和研究点的选择

1)本研究选取两个研究对象进行实地调研,根据社卫中心的开放时间及老年人群早起的生活习惯,对研究对象内的老年人群进行流线跟踪。研究选取了上午的7:30~8:00、9:00~10:00、11:30~12:00、14:00~17:00四个时间段,每十分钟记录一次老年人群的运动流线,整理出老年人群使用最频繁的活动流线作为知觉体验的研究路径,并在此基础上进行研究点的选取。

2)在研究路径上,以6米为间隔距离设置多个研究点,并在每个研究点处用相机记录下老年人群的人眼透视图像。在老年人群长时间停留和大量聚集的研究点都在不同的朝向增摄了透视图像,以确保空间知觉体验的完整性。

2. 透视画面的空间感知度与知觉体验分析

将在调研对象中收集到的透视图像进行汇总和线稿化处理,然后在CAD软件中对图像进行空间和实体的划分:白色区域为透视图像中的空间,黑色区域为透视图像中的实体。最后对两个区域的面积比值进行计算,得到空间感知度如图3、图4所示:

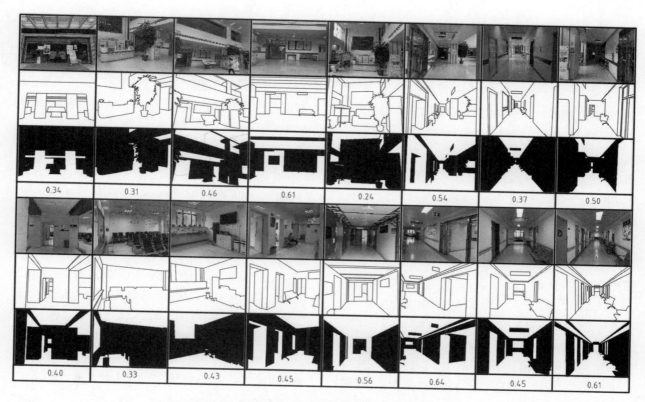

图3 洪山街社区卫生活动中心研究点感知度统计（来源：作者自绘）

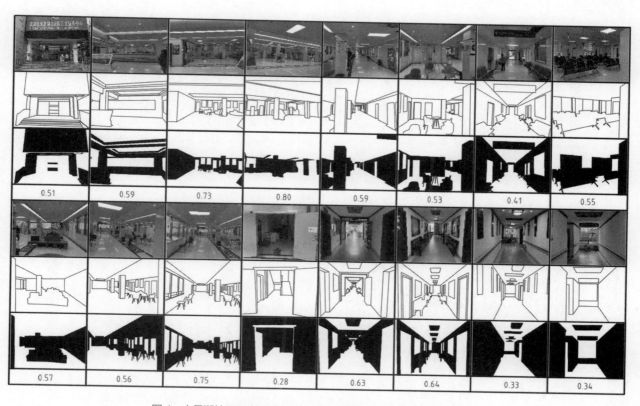

图4 水果湖社区卫生活动中心研究点感知度统计（来源：作者自绘）

3. 知觉体验地图叠加分析

将研究点的空间感知度数据与地图进行叠加分析，可以看到不同区域的空间感知区别，有助于总结出影响空间感知度的因素并提出优化建议。

在门厅区域，洪山街社卫中心空间感知度明显小于水果湖社卫中心，对建筑空间的感知更为敏感，空间感更好。其原因是洪山街社卫中心入口门厅为两层通高的空间形式，在视觉画面中墙面等建筑实体的比例明显高于水果湖社卫中心，从而使得空间比例小于0.5，更容易被感知。同时洪山街社卫中心的门厅区域在大型绿化、健康小屋和标识标牌的设置上更加丰富，也间接增大了透视画面中实体占比，加强了空间被感知的可能性。

在走廊区域，两个调研对象均表现出了一定的规律性：透视画面中的走廊长度越长，画面中建筑空间占比越大，越容易被感知为背景；走廊宽度越宽，沿线设置的座椅、绿植、标识标牌越少，其空间感知度越大，空间感越弱，并且相关的感知度偏差值也会相应减弱，空间缺少变化，难以形成特殊节点以辅助老年人群形成记忆。

在候诊区域，水果湖社卫中心的候诊空间为厅廊结合式，座椅排布宽松，可容纳人数少，空间更加开敞，其候诊空间空间感知度普遍大于0.5；洪山街社卫中心则相反，设置了廊式候诊空间，走廊两侧布置常规座椅，可容纳人数多，空间围合感更好，故空间感知度小于0.5（图5）。

4.3 社卫中心空间优化建议

基于以上分析与归纳，可总结出优化方案如下：

1. 水平交通的宽度优化

医疗建筑大师罗运湖曾经提出：综合医院交通空间设计要注意区分"街"和"巷"，其具体尺寸应该避免出现盲目的统一性，使患者产生混淆。前期确定方案过程中，也应该从老年人群的知觉体验出发，对交通空间宽度进行优化，使宽"街"与窄"巷"有所区分，主要交通空间宽度大于次要交通空间。同时在次级交通空间沿线散点式地布置一些灰空间用作候诊休憩功能，一方面能保证宽度较小的次级交通空间不会因为候诊人数增加而影响正常的通行，另一方面能使空间感受在充满变化的同时保持连续性。

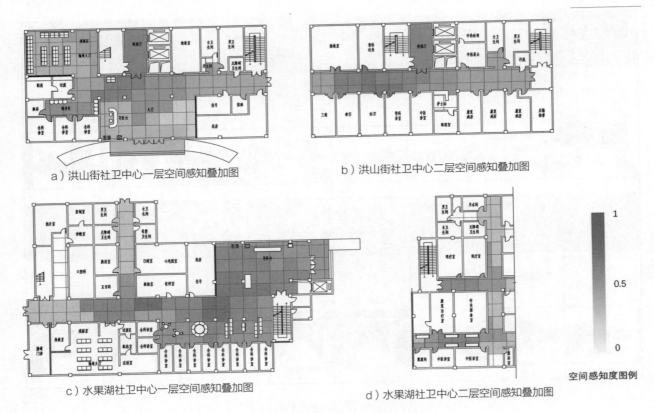

a）洪山街社卫中心一层空间感知叠加图

b）洪山街社卫中心二层空间感知叠加图

c）水果湖社卫中心一层空间感知叠加图

d）水果湖社卫中心二层空间感知叠加图

空间感知度图例

图5　空间感知度叠图分析（来源：作者自绘）

2. 垂直交通的空间组织

从叠图分析可知，随着透视画面中走廊长度的增加，建筑实体越易被感知，空间感随之减弱。大量布置短且曲折的交通空间虽然能够改善空间感，但在使用上会造成极大不变，正确的垂直交通组织可以帮助缩短透视画面中的走廊长度：由于楼梯位于走廊中部，洪山街社卫中心老年人群透视画面中的走廊长度明显小于水果湖社卫中心。由此看出，楼梯、电梯等垂直交通位置决定了老年人群的行为路径，进而影响路径上的空间感知。在医疗"街"中部设置垂直交通并且引导老年人群沿此路径行进，可以在不影响正常医疗功能运行的情况下，缩短透视画面中交通空间的长度，为老年人群提供更好的空间感。

3. 公共空间的通高设置

一般而言，两层通高的入口大厅的公共空间容易给人造成过于空旷的空间感受，非通高的公共空间更容易营造出温馨的空间环境。而在基于老年人群视觉的空间感知分析中，通高大厅的空间感知情况和围合感反而更好，原因在于通高大厅中，顶板并不被使用者日常可见，人眼画面中顶板与地板的比例大幅降低，空间感知也就倾向于感受建筑空间。在以后的社卫中心前期设计过程中，还需要结合视觉上的空间感知情况，综合考虑通高空间的设置。

4. 室内装饰的后期优化布置

面对大量已建成的社卫中心，可以通过后期对绿植、座椅等室内装饰的重新布置来达到优化空间感知情况的目的。在没有条件对墙面进行拆改的前提下，大型绿植和立式宣传牌可以有效对空间进行划分。同样，面对过长的水平交通空间，等距设置顶式悬挂标牌可以使空间呈现一种有规律的变化。绿植和标识标牌等室内装饰一方面提升了空间的品质和使用效率，另一方面可以以较低的成本增加空间实体在老年人群透视画面中的比例，进而提升空间被感知的能力。

5 结语

随着中国老龄化的发展，社卫中心将承担起为社会提供医疗养老服务的重要功能。社卫中心接待人群中老年人比例的持续上升，而有针对性的相关研究仍不充分，大部分仍停留在功能的配置和设计标准的探索上，基于老年人群知觉体验的空间设计研究较少。这样盲目的铺开社卫中心建设，一方面没有缓解老年人在获取医疗服务时感受到的空间不适，另一方面也降低了老年人群对社卫中心的心理期望，间接加重了综合医院的服务压力，也会造成社卫中心资源和人员的闲置浪费。基于以上背景，本研究以基于视觉的知觉体验为切入点，结合格式塔心理学，研究常用路线上的视觉图底关系，结合现场环境总结出优化方案。研究发现：水平交通的宽度优化、垂直交通的空间组织、公共空间的通高设置、室内装饰的后期优化布置等方面均能对老年人群的空间感知进行优化。后续还将深入研究社卫中心室内颜色、照明等因素对老年人群空间感知的影响，以进一步优化老年人群在获取社区医疗养老服务时的空间体验。

参考文献

[1] 罗运湖. 现代医院建筑设计[M]. 北京：中国建筑工业出版社，2002.

[2] 徐磊，杨公侠. 环境心理学：环境、知觉和行为[M]. 台湾：五南图书出版有限公司，2005.

[3] 张哲浩. 基于格式塔知觉感知的CCRC内部公共空间设计研究[D]. 天津：天津大学，2017.

[4] 曹泓涤. 社区居家养老模式下社区卫生服务中心设计研究[D]. 西安：西安建筑科技大学，2015.

[5] 何真玲. 老龄化背景下的城市社区卫生服务中心建筑设计研究[D]. 重庆：重庆大学，2014.

[6] 周博，王洪羿，陆伟，李铁丽. 中日养老建筑空间知觉体验特性比较研究[J]. 建筑学报，2013（S2）：66-71.

[7] 沈克宁. 绵延：时间、运动、空间中的知觉体验[J]. 建筑师，2013（03）：6-15.

[8] 顾大庆. 建筑师如何感知空间——兼论连续空间的视知觉机制[J]. 世界建筑导报，2013，28（02）：37-39.

[9] 王洪羿. 养老建筑内部空间老年人的知觉体验研究[D]. 大连：大连理工大学，2012.

直觉主义视角下标志性景观空间的审美体验模式探究①

王雪霏　陈晨

作者单位
广州大学建筑与城市规划学院 中山大学旅游学院

摘要： 当代西方城市标志性景观空间在审美特征上呈现一种模糊现象。文章采用学科交叉的研究方法，借用哲学中的直觉主义理论，对标志性景观空间的这种模糊现象进行深入研究。试图通过对标志性景观空间界面、空间结构以及空间形态的感知体验分析和引例阐述，揭示当代西方城市标志性景观空间呈现出多元式派生、复合式交互、叠置式融合以及延展式连续的审美体验特征。

关键词： 标志性景观空间；直觉主义；审美直觉；审美体验

Abstract: Contemporary landmark landscape space of Western cities presents a vague phenomenon in its aesthetic characteristics.This paper made an in-depth study on such vague phenomenon of landmark landscape space by adopting interdisciplinary research method and referring to the theory of intuitionism in philosophy.Through analysis and illustration about perception and experience of special interface, spatial structure and spatial form of landmark landscape space, it tried to reveal the aesthetic experience characteristics presented by contemporary landmark landscape space of Western cities, such as diversified derivation, compound interaction, overlaying integration, and extensive continuation.

Keywords: Landmark Landscapes Space; Intuitionalism; Aesthetics Intuition; Aesthetics Experience

1　概念解析

一直以来，在关于直觉主义问题的哲学探究中，形成了多个不同的分支方向。在西方当代哲学史上，对于直觉主义的探究最具有影响性的三个代表人物即胡塞尔、柏格森和克罗齐。按照胡塞尔的本质直观的观点，直觉主义就是对于事物原初给予的意识的直观，它不受实际存在的个体的限制[1]，是一个依靠自由想象认识事物本质的经验方法。因而，胡塞尔的观点在直觉问题的研究中"开启了审美对象的意义世界，形成了一种文化心理功能与精神品格"[1]。与胡塞尔的观点略有不同，意大利哲学家克罗齐则认为，"直觉就是表现，既是一种创造能力，也是一种精神活动"[2]，是依据想象而产生的具体形象，是用来表达人的主观感情的创造意象。[3]然而，时至今日，对感知事物的本质性能即"直觉体验"分析，成

为了直观主义研究的主导内容。在 20 世纪初直觉主义盛行的探索之路中，柏格森的直觉主义观点可谓是现代派艺术哲学的理论支柱。作为存在论的代表人物，柏格森认为，"所谓直觉，就是一种理智的交融，这种交融使人们自己置身于对象之内，以便与其中独特的、从而无法表达的东西相符合。"[4]可以说，柏格森所推崇的直觉主义是一种非物质、依照自我意识感知事物的内心体验，他向人们昭示，在直觉体验中，"对事物实体的认知不是通过人脑的烦琐构思而抵达的，其中充盈着绵延不断的非理性本能认识过程"[5]。

基于上述相关直觉问题的哲学探究，可以发现，人们对于直觉主义本质的思忖经受几个世纪的辗转变换，使得人们对于直觉的理解也逐步由一种衡量事物状态的"直观领悟"流转为展现情感意识的"直觉体验"。

①　教育部人文社科青年基金项目，17YJC760002，基于原型理论的文化景观遗产价值本体研究
国家自然科学青年基金项目，51708126，基于空间视感知的文化景观遗产认同评价机制研究
中山大学青年教师培育项目，20wkpy55，基于空间认知图像的文化景观遗产价值阐释与展示路径研究
中国博士后面上项目，2020M672969，基于情感语义算法的文化景观遗产空间价值阐释路径研究

2 标志性景观空间审美体验下直觉内涵的表层突破

在标志性景观空间的审美活动中，人们时常依托于直觉体验来达成对标志性景观空间的审美认知。与此同时，标志性景观空间的意识感知和审美经验也依托于想象和积累而达成升格。标志性景观空间的审美直觉内涵，就是探究标志性景观空间的审美体验中人们直觉思维的绵延过程。由此，我们探求的要点不再拘泥于表象意识状态下标志性景观空间的情感体验，而是寻求具备生命存在价值的标志性景观空间的直觉体验，即标志性景观空间审美体验中直觉的实感表达和形式变换。

2.1 感觉的直觉——标志性景观空间界面的派生之美

"感觉的直觉是理性的触角，它先于理解，却不取代理解。"[6]由于标志性景观空间界面在构成中的模糊性和不确定性[7]从物质与精神层面分别展现了人的直觉感知和感觉意识[8]，因而，人们体验标志性景观空间界面之时所形成的直觉意识是在"知觉特性和感知细节中的驻留"[6]。由此，我们将借助感觉的直觉对标志性景观空间界面进行拓展解读，以网格脉络为设计手法，强调在边界创造中诸影响因素的过渡与关联，从而使标志性景观空间界面完成由单一网格解读向多元网格派生的转变。

如表1可知，相较于传统标志性景观空间界面的纯粹网格样式，当代西方标志性景观空间界面的网格脉络更强调元素间"不同种类中不同个体的分割变化"[9]，并在界面与人及景观环境所构成的体系中，创造出一种相互"通透"的延伸效果，进而呈现出多元式派生的审美特征。首先，基于人们对空间界面"运用直觉从内部来把握它，而不是运用单纯的分析"[4]去理解它的感觉体验，空间界面在网格发散中更强调功能与行为的串联式设计。其次，人们注重直觉的审美能力在体验中借助感觉得以超越拓展，令空间界面在网格透视上突显"输入—消隐—输出"的视线张力（图1）。同时，利用人们在体验过程中直觉经验与感觉意识的交融共生，网格脉络通过思索与想象的"介质传播"，将空间界面的变化范围扩展到环境系统当中，并以"规律切变"的方式重新组建空间界面的网格关系，从而借助元素文本的"异质并存"，强调空间界面在网格性质、网格层次及网格强度上的活络转换。在伯纳特公园重建项目中，草坪、道路以及水系将整体空间界面划分为三道网格体系——正方形网络、对角线网络和环状网络，三者不同的体验效果使人们在观赏之时，以绵延的感觉直觉去记录空间界面在形式中的多元派生。同时，穿插于水池带之中的"米"字造型，令界面的派生特性得以延展，人们通过直观的体验品味抽象图式在空间界面中的滋生驻留，从而令人们审美的感觉直觉得以超越（图2、表1）。

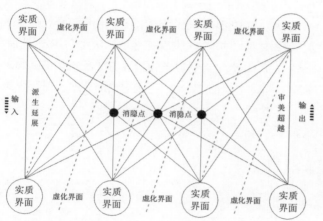

图1 直觉体验下的网格脉络派生图（来源：作者自绘）

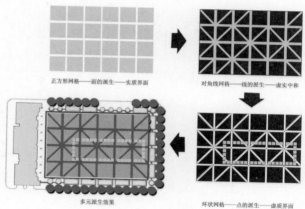

图2 伯纳特公园网格体系分析（来源：作者自绘）

标志性景观空间界面的派生营造　　表1

代表时期	传统标志性景观	当代标志性景观
空间界面派生特性	单一网格体系 方形树阵排列 方形树池围合 方形水池造型 方格式铺装	串联网格体系 水体植被的叠加 软质硬铺的交错 流变造型的阵列 几何线脚的对等
审美特征	严谨之美 重视形态的统一 营造纯粹的几何网格	注重网格的发散张力 追求多层网格透视化 以变化求规律
感觉意识	无趣，呆板，缺乏 联想性，视觉感平淡	生动，灵活，极具创 造性，强烈的视觉冲击
直觉意识	整齐，具象，简约	流动，抽象，奇特，自 由开放，敏锐细微

（来源：作者自绘）

2.2 形式的直觉——标志性景观空间结构的交互之美

形式的直觉区别于精神情感和思维波动，涉及对形式的动态方面的注意。[6]标志性景观空间结构的形成借助于其内部各景观节点之间接衔递进的关系状况，呈现出一种能动的结构形式。因而，在空间结构审美特征的表达中，形式的直觉成为一种新的意识思维，强调空间主次节点在布局、区域及价值方面的功效关系和交互状态。同时，衡量空间结构体系是审美还是非审美的唯一标准"就在于它来自对于形式的直觉，还是来自对于某些功利性的思考"[10]。在此背景下，标志性景观空间结构在审美体验中将借助形式的直觉的"完整、统一及必然"[6]，来实现空间结构中主次节点在建构中由"单向拼合"到"多向解构"的关系转换，由此，令标志性景观空间结构呈现出复合式交互的审美特征。

1. 直觉的完整：结构布局中规律与秩序的整一
规律记录了理性体验下结构形式的纯粹；秩序刻画了感性认知下结构形式的纯朴，两者的整一为标志

性景观空间结构带来了体系的稳定和功能的灵变。在感知的暗流中，标志性景观空间结构所凸显的规律与秩序追随着形式的直觉在人们的脑海中形成印记的积淀。空间布局强调多元围合、异质平衡、模块增长的功能形式，并在遐想体会中与形式的直觉相依附，从而在规律与秩序的布局变换上实现体验式整一。这种整一如同对抽象派画作的评析，不关乎对线条、色彩的细味分解，而是关注于画面样式本身以此追寻观念与情感的有机完整。

2. 直觉的统一：结构区域中集中与分散的转换
作为城市开放式活动场所，标志性景观空间结构的营造固然需要依据人对空间活动的直觉体验而建构空间结构区域的划分，即通过集中与分散的手段来达到空间活动的适量转换，从而实现人们对空间结构形式的直觉统一。在这个体验过程中，"直觉优先于理解"的审美意识致使人们经常采用一种直观凝聚的介入模式去感受空间结构的美。空间区域强调参与展示、繁简平衡、人工自然的风格样式，并在动静切换中与形式的直觉相依附，以此在集中与分散的区域划分中实现体验式转换（图3）。其中，人们可以借助"集中"从欣赏的角度去感知空间不喧不嚣的恬静清幽；亦可以通过"分散"从参与的角度品味空间散中有序的连通渗透。两者的转换衍生出静动结合的审美体验因效，从而令标志性景观空间达成更加稳定的结构转换体系。

3. 直觉的必然：结构价值中过程与结果的自调
标志性景观空间结构在价值确定的"过程中或直接结果中，有着一种情感因素"[11]，即无论是观赏者的直觉欣赏过程还是设计者的直觉创造过程，都要通过与其相对应的直觉结果来表现，从而令直觉回归到感知、沟通、完善的必然因素之中。空间价值强调灵感对话、文化交流、体系衔接的创作制式，并在审美

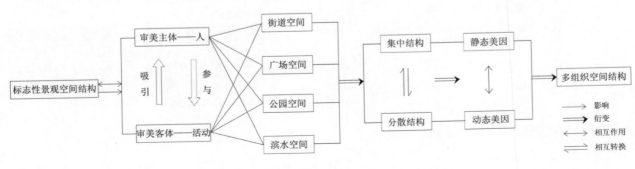

图3　多组织空间结构的衍生（来源：作者自绘）

定向中与形式的直觉相依附，以此在过程与结果的价值衡量中实现体验式自调（图4）。这种自调令直觉的"即时性和感觉关系"[12]真实呈现，即通过不同直觉阶段对应的不同审美感知，将人们对空间结构的审美体验从"直觉引导"演绎为"直觉整合"。

波士顿柯普利广场被誉名为新时代的"雅典卫城"，自1969年起，几十年的多次改造让这个曾经冰冷空旷的市政场地逐步转变为如今炙热满溢的休闲场所（图5~图7）。横向路网与纵向建筑的穿插交互实现了景观结构布局的多层次效应，使人们以直观的认知想象去体验空间结构形式的完整，在多样的建筑形式中寻求空间结构布局整体的规律与秩序。新广场空间结构形成集中凝聚和分散流动的形式，使得空间与行为活动通过人们对形式的直觉体验而建构出一种相濡以沫的动静联系。这样的改变构想既源自于人体验空间结构时对形式美的直觉感知过程，也源自于人体验空间结构时对形式美的直觉感知结果，两者缺一不可，这也是使其成为城市"标志"的主体因素。

3 标志性景观空间审美体验下直觉模式的深层营造

对标志性景观空间审美直觉内涵的探究足以令人们确信，一个标志性景观的审美价值不仅在于它的存在对城市发展具有何等意义，同时也在于人们直觉的感知方式。标志性景观在被人们体验之时，对于形态的繁复认知"作为一种直接而简单的直觉，扎根于人们记忆储存的无意识领域"[13]，当同一空间境域内依据异同形态而滋生的各类情愫混合而成的感知体验被直觉骤然唤醒之时，标志性景观空间的自身表现性将逐步从现象世界升华为内心世界。当固有的审美鉴赏模式，让位于人们内心感受所体现的觉察注意，并进一步体现联想，体现强烈的、与情境相适宜的直觉体

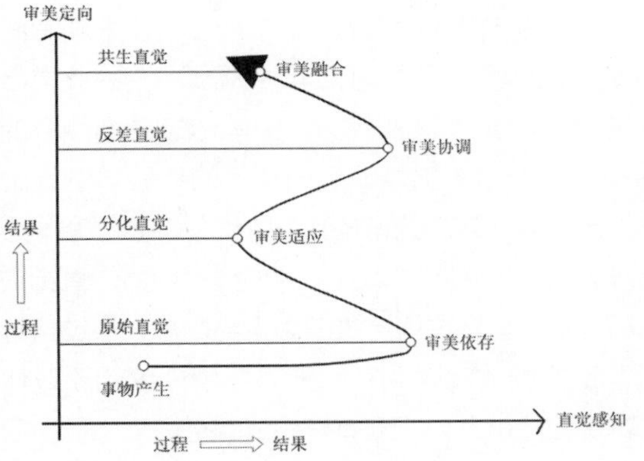

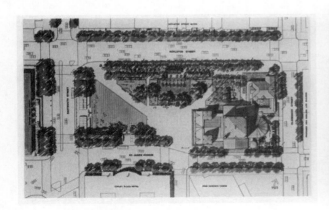

图4 空间结构审美定向的衍化
（来源：作者自绘）

图5 1969年柯普利广场散乱的空间结构
（来源：网络图片）

图6 改建后的柯普利广场
（来源：Landscape Architecture，1985）

图7 活络的景观空间结构
（来源：网络图片）

验的时候，空间形态的被创作和被欣赏将不再是一个单一的理性表达，而演化成为一个多元的直觉营造。

3.1 创作的直觉——标志性景观空间形态的融合之美

创作的直觉具有指导作用，是艺术家对前进方向的感觉[6]。当今西方，设计师凭借无限的直觉想象，通过创作灵感的瞬间迸发，使标志性景观空间形态如同数学公式一样呈现出"一致与变化的复比例：如果诸物体在一致上是相等的，美就随变化而异；如果在变化上是相等的，美就随一致而异"[14]。于此，我们借助创作的直觉对标志性景观空间形态进行归类比对，以线型样式为特有元素，强调在形体繁衍中对自身因素的演变与联想，从而实现标志性景观空间形态由"停顿期间的凝固形式"到"持续期间的凝固形式"[15]的转变。

如表2所示，线作为当代西方标志性景观空间中最常见的设计元素，在空间形态创作过程中刻画描绘多种不同的直觉语言，由此强调有变化就一定有对比，并根据空间形态创作的需要演化出多义线型样式，从而呈现出一种错综演变的视域维数，进而展现叠置式融合的审美特征。可见，线自身的延展现象和清晰状态令人们在多变的空间形态中探寻到统一的趋势走向，于瞬息万变的空间形态中体味线的质朴纯净。然而，这一切感知和视域的变化都不是经由预先揣摩确定下来的，而介于创作的过程中，追随着人们直觉的意识生发而成。位于洛杉矶第五大街的联合银行广场正是因"线"的特有变化而成为整个街区的标志。整个广场从材质到绿化，盖瑞特·埃克博都采用"曲线"作为主体形态，并通过曲线自身的多元演变来实现空间形态的层次变化（图8）。各种线型元素

在创作中的相互协调不仅仅加深了人对空间形态的直觉感知，更是促成了曲线形态在空间变化中所展现的完美统一，增添空间形态在审美体验中的趣味性（图9）。在此瞬间，形态的创作已静止，但内心的感知仍跌宕起伏，直觉的种种体验在曲线的延绵流动中幻化为恒久的印记。

3.2 欣赏的直觉——标志性景观空间形态的连续之美

欣赏的直觉是创作直觉的补充[6]，反映出人们对空间形态的审美意识，累积了空间形态在创作中所滋生的艺术价值。在当代西方标志性景观中，节奏韵律成为空间形态的一种表达手法，使借助于欣赏的直觉进行审美体验的景观作品，呈现出"和谐匀称"的审美新趋势。因而，对欣赏者而言，空间形态并不是"形体上的拼接游戏"，而是一种表达景观意蕴的直觉语汇，并在标志性景观空间的审美体验中承担重要作用。

当人们从欣赏的直觉角度体验标志性景观空间形态时，能够感知到其时刻向人们展现一种节奏与韵律的序列状态。这种状态在空间形态动向伸张的映射中，表现出直觉意识纵向持续的体验机制，进而呈现出延展式连续的审美特征。首先，基于空间形态对样式与体验关系的确立，人们借助欣赏的直觉去解答空间形态体验中所产生的思索与联想，通过自身直觉意识的绽放，强调空间形态蔓延连续的动效体验。其次，注重几何元素有机构成的空间形态，在欣赏的直觉上则通过元素列位的条理性、元素层叠的重复性、元素切换的起伏性等方式，将标志性景观空间形态由古典园林中安逸的静态美转向当代景观灵动的参与美，致使整个空间形态在审美体验中升华为一种

	"线"的创作的直觉审美特性			表2
线型样式	直线	曲线	折线	断线
直觉语义	平静	流动	蜿蜒	零散
形体演变	"点"的延伸	"线"的婉转	"面"的顿挫	"域"的分割
图式联想				
审美感知	安逸的稳定感知	活跃的延续感知	起伏的序列感知	残败的割裂感知
视域维数	二维	四维	三维	无

（来源：作者自绘）

图8 洛杉矶联合银行广场中线的多元衍化
（来源：王向荣
《西方现代景观设计的理论与实践》）

图9 曲线的形态变换赋予空间趣味性
（来源：马克·特雷布
《现代景观———一次批判性的回顾》）

对"延展连续"的追求。由此，空间形态在节奏韵律的绵延"流动"和情态感知的移情"跃动"中将人们的体验感知从"直觉期待"引领到"直觉欣赏"。在罗斯福总统纪念园的项目中，由石墙、瀑布、树丛以及灌木等单项元素交织组合而成的四个不同性质的空间，以水平递进的延伸形式呈现出园区空间形态的整体连续（图10）。墙体与灌木、树丛以及瀑布叠水的交错搭配改变了空间形态的固有模式，通过流动多变的延续状态，以看似"零散"的切换模式营造空间形态的节奏与韵律（图11、图12），使人们在欣赏的过程中从直觉的瞬间去感知空间形态的延展连续，从而实现人们对事物体验与行为参与的向往。

图10 罗斯福纪念园平面
（来源：王向荣《西方现代景观设计的理论与实践》）

图11 墙体与树木的搭配

图12 墙体与叠水的搭配

4 结语

当代西方城市标志性景观空间的审美体验特征是个值得研究的问题，直觉本身是一个让人思量不透的概念，而直觉下的审美体验也是一个笼统且繁芜的研究领域。我们借助于感觉的直觉、形式的直觉、创作的直觉和欣赏的直觉这四个切入点，通过对当代西方标志性景观空间界面、空间结构和空间形态的感知体验进行对位研究，发现了当代西方标志性景观空间在审美体验过程中出现以下几个崭新的特征趋势：其一，体现出发散消隐的多元式派生审美特性；其二，呈现出整齐、转换、自调的复合式交互审美特性；其三，展现出变化统一的叠置式融合审美特性；其四，表达出节奏韵律的延展式连续审美特性。希望上述这四个审美体验特性的提出，能够为我们研究与解读当代西方标志性城市景观带来一种新的研究路线与方法。

参考文献

[1] 张永清. 现象学的本质直观理论对美学研究的方法论意义[J]. 人文杂志，2003（02）：108-112.

[2] 列维·克利夫特. 克罗齐和直觉美学研究[J]. 陈定家译. 南阳师范学院学报（社会科学版），2003（07）：12-18.

[3] 胡兆云. 克罗齐表现主义翻译观及其发展浅析[J]. 外语与

外语教学，2003（05）：54-55.

[4] [法]柏格森. 形而上学导言[M]. 刘放桐译. 北京：商务印书馆，1963：3-4，26.

[5] 方杲. 论亨利·柏格森的直觉主义[J]. 吉林化工学院学报，2007（6）：90-93.

[6] [美]阿诺德·柏林特. 美学再思考[M]. 肖双荣译. 武汉：武汉大学出版社，2010：124，125，126，127.

[7] 吴良墉. 人居环境科学导论[M]. 北京：中国建筑工业出版社，2001.

[8] 俞晨圣. 论景观空间的界面设计原则[J]. 黑龙江生态工程职业学院学报，2007（5）：19-20.

[9] [波]瓦迪斯瓦夫·塔塔尔凯维奇. 西方六大美学观念史[M]. 朱刘文潭译. 上海：上海译文出版社，2006：347.

[10] 赵巍岩. 潜在的建筑意义[M]. 上海：同济大学出版社，2012：94.

[11] [德]格罗塞. 艺术的起源[M]. 蔡慕晖译. 北京：商务印书馆，1984：38.

[12] Baylor AMY L. A Three-components conception of intuition：immediacy，sensing relationship，and reasoning[J]. New ideas in psychology，1997，15（2）：185-194.

[13] [英]杰弗里·斯科特. 人文主义建筑学——情趣史的研究[M]. 张钦楠译. 北京：中国建筑工业大学出版社，2012：118.

[14] 朱光潜著. 西方美学史[M]. 南京：江苏文艺出版社，2008.9：172.

[15] H. Bergson. An Introduction to Metaphysics[M]. Bobbs-Merrill，1955：48.

基于 SD 法的历史街道使用后评估研究
——以通海县御城主街为例

沈瑶瑶 刘嘉帅

作者单位
昆明理工大学建筑与城市规划学院

摘要： 随着消费时代的发展，历史商业街不仅是带动经济发展的方式，更是对当地街区风貌和特色文化的保护传承。本文以历史文化名城通海县改造后的御城主街为例，运用 SD 法从感性评价到量化评价，剖析游客游憩需求与居民生活空间需求，挖掘现存街道空间在使用过程中出现的问题，从使用者感受出发合理建构历史城镇街道更新改造策略，重新审视历史街区体验感与街区文脉、空间构成要素和空间组织之间的关系。

关键词： 历史街道；特色文化；SD 法；御城主街；使用后评估

Abstract: With the development of the consumption era, the historic commercial street is not only a way to drive economic development but also the protection and inheritance of local block style and characteristic culture.Based on the historical and cultural city tonghai after transforming the imperial city street as an example, using the method of SD from perceptual evaluation to quantitative evaluation, analyze the tourist recreation demand and living space requirements, dig the existing problems arising from the street space in use process, starting from the user experience and reasonable construction of historical towns street upgrading strategy, reviewing the experience and the historical block block context, the relationship between the spatial elements and spatial organization.

Keywords: Historic Street; Characteristic Culture; SD; Yucheng Main Streets; POE

随着城市的发展、老城区的没落及旧城改造更新等诸多因素的相互作用刺激了传统历史街道的转变，形成了既为人们提供购物消费的场所，又是具备休闲游憩的商业步行街；另外，商业街还成了展示城市人文风貌、商业文化及经济繁荣的承载体。在文旅热潮推动下的今天，为了保持历史古镇的文化特性与历史意义，探讨如何建构更为人性化和更符合历史古镇保护更新的商业步行街空间具有十分重要的意义和作用。

1 研究对象选取

通海县包含御城和旧县两个历史文化街区，距今已有千余年的建成历史，整体风貌保存良好，街巷格局完整，保存有大量明清至民国年间的历史合院建筑，有"礼乐名邦、秀甲滇南"的美称。研究选取的对象是更新改造后的御城主街，是该地最有代表性的商业历史街道。御城形成了十字方格街巷体系（图1），明代街巷肌理尚有迹可循，北至礼乐西路，南至文庙街，东至古城东路，西至古城西路，纵向长度约为600米，横向长度约为500米。御城主街相交中心为历史保护建筑聚奎阁，是整个古城的中心位置。

图1 区位关系图（来源：作者自绘）

2 研究方法

本研究主要采用了实地调研和SD法语义分析两种方法。前期通过对场地的实地调研和问卷调研，了解分析街区现状、建筑风格特征、人群行为和产业等现状作为研究的基础，后期结合SD语义分析法作为客观数据支撑，再进行数据整理与数据分析。

2.1 语义差分法（Semantic Differential，SD）

语义差分法又称为语义分析法或感受记录法，是C.E.奥斯顾德（C.E.Osgood）提出的一种通过言语尺度来定量心理测定方法[3]。SD法多用于街道活力使用后评价以及风景美学评价等方面。本研究通过SD法获取感知数据，结合实地调研进行定量分析，准确客观地探索街道环境与行人的感知关系，以期指导未来的历史街区的更新改造。

2.2 评价因子选取

经过实地调研和走访之后，结合公共空间指数模型（PSI量表）这个5维模型中提出的45个子项目的评价体系，包含使用者的感知、行为、物质环境特征和空间的社会经济维度[4]。扬·盖尔在《交往与空间》中发现街道的尺度、长度、界面的多样性等都对步行感知有不同程度的影响。本文以"步行影响因素"为目的，对步行者进行问卷预调研，从而确定街道空间、街道界面、服务设施、商业设置等14组步行环境评价因子，每组评价因子分别包括一对反义词（表1）。为使被调查者能作出准确评价，每组语义评价因子设置7级评价尺度，用形容词对来进行语义区分，为了方便进行量化分析形容词对正反分别赋值是"3、2、1、0、-1、-2、-3"。

环境评价因子	表1
评价因子	形容词对（3~-3）
街道景观	丰富/单调
视觉体验	宽敞/封闭
商业种类	丰富/单调
人车隔离设施	隔离性强/隔离性弱
步行铺砖感受	舒适/难受
步行道宽度	宽敞/拥挤
街道趣味	有趣/无趣
活动种类	丰富/单调
休憩设施分布	满足/缺乏
公厕服务分布	满足/缺乏
街道照明	满足/缺乏
临街建筑样式	有特色/无特色
历史建筑保留度	强/弱
街道安全性	安全/危险

（来源：作者自绘）

3 场地街区环境分析

3.1 场地现状

2015年进行了御城内主街更新改造，整治了临街建筑风貌，实施了主街水系恢复工程，只允许步行与慢行交通的模式。御城主街建筑为商住混合为主，底层为商业功能，上层为居住功能，皆为私有产权。建筑风貌大量为砖木结构的仿古建筑样式。街道景观塑造为水景和特色盆景结合，在街道中央引入一条宽2米和0.8米的水系，把"山、城、湖"通过空间水带紧密联系。在水系周围摆放具有地方特色的盆景景观，两边设置休憩座椅（图2）。

3.2 场地功能

御城主街为连续和系统的商业空间分布，围合内部民居居住空间，形成了围合式空间布局（图3），主要街道形成十字交叉路网，支路四通八达联通内部居住空间，形成网格式道路系统，总体空间存量上以居住空间为主。

图2 街道透视图（来源：作者自摄）

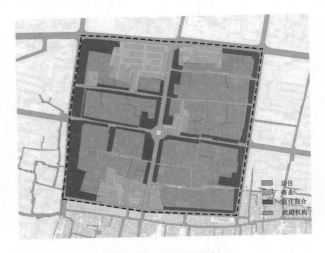

图3 御城功能布局图（来源：作者自绘）

对主街两侧的商业进行不同商业种类的店铺数量统计（表2）和标记（图4），可看出主街的业态分布特征明显，由于通海民族银饰制品厂为通海手工艺老字号，在主街中心区域形成了珠宝店分布和所占面积最多，造成了商业单一的心理感知特征。

3.3 场地多元行为

通过不同时间段对御城主街的不同年龄段人群行为进行活动记录，以时间为轴，御城主街内人群行为具有时间性（图5）。通过时间行为图示可知，

商业数量统计表								表2
类型	服装a	餐饮b	银行c	珠宝店d	书店e	数码店f	培训学校g	便民超市h	其他i
数量	13	6	6	11	3	5	1	1	2

（来源：作者自绘）

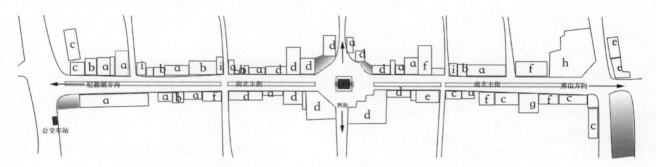

图4 商业分布标记图（来源：作者自绘）

图5 时间行为图（来源：作者自绘）

御城主街街道活力最强的时间段为12：00~16：00和18：00~22：00，在这两个时间段内人群行为活动主要为购物（12：00~16：00）和散步游玩（18：00~22：00）。分析可知人群对御城主街的

功能需求主要为购物以及散步，且无年龄段区别。相比于通海的其他街道，御城主街的街道景观可促发盆景观赏、散步乘凉、儿童亲水游玩等多元行为。

4 评价结果分析

4.1 SD综合评价结果

本研究一共分发89份问卷，有效问卷81份。利用Excel软件对所得81份有效调查问卷进行最终的数据统计，计算出各项评价因子的综合平均值（表3），再绘制出可视雷达图（图6），可以直观看出全体受访者对御城主街环境的综合评价。从雷达图可知：所有评价因子在1~3区间内的因子共有8项，占比达

调查结果综合得分表							表3
评价因子	街道景观	视觉体验	商业种类	人车隔离设施	步行铺砖感受	步行道宽度	街道趣味
综合平均分	2.58	1.49	-2.24	0.86	-1.29	1.25	-1.08
评价因子	活动种类	休憩设施分布	公厕服务分布	街道照明	临街建筑体验感	历史建筑保留度	街道安全性
综合平均分	1.34	1.46	-1.17	1.56	0.98	0.84	1.83

（来源：作者自绘）

57.2%，说明全体受访群众对于御城内主街更新改造后街道感知评价整体较为满意。其中街道景观塑造因子平均得分数值是各因子之中最高的，在2~3区间内，说明使用者对街道景观塑造的感知评价最为满意。但是其中主街街道的商业种类的因子平均得分数值在各因子之中最低，在-1~-2区间内，说明使用者对主街商业种类的感知评价最不满意。

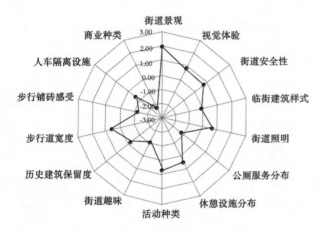

图6 可视雷达图（来源：作者自绘）

综合可知，所有评价因子的平均分值排序为街道景观、街道安全性、街道照明、视觉体验、休憩设施分布、活动种类、步行街宽度、临街建筑样式、人车隔离设施、历史建筑保留、街道趣味、公厕服务分布、步行铺砖感受、商业种类。通过分值可量化得知，全体受访群众对于主街感知评价中评价最低和最高的因子，对于评价最后的几项因子可作为后期策略改进的量化依据。

4.2 多元回归问题分析

通过评价因子感知评价数值结合实际调研结果分析研究对象御城主街街道环境行为，可以发现以下几点存在问题：

（1）街道商业种类单一。御城主街商业形成了以珠宝店为主要消费品。服装以先行市面上的普世产品为主，无地方特色产品和满足不了居民的日常生活需求。商业种类无法体现历史街区的文化维度和生活维度。

（2）步行道地面设计不合理。御城主街地面铺装一味追求仿古建筑的风貌统一，使用纹理为大理石地砖铺面。雕刻大理石地砖对穿高跟鞋步行的女性、婴儿车推行和老人散步最不友好。没有充分考虑人的步行舒适度要求和慢行交通（自行车）的行车条件。

（3）街道界面整齐单一，无趣味性。御城主街的建筑界面连续性强，街道两旁如墙一样的连续整齐的建筑界面，皆在统一立面尺度上，空间变化性弱造成步行的趣味性弱。

（4）基础设施分布不完善，公厕服务设施缺乏。

（5）建筑样式特色不明显。御城主街上的建筑皆为更新改造后的仿古建筑，历史建筑保留度不高，新旧结合率低，建筑立面使用大量现代防盗窗，破坏了建筑特色。

5 改进策略：从街道设计到街道营造

5.1 回归日常

城市街道公共空间价值的探究要回归到生活本质。历史街道之于城市是名片，之于经济是发展点，之于居民是生活场所。对御城的功能分布分析可知御城内居住空间大于商业空间，主街商业空间大于居住空间，所以主街之于御城居民是生活场所。对御城主街量化提取原有日常性，提升商业业态的日常性，以社交为主的业态最能促发街区活力，提升商业步行街的趣味性。改变资本支配下的空间功能分布，向更贴近居民生活的日常性商业类型和商业空间转换。从日常中延续历史记忆体现文化内涵，承载场地的记忆，延续场地的固有精神密码。重视每一个场地独特的文化价值挖掘，将时间性作为单独的要素加以研究和表述，让使用者在特定场所中获得独特的体验。

5.2 公共空间转型

整齐的主街街道界面不利于人群的交往，凹凸变化的街道能创造更多可能性的交往空间。通过改变现有临街街道底层空间现有的建筑界面，可增加更多的人群交往行为可能性。

由于主街临街建筑的产权皆为私人产权，在营造公共空间的过程中需要借助公共空间的转型，提倡以私有公共空间（POPS）为转型结果，由私人产权建筑贡献增加街道的公共空间可使用率。以自下而上的更新策略为主导目标。私有公共空间未来将成为城市中最具影响力的环境场所，将在一定时期内承担社会交往、居民休闲的重任。

将临街私有产权建筑底层在政府政策引导转型为私有公共空间，改变临街建筑界面的贴线率，采用底层私有建筑公共化空间方式，丰富街道的活动性，增加步行界面空间趣味性，可以通过时间和实体空间上进行边界的改变，例如可设置根据时间人群活动设置室外餐饮座椅或内凹空间的透明建筑界面等。

5.3　友好型基础设施

在街道的基础设施营造中需要考虑不同年龄人群的特征使用，铺砖应考虑老人和婴幼儿的轮椅和推车使用便利性，以及慢行系统的使用，所以在铺砖的表面纹理选择上要考虑上述因素。为了在街道的四维空间界面延续历史文化维度，所以可考虑在地面设计中融入传统文化元素，营造场所历史氛围（图7）。针对公厕等卫生基础设施缺乏，改进设计中需考虑步行适宜范围内增加公厕及其他卫生基础设施，通过基础设施的改进更新创造环境友好型健康街道。

图7　友好型铺砖设计（来源：作者自绘）

6　结语

在此次调查研究中，运用语义差分法及统计分析方法，直接捕捉了使用者对街道空间环境感知评价，反映出街道的使用后感知程度，找出对历史街道空间体验影响较明显的心理感知因子，并加以实地调研作为检验。结果表明，街道景观的特色性、公共设施完善度、建筑形式丰富度、商业业态的丰富度是历史街道富有活力的重要保证。

在此次研究中，虽然研究对象具有特色的街道景观塑造，但是要塑造更具有活力的街道还需要从人的需求和感受出发，结合场地特征、功能与地域文化等要素来增强街道景观品质。历史街道的更新改造不能一味地自上而下主观式改造，应该从使用者感受出发，引导街道自发性营造才能让街道空间更好地贴近生活，将大众文化延续到街道营造中，以存续历史街区历史文化资源与传统风貌。

参考文献

[1] OSGOOD CE，SUCIG J，TANNENBAUM P. The Measurement of Meaning[M]. Champaign: University of Illinois Press, 1957.

[2] 徐磊青，言语. 公共空间的公共性评估模型评述[J]. 新建筑，2016（01）：4-9.

[3] 张昀. 基于SD法的城市空间感知研究[D]. 上海：同济大学，2008.

[4] 王昭雨，庄惟敏. 基于点评数据的旧城改造更新后评估研究——以北京钟鼓楼为例[J]. 华中建筑，2019，37（04）：100-102.

[5] 王菁睿. 基于POI数据和SD法的历史镇区评价研究——以溱潼古镇为例[J]. 城市建筑，2019，16（03）：10-14.

[6] 庄惟敏. SD法与建筑空间环境评价[J]. 清华大学学报（自然科版），1996（04）：42-47.

[7] 郝洛西，杨公侠. 关于购物环境视觉诱目性的主观评价研究[J]. 同济大学报，1998.10.

[8] 贺慧，林小武，余艳薇. 基于SD法的绿道骑行环境感知评价研究——以武汉市东湖绿道一期为例[J]. 新建筑，2019（04）：33-37.

基于环境行为学的山城梯道过渡空间的积极塑造
——以渝中区建兴坡大梯道为例

黄涛　邓蜀阳

作者单位
重庆大学建筑城规学院

摘要：针对山城梯道过渡空间意象破碎、日常交往空间衰败、文化表达媒介单一等问题，结合环境行为学理论，以渝中区建兴坡梯道过渡空间为例，建立由行为观察—需求分析—策略研究—动态发展四个方面组成的思维框架。通过实地调研、调查问卷等方法对环境和行为进行分析，提出从空间意象的完整、空间环境文化氛围的增强、基础服务设施和景观绿化的完善和动态弹性发展四个方面对梯道空间进行积极塑造以改善其空间品质，激活山城城市活力。

关键词：山地城市；梯道过渡空间；环境行为学；积极塑造；建兴坡大梯道

Abstract: Aiming at the problems of the image fragmentation, the decline of daily communication space, and the single medium of cultural expression in mountain city, taking jianxingpo terrace transition space in Yuzhong District as an example, this paper establishes a thinking framework composed of behavior observation, demand analysis, strategy research and dynamic development.Based on the analysis of environment and behavior through field investigation and questionnaire, this paper proposes to actively shape the terrace space from four aspects: the integrity of space image, the enhancement of space environment and cultural atmosphere, the improvement of infrastructure and landscape greening, and the dynamic and elastic development, so as to improve its space quality and activate the vitality of mountain city.

Keywords: Mountainous City; Stairway Space; Environmental Behavior; Active Shaping; Jianxingpo Stairway

1 引言

山地城市由于自然地形高差形成了联系城市不同区域的梯道过渡空间（图1）。在历史的发展演变中，纵向的梯道空间从单一的交通功能逐渐转变为集居住、商业、交通和游憩为一体的复合功能空间。大部分山地梯道空间活力严重衰退，部分梯道被机动车道和高楼大厦拦腰截断或直接拆除（图2）。[1]山城梯道过渡空间现状面临着过渡空间意象破碎、日常交往空间衰败和文化表达媒介单一的主要问题。在旧城更新的背景下，梯道过渡空间的积极塑造对于山城活力的激活有着重要的现实意义。

许多学者对山城梯道空间的塑造从不同层面进行了大量的研究。毛华松等从景观方面提出梯道品质提升的三大景观应对策略。[1]邓明敏梳理了梯道发展的历史、特色与传承。[2]黄光宇等总结了建筑与步行空间共生的六种方式。[3]施玉洁从人的行为出发提出了六个方面的优化策略。[4]从现有研究来看，国内研究

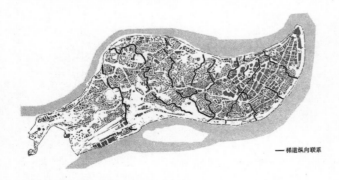

图1　渝中半岛山城纵向梯道
（来源：引自《山地城市梯道空间激活的景观途径探究》）

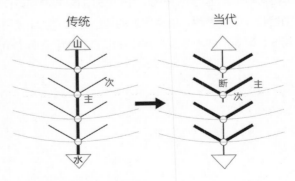

图2　山城梯道历史演变简图
（来源：笔者自绘）

从景观、文化、建筑和行为等不同角度对梯道空间进行了阐述，但是很少从城市过渡空间的角度对其进行研究。

本文以重庆上下半城梯道过渡空间为研究对象，结合环境行为学理论，研究人的行为模式和空间的相互影响，进而提出积极塑造的方法策略，为山城梯道空间活力的激活提供一种更新视角。

2 环境行为学引入城市梯道过渡空间框架体系建立

环境行为学是研究人与周围环境之间互动关系的科学。[5]环境行为学研究人在城市与建筑中的活动及人对这些环境的反应，能更为客观地反映出人对当下环境的需求，由此反馈到城乡规划与建筑设计中去，以改善人类生存的环境。

在梯道过渡空间设计中，首先制定了基于环境行为学的研究策略框架（图3），该框架由四个主要部分组成，分别是行为观察、需求分析、策略制定和动态发展，并在研究中形成一个不断发展的闭环。通过实地调研、调查问卷等方法来研究人与环境的关系，

并基于主客观的观察得出人在环境中的生理和心理上需求。在环境行为学的研究发展中，Moore从场所、使用者、社会行为现象三个方面，并导入时间，建立了环境行为学的研究框架[6]（图4）。Moore重视文化对人的行为的影响，阿摩斯·拉普卜特认为城市和建筑环境对行为的影响是通过环境所表达的"意义"来实现的，因而在环境行为互动模式的研究中引入社会文化因素显得非常必要。本文研究框架的动态发展借鉴了李斌的动态的设计方法论，他认为建筑师的工作应该参与到人与环境系统的持续发展变化的整个过程中，而不仅仅参与建筑诞生或发展的某个片段，时间应该成为建筑设计的重要因素。[7]本文在积极塑造策略的基础上加入时间的动态因素，使其可以不断更新适应城市的发展变化。

3 渝中区建兴坡大梯道实证研究

3.1 背景概述

建兴坡大梯道位于渝中区地铁一号线二路口站旁（图5），它连接两路口和菜园坝，最宽处约20米，

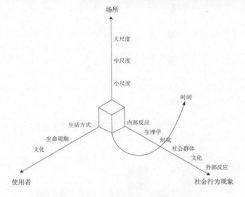

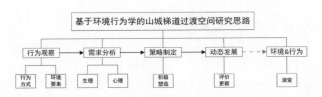

图3 基于环境行为学的梯道过渡空间研究思路
（来源：笔者自绘）

图4 Moore 环境行为学的研究框架
（来源：改绘自《环境行为学的环境行为理论及其拓展》）

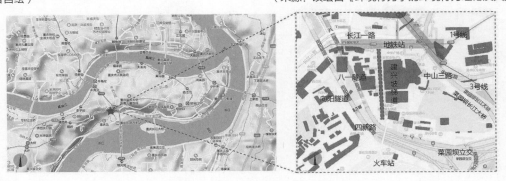

图5 建兴坡梯道区位和周边交通情况（来源：笔者自绘）

最窄约8米，通过10段梯阶解决高差，梯道两旁是随山势跌落的商铺。建兴坡梯道是联系重庆上下半城重要的过渡区域，该城市过渡空间的形成是地理高差的缘故，同样由于该区域的发展变迁造成了该区域的复杂性（图6）。

3.2　需求分析

由于山城梯道过渡空间功能以及城市角色的转变，导致其空间意象破碎、交往空间缺失和文化传承单一等问题，不能很好地适应当前城市的发展。未来的发展应该急需考虑城市文化底蕴的表达、在地居民日常交往场所的营造和过渡空间意象的完整，从城市、居民和空间不同层面来实现梯道过渡空间的积极塑造以满足不同人群的需求。

3.3　环境行为调研分析

建兴坡大梯道是上下半城的过渡空间，使用人群众多，较易在日常状况下对梯道使用状况进行分析，本文采取了实地调研、调查问卷等调研方法对梯道过渡空间进行了调查分析。

1. 过渡空间意象分析

凯文·林奇将城市意象分为路径、区域、边界、节点、标志物五个要素。他认为环境意象是观察者与所处环境双向作用的结果，环境存在着差异和联系，观察者借助强大的适应能力，按照自己的意愿对所见事物进行选择、组织并赋予意义。[8]根据建兴坡梯道空间序列分析（图7），烈士纪念碑是核心标志物，空间线路与空间基本方位符合，但其空间节点的叙事连续性不强，可意象性变弱，入口广场缺乏引导性不能吸引人群停留活动。空间的文化意象传达媒介较为单一（图8），互动性不强。连接山水自然的景观意象缺少层次（图9）。建兴坡梯道是联系上下半城，集交通、游憩、居住和商业一体的重要的过渡空间（图10）。梯道被周边跌落的建筑所围合，形成了

图 6　重庆上下半城过渡区域的历史发展（来源：笔者根据文献资料整理自绘）

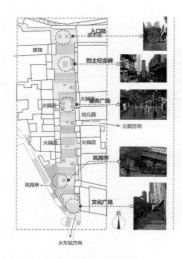

图 7　建兴坡梯道空间序列
（来源：笔者自绘）

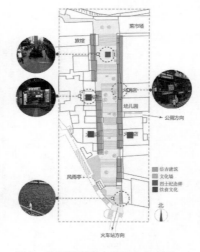

图 8　建兴坡梯道文化元素分布图
（来源：笔者自绘）

图 9　建兴坡梯道景观绿化分布
（来源：笔者自绘）

内向的积极空间。两边建筑界面与梯道空间的过渡形式分为上行、下行和平接三种（图11）。现场调研发现平接空间建筑界面信息量传递最为有效且能吸引人群交往逗留，上行和下行为交通性空间，界面信息传递减弱。根据人行进途中的垂直视角12°~15°，水平视角30°[9]，在停顿界面，适当处理基面高差，从而形成最佳视角，以达到有效传递信息的目的。梯道过渡空间在围合形式上分为四种（图12），根据现状调研，围合界面多为硬性界面，缺少柔性界面增加其通透性和人群心理舒适度。界面的材质、色彩和铺装也较为单一，同时缺乏文化意象的表达。

2. 文化元素分析

经问卷调研，人们对该区域的文化氛围感觉良好，但是文化元素表达媒介单一。文化元素主要集中在梯道两侧和首尾节点处，对梯道文化小品的设置以及文化活动开展缺乏考虑。

3. 人群行为活动分析

通过行为注记得出了不同年龄段的人群在一天中不同时间段的行为构成（图13）、不同活动类型占比（图14）和不同逗留区域的年龄层次的分布（图15）。

从图13中可以得出由于该梯道空间连接着地铁站和火车站，交通型的活动最多；聚集在梯道过渡空间两端起始节点驻足观看和拍照行为最多；由于梯道平台没有座椅等设施，坐憩行为很少；图14中将各种行为按照扬·盖尔的三种活动类型进行分析，必要性活动占比最大，其交通功能占主导地位；社会性活动最少，由于缺乏长期可停留的场所，缺少自发性行为转化为社会性活动的条件。从不同年龄段的人群在逗留区域的分布来看，可以得出节点空间和标志物是不同年龄段的人群喜爱逗留的场所，而边界空间由于界面开放性和高差过渡等问题逗留人数最少。具体来看老人更倾向于亭子和节点宽敞空间，青少年和青年人倾向于建筑边界和节点空间，儿童倾向在节点空间玩耍，中年人喜欢在文化标志物前逗留。

4. 基础服务设施和景观需求分析

根据调查问卷（图16），在现有环境下，人群总体对标识牌、休闲座椅和无障碍的需求最高，游客人群中对雕塑需求最大。经调研，场地的景观绿化以银杏树为主，层次较单一。

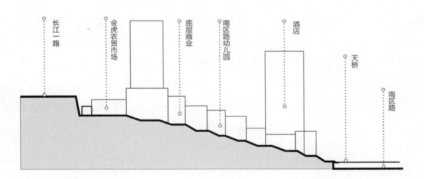

图10 建兴坡梯道剖面
（来源：笔者自绘）

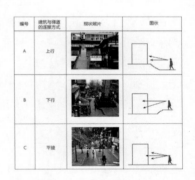

图11 建筑与梯道的过渡方式
（来源：笔者自绘）

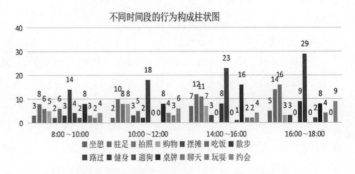

图12 山城梯道围合方式（来源：笔者自绘）　　图13 建兴坡梯道不同时间段的行为构成（来源：笔者自绘）

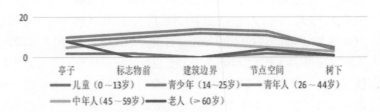

扬·盖尔活动类型占比分析

图 14 不同类型活动占比（来源：笔者自绘）　　　图 15 不同逗留区域的年龄层次的分布（来源：笔者自绘）

公共服务设施	公共厕所	路灯	标识牌	健身器材	休闲桌椅	雕塑类	无障碍设施
需求人群占调查人群比率	33%	10%	67%	23%	65%	40%	94%

图 16 公共服务设施需求（来源：笔者自绘）

3.4　梯道过渡空间积极塑造策略

积极空间是芦原义信在《外部空间设计》一书中提出来的空间概念。所谓空间的积极性，就意味着空间布局满足人的意图，其中存在着人的目的与计划。[10]本文的积极塑造策略是根据人的生理心理需求来营造积极的梯道过渡空间。

1. 空间意象的完整

梯道的空间序列应该满足与空间基本方位相符，符合人群定位认知的习惯。在梯道空间的过渡上运用起承转合的空间叙事，在主要节点设置空间标志，利于空间定向定距，并通过尺寸、设施、色彩等分区设置。此外，标识应连续，并在节点、转折、交叉点等处设置，间距适宜增加过渡空间的生理和心理的可达性以及空间的可意象性。

采取适宜的围合界面并根据人行进途中的垂直视角12°~15°，水平视角30°，在停顿界面安排有效信息。根据使用者的物理界面和心理界面的感受来设置空间界面的比例、虚实等来营造适宜的交往空间，从而增加空间的可识别性和使用者的社会性行为。

2. 空间环境文化氛围的增强

阿摩斯·拉普卜特将环境信息的作用过程解读为编码和译码的过程，认为设计主体和使用主体共有的文化脉络和交流代码是环境传意功能得以成功实现的重要因素，并且在具体设计中，可利用对比、连贯和加强冗余度等途径加强环境对使者的暗示性[11]。基于此，本文提出以下三点更新策略：第一、将日常生活融入文化场景中，提高使用者的参与感，使历史

和现实实现对接延续；第二、文化元素的应用要有空间上的连贯性，在过渡空间中形成体系，完成人的心理和生理的顺利过渡；第三、重复文化要素，增加环境的细节和文化环境的传意功能，营造可意象的文化场景。

3. 基础服务设施和景观绿化的完善

基础设施应当考虑不同时间段和不同年龄段的需求。景观的设计应当从内外两个层面考虑，一方面，在梯道空间内部结合围合界面形成不同种类且具有层次的绿化，例如可利用植栽、绿化层次感，景观小品修饰增强空间的整体，为使用者提供舒适的空间环境；另一方面，也要考虑过渡空间与相邻空间的景观过渡。同时可以结合梯道空间的特点，增强视线上的一种联系。完善基础服务设施和景观绿化，使梯道过渡空间融入城市结构中去。

4. 动态弹性发展

城市发展是个动态的过程，应该考虑使用者在社会不同发展时期的需求，针对性地提出解决方案。城市过渡空间由于其本身的复杂性，更应该建立空间评价体系，通过环境行为学等理论定期诊断适应性更新，为其积极塑造提供科学的指导方法。

4　结语

在旧城更新中，梯道过渡空间不仅是物理交通上的过渡，也是精神文化上的过渡。梯道过渡空间是山城历史与现实的交汇区域，是多元文化的载体和日常生活活力的源泉。本文基于环境行为学理论，从使用者的角度出发，提出了空间意象的完整、空间环境文

化氛围的增强、基础服务设施和景观绿化的完善以及动态弹性发展四个方面的积极塑造策略，为山城梯道空间的更新提供借鉴。

参考文献

[1] 毛华松，宋尧佳. 山地城市梯道空间激活的景观途径探究：中国风景园林学会2018年会[C]. 中国贵州贵阳，2018.

[2] 邓明敏. 重庆山城梯道发展的历史、特色与传承：2016中国城市规划年会[C]. 中国辽宁沈阳，2016.

[3] 黄光宇，何昕. 山地建筑和步行空间的共生[J]. 重庆建筑大学学报，2006（04）：17-19+23.

[4] 施玉洁. 环境行为视角的山地城市梯街空间优化研究[D]. 重庆：重庆大学，2018.

[5] 李道增. 环境行为学概论[M]. 北京：清华大学出版社，1999.

[6] 李斌. 环境行为学的环境行为理论及其拓展[J]. 建筑学报，2008（02）：30-33.

[7] 李斌. 环境行为理论和设计方法论[J]. 西部人居环境学刊，2017，32（03）：1-6.

[8] 凯文·林奇. 城市意象. 第2版[M]. 北京：华夏出版社，2011.

[9] 张琳. 城市公共空间尺度研究[D]. 北京：北京林业大学，2007.

[10] 芦原义信. 外部空间设计[M]. 北京：中国建筑工业出版社，1985.

[11] 阿摩斯·拉普卜特. 建成环境的意义[M]. 北京：中国建筑工业出版社，2003.

专题五　城市设计

面向精细化的街道设计：
近五年城市街道设计导则案例解读及其空间形态导控要素体系优化①

王嘉琪

作者单位
浙江大学建筑工程学院

摘要：选取 2015~2020 年期间于北京、上海、广州、伦敦、纽约、阿布扎比发布的街道设计导则以及《全球街道设计指南》为研究案例，对编制思路、构建逻辑和管控要素进行研究，剖析当前街道设计导则的内容特点和发展趋势；抓取、整理和优化影响街道空间形态的控制性要素集合，并筛选出提升其可评价性和可测量性的指标，从而为中微观层面的街道空间研究和街道设计导则的编制提供参考。

关键词：街道设计导则；街道形态控制性要素；精细化管理；街道形态

Abstract: Taking the street design guidelines issued in Beijing, Shanghai, Guangzhou, London, New York and Abu Dhabi from 2015 to 2020 and the and Global Streets Design Guide as research cases, this paper studies key ideas, construction logics, control elements, content characteristics and development trend of current street design guidelines.By grasping, collating and optimizing street control elements and their impacts factor set, this paper tries to extract street spatial indicators with better performance of evaluability and measurability, so as to provide a reference for the study of street space and the compilation of street design guidelines at the meso to micro level.

Keywords: Street Design Guideline; Streetscape Control Elements; Smart Management; Street Morphology

1　前言

2013年，联合国人居署发布报告《街道作为公共空间和城市繁荣的驱动力》，强调了街道空间应注重人性化、精细化的营造。据不完全统计，近十年国内外已出台与街道设计相关的规划设计导则超过50部②。近五年，国际上对街道设计的关注持续增加，纽约（2015）、阿布扎比（2015）、伦敦（2017）、印度（2018）等地区相继更新了街道设计导则，我国以上海（2016）、成都（2016）、北京（2018）、广州（2018）为代表的多个城市亦相继出台了一系列街道设计导则，对街道设计提出了精细化的管控要求，为提升街道空间品质起到了积极作用。

然而，在具体实施过程中，诸多街道设计导则已逐渐暴露出管控力度不足、管理权责不明、空间布局与实际需求不符、城市特色风貌缺失等问题。产生上述问题的原因之一即街道设计导则对街道空间形态要素的导控不成体系，从而导致了导控内容模糊且冗长、定性指标难以作为评判依据、指标测度方式及赋值范围不明确、导控要素与实施责任方未有效对应等情况。对于探索可表征街道空间形态的控制性要素问题，学界已有一定研究积累，研究并提出了多个影响街道品质的关键要素（Jan Gehl，2004；Reid Ewing等，2009；周钰，2012；方智果，2013；叶宇、庄宇，2016；唐婧娴、龙瀛等，2016）。然

①　本课题组通过政府公示平台、数据资料网站、图书报告资源等多种平台收集到的支撑本文研究成果的街道设计导则或城市设计专项导则共计156部，其中于2010年以后由规划部门官方编制的国内外街道设计导则共计58部。

②　基金资助：
国家自然科学基金项目（编号：51808486）资助
浙江省自然科学基金项目（编号：LQ20E080017）资助
浙江省教育科学规划课题（编号：2019SCG193）资助
浙江大学新型城镇化研究院专项资金资助

而，这些研究成果普遍是以优化针对街道空间形态的研究方法、评价过程或测量精度为目标，给出了过于专业的要素体系和指标算法，其成果对于街道设计导则编制实践的转化效率较低。因此，近年来有不少研究针对国际上具有影响力的街道设计导则案例进行了引介和剖析（姜洋等，2012；李雯、兰潇，2014；尹晓婷、张久帅，2014；郭顺，2018），同时也有研究对我国上海、北京、南京等城市街道设计导则的编制思路进行了分析和反思（葛岩、唐雯，2017；李婧等，2018；胡燕等，2020），其研究为街道设计导则实践的进一步优化提供了参考。目前，针对2015年以后更新或发布的街道设计导则的横向比较研究较少，且专门针对各导则案例中具体管控要素的比较研究仍存在空白。鉴于此，本文从近五年发布的典型街道导则案例出发，尝试整理出一套适用于实际导控应用的影响街道空间形态的控制性要素集合，并筛选出提升其可评价性和可测量性的指标，从而为中微观层面的街道空间研究和街道设计导则的编制提供参考。

2 街道设计导则精细化构建的实证研究

本文选取了北京、上海、广州、伦敦、纽约、阿布扎比发布的街道设计导则以及《全球街道设计指南》作为主要案例，对其导控内容进行分析与转译。选取以上案例的原因有三：一是这些导则均为近五年刚出台或更新的城市街道设计专项导则，内容新颖而全面，且业内知名度和影响力较高，能够体现世界城市街道设计导则编制的主流思路；二是案例涉及的区域均为国际知名的大中城市，人口规划和市域面积均较大，在城市特征上有一定的共性，同时又在地域背景和交通情况上具有差异性，横向可比性较好；三是这些导则针对的街道空间形态贴近中国大部分大中城市的街道特征，可为基于我国城市的街道设计导则精细化构建方法的研究和实践提供借鉴和启示。

2.1 内容框架的完整性

七部导则案例均具有完整的内容框架，且在编制

思路上各具特色（表1）。首先，大部分导则对"街道"进行了再定义并达成了共识：街道设计导则应将关注点从二维的、宏观的"道路"设计转为三维的、中微观的"街道"设计，即更关注人本尺度的空间形态。其次，伦敦、阿布扎比、上海、广州、北京的街道设计导则均结合当地的道路分级标准提出了多轴向的道路分区分类分级建议，弥补了原本道路分级标准在街道特色和空间特征反映方面的不足。在具体导控内容部分，各导则均梳理了影响街道空间品质的关键要素，将其分类并逐一提出了具体的设计标准和建议。值得注意的是，相比于往年出台的街道设计导则，七部案例导则均体现出对与导控实施紧密相关的权责和流程的关注，并对应地提出了较为具体的说明与规定，部分导则亦进一步针对后期管理与维护的问题提出了导控要求。同时，各导则在动态导控方面有了更积极的实践。例如，伦敦、纽约和阿布扎比的街道导则均在导则中提出了动态导控的方针，并在上一版导则颁布的五年内进行了新一轮的修订。

2.2 要素分类思路的差异性

在具体导控内容上，七部案例导则对于影响街道空间形态的要素使用了不同的分类方式，以"空间布局"为分类依据的导则有四部、以"服务对象"为分类依据的有两部，以"设计对象"为分类依据的有一部（表2）。其中，以"空间布局"为依据的分类方式又可细分为以空间方位（要素在空间中的位置分布）、设计模块（以某个设计专题为基础的要素集合）或权责部门（要素对应的工作内容所涉及的部门或人员）为基础；以"服务对象"为依据即针对行人、骑行者、公共交通乘客、机动车使用者、运营服务者等对象提出与之关联的要素；以"设计对象"为依据即以要素的几何形态、材料形式、照明方式等进行分类。

为了有效抓取各个案例导则的具体导控要素并进行其导控指标的横向对比，须提出一个统一的要素分类。经专家评议和分析总结，本文最终以更具普适性的"空间布局"为依据[①]，将影响街道空间形态的

[①] 将街道要素按"空间布局"分类的优势有三：首先，以空间布局为依据的分类方式具有普遍性，可以涵盖各个案例导则所涉及的街道要素。其次，由于不同街道服务对象所对应的街道要素可能重叠，而重叠的要素针对不同服务对象的导控指标又可能不同，因此该分类方式不适合以要素及其导控指标为重点。最后，由于以设计对象为依据的分类方式更适用于设计人员，对于城市管理者、施工人员、出行者等人员并不适用，因此该分类方式也未被采用。

七例街道设计导则案例的内容框架比较 　　　　　　　　　　　表1

导则名称		广州市城市道路全要素设计手册（2018）	北京街道更新治理城市设计导则（2018）	上海市街道设计导则（2016）	伦敦街道设计导则第三版（2017）	纽约街道设计手册第二版（2015）	阿布扎比城市街道设计导则v1.1（2015）	全球街道设计指南（2016）
服务地区		广州	北京	上海	伦敦	纽约	阿布扎比	全球
编制主体性质		官方	官方	官方	官方	官方	官方	非官方
基本框架	编制目的	√	√	√	√	√	√	√
	适用范围	√			√	√	√	√
	导控目标	√		√				√
	设计原则	√	√					√
	街道的定义	√	√	√				
	使用流程/设计流程	√		√	√	√	√	√
	审批管理/权责部门		√					√
	管理与维护							√
	气候、地理和文化特征	√	√	√	√	√	√	NA
	本地街道情况调研	√		√	√	√	√	NA
	案例分析、研究分析							√
	术语	√						
	附录	√	√	√	√	√	√	√
	参考文献/编制依据	√	√	√	√	√	√	√
	街道分区分类分级	√						
	街道分类设计建议	√	√	√				
	各交通方式的设计优先级	√	√	√				
	街道标准断面				√	√	√	√
	街道空间要素分类	√	√	√			√	√

（来源：作者自绘）

七例街道设计导则案例的管控要素分类方式比较 　　　　　　　　　　　表2

导则名称	广州市城市道路全要素设计手册（2018）	北京街道更新治理城市设计导则（2018）	上海市街道设计导则（2016）	伦敦街道设计导则第三版（2017）	纽约街道设计手册第二版（2015）	阿布扎比城市街道设计导则v1.1（2015）	全球街道设计指南（2016）
街道空间要素分类	慢行系统机动车道城市家具植物绿化建筑立面退缩空间	行人骑行者公共交通乘客载客机动车使用者运营服务者	交通功能设施附属功能设施步行与活动空间沿街建筑界面	人行道机动车道过街设施路侧设施人行道设施安全与功能街道环境交通转驳	几何材料照明家具景观	街道交叉口街道景观	行人骑行者公共交通乘客机动车使用者货车及服务人员运营服务者
街道空间要素分类依据	空间布局	服务对象	空间布局	空间布局	设计对象	空间布局	服务对象
具体内容组织特点	分为模块和要素两大篇章，并分别提出具体标准	以目标为导向提出设计要点建议，要素分类仅作梳理与参考	以目标为导向提出设计要点建议，要素分类仅作梳理与参考	针对分类的要素提出具体标准	针对设计专题提出设计要点建议	针对设计专题提出设计要点建议	针对分类的要素提出具体标准

（来源：作者自绘）

要素分为"交通设施要素、景观环境要素、附属设施要素、沿街界面要素"四大类。其中"交通设施要素"包括各类车道、人行道、交汇方式、过街设施、停车设施，以及无障碍设施；"景观环境要素"包括临街公园和绿地等开放空间的整体策略、绿化和水景设施，以及街道家具；"附属设施要素"包括基础公共设施、公共设施、照明设施、标识及引导设施、环卫设施、安全设施等出现在街道空间中的各类附属设施；"沿街界面要素"包括沿街用地、沿街建筑的功能、体量、门面构件、立面形式及其他沿街界面形式。

2.3　要素导控内容的精细化

在"交通设施要素"方面，所有导则均以提升可步行区域的品质为重点，体现了人行优先的设计原则。在具体内容上，将人行道的标准断面细分为通行区、设施或绿化带、退让区等区域的导控方式已经被广泛应用，且大部分导则对这些区域的功能定位、尺寸范围、铺装要求等提出了非常具体的标准。但是，在当前仍是机动车主导的交通模式下，这些街道设计导则针对机动车道的导控内容篇幅差距较大，仅广州和阿布扎比对此提及较多，其余导则中相应内容的占比很少。但是，所有导则均提出了与车速管理或交通稳静化相关的设计要求。此外，这些导则对公共交通和非机动车交通的交汇、过街、停车设施虽基本有简要提及，但具体的指引内容或指标要求较少。在"景观环境要素"方面，所有导则都反映了因地制宜的编制思路。例如，所有导则都基于当地的气候环境条件提出了对应的植物配置标准，并均对街道行道树提出了具体的设计要求；阿布扎比导则为应对沙漠炎热气候单独列出了"遮阴"专题，伦敦导则提出了电话亭等街道家具的设计细节以延续城市传统符号；北京导则特别提出了对胡同内的边角空间进行更新改造以提升胡同内的景观品质；此外，所有导则均对可持续策略非常关注，但是相应可操作的导控内容较少。在"附属设施要素"的整体引导思路方面，各导则均强调了对设施质量和先进性的要求，并且均适当提及了智能设施、新能源设施、可回收设施的内容。国内的导则均明确地提出了有关多杆合一、多箱并集、多亭复合的概念，而国外的导则或是对此未有提及，或是仅在针对单个设计要素的导控内容中提出宜整合设

计的建议。在针对单个"附属设施要素"的导控内容中，对街道空间风貌影响较大的照明设施、垃圾箱、问路牌等设施被重点关注，其他功能性较强的基础设施如环卫设施、安全设施、水电管网等仅被部分导则提及。对于"沿街界面要素"而言，国内的导则基本有较大篇幅的设计导引，而国外的导则或因有相关的专项导则而基本未提出相关内容。

3　街道空间形态全要素导控指标集合的探索

3.1　指标的表述方式和赋值算法

为了建立影响街道空间形态的控制性要素及其关键指标集合，本文在明确各指标的表述方式和赋值算法的筛选过程中主要考虑了以下七个原则：

（1）精细化：指标相对完备和精细，指标体系中对街道近人空间形态中的各个表征要素的控制都应得到体现，并应得到同样的重视。

（2）客观性：指标体系应当如实、公平、统一地反映实际情况，并特别要体现"人"的需求的合理性和代际公平性。

（3）主成分性：筛选出的指标数目足够少，且能表征系统主要成分变量。同时，各项指标意义上应互相独立，避免指标之间的包容和重叠。

（4）可测量性：指标的获取应相对容易，而且可以定量测度或定级定类评价。

（5）可操作性：指标体系的构建应以我国现行规范为依据、与审查流程相契合、与本土实情相吻合。同时，内容宜深入浅出，并考虑到不同受众对其使用的便捷性和效率性。

（6）动态灵敏度：指标体系中的指标对时间、空间或系统结构的变化应具有一定的灵敏度，可以反映社会的努力和重视程度、可持续发展的态势。

（7）相对稳定性：因为城市设计导控是一个长期过程，故指标应在相当长一个时段内具有存在意义和发展空间。

同时，本文参考了法国城市形态与复杂系统研究院提出的评价空间形态的指标体系（Serge Salat，2011），结合街道空间形态的特征，提出了强度、多样性、接近度、连接性、形态、样式六类指标。在对指标进行语义分析和赋值优化的过程中，转化可量

化指标有一定难度，但是可以转化成可测量或可评价指标。对于定性指标，引入SD语义法对其指标描述方式进行修正，并利用虚拟变量模型对其进行定类、定序、定距的赋值；对于定量指标，区分直接测量指标、间接测量指标和组合测量指标（图1）。

（1）强度：强度一般为定量指标。用于量度某一对象特性的强弱程度，如绿地率、透水率等；强度亦用于量度给定尺度上某一对象的密集程度或集中程度，如路网密度。

（2）多样性：多样性可以是定量、定类或定序指标。用于量度不同对象的比例关系，以测量给定尺度上某类对象的混合程度，如公共交通网络的多样性。多样性指标亦用于直接列出同类对象的多种形式，如街道的分区分类、各交通方式的分类及其优先级等。

（3）接近度：接近度一般为定量或定距指标。用于量度不同对象之间的（平均）距离，以测量给定尺度上某一对象的分布情况，如公交站点分布。

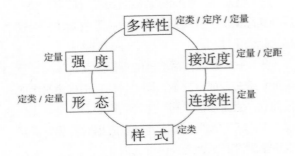

图1 指标性质及赋值类别（来源：作者自绘）

（4）连接性：连接性一般为定量指标。用于量度某一系统或网络的相对可达程度或相互连接点的密度，如机动车道路网络的连续性。

（5）形态：形态一般为定类或定类指标。指某一对象在某一给定范围的空间内的几何尺寸、体积范围、相对位置或空间占用情况，如各类街道标准断面。

（6）样式：样式一般为定类指标。指某一对象的设计外形，特别是对形状、色彩、图案等作出明确描述，如建筑门面构件的样式。

3.2 影响街道空间形态的控制性要素及其关键指标集合

根据上述指标的筛选原则，本文结合了导则案例的分析结果、理论研究成果以及规划、城管部门的调研情况，初步整理了影响街道空间形态的可操作要素及其关键指标集合（表3）。根据我国交通出行情况，将"交通设施要素"分为机动车道、公交车道、非机动车道（包括电瓶助力车和自行车）、人行道四大类针对不同交通方式的线性要素以及交叉口和过街设施、无障碍设施两大类节点要素，并基本按照"网络-分类-断面-规格-其他"的思路对每类要素提出影响因子及其关键指标。结合我国城市设计导则的编制模式，将"景观环境要素""附属设施要素"和"沿街界面要素"，均以"整体设计-分类设计"的思路整理各个控制性要素。在整体设计中，列出了一系列有关空间容量和布局的可测量指标。在分类设

影响街道空间形态的控制性要素及其关键指标集合 表3

分类	要素	因子	指标	指标类别	指标性质	注释
交通设施要素		道路网络	机动车道路网密度	定量	强度	有关机动车交通路密度、通达性、连续性等的建议
			机动车道路网络通达性	定量	接近度	
			机动车道路网络连续性	定量	连接性	
		道路分类	道路分级	定类	多样性	应参考现行规范的道路分级
			街道分区分类	定类	多样性	结合导控区域特征及现行标准、规范提出街道分区分类定位建议
			车道方向及车道数	定类	形态	根据街道定位提出车道方向、车道数的建议
			各交通方式优先级	定序	多样性	根据街道定位提出交通方式优先级排序的建议
	机动车道	标准断面	标准断面类型	定类	形态	根据街道定位提出各类标准断面形式
		机动车道尺寸	总宽度	定量	形态	不同断面类型的相关尺寸
			各车道宽度	定量	形态	
			其他尺寸	定量	形态	
		机动车道铺装	铺装材料	定类	多样性	各类铺装材料及其性能的评价和设计建议
			铺装材料性能	定量	强度	
			标识标线	定类	样式	标识标线的设计标准
		道路变截面	形式与设计	定类/定量	形态	由于车道宽度、数目发生变化，或因公交车站、路内停车带、路中安全岛等而引起道路机动车道断面发生变化的区域
		车速管理	行车速度	定量	强度	设计车速范围
		交通稳静化	减速措施	定类	样式	针对交通稳静化的管理措施和物理设施建议
			静化措施	定类	样式	
			防撞措施	定类	样式	

续表

分类	要素	因子	指标	指标类别	指标性质	注释
公交车道		公共交通网络	公共交通道路网密度	定量	强度	有关公共交通路网密度、接近度、多样性等的建议
			公共交通网络接近度	定量	接近度	
			公共交通网络多样性	定量	多样性	
		标准断面	标准断面类型	定类	形态	根据街道定位提出各类标准断面形式
		公交车车道/公交专用道尺寸	总宽度	定量	形态	不同断面类型的相关尺寸
			车道宽度	定量	形态	
			其他尺寸	定量	形态	
		公交专用道铺装	铺装颜色	定类	样式	颜色、标识标线的设计标准
			标识标线	定类	样式	
		公交站点	站点分布	定距	接近度	有关公交站牌/站台的站点分布密度或设置间距、设计要点及相关尺寸的要求
			形式与设计	定类/定量	样式	
			视线与遮挡	定类/定量	形态	
		其他公共交通站点/换乘点	站点分布	定距	接近度	地铁站及其他公共交通站点的站点分布密度或设置间距、设计要点及相关尺寸的要求
			形式与设计	定类/定量	样式	
			视线与遮挡	定类/定量	形态	
非机动车道		非机动车道网络	非机动车道路网密度	定量	强度	有关非机动车交通路网密度、通达性、连续性等的建议，针对我国国情宜特别关注电动车交通
			非机动车路网络通达性	定量	接近度	
			非机动车道路网络连续性	定量	连续性	
		自行车道网络	非机动车道路网密度	定量	强度	有关非自行车交通路网密度、通达性、连续性等的建议，针对我国国情宜特别关注共享单车交通
			非机动车道路网络通达性	定量	接近度	
			非机动车道路网络连续性	定量	连续性	
		标准断面	标准断面类型	定类	形态	根据街道定位提出各类标准断面形式
		非机动车道尺寸	总宽度	定量	形态	不同断面类型的相关尺寸
			各分区宽度	定量	形态	
		非机动车道铺装	铺装材料	定类	多样性	各类铺装材料及其性能的评价和设计建议
			铺装材料性能	定量	强度	
			铺装颜色	定类	样式	颜色、标识标线的设计标准
			标识标线	定类	样式	
人行道		人行网络	人行道路网密度	定量	强度	有关人行网络密度、通达性、连续性等的建议
			人行道路网络通达性	定量	接近度	
			人行道路网络连续性	定量	连续性	
		标准断面	标准断面类型	定类	形态	根据街道定位提出各类标准断面形式
		人行道尺寸	总宽度	定量	形态	不同断面类型的相关尺寸
			各分区宽度	定量	形态	
		人行道分区	通行区	定类/定量	形态	以行人通行为主的区域，应保证其通畅无阻
			设施/绿化带	定类/定量	形态	放置街道家具、绿化设施、公共设施的区域
			退让区	定类/定量	形态	沿街退让空间及商业外摆区域
			路缘石	定类/定量	形态	路缘石的材料、形式和尺寸
		人行道铺装	铺装材料	定类	多样性	各类铺装材料及其性能的评价和设计建议，宜注意各分区铺装的互相协调以及与街道设施的协同设计
			铺装材料性能	定量	强度	
			铺装形式	定类	样式	
		人行道展宽	形式与设计	定类/定量	形态	根据不同需求设计路口展宽、路段展宽、弯道展宽、公交站展宽
交叉口及过街设施		交叉口	常规交叉口形式	定类/定量	形态	交叉口的常规形式、设计要点及其设计尺寸；交叉口的特殊形式如抬高、铺装等的设计要点。
			特殊交叉口形式	定类/定量	形态	
			转弯半径	定量	形态	
			展宽设计	定类/定量	形态	
			视线与遮挡	定类/定量	形态	
		过街设施	设置间距	定距	接近度	人行过街设施的常规形式、设置间距及设计尺寸
			缘石坡道	定类/定量	样式	
			人行过街形式	定类	形态	
			人行横道尺寸	定量	形态	
			过街天桥/地道尺寸	定量	形态	
			安全岛和人行道展宽	定类/定量	形态	缩短过街距离的方式如安全岛、展宽等的设计要点
			视线与遮挡	定类/定量	形态	安全过街的设计要点
			非机动车过街形式	定类	形态	非机动车过街设施的常规形式、设置间距及设计尺寸
			非机动车过街尺寸	定量	形态	
		机动车出入口	机动车出入口形式	定类	形态	机动车出入口的设计要点和关键设计尺寸
			机动车出入口尺寸	定量	形态	
停车设施		自行车停放/租赁点	站点分布	定距	接近度	自行车停放/租赁点的设计建议，针对我国国情宜特别关注共享单车交通使用人数多、使用时间峰谷明显、管理复杂度高等特点
			站点形式	定类	形态	
			站点尺寸	定量	形态	
		机动车道路内停车区	停车形式	定类	形态	机动车道路内停车区的设计要点和设计尺寸
			停车区尺寸	定量	形态	
		人行道机动车停车区	停车形式	定类	形态	由于停车习惯、空间限制等原因，我国对人行道机动车停车需求较高，宜针对短期规划提出建议，并对远期空间再利用提出设想
			停车区尺寸	定量	形态	

续表

分类	要素	因子	指标	指标类别	指标性质	注释
景观环境要素		临时停车	机动车落客及出租车载客点	定类/定量	形态	针对机动车落客、快递车、货车、共享单车运输车等需求设置临时停车区
			装卸区/临时停车区	定类/定量	形态	
		协同设计	与其他街道设施的协调	定类/定量	形态	有关停车设施与其他街道设施的协调以及自身管理模式的建议
			停车设施管理模式	定类	-	
	无障碍设施	盲道	铺装颜色	定类	样式	盲道的设计要点和设计尺寸
			铺装形式	定类	样式	
			盲道尺寸	定量	样式	
		台阶、梯道及坡道	台阶、梯道及坡道形式	定类	样式	无障碍通行的设计要点和关键尺寸要求
			台阶、梯道及坡道尺寸	定量	样式	
		无障碍停车位	无障碍停车位密度	定距	强度	无障碍停车位的分布密度、设计要点和尺寸要求
			无障碍停车位尺寸	定量	形态	
		协同设计	与其他街道设施的协调	定类/定量	形态	无障碍设施（特别是盲道）在与其他街道设施交接处、端点处、拐弯处等节点的设计处理
	整体设计	整体布局策略	分布形式	定类	接近度	有关公园、广场、口袋公园等公共开放空间的布局策略及相关指标
			规划容量	定量	强度	
			绿化率、绿视率、硬地比等	定量	强度	
		可持续策略	海绵城市专项指标	定量	强度	依照相关规划文件提出指标要求
	绿化及水景设施	植物配置	植物配置要求	定类	多样性	根据地区环境气候特征，结合街道设计定位提出植物配置与养护要求
			植物养护要求	定类	-	
		绿化及水景设施	行道树及树箅子	定类/定量	样式	绿化及水景设施的设计要点和关键尺寸要求
			道路绿带	定类/定量	样式	
			花坛、花池、花钵、挂花	定类/定量	样式	
			立体绿化	定类/定量	样式	
			植草沟	定类/定量	样式	
			生物滞留设施	定类/定量	样式	
			其他绿化设施	定类/定量	样式	
	街道家具与公共小品	公共小品	艺术小品/文化雕塑	定类/定量	样式	公共小品应具有文化性、艺术性、功能性
			遮阳棚/亭	定类/定量	样式	
		街道家具	公共座椅	定类/定量	样式	公共座椅可分为固定座椅和可移动座椅
			可移动亭锚	定类/定量	样式	报刊亭、咨询亭、临时性商铺、活动厕所等
			其他街道家具	定类/定量	样式	邮筒、电话亭、信息公示栏、建筑信息牌、洗手台直饮水台等
附属设施要素	整体设计	设施完备	设施列表	定类	多样性	根据不同街道定位，可分必要设施和可选设施提出所需设施列表
		设施先进	设施性能	定类	多样性	可回收设施、节能设施、智能化设施等
	公共设施	设施整合	可合并设施列表	定类	形态	多杆合一、多箱并集、多亭复合
			形式与设计	定类/定量	样式	
		地下设施协同设计	协同设计模式	定类/定量	形态	地下基础设施、综合管廊等设施的协同，或是针对地铁站及其周边一体化设计权属问题的建议
		地面设施协同设计	协同设计模式	定类/定量	形态	检查井盖等地面设施的协调，或是配电与变电设施、岗亭等设施的外表皮艺术化处理等的建议
	照明设施	照明设施形式	形式与设计	定类/定量	样式	整体照明设计建议，以及交通、景观、建筑照明设计建议
		照明设施分布	照明设施分布	定距	强度	照明设施间距、高度、光锥等的设计建议
		照明设施尺寸	照明设施尺寸	定量	样式	
	标识及引导设施	交通信号灯	形式与设计	定类/定量	样式	依据现行标准、规范对交通信号灯、交通标志的设计提出要求
		交通标志	形式与设计	定类/定量	样式	
		路名牌、问路及服务系统	形式与设计	定类/定量	形态/多样性	路名牌、问路及服务系统的形式设计，以及路名命名、中英文对照等的内容设计
	环卫设施	垃圾箱、垃圾站	设置间距	定距	强度	环卫设施的设置间距和设计建议
			形式与设计	定类/定量	样式	
		环卫工具房	形式与设计	定类/定量	样式	
		垃圾车临时停放点	形式与设计	定类/定量	样式	
	安全设施	监控与检测设备	设施分布	定距	强度	安全设施的设置间距和设计建议
			形式与设计	定类/定量	形态/多样性	
		消防设施	设置间距	定距	强度	
			形式与设计	定类/定量	样式	
		治安岗亭	设施分布	定距	强度	
		街道分区隔离措施	设施类型	定类	形态	隔离带、桩、栏杆、高差等的设计建议
			设施分布	定量	强度	
沿街界面要素	整体设计	沿街用地功能	用地功能设计协同	定类	多样性	街道设计应考虑沿街用地功能
		沿街建筑功能	建筑功能多样性	定类	多样性	沿街建筑功能设置应符合街道设计定位
	建筑设计	沿街建筑体量	建筑高度	定量	形态	通过对沿街建筑的体量控制，营造适宜的街道空间尺度
			建筑退台	定量	形态	
			街道高宽比	定量	形态	
		沿街建筑立面及沿街界面	沿街界面贴线率	定量	连续性	沿街建筑立面的分段设计建议，沿街界面的分层次设计建议
			沿街界面连续性	定量	连续性	
			立面构成	定类/定量	形态	
			底层界面构成	定类/定量	形态	
			底层界面透明度	定量	强度	
			底层界面互动性	定类/定距	强度/接近度	
	建筑门面构件	遮阳构件	形式与设计	定类/定量	样式	建筑门面构件的可设置范围、尺寸要求、形式建议
		外墙广告	形式与设计	定类/定量	样式	
		门店招牌	形式与设计	定类/定量	样式	
		楼宇名称	形式与设计	定类/定量	样式	

（来源：作者自绘）

计中，主要列出了影响要素的形式与设计的可评价指标。

4 总结与反思

街道设计导则如果过多内容为教科书式的弹性建议，则在具体实施应用上将难以形成规范化的刚性约束。本文整理的影响街道空间形态的控制性要素及其关键指标集合中的要素指代明确、指标赋值可测，可为提升街道设计导则的可操作性和可评价性提供参考。一是可根据实际导控侧重从中筛选出关键要素及其指标，使导则从"效果管理"走向"精明管理"；二是可以在导则正文之外单独列出针对所有具体控制性要素的导控要求速查表，使导则从"教导手则"走向"操作手册"。

目前，本课题正通过实证样本测度进行论证研究，由于包含的要素类型多，每类要素的影响因子如何更好地测度划分、如何筛选相关性更高的指标、如何处理指标赋值的定量与弹性的矛盾等问题都有待进一步讨论。

参考文献

[1] Boarnet M G, Forsyth A, Day K, et al. The Street Level Built Environment and Physical Activity and Walking: Results of a Predictive Validity Study for the Irvine Minnesota Inventory[J]. Environment and Behavior, 2011（6）: 735-775.

[2] Boeing, Geoff. OSMnx: New methods for acquiring, constructing, analyzing, and visualizing complex street networks[J]. Computers, Environment and Urban Systems, 2017（65）: 126-139.

[3] Clifton K, Ewing R, Gerritmgan Knaap, et al. Quantitative Analysis of Urban Form: A Multidisciplinary Review[J]. Journal of Urbanism International Research on Placemaking & Urban Sustainability, 2008（1）: 17-45.

[4] Ewing R, Handy S. Measuring the Unmeasurable: Urban Design Qualities Related to Walkability[J]. Journal of Urban Design, 2009（1）: 65-84.

[5] Ewing R, Clemente O. Measuring Urban Design: Metrics for Livable Places[M]. Island Press, 2013.

[6] Lindal P J, Hartig T. Architectural Variation, Building Height, and the Restorative Quality of Urban Residential Streetscapes[J]. Journal of Environmental Psychology, 2013（3）: 26-36.

[7] Millstein R A, Cain K L, Sallis J F, et al. Development, Scoring, and Reliability of the Microscale Audit of Pedestrian Streetscapes（MAPS）[J]. BMC Public Health, 2013（1）: 403-403.

[8] Reid E, Amir H, Kathryn N, et al. Streetscape Features Related to Pedestrian Activity[J]. Journal of Planning Education and Research, 2016（1）: 5-15.

[9] Serge Salat. Cities and Forms, On Sustainable Urbanism[M]. Hermann, 2011.

[10] Stamps A. Entropy and visual diversity in the environment[J]. Journal of Architectural & Planning Research, 2004（3）: 239-256.

[11] Ye Yu, Van Nes A. Quantitative Tools in Urban Morphology: Combining Space Syntax, Spacematrix, and Mixed-use Index in a GIS Framework[J]. Urban Morphology, 2014（2）: 97-118.

[12] Wowo Ding, Ziyu Tong. An Approach for Simulating the Street Spatial Patterns[J]. Building Simulation, 2011（4）: 321-333.

[13] 陈喆，范润恬，陈未，量化指标视角下城市设计导则构建的优化方法研究[J]. 建筑学报，2015（S1）: 140-145.

[14] 唐莲，丁沃沃. 沿街建筑立面标识与街道空间特征[J]. 建筑学报，2015（2）: 18-22.

[15] 唐婧娴，龙瀛，翟炜，马尧天. 街道空间品质的测度、变化评价与影响因素识别——基于大规模多时相街景图片的分析[J]. 新建筑，2016（5）: 110-115.

[16] 高彩霞，丁沃沃. 南京城市街廊平面形态与土地使用规定的关联性研究[J]. 建筑学报，2017（S1）: 7-12.

[17] 杨俊宴. 城市空间形态分区的理论建构与实践探索[J]. 城市规划，2017（03）: 42-52.

[18] 关成贺. 城市形态与数字化城市设计[J]. 国际城市规划，2018（1）: 22-27.

[19] 叶宇，张昭希，张啸虎，曾伟. 人本尺度的街道空间品质测度——结合街景数据和新分析技术的大规模、高精度评价框架. 国际城市规划，2019（01）: 18-27.

[20] 卓健，曹根榕. 街道空间管控视角下城市设计法律效力提升路径和挑战[J]. 规划师，2018（07）：20-27.

[21] 周钰，街道界面形态的量化研究[D]. 天津：天津大学，2012.

[22] 范润恬. 量化指标视角下城市设计导则构建的优化方法研究[D]. 北京：北京工业大学，2013.

[23] 方智果. 基于近人空间尺度适宜性的城市设计研究[D]. 天津：天津大学，2013.

面向精细化管理的小城镇风貌管控体系研究
——以聊城市小城镇为例

卢恩龙　陈海涛　喻晓

作者单位
山东建大建筑规划设计研究院

摘要：近年来随着小城镇的快速发展，其风貌失控问题也逐渐突显，究其原因主要是由于其在发展中风貌管控体系不完善，从而导致风貌管控力低效造成的。如何构建一套行之高效的小城镇特色风貌管控体系，加强精细化管理，对破解当前小城镇风貌失控问题尤为重要。本文以聊城市为例，深入探讨了面向精细化管理的小城镇风貌管控体系，构筑了依事权的分级管控策略、依要素的分类管控方法，以及可操作性的管理机制，以期为同类型的小城镇风貌管控提供建设性引导。

关键词：小城镇；风貌管控；精细化；规划管理

1 引言

近年来，我国小城镇得到了快速发展，但随着高速发展和快速城镇化，小城镇个性、特色风貌缺失逐渐突显，"千镇一面"和"一镇千面"现象成为小城镇建设中普遍存在的问题，小城镇风貌塑造和管理越来越受到人们的重视。如何构建一套行之高效的小城镇特色风貌管控体系，加强小城镇风貌的精细化管理，在提高小城镇人居环境品质的同时留住乡愁，成为当前小城镇发展建设中不可忽视的重要议题。在此背景下，探索切实可行且体现地方特色的小城镇风貌管控体系变得日益重要。

聊城市作为我国第三批国家历史文化名城，历史悠久，自然和人文资源禀赋优异，但其小城镇风貌特色正由于开发建设的快速推进而逐渐衰减，是典型的小城镇风貌管控体系缺失、管控缺乏有效依据案例，本文旨在以精细化管理为抓手，深入探讨适用于小城镇的风貌管控体系，为小城镇特色建设提供方向性引导。

2 小城镇风貌管控的意义及困境

2.1 小城镇建设管理和设计的需要

为政府管理者和设计师提供风貌管控依据，实现管控高效化、设计有序化。

目前，国内大部分地区的风貌研究只停留在城市层面，对小城镇层面的风貌研究内容普遍较少，小城镇层面的风貌管控尚未形成统一的体系。对于政府管理者、设计师来说，缺少一套能有效管控小城镇风貌建设的法定和设计依据。为更好引导小城镇风貌有序建设、提高小城镇品质，提供政府管理者、设计师以精细化管控和有序设计的依据势在必行。

2.2 小城镇整体风貌格局保护的需要

城镇化快速发展，小城镇整体风貌格局受冲击严重，迫切需要风貌管控。

据国家统计局统计，2019年年末我国城镇化率突破60%，城镇化快速发展，城镇建设也得到快速推进，在高速发展中一些城镇建设只是急功近利地简单套用统一模式或是全盘模仿复制大城市，使得曾经具有地域特色的建筑文化和居民群落被统一的钢筋混凝土小洋楼或盒式的现代建筑所替代，破坏了整个城镇的协调统一，对小城镇的整体风貌格局带来冲击，导致出现"千镇一面"与"一镇千面"的局面。在这种快速的城镇建设中迫切需要进行风貌管控，以便保护小城镇的整体风貌格局，引导小城镇有序发展。

2.3 小城镇留住乡愁，传承文化的需要

小城镇承载着众多文化基因和历史印记，为留住

乡愁提供科学方法具有重要意义。

2019年习近平总书记在北京老城前门东区视察慰问时，再次说出："让城市留住记忆，让人们记住乡愁"的金句，直击人心，令人难忘。习总书记所讲的"乡愁"，不仅仅是对乡村生活的喜爱，对传统文化基因褪化的可惜，更是为本该保存的历史文化印记逐渐消失而倍感焦虑。

乡愁实际上是城镇化建设进程中的城乡关系和人们心道底的故土家园情怀。小城镇在千百年来形成和发展中伴有众多特有的传统文化基因，其风貌是呈现历史文化印记的重要载体。在快速的城镇化建设进程中，尽最大力量保护好老祖宗留给我们的东西，传承和发展小城镇特有的文化基因，为留住历史印记和乡愁提供科学方法具有重要意义。

3 面向精细化管理的小城镇风貌管控策略

当前，社会的主要矛盾是人民日益增长的美好生活需要和不平衡不充分的发展之间的矛盾，因此，针对小城镇普遍存在的建设不有序、环境不美观、特色不突出等方面问题，坚持"以人民为中心"的价值导向，找准穴位解决问题，实现风貌的精细化管理，打造人民所需的小城镇特色风貌，让人民享受美好生活、提高小城镇活力，这是风貌管控的根本目的。

在这种价值导向下，本文提出了面向精细化管理的小城镇风貌管控体系构建的总体策略方法。

3.1 风貌管控总体思路

1. 抓住管控重点内容

小城镇风貌涵盖的内容广泛、复杂度高，因此为确保风貌管控的高效和可操作性、实现目标在各级实施主体之间的有效传导和落实，需根据小城镇存在的特色风貌问题和资源状况，统筹考虑确定小城镇风貌建设的重点内容，并在此基础上对重点内容提出明确的建设管控技术要求。

2. 构建目标营造体系

小城镇风貌建设不是一蹴而就的工作，为保证特色风貌建设的可持续性和长效性，需构筑短期与长期相结合的目标营造体系。短期内应根据省、市考核机制要求，完成初步风貌建设目标；长期应建立长效管护机制，保证风貌建设的长效性。因此，在风貌管控中处理好短期与长期的关系，建立短长结合的目标实现机制，是需深入研究的核心内容。

3. 制定可行技术要求

不同的小城镇在风貌问题、资源现状、文化习俗等方面各有差异，因此针对每个小城镇特征制定适合的规划编制技术要求，加强技术要求的普适性和可行性，也是风貌管控要认真探讨的议题。

3.2 风貌管控具体策略

1. 依事权分级管控，加强目标传导

依事权从"整体-个体-要素"分级传导机制思路出发，构建"市域-县域-城镇"的三级风貌管控传导机制：市域层级重点进行宏观层面的风貌整体管控；县域层级对接市域，落实宏观管控要求，从中观层面把控城镇风貌个体的方向；城镇层面，从微观层面具体提出风貌要素建设的可实施性要求（表1）。

市域风貌整体管控侧重于整体层面的风貌方向把控，是纲领性的风貌引领，以便勾画整体的市域风貌蓝图框架。县域风貌个体管控侧重于在市域大的风貌蓝图框架之下，面对不同片区的小城镇进行个性化差异化引导，确定各小城镇风貌发展方向。城镇风貌要素管控则是侧重于在既定的小城镇风貌方向之下，进一步对接城镇管理部、设计单位及施工单位，对涉及小城镇风貌的各要素提出具体管控要求，保障小城镇风貌的落地实施（图1）。

2. 实施分类管控策略，便于管理建设

小城镇风貌的发展往往受社会文化、历史演变、经济发展、地域位置等多因素的影响，每个小城镇所具有的人文特色和历史积淀特征各不相同，其呈现的

		依事权分级传导	表1
管控层级	管控层面		管控内容
市域	宏观	整体市域风貌定位、整体市域风貌分区、整体市域风貌廊带	
县域	中观	个体城镇风貌类型、个体城镇风貌定位、个体城镇风貌结构	
城镇	微观	街巷风貌要素管控、建筑风貌要素管控、公共空间要素管控、绿化要素管控、照明要素管控、街道家具要素管控、非物质要素管控	

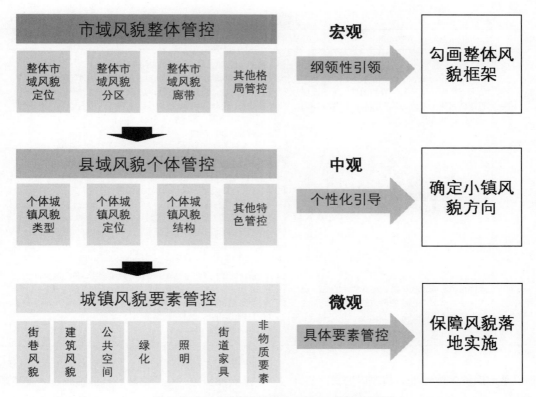

图1 依事权分级传导机制图（来源：作者自绘）

风貌也各具特色，存在较大差异，因此在对小城镇风貌管控的过程中应进行分类管控。本研究中按照人文要素分类，根据小城镇的社会历史文化，以人文特色和历史积淀为特征，将小城镇风貌类型划分为传统风貌型、现代风貌型和新旧融合风貌型三大类进行管控。不同小城镇风貌类型提出相应的风貌管控重点内容。

传统风貌是指具有一定历史、文化、科学、社会或艺术价值，能够比较完整、真实地体现某一发展过程或者某一发展时期建筑特色和环境特征的小城镇风貌。现代风貌是指具有较密集的现代建筑群、高密度的社会活动以及多样性生活服务的小城镇风貌。新旧融合型风貌是指传统风貌向现代风貌、传统生活方式向现代生活方式过渡过程中形成的建筑风貌混合的小城镇风貌（表2）。

3. 构建风貌可实施的管控机制

一是构建针对每个小镇的精细化建设引导路径。根据每个小镇所特有的资源禀赋和建筑特征，在三大风貌分类的基础上、在建设指引中进一步细分引导方向（如将传统风貌进一步细分为古韵名镇、运河名镇等引导方向；现代风貌进一步细分为田园新镇、创

智新镇等引导方向；新旧融合风型风貌细分为红色小镇、国学小镇等引导方向），并综合确定各城镇风貌定位，最后提出针对每个小镇的建筑风格、建筑色彩、建筑高度、街巷风貌等具体要素提出建设引导要求。

二是从政府管理者和设计师角度出发，构筑精炼严肃、易懂使用的小城镇风貌管控成果体系，制定形成"研究报告＋管控导则＋一镇一图管控库"的三位一体成果体系。其中"一镇一图"以简洁精炼的表达方式，精准派发到县（市区）/镇（乡街），作为小城镇的风貌管控手册。

4 实践应用——聊城市小城镇风貌管控体系研究

4.1 聊城市小城镇建筑风貌概况

聊城市历史文化底蕴丰厚，格局特色鲜明。聊城作为国家历史文化名城，拥有大汶口文化、史前文化、运河文化、红色文化等浓厚的历史文化底蕴。聊城境内名胜古迹2700多处，国家级重点文物保护单

分类管控策略 表2

风貌类型	风貌界定	风貌管控重点
传统风貌	指具有一定历史、文化、科学、社会或艺术价值，能够比较完整、真实地体现某一发展过程或者某一发展时期的建筑特色和环境特征的小城镇风貌	（1）保持传统肌理，注重历史的保护利用； （2）延续传统风貌，体现地域特征、民族特色和时代风貌； （3）控制自然生态景观与建筑群组关系，引导生态景观渗透； （4）历史文化名镇风貌保护； （5）严禁挖山填湖、破坏生态环境； （6）其他需要管控内容
现代风貌	指具有较密集的现代建筑群、高密度的社会活动以及多样性生活服务的小城镇风貌	（1）注重对农业景观格局的建设及对大地景观的保护与利用； （2）发展特色产业，体现地域优势； （3）优化小城镇功能分区，构建生态廊道； （4）与地形地貌有机结合； （5）增加生态景观周边空间开放性、公共性； （6）严禁挖山填湖、破坏生态环境； （7）其他需要管控内容
新旧融合型风貌	指传统风貌向现代风貌、传统生活方式向现代生活方式过渡过程中形成的建筑风貌混合的小城镇风貌	（1）注重新旧建筑景观及格局的协调，延续老街区的风貌特征； （2）注重历史文化符号的利用，将文化融入现代风貌设计； （3）与地形地貌有机结合； （4）严禁挖山填湖、破坏生态环境； （5）其他需要管控内容

位3处，省级重点保护单位15处，其城区独具"江北水城"特色，有"中国北方的威尼斯"之称。其小城镇风貌更是传承了聊城悠久的历史文化风貌。由于城镇化建设的快速推进，小城镇也融合了众多现代景观风貌。

目前聊城市小城镇风貌管控缺乏法定依据。近年来，聊城市城乡规划主管部门高度重视小城镇风貌的管控，已经通过"小城镇提升工程"等举措来改善和指导小城镇风貌建设。但仍有许多小城镇在风貌建设上缺乏特色，原有的风貌格局特征由于快速城镇化而逐渐衰退。究其原因，与国内大部分小城镇一样，在管理和设计中缺乏直接的法定建设引导依据，导致风貌管控低效。根据新时期聊城市小城镇精细化管理和高品质发展要求，探索一套管理高效、可操作性强的小城镇特色风貌管控体系作为建设依据，引导小城镇在提高小城镇人居环境品质的同时留住乡愁，成为当前聊城市小城镇发展建设中重要议题。

4.2 精细化小城镇风貌管控体系内容构建

1. 市域整体风貌研究

从市域宏观层面展开研究，对聊城市域内风貌特色要素进行研究，勾勒市域未来整体风貌蓝图框架，提出市域整体风貌的纲领性引导要求（图2）。

首先，综合研究聊城市市域的风貌特色和问题。

从自然资源、空间格局、产业资源、人文资源、建筑风貌等方面，提取代表性的风貌元素特征作为依据，客观评价聊城市鲜明的风貌特征及关键问题所在，以便后续提出精准管控措施。

其次，研究聊城市市域未来风貌发展方向。一方面，对各层次的总体规划和专项规划、小城镇改貌规划等相关规划进行梳理，对风貌发展依据和意愿进行研究；另一方面，对相关政策、相关规范及其他案例展开研究，落实风貌管控新要求、借鉴风貌管控新方法。

最后，确定市域整体的风貌定位和风貌结构。通过对风貌的研判，确定聊城市域的风貌发展方向，提出了符合聊城市风貌形象的"江北水城·运河古都"风貌定位。根据市域层面风貌资源空间集中和分布特征，构建了"一带隆起、双廊展放、两轴交汇、多区互动"的特色风貌结构，以此展现聊城市市域地域风貌基本格局。

从宏观层面提出市域整体的风貌管控要求，包括市域风貌类型和市域风貌特色两部分内容。根据小城镇的社会历史文化，以人文特色和历史积淀为特征，从市域整体层面将风貌类型划分为传统风貌型、现代风貌型和新旧融合风貌型。在风貌分类基础上，从宏观层面提出"江北水城、运河古都"的市域风貌定位管控策略；根据市域层面风貌资源空间集中和分布特

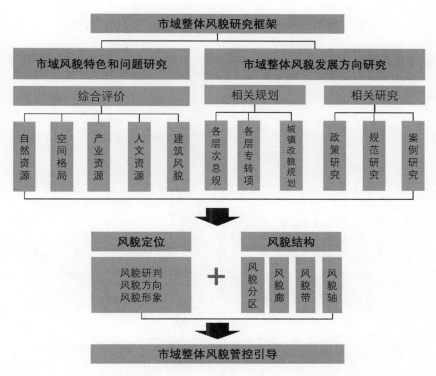

图 2　市域整体风貌研究框架图（来源：作者自绘）

征，构建 "一带隆起、双廊展放、两轴交汇、多区互动"的特色风貌结构管控引导要求（图3）。

2. 县域个体分类研究

在聊城市市域的风貌蓝图框架之下，从县域中观层面对不同区域的小城镇进差异化研究，综合确定小城镇的风貌类型和风貌定位。

从镇域和镇区两个层面，对涉及小城镇风貌的自然环境、历史人文环境、经济环境、空间环境等方面的城镇风貌资源进行调查与评价，从风貌资源空间集中度和重要性两个层面综合评价小城镇整体风貌特征。在风貌资源调查与评价的基础上，结合市域整体风貌管控框架，精准确定小城镇风貌的风貌类型，并提出小城镇风貌定位（图4）。

最终根据小城镇的社会历史文化，以人文特色和历史积淀为特征，将聊城市小城镇风貌类型划分为传统风貌型、现代风貌型和新旧融合风貌型三大类进行管控，同时根据每个小镇所特有的资源禀赋和建筑特征，进一步细分引导方向，进行精准风貌定位。其中，传统风貌型城镇提出古韵名镇、运河名镇定位引导；现代风貌型城镇提出田园新镇、创智新镇、风情小镇、康养小镇定位引导；新旧融合型城镇提出红色小镇和国学小镇定位引导（图5、图6）。

3. 城镇精准化要素研究

在既定的小城镇风貌方向之下，从城镇微观层面对涉及小城镇风貌的各要素提出具体管控要求，主要从街巷风貌设计、建筑风貌设计、公共空间设计、绿化设计、照明设计、街道家具设计、非物质要素设计七个方面进行管控，保障聊城市小城镇风貌的落地实施。采用通则性与针对性相结合的方式进行精准管控，保障小城镇风貌统一有序建设的同时体现各小城镇独特的风貌个性（图7、图8）。

4. 可实施性管控成果研究

本着精炼严肃、易懂便用的原则，聊城市小城镇风貌管控制定形成 "研究报告＋管控导则＋一镇一图管控库"的三位一体成果体系。其中，研究报告是对聊城市小城镇风貌的深入研究分析过程和结果，结合研究形成聊城市风貌要素数据库，便于开展编制聊城市域风貌和相关专项规划，实现规划编制和风貌管理精细化的需要；管控导则是针对不同层面、不同类型、不同要素的具体管控规则，作为聊城市小城镇风貌未来规划建设管理的依据；一镇一图是针对每一个聊城市城镇的精准化管控成果，作为风貌管控一张图派发到聊城市各县（市区）/镇（乡街），简洁明了便于管控。

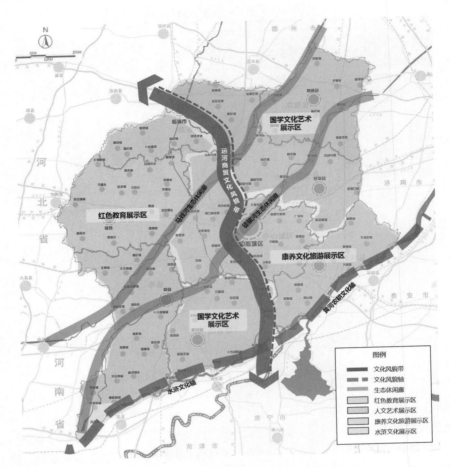

图 3　市域整体风貌框架图（来源：作者自绘）

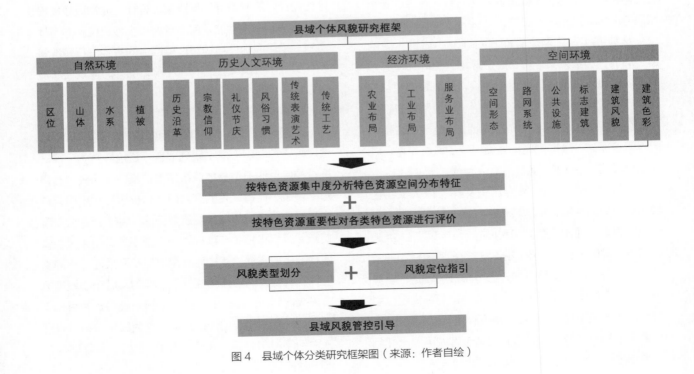

图 4　县域个体分类研究框架图（来源：作者自绘）

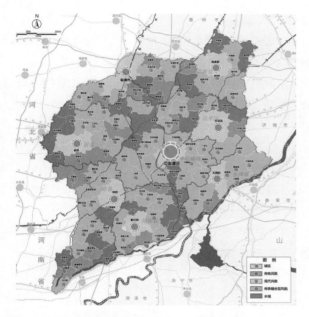

图 5　小城镇风貌分类图（来源：作者自绘）

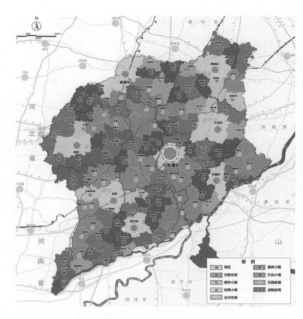

图 6　小城镇风貌定位引导（来源：作者自绘）

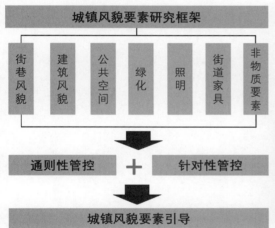

图 7　城镇精准化要素研究框架图（来源：作者自绘）

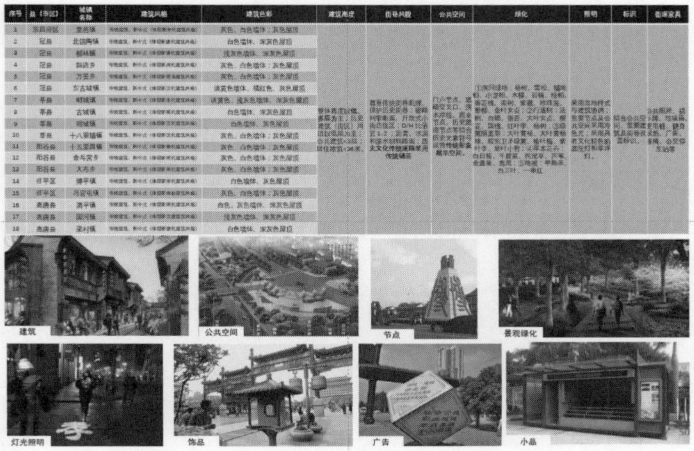

图 8　城镇风貌要素管控一览图（来源：作者自绘）

4.3　小城镇风貌管控实施效果

自聊城市小城镇风貌管控体系建立以来，一方面，其为聊城市小城镇总体规划、详细规划及相关专项规划的编制提供了重要参考和指引作用；另一方面，完整详实的聊城市各小城镇特色风貌数据库，为小城镇风貌体系构建、重要节点改造、建筑单体建设等风貌建设管理工作提供了重要保障。

5　结语

小城镇特色风貌建设有助于促进小城镇经济与社会的和谐发展，是小城镇建设发展的重要组成部分。

因此，对小城镇特色风貌的精细化管控，也成为塑造小城镇特色、激发小城镇活力、打造小城镇美好人居环境的重要手段。本文认为小城镇风貌精细化管控，应贴合政府管理者和设计师实际需求、应依事权从"整体–个体–要素"层层深入管理、应依要素精准化分类管控、更应简明高效、便于实施操作。本文探讨性提出了小城镇风貌精细化管控体系，以期为同类型小城镇风貌研究提供方向。

参考文献

[1] 潘永健. 小城镇建筑风貌精细化管控体系研究——以钟

山县县城为例[C]. 中国城市规划学会、重庆市人民政府. 活力城乡 美好人居——2019中国城市规划年会论文集（19小城镇规划）. 中国城市规划学会、重庆市人民政府：中国城市规划学会，2019：358-369.

[2] 吴小洁. 面向管理的城市建筑风貌管控初探——以福州市建筑风貌导则为例[C]. 中国城市规划学会、重庆市人民政府. 活力城乡 美好人居——2019中国城市规划年会论文集（13风景环境规划）. 中国城市规划学会、重庆市人民政府：中国城市规划学会，2019：434-441.

[3] 张宝铮. 控制导向下的城市风貌规划研究——以福州青口汽车城为例[A]. 中国城市规划学会、杭州市人民政府. 共享与品质——2018中国城市规划年会论文集（07城市设计）[C]. 中国城市规划学会、杭州市人民政府：中国城市规划学会，2018：15.

[4] 陆昱. 新时代社会主要矛盾变化与国家治理方式优化初探[J]. 宁夏党校学报，2018，20（03）：73-76.

[5] 李涛，李杰铭. 我国风貌建设发展历程及其在特色小镇建设中的应用研究[J]. 城市建筑，2017，（2）：344，350. DOI：10.3969/j. issn. 1673-0232.2017.02.303.

[6] 杨晓光，赵华勤，江勇.《浙江省小城镇环境综合整治技术导则》编制思路研究[J]. 小城镇建设，2018（02）：11-15.

[7] 覃琳，倪明，仇伟佳. 重庆市小城镇风貌特色规划的探讨[J]. 重庆建筑，2013，12（05）：1-3.

[8] 单晓刚，罗国彪，路雁冰. 贵州省示范小城镇风貌规划控制研究[J]. 规划师，2014，30（01）：25-30.

基于生态廊道构建和视线廊道控制的山水格局保护探索
——以宣城市西部新城总体城市设计为例

李苑常　谭伟

作者单位
江苏省城市规划设计研究院

摘要： 快速城市化进程造成部分以山水为特色的城市面临生态环境破坏、山水格局不显、城市特色缺失等诸多问题。本文以宣城市西部新城总体城市设计为例，运用 GIS 技术进行水文分析和用地适宜性评价，在此基础上构建片区生态廊道，并选取生态廊道内的重要观景点，通过视线廊道分析优化建筑高度控制，针对性地提出生态建设引导，以此探求城市山水格局保护的策略在总体城市设计层面的应用。

关键词： 山水城市；生态廊道；视线廊道；总体城市设计

Abstract: The rapidly urbanization processing caused some cities, which characterized by mountains and rivers, faced many problems such as destruction of the ecological environment, unremarkable landscape pattern and lack of urban characteristics.This paper will be a case study by the overall urban design of Xuancheng's western new city.Firstly, hydrological analyzing and land using suitability evaluation were carry out by GIS technology.Secondly, based on the result of evaluation, the paper builds ecological corridors and selects important viewpoints from those corridors.Thirdly, the paper optimizes the height of building through the analysis of the sight corridor.Finally, according of these measures, it will explore the utilization of the protection strategy of the urban landscape pattern in the overall urban design.

Keywords: Shan-shui City; Ecological Corridors; Sight Corridor; Overall Urban Design

1　引言

30年前，钱学森先生在给吴良镛教授的信中首次提出"山水城市"的理念[1]。吴良镛教授解读"山水城市"即"山—水—城市"的组织模式，在城市形态上强调山水的构成作用和城市的文化内涵[2]。城市山水格局自然是"山水城市"最显著的环境特征，保护山水格局也是强化城市特色、延续城市文脉的重点所在。

城市的发展与自然生态环境之间的矛盾不止停留在20世纪90年代，持续快速的城市化进程造成山体破坏、水体污染、生物多样性缺失等一系列生态环境问题不胜枚举；城市边界的无序蔓延也导致山水格局变得模糊，识别城市坐标的山川河流被钢筋水泥构筑物所湮没；千城一面的城市风貌更使得文化个性和城市气质荡然无存，仅能从美食和方言中找寻城市的归属感。保护城市自然山水格局在当下甚至未来相当长一段时间里依然是热点话题。

1.1　保护城市山水格局的意义

自然山水作为城市重要的生态资源，与大气资源、生物物种共同构筑起生态安全的基本格局。在城市建设的过程中重视对山水资源的保护和利用，将有利于建立一个相对稳定的生态环境，保护个人、地区甚至是国家避免遭受环境退化和生态破坏所引发的环境灾害和生态灾难[3]。稳定的水资源、发达的生物种群、健康的生态环境确保城市人居环境的健康，同样为城市经济发展提供良好的支撑和保障。

城市的山水格局是千百年来自然历史演变的见证，承载了独特的历史价值。传承和延续山水格局有利于凸显空间特色，形成与众不同的城市名片。"襟江带湖，龙盘虎踞"的南京、"十里青山半入城"的常熟、"千峰环野立，一水抱城流"的桂林都因山水环境的差异而形成独特的城市格局，这些融入山水环境的历史城市都成为山水城市营造的杰出范例[4]。

"一方水土养一方人",自古以来由于自然环境和地理气候的不同,直接影响到思想观念和文化性格的差异。城市的山水格局是人类与自然不断适应的结果,也是孕育城市文化的摇篮。保护城市山水格局有利于创造和凝聚城市文化,进而保护不同城市之间文化的多样性,对故乡感情的寄托和认同感有着积极的社会意义[5]。

1.2 本文的研究背景

宣城市位于皖江城市带"东南翼",是南京都市圈和芜马宣城市群的重要成员。宣城历史悠久,人文荟萃,自西汉设郡以来已有2000多年的历史,为中国文房四宝之乡、山水园林城市、历史文化名城。域内襟山带水,敬亭、柏视、水西、龙须四山峰峦叠翠;青弋江、水阳江两水相依。

宣城市西部新城紧邻宣南铜高速、宣泾高速,是宣城对接区域发展的西部门户(图1)。西部新城范围约60平方公里,包含宣城经济技术开发区、彩金湖生态新城和承接产业转移示范区三个功能主体。基地外围山水环绕,内部生态本底良好,对于延续宣城山水格局、提升城市文化内涵具有重要战略意义。

下文以宣城市西部新城为例,以生态廊道构筑生态安全格局,以视线廊道控制山水景观品质,双管齐下探索城市山水格局的保护策略在总体城市设计层面的应用。

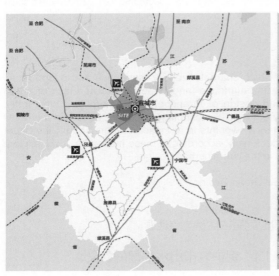 

图1 宣城市西部新城区位示意图(来源:作者自绘)

2 "循山理水"构建生态廊道

敬亭山余脉由北至南深入宣城市西部新城,梅溪河、清溪河等多条现状水系顺应地势穿城而过。利用GIS技术,通过水文分析"循山理水",在用地适宜性评价的基础上形成"以山为廊、以水为脉"的生态廊道,保护山水资源构建西部新城的生态安全格局。

2.1 水文分析

基于宣城市西部新城地形数据(图2)建立地表水流模型。将地形数据填洼处理后计算流水累积量,提取流水累积量大于300的栅格数据生成河流网络。将流水量按标准差分成三级河道(河流主干、次干、

支流)。在此基础上分析流域数据,按照自然排水分区可将西部新城划分为五个流域分区。结合现状地形和流域分区,通过暴雨模拟和汇水分析,优化现状河道线型,形成贯穿西部新城的五条雨水生态廊道(图3)。

2.2 用地适宜性评价

遵循西部新城自然山势和水文特征,选取高程、坡度、坡向和现状用地类型等指标,在模拟专家打分的基础上赋予不同的权重值,对西部新城进行用地适宜性评价[6]。其中,生态禁止建设区主要包括坡度较大的山体、林地、水体等自然资源和基础设施廊道;有条件建设区主要包括坡度较缓、坡向影响较小的

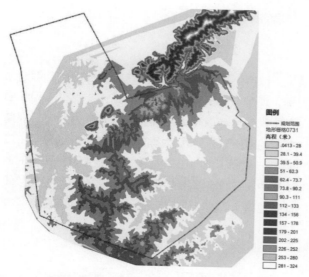

图2 宣城市西部新城地形数据图（来源：作者自绘）

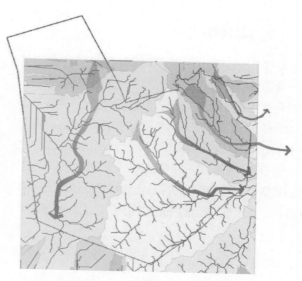

图3 宣城市西部新城地形汇水和流域分析图（来源：作者自绘）

丘陵地段；其他区域作为允许建设区。根据用地适宜性分析，最适宜建设区主要集中在西部新城的东西两翼。现状山体林地和湿地斑块为主的水体作为最不适宜建设的区域，集中在西部新城的中部（图4）。

2.3 生态廊道构建

将西部新城水文分析与用地适宜性评价结果进行叠加分析，保留禁止建设区内的山体林地作为强制性绿化生态廊道，不进行开发建设；通过水文分析得到流域数据结合现状河道水系，优化形成五条潜在的雨水生态廊。最终构建以"敬亭山—彩金湖"生态

带为廊，以五条河流为脉的生态骨架（图5），形成"山—水—城"相依相融的城市山水格局。

3 "显山露水"控制视线廊道

为保护敬亭山这一重要的自然景观不被建筑遮挡，在生态廊道的基础上保证视线廊道的视觉通畅，研究选取合理的观景点，利用GIS技术对视点和敬亭山进行视线廊道分析，精确控制视线廊道所及范围内的建筑高度，并对以水为脉的生态廊道进行差异化引导，实现城市山水格局"显山露水"的保护目标。

图4 宣城市西部新城用地适宜性分析图
（来源：作者自绘）

图5 宣城市西部新城一廊五脉生态廊道规划图

3.1 视线廊道分析

研究以敬亭山作为观景对象，从上文中确定的"一廊五脉"中选取公园、广场等重要的开敞空间，作为观景点建立观景视廊，通过视廊控制确保观景点可看到敬亭山二分之一高度以上的山体轮廓。综合考虑现状地形高程，利用GIS技术计算观景点与二分之一山体等高线所构成的"视廊控制面"与地形高程之间的真实高差（图6），并转化成控规所使用的控高体系，以确定视域范围内的建筑控高，达到相对科学

3.2 建筑高度控制

以宝城路门户观景点所在的兴业河生态廊道为例，观景点位于宝城路与沪渝高速交叉口，视线廊道（观景点与敬亭山之间）控制方向为北向，视角范围约40°（图7）。为确保观景点可看到敬亭山二分之一高度以上的山体轮廓，需要控制建筑高度的地块集中在宝城路以北的用地范围。建筑高度控制整体体现北高南低的特点，结合规划用地建议南侧商务办

精确的控制要求[7]。

图6 基于视线廊道分析的建筑高度控制GIS模型研究示意图（来源：作者自绘）

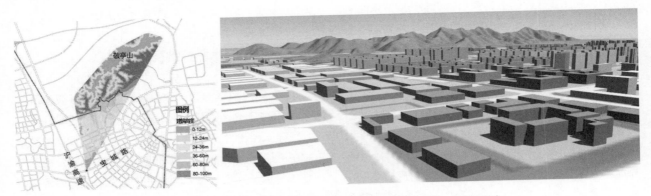

图7 宝城路门户观景点视廊分析图和建筑高度控制图（来源：作者自绘）

公和研发用地建筑限高控制在24米；中部住宅以小高层为主，限高36米；北部住宅以高层为主，限高60米。

3.3 廊道断面引导

根据生态廊道空间特点，通过对河流驳岸的季节性高差设计，塑造安全、亲水的空间效果，增强滨水实用性。在此基础上，结合生态廊道内的公园绿化、道路景观等空间设置雨水花园、生态草沟等生态设施，形成完整的海绵系统。根据生态廊道两侧用地功能的差异，策划多元功能，并以其为核心组织周边城市功能，提升土地价值的同时激发城市活力（图8）。

4 结语

本文以宣城市西部新城为例，通过水文分析"循山理水"，结合用地适宜性评价形成"以山为廊、以水为脉"的生态廊道。选择生态廊道上合适的观景点进行视线廊道分析，控制视廊所及范围内的建筑高度，并对生态廊道内的驳岸、绿化和活动策划进行差异化引导，实现城市山水格局"显山露水"的保护目标。研究在总体城市层面，探索了城市山水格局保护的一种解决路径。

一方面，本文的研究对象是山水特色明显的城市，对具有相同自然特质的城市具有借鉴和指导意

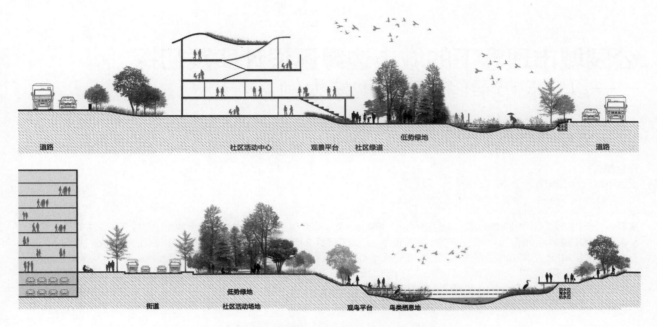

图 8　生态廊道断面引导示意图（来源：作者自绘）

义。另一方面，本文的研究层次局限在中宏观尺度，未能就微观层面的山水保护策略做更深入的研究。望有层次更丰富的讨论、指导意义更全面的研究出现。

参考文献

[1] 钱学森.杰出科学家钱学森论城市学与山水城市[M].北京：中国建筑工业出版社，1994.

[2] 吴良镛.关于山水城市[J].城市发展研究（2）：17-18.

[3] 王晓峰，吕一河，傅伯杰.生态系统服务与生态安全[J].自然杂志，2012，1（5）：273-276.

[4] 杨保军，王军.山水人文智慧引领下的历史城市保护更新研究[J].城市规划学刊，2020（2）：80-88.

[5] 朱卓峰.城市景观中的山水格局及其延续与发展初探——以南京为例[D].江苏：东南大学，2005.

[6] 焦胜，李振民，高青，et al.景观连通性理论在城市土地适宜性评价与优化方法中的应用[J].地理研究，2013，32（004）：720-730.

[7] 童滋雨.基于视线的建筑高度控制GIS模型研究[C].2009全国建筑院系建筑数字技术教学研讨会论文集.

公园城市理念下的城市边缘区设计实践初探
——以宁波市奉化胡家渡地块为例

李古月　赵艳莉　王先鹏　汪雪　杨百合

作者单位
宁波市自然资源和规划研究中心

摘要： 城市边缘地区作为城市建成区与郊区相接的地带，一直以来都存在人口活力不足、土地资源过度开发、生态环境脆弱以及管理权属不明晰等问题 [1]。而在生态文明的背景下公园城市理念的提出为城市边缘区提供了生态化、特色化、品质化的发展方向。本文从解析公园城市理念的发展形成、重要意义和理论内涵出发，并以宁波市奉化区胡家渡地块为例，从激发区域活力、融合生态格局、构建城市空间和复合功能业态四个方面策略进行探索，以此对城市边缘区的规划设计提供新思路。

关键词： 公园城市；城市边缘区；城市设计；宁波市奉化区

Abstract: The urban fringe area, as the periphery of the urban built-up area and the suburbs, has always had problems such as insufficient population vitality, overexploitation of land resources, fragile ecological environment, and unclear management ownership.Under the background of ecological civilization, the concept of park city provides the direction of ecologicalization, specialization, and quality for the transformation and development of urban fringe areas.In order to provide a new way of thinking for urban fringe planning and design, This article starts with the analysis of the development, importance and theoretical connotation of the park city concept, and takes the Hujiadu plot in Fenghua District of Ningbo as an example, starting from stimulating regional vitality, integrating ecological patterns, constructing urban space, complex function formats and building coordination mechanisms.

Keywords: Park City; Urban Fringe; City Design; Fenghua District, Ningbo

1 引言

2018年2月，习近平总书记视察天府新区时首次提出"公园城市"，并强调天府新区一定要规划好建设好，特别突出公园城市的特点，把生态价值考虑进去，努力打造新的增长极[2]；2018年3月，成都市将公园城市写入规划中，并提出到2035年将建设成为美丽宜居的公园城市[3]。"公园城市"作为新时代背景下城市未来的发展愿景，不仅满足人民对生活的美好追求，也体现出"生态文明优先"和"以人民为中心"的核心发展思想。

宁波山水、人文资源极其丰富，具有"山水林田湖、江河湖海湾"多元的地貌环境要素，完全具备建设公园城市的生态资源基础和政策环境优势。而宁波绕城高速公路外围的城市边缘区作为衔接中心城区和各县市区的重要区域，是整个公园城市体系构建中较为重要的功能节点，也是建设情况较复杂的区域。本文基于公园城市的理念，以紧邻宁波市绕城高速的奉化区胡家渡地块为例，从城市设计的角度，采用精细化的管控措施，来提升城市边缘区的环境品质，改善城居民的居住环境，为新时代背景下城市的转型发展提供新动力、新方向、新目标。

2 生态文明背景下城市发展的新模式

2.1 公园城市内涵的发展形成

公园城市是国家倡导生态文明阶段的全新理念和城市转型发展的全新模式，吸收融合了国内外多年来城市建设的理论内涵。国外对于城市发展理念开展系统性的研究相对较早，20世纪70年代联合国教科文组织发起MAB计划过程中，提出了生态城市的概念，并引起了全球广泛关注[4]；美国在19世纪初形成了由公园和公园路有机组合而成的城市公园理论，其开创者奥姆斯特提倡保护自然，主张将乡村带入城市，强调城市绿化。随着公园系统理论的发展，田园城市理念应运而生，并提倡为健康、生活和产业而设计的城市，融合城市与乡村，是城与乡的结合体，因此田园城市的理论构想被认为是公园城市规划的起源[5][6]。

我国古代对城市生态文明的规划思想早有记载，从唐长安、元大都、明清北京等就对园林景观、自然生态极为重视。从近代开始，山水城市、园林城市、森林城市等理论思想逐步系统化。1990年钱学森从中国传统的山水自然观、天人合一哲学观基础上提出"山水城市"的概念[7]；2004年我国提出国家森林城市的概念，并制定了相应的评价指标[8]；2015年，贵阳市启动"千园之城"的工程，成为首个国家森林城市[9]；2018年2月，总书记在成都视察时提出了公园城市的理念，是对我国城市生态和人居环境建设更高的要求。所以说，"公园城市"理念是继承中国古代城市建设思想，吸取国外城市建设经验，针对新时代国家、城市及人民对生态自然观的美好诉求，具有悠久的历史意义和系统的逻辑思维[10]（图1）。

2.2 公园城市建设的方法体系

公园城市并不是简单地将"公园"和"城市"两个概念融合，而是基于新时代特色发展理念孕育而生的全新概念，是对高质量背景下城市建设新模式的探索。可以理解为公园城市是从"以人民为中心"的发展思想对生态、生活和生产"三生空间"的理想化追求，体现出我国推进城市化发展模式转变的理论创新和实践探索。

公园城市中的每个字都具有独特的理论含义，其中，"公"指营造公共的人居环境，强调将人作为建设的核心，积极落实"以人民为中心"的发展思想，从传统"产、城、人"的思路转变为"人、城、产"的新模式；"园"指塑造生态的自然基底，强调维护城市的自然环境，利用规划山水园林的思路去建设城市，建立城乡生态网络，统筹区域生态建设，建立"城在园中建、人在园中居"的生态格局；"城"是指构建特色的城市空间，在于尊重城市原有的山水林田湖自然生态格局，并将城市空间的塑造融入自然环境之中，主要体现在用地规划布局、公共空间营造以及综合交通体系三个方面；"市"指优化丰富的功能业态，在公园城市的发展模式中应该体现以规划为指导，培育新业态、推动产业走向高端化、复合化、融合化。

3 公园城市理念下城市边缘区规划设计探索

3.1 规划背景

项目地块位于宁波市奉化方桥区块，紧贴宁波绕城高速，与三江口核心区直线距离仅为15公里，是宁波和奉化协同发展的重点协调区域，也是奉化融入宁波中心城的桥头堡区域。该地块北靠奉化江，东南方向近邻新建路，占地总面积2.12平方公里（不含外围水域面积）。北部以农田和不规则的水渠为主，包括待拆迁的胡家渡村庄，南部为宁南贸易物流园区区域，包括居住、工业、物流仓储等功能（图2~图4）。

图1 公园城市理念的理论内涵示意图（来源：作者自绘）

图 2　胡家渡地块现状图（来源：作者自绘）

图 3　奉化江现状图（来源：作者拍摄）

图 4　现状农田（来源：作者拍摄）

3.2　规划策略

1. 吸引居民参与：积极促进城区融合发展，提高人民幸福度

"以人民为中心"是公园城市建设的出发点，因此在城市边缘区的规划设计中，思考怎么把"人引进来"应放在首位。通过整合全域资源要素、依托区域交通优势，将该地块打造为"宁波都市区文旅服务中心"，塑造具有特色人居环境的城市边缘活力区。

一是发挥资源优势提升区域吸引力。宁波南部区域是宁波休闲旅游、新经济发展的重要空间，依托宁波都市圈，拥有长三角活跃的旅游客流和投资市场，有很好的旅游发展前景和游客资源。胡家渡地块作为奉化联系宁波的桥头堡区域，应充分发挥区位优势和资源优势，着力打造具有宁波味道、奉化特色的集文化旅游、旅游服务、科技创新为一体的核心集聚区，将文化产业与旅游产业相结合，以点带面，辐射宁波南部区域融合发展。

二是智慧旅游和智能集散为游客提供便捷。依托"文旅服务中心"的功能定位，不仅将该地打造为旅游目的地，而且通过智能集散、智慧旅游、全域旅游等技术方法为城市居民带来不同凡响的旅游体验。比如作为智慧旅游交通枢纽，可以通过对交通和旅客诉求数据进行收集、整合处理，定制旅游路线，还可以通过手机终端了解路线上路况、天气和游客量等信息，实现旅行社、导游、景区景点、汽车租赁等旅游

交通信息查询服务。

三是交通一体化促进城区统筹发展。首先，充分利用地块距栎社机场、高速公路出入口以及轨道交通 S3 号线的距离优势，争取在地块内建造文旅中心地铁站点，并采用站区一体化模式进行设计，提高该地块的交通可达性；其次，规划组织区域内部公交线路，且与中心城公交线路相联通，使该区域与中心城区之间搭建一个完善的快速公交支撑体系；最后，统筹考虑宁波全域旅游资源，制定多条旅游方案，为宁波市内和市外游客提供个性化、多样化和特色化的旅游线路。

2. 生态格局融合：衔接宁波城市空间格局，打造生态高品质

落实公园城市理念，延续宁波特有的山水林田湖生态空间格局，完善绕城高速外公园绿环网络，构建城市边缘区特色景观节点，打造居民生活休闲的游憩场景（图 5）。

一是衔接城市整体生态空间格局。统筹考虑宁波市全域的生态空间格局，建立宁波市公园城市网络，构建区域公园—郊野公园—特色公园魅力空间格局，促进奉化江郊野公园形成重要节点融入宁波中心城区的公园网络体系中，并将胡家渡地块作为城市边缘区的公园节点和特色功能区块进行规划，统筹品质和功能双提升。

二是融合绕城高速外的郊野绿环。衔接宁波2049 战略规划，重点围绕绕城高速外打造 9 处郊野

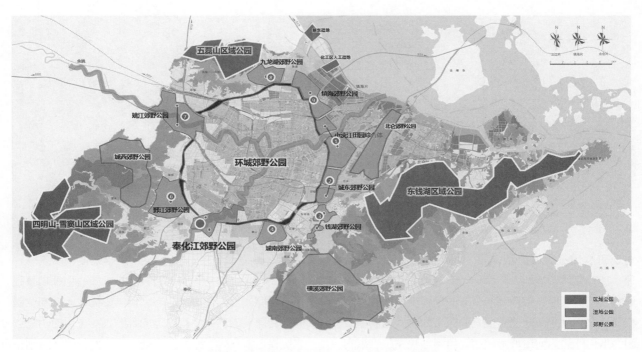

图5　中心城区范围内公园体系（来源：作者自绘）

公园，形成组团分隔的近郊绿带。采取弹性的手法进行规划设计，维持胡家渡西南侧大片农田景观现状，塑造为城市近郊湿地公园，作为奉化江郊野公园核心景观节点，贯通奉化江，与宁波三江口核心区形成互动，建设生态旅游型的郊野公园。

三是打造都市近郊特色的湿地公园。将滨江湿地公园作为整个地块的核心景观公园，公园内的景观最大化地维护原有水系结构、农田景观和生态环境，比如在湿地内的建筑以底层架空的干阑式建筑为主，减少建筑对农田的破坏，塑造特色的湿地景观；并设计沿江慢行步道将湿地公园内景观节点进行串联，削弱减少机动车通行带来的影响（图6、图7）。

3. 城市空间构建：塑造蓝绿共融的公共空间，提升环境新价值

一是构建慢行体系打造开放空间。围绕规划的交通体系结构，在区域范围内通过规划以"步行+自行车"为主的慢行交通，贯通连接周边的生态湿地公园、主题休闲街区、文旅商总部、文化博览中心、交通集散服务区和生态居住区，形成绿色生态开放空间网，丰富区域邻里交往与游憩活动场所，提升区域生活品质（图8）。

二是采用生态技术修复蓝绿空间。首先，将原有农林用地和湿地空间作为城市边缘区蓝绿空间的基底，应用本土化的植被保证景观可持续性；其次，

图6　沿江慢行步道（来源：作者自绘）

图7　湿地公园景观节点（来源：作者自绘）

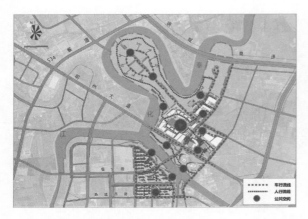

图8 慢行交通示意图（来源：作者自绘）

图9 生态驳岸工程示意图（来源：作者自绘）

对现有水域进行保护和恢复，对沟渠与支流进行梳理，提升蓄洪调控能力和净化调节能力，营造良好的滨水空间；最后，采用滨水驳岸的工程手段确保河岸和江水之间水分可渗透交换，同时有效防洪和护堤。因为奉化江边的河岸坡度较缓，且用地较充足，采用自然原型驳岸、台阶式人工自然驳岸与生态驳岸混合的方式增强防洪能力，在部分滨河区域采用建立滨河植物缓坡带，从而达到河岸的生态化改造的目的（图9）。

4. 功能业态复合：引入多元化的新兴业态，注入片区新动力

结合"互联网+"、大数据、新兴技术新兴产业，塑造新业态和新产业，对胡家渡地块的业态定位为"五中心一基地"，在核心引领、基础服务和产业拓展三大功能的基础上，打造为集文化旅游、旅游配套服务、科技创新为一体的具有区域影响力的产业集聚区（表1、图10）。

一是功能复合化引入新兴业态。核心引领和基础服务功能作为主要功能业态，包括文化休闲、商业服务、交通集散，在此基础上加入新兴业态，使功能业态更趋于复合化。比如在用地布局方面，科学规划布局混合型用地，满足多元生产生活需求，对土地进行综合性开发；在建筑空间方面，采用多样化的空间组织方式，适应不同功能的使用。

二是动能转型促进旧产业升级。依托宁南物流园区和生命科学城现有的产业基础，对现有产业功能进行拓展升级，以技术创新为引领，形成一套完备的区域产业链条，加快新旧动能转换。如在宁南物流园区现有用地、产业和建筑的基础上，形成旅游装备展示体验中心和文旅商总部基地，配合核心引领和基础服务功能，拓展文旅中心的功能业态，促进产品和服务创新。

"五中心一基地"功能业态（来源：作者自绘） 表1

业态定位	核心业态	具体内容
"五中心一基地"	旅游大数据中心	大数据分析与应用作为旅游服务基础功能的决策支撑
	文化艺术博览中心	对传统的产品进行文化体验升级、数字化改造、智库支撑提升
	智慧旅游服务中心	集旅游形象展示、咨询、景点销售、购物等多功能于一体
	旅游交通集散中心	作为智慧旅游交通枢纽，开展定制游线、景区定向巴车等服务
	旅游装备展示体验中心	旅游装备展销一体化，营造浸入式场景体验进行展示销售
核心引领功能：旅游大数据中心和文化艺术博览中心 基础服务功能：智慧旅游服务中心和旅游交通集散中心 产业扩展功能：旅游装备展示体验中心和文商旅总部基地	文旅商总部基地	打造科技型旅游综合服务企业、旅游产品开发商总部、数字文创公司总部

图10　胡家渡地块城市设计示意图（来源：作者自绘）

4　结语

　　城市边缘区在城市高质量转型发展的过程中是需要重点关注的区域，本文采用"生态优先、以人为本"的公园城市的规划设计理念，从营造人居环境、保护生态基底、塑造城市空间、丰富功能业态四个方面对城市边缘区提出规划方法与设计策略，并将公园城市理念融入城市设计中，以求可以更好地对城市边缘区进行生态化保护、特色化营造、品质化设计和精细化管控，满足人们对美化生活的追求和城市对高质量发展的目标。

参考文献

[1] 谢慧. 城市边缘区蓝绿空间规划与建设研究[D]. 北京：北京林业大学，2017.

[2] 吴岩，王忠杰. 公园城市理念内涵及天府新区规划建设建议[J]. 先锋，2018（04）：27-29.

[3] 蒋君芳，张明海. 成都：为建成美丽宜居公园城市发力[J]. 中华建设，2018（04）：42-43.

[4] 黄光宇. 生态城市研究回顾与展望[J]. 城市发展研究，2004（06）：41-48.

[5] 杨雪锋. 公园城市的理论与实践研究[J]. 中国名城，2018（5）：36-40.

[6] 周国艳. 西方城市规划有效性评价的理论范式及其演进[J]. 城市规划，2012，36（11）：58-66.

[7] 王博娅，刘志成. 我国"山水城市"构建的理论体系及实施途径[J]. 工业建筑，2018，48（01）：1-6.

[8] 张英杰，李心斐，程宝栋. 国内森林城市研究进展评述[J]. 林业经济，2018，40（09）：92-96.

[9] 吴后建，但新球，程红，吴照柏，刘世好，吴协保，王昊琼. 中国国家森林城市发展现状存在问题和发展对策[J]. 林业资源管理，2017（05）：14-19+119.

[10] 王浩. "自然山水园中城，人工山水城中园"——公园城市规划建设讨论[J]. 中国园林，2018，34（10）：16-21.

基于评价满意度的商业街区开放空间研究
——以合肥罍街一期三期商业街区为例

王嘉祺

作者单位
重庆大学建筑城规

摘要： 选取合肥市罍街作为商业街区研究案例，通过实地调研和问卷访谈，评估分析罍街开放空间目前存在的问题。以使用者的感受为切入点，从游客游览背景、街区风貌与空间尺度、开放空间功能与设施三个角度，综合分析使用者对于开放空间中各类因素的满意度评价。

关键词： 商业街区；开放空间；公共设施；空间组织

Abstract: The Lei Street in Hefei City is selected as a research case of a commercial block.Through field research and questionnaire interviews, we evaluate and analyze the current problems of Lei Street open space.Taking the user's feelings as the starting point, through the three perspectives of tourists' visiting background, block style and spatial scale, open space functions and facilities, comprehensive exploration of users' satisfaction with various factors in open space.

Keywords: Commercial Blocks; Open Space; Public Facilities; Spatial Organization

1 研究背景和问题界定

商业街区是容纳城市文化和市民休闲购物生活的重要载体，也是城市功能中重要的重要组成部分。"街区"的概念其实是由西方传入，代指在城市内已有或是将建设房屋，四周由街巷、广场为界限的区域。而本土的商业街区其空间类型业态组织从早期的单一商店集群的带状空间，逐渐发展成集商业、办公、公共活动等多层次混合性的多样块状形空间。随着商业街区在城市生活中变得越来越重要，街区中开放空间的设计是否也应考虑到公共空间组织、游客使用体验和城市历史文化展示等多方面需求？

扬·盖尔提出，"人和活动在时间和空间上集中是任何事情发生的前提，但更重要的是什么样的活动得以发展。仅仅创造出让人们进出的空间是不够的，还必须为人们在空间中活动、流连，并参与广泛的社会及娱乐性活动创造适宜的条件"。[1]威廉·怀特也在《小城市空间的社会生活》[2]中提出了充满活力的

城市街道、合理的空间组织是城市街区具备活力的关键因素。我国的朱文一教授在《空间·符号·城市》一书中探讨了中西方城市空间的特征及演进规律，提出了中国城市空间的边界原型及街道亚原型和西方城市空间的地标原型。[3]

本文在既有研究基础上，以合肥市罍街一期三期作为研究对象，通过实地调研与问卷访谈评估街区开放空间活力，并在研究分析问卷数据和场地环境的基础上探讨罍街中开放空间功能性和舒适性与其空间尺度、街区风貌、设施排布等因素之间的关联。

2 罍街开放空间研究设计

2.1 调研方法介绍

调研采用田野调查法和问卷调查法对罍街一期三期进行实地调研，为减少时间不同所产生的影响，调研时间定为周三和周六两天中的两个时间段（12：30~

① （丹麦）扬·盖尔.交往与空间[M].北京：中国建筑工业出版社，2002.
② （美）威廉·H·怀特.小城市空间的社会生活[M].上海：上海译文出版社，2016.
③ 朱文一.空间·符号·城市[M].北京：中国建筑工业出版社，2010.

13：30、17：30~18：30）。实地记录了罍街开放空间的目前现状和使用状况，并发放问卷了解游客的游览目的、对来开放空间和公共设施的满意度以及对目前不足的意见等。根据随机原则，共对游客发放了90份问卷，回收到82份有效问卷，被调研的游客的基本信息如表1所示。

2.2 罍街开放空间形态构成概述

商业街区的空间组织包含了两个层面，街区中的街道和广场既是城市街区空间的重要组成，同时也要考虑其商业功能与价值，通过人作为使用者来联系平衡自身社会与商业两个属性。商业街区的开放空间便是使用者最直观体验的部分，也是组织商业街区空间秩序、承载商业功能的主要场所。

罍街位于宁国路与水阳江路交叉口，目前共规划建设三期，包含文创街区、美食街区、创客空间、艺术家村等多个内容。其中一期已于2013年七月开业，占地49亩，建筑面积约2万平方米，是安徽最大的餐饮文化旅游街区。三期于2017年四月开业，占地20亩，总建筑面积2.2万平方米，是由安徽国际商务学院老校区改建而成，以文创主体为主，填补合肥文化艺术街区的空白。罍街二期计划2017年7月开街，规划以超市、影院、宾馆、酒吧等业态为主，但在笔者调研时仍未全面开始营业，故研究对象以空间类型更为分明一期和三期为主（图1）。

罍街一期三期的空间形态构成上有很大差异，一期建设时间较早，街区比例尺度巨大，内部的开放空间由建筑体量围合而成的三个广场和相互联系的街道组成。三期则是由老旧教学楼改建而成，整体的空间构成较为均质协调，楼与楼间的空间被进行了深入的

图1 罍街三期平面图（来源：作者自绘）

改造，融入了休闲、运动和艺术文创等元素，与连接建筑内部空间的二层空中街道共同组成了罍街三期的外部开放空间。

3 外部开放空间满意度调查研究

在对罍街进行问卷调研时，笔者初步将问卷内的调查内容划分为游客游览背景分析、街区风貌与空间尺度、开放空间功能与设施三个部分，希望在充分了解到使用者需求的基础上对罍街开放空间进行深入研究。

游客基本信息统计表（来源：作者自绘） 表1

问卷调查对象	罍街一期游客	罍街三期游客	总数
人数	43	39	82
男女比例	21/22	24/15	45/37
年龄段人数比（青年/中年/老年）①	18/23/2	20/14/5	38/37/7
收入水平（较低/一般/较高/高）②	20/15/5/3	18/11/6/4	38/26/11/7
职业（职员/商人/工人/学生/其他）	17/3/3/12/8/	10/3/1/17/8	27/6/4/29/16

① 青年/中年/老年分别对应年龄未满18岁/年龄在18至60岁之间/年龄大于60岁。

② 收入水平的划分标准为较低是月薪3000元以下、一般是月薪在3000~5000之间、较高是月薪在5000~8000之间、高是月薪在8000元以上。

3.1 游客游览背景分析

在对开放空间特征进行分析之前，对空间使用者自身信息的收集分析是十分必要的。从表一中的信息我们可以容易发现游客的年龄段基本以青少年和成年人为主，占到总体的93.8%，在青少年和成年人的比例基本保持在1:1，因此职业基本以学生和职员居多，其他的职业相对比较均衡。同时游客的收入水平也主要集中在中低水平，76.8%的游客月收入在5000元以下，而46.3%的游客月收入不足3000元。

同时问卷也对游客居住的区位以及同行状况和出行方式做了调研统计，临近区位的游客占到了半数之多，可以直接通过步行、共享单车或是出租车到达。约三成的游客则是居住于距离罍街距离较远的位置，需要通过乘坐出租车、公交车或是驾驶私家车到达。此外还出现了少数来自于周边县市的游客，说明罍街在合肥以及周边城市具有一定的知名度。

而在游客的同行状况中，家人和朋友的比例占到了总数的80%，单独来此的游客极少，约占不到5%。由于罍街一期的空间组织以宽阔的街道和小广场交替组织而成，整体空间更为开敞，更适合散步与休息，因此一期家庭游玩的比例远大于三期，三期则以年轻人结伴同行为主。同时在一期游玩的游客中有40%的游客表示经常会来此游览消费，有13%的

游客表示偶尔会来，而这个比例在三期只有27%和18%，说明了一期的公共开放空间设计和商业组织对游客的吸引力更强。

3.2 街区风貌与空间尺度分析

在对街区风貌和尺度的调研中，问卷设置了四个相关的问题，分别是游客对于开放空间的选择、罍街的商业文化氛围、街道是否需要整治以及整治内容。通过表2中的数据可以明显得出结论，游客对于罍街开放空间的选择更为偏向沿街休息座椅，其次为店铺室外茶座和广场休息座椅，其中一期和三期由于业态差异，导致一期游客更愿意选择街道中的休息座椅，而非餐饮店外的休闲茶座。根据观察和访问，超过一半的游客愿意长时间（超过20分钟）在罍街的公共开放空间中休息，有43%的游客认为周围景观会影响到他们的停留时间，30%的游客表示对周围环境并不在意，更关注休息空间的设施是否满意。

而对于商业文化氛围和街道风貌问题上，游客对罍街商业与文化氛围的感知出现了差异，总体认为罍街的商业氛围是较为浓厚但文化氛围不足，罍街在游客的感知中只是作为美食街存在，难以将其与合肥的传统文化联系起来。

并且罍街在立面设计上也缺乏对传统元素的使用，一期的设计语言采用了大量彩色玻璃、钢材结合

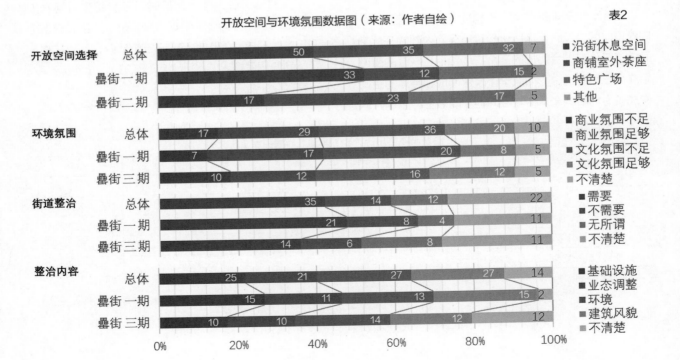

开放空间与环境氛围数据图（来源：作者自绘）　　　　　　　　　　　　表2

餐饮商铺大型招牌和霓虹灯，使得其环境氛围上极具现代感。并且一区的空间布局模式属于实体线性排列模式，建筑边界和铺地限定出的几何感极强的广场和街道，空间尺度十分巨大，这也进一步强化了商业氛围的营造。三期的环境氛围相较于一期有很大的不同，由于三期的定位是文创艺术街区，空间布局模式为线性组团型模式，在旧建筑改造中就十分重视其环境氛围营造。在立面设计上大量使用原色木材和金属面层，并在空间开敞的道路交口处设计了极具现代感的美术馆，并通过空中流线与二层开放平台相联系，使得游客对于三期整体环境氛围的评价相对较高，但由于目前业态尚不够完备，庭院面向道路方向缺乏围合而难以吸引游客长期停留，大多数游客认为三期开放空间中的商业和文化氛围需要进一步改善。

除此以外，在与游客的交谈中得知，大部分游客并不会同时游玩罍街一期和三期，游客在一个街区游览结束后只有约20%的游客会继续游览另一个街区。主要原因是罍街一期和三期被一条城市主干道隔开，两个街区的交叉点正好位于这条主干道的中间，横穿马路十分不便却存在一定的危险，而从道路两端的红绿灯处通行不仅距离遥远，而且难以与游览流线相统一，导致游客不愿意同时游览两个街区。这也进一步说明了罍街一期和三期不仅在功能定位、空间组织、环境氛围和立面风貌上存在很大差异，城市主干道更是成为两个街区的边界，强化了两个街区的割裂感，无法创造出一个连续整体且业态丰富完整的步行商业街区（图2、图3）。

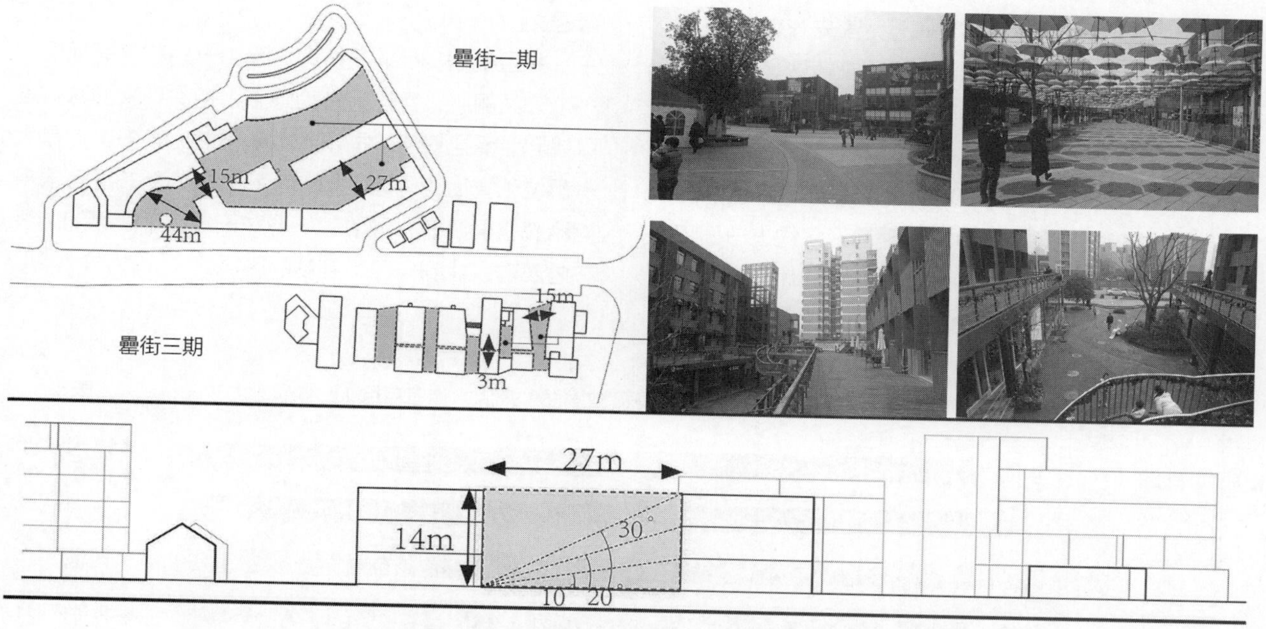

图2　罍街开放空间尺度示意图（来源：作者自绘）

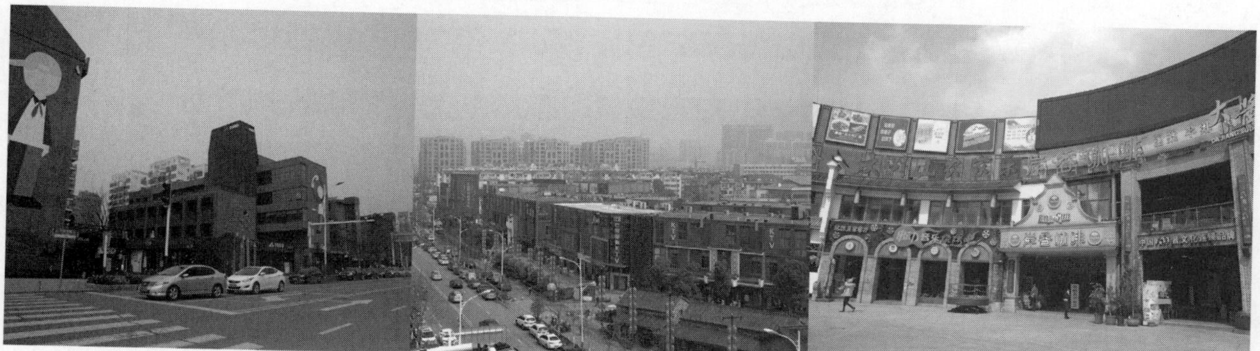

图3　罍街立面风貌（来源：作者自绘）

3.3 开放空间功能与设施分析

商业街区中的开放空间具备了社会性和商业性双重属性，承载着城市公共空间和商业购物空间双重功能，这一点在游客的游览目的中也得到了直观的展现。绝大多数游客来罍街是为了休闲散步和餐饮美食，较少的游客来此目的为购物旅游，这一特点在一期尤为显著。而三期的游览目的则以休闲散步为主，这与其偏向艺术文创的定位是分不开的，同时游客在三期较为缺乏饮食和购物的目的反映出三期虽然有较好的公共环境，但在业态和商业组织上仍有不足（表3）。

罍街的公共设施主要分布在广场和街道附近，主要有休闲座椅、公共垃圾箱、道路指示牌、景观雕塑和消防安全设备，如图4所示一期和三期的基础设施种类与分布有较大的差别，首先在休息座椅的布置上明显可以看出罍街一期的座椅数量充足且排布密集，而三期则数量相对较不足。美国学者威廉·怀特在对纽约广场进行调查时发现，广场的"可坐性"（sit-ability）对广场的成功与否有直接的影响，那些使用效果较好的广场可坐的面积约占总面积的6%~10%。①而三期的公共开放空间的休闲座椅仅是零星位于一些景观周围和商铺附近，这导致了游客

在游览三期时难以产生短时间休息的想法。在提升街区文化氛围的公共设施例如雕塑、公共美术馆、戏台等，则存在数量少、位置靠近街区边界、设施风格与街区特色不协调等问题。

根据问卷数据可知，32%的游客认为罍街的基础设施无法满足需求，43%的游客表示不太关心，只有25%的游客认为基础设施能够满足使用需求。在罍街的一期和三期，游客对于基础设施的要求都较为统一，认为公厕，休闲座椅、指示牌和景观雕塑尚有待完善。此外，游客还反映了一些公共设施存在的问题，商业街内非营利性的公共设施较少，一些带着儿童前来游玩的游客发现很难在开放空间中找到一些适合儿童玩耍的设施。还有一些游客表示罍街的停车场入口位置难以发现、地面车位数量不足，晚上停车位数量明显不足，在沿街道路上的违规停车现象十分普遍。

并且根据实地调研发现，罍街一期和三期都只有一个公共厕所，且位置较为隐蔽，初次到来的游客难以找到。而且罍街的指示牌数量虽然比较多，但是大多都位于罍街的周边区域，在商业街内部并没有很多指示牌引导游客，导致了一些对于罍街不熟悉的游客在内部难以找到自己想到达的区域。

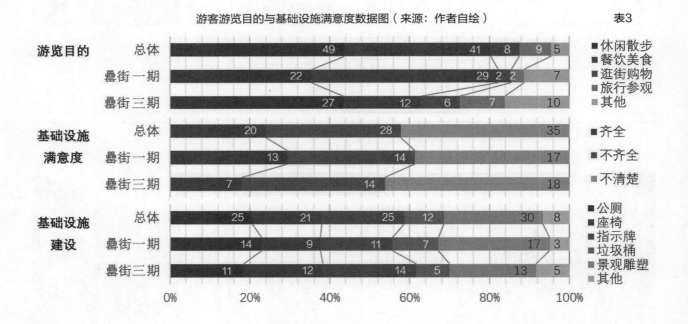

游客游览目的与基础设施满意度数据图（来源：作者自绘） 表3

① 夏祖华，刘鼓川.议城市广场设计——创造为人的、多场的、有个性的市民活动广场[J].建筑学报，1988（07）：16-22.

图例说明：
● 垃圾桶
● 休息座椅
● 指示牌
● 消防设施
● 雕塑

表演舞台
艺术图书馆
喷泉
曡+公寓
美术馆
篮球场

图4　曡街公共设施分布图（来源：作者自绘）

4　结语

人是商业街区活动的主体，人的活动是整个商业街区运营情况的外在表现。作为活动载体的商业街区开放空间影响着使用者的活动内容及倾向，反之人的活动也会反映出开放空间设计是否合理。曡街目前虽然对游客已经产生了很强的吸引力，其公共开放空间也成为市民日常活动的休闲场所，但其在空间组织、业态分布、建筑风貌、设施分布上仍然存在着许多有待解决和完善的问题。

参考文献

[1] 曾译莹，米心怡，王熙文. 商业街区空间形态与街区活力的耦合性研究[C]. 中国城市规划学会、重庆市人民政府. 活力城乡 美好人居——2019中国城市规划年会论文集（05城市规划新技术应用）. 中国城市规划学会、重庆市人民政府：中国城市规划学会，2019：583-596.

[2] 解旭东，张婧一，李卉姗. 基于空间句法的传统商业街区广场空间品质提升研究——以青岛中山路教堂广场为例[J]. 青岛理工大学学报，2018，39（06）：50-55+115.

[3] 岳鑫. 北京三里屯商业街区开放空间研究[D]. 北京：北方工业大学，2016.

[4] 钱利. 城市商业街道空间尺度分析研究[D]. 西安：西安建筑科技大学，2010.

[5] 韦金妮. 步行商业街区空间布局模式研究[D]. 西安：西安建筑科技大学，2010.

从视觉艺术到社会使用
20 世纪 80 年代历史文化名城城市设计思想初探[①]

宋雨

作者单位
清华大学建筑学院

摘要： 随着 1982 年历史文化名城制度的产生，我国历史城市保护工作蓬勃发展，城市设计也成为其中的重要内容。本研究通过文献分析，梳理了 20 世纪 80 年代历史文化名城和历史文化保护区中城市设计思想的演进。研究指出，当时学界已经认识到城市设计对于历史城市保护的重要意义，产生了以城市风貌为核心概念的"视觉艺术"取向和以老旧住区改造为主要内容的"社会使用"取向。这些讨论都为此后历史城市保护的发展奠定了基础。

关键词： 历史文化名城；城市保护；城市设计；视觉艺术；社会使用

Abstract: Since the inscription of the first list of famous historical and cultural cities in 1982, urban conservation has been developing rapidly and urban design has also become an important task.Based on literature review, this research focuses on the 1980s intellectual history of urban design in the famous cities of historical and cultural value as well as conservation districts.The study shows that the importance of urban design towards urban conservation was widely accepted at that time. There were already two drives: to design the urban environments as visual art with "urban features" at its focus, or to design the urban environments for social usage in old residential areas.These discussions have all acted as fundamental basis of later development in the field of historical urban conservation.

Keywords: Famous city of historical and cultural value; Urban conservation; Urban design; Visual art; Social usage

莫廷（C.Moughtin）在《城市设计：街道与广场》（*Urban Design: Street and Square*）中指出，城市历史保护区内的小规模改造，是城市设计的重要内容之一。[②]班德林（Francesco Bandarin）和吴瑞梵（R.van Oers）则认为城市保护（urban conservation）致力于对上述改造过程加以控制和管理。[③]可以说，城市设计一直是历史城市保护工作不可或缺的组成部分。

本研究以20世纪80年代我国历史城市的城市设计为着眼点，梳理相关理论和实践的历史，以期管窥我国历史城市保护思想的发展。贾维斯（R.K.Jarvis）在《作为视觉艺术抑或是社会背景的城市环境》（*Urban Environments as Visual Art or as Social Settings: A Review*）一文中以视觉艺术（visual art）和社会使用（social usage）概括了城市设计的两种主要取向。[④]本研究继承贾维斯的观点，从艺术性和社会性两个视角出发，通过文献分析，对我国20世纪80年代历史城区的保护和设计思想进行探讨。

1 历史文化名城的城市设计

20世纪80年代是我国历史城市保护工作蓬勃发展的重要时期。1982年2月，国务院批转了《国家建委等部门关于保护我国历史文化名城的请示》，公布了第一批24个国家历史文化名城。[⑤]同年11月，《中华人民共和国文物保护法》第8条规定，"保存文物特别丰富，具有重大历史价值和革命意义的城市，由国家文化行政管理部门会同城乡建设环境保护部门报

① 资助项目：国家自然科学基金项目51778316

② Moughtin C.Urban design：street and square[M].Routledge，2007.
③ Bandarin F，Van Oers R.The historic urban landscape：managing heritage in an urban century[M].John Wiley & Sons，2012.
④ Jarvis R.K.Urban environments as visual art or as social settings?：A review[J].Town Planning Review，1980，51（1）：50‐66.
⑤ 仇保兴.风雨如磐：历史文化名城保护30年[M].北京：中国建筑工业出版社，2014：15.

国务院核定公布为历史文化名城。"[1]在此基础上，20世纪80年代中期，随着第二批历史文化名城申报和实地调研走访工作的进行，王景慧在《西南三省名城调研情况报告》中进一步提出了"历史文化保护区"的概念，旨在对整体风貌已遭破坏的城市进行局部抢救和保护，这一建议得到了汪德华的认可。1986年，国务院批转《城乡建设环境保护部、文化部关于请公布第二批国家历史文化名城名单报告的通知》，明确了历史文化保护区制度。随着历史文化名城和历史文化保护区制度的建立，大量相关研究也随之出现，我国历史城市保护工作开启了新的篇章。

名城保护规划成为我国城市保护的重要方法，通过整体性的布局、区划和管理，来平衡城市的保护和发展。同时，城市设计作为一项新的工作，也被引入我国的名城相关工作，通过更加精细的城市环境管理促进名城的保护。1983年，吴良镛在《历史文化名城的规划结构、旧城更新与城市设计》一文中指出了古城城市设计的必要性——城市设计的目的是创造良好的空间秩序，"是城市总体规划与个体建筑设计的中间环节"；就历史文化名城而言，必须在城市总体规划和名城保护规划的基础上编制"综合的、细致的城市设计"，来规范历史城市的改建与更新。[2]汪志明进一步明确了名城保护规划设计的三个层次，即城市总体布局结构、名城保护区划和重点地段的规划设计，对应到实践上就是城市总体规划、名城保护规划以及详细规划和城市设计。[3]此时，城市设计对于历史文化名城保护的重要性开始得到了广泛认识。

事实上，城市设计所涉及的一些内容，早在20世纪60年代的实践中就已经出现。以北京为例，1958年开始的天安门广场和长安街规划设计，已经对于建筑高度、组团布局、建筑体量和建筑风格等问题都有所涉及。然而，此时城市设计尚未成为旧城保护的手段，方法和理论也仍显稚嫩。直到20世纪80年代以后，城市设计才开始被系统化的纳入历史城市保护工作之中。

2　历史文化名城城市设计的视觉艺术取向

2.1　国外理论

城市设计的视觉艺术传统，注重形式本身的审美质量和视觉感受。[4]艺术性传统忽略了人类环境行为、感知以及其他的社会、经济、历史、文化和政治因素，代表了一种早期直接在建筑设计影响下产生的、较为狭义和建筑化的城市理解。[5]

卡米洛·西特（Camillo Sitte）最早关注了城市设计的美学目标。在《城市建设艺术：遵循艺术原则进行城市建设》[6]一书中，西特明确提出应该以美为最高目标进行城市建设。他并不是没有意识到城市功能要素以及历史、文化等外在因素的影响，只是选择以视觉要素来统帅其他问题。[7]历史城市保护的思想也由此开始萌芽，黑格曼（Werner Hegemann）、乌文（Raymond Unwin）等人都对西特的理论有所发展。[8]城市设计视觉艺术传统另一个重要代表则是勒·柯布西耶（Le Corbusier）的"光辉城市"理论。其美学观与西特迥异，倾向于创造一种与既有城市环境完全无关的全新肌理，来应对现代社会的生活变化和新的城市问题。[9]西特和柯布西耶对于城市形象的不同描绘，也在一定程度上反映了历史城市保护与城市现代化建设的不同侧重。

2.2　城市风貌

在我国，以视觉艺术为主要关注点的城市设计工作，主要围绕着"城市风貌"这一概念展开。所谓城市风貌，是指以建筑为核心的城市面貌。"风貌"一词最早出现在王世仁1978年的文章《中国近代建

① 全国人大常委会.中华人民共和国文物保护法[Z].1982.
② 吴良镛.历史文化名城的规划结构、旧城更新与城市设计[J].城市规划，1983（06）：2-12+35.
③ 汪志明.中小历史文化名城保护规划与实施的几个问题[J].城市规划，1987（05）：10-12.
④ Jarvis R.K.Urban environments as visual art or as social settings?: A review[J].Town Planning Review, 1980, 51（1）：50-66.
⑤ Carmona M, et al.Public places–Urban spaces[M].Routledge, 2012.
⑥ Sitte C, Stewart C.T.The art of building cities: city building according to its artistic fundamentals[M].New York: Reinhold Publishing Corporation, 1945.
⑦ Jarvis R.K.Urban environments as visual art or as social settings?: A review[J].Town Planning Review, 1980, 51（1）：50-66.
⑧ Bandarin F, Van Oers R.The historic urban landscape: managing heritage in an urban century[M].John Wiley & Sons, 2012.
⑨ 勒·柯布西耶.光辉城市[M].金秋野，王又佳译.北京：中国建筑工业出版社，2011.

筑与建筑风格》，"骑楼保持着临街贯以通廊，整体通敞开朗的基本风格，但大量采用新结构、新材料，并吸收某些外国建筑立面处理手法，构成中国南方城市特有的风貌"。①郑孝燮1980年在《保护文物古迹与城市规划》中也提到，"不同城市具有不同的地方风格，北京、天津、苏州、广州、延安、拉萨就是各有各的风貌。"②同年，丁志明和张景沸在《保护古城，发挥优势》一文中也使用了"保护历史古都风貌"的说法。③然而，"城市风貌"的内涵与外延具体如何，此时尚无明确定义。

直到1982年，李雄飞详细界定了历史文化名城"城市风貌特色"所关涉的内容——"城市的格局结构""历史建筑群构成的城市轮廓线""古建筑之间的空间视廊""典型的传统建筑街区""市中心区""城市标志性建筑""建筑小品"等要素共同营造了名城的城市风貌。④名城的风貌着重于以"有价值的历史环境和古建筑"为核心的城市面貌，城市的平面布局、建筑和城市空间的三维形态、历史的四度时间层积都是名城整体风貌的组成部分。⑤可以说，风貌的形成于王世仁所谓城市美的"题材"（"历史文化的特殊内容"），表现为美的"体裁"（"表现内容的特殊形式"）。⑥自此，城市风貌成为我国城市保护研究的核心问题，受到了大量关注，1985年的改进城市风貌座谈会和1988年的城市建设美学讨论会等会议让这一概念为更多城市政府部门所熟知。

为了实现名城风貌的控制，仅依赖名城保护规划是不够的。一方面，城市设计的思维方法，能够帮助确定保护规划中保护区的准确范围，例如，观赏视角和环境协调的要求都会影响环境影响保护区的划定⑦。另一方面，以名城保护规划为骨架，有必要

通过详细规划和城市设计对城市空间进行更加细致的安排。屯溪老街的保护与更新是城市历史文化保护区规划设计的优秀案例，朱自煊团队对街道的城市空间特征进行归纳，总结出一套包含空间、景观、街道生活以及历史文化的"模式语言"，并加以继承和发展，使"传统街区在现代化进程中""保持特色和历史的延续性"，实现城市风貌的和谐统一。⑧潘佳莹则指出，树木花草与古建筑相得益彰，且绿化相对廉价，是名城保护的有效方法。⑨

建筑是风貌的核心特征，新建筑应该采用什么样的风格，也是名城城市风貌的关键问题之一。关于建筑风格的讨论由来已久，20世纪40年代末，刘敦桢就在《都市的建筑美》中写道，建筑的形式应该适合所在城市的风格。⑩1950年，梁思成也大力赞扬了我国传统建筑的民族风格⑪，并于1953年中国建筑学会成立大会的专题发言中提出，建筑应该具有民族形式和社会主义内容，符合大众的需要⑫。20世纪80年代以后，对建筑风格的讨论多从整体城市环境和风貌的角度出发，不再限于所谓民族风格，提倡"因地制宜，尊重环境，尊重历史传统"，反对"只顾个体不顾群体"的"纪念碑"式建筑设计。⑬张祖刚认为，出于整体环境效果考虑，城市中心区、宫殿庙宇周围、湖滨地带的建筑高度应该相对低矮，同时注意"在体量、色彩、线条划分等方面要与保留的传统建筑统一起来"。⑭戴念慈设计的阙里宾舍就是一个风格统一的成功案例。陶宗震进一步指出，既有环境是建筑创作的灵感源泉，以北海白塔为例，风格反差也可以产生"协调和统一的效果"。⑮

20世纪80年代提出的城市风貌概念，体现了视觉艺术视角下、从个体建筑延伸至城市整体环境的名

① 王世仁.中国近代建筑与建筑风格[J].建筑学报，1978（04）：28-32.
② 郑孝燮.保护文物古迹与城市规划[J].建筑学报，1980（04）：11-13.
③ 丁志明，张景沸.保护古城，发挥优势[J].城市规划，1980（06）：25-27+32.
④ 李雄飞.历史文化名城市特色的构成要素[J].城市规划，1982（06）：41-51.
⑤ 郑孝燮.关于历史文化名城的传统特点和风貌的保护[J].建筑学报，1983（12）：4-13+82-83.
⑥ 王世仁.我国历史文化名城的美学价值[J].城市规划，1982（03）：14-19.
⑦ 汪德华，王景慧.历史文化名城规划中的保护区[J].城市规划，1982（03）：19-24.
⑧ 朱自煊.屯溪老街历史地段的保护与更新规划[J].城市规划，1987（01）：21-25+42.
⑨ 潘家莹.浅谈历史文化名城的绿地规划[J].广东园林，1984（02）：19-24.
⑩ 刘敦桢.都市的建筑美[M]//刘敦桢.刘敦桢全集第四卷.北京：中国建筑工业出版社，2007.
⑪ 梁思成.建筑的民族形式[M]//梁思成.梁思成全集第五卷.北京：中国建筑工业出版社，2001.
⑫ 梁思成.建筑艺术中社会主义现实主义和民族遗产的学习与运用的问题[M]//梁思成.梁思成全集第五卷.北京：中国建筑工业出版社，2001.
⑬ 杨梧生.防止对名胜古迹的"建设性破坏"[J].建筑学报，1986（12）：17-19.
⑭ 梁思成，陈占祥.关于中央人民政府行政中心区位置的建议[M]//梁思成.梁思成全集第五卷.北京：中国建筑工业出版社，2001.
⑮ 陶宗震.历史文化名城规划的几个战略性问题[J].城市规划研究，1984（01）：8-12.

城规划设计思路。城市风貌也为城市既有建成环境中的建筑设计提供了新素材（图1）。

3 历史文化名城城市设计的社会使用取向

3.1 国外理论

城市设计的社会性传统，也就是贾维斯所谓"社会使用"，着眼于人对城市空间的认知和对场所的使用。[1]正如简·雅各布斯（Jane Jacobs）所说，城市绝不仅仅是艺术品，艺术是生活的抽象，而城市则是生活本身。[2]

盖迪斯（Patrick Geddes）是城市研究领域社会性视角的代表人物之一，他将城市视为一个由物质和社会元素共同组成的、不断发展变化的有机体。[3]"有机"的概念，曾为早期的约翰·拉斯金（John Ruskin）和威廉·莫里斯（William Morris）等早期保护学者所提倡，而盖迪斯又进行了进一步阐释。[4]场所精神、集体回忆和社会联系等因素在盖迪斯的城市发展理论中起到了决定性作用。[5]凯文·林奇（Kevin Lynch）对城市空间认知方式的讨论也使他成为社会使用思想传统的重要代表人物之一。第二次世界大战以后，人们逐渐开始对现代主义设计手法进行反思，并意识到建筑和城市不仅仅是形

式的视觉美学问题，也涉及人的感知和体验，并受到文化、社会、政治等诸多因素的影响。在这一背景下，林奇将格式塔心理学理论引入城市研究，并提出了"城市意象"理论。[6]人在城市中的感知和体验开始进入城市设计的讨论范畴。此后，雅各布斯、杨·盖尔[7]等人也都从社会使用的视角对城市空间进行了研究。

这些研究不再局限于视觉上的美观与否，开始关注人如何认识城市和使用城市空间空间，城市生活得到了更多关注。这一视角昭示了城市活力对于城市空间的重要性，而如何在城市历史地段的保护与改造过程中保持其活力，也是历史城区的重要问题之一。

3.2 居民生活和有机更新

旧城更新，尤其是老旧住区的改造更新，也是这一时期的重要工作，集中反映了我国历史文化名城城市设计工作的社会使用取向。80年代初，平遥古城的总体规划就将"方便居民生活"与"不损伤古城风貌"作为改造工作的两个并列前提。[8]在对于城市特色问题的讨论中，汪德华和王景慧指出，城市特色"不仅仅属于美学范畴"，而是与"当地人们整个生活方式"密切关联，是物质文明和精神文明的共同产物。[9]这也与此前郑孝燮对于城市风貌和城市特点的区分相一致，后者比前者包含了更多精神传统和文化

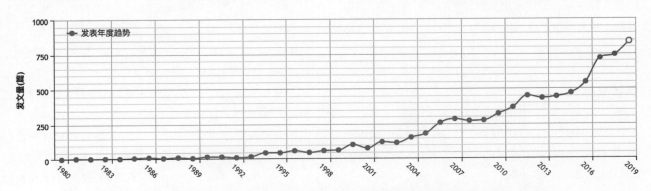

图1 主题或题目中并含"风貌"和"城市"的文章数量（来源：中国知网 www.cnki.net）

① Carmona M，et al.Public places-Urban spaces[M].Routledge，2012.
② Jacobs J.The death and life of American cities[M].New York：Vintage，1961.
③ 格迪斯.进化中的城市——城市规划与城市研究导论[M].李浩等译.北京：中国建筑工业出版社，2012.
④ Carmona M，et al.Public places-Urban spaces[M].Routledge，2012.
⑤ Bandarin F，Van Oers R.The historic urban landscape：managing heritage in an urban century[M].John Wiley & Sons，2012.
⑥ KOMEZ-DAGLIOGLU.The Context Debate：An Archaeology[J].Architectural Theory Review，2015，20（2）：266-279.
⑦ 杨·盖尔，吉姆松.公共空间·公共生活[M].汤羽扬等译.北京：中国建筑工业出版社，2003.
⑧ 郑孝燮.中国中小古城布局的历史风格[J].建筑学报，1985（12）：11-17+82-83.
⑨ 汪德华，王景慧，唐凯.对城市特色问题的认识[J].城市规划，1989（02）：17-19.

意义的内容。[①]

80年代中期，吴良镛主持开展的北京菊儿胡同住宅改造项目进行了第一次报告。项目探索了"有机更新"理念。他从传统院落格局中汲取灵感，并加以变形，提升地段容积率，使新住区"既有单元式公寓住房的私密性，又可以具有合院住房社区的邻里情谊"，"使现有的居民基本都能搬回"，同时增加了居住面积，提高了居民生活水平。[②]此时，"人"的因素已经成为旧城整治中的重要问题。

4 结语

综上，本文从我国20世纪80年代城市设计思想中的视觉艺术和社会使用传统出发，探讨了历史文化名城和历史文化保护区城市设计的探索。研究发现，当时学界已经认识到城市设计对于历史城市保护的重要意义，产生了以城市风貌为核心概念的"视觉艺术"取向和以老旧住区改造为主要内容的"社会使用"取向。这些讨论都为此后历史城市保护的发展奠定了基础。其中，视觉艺术传统关注城市的物质环境和面貌，要求保护历史纪念物和城市历史肌理，关注建筑风格、体量、高度、城市轮廓线以及视觉廊道等问题；社会使用传统则注重人对城市空间的认知和体验，致力于创造有活力的居住和活动场所。城市设计的引入和发展，促进了城市风貌的保护和旧城的有机更新，从而推进了名城的保护。

参考文献

[1] Bandarin F，Van Oers R. The historic urban landscape: managing heritage in an urban century[M]. John Wiley & Sons, 2012.

[2] Jacobs J. The death and life of American cities[M]. New York: Vintage, 1961.

[3] Jarvis R. K. Urban environments as visual art or as social settings?: A review[J]. Town Planning Review, 1980, 51（1）: 50-66.

[4] KOMEZ-DAGLIOGLU. The Context Debate: An Archaeology[J]. Architectural Theory Review, 2015, 20（2）: 266-279.

[5] Moughtin C. Urban design: street and square[M]. Routledge, 2007.

[6] Sitte C，Stewart C. T. The art of building cities: city building according to its artistic fundamentals[M]. New York: Reinhold Publishing Corporation, 1945.

[7] 丁志明，张景沸. 保护古城，发挥优势[J]. 城市规划, 1980（06）: 25-27+32.

[8] 仇保兴. 风雨如磐：历史文化名城保护30年[M]. 北京: 中国建筑工业出版社, 2014.

[9] 全国人大常委会. 中华人民共和国文物保护法[Z]. 1982.

[10] 刘敦桢. 都市的建筑美[M]//刘敦桢. 刘敦桢全集第四卷. 北京: 中国建筑工业出版社, 2007.

[11] 勒·柯布西耶. 光辉城市[M]. 金秋野，王又佳译. 北京: 中国建筑工业出版社, 2011.

[12] 吴良镛. 北京旧城居住区的整治途径——城市细胞的有机更新与"新四合院"的探索[J]. 建筑学报, 1989（07）: 11-18.

[13] 吴良镛. 历史文化名城的规划结构、旧城更新与城市设计[J]. 城市规划, 1983（06）: 2-12+35.

[14] 朱自煊. 屯溪老街历史地段的保护与更新规划[J]. 城市规划, 1987（01）: 21-25+42.

[15] 李雄飞. 历史文化名城城市特色的构成要素[J]. 城市规划, 1982（06）: 41-51.

[16] 杨·盖尔，吉姆松. 公共空间·公共生活[M]. 汤羽扬等译. 北京: 中国建筑工业出版社, 2003.

[17] 杨梧生. 防止对名胜古迹的"建设性破坏"[J]. 建筑学报, 1986（12）: 17-19.

[18] 格迪斯. 进化中的城市——城市规划与城市研究导论[M]. 李浩等译. 北京: 中国建筑工业出版社, 2012.

[19] 梁思成，陈占祥. 关于中央人民政府行政中心区位置的建议[M]//梁思成. 梁思成全集第五卷. 北京: 中国建筑工业出版社, 2001.

[20] 梁思成. 建筑的民族形式[M]//梁思成. 梁思成全集第五卷. 北京: 中国建筑工业出版社, 2001.

[21] 梁思成. 建筑艺术中社会主义现实主义和民族遗产的学

---

① 郑孝燮.关于历史文化名城的传统特点和风貌的保护[J].建筑学报, 1983（12）: 4-13+82-83.
② 吴良镛.北京旧城居住区的整治途径——城市细胞的有机更新与"新四合院"的探索[J].建筑学报, 1989（07）: 11-18.

习与运用的问题[M]//梁思成. 梁思成全集第五卷. 北京：中国建筑工业出版社，2001.

[22] 陶宗震. 历史文化名城规划的几个战略性问题[J]. 城市规划研究，1984（01）：8-12.

[23] 汪德华，王景慧，唐凯. 对城市特色问题的认识[J]. 城市规划，1989（02）：17-19.

[24] 汪德华，王景慧. 历史文化名城规划中的保护区[J]. 城市规划，1982（03）：19-24.

[25] 汪志明. 中小历史文化名城保护规划与实施的几个问题[J]. 城市规划，1987（05）：10-12.

[26] 潘家莹. 浅谈历史文化名城的绿地规划[J]. 广东园林，1984（02）：19-24.

[27] 王世仁. 中国近代建筑与建筑风格[J]. 建筑学报，1978（04）：28-32.

[28] 王世仁. 我国历史文化名城的美学价值[J]. 城市规划，1982（03）：14-19.

[29] 郑孝燮. 中国中小古城布局的历史风格[J]. 建筑学报，1985（12）：11-17+82-83.

[30] 郑孝燮. 保护文物古迹与城市规划[J]. 建筑学报，1980（04）：11-13.

[31] 郑孝燮. 关于历史文化名城的传统特点和风貌的保护[J]. 建筑学报，1983（12）：4-13+82-83.

基于 CFD 结合粒子群算法的城市健康布局优化

闫利　胡纹

作者单位
重庆大学建筑城规学院

摘要： 空气中污染物及病菌的浓度直接影响人类的健康，如何通过优化设计布局提高通风效率，改善室外空气质量成为迫切需要解决的问题。研究基于粒子群优化（Particle Swarm Optimization，PSO），结合 CFD（Computational Fluid Dynamics）数值模拟技术对四栋标准多层建筑进行了布局优化，通过 100 代的优化计算，得出了最优的健康布局模式。研究表明，通过设计改善室外空间空气质量是有效的；在大型计算资源的支持下，对城市各个尺度的设计布局进行智能优化是可行的。

关键词： 城市健康；城市设计；粒子群算法；CFD；优化

Abstract: The concentration of pollutants and pathogens in the air directly affects human health.How to improve urban ventilation efficiency and outdoor air quality by optimizing the layout has become an urgent problem to be solved.Based on particle swarm optimization (PSO) method and CFD (Computational Fluid Dynamics) numerical simulation technology, the layout optimization of four standard multi-storey buildings is carried out.Through the 100 generation optimization calculation, the optimal healthy layout mode is obtained.The research shows that it is effective to improve the air quality of outdoor space through design, and it is feasible to optimize the design layout of different scales of the city with the support of large-scale computing resources.

Keywords: Urban Health; Urban Design; Particle Swarm Optimization; CFD; Optimization

1 引言

2002年的SARS、2019年的新型冠状病毒（2019-nCoV）以及持续频发的雾霾天气，使得城市健康布局的问题受到越来越多的重视。城市规划设计在考虑经济、功能、美观的基础上开始转向对城市健康的关注。"健康"是一个综合的概念，对健康影响的因素包含多个层面，本文从"空气质量对人的身体健康影响"这一层面对城市布局设计进行优化指引。空气中污染物及病菌的浓度直接影响人类的健康[1]。在污染源不变的情况下，有效的通风决定了空气质量的优劣。因此，本文是将布局与通风效果进行了关联，目标在于找到最优通风的布局方案，实现城市的健康布局。

对城市设计方案的优化，现今主要停留在基于经验的局部方案改进阶段，这种改进只是相较原方案的改善，不能实现基于某一目标的最优方案呈现。本文引入粒子群算法，试图对城市规划设计进行基于健康目标的纯数值优化，通过大量的迭代计算过程，获得最优的城市健康布局策略，为健康设计目标提供参考。

2 方法

随着计算机技术的发展，粒子群算法最初广泛运用于工程设计领域，自21世纪初开始运用于城市领域。对它的运用，使得创新性地解决问题并获得全新的方案成为可能。在现有的研究中，粒子群算法多用于城市宏观层面[2-3]，比如城市用地扩张演进模拟，城市层面绿地配置，可持续城市发展优化以及土地利用优化，将其直接运用于城市局部微环境中的研究却处于初始阶段。本文是在粒子群优化算法的基础上，结合CFD数值模拟技术，对城市局部环境进行优化计算的，因此具有一定的创新性。

2.1 研究对象界定

研究选取的对象为四个标准多层建筑构成的几何模块（表1、图1、图2）。每一个建筑物的长宽高为12米×10米×18米，表征普遍的多层建筑。在研究场地的左侧设置持续释放污染物（主要是颗粒物）

研究对象参数设置（来源：自绘）　表1

参数类型	设置值
研究区域面积	60米×60米
单体建筑长宽高	12米×10米×18米
污染源	距离场地边界5米，质量分数为1具体坐标（x=-35，y=-200~200，z=0.4~0.6）
进口风速	3m/s
监测点	场地几何中心，具体坐标（0，0）
设计变量	建筑物的位置（XY坐标及±90°内旋转）

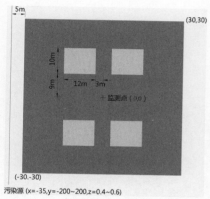

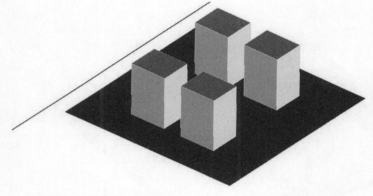

图1　研究对象位置示意（来源：自绘）　　图2　研究对象立体几何示意（来源：自绘）

的污染源，污染物质量分数为1，进口风速设置为3m/s，风向垂直于污染源，优化目标的监测点选在场地的几何中心，坐标（0，0）点。设计变量包括每一栋建筑的位置（x，y）和旋转角度（±90°）。

选择此种几何作为研究对象是基于以下两点：首先，研究的可实现性。将PSO优化算法搭载CFD数值模拟在城市规划领域的应用处于摸索阶段，为了更好地实现优化任务，故选择最简单的建筑布局模式，先进行单目标的优化，为这种方法在以后的多目标复杂环境下的应用奠定基础。其次，研究的代表性。选择的优化对象不是缩比模型，而是真实的具有代表性的板式建筑，污染源也与真实的主干道向周围扩散污染物的情况一致，此种几何布局代表了最典型的一种城市小区布局模式，对它的研究具有代表性。

2.2　CFD数值模拟

空气中污染物浓度是评价空气质量的主要指标。污染物的有效扩散是改善空气质量的有效途径。污染物扩散可视为多组分流体流动，由可压缩真实气体Navier-Stokes方程控制，如下所示：

$$\frac{\partial \boldsymbol{Q}}{\partial t} + \frac{\partial \boldsymbol{F}_i}{\partial \boldsymbol{x}_i} - \frac{\partial \boldsymbol{G}_i}{\partial \boldsymbol{x}_i} = \dot{\boldsymbol{S}} \qquad (1)$$

其中$\boldsymbol{Q}$是流动守恒变量，$\boldsymbol{F}_i$是无粘（对流）通量，$\boldsymbol{G}_i$是黏性通量，$\dot{\boldsymbol{S}}$是源项。具体如下：

$$\boldsymbol{Q} = \begin{bmatrix} \rho \\ \rho \boldsymbol{u}_i \\ e \\ \rho \sigma_1 \\ \vdots \\ \rho \sigma_{N-1} \end{bmatrix}, \quad \boldsymbol{F}_i = \begin{bmatrix} \rho \boldsymbol{u}_i \\ \rho \boldsymbol{u}_i \boldsymbol{u}_j + p \delta_{ij} \\ \boldsymbol{u}_i (e+p) \\ \rho \boldsymbol{u}_i \sigma_1 \\ \vdots \\ \rho \boldsymbol{u}_i \sigma_{N-1} \end{bmatrix}, \quad \boldsymbol{G}_i = \begin{bmatrix} 0 \\ \tau_{ij} \\ \boldsymbol{u}_k \tau_{ki} - \boldsymbol{q}_i \\ \rho D \partial \sigma_1 / \partial \boldsymbol{x}_i \\ \vdots \\ \rho D \partial \sigma_{N-1} / \partial \boldsymbol{x}_i \end{bmatrix}$$
$$(2)$$

其中ρ是密度，p是压力，e是总能，$\boldsymbol{u}_i$是在$\boldsymbol{x}_i$方向上的速度分量，而σ_i是组分i的质量分数。组分扩散通过Fick二元扩散定律描述，假设所有组分以相同方式扩散到另一个组分中。D为扩散常数，层流Schmidt数设为0.7。τ_{ij}由牛顿流体黏性应力公式给出[4]，$\boldsymbol{q}_i$由Fourier热传导定律定义。

1. CFD计算设置

基于有限体积法，采用二阶精度离散化方法求解三维RANS方程。时间积分采用欧拉隐式格式，能够在求解过程中保持较好的稳定性。采用双时间推进求解非定常RANS方程进行瞬态模拟。为了提高计算效率，引入了多重网格加速技术和Courant-Friedrichs-Lewy（CFL）数自动调整方法。采用可实现k-ε湍流模型[5]，并引入相应的组分附加方程，求解真实气体RANS方程组，对污染物扩散过程进行多组分模拟。

2. 计算网格

计算网格[6]为结构网格嵌套的非结构网格（图3、图4），外围的计算域为结构网格，里面的建筑为非结构网格，外围的结构网格是恒定不变的，里面的非结构网格随着设置变量的变化而自动调整。由ANSYS ICEM CFD生成，通过结构分块函数将计算区域离散为六面体单元。通过在建筑物表面和地面等固体表面边界附近生成O网格，得到分辨率更高的壁面密网格。两个连续网格单元之间的体积比不高于1.2，物面第一个单元高度设置为1毫米（图3、图4）。

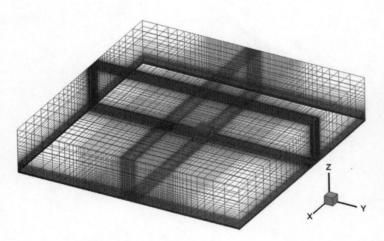

图3　模型计算网格示意（来源：自绘）

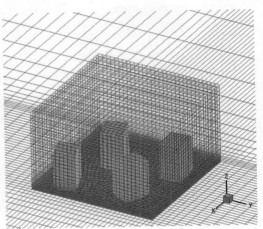

图4　模型计算网格放大示意（来源：自绘）

2.3　粒子群优化算法

优秀的优化算法应该具备较好的稳定性、全局性和高效性。粒子群优化算法[7]是一种模仿生物行为的全局寻优算法，其基本思想来自鸟群（或鱼群）的觅食过程，种群中的每只鸟根据自身记忆以及种群中其他鸟提供的信息寻找食物的来源。PSO模仿这一过程，种群中的每个粒子根据自身信息与其他粒子的反馈更新粒子在解空间的位置，最终找到全局最优解。

首先采用随机初始化方法对粒子的位置x和速度v进行初始化：

$$x_i^0 = x_{min} + r_1(x_{max} - x_{min}) \quad (3)$$

$$v_i^0 = \frac{x_{min} + r_2(x_{max} - x_{min})}{\Delta t} \quad (4)$$

其中，r_1和r_2为分布于[0，1]之间的随机数，x_{min}和x_{max}分别表示设计变量的上限和下限。

然后通过下式对粒子位置进行更新：

$$x_i^{k+1} = x_i^k + v_i^{k+1}\Delta t \quad (5)$$

这里x_i^{k+1}表示k+1个迭代步下的第i个粒子的位置，v_i^{k+1}为该粒子对应的速度，Δt为时间步长，一般可取为1。

速度的计算方法是PSO算法的核心，本文采用Shi和Eberhart的方法：

$$v_i^{k+1} = wv_i^k + c_1 r_1 \frac{(p_i - x_i^k)}{\Delta t} + c_2 r_2 \frac{(p_g^k - x_i^k)}{\Delta t} \quad (6)$$

其中w为粒子的惯性参数，c_1和c_2为表征"信赖度"的参数。信赖度参数c_1表示对自身的信赖程度，c_2表示对种群的信赖程度，本文取$c_1=c_2=2$。

对于不满足约束的粒子，其下一代速度的计算方法为：

$$v_i^{k+1} = c_1 r_1 \frac{(p_i - x_i^k)}{\Delta t} + c_2 r_2 \frac{(p_g^k - x_i^k)}{\Delta t} \quad (7)$$

上式说明，不满足约束的原因主要是产生这个粒子的速度v_i^k不合理，所以将该项去掉，只保留两种最优粒子的信息。经验证，由式（7）得到的速度在绝大多数下都能将粒子更新在合理的设计空间内。

3 结果

3.1 优化设计过程

以粒子群优化算法为基础，加入CFD数值模拟模块，得到城市建筑健康布局设计流程如图5所示。首先，确定设计变量及其变化范围，每栋建筑可以在各自30米×30米的区域内纵向、横向平移和绕中心轴旋转，假设建筑物长宽高不变，则每栋建筑有3个设计变量，4栋建筑一共12个设计变量，为了避免旋转时建筑之间有足够的间隙，设定建筑物只在距离边界2米内的26米×26米的区域内平移，旋转角度范围则设置为-90°至90°。通过初始建筑、设计参数范围和优化算法给出的随机值即可得到新的建筑构型。然后，自动生成建筑物周围的非结构网格，搭接到已准备好的外场结构网格即可得到整个计算域的混合网格，在此基础上开展CFD数值计算，计算收敛后获得该建筑构型监测点出的污染物质量分数。对于12个设计变量，每一代优化设置10个样本点（图6）。在计算资源有限的个人电脑上，通过串行计算获得每个样本点的污染物质量分数。这些值自动与已知的最小值比较，如果满足要求，则停止计算，如果不满足则根据粒子群优化算法获得新的随机值，进行再一次的计算，直到获得理想值结果或推进到一定步数后结束优化流程。

3.2 优化设计结果

文章对建筑的布局进行了最优空气质量的优化设计，经过大量的计算结果比较，初始方案浓度分布如图7所示。提取中心监测点的数据，初始的方案中心点污染物质量分数为0.08609，优化之后的方案布局中心点污染物质量分数为0.00230。可见优化方案完成了优化目标，大幅度降低了监测点的空气污染物浓度。

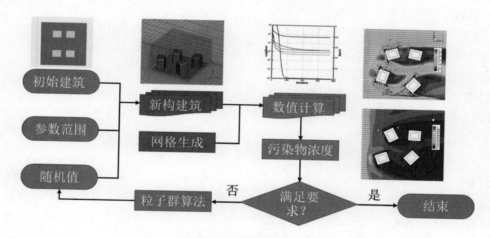

图5 优化设计流程（来源：自绘）

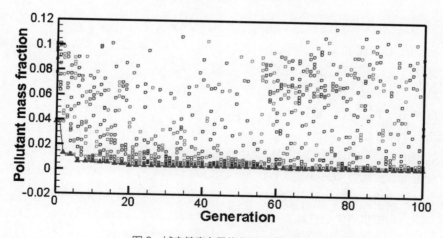

图6 城市健康布局优化历程（来源：自绘）

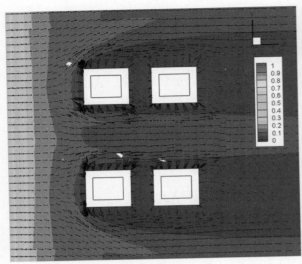 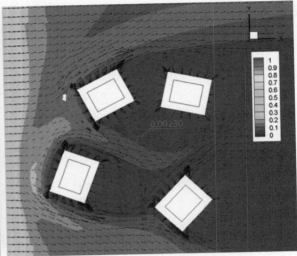

初始建筑布局　　　　　　　　　　　　　　　　优化后建筑布局

图7　优化前后建筑布局对比（来源：自绘）

比较优化前后的方案布局，可以看出，单纯的行列式布局并非城市室外空气质量最优的布局模式，建筑物适当的错落偏转将有益于城市室外空气中污染物的传输扩散。具体的有益于城市室外空气质量的布局模式有以下特征：首先，在污染物进口的方向，即主导风向的来流风向应布局喇叭状的建筑围合模式，这样在让污染物快速进入的同时会增加污染物传输的速度。其次，在污染物出口位置即主导风向下风向位置适当扩大开口，会有益于污染物的扩散。

4　结论与讨论

研究表明了在同样的气候条件下，改变设计布局便可以实现对局地微环境的改善，这为将健康纳入城市设计奠定了基础。

研究将粒子群优化算法结合CFD数值模拟应用于城市，提供了一种全新的方法尝试，证明了将此种方法运用于城市小尺度的可能，虽然囿于计算资源的限制，模型选取的是非常简单的建筑布局，优化目标也是单纯地选择了场地中的一个监测点，但是此研究却证明了进行智能城市设计的可能。

在未来的研究中，借助于大型的计算资源，可以进行多目标的城市优化设计。只需要预先设定目标参数，各目标参数权重，计算机将自动选择最优的城市布局模式，为城市规划设计者提供科学的方案参考与设计建议。

参考文献

[1] Rivas E. et al. CFD modelling of air quality in Pamplona City（Spain）：Assessment, stations spatial representativeness and health impacts valuation[J]. Sci. Total Environ. 2019, 649: 1362-1380.

[2] Feng Y J. et al. Modeling dynamic urban growth using cellular automata and particle swarm optimization rules[J]. Landscape and Urban Planning. 2011, 102: 188-196.

[3] Liu Y L. et al. A land-use spatial optimization model based on genetic optimization and game theory[J]. Computers, Environment and Urban Systems. 2015, 49: 1-14.

[4] 张德良. 计算流体力学教程[M]. 北京：高等教育出版社，2010.

[5] 张兆顺，崔桂香，许春晓，湍流理论与模拟[M]. 北京：清华大学出版社，2005: 279.

[6] Tominaga Y, Mochida A, Yoshie R, er al. AIJ guidelines for practical applications of CFD to pedestrian wind environment around buildings[J]. J. Wind. Eng. Ind. Aerodyn. 2008, 96, 1749-1761.

[7] Liu X P. et al. Combining system dynamics and hybrid particle swarm optimization for land use allocation[J]. Ecological Modelling. 2013, 257: 11-24.

可步行城市策略研究
——以长江新城总部基地服务片区城市设计为例

苏晓丽[1] 刘彦辰[1] 江莎[1] 任雨菲[1] 秦仁强[2]

作者单位
1. 华中农业大学
2. 通讯作者，华中农业大学

摘要： 对国内外相关研究与实践进行概述分析，进而指出国内步行城市研究多集中于交通路径本身，但步行城市并非等同于步行系统，如何以步行体系为依托，结合城市功能布局，形成具有舒适步行体验的空间是未来步行城市建设的主要内容。基于上述理解，本文以长江新城总部基地服务片区为例，从构筑道路网络本底、建设多元紧凑街区和提升步行网络品质三个方面对可步行城市建设进行探索。

关键词： 城市设计；风景园林；步行城市；设计策略；长江新城

Abstract: The article summarizes and analyzes relevant research and practice, and then points out that the domestic the walking city research focuses on the traffic path itself, but the walking city is not equivalent to the pedestrian system.So how to rely on the pedestrian system and combine the urban function layout to form a space of comfortable walking experience is the main content of the construction of the walking city in the future.Based on the above understanding, this paper takes the service area of the headquarters base of the Yangtze River New City as an example to explore the construction of walkable cities from the aspects of building a road network, building multiple compact streets and improving the quality of the walking network.

Keywords: Urban Design; Landscape Architecture; The Walking City; Design Strategy; The Yangtze River New City

1 引言

20世纪以来现代交通技术发展和全球城市化快速蔓延，使机动车取代了传统步行，成为城市人群主导的出行方式，进而影响着现代城市的建设模式。优先考虑汽车出行的安全和便捷使宽马路和大街区成为中国城市空间格局的普遍印象，而忽略了城市的可步行性和步行环境的适宜性，2019年《中国城市步行友好性评价——城市活力中心的步行性研究》的报告从步行环境的9个方面进行评价，全国71个城市活力中心平均分只有41.9分，其中，10.4%的道路被评为零分[1]；同时以机动车为主导的出行方式也引发了一系列问题，如环境污染、噪声污染、交通事故等，研究表明世界大多数城市空气污染的60%是由机动车造成[2]，我国每年的机动车交通事故更是居世界首位。在上述问题背景下，步行因其体现的社会、生态和健康等多重价值而被广泛认可[3]，汽车主导的发展模式向步行城市转变已成为未来城市发展的主要方

向。作为长江新城起步区的总部基地服务片区，以步行城市理念为先导进行城市设计，符合其"未来之城""典范之城"的持续性定位，因此本文将以长江新城总部基地服务片区为例，对可步行城市设计策略进行浅析。

2 步行城市的相关研究与实践

随着人车矛盾的恶化和城市问题的不断出现，基于人车关系的新型城市设计思想开始发展。最具代表性的新城市主义主张以步行尺度来组织城市，并提出了TND（基于传统邻里单元的空间开发）、TOD（以公共交通为导向的空间开发）等新的空间开发模式，是催生步行城市思想产生的重要基础[4]。之后，J·H·克劳福德（J.H.Crawford）提出了步行城市的可持续发展畅想，从街区、交通等方面对其设计基准进行论述[5]。迈克尔·索斯沃斯（Michael Southworth）在《设计步行城市》一文中提出了成

功的步行网络设计标准[6]。自此步行城市作为新的城市设计思想备受关注，并广泛应用于城市建设之中，哥本哈根用 50 年的时间完成了从汽车城市到步行城市的转变；丹佛市政府在一项长达20年的建设计划中，将可步行城市作为关键目标之一[7]；京都市发布了《"步行城市·京都"宪章》和《"步行城市·京都"综合交通战略》等[8]。除此之外，我国近年来对步行城市研究方面也取得相应进展，主要包括步行系统理论研究、步行城市设计个案研究以及与步行城市构建相关的评价研究等[9]~[11]，但总体来看，其研究主要集中于步行交通路径本身。步行城市并非等同于步行系统，而是依托步行体系建设、城市土地利用和空间布局，形成功能混合、布局紧凑、步行公交可达且具有舒适步行体验和空间感知，并对城市经济、社会、生态等领域产生深远影响的城市设计内容。因此对未来步行城市设计，要考虑其交通规划、空间布局等多方面内容，本文主要从构筑道路网络本底、建设多元紧凑街区和提升步行网络品质三个方面对步行城市设计策略进行浅析。

3 长江新城总部基地服务片区概况

规划区位于武汉市主城区东北端，总面积为 11.4 平方公里，是长江新城建设起步区和长江主轴的重要节点。场地经济区位明显，西部与北部分别临近汉口、青山滨江商务区，同时与周边的盘龙新城、武湖新城、阳逻新城直接联系（图1）。交通优势突出，紧靠三环线，是武汉放射状联外交通体系的北枢纽，有多条高速及省道通达基地，与主城区、机场、高铁站等重要板块联系便利（图2）。生态资源丰富，为长江、朱家河、府河三水环绕的滨江半岛，内部有水渠和散落池塘，且植被丰富，特色明显，有水杉遍布道路两侧（图3）。场地地势平坦，中部主要为现代住宅以及配套的教育和医疗用地，南部以自建民居为主，东西两侧分布较多工业用地与防护绿地，占比分别为14%、12%，同时场地中有35.81%闲置用地（图4），可进行大规模开发建设，有利于未来城市空间和设施的灵活布局。

在上位规划中，谌家矶作为新城的总部基地服

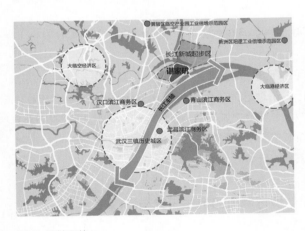

图1 场地区位

图2 场地对外交通分析

图3 场地现状特色植被分析

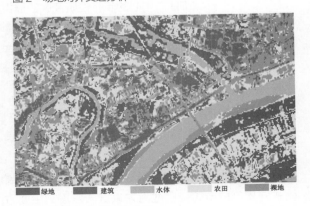

图4 场地现状土地利用分析

务片区，承担着区级公共服务中心、区级商务、商业办公中心、居住与城市公园等功能；同时高效联外的道路网络和便捷的轨道交通也为其超级TOD核心区的城市定位提供支撑。在道路交通方面，主干道宽度为50~70米，次干道30米，支路20米，形成四横一纵，多网格的道路框架（图5）；在轨道交通方面除现状21号线外，规划有14号线、23号线和20号线三条轨道穿越场地，共五个地铁站点合理分布于商业、居住和教育用地周围（图6）。虽然上位规划构建了合理的城市框架，但宽阔的道路和以机动车为主导的城市规划很难满足未来城市健康活力、舒适体验的规划设计要求，如江北快速路对场地内部与长江的割裂问题会逐渐显现，相较于之后的生态缝合、城市双修，设计更应着眼于未来，寻求长远的可持续发展。因此在可支持大规模建设和灵活布局的新城设计中，植入以人为本，而非以车为主的步行城市理念，是未来宜居宜游城市建设的主要方向。

4　可步行城市设计策略

4.1　构建适宜步行的道路网络

构建适宜步行的道路网络是发展步行城市的基础。在结合武汉交通现状基础上进行地上无车化发展将为地面提供更多的步行空间，是未来城市可持续发展的一种有效手段[12]，其与完善的公交系统和慢行网络的结合，将会构建适宜城市步行的网络本底（图7）。

1. "主线地下化—P+R停车"引领地上的无车化发展

场地规划有五个地铁站点，以1000米为服务半径可覆盖规划区域，因此以地铁为导向的布局模式为城市步行化发展奠定了基础。结合武汉目前机动车使用规模和交通现状，对接未来可持续发展的城市形态，本文提出主干道地下化结合P+R停车的地上无车化模式（图8）。主要包括三个内容：一是将东西主干道地下化，缩窄上位规划中的地面车行道路，建设林荫大道，为居民提供更多的步行和休闲空间。具体而言，原有50~70米的主干道缩窄至30米，次干道与支路也依次缩窄，缩减的空间将用于口袋公园建设（图9）。地面道路为双向单车道，除消防车、急救车等公共专用车辆外，限制私家车出行，地下隧道则用于快速交通和私家车通行，并在未来可改造成地下魅力街区和特色商业空间；二是以地铁站为导向，利用绿地、水体、广场等开放空间进行地下P+R停车场布局，形成停车换乘网络，同时结合地铁、地下

图5　场地用地规划图①

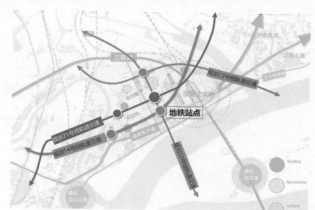

图6　场地未来轨道交通分布图

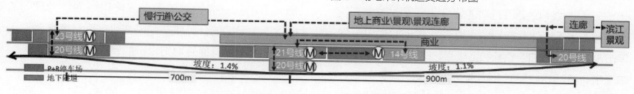

图7　场地各种交通形式流线组织和换乘示意图

---

① 图5来源：http://zrzyhgh.wuhan.gov.cn/zwgk_18/ghjh/zzqgh/202001/t20200107_602753.shtml，文中图纸除图5外均为作者绘制。

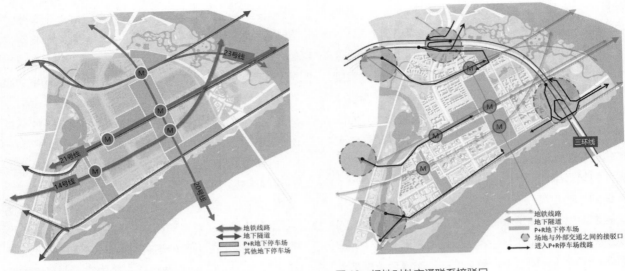

图 8 地上无车化发展框架

图 10 场地对外交通联系接驳口

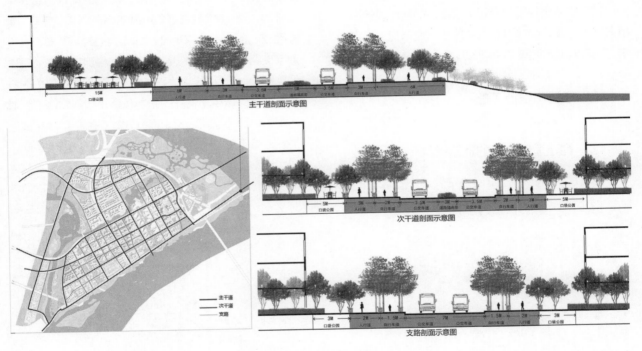

图 9 各级道路剖面图

商业和地面道路的无缝衔接，使其成为激发场地活力的主要触媒点，停车场具体建设可对接未来的无人驾驶；三是对地下隧道进行功能复合化开发，与地铁轨道并行或上下一体化布置，结合输水管道、通讯光缆等市政管线进行综合管廊规划，另外在地下隧道和停车场中布置噪音收集转化电能装置和尾气净化装置，减少原有地上交通带来的环境和噪音污染。在场地内外交通联系上，主要规划为五个隧道出入口，均匀分布于场地周围，东西侧私家车可通过隧道进入 P+R

地下停车场，并无缝换乘地铁和电轨公交，而南北侧私家车可通过三环线的两个接驳口进入停车场进行换乘（图10）。通过主干道地下化和以地铁为导向的换乘停车场相结合，将有助于减少地面私家车辆对人行安全的干扰，提升城市步行的幸福指数。

2. 完善的公共交通体系

大城市依托步行能独立完成的出行较少[8]。因此除步行外，公共交通体系的完善是发展步行城市的关键因素。规划的地铁站点为场地提供了良好的对外交通条件，结合地铁站点，以300米为服务半径，并在城市公园、广场和公共建筑等重要步行节点进行站点布置，强化电轨公交的可达性（图11），结合地铁、水上巴士，形成完善的公共交通体系和多元化的公共出行体验。同时在公交站点周围布置高频率的公共服务设施，并进行多元化功能布局，着力解决公交站、骑行驿站、地铁站、地下停车场的流线组织和交通换乘问题，优化相应的交通信号和标识系统，为居民创造更加高效便捷和人性化的出行方式，建立一个在公共交通系统之上的步行城市。由于主线地下化，公交专用道和多频次的电轨公交将不会产生交通拥堵和拥挤问题，居民工作和生活中也有确定的通勤时间和舒适的乘车体验，从而引导居民的出行方式由私人汽车向公共和慢行交通转换。

3. 多元化慢行交通网络

完善的慢行交通网络和多元化的步行体验，有助于步行城市的实践。在公共交通网络基础上，进行步行网络构建，主要包含水杉道、滨水步道、商业景观连廊以及绿色街道等（图12）。首先通过强化场地植物特征，形成水杉特色慢行道，结合依托道路建设的口袋公园和环绕场地的滨水步道，辅以绿色街道、人行道等，形成地面景观慢行道的基本骨架，并以此为路径，连接不同层级的公共空间体系和城市交通站点，使居民可通过步行或步行与交通换乘穿梭于城市空间。其次通过构建商业景观连廊，将建筑内部交通纳入城市步行系统之中，并组织好两者的衔接关系，加强滨江商务区和中心商业区建筑之间的步行路径联

系，发挥建筑空间的聚合价值效应。除此之外，商业景观连廊也将连接地面步行网络、交通站点、屋顶花园和建筑中庭等（图13），并结合连廊自身的环境景观设计，融入自然要素和文化元素，为步行者提供多元化的景观体验和宜游的休闲空间，通过地面景观慢行骨架和景观连廊系统共同构建多元化的立体城市慢行网络。

4.2　打造多元紧凑的街区模式

多元紧凑的街区模式是打造步行城市的根本。研究表明：60~200米的尺度范围基本为城市街区的理想尺度[13]。在街区划分基础上，土地利用混合度高的区域可以促进居民步行出行[14]。因此设计结合上位规划，进行100~200米的城市紧凑街区单元划分，根据不同街区的功能以及与公共交通的联系性进行不同强度的土地开发，并合理地进行居住、商业、办公等多功能空间的混合配置，在步行可及的范围内满足居民日常生活和工作的需求，从而缩短出行距离，使居民更愿意选择步行。主要包括以TOD枢纽为核心的商务高密度混合、以公交和地铁结合的居住中密度混合和以公交为主导的科研中低密度混合三种街区模式。以TOD枢纽为核心的商务高密度混合处于地铁三站换乘的枢纽地带，集聚作用明显，具备TOD方式高强度开发的优越条件；结合上位规划，设计在此处集中设置商务办公、商业金融、居住、文化休闲等功能，形成高度混合功能的布局形态。但高密度开发并非是均质化发展，设计以TOD枢纽为核心，进

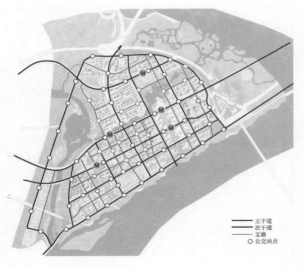

图11　公共交通站点分布图

图12　城市慢行网络

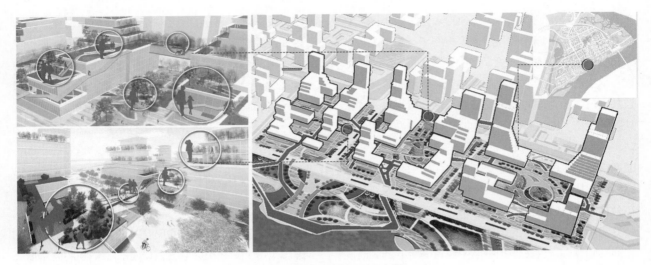

图 13 景观连廊系统设计局部图

行不同密度差异化开发，主要包括以商业与高层办公为主的核心圈层、以中高层办公与居住为主的混合圈层以及以低层办公与居住、绿地为主的边缘圈层（图14）；除区域范围内横向的土地混合利用，在建筑功能布局上也采取竖向维度的功能混合模式，形成购物、娱乐、餐饮办公等多功能业态空间设置，从而使人们在一次出行中实现多个目的，以减少出行次数。居住中密度混合开发以居住为核心，通过小尺度街区提供的临街面和建筑垂直功能混合布局，为居民提供多样的服务设施，如银行、图书室、杂货店、社区公园等，并根据使用需求进行合理布局，使居民能够步行可达，形成5分钟社区生活圈；同时依托公共交通设置不同层级的邻里中心，纳入文化、体育等综合性功能，形成10分钟社区服务圈，为居民提供10分钟步行范围的综合性服务；另外依托慢行网络连接不同层级的社区公园以及朱家河、府河公园，形成15分钟

社区休闲圈。而在科研中低密度混合开发区将以新兴技术产业为主，结合居住和生活服务设施进行街区布局，实现区域内工作人员的职住平衡，满足其生活和工作需求（图15）。

4.3 提升步行网络品质

舒适的步行体验，是进行步行城市实践的关键。其中人性化的步行配套设施和舒适的空间感知是营造舒适步行环境的重要部分。

1. 人性化步行配套设施

步行配套设施包括交通设施、城市设备设施、景观设施、展示橱窗、游憩设施等[15]，这些设施的人性化设计是吸引更多人步行的主要因素。场地在详细设计中环境设施的完善与居民步行体验，主要包括具有形态创意性、休闲趣味性的公交站点，配套购物亭、座椅等的自行车主题驿站，合适间距布置且量身设计

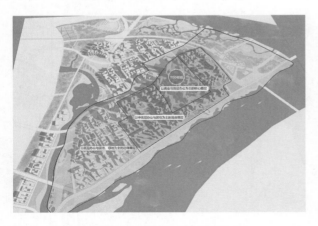

图 14 以 TOD 枢纽为核心的密度差异化开发

图 15 居住区周边服务设施

的街区座椅，具有工业文化内涵和创意的街道家具，树荫下露天的咖啡桌椅和休憩设施，具有风雨连廊、花园平台、社交空间等多元功能的二层步行连廊等，通过配套设施的合理配置和人性化设计，为人们提供舒适便利的步行环境。同时注重路径环境的视觉丰富性，如建筑的类型和数量、建筑风格和立面装饰、街道透明度、景观元素、标志等[16][17]。

2. 开放性步行道路和口袋公园

开放性步行道路设计和口袋公园将创造充满生气的城市体验。其中步行道采用开放式设计，消除步行道与建筑以及其他公共空间之间的界限，并形成富有变化的步行休闲空间；同时利用缩窄的道路空间而设计的口袋公园将贯穿于整个场地，通过主题设定、精细化设计和步行设施系统化布置以及与沿街立面的底层商业空间相连接等，形成可供人休憩、集散、游玩、购物、步行的道路环境。另外口袋公园与步行道路、空中连廊、二层屋顶花园等的衔接，将为居民创造多元化立体的城市步行体验（图16）。

图16 口袋公园空间设计

5 总结

以机动性为主导的城市发展模式已经造成了严重的城市问题，而随着城市生活方式的转变，以步行出行方式因其体现的多重价值而成为未来城市的主流，因此探讨如何进行系统的可步行城市建设是当前城市设计的重要内容。目前我国虽在步行城市研究方面已展开积极的设计研究和实践，但多集中于步行系统方面。本文从交通、功能布局和设计品质三个方面提出的策略，旨在于较为全面地探索步行城市建设。在交通方面，地上无车化发展模式与完善的公共交通网络、慢行系统确保了居民出行的安全性和便捷可达性，是打造步行城市的基础；在功能布局方面，理想的街区尺度与以公共交通为主导的不同密度开发和功能混合的多元化街区模式，满足了居民日常生活和工作需求，缩短了出行距离，是发展步行城市的根本。在设计品质方面，通过人性化的步行设施配套以及开放性步行道路和口袋公园的设计为居民营造了舒适的城市步行体验，是进行步行城市实践的关键。通过这三个策略能够以期有效促进目前以步行系统向步行城市的转变，实现其未来的可持续发展。

参考文献

[1] 潘支明，龙瀛等. 中国城市步行友好性评价——城市活力中心的步行性研究[R]北京：自然资源保护协会，清华大学建筑学院. 2019.

[2] 李晓江，阎琪，赵小云. 中国城市交通发展战略[M]. 北京：中国建筑工业出版社，1997.

[3] 谭少华. 基于主动式干预的可步行城市策略研究[J]. 国际城市规划，2016（31）：67.

[4] 王祝根，昆廷·史蒂文森，何疏悦. 基于协同规划的步行城市建设策略——以墨尔本为例[J]. 城市发展研究，2018，

025（001）：77-86.

[5] J·H·克劳福德. 步行城市：一个可持续发展计划[J]. 甘海星译. 世界建筑导报，2000（1）：12-25+68.

[6] Southworth M. Designing the Walkable City[J]. Journal of Urban Planning and Development，2005，131（4）：246-257.

[7] 余浩淼，吴海波. 步行城市理念下的旧城更新策略探究——以合肥市城隍庙街区为例[J]. 福建建筑，2017（09）：7-9.

[8] 毛海虓，商静，张毅. 日本京都市步行城市建设经验与启示[J]. 城市交通，2020，18（02）：83-91.

[9] 范凌云，雷诚. 城市步行交通系统规划及指引研究[J]. 城市问题，2009（05）：45-49+73.

[10] 林倬民. 高密度城市中心区空中步行系统设计研究[D]. 深圳：深圳大学，2018.

[11] 魏皓严，朱晔. 步行城市设计研究的三个方向[J]. 时代建筑，2016（03）：170-175.

[12] 蒋晓钰. 城市中心区无车规划研究[D]. 南京：南京工业大学，2013.

[13] 佟臻. 基于紧凑型城市理论的济南城市街区模式研究[D]. 长沙：湖南大学，2015.

[14] Frank L D. Obesity Relationships with Community Design，Physical Activity，and Time Spent in Cars[J]. American Journal of Preventive Medicine，2004，27（2）：87-96.

[15] 王辰，邓浩. 迈向可步行城市：丹佛经验[J]. 建筑与文化，2015（03）：94-97.

[16] Ewing R，Handy S. Measuring the Unmeasurable: Urban Design QualitiesRelated to Walkability[J]. Journal of Urban Design，2009，14（1）：65-84.

[17] 金岩. 回归街道生活的步行社区街道设计策略[J]. 中国园林，2013，5：66-69.

专题六 历史遗产保护与利用

基于历史记忆的湖南益阳茶厂早期建筑群
保护及再利用策略研究

陈翠　薛艺　马珠婉　陈辰思　廖鹏程　彭号森

作者单位
湖南大学建筑学院

摘要： 工业遗产是城市发展的重要文化载体，在益阳市的近代化建设过程中，茶工业的历史记忆在益阳市的城市建设和人民生活中留下了深刻的烙印，益阳茶厂作为重要的茶工业遗产，对其进行研究保护具有重要的文化意义和现实意义。文章作者结合现有文献和实地测绘，对益阳茶厂早期建筑群的保存现状以及重要文物建筑进行梳理，分析区域内建筑的文化价值以及存在的问题，提出基于特定历史记忆的适应性保护及再利用策略。

关键词： 工业遗产；历史记忆；适应性

Abstract: The industrial heritage is the important cultural carrier of the urban development, in the proces of modernization of yiyang city construction, the historical memory of tea processing industry in yiyang city construction and people's life left a deep imprint, yiyang tea factory as an important heritage of tea processing industry, the study of its protection has important cultural significance and realistic significance to the article based on the existing literatures and field surveying and mapping, to save the status quo of yiyang tea factory early buildings as well as important cultural relic buildings, analysis of buildings in the area of cultural value and the existing problems and put forward based on specific historical memory of adaptive protection and reuse strategies.

Keywords: Industrial Heritage; Historical Memory;Adaptive

工业遗产是特定历史时期人类工业活动留下的建筑遗存，各个时期的工业遗产将城市划分成不同的历史图层，使一座城市具有了历史的厚重感。作为特定时期历史记忆的重要物质载体，如何在工业建筑逐步失去其原有的生产功能的新时代下，发掘其蕴藏的文化价值和历史记忆并探究有效的保护利用方法，是当前亟待解决的问题。

1　历史考证

益阳市地处万里茶道沿线，自古以来就是湖南甚至中国重要的茶产业区，黑茶文化更是贯穿于益阳城市发展的各个历史阶段。自1939年彭先泽先生租赁"德和庆记"茶号创立"湖南砖茶厂"至1958年正式更名益阳茶厂，再到今天，经过八十年的发展，益阳茶厂形成了独具特色的制茶工艺，其产品畅销海内外，为益阳市创造了巨大的经济效益。现在的益阳茶厂已成为黑茶行业的翘楚，益阳茯砖茶制作技艺入选为中国第二批国家级非物质文化遗产保护名录。2009年益阳茶厂主要生产线迁至新厂，茶厂早期建筑群被湖南省文物局列为省级文物保护单位（表1）。

益阳茶厂主要历史节点　　表1
（来源：作者自绘）

年份	事件
1939年	于益阳安化县江南镇成立湖南省砖茶厂
1950年4月	中国茶叶公司安化分公司设立"安化砖茶厂"，总厂设在安化江南镇，在白沙溪设立分厂
1953年	"安化砖茶厂"更名为"安化第二茶厂"
1954年	与"安化第一茶厂"合并，成立"安化茶厂"，"安化第二茶厂"改名为"安化茶厂白沙溪加工处"
1957年3月	"安化茶厂白沙溪加工处"从"安化茶厂"分立，恢复"安化第二茶厂"
1957年12月	经全国供销合作总社及湖南省人民委员会批准，原"安化第二茶厂"迁建益阳市，并改名为"湖南省益阳茶厂"
1959年7月	"湖南省益阳茶厂"正式建成投产，并沿用至今
2007年	"湖南省益阳茶厂"国企改制，由湖南省茶业集团股份有限公司控股、原厂职工身份置换后参股，成立"湖南省益阳茶厂有限公司"
2009年	益阳茶厂有限公司在位于益阳市龙岭工业园新厂区举行了一期工程竣工仪式，主要生产线全部迁移至新厂区

2　保存现状及价值分析

益阳茶厂建筑群由生产区、办公区和生活区三部分组成，总占地面积116亩，共有房屋11栋，包括仓库、压制车间、筛分车间、烘房、厂区临时建筑、生活区住宅6个建筑类型，建设年代集中于20世纪

50~70年代。厂区内建筑整体保存状况良好，建筑均保持了原有风貌，经益阳市文物管理处申报，湖南省人民政府发文（湘政函[2019]19号）公布益阳茶厂早期建筑群为第十批省级保护单位，益阳市文物管理处在申报书中建议将厂区内5栋建筑物列为保护对象（图1）。

| 3号仓库内部廊道 | 4号仓屋顶廊架 | 压制车间 | 小砖压制车间内部 | 筛分车间 |

图1　益阳茶厂5栋文物建筑
（来源：作者自绘）

3号仓库：建于1959年，为近代折衷主义风格，建筑采用中华人民共和国成立时较为典型的工业厂房样式，造型规整，开间狭长，建筑结构为砖混结构和木屋顶构架，沿用原安化第一茶厂的大型自然采光厂房设计，现仍作为仓库使用，整体外观与内部装修维持原有状况，保存完好；

4号仓库：建于1959年，采用砖混结构，南北向有两个双坡屋顶，屋顶为木构架，立面开窗富于变化而具有规律，东西山墙为人字形，顶部有镂空装饰，建筑艺术和美学价值丰富；

压制车间：建于20世纪50年代，建筑采用悬山两坡屋面砖混结构，坐南朝北，平面呈长方形，南北立面对应开设门窗，为解决室内通风采光需求，在屋脊中部采用抬高做法形成重檐，建筑内部设有运输轨道以及大量茶砖压制的机械设备，展示了工艺流程从人工手筑到机器压制的转变过程，具有极高的产业技术价值和建筑艺术价值；

小砖压制车间：建于20世纪70年代，该建筑为现代主义风格，硬山平顶砖混结构，建筑整体坐南朝北，与现代厂房形制相近，其内部剖面契合小砖压制工艺，将建筑空间与茯砖压制工艺完美融合，具有极高的建筑美学价值和历史价值；

筛分车间：建于20世纪70年代，造型简洁，内部空间设计契合筛分和转运的制茶工作需求，在建筑材料和建筑构造上具有极高的典型性。

益阳茶厂早期建筑群是建成于20世纪50~80年

代的茶工业建筑，在建筑用材、建筑技术、建筑风格等方面具有中华人民共和国成立初期工业建筑的印记和明显的地域特色，彰显了当时条件下湖南轻工业建筑在建筑营造、景观设计、工程建设或造型艺术等方面的重要成就，具有极高的建筑艺术和历史文化价值。

3　现存主要问题

（1）缺乏整体保护思维

益阳茶厂的建立、发展是在特定地历史环境下完成的，具有明显的时间和空间特征，现行的保护策略单纯地注重益阳茶厂早期建筑群作为建筑单体的价值，忽视了益阳茶厂与区域内茶产业的作用关系，未能将保护上升到对于益阳茶产业文化的整体性保护层面。

（2）遗产价值展示不足

作为重要的轻工业厂区，早期的街区和厂区路线设计注重生产的实用性，茶厂的建筑价值和历史价值未能充分展示。

（3）周边配套设施不完善

益阳茶厂周边景观环境较差，缺乏配套基础设施，垃圾处理、排水排污、卫生环卫设施等均不完善，周边主要建筑类型为老旧居民住宅楼，大部分为现代建筑材料和装饰材料，建筑形式混杂，亟待加大周边环境整治力度，改善环境卫生问题，加强配套的

基础设施建设。

4 "茶"与历史记忆

4.1 黑茶文化与砖茶制作工艺：从非物质文化看历史记忆的真实表现

作为中国黑茶主产区的益阳安化被业界称为"中国黑茶之祖"，安化"先有茶，后有县"，素有茶乡之称，境内山脉连绵，茶树繁貌广生，以资江沿岸的鸦雀坪、黄沙坪、酉州、小淹、江南等地为集中地。黑茶作为唐、宋、元、明、清五个朝代的贡茶，品质上乘，历史悠久，在曾经繁荣兴盛的茶马古道上，安化黑茶茶香四溢，是当年茶马贸易主要种类，也是边境地区游牧民族生活中的必备饮品。明万历二十三年（1595年），安化黑茶被钦定为官茶，经汉口、河南、山西，转销西北各地或经张家口发至恰克图，成为万里茶道的重要起点，从明清迄民国200多年间，勤劳而智慧的益阳安化茶民以人背船载，马驮驼运的方式，把健康和幸福的愿望寄托在那片片茶叶上，融进那杯杯黑茶里，源源不断地带给我国边疆各民族和蒙、俄乃至中亚、欧洲各国人民。益阳人离不开茶，从种茶、采茶、制茶到售茶，茶文化深深地融进益阳人的生活中，时至今日，"茶"在益阳人的心中仍然占有重要的地位。

在益阳界内，仍留有各时期黑茶文化遗存，益阳茶厂脱胎于安化第二茶厂，作为湖南省商务厅认定的湖南老字号茶厂，是益阳规模较大、保存较完善的茶工业遗产，它总占地面积116亩，由生产区、办公区和生活区三部分组成，功能较为完善，时过境迁，历经多次革新至今仍在投入使用，生产能力从2000吨到现在的12000吨，黑毛茶仓储能力从2800吨到现在的6000吨，生产方式从手工到机制，到电气自动化生产，产品从单一黑茶到红茶、绿茶、花茶等的不断开发，"金花"发花工艺的不断进步与完善，产品质量得到了质的提升，产品在世界上屡获大奖。益阳茶厂真实还原了茶产业活动的相关历史，是益阳茶产业社会结构的缩影。

益阳茶厂的主要产品——茯砖茶其制作技艺在2008年被列为国家级非物质文化遗产。益阳茶厂员工刘杏益在2014年被认定为非物质文化遗产项目黑茶制作技艺（茯砖茶制作技艺）省级代表性传承人。茯砖茶的制作过程多达11道工序，益阳茶厂在制茶工艺上一直保持着古法做茶，保留传统味道，传承非遗文化。

4.2 早期建筑群与制茶设备：从物质文化看历史记忆的完整再现

清代至今各时期黑茶文化遗存保存较多，但大多规模小、保存较差，且多以手工作坊为主，都有着不同的局限性。而益阳茶厂早期建筑群规模较大，使用时间长，整体保存完好，场地内的机械构配件和体现企业文化、时代精神的标语、档案也被完整保留了下来。益阳茶厂记录了益阳黑茶从手筑、到手筑与机制并行、到全机制，最后到自动化生产的整个工业历史革新、发展的全过程，是黑茶工业变迁的典型代表。

益阳茶厂早期建筑群是国家级非物质文化遗产"黑茶制作技艺·茯砖茶制作技艺"的重要载体，通过对单体建筑和其所承载的工艺流程及该流程重要程度进行评估，得出结论为仓库与毛茶储存拼配和渥堆等工艺密切相关，且其附属的坡道、连廊和茶叶储存方式有独特关联性和典型代表性，筛分车间和压制车间内的拼堆筛分、压制成型和干燥发花，是制茶的关键工序，烘房又名为"金花酵库"，在经历了两个阶段的改造升级，缩短了茯砖茶的在烘周期，节约了能源，尤其是避免了煤灰对茯砖茶的污染，保证了产品的清洁卫生，凝结了益阳人民的聪明才智，成就了茯砖茶品质灵魂的核心工艺。现存的建筑群及制茶设备完整再现了砖茶制作的全工艺流程，充分见证了益阳黑茶工业的每一次进步，每一次跨越，代表了茶业文明的变迁，其作为20世纪60年代湖南益阳人生产、生活遗留下来的物质遗存，是汇聚人们"集体记忆"的场所，能为延续至今或已消失的文化提供特殊的佐证。

5 益阳茶厂保护策略

5.1 文物构成的评级与认定

通过对益阳茶厂早期建筑群的现场勘察，以历史价值、科学价值、社会价值、艺术价值、经济价值为主要评判标准，配合遗产本体的真实性、完整性与延续性对建筑群进行专项评估，结合相关资料和申报材料，对保存完整、建筑风格具备特定历史时期的工业建筑特征，且深刻反映茶产业全工艺流程和茶业文明的历史建筑进行文物构成认定。

5.2 编制保护规划

由政府主导，基于文物构成清单，划分保护与建设的范围，制定相关范围管理规定。在保护区内，着重保护核心建筑基本布局形态，慎重维修及合理利用各种类型的人工环境要素，严格控制核心保护范围内的建设，严禁破坏历史建筑外部界面的改造活动，并根据历史资料，适当缝合已失落的连续性空间体系。

5.3 构建整体保护网络系统

保存并延续益阳茶厂文化遗产的历史信息及全部价值，将区域范围内承载着文化、历史、审美等价值的关键性节点相连，改变只保护建筑主体或场地内既存物质的观念，注重对于非物质文化部分的保护和展现，构建一个整体保护网络系统，真实、全面地还原人们的历史记忆。

6 益阳茶厂再利用策略

6.1 层级性的历史记忆要素储存

历史记忆的累积与茶厂的发展过程密切相关，在茶厂建设、兴盛、转型、振兴的四个阶段中，需要将茶厂的历史记忆进行层级性的提取，寻找各阶段代表性的历史记忆内容。

从城市客体尺度上的建筑轮廓、建筑本体尺度上的构成元素及细部尺度构件三个层面上展开历史记忆要素提取：包括5栋文保建筑中构成要素的形状、比例、色彩、肌理、位置属性的相应特征，以及各构成要素的组合规律及组合方式，探讨茶文化历史内涵，进一步强调保护建筑本体核心价值。以三号仓库的城市客体尺及建筑本体层面为例（图2）。

6.2 叙事性的历史记忆内容组织

历史建筑及其周边环境具有历时性，能够引起受众者的情感共鸣，与叙事核心中的信息传达与接收相吻合。从前文的历史构成要素特性，我们认为采用

历史展示、旅游开发及创意工坊的再利用策略更能体现该茶厂历史建筑群的价值优势。将历史记忆要素整合到茶厂不同区域形成历史节点、历史单元、历史线路，构成叙事的骨架，按照场地叙事、建筑叙事的方式进行整合。

图2 3号仓构成要素提取
（来源：作者自绘）

6.3 整体性的历史记忆场景再现

历史记忆的再现是在历史记忆内容的基础上，以各自的历史层级与相关特性作为切入点进行针对性设计，涉及物质性遗存与非物质性遗存的具体利用方式，两者的整体保护与再利用是提升茶厂场所精神的关键。

根据不同类型的物质遗存采用的整体保护、局部保护、碎片保护的方式：对茶厂的建筑空间结构进行修复、加固、改扩建等；在保留工业设备特征及原有历史信息的基础上，结合叙事主题，利用工业设备的特殊的声音、光线、触觉及位置创造连贯的场景体验；现有茶厂的场所肌理具有强烈的方向感与认同感，例如"空中连廊"以线性的方式整合茶厂不同仓库场所内外的空间肌理，因此再利用需要梳理场地中原有的道路形态，利用新的功能业态结合场所核心空

间再现场所精神。

茶厂的非物质遗存反映区域间的文化传播、交流与影响，主要包括工艺流程、厂史厂志、人物传记等与工业的运营管理相关的非物质资源要素；利用益阳茶厂早期建筑群区位优势及历史特点，进行制茶生产流程的再现展示，同时在生产流程中具有代表性的关键步骤增加相应的互动体验项目；开展茶厂建筑群历史记忆工程，实现社会多方参与互惠互利，提升公民身份认同及茶文化价值认知。

益阳茶厂早期建筑群，作为益阳这座城市茶工业文明历史的"遗留物"，映射出城市的历史、社会、人文思想的变迁，是可看、可触摸、可创造的历史真实。它所内涵的物质与非物质文化历史记忆是其核心价值所在，基于历史记忆的保护与再利用策略，是将对遗产本体核心价值的保护放在首要位置，同时提取具有时代特征和地域特色的记忆要素，弥补城市文脉与场所精神的缺失，将今天的生活与历史、未来紧密连接在一起。

参考文献

[1] 赵越.基于场所记忆延续的澳门荔枝碗船厂工业遗产更新研究[J].建筑与文化，2020（06）：179-180.

[2] 段亚鹏，赖子凌，殷秀航，查斌，朱国光.赣东北地区茶加工业遗产研究——以浮梁新迪茶厂为例[J].自然与文化遗产研究，2020，5（02）：133-142.

[3] 王新，梁正，陈进宝，安迪.安化底色：绿色凝结黑茶香——产业园里品读安化黑茶文化[J].食品安全导刊，2019（17）：10-13.

[4] 张一平. 黑龙江工业遗产概况及现代工业遗产研究[D].哈尔滨：哈尔滨工业大学，2019.

[5] 徐艺文，常江.基于场所精神营造的枣庄中兴煤矿工业遗产保护及再利用[J].工业建筑，2017，47（07）：63-67.

[6] 陈翠，魏亮，曹东.原安化第一茶厂早期建筑群价值评价与保护策略研究[J].华中建筑，2017，35（05）：113-117.

张掖八卦营古城池与周边环境的共生景观研究 ①

张雪珂　崔文河

作者单位
西安建筑科技大学艺术学院

摘要： 八卦营古城池是西汉霍去病在张掖焉支山附近建立的，是甘凉咽喉、丝绸之路重要的城池关隘，如今周边环境的改变和乡村建设的扩展都给古城保护发展带来挑战。针对村落发展和古城池保护之间的矛盾，本文试图研究古城空间与周边环境和谐共生的景观空间关系。首先，对古城址空间特质进行解读，挖掘古城池建筑空间的营建智慧并深入分析背后的历史文化。其次，分析了古城池与周边乡村聚落、山体地形、河道水系的和谐共生关系。最后，提出了古城保护发展与周边环境共生的景观规划设计思路。

关键词： 八卦营古城池；空间特质；遗产保护；共生景观；人居聚落

Abstract: The ancient city of Baguaying was built by Huo Qubing of the Western Han Dynasty near Yanzhi Mountain in Zhangye.It is an important city pass for Ganliang throat and the Silk Road.Now the changes in the surrounding environment and the expansion of rural construction have brought challenges to the protection and development of the ancient city. Aiming at the contradiction between the development of the village and the protection of the ancient city, this article attempts to study the landscape space relationship between the ancient city space and the surrounding environment in harmony.First, the interpretation of the spatial characteristics of the ancient city site, the excavation of the building wisdom of the ancient city's architectural space, and the in-depth analysis of the historical culture behind it.Secondly, it analyzes the harmonious symbiosis relationship between the ancient city pool and surrounding village settlements, mountain topography, and river systems.Finally, this article puts forward the idea of landscape planning and design of symbiosis between the protection and development of ancient cities and the surrounding environment.

Keywords: Baguaying Ancient City; Spatial Characteristics; Heritage Protection; Symbiotic Landscape; Human Settlements

1　前言

　　古城池是历史文化遗产的重要物质载体，是古代历史文明的标本。甘肃张掖拥有河西走廊"十字路口"的美誉，是"丝绸之路"的必经之地；其次，从时间角度来讲，张掖作为"河西归汉"后设置的"四郡"之一，每个历史阶段都深度参与了河西走廊的发展变迁；再次，张掖拥有众多的文化与生态资源[1]；最后，西汉时期汉武帝为了开辟领土与防御，在此修筑大量边塞防御线。故张掖地区在历史长河中分布大量的古城池（图1）。古城池由军事防御作用下的烽火台演化而来，古称"烽燧""烽台"，是古代军事报警的重要设施和土堡哨所（图2），而河西古城池的城池、烽台、兵站构成河西走廊整体防御性景观。

在时间上从夏商周直至元明清的各个时期均有分布：夏商时期的东灰山，汉晋的许三湾城池，汉朝时期的八卦营城池和黑水国城池，北凉时期的骆驼城池（表1）。其中八卦营古城池是其典型代表，具有重要的研究价值。但是，古城现状堪忧，在古城本身方面，破损严重且无人问津；在周边环境方面，周边村庄无序发展，建筑高度和样式均不能与古城蕴含的历史文化相契合，河流冲刷古城遗址以及古城与山体的天际线受到破坏。古城池具有历史性和不可再生性等特点，它们不仅是当代人的财富，同时是子孙后代的财富。如此发展下去古城文化遗产将受到严重损害，所以在保护古城址和有效利用上，要秉持可持续发展的理论原则。

---

① 项目基金：
国家社会科学基金项目"甘青民族走廊族群杂居村落空间格局与共生机制研究"（项目编号：19XMZ052）；
国家民委民族研究项目"多民族杂居村落的空间共生机制研究——以甘青民族走廊为例"（项目编号：2019-GMD-018）

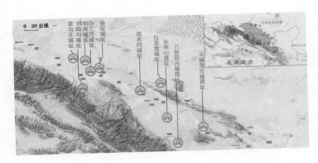

图1 河西走廊张掖段古城池分布图
（来源：作者自绘）

图2 肩水金关复原模型
（来源：导师工作室）

在新型城市化发展下，如何使遗址保护与城镇的和谐发展，如何依托丰富多彩的文化遗址资源，提升周围聚落的文化形象，改善城镇的人居环境，达到多赢共生的目标，本文探究八卦营城池与周边环境的关系，提出一种利用共生景观原理的方法，该方法能改善遗址保护与城镇发展的和谐关系，实现遗址的可持续发展。

2 八卦营古城空间特质

2.1 古城宏观景观格局特征

八卦营古城南距祁连山主脉仅20余公里，其正东30公里为焉支山（大黄山），城东面和南面即为国家级军马牧场的今山丹军马场大马营草滩，该城南面正对扁都口，控扼穿越祁连山的南北通道，八卦营村位于八卦营古城址的东南方向300米处（图3）。由此看出，八卦营古城在历史上具有重要的军事、交通等方面意义。

张掖市部分古城池调研统计表 表1

古城遗址	东灰山遗址	许三湾城池	八卦营城池	黑水国城池	骆驼古城
面积规模	24万平方米	东西长66米、南北84米	42万平方米，南北长690米东西宽594米	南北城均方形南古城边长220米	30万平方米
所处时代	夏、商	汉（公元前206年）	西汉	汉（公元23年）	北凉（公元405年）
地理位置	民乐县六坝镇东北约2.5公里处	高台县新坝乡许三湾村	民乐永固乡八卦营村西北	甘州区明永乡下崖村312国道两侧	高台县骆驼城乡新民村南3500米
保护现状	兰州大学文物保护研究中心编制《甘肃省民乐县东灰山遗址文物保护规划》	1998年成立许三湾城遗址文物管理所，2003年启动遗址保护规划	古城遗址和八卦墓群有文保员看护，但依然有被盗现象，还需加强对文物的保护	古城遗址作为独立的保护单元，与周围环境缺少过渡空间	1998年高台县成立骆驼城遗址文物管理所，2012年完成遗址抢险加固工程
现场照片					
平面概况图	1-1 东灰山遗址	1-2 许三湾城池	1-3 八卦营古城池	1-4 黑水国古城池	1-5 骆驼城古城池

（来源：作者自摄及自绘）

祁连山位于河西走廊南边，高山耸立常年积雪，道路极其艰险，不易翻越。焉支山，焉支，山名，今名为大黄山，匈奴有歌曰：亡我祁连山，是我流出不番息；失我焉支山，使我妇女无颜色。久负盛名的山丹焉支山不仅风景优美、物产丰富，而且是历代的军事要塞和古战场，与大马营草滩等战场形成了坚固的防御体系。大马营草滩是山丹县境内焉支山与祁连山之间环抱着一片平坦广袤的大草滩，因位于河西四郡中部且有天然草滩和丰盛的水源，历代往事大军从这里得到军马补充，在茫茫草滩上，建于汉代的烽燧依然排列着，相互呼应。扁都口是连通甘肃与青海的重要通道，为贯通祁连山脉中段的重要峰口，另外扁都口是上游高山与中游平原的交界地，因此自古以来作为兵家的军事要塞。八卦营村的历史渊源与文化底蕴在河西走廊中都很少见，是永固境内最负盛名的历史古村。从宏观角度看，古城是甘凉咽喉、丝绸之路关隘、焉支山下的重要城池，有人、有山、有水、有草原的景观大格局。

2.2 古城中观景观格局特征

自古聚落就有逐水而居的特点，八卦营古城池西临童子坝河流，位于河东岸二级阶地上，城内引童子坝水域。八卦营城池坐北朝南，平面呈"回"字形，由外城、内城和宫城组成，外城南北长600米，东西宽690米，面积39.7万平方米（图4）。现城垣坍塌，城西部被南来的童子坝河流冲段，对城垣造成严重破坏。据史料记载，西汉时期，霍去病从陇西出发，溯大通河谷西上，穿祁连山，从扁都口出，沿童子坝河北进攻占了防守薄弱的浑邪王城；夏霍去病再次来到八卦营，利用北面山谷迂回曲折的地形，攻下匈奴西部单于王城；秋匈奴退出河西。至此，河西走廊正式纳入汉王朝版图，八卦营城池成为中原王朝经略河西、守卫丝路、隔绝羌胡的重要据点。清代康熙年间，八卦营村的先民陆续迁居于此开荒定居，耕读传家，在中华人民共和国成立后，村民继承优秀历史文化传统。随着经济的发展，如今兰新铁路在古城和村落的东侧，211县道从西北永固镇至八卦营村，继而向东穿过元圈子村，道路的发展影响了古城的空间格局，同时也为古城和村落的发展提供积极的影响。从中观角度看，古城为西汉霍去病创建，城池形态建造形制具有明显的中原城池建筑特点，随着社会的发展，周边基础建设逐渐丰富，受古城影响，八卦营村的民居具有西汉建筑的特点。

图3 八卦营古城池景观格局图
（来源：作者自绘）

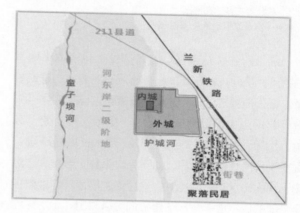

图4 八卦营古城址与周边环境
（来源：作者自绘）

2.3 古城微观空间场所特点

八卦营古城具有军事防御的作用，城池防御结构复杂（图5）。首先，城池背靠近10米高的崖壁做天然屏障，于城北设置5米高的点将台，而城池地势较低矮平缓，视野开阔，可及时获取周围动态。其次，城池有外城、内城和宫城三层城防结构，城墙高5米左右，起到有效防御敌人的作用，外城空间最大，内城宫城的面积依次递减，宫城遗迹北段高出地面5米多，紫英台上似有大型宫殿建筑，遗存大量"大吉"、卷草卷云纹等各类砖瓦残块，结合城东大量墓群及出土摒弃分析，表明城池具有军事防御功能。最后，外城与内城各有一道护城壕，壕深2米左右，宽10米左右，外城开三门，分别设在南、北城墙中部和东部城墙偏北处并都设有瓮城，外城东北角内凹，主要是为避开直岭岭山及其山脚下的泉水，内城只设南垣城门，其余护城河之间有吊桥遗址。从微观角度看，场所空间多为战时服务，空间的大小、形式、交通等均体现出八卦营古城较强的军事防御功能。

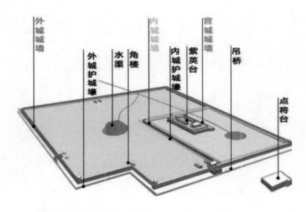

图5 八卦营古城池布局图
（来源：作者改绘自八卦营村志）

综上所述，八卦营城池在选址上具有依山傍水的特点，空间规划布局的防御格局充满着人类建造智慧。在张掖县志中[3]，古人对张掖有这样的描述"张掖南北皆山也，旧谓威控三边，襟带四维，盖已渺矣。然黑河水声，祁连山色与夫弱水长城之缭绕，犹在人耳目，雍大记曰，如飞鸟之张翼，若雄虎之对蹲，洵山峙水环之域也。"这段话的描述精准地概括了张掖的山水境域，从这里我们可以看出，山水环境是影响人居环境建设的主要因素，由于自然因素和人为因素使城池遭受破坏，构建科学有效的良性关系在当下对遗址保护具有重要作用。在下文中，我们将对古城池与周边环境的共生景观进行分析，并在此基础上构建出这种关系。

3 古城与周边环境的共生景观分析

共生景观的研究环境设计方面的共生，其实就是自然环境、人工设计景观和人类历史文化的共生。共生景观中的共生也是自然环境与人类历史文化两者存在竞争的关系中，建立起来的一种富有创造性的景观[4]。古城景观作为大自然中人类历史文化这一物种，不是独立存在的，它与周边聚落、山体、水系、草原是相互尊重并且相互给予的关系。古城址不是片面存在的，而是和周边环境创造出新的可能性的关系，增加古城址存在的价值。虽然周边环境不像古城那样是文保单位，但是他们的建设不应是无序盲目建设的。山水在古代作为自然的简称，具有自然的总体特征，另外吴良镛先生将人居环境作为人类在大自然中赖以活动的基地，因此本文提出古城再生发展

应树立共生景观的建设思路，具体体现在以下几个方面。

3.1 军事古城与人居聚落共生

聚落是人类文明的窗口，也是一定地域文化的载体[5]。依据相关文献和实地调研可知，八卦营村位于古城东南角，是古城遗址距离最近的人居聚落，同时是永固境内最负盛名的历史古村。全村东西宽4公里，南北长7公里，总面积17平方公里。据史料记载，自西汉霍去病西征匈奴开拓河西起，八卦营古城便于永固城相表里成为中原王朝的重要据点，宋元随丝路衰而逐步失落，清代的王进宝鞭扫大草滩再筑永固城，八卦营的军事防御功能再次凸现，成为护卫大马营草滩—皇家马场的前哨阵地。而此时，八卦营村的先民陆续迁居该地开荒定居，2005年时全村辖八卦营和元兴两个自然村落、9个村民小组，除汉族外，八卦营村的土族1人藏族2人，全村346户1427人[2]。旧时八卦营村的村庄民居随自然地形而建，依风水向阳而置，少数富人民居为四合院式，大多数农户住着土块垒砌、草泥摸墙、柳柴苃发压顶的明房子或者窑洞，新中国成立后的民居建设缓慢且住房条件没大的变化，但是大部分村民新修住房、围墙和街门，住房多为"二梁四柱"式的土木结构房，到20世纪90年代后，大多数民居为砖混结构瓦房或平方，用玻璃窗封闭走廊，2003年八卦营村发生地震，房屋遭到严重损坏，政府补助建起抗震住房，村庄建设由一直以来的零散无序到现在整齐划一。村庄聚落的演变由初始的几户人家发展到至今的千人村庄，从村落面貌的扩张上看（图6），呈中心向四周发散的无序发展，未来村落的发展应有序向南扩张。

但是目前村落发展与古城保护存在众多问题。从当前整体看，保护区周边社区处在被动的保护位置，没有能积极主动参与到保护当中，村落空间逐渐残噬古城空间保护范围，而且民居建设缺少地域特色，村落民居私搭乱建、盲目加高层高等，严重破坏了古城景观。我们对古城的态度是使古城址与周围环境和谐共生，古城在当代作为文化遗址景观，改善和提高聚落的生活环境质量。应有立足于古城建筑文脉的延续，一方面在民居的建筑上，村落建设应更有序，建筑宽度和高度得到控制，建筑外形、材质、色彩和空

间的设计运用；另一方面村落可引入旅游民宿，房屋
建设可提取西汉时期的历史文化元素，与古城气息相
融合。

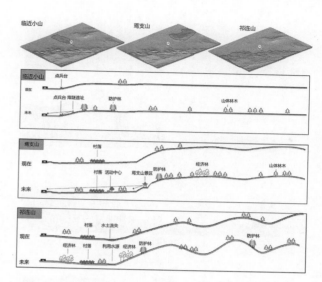

图7　古城与山体的共生
（来源：作者自绘）

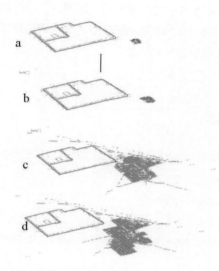

图6　不同时期古城与村落的关系
（a 民国时期；b 20 世纪 60 到 70 年代；c 现在；d 未来）
（来源：作者自绘）

3.2　古城与山体地形的共生

八卦营古城的东部是焉支山，南部祁连山峰峦
叠嶂，巍峨苍茫，北部丘陵山峦起伏，山两边泉水如
带，童子坝河向北而去。张掖一带的古城池多与烽
燧、小型营盘相联系，八卦营古城北山体上原有多个
烽燧，蔚为壮观，祁连山有十处烽燧：酥油口烽燧，
酥油口西一号烽燧，酥油口西二号烽燧，小野口烽
燧，大野口烽燧，坂大口烽燧，口子河烽燧，胶泥洼
烽燧，敖河口东烽燧，敖河口西烽燧。这些烽燧借助
山体地形与山下古城遥相呼应，形成一个完整的军事
防御系统景观。

祁连北麓联系各个城堡间的烽火系统，依托山体
构成线状的通信系统，形成极其严密的防御体系。随
着城市化的发展和资源的利用，山体开发也是城市建
设的一部分，从对保护古城的景观格局来看，我们必
须认识到山体地形在古城发挥军事作用中占据着不可
替代的作用。关注山体地形与古城的空间视角，周边
环境建设应注意避免破坏古城的景观格局并保持其在
历史文脉中的延续，是保护古城池与自然相和谐的重
要组成部分（图7）。

3.3　古城与水体景观的共生

河西走廊是一处生态优美、风景怡人的好地方，
选择在此生活的民族喜欢逐水迁徙，他们在此地修筑
了城池，并发展了自己的民族文化和民族势力。而从
祁连山融化的雪水汇集成若干条河流，提供了民族生
活的条件，八卦营古城池倚其中一条河流童子坝河
而生。童子坝河汉代名为"祁连河"，长达100多公
里，因河道中游有童子寺而称童子坝河，该河发源于
祁连山俄博岭北坡的大湖窝，春末秋初经常发大水，
最大流量可达100立方米/秒，发水时间有时长达半
月。八卦营古城位于童子坝河中游东岸，从汉、唐
以来，这里的戍军和居民就从距离八卦营古城3公里
处（今二队折腰坝）的童子坝河开口引水，将引进古
城的水用于供城壕防御和人畜饮水。随着古城的废弃
和洪水的不断冲刷，引水渠逐渐向两边侵蚀，后来形
成90米宽的河渠，八卦营古城也由此被河渠一分为
二，成为残缺不全的遗址。

目前古城正受到河道的侵蚀，对此本文认为一是
梳理河道及稳固河岸，确保古城不受河流的破坏，摆
正河道范围，用石造景，减少河道冲击力，保护周边
古城址和耕地不受侵蚀。特别在河道的下游培植水生
植物，形成绿色的河道景观，在此基础上实现古时古
城与水道的和谐景观状态（图8）。

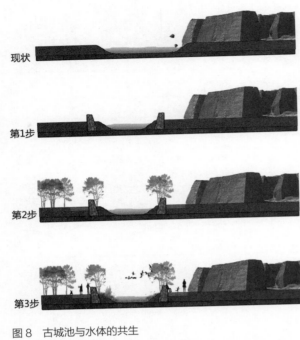

现状

第1步

第2步

第3步

图 8　古城池与水体的共生
（来源：作者自绘）

4　结语

　　八卦营是西汉时期霍去病始建的古城池，如今经历两千多年的时代变迁，周边环境变化巨大。第一，随着城乡建设的推进，八卦营村的建筑风貌逐渐趋于统一化、现代化，丢失了文化底蕴；第二，周边的焉支山和祁连山等山体和植被的破坏影响古城池与周边山体的景观大格局；第三，童子坝河的摆动不断侵蚀古城池遗址。以上给古城保护发展带来挑战，共生景观的构建是一项长期复杂的事业，特别是解决遗址与周边社区的冲突，在新的历史形势下，文化历史景观的保护事业面临着前所未有的机遇和挑战，只有立足于研究古城池空间形态的基础上，才能在具体的规划中充分挖掘文化内涵使其与周边环境和谐共处，两者形成精神层面上的对话，使设计语言由依可据。基于共生景观视角下协调古城池与人居聚落、山体水景相关者之间的关系，本文的研究对古城与周边环境和谐共生具有重要的学术价值。

参考文献

　　[1] 柯彬彬，张镒. 海上丝绸之路文化遗产廊道旅游价值评价[J]. 开发研究，2017（05）.

　　[2] 八卦营村志编纂委员会. 八卦营村志[M]. 兰州：甘肃文化出版社. 2007.

　　[3] 甘肃省张掖市志编修委员会. 张掖市志[M]. 兰州：甘肃人民出版社. 1995.

　　[4] 裴胜兴. 论遗址与建筑的场所共生[J]. 建筑学报，2014（04）：88-91.

　　[5] 李标标. 大遗址与所在地居民共生关系初探[D]. 西安：西北大学，2017.

　　[6] 柯宇晨，曾镜霏，陈玉娇. 共生理论发展研究与方法论评述[J]. 市场论坛，2014，（5）：14-16.

　　[7] 李并成. 甘肃境内遗存的古城址[J]. 文史知识，1997，（6）：60-64.

　　[8] 张驭寰. 中国城池史[M]. 北京：中国友谊出版社公司. 2015.

　　[9] 蒋兴国. 河西走廊历史文化遗产的内涵与价值分析[J]. 河西学院学报，2011，27（4）：27-31.

　　[10] 李并成. 甘肃省高台县骆驼城遗址新考[J]. 中国历史地理论丛，2006，21（1）：108-112.

族谱中营造信息的探析及其对乡村建筑遗产活化的警示
——以浙中东阳地区为例①

戴方睿

作者单位
同济大学建筑与城市规划学院

摘要： 通过对上海图书馆所藏东阳地区族谱的宅图和祠记中营造信息的梳理，从分祠堂建筑选址、建造和运营三个方面，将传统社会营造过程视为一种市场行为进行探析，发掘其背后运作机制和遗产价值。最终以史为鉴，对乡村振兴语境下的乡村遗产活化提供注意事项和发展途径。

关键词： 东阳地区；族谱；营造；乡村建筑遗产；活化

Abstract: Based on the information about Yingzao（营造）in the genealogies of Dongyang area collected by Shanghai Library, this paper analyzes siting, building and operating as kinds of market behavior.The traditional operation mechanism and heritage value behind it can be used to contribute to the architecture heritage regeneration in the context of Rural Revitalization.

Keywords: Dongyang Area; lineage Genealogies; Rural Architecture Heritage; Yingzao; Regeneration

1　引言

东阳是公认的"建筑之乡"②，东阳民居被誉为"东方住宅明珠"被列入全国和省级重点文化保护单位者众多[1]，东阳建筑体系随着匠人外出做工影响了几乎整个金衢盆地和浙江中部地区。因此本文所谓东阳地区之范围较地理行政单元稍作扩大，泛指金衢盆地北缘如浦江县、义乌市和东阳市等地。不仅如此，东阳地区宗族发达族谱遗留众多[2]，且多为上海图书馆所馆藏且在线上公开③，因此，关于东阳地区的建筑研究几乎离不开族谱这一重要的历史文献。

得益于诸多学者的合力，东阳的建筑类型和匠作技艺及其背后的文化传统无论从个案层面还是区域尺度都有了深入的研究[2]~[7]，同时历史地理学者对东阳所在北江盆地的族谱也做了详尽的梳理[8]。在此基础上，本文试图从建筑遗产保护和再生的视角，根据族谱中所记载的信息，梳理传统建筑尤其是祠堂的营造过程，使用期间的价值实现途径以及重建重修时的社会组织形态，最后以史为鉴，对乡村振兴语境下乡村建筑遗产的保护实践进行批判性反思。

2　东阳宗族聚落与乡村建筑遗产

宗族聚落是一种东南中国普遍存在的文化现象[9]，也是我国传统社会结构空间组成的基础[10]，在东阳地区尤为突出，宗族治理的思想甚至从风土民居向上影响到了明朝的制度建设[7]，在聚落空间和建筑形制上的体现亦十分显著。因此，将从当地宗族聚落的类型以及当下乡村建筑遗产的特征两个视角概括性展现东阳地区社会组织与遗产状况的全貌。

2.1　宗族聚落的类型

在宗族研究的早期学者就普遍关注到了"地方宗

---

① 基金项目：国家自然科学基金（51678415，51738008）
② 东阳市人民政府网站：东阳简介http://www.dongyang.gov.cn/zjdy/dygk/201612/t20161208_113980_1.html.
③ 上海图书馆网站：中国家谱知识服务平台https://jiapu.library.sh.cn/#/.

族"的现象，即单个祭祀群体扩展到相邻或在同一区域内的多个村落。[9]在北江盆地，这样的空间分布呈现为"集中型"的宗族聚落是最为常见和典型的宗族类型，不仅数量多而且在空间上占据更大面积。[8]号

称"民间故宫"的卢宅，曾经也只是雅溪卢氏若干村落中的中心村落，而北后周肇庆堂（浙江省第七批重点文物保护单位）则是雅溪卢氏的 "桐山"分支村落。[11]（图1）

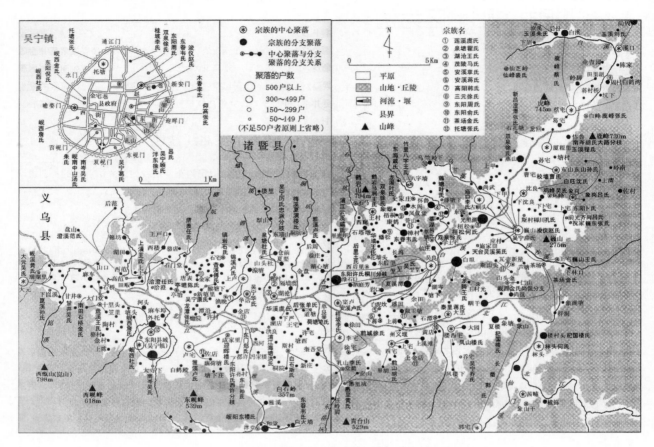

图1　东阳地区北江盆地宗族聚落分布图
（来源：参考文献 [8]）

2.2　建筑遗产的特征

金衢盆地东北部由几个小盆地组成，浦江盆地、北江盆地和南马盆地等，在其中的浦江、东阳、义乌三个行政区域内，属于全国和浙江省古建筑类重点文物保护单位分别有12个和32个（12个国保均为省保，但内容略有不同），其中9处国保以及26处省保为风土建筑，占比75%以上。不仅如此，此类遗产所在村落绝大多数都是集中型宗族聚落，仅有嵩溪建筑群和潘周家古建筑群两处省保为多姓聚居村落。因此，风土建筑在东阳地区的建筑遗产中占有重要地位，而且重点文物与宗族组织模式有着密切关联（图2、表1）。除此之外，在现存的众多传统村落

之中，仍有很多形制完整、木雕华丽的大型院落或祠堂，这些虽然只是地方性文物，但是他们记录了明清以来的物质风尚变迁，具有系统性的科研价值和遗产价值。

3　族谱中的营造信息

族谱无疑是风土建筑研究的基础文献，但是目前在建筑领域研究和应用深度显不足可以归结为以下几点：族谱文献获得难道大，关于建筑的信息分辨率不足，风土建筑研究尚缺乏系统整合族谱信息的方法。东阳地区在第一个问题方面具有天然的优势，本节尝试回应第二个问题：族谱中有什么营造信息？

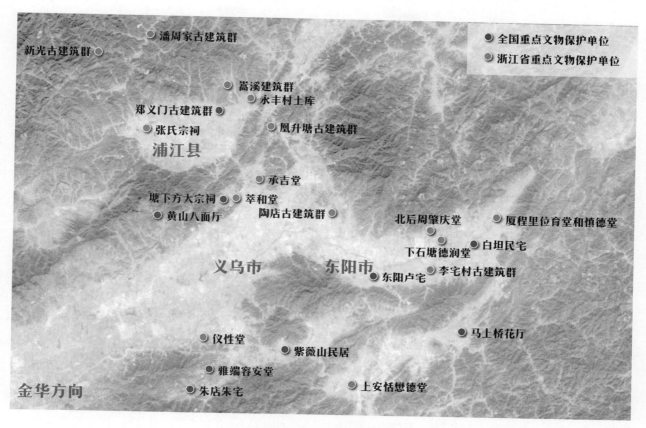

图2 东阳地区重要乡村建筑遗产分布图
（来源：戴方睿以百度地图为底图绘制）

东阳地区重要乡村建筑遗产与宗族对应表　　　　　　　　　　　　　　表1

国保	东阳卢宅	马上桥花厅	紫薇山民居	白坦民宅	郑义门古建筑群	黄山八面厅	朱店朱宅	雅端容安堂	塘下方大宗祠
宗族名	雅溪卢氏	绣川吕氏	昭仁许氏	延陵屋 吴氏	白麟溪义门郑氏	浦阳朱氏	蒲墟朱氏	雅端陈氏	川塘方氏
省保	张氏宗祠	永丰村土库	北后周肇庆堂	嵩溪建筑群	陶店古建筑群	新光古建筑群	仪性堂	萃和堂	承吉堂
宗族名	龙溪张氏	不详	雅溪卢氏	多姓聚居	爱溪何氏	浦阳朱氏	义乌倍磊陈氏	义乌石门陈氏	浦阳钟墟傅氏
省保	潘周家古建筑群	下石塘德润堂	上安恬懋德堂	凰升塘古建筑群	厦程里位育堂慎德堂	李宅村古建筑群			
宗族名	潘氏周氏	不详	安恬马氏	龙溪陈氏	玉溪程氏	桂坡李氏			

（来源：戴方睿根据参考文献 [8] 和上海图书馆所藏家谱整理制作）

3.1 祠图与宅图

图像资料是建筑学研究最直接的材料，族谱中图像以世系图和墓图为主，但是在东阳地区的族谱中不乏精美的祠图与宅图。祠图顾名思义就是表现祠堂形制的图像，往往在族谱卷首的祠堂重修或重建记录的前后出现，由于祠堂对于宗族组织非常重要，因此祠图在族谱中经常出现多，位置也比较重要易于找到。与之相比，反应整体聚落面貌的宅图则出现相对随机，有可能在卷首用以介

绍宗族支派，也有可能在最后几卷的堂记中穿插出现。

村落的现状往往与图像有所出入，如聚落肌理碎片化甚至图像中的建筑完全消失，又或者图中元素不成比例的放大等。这些问题会有限程度地影响信息的传递，但是从中可以看到聚落的变迁，更重要的是图中的信息反映当时的村民对地脉[12]的理解和聚落选址的思考。比如环溪王氏宗谱中会在宅图之后将其灌溉工程金乌堰单独绘制，足见其在传统农耕社会中的重要地位[13]。

3.2 祠记与堂记①

图像资料虽然直观但不够准确，无法作为史料单独使用，而族谱文字史料中的祠堂重修或重建记录才是最直接、信息最丰富也最有研究价值的核心史料。如上文提及的《环溪王氏宗谱》中，除了祠记外还有大量宅院建造的记录，可以与宅图综合利用，复原出田心村聚落发展的时空脉络。从文本位置而言，祠宅修造记录与宅图类似，最多出现在卷首，少数在最后几卷与墓志铭和墓图一起出现。还有极少数如《雅溪卢氏家乘》将祠宅修造记录夹杂在大量艺文之中。

祠堂修造记的普遍信息包括祠堂的祠主和筹建人、营建祠堂的动机、从卜地购基到鸠工庀材再到安放排位的过程和时间以及关于建筑形象的形制的描述。诚然其文本文学表达的可靠性值得商榷，但是通过大量阅读和分析还是能够提取出营造过程的组织和工序。在历史文化名村义乌倍磊村的《倍磊陈氏宗谱》中，多篇祠记将营造全过程的置产、置地、建造祠堂、建造庖室灶房、购置器皿家具、敬修神龛等步骤一一尽述。[14][15] 既往建筑研究普遍关注建造技艺，但是建造过程仅仅是营造的一小部分，其实祠堂修造记主要记述的是"营"的部分，可以帮助扩充对营造全过程的理解。

4 祠堂的营造与运营

信息经过整理才能成为知识，解决了族谱中有什么营造信息之后，如何运用和分析这些信息就成了需要解答的问题。建筑学研究历来以匠作为核心对象对待建筑遗产[16]，往往仅仅关注建造的技艺和过程，但是在从族谱中试图寻找匠作技艺无异于缘木求鱼。而营造之学也绝非匠作之学，计成称之为三分匠七分主[17]，而族谱中的营造信息恰恰聚焦于那"七分主"的部分，无疑对营造研究来说更为重要，因此本节从建筑的选址、工建造和运营三个方面利用营造信息对营造过程背后的社会和经济动因进行探析。

4.1 建筑选址

宅图中最重要的就是反映当时建筑选址时的考量。以历史文化名村义乌倍磊村为例，倍磊陈氏宗谱的嘉庆谱和咸丰谱各有一张宅图，而且内容完全不同甚至南北方向都颠倒了，这是难得的对比材料（图3）。如果仔细对比两张宅图，就会发现一个值得注意的细节：廉堂公祠从市心移到了村东龙皇亭之外。在廉堂公祠的修建记录中可以找到两图出现矛盾的原因。

"……嘉庆十三年（1808年），两房子弟……谋以公之祀田余息建祠立祀，并以重价购基地于街心之东……后以基址狭窄蹉踌未决……于是继事六人……谋速鸠工以竟先志，而祠基之宏敞则莫过于东桥之东，但其地为永潜母徐孺人长泰祖母王孺人两家毗连故业……永涯文治等乃相与谋……始于道光十一年（1831年）十二月越十三年十月而祠成，规模式廓几与大宗祠相埒。"[15]

嘉庆十九年的宗谱恰好在廉堂公派下子弟置地未建时修纂，但是建造"两进五楹"的支祠置基的费用过于大，派下裔孙不得不在30年后选择利用村外家族成员的故居旧址来建造祠堂，由此才出现了看似矛盾的地方。这既非无心之过也非异地重建，而是恰好在特殊时间节点将祠堂置地与建造的过程剖切开来，揭示出建筑选址不仅是一个空间设计问题，而是一笔经济账。沿着这个线索继续研读就可以发现：在选址和置地的过程中，地权所有与转让是通过明确的交易行为发生的，建造祠堂已然成为一种市场行为，大型支祠趋向于在地价更低的村落外围修建，部分支派甚至选择建筑体量较小的弥庙②，家庭逐渐取代宗族也是符合市场规律的理性选择。[18]

4.2 建造时序

这种市场观念在营造祠堂的过程中也是一以贯之的，在众多祠记之中，建造祠堂之前往往有置产买地以"权祭生息"多年的记录。同样是在倍磊村，在康乾盛世期间建造的"中厅五间，台门五间，东西廊屋六间"德三公祠，甚至还需要先建造台门"竖

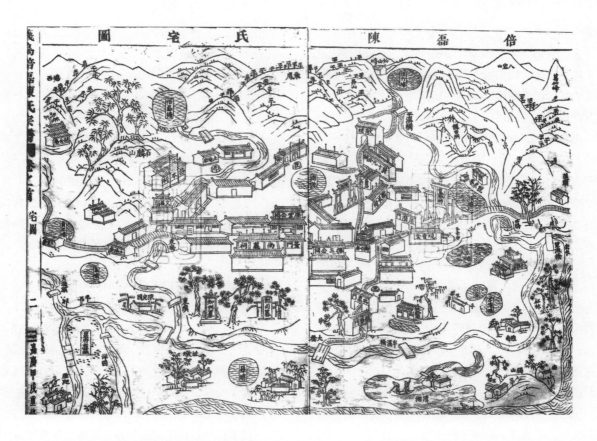

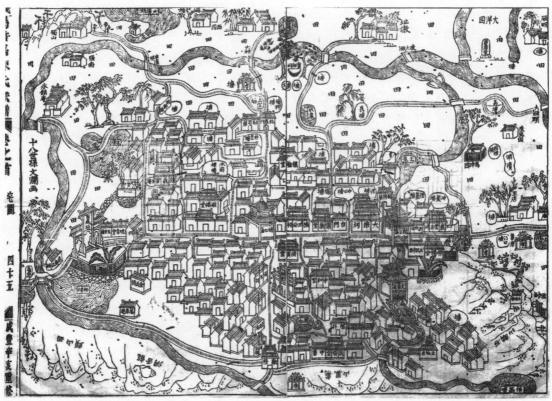

图 3 倍磊村义乌倍磊陈氏嘉庆宅图与咸丰宅图

（来源：参考文献 [14]、[15]）

店屋招赁生息"而后才建成寝堂和中厅[18]。由此可见，多进院落的建造顺序并没有一定之规，大多祠记中声称先造寝室以安神灵，后建中厅，但是门庑两厢和周边的厨房庖室是否需要先建都与当时宗族的经济状况有着直接的联系。

倍磊村因其集市的身份可能具有特殊性，但是金衢地区在清初兴起的"行担经济"[19]对百姓的市场意识没有影响也是不现实的。以东阳市区东北方向的狮山杜村为例，在《泉塘杜氏宗族》中《狮山双桂厅兼介址祠议约》中记载了利用既有堂楼并调换厅堂朝向的事迹：

"缘门前塘南有双桂总厅三间，由雍正庚戌（1730年）间合村捐造，朝南……至今一百二十余年而伤于蚁。再有厅前遗下朝北堂楼三间并厢屋，俱系我祖行义一公暨姚郭氏自隆庆己巳间（1569年）创造，至今二百八十余年矣……现以屋宇俱已崩坦，先业将坠。缘义一公孙商议将堂楼改建祠宇……至双桂厅仍与瑞十公派下孙议立照前旧例捐拍，易向建造……后台三间，川堂三间，门楼三间系义一公孙创造，正厅三间系瑞十公派下孙重建……。"[20]

非常可惜，此介址祠已是一片废墟，但是由此可以确认，宗族社会最重要的标志性建筑的建造尚且可以因地制宜因势利导，有效利用既有建筑和空间，因此建造时序不仅仅是一个匠作问题，而是与历史环境和社会背景息息相关，今天参与乡村遗产保护和乡村振兴的建筑师同样不能忽视这些条件。

4.3　价值实现

如果抛开传统伦理的约束将传统社会的祠堂宅院的营造视为一种市场行为，则建筑就可以视为商品，进一步探析其交易过程中价值实现的方式，这正是在传统社会中公共建筑得以在有限资源的条件下可持续发展的关键。从族谱信息中提取和建构祠堂与祀产关系就可能一窥祠堂建筑价值实现的过程，为今天建筑遗产保护的资金来源问题提供可供借鉴的解决途径。

首先，祠堂建筑的龛位本身就有价值，就在上文提及的介址祠遗址旁边就有一个双桂宗祠，从祠图中可以看到其厢房也以某祠命名，翻看祠记可以发现祠堂营造约里有议约"缘宗祠落成公帑不给，会集族中商议将前后两翼小厅开助有能输钱二百五十七千文者，听其入主并室归为己有。"[20]可见祠堂的神主之

位可以作为等价交换物，祀产入不敷出之时可以用来抵账，助捐事迹还可以记入族谱，为后世景仰。

除祠堂使用权本身的价值外，有助于祠堂修建的支派还有每年额外享祭的资格，重新参与祀产的分配。从这一点看，营造也不仅是简单的交易行为而可以视为一种长期的投资。泉塘杜氏的杜光裕因为造祠修谱，使得支派可以晋升中寝接受供奉，同时子孙可以"添派下一人同绅耆散席，又给助肉六斤以惠其嗣"。因此，在传统宗族社会，主持或参与修建祠堂是参与利益再分配的契机，而且从中还可以获得和提升社会资本，这也是祠堂得以维持的原因之一。

5　乡村振兴中建筑遗产活化的警示

综上，从族谱的营造信息的探析中不难发现，传统社会营造活动是一个复杂的系统，在宗族组织的社会运行机制下相对稳定地运转，从而使得营造活动得以持续。但是，今天乡村振兴中正是这一系统的缺失才导致乡村建筑遗产活化面临以下三方面的问题。

祠堂建筑传统价值的失去：在传统宗族社会中祠堂所具有的价值可以通过使用权的转移变现，与之对应的建筑遗产在今天也应是社区身份认同的载体，在新时代的乡村振兴过程中，通过仪式活动和宣传教育在利益相关者的观念中重塑遗产的社会价值才能使其真正成为村民所珍视的遗产。

建筑遗产维护资金的危机：如今乡村遗产数量激增，输血式的保护模式显然是不可持续的，而且会带来利益相关者产生依赖和疏离现象。深入了解传统社会公共建筑价值实现体系，是活化乡村遗产的基础。从祠堂和祀产的关系角度出发，建筑遗产必须通过遗产基金会或者农村合作社等方式与实体资本绑定，在规划使用时充分考虑日常维护和运营成本以及可持续性资金来源，从根本上活化乡村遗产。

建筑遗产价值认知的偏见：最后，遗产价值的认知是乡村建筑遗产活化的根本。东阳木雕和宗族大院所代表的艺术价值获得普遍认可，但是价值多样性的忽视在东阳地区突显出木桶效应，从大量牛腿失窃的现象就可见一斑。发掘遗产价值的丰富性不但有助于重塑社会价值也能吸引多方资金的介入，而且更是对遗产本体保护和提升，而族谱等民间文献中的历史信息就是进一步发掘遗产价值的田野。

感谢上海师范大学钟翀教授的启发并引荐东阳市收藏家徐松涛先生和华柯先生，在此一并致谢。

参考文献

[1] 王仲奋. 东方住宅明珠：浙江东阳民居[M]//东方住宅明珠：浙江东阳民居. 天津大学出版社，2008.

[2] 钟翀. 浙江东阳市北江盆地宗族的形成与展开——东南中国宗族与宗族村落发生之历史地理学考察[C]//中国东南地域文化国际学术研讨会. 2009.

[3] 陈志华. 俞源村（中华遗产·乡土建筑）[M]. 北京：清华大学出版社，2010.

[4] 李秋香，罗德胤，陈志华，楼庆西. 浙江民居[M]. 北京：清华大学出版社，2010.

[5] 洪铁城. 东阳明清住宅[M]. 上海：同济大学出版社，2000.

[6] 洪铁城. 经典卢宅[M]. 北京：中国城市经济社会出版社，2004.

[7] 张力智. 儒学影响下的浙江西部乡土建筑[D]. 北京：清华大学，2014.

[8] 钟翀. 北江盆地：宗族、聚落的形态与发生史研究[M]. 北京：商务印书馆，2011.

[9] 莫里斯·弗里德曼. 中国东南的宗族组织[M]. 刘晓春，译. 王铭铭，校. 上海：上海人民出版社，2014.

[10] 吕峰. 宗族聚落的风土空间特征——杭州长河来氏宗族聚居地的建筑人类学分析[D]. 上海：同济大学，2008：3.

[11] 不详. 雅溪卢氏家乘：卷之首[M/OL]. [出版地不详]：[出版者不详]，清道光十八年（1838）. https://jiapu. library. sh. cn/#/jiapu：STJP005978.

[12] 常青，沈黎，张鹏，et al. 杭州来氏聚落再生设计[J]. 时代建筑，2006（2）：106-109.

[13] 不详. 义乌环溪王氏宗谱：卷之三十三[M/OL]. [出版地不详]：[出版者不详]，清同治十年（1812）. https://jiapu. library. sh. cn/#/jiapu：STJP003300.

[14] 陈永渡，等. 义乌倍磊陈氏宗谱：卷之首[M/OL]. [出版地不详]：[出版者不详]，清嘉庆十九年（1814）. https://jiapu. library. sh. cn/#/jiapu：STJP000496.

[15] 陈永观，等. 义乌倍磊陈氏宗谱：卷之首[M/OL]. [出版地不详]：[出版者不详]，清咸丰元年（1851）. https://jiapu. library. sh. cn/#/jiapu：STJP000493.

[16] 常青. 我国风土建筑的谱系构成及传承前景概观——基于体系化的标本保存与整体再生目标[J]. 建筑学报，2016（10）：1-9.

[17] 常青. 常青谈营造与造景[J]. 中国园林，2020（2）：41-44.

[18] 常青. 常青谈营造与造景[J]. 中国园林，2020（2）：41-44.

[19] 戴方睿. 基于宗族结构的聚落形态研究——以义乌倍磊陈氏聚落为例[J]. 建筑遗产，2020（01）：35-43.

[20] 包伟民，王一胜. 义乌模式：从市镇经济到市场经济的历史考察[J]. 浙江社会科学（5）：147-151.

[21] 杜英姿，等. 泉塘杜氏宗谱：卷之首[M/OL]. [出版地不详]：[出版者不详]，清宣统二年（1910）：https://jiapu. library. sh. cn/#/jiapu：STJP008722.

工业遗产视角下铁路遗址价值与利用研究

扈亚宁　赵彦卿　林子藤　余强

作者单位
北京建筑大学建筑与城市规划学院

摘要：工业遗产是近年来物质遗产领域的新生力量，在学术研究和项目实践中异军突起。铁路遗址因其厚重的历史文化、独特的空间形式和传奇的工程成就，成为工业遗产中富有表现力的类型之一。本文回顾了国内外铁路遗址保护的兴起与发展概况，系统性地探讨了铁路遗址构成要素，并从时间维度和空间维度两个层面阐述了铁路遗址价值，同时对当前国内外铁路遗址再利用现状进行了整体性分析，归纳出铁路遗址再利用的四种主要模式，以期能够对我国铁路遗址的保护与开发提供可资借鉴的参考。

关键词：铁路遗址；工业遗产；价值；保护与再利用

Abstract: Industrial heritage is a new force of heritage in recent years, which has emerged in academic research and project practice.Railway remains site has become one of the most expressive types of industrial heritage since its profound historical culture, unique spatial form and legendary engineering achievements.This paper reviews the rise and development of the conservation of railway sites in domestic and abroad, systematically discusses the elements of railway remains sites, expounds the tourism value of railway sites from two aspects of time and space, and makes an overall analysis of the current situation of reuse of railway sites at home and abroad, and sums up four main modes of railway sites, in order to provide reference for the conservation and development railway sites in China.

Keywords: Railway Remains Site; Industrial Heritage; Value; Conservation and Reuse

铁路是人类在交通运输领域最重要的发明之一，是现代社会出行的主流方式，铁路遗产也因此被认为是现代工业遗产的重要分支[1]，为推动人类进步和经济发展做出了巨大贡献。铁路遗址是铁路遗产中不可移动的场所环境，包括铁轨设施、站房站台、铁路设施以及所处的具体条件。相比于钢铁、煤炭、纺织等传统工业门类而言，铁路遗址的历史原真性和互动体验性更加凸显[1]。近年来，随着铁路技术的更新迭代，一些颇具价值的老旧铁路线被淘汰甚至废弃，人们对铁路遗址价值的了解和认知仍处于起步阶段，铁路遗址虽然丧失了承担高强度物流运输的功能，但从文化遗产角度来看往往具有突出历史、社会、艺术等多元化价值，应当引起研究者的高度重视。

1 铁路遗址保护与发展

英国是世界上最先开启铁路建设的国家，也是最早开展铁路遗址保护工作的国家。1951年罗尔特[2]（L.T.C.Rolt）组织成立了"保护泰勒林铁路协会"，呼吁修复建成于1865年的英国威尔士地区的货运线路，成为铁路保护发展历史上的先驱。但早期铁路遗址保护更倾向于纯粹的"原貌保存"[2]，主要供文物考古和相关爱好者研究之用，真正意义上将铁路遗址作为公共遗产面向全社会开放的案例，应追溯至世界文化遗产中的铁路遗址。

1.1 世界文化遗产中的铁路遗址

奥地利塞默灵铁路（Semmering Railway）1998年登录世界遗产名录，全长41公里，是世界上

---

① 关于铁路遗产的归类问题，学术界目前存在两种思路：一是将其视为"工业遗产"范畴内的一个分支，二是将其单独列为"交通遗产"而与"工业遗产"并置。本研究依据TIICCIH（国际工业遗址保护联合会）中对工业遗产的定义，认为交通类的遗址应当归属于广义的工业遗产范畴，即铁路遗产与工业遗产之间是从属关系。

② 罗尔特（1910—1974年）因呼吁保护运河等相关运输类设施得到人们的广泛关注，曾出版游记小说《窄船（Narrow Boat）》，后逐渐成为英国交通运输设施遗产保护研究的重要人物之一。

第一条以铁路遗址作为核心遗产物的世界遗产，被誉为欧洲最伟大的土木工程之一。塞默灵铁路具有工程技术价值与突出的旅游观光价值，在承载了交通运输功能的同时也深刻地影响着当地旅游业的发展。此后，1999年和2008年，位于印度大吉岭喜马拉雅铁路（Darjeeling Himalayan Railway）和横穿意大利与瑞士的雷塔恩铁路（Rhaetian Railway）先后登录世界文化遗产，与塞默灵铁路一起构成了世界文化遗产中铁路遗址代表。

1.2 欧洲工业遗产之路的铁路遗址

"欧洲工业遗产之路（European Route of Industrial Heritage，简称ERIH）"是由欧盟委员会倡导并建立的关于欧洲工业遗产文化的跨国协作组织，涉及19个国家和地区、1850处目的地、112个锚点（Anchor points）以及14项主题①。其中"锚点"是该组织遴选出的重点项目，包含了欧洲最重要的工业遗产，同时配备比较完善的旅游设施[3]。据不完全统计，截至2020年初，在欧洲工业遗产之路所列举的全部项目中，共有386项与铁路直接或间接相关②，占比近五分之一，而在17项交通项目"锚点"中，铁路遗址占有6席，构成了交通运输主题的重点内容（表1）。

欧洲工业遗产之路中铁路遗址锚点　　表1

锚点名称	国家所在地区	备注
荷兰胡恩-梅德姆布利克蒸汽电车博物馆 Hoorn-Medemblik Steam Tram Museum	胡恩 Hoorn	利用建成于1914年的荷兰胡恩至梅德姆布利克铁路段改造成蒸汽遗产旅行线
波兰西里西亚铁路博物馆 Railway Museum of Silesia	亚沃日纳山 Jaworzyna Śląska	利用建成于19世纪中叶的铁路小镇改造而成的铁路遗址体验博物馆
葡萄牙国家铁路博物馆 National Railway Museum	恩特龙卡门图 Entroncamento	利用建成于1846年的铁路枢纽城市恩特龙卡门图铁路线遗址改造而来
葡萄牙国家铁路博物馆（卢萨多馆）National Railway Museum at Lousado	法马利康新镇 Vila Nova de Famalicão	利用建成于19世纪的卢萨多火车站及附属设施改造而来

续表

锚点名称	国家所在地区	备注
西班牙阿斯图里安铁路博物馆 Asturian Railway Museum	希洪 Gijón	利用建成于1873年的西班牙希洪老火车站改造而来
挪威北纳尔维克博物馆 Museum Nord-Narvik	纳尔维克 Narvik	利用建成于1902年的输送煤矿铁路及港口改造而来

（来源：作者自绘）

遗产完整性和真实性是能否入选"锚点"的重要依据，ERIH平台的铁路遗址项目多数均是通过改造既有铁路建筑、铁轨、或相关基础设施设备，而打造出的沉浸式、体验式旅游环境。例如，荷兰胡恩—梅德姆布利克的铁路（Hoorn-Medemblik Railway），是早期北荷兰地区窄轨铁路线的代表，1968年窄轨铁路退出历史舞台，原址改造为荷兰蒸汽铁路博物馆，老式蒸汽机车改造为观光列车，工作人员则穿上1926年的旧式制服，为游客营造真实的历史氛围。总体而言，欧洲各国对自身的铁路遗址保护较为重视，除在价值突出的铁路遗址建立专业博物馆外，一般性的铁路遗存亦会经过修缮后打造成景观公园或开放空间，使历史印记嵌入到当代生活中。

1.3 我国铁路遗址资源

与西方国家相比，我国铁路遗址的保护与开发工作起步较晚，直到2001年全国第五批重点文物保护单位中才首次出现铁路遗产。从历史发展纵线来看，以清华大学张复合先生为代表的建筑学领域学者较早推动了铁路遗产保护工作[4]，但关注的对象主要集中在铁路车站、机车库、仓库等铁路建筑单体，通常将其视为优秀近代历史建筑加以保护研究[5]。2018~2019年，中国科协与中国城市规划学会联合公布两批"中国工业遗产保护名录"，唐山铁路遗址、中东铁路旧址、京张铁路遗址等16处铁路遗址地[6]位列其中，标志着铁路遗产范围的界定从建筑单体层面拓展到铁路遗址全线。

虽然文化遗产名录的"护身符"使铁路遗址免于破坏，但铁路遗址应如何保护、如何开发却仍处于

---

① 该数据统计截止至2020年4月1日，以ERIH官方公布的数据为准：https://www.erih.net/i-want-to-go-there//Sites///transport/.
② 该数据统计了ERIH官方公布的工业遗址旅游目的地名录，其中多个项目同时兼顾铁路遗址与其他产业遗址，如钢铁、煤炭等。文中所列数量包含独立的铁路遗址，以及兼顾其他产业的项目。

探索阶段。当前国内铁路遗址资源不仅数量较少，而且保护范围仍局限于建筑单体，保护方式多以博物馆陈列为主，对具有体验和互动价值的铁路附属设施设备、历史环境信息等要素普遍缺乏统筹考虑，造成铁路遗址开发方式单一且单调，极大制约了铁路遗址价值的多元化展示与呈现，这与"铁路强国"的身份是极不匹配的[7]。客观全面地认识铁路遗址价值，科学合理地组织开发利用在当下显得尤为重要。

2　遗址要素与价值

铁路遗址是铁路遗产中具有真实历史风貌且不可移动的遗产地，其构成包括点状枢纽和线性廊道两个主体，前者主要指铁路站房、仓库、交通枢纽等，后者则指铁路设施以及沿途所处景观环境，如铁轨、道岔、道桥、沿途自然及人文景观等，两者对铁路遗址而言不可分割。

2.1　铁路遗址构成元素

铁路遗址是交通运输行业快速发展时期的重要见证，也是工业风貌、铁路特色的重要载体，一般具有较长的地理空间跨度，串联起多样化的城市空间与生态景观。从空间布局的角度可以将铁路遗址分为内部遗址及外部景观两大部分（表2）：内部遗址主要指铁路领域内部的历史遗存，具体包括铁路机车、建筑、轨道、桥梁、隧道、信号台等具有直接相关的设施设备，是铁路遗址的核心遗产物；外部景观是铁路内部遗址与城乡环境的"过渡媒介"，一般由防护绿带、沿途自然景观（绿地、树木、河流等）以及目视可及范围内的建筑形象、天际线或其他人文景观等构成，是铁路遗址历史原真性的保障条件。

铁路场地主要要素构成　　表2
（来源：作者自绘）

构成元素		物质内容	改造利用
内部遗址	机车元素	机车	景观小品或纪念性空间节点等
		车厢	展览厅、体验厅、或其他辅助功能房间等
		车轮	景观小品与或纪念性景观节点展示等
	建筑元素	车站建筑	博物馆、展览馆、地标物等
		站前广场	景观广场、遗址公园、休闲场所等

续表

构成元素		物质内容	改造利用
内部遗址	建筑元素	站台	观景台或休闲、停留空间等
	轨道元素	铁轨	景观廊道、休闲步道等
		道床	景观小品等
		枕木	景观小品等
		道砟	雨水花园、地面覆盖层或特色铺装等
	设施元素	信号灯	景观小品、地标物等
		其他维修设备	景观小品等
外部景观	防护绿带	乔木、灌木、低矮植被等	森林绿茵
	沿线景观	绿地、山川河流等	观光景观
	城乡建筑	建筑形象、天际线等	观光景观

2.2　铁路遗址价值

铁路遗址一般被视为工业遗产中的专门类型[8]，其特殊性表现为同时具有交通运输功能和跨地域文化线路的双重属性[9]。从遗产角度来看，昔日旅行方式成为今日旅游目的地，这一角色转换过程使铁路遗址在"时间"和"空间"的两个维度上更加凸显了其价值。时间维度价值主要体现在遗址呈现了不同或特定历史时期的历时性变化，比如建筑风貌、建造技术、历史故事、人物或事件等；而空间维度价值则主要体现在地域性文化风貌的呈现以及跨地区文化交流。

1. 时间维度价值一：见证国家与民族奋斗进步历史

与传统工业门类相比，铁路的发展因需要整合多行业资源而显得相对缓慢。这种缓慢使铁路得以完整见证国家和民族奋斗进步的光辉历史，为我们了解、体验和再现铁路历史风貌提供了真实场所。英国作为世界上最早开始工业革命和铁路建设的国家，几乎每一座较大规模的城市都建有一座铁路主题博物馆。约克郡（Yorkshire）是英国最重要的铁路枢纽，其火车站原址打造了今英国国家铁路博物馆，详尽展现了英国铁路二百余年的发展历史。我国亦是较早开始铁路建设的国家，自1879年"唐胥铁路"建成以来，铁路事业就在中华大地上落地生根；从1908年中国人自主设计建造的京张铁路投入使用，到2018年复兴号高速动车组纵横驰骋，百余年铁路发展见证了中华民族结束封建帝制、推翻三座大山、实现民族独立的峥嵘岁月，也见证了中国人旅行方式的升级换代。这些历史价值的呈现不应仅停留在教科书文字或图片中，而应在真实的历史遗址中给予展示，打造为国家与民族历史的展示窗口。

2. 时间维度价值二：记录技术革新与艺术审美变迁

铁路是工程技术与艺术美学高度融合的杰作，凝结着人类社会自工业革命以来改造自然环境、建设城市空间的智慧。以铁路建筑为例，欧洲早期铁路建筑设计大多精心雕琢，例如，英国伦敦的第一座铁路车站圣潘科斯车站（St.Pancras Station）建成于1868年，是一座典型的哥特式建筑，也是英国工业革命以后第一座古典艺术形式的铁路建筑，现已被列为英国国家历史保护建筑。我国早期的铁路建筑设计亦是如此，始建于1906年的正阳门火车站，采用中西合璧风格，是北京市优秀近现代历史建筑代表，再如，由著名爱国工程师詹天佑创造设计的京张铁路"人型道岔"，借助山势，解决了延庆地区机车爬坡动力不足的问题，向世界展现了中国工程师的铁路智慧与建设能力。这些遗址展现了不同时代技术与审美取向，是铁路遗址工程与艺术价值的集中体现。

3. 空间维度价值一：彰显地域文化特色

铁路连接起城市与乡村，见证了一个地区社会风俗和文化积淀。社会学认为，遗产所倚重的一项重要资源是文化[10]。铁路的文化价值不仅包含铁路文化本身带给社会的价值，还包含了铁路沿线及辐射地区的地域性特征。地域性不只是自然风貌差异的体现，更是地区文化的重要辨识标志[11]。日本铁路遗址的地域性文化保护工作独树一帜，从火车便当，到车厢涂鸦，再到铁道动漫作品，为对外传播日本铁路文化、吸引世界游客的造访起到了重要作用。再如，福建厦门铁路遗址公园通过引种厦门市花三角梅及其他多种本土植物，强化了闽南地区生态景观风貌，使铁路遗址景观融入城市历史空间形态，彰显了地域文化特征。

4. 空间维度价值二：展现跨地区文化交融

铁路实现了远距离的文化交流与经济互动，也见证了跨越不同地理空间的文化碰撞。铁路遗址为跨地区文化交融提供了最恰当、最合适的载体。2008年登录世界文化遗产名录的雷塔恩铁路（Rhaetian Railway）是一条连接意大利与瑞士、穿越阿尔卑斯山脉的历史铁路线路，共包括84个隧道和383座高架桥梁①。该条线路见证了平原与山地文化的交流融合、不同语系国家之间的经贸往来，以及沿线地区自然景观与人文景观的地域变迁。目前该条线路仍用于瑞士与意大利之间的观光往来，专门为此制造的全景观光列车冰川快线和伯尔尼那快线（Glacier Express & Bernina Express），成为铁路旅游的首选工具。

3 铁路遗址利用模式

当铁路遗址作为游览目的地而非纯粹的文物时，对其保护与再利用的讨论就不再局限于遗产本体，而是应进一步聚焦如何合理地向公众呈现、阐释特色价值[12][13]。从世界范围来看，铁路遗址的开发形成了自身特点，主要包括以下四种模式：遗址博物馆、主题公园、观光线路以及混合开发。

3.1 遗址博物馆

遗产博物馆是铁路遗址保护与开发最常见的方式之一。与综合性博物馆不同，铁路遗址博物馆主旨明确、主题突出，特别是利用车站、仓库、中转枢纽等历史建筑遗存作为博物馆空间载体，打造成特色展陈、互动体验场所。例如，位于西班牙希洪的国家铁路博物馆（Asturian Railway Museum）利用建成于1873年的铁路枢纽改造而来，遗址包括原有铁路站房、站台和轨道、一个机车修理车间和一个多用途仓库，同时还保留了西班牙全国最密集的铁路网枢纽片段，展示了八种不同轨距的机车和车厢等。再如，位于北京延庆八达岭地区的旧京张铁路青龙桥车站，是著名人型道岔所在地，2019年被列为中国工业遗产保护名录和第八批全国重点文物保护单位，青龙桥车站及其周围场地经过修缮后现已改造为京张铁路遗址博物馆区，成为京张铁路线的重要节点[14][15]。

---

① 引自UNESCO World heritage list名录：https://whc.unesco.org/en/list/1276.

3.2 主题公园

铁路遗址主题公园是综合利用铁路建筑、设施设备等历史实物遗存，通过对场地和环境进行景观设计，打造出具有休闲功能的城市开放空间。美国纽约高线公园（High line Park）是铁路遗址改造为主题公园最成功的案例之一[16]，"高线"是纽约城市高架铁路线，原计划拆除，但在铁路爱好者推动下最终实现了完整保留。通过景观改造设计打造成"悬浮"于现代都市的开放公园。公园保留并利用了原有工业元素，如将铁轨设计为市民可参与的种植槽等，为地区居民提供了休闲活动场所，也彰显了纽约早期铁路建设的成就，现已经成为纽约的新城市名片，连续多年成为纽约城市旅游"打卡圣地"，为城市带来新的就业机会和巨大的经济利益。再如，厦门铁路遗址公园利用建成于1955年的鹰厦铁路延伸线改造而来①，这是新中国成立后我国东南沿海地区修建的铁路干线，具有极高的历史地位。遗址公园充分利用保留下的机车、铁轨、隧道等，通过采用设置文化浮雕墙、景观休憩小品等措施创造了较好的体验环境，吸引人们观光驻足。

3.3 观光线路

如果说遗址博物馆和主题公园是铁路遗址的"静态目的地"，那么观光线路的方式可以看作是"动态体验地"。观光线路模式一般用于基础条件较好、沿途观光价值突出的铁路遗址地，因为这不仅涉及具体铁路遗址开发，更涉及铁路廊道的整体性资源利用。目前登录世界文化遗产的三条铁路遗址线路均采用"观光线路"的方式进行旅游开发②，其中塞默灵铁路和雷塔恩铁路尤其是铁路观光的杰出代表，沿线隧道、桥梁、道岔、山地、平原等人文与自然资源都是观光内容。为了更好地推动观光线路的可持续发展，相关国家还推出了线路专票和专用列车，以最大程度地为游览提供便利条件。铁路遗址作为观光线路在我国亦有实践，拥有百年历史的京张铁路旧线京郊段目前作为旅专线仍继续使用，日积月累形成的自然景观成为沿途观赏的重要对象，游客可以在往返于铁路遗

址博物馆的同时，一览窗外京张铁路沿线美丽的春日风光[17][18]。

3.4 混合利用

混合利用是动态、综合的开发利用模式，一般将铁路遗址与商业、居住、休闲等多种业态功能相融合，兼顾铁路遗址旅游开发与城市有机更新发展。混合利用的方式一般用于城市中心地区铁路遗址地，多受限于土地价值高昂、用地功能复杂等现实条件的影响。例如，日本代官山步行街利用城市铁路两侧极其狭窄的腹地空间，改造成一条融合商业、休闲与娱乐的绿色步道，步道两旁搭建起多座木屋，用作啤酒工厂、咖啡店或创意商店。商业步行街的改造中大量使用铁路遗址实物，如废旧枕木、混凝土碎渣、金属设施构件等，通过二次设计转化为景观小品，有效地弱化了轨道两侧城市空间的割据状态，活跃了场地气氛。混合利用模式的优势在于将遗址地旅游与商业消费行为结合起来，以进一步提高铁路遗址所在地的土地价值，从而凸显遗址的经济附加值。

4 结语

我国是铁路强国，亦是铁路遗址大国。推动铁路遗址保护与利用，是传承工业文明与铁路文化、展示大国工匠精神的必要途径和有效方式，具有强大的生命力。但我们也应意识到，现实中仍面临诸多困境："保护性破坏"是近年来遗址开发工作中层出不穷的负面现象[19]，铁路遗址因占地面积大、沿线土地利用状况复杂等问题更面临着严峻挑战，个别案例片面强调经济利益，以"异地安置"名义拆除铁路设施，丧失了铁路遗址的历史语境；再如，我国铁路设施建设权与城市发展管理权分别隶属于地方铁路局和地方行政管理部门，二者在土地关系上边界明确，互无交集，这在一定程度上造成了铁路遗址开发与城市现实环境的割裂。另外，就国内对铁路的整体廊道价值研究仍显不足，多数集中在古驿道、运河等早期交通遗产领域[20]，对现代交通遗产的廊道价值缺乏关注。铁路遗址的价值研究不应局限于某个建筑单体或某个历

---

① 鹰厦铁路是新中国成立后福建省修建的第一条干线铁路、第一条出省铁路通道。
② 1999年登录世界文化遗产的印度大吉岭喜马拉雅铁路虽然仍用于观光旅游和人员运输，但是由于缺乏有效的保护和管理，铁路年久失修，已多次被UNESCO遗产委员会发函警告，目前其遗址现状不容乐观。

史片段，遗址保护不能、也不应脱离其整体物质环境而独善其身。

参考文献

[1] Amitabh Upadhya. Railway heritage and tourism: global perspectives[J]. Journal of Tourism History. Volume 7, 2015 - Issue 1-2.

[2] Anonymous. UK Government: Railway Heritage consultation launched[J]. M2 Presswire, 2008.

[3] 胡燕，张勃，钱毅.以旅游为引擎促进工业遗产的保护——欧洲工业遗产保护经验[J].工业建筑，2014，44（01）：169-172.

[4] 张复合.北京近代建筑的研究与保护[J].北京社会科学，2000（02）：131-134.

[5] 朱嘉广，李楠，吴克捷."北京优秀近现代建筑保护名录"的研究与制定[J].城市规划，2008（10）：38-41+49.

[6] 中国工业遗产保护名录（第二批）发布[J].城市规划通讯，2019（08）：14.

[7] 沈工.亲历中国迈入铁路强国[J].交通与运输，2017，33（04）：40.

[8] [美]戴伦·J·蒂莫西. 文化遗产与旅游[M]. 孙业红译. 北京：中国旅游出版社，2014.

[9] 李芳，李庆雷，李亮亮.论交通遗产的旅游开发——以滇越铁路为例[J].城市发展研究，2015，22（10）：57-62.

[10] 于光远.旅游与文化[J].瞭望周刊，1986（14）：35-36.

[11] 张凤琦."地域文化"概念及其研究路径探析[J].浙江社会科学，2008（04）：63-66+50+127.

[12] 张朝枝，李文静.遗产旅游研究：从遗产地的旅游到遗产旅游[J].旅游科学，2016，30（01）：37-47.

[13] 彭兆荣. 遗产，反思与阐释[M].昆明：云南教育出版社，2008.

[14] 程旭，韩冰.穿越时空的回响——工业遗产之京张铁路青龙桥火车站遗存改造方案[J].首都博物馆丛刊，2009（00）：321-336.

[15] 韩冰，杜晓君.活化京张铁路的保护形态——京张铁路遗址调查纪实[J].首都博物馆丛刊，2008（00）：235-245.

[16] 冯姿霖，张吉祥，王铭铭. 中美绿道规划设计比较研究——以厦门铁路公园与纽约高线公园为例[C]. 中国风景园林学会.中国风景园林学会2017年会论文集.中国风景园林学会：中国风景园林学会，2017：653.

[17] 黄钟. 铁路遗产保护与利用策略初探：以京张铁路为例[C]. 中国城市规划学会、沈阳市人民政府.规划60年：成就与挑战——2016中国城市规划年会论文集（08城市文化）.中国城市规划学会、沈阳市人民政府：中国城市规划学会，2016：268-294.

[18] 庄杭；徐昂扬；王向荣. 城市铁路文化景观保护——以京张铁路遗址绿廊为例[C]. 中国城市规划学会、重庆市人民政府.活力城乡 美好人居——2019中国城市规划年会论文集（09城市文化遗产保护）.中国城市规划学会、重庆市人民政府：中国城市规划学会，2019：794-807.

[19] 江南. 文物要保护，不要"保护性破坏"[N]. 人民日报，2016-04-05（012）.

[20] 张镒，柯彬彬.我国遗产廊道研究述评[J].世界地理研究，2016，25（01）：166-174.

哈尔滨近代历史建筑风格的时空分布演化解析

王歆然　刘大平

作者单位
哈尔滨工业大学建筑学院
寒地城乡人居环境科学与技术工业和信息化部重点实验室

摘要： 哈尔滨近代建筑遗产文化悠久、风格多样，形成了独特的城市风貌。为完善对哈尔滨近代建筑文化的认知，本文以统计分析、GIS 空间分析等研究方法，解读哈尔滨近代不同建筑风格的时空分布演化过程与规律。此过程主要分四个阶段，时间层面上，各时期产生的主要建筑风格和建筑营造数量存在较大差异和波动性，城区空间层面上，不同风格的近代建筑在各区域呈现不同聚集特点，体现出明显的不均衡性。

关键词： 哈尔滨；近代建筑风格；时空分布；演化过程

Abstract: The modern architectural heritage of Harbin is featured with a long historic culture and diversified styles, and it has prompted a unique urban style. In order to improve and enhance the cognition to Harbin modern architectural culture, and base on statistical analysis, GIS spatial analysis and other relevant methods, this paper interprets evolution process and law of temporal and spatial distribution of Harbin modern architectural styles. This process could be divided into four stages, in terms of time level, the main architectural style and construction quantity are obviously different and fluctuant in each period, and in terms of the urban space, modern architectures with different styles show different distribution patterns in each region, which reflect obvious imbalance feature.

Keywords: Harbin; Modern Architectural Style; Temporal and Spatial Distribution; Evolution Process

　　哈尔滨作为东北地区的历史文化名城，其近代建筑产生于中外文化交汇期，现已成为当代城市建筑重要组成部分[1]。目前，关于哈尔滨近代建筑的相关研究成果颇丰，从建筑艺术、遗产保护等多角度对近代建筑的发展进程、风格类型特点、保护利用等问题进行了多种解读[2]-[4]。随着地理信息技术在城市空间领域的应用愈加广泛[5]，也为近代建筑相关研究开启了新思路。本文以哈尔滨近代历史建筑为研究对象，运用 GIS 空间分析与统计分析对不同风格建筑的时序变化、空间分布、重心分布等进行探究，揭示其独特的时空演化特征。

1　数据来源与研究方法

1.1　数据来源

　　文中使用数据分为非空间数据和空间数据，非空间数据包括哈尔滨市政府数据开放平台公布的历史保护建筑名录、拟定历史保护建筑名录以及已消失的重要历史建筑档案数据，以及经筛选的哈尔滨近代历史建筑统计图表数据，空间数据包括史料书籍中地图影像的栅格数据与道路、水系等矢量数据。

1.2　研究方法

　　借助卫星地图拾取样本建筑坐标，运用 ArcGIS 系统建立哈尔滨近代建筑遗址空间数据库，在各时期历史地图基础上提取矢量文件，导入 GIS 形成矢量文件，绘制近代建筑的空间分布图。通过统计分析法对样本建筑数量、各时期不同风格建筑数量及占比进行梳理，总结其基本特征；通过叠置分析与重心分析等方法，借助 GIS 平台以图视化语言呈现哈尔滨近代不同建筑风格的时空分布演化过程。

2　哈尔滨近代历史建筑风格的时空演化

　　综合考虑政治背景、社会经济、城市演进等因素，结合相关研究，本文将哈尔滨近代建筑发展分为奠基（1898-1906 年）、生发（1907-1916 年）、繁荣（1917-1931 年）、补充时期（1932-1945 年）四个阶段[6]-[8]。通过调查现存建筑，收集历史资料得到近代历史建筑样本584个，建筑风格18种，剔除8种含混不清的风格，最终以10种建筑风格共计336个样本作为代表性基础数据，同时对哈尔滨四个时期不同风格建筑数量、比例及增长率（相比上个时期或初始年份的增长量与基础数据的比值）进行梳理统计（表1）以及形成建筑风格数量时序分布图（图1）。

不同时期近代建筑风格数量统计表（来源：作者自绘）　　表1

风格时期及指标		俄罗斯传统	铁路	折中主义	新古典主义	中华巴洛克	中国传统	新艺术	犹太	装饰主义	现代主义	总计
奠基期	数量	10	27	26	2	2	5	12	0	0	0	85
	比例	0.12	0.32	0.31	0.02	0.02	0.06	0.14	0	0	0	1
	增长率	0.89	1.88	3.25	0.5	0.4	0.83	1.38	0	0	0	4.67
生发期	数量	20	30	47	7	7	7	15	2	0	0	52
	比例	0.15	0.22	0.35	0.05	0.05	0.05	0.11	0.01	0	0	1
	增长率	1.11	0.33	1.78	0.56	0.56	0.22	0.33	0.11	0	0	0.612
繁荣期	数量	31	30	140	18	22	16	25	4	3	0	154
	比例	0.11	0.10	0.48	0.06	0.08	0.06	0.09	0.01	0.01	0	1
	增长率	0.78	0	6.14	0.79	1	0.64	0.71	0.14	0.25	0	1.12
补充期	数量	33	30	161	19	24	18	25	5	11	10	47
	比例	0.10	0.09	0.48	0.07	0.07	0.05	0.07	0.01	0.03	0.03	1
	增长率	0.15	0	1.54	0.08	0.15	0.15	0	0.08	0.54	0.92	0.162

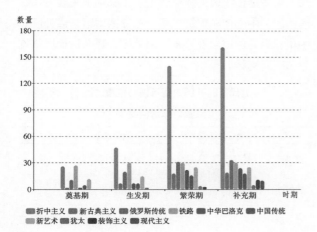

图1　近代建筑风格数量时序分布图
（来源：作者自绘）

2.1　哈尔滨近代历史建筑风格数量的时序分布

19世纪末，哈尔滨已经形成了香坊、傅家甸、秦家岗等村落，中俄双方签订《中俄密约》后，中东铁路计划逐步实施，为适应建设需要，中东铁路建设工程总局于1898年搬迁到现哈尔滨香坊区，以此为契机哈尔滨开始了近代城市建设[6]。

奠基期　沙俄在修筑铁路的同时也为哈尔滨的城市建设投入大量资金[9]，促进了建筑业发展，共出现了七种风格。各风格产生时间不同，俄罗斯传统风格、铁路风格（主要指铁路职工住宅的建筑风格）[10]及新艺术风格几乎在同一时间涌现，后其余风格才开始显现；各风格数量占比及增长率差异显著，数量占比以铁路风格与折中主义风格为主，新古典主义与中华巴洛克风格占比最小，折中主义风格增长速率最大，中华巴洛克风格最小。统计表明，该时期主要用于公共建筑的折中主义风格发展迅速，其次为铁路风格、新艺术风格等，相比之下中华巴洛克风格刚刚兴起，发展缓慢。这一现象主要原因为哈尔滨地处中国传统建筑文化边缘区，在城市建设早期阶段，本土建筑文化根基较浅，在文化交流碰撞中对外来建筑文化表现出强大的包容与接纳倾向，形成了以西方建筑风格为主的整体基调。

生发期　哈尔滨在开埠通商、一战等历史背景下，城市建设稳步发展，多种移民文化涌入哈尔滨，营造了大量建筑，由于客观原因遗留下来的历史建筑较少，共存在8种风格。新增的犹太建筑风格于1907年出现，其余风格均有延续；风格数量占比及增长率指标方面，折中主义风格均排在第一位，犹太风格的两项指标均最小；与上个时期对比可知，除中华巴洛克风格与俄罗斯传统风格增长率加快，其余建筑风格的增长率均有所下降。该阶段最明显的数值变化是中华巴洛克风格的迅速增长，反映了本土建筑文化与外来建筑文化的快速融合，有别于奠基期的被动接受，逐渐产生了外来与本土建筑文化杂糅共生的现象，并流变为新的建筑形式，完善了哈尔滨近代建筑的风格基调。

繁荣期 在十月革命及中国政府收回主权等事件与外国势力相继设立领事馆等情形的共同影响下，哈尔滨建筑建造活动被逐渐推向高潮[6]，共存在9种风格。新增装饰主义风格于1923年出现，除铁路风格外，其余风格均继续延续；各风格数量占比及增长率中折中主义风格的两项指标均排在第一位，犹太风格的两项指标均最小，与上个时期对比可知，仅俄罗斯传统风格增长率减慢，其余风格增长率加快。相较于前两个时期，最明显变化是中国传统风格建筑的极速增长，主要诱因是由于军阀实际控制哈尔滨，民族思潮的本土化情绪促使城市建设出现民族复兴浪潮，打破了外来建筑文化主导格局并进一步完善原有风格基调。

补充期 随着日本于1932年占领哈尔滨，并开始实施哈尔滨大都市建设计划[6]，在进行大规模建设的同时，也推行日满经济一体化策略来打压民族工商业，对城市发展起到一定阻碍作用，共存在10种建筑风格。新增的现代建筑风格于1933年始现，除铁路风格与新艺术风格外，其余风格均有延续，各风格数量占比及增长率也有所不同，折中主义风格的两项指标仍处于首位，犹太风格均处于末位。与繁荣期对比可知，该时期仅犹太风格与装饰主义风格增长率加快，其余风格的增长率减缓，说明补充期依然在继续接收新的外来建筑思潮，扩充既有风格格局，促成了哈尔滨近代的多元化建筑风格特色。

2.2 哈尔滨近代历史建筑风格的空间分布演化

1. 奠基期建筑风格的时空分布演化

在奠基期，沙俄依据哈尔滨地形地貌等特点进行铁路规划，通过"丁"字相交的铁路干线将整座城市分为若干城区[9]（图2），并借助铁路、道路及桥梁来连通城市诞生地（老哈尔滨）、规划中心区（新市街）与沿江区（埠头区），1907年前，哈尔滨逐渐形成了香坊、道里与南岗三大城区以及道外、马家沟等小区域外包内填的格局。

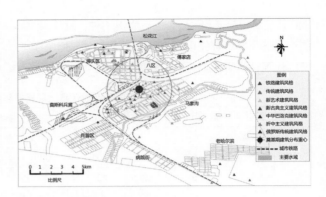

图2 奠基期近代建筑风格分布图
（来源：根据《哈尔滨印象》中地图改绘）

在ArcGIS里提取该时期建筑群重心点，可知重心接近市中心区域（表2），并靠近铁路干线及水路运输交通发达的道里区，有良好的区域优势，因此近代建筑营造活动频繁；在以重心点为圆心3千米为半径的圆形缓冲区中，约61%的近代建筑聚集在缓冲区内。不同建筑风格的主要分布区域不同，统计可知，俄罗斯传统风格建筑、折中主义建筑主要分布在道里区，中国传统建筑主要分布在道里区与道外区，中华巴洛克建筑全部分布在道外区，其余建筑风格均分布在南岗区。

近代各时期历史建筑重心位置对比　表2
（来源：作者自绘）

时期	重心经纬度坐标	重心位置	位置变化
奠基期	45° 45′ 31″，126° 37′ 49″	南岗区	—
生发期	45° 45′ 43″，126° 37′ 50″	南岗区	向东偏北移动
繁荣期	45° 45′ 55″，126° 37′ 49″	南岗区、道里区与道外区交界处	向东偏北移动
补充期	45° 45′ 52″，126° 37′ 51″	南岗区与道外区交界处	向东偏南移动

2. 生发期建筑风格的时空分布演化

在生发期，中东铁路总局将正阳河、顾乡屯及何家沟附近区域纳入铁路附属用地中[11]，城市建设主导扩展范围为西北向的道里区。1917年前哈尔滨逐渐形成了南岗、道里、道外、香坊四大主城区，各区功能及路网基本明确（图3）[6]。

计算可知，这时期整体建筑群重心向城市东北方向移动（表2），位于市中心区并靠近道里与道外区交界处，这是由于道外区的建筑活动在导致城市经济及建设中心发生轻微转移。圆形缓冲区内约有68%

建筑分布，较上时期更加密集。统计可知，犹太建筑和折中主义建筑主要分布在道里区；中华巴洛克建筑与中国传统建筑主要分布在道外区；其余风格主要分布在南岗区，其中俄罗斯传统风格主要分布区由道里区转变为南岗区，主要用于教堂建筑中。

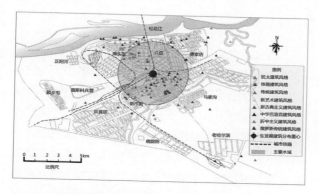

图3 生发期近代建筑风格分布图
（来源：根据《哈尔滨印象》中地图改绘）

3. 繁荣期建筑风格的时空分布演化

在繁荣期，城市建设以新市街为中心，从大直街两侧扇形扩张，铁路局划定沙曼屯、新马家沟等新区以满足需求，道外区继续向东部四家子方向延伸，逐渐扩大了南岗与香坊连接范围[11]，城市建设活动进入高潮阶段（图4）。

图4 繁荣期近代建筑风格分布图
（来源：根据《哈尔滨印象》中地图改绘）

计算可知，这时期建筑群重心继续向东北移动（表2），位置在三区交界处，这是由于道外区民族资本投入增加，建筑活动空前繁荣，因而城市重心向其靠拢。圆形缓冲区中约有73%的建筑分布，比上两个时期更加密集。统计可知，折中主义建筑、犹太建筑与装饰主义建筑主要分布在道里区；中华巴洛克建筑仍全部分布在道外区；其余风格建筑主要分布在

南岗区，中国传统建筑主要分布区由道外区转变为南岗区，这主要由于该时期国民政府逐渐收回主权，为加强本土文化比重，相继在南岗修建了华严寺、极乐寺、文庙等。

4. 补充期建筑风格的时空分布演化

在补充期，日本占领哈尔滨后，实施"伪满洲国"城市规划，内部用地不断完善，同时不断外扩，使城市零散区域得到整合，到1945年哈尔滨基本完成了近代历程[6]。

计算可知，该时期建筑群重心向东南轻微移动（表2），城市向东南方向的扩展力度加大。约68%的建筑分布在圆形缓冲区，比上一时期的聚集度降低，表明建筑活动主要向城市四周扩散。统计可知，折中主义建筑、犹太建筑、装饰主义建筑及现代建筑主要分布在道里区；中华巴洛克建筑仍全部分布在道外区；其余风格建筑主要分布在南岗区。建筑风格主要分布格局无明显变化，说明该阶段沿袭了既有风格面貌，是完善补充阶段（图5）。

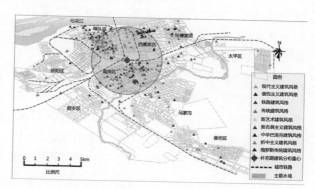

图5 补充期近代建筑风格分布图
（来源：根据《哈尔滨印象》中地图改绘）

3 哈尔滨近代历史建筑风格的时空演化特征

3.1 时空演化的多元性

近代哈尔滨城市建筑一向以多元并存、兼收并蓄为特色，其时空演化中表现出明显的多元性特征，体现在风格种类多样性和同一建筑风格的分异性两方面。首先，哈尔滨近代建筑风格是多样化的，由铁路修筑初期的3种主要样式逐渐演化为补充期的10余种，形成俄罗斯传统、新艺术运动、折中主义、现代主义等多种样式。其次，近代哈尔滨同一种建筑风格

常常在不同建筑物中表现出显著的分异性，这种现象甚至远远超出该建筑风格的发源地，如新艺术风格在花园街124号住宅与红军街38号住宅中便有很大差异，两栋住宅平面功能较相似，但后者在新艺术运动风格的基础上，融入俄罗斯传统文化，加入帐篷顶等元素以备造型之需，便于和以帐篷顶为标志的圣尼古拉教堂统一。因而总体来看，外来建筑形式多样性和分异性等现象共同促成了近代哈尔滨城市建筑风格演化的多元性特征。

3.2 时空演化的延续性

总观哈尔滨近代城市发展，可知各种风格近代历史建筑在时间与空间两个维度上均有延续性特点，无明显断裂性。时间延续性表现为各类建筑风格都不是昙花一现，绝大多数均持续了近十年或几十年之久。如折中主义建筑持续的时间最长，几乎占据整个近代时期，风格延续性最强；现代主义建筑风格持续时间最短，20世纪30年代传播至哈尔滨并风靡近10年，延续性较弱；其余建筑风格传承也没有中断，不断吸收新的文化因素，为建筑风格持续发展注入活力。空间延续性则表现为多数风格均有相对固定的分布区，如中华巴洛克风格各时期均固定分布在道外区，这是由于中西合璧的建筑风格在本土文化为主的区域更容易维持延续性；新艺术风格建筑在四大主城区均存在，但主要集中在南岗区，这是由于南岗区建设时间较早且以行政功能为主，大多数铁路相关建筑倾向采用这种新潮风格。总体来看，哈尔滨近代建筑风格在时空演化进程中展现了不同程度的延续性。

3.3 时空演化的复线交叉性

哈尔滨近代建筑活动中不同建筑风格的演进线索各异，各风格演进过程并非互相平行，而是错综交织的，具有明显的复线交叉性特点。复线性主要表现在时间层面，不同风格的切入时间点和淡出时间点各异，形成了复合式的时序变化，如同为新思潮体系的建筑风格，新艺术风格的传播初始时间为1898年，持续近几十年之久；而装饰主义风格的传播初始时间为20世纪20年代中期，持续时间只有十余年。交叉性主要表现在单一风格本身的变异和多种风格的兼容两个层面，就单一建筑风格而言，外来文化常与地域文化交叉重组而产生一些新特征，如中华巴洛克建筑

风格便是融合本土与外来文化而形成的中西融合式风格。就多种建筑风格而言，如中央大街两侧多样的折中主义与新艺术建筑文化体系互相交织，塑造了兼并融合的整体风格特点。综上可知，哈尔滨近代建筑风格在时空演进过程中体现了复线交叉性。

结语

近代东北边疆地区的文化背景和地缘格局使哈尔滨建筑风格处于激烈的动态变化中，多源多流的建筑风格呈现出兼容并蓄的姿态，同时集开放性、杂糅性、包容性等诸多特征于一体，构成了充满矛盾性和复杂性的多线程交错进化系统。多元建筑风格的整合重构形成了哈尔滨城市风貌的独特性，回溯这些建筑风格的演进过程，依然对当代城市风貌保护和未来城市发展有所启示。

参考文献

[1] 刘松茯. 近代哈尔滨城市建筑的文化结构与内涵[J]. 新建筑，2002（01）：57-59.

[2] 莫娜，刘大平. 哈尔滨城市边缘建筑文化特质解析[J]. 城市建筑，2008（06）：82-84.

[3] 刘大平、王岩. 哈尔滨新艺术建筑[M]. 哈尔滨：哈尔滨工业大学出版社，2016（10）：1-50.

[4] 何颖，刘松茯，孙权. 哈尔滨近代建筑装饰与审美文化的渗透[J]. 建筑学报，2012（S1）：72-76.

[5] 钮心毅. 地理信息系统在城市设计中的应用[J]. 城市规划汇刊，2002（04）：41-45.

[6] 刘松茯. 哈尔滨近代建筑的发展历程[J]. 哈尔滨建筑工程学院学报，1993（02）：55-60.

[7] 张立娟. 哈尔滨近代工业建筑研究[D]. 哈尔滨：哈尔滨工业大学，2015.

[8] 周里婷. 哈尔滨近代商业建筑研究[D]. 哈尔滨：哈尔滨工业大学，2019.

[9] 越沢明. 哈尔滨的城市规划（1989-1945）[M]. 哈尔滨：哈尔滨出版社，2014（03）：6-167.

[10] Michael Bradie，Juan L. Bouzat，Patterns and Processes in Cultural Evolution[J]. Evolutionary Biology，2016，4：516-530.

[11] 张琦. 俄罗斯克拉金著，路立新译. 哈尔滨-俄罗斯人心中的理想城市[M]. 哈尔滨：哈尔滨出版社，2007：325.

混合居住视角下民国建筑保护更新策略研究
——以南京市一枝园小住宅群为例

叶波

作者单位
东南大学建筑学院

摘要： 在面向高质量发展的时代命题下，如何保护与更新民国建筑遗产中面广量大却又不被重视的普通居民住宅，扭转其衰败现状的同时充分发挥其历史文化价值，成为一个日益重要的议题。本文以南京市一枝园小住宅群为研究对象，针对南京民国普通居民住宅居住主体人口老龄化的特征，提出混合居住策略，以模式：混合养老·青年租客·儿童教育；功能：置换低效功能·填补公共服务；空间：打破公共边界·激活共有庭院，三个层级的策略进行保护与更新，提升生活品质的同时增添城市活力。

关键词： 混合居住；民国建筑；适老；保护更新；小住宅群

Abstract: In the era of high-quality development, how to protect and renew the large-scale but not valued ordinary residential houses in the Republic of China, reverse its decline and give full play to its historical and cultural value, has become an increasingly important issue.This paper takes the small residential complex of Yizhiyuan in Nanjing as the research object. Aiming at the characteristics of the aging population of ordinary residential houses in Nanjing in the Republic of China, this paper proposes a mixed housing strategy.Model: Mixed elderly care · Young tenants · Children's education; Function: Replace inefficient functions · Fill public services; Space: Break the public boundary · Activate the shared courtyard, three levels of strategies for protection and renewal are initiated to improve the quality of life and add vitality to the city.

Keywords: Mixed Housing; Republic of China Architecture; Age-friendly; Protection and Renewal; Small Residential Complex

1 南京民国建筑与人口老龄化

1.1 南京民国建筑保护现状

据南京市规划局统计，南京现存民国建筑1000多处，根据保护现状大体可分为三种：第一种被用作商业开发，改造尺度较大，同质化现象严重，几乎已经失去了民国建筑原有的特色和风貌；第二种是保护较好的民国建筑，它们大多是标志性建筑，本身具有较高的历史价值和教育意义；第三种是不被政府保护的正面临着拆除或被用作普通居民住宅的民国建筑。这些建筑大多不是标志性建筑，不被人们重视，由于没有得到妥善保护，很多已经破旧不堪甚至岌岌可危，即使还在被使用，也已经远远无法满足现代生活的各种需求，并且，破旧的建筑和周边繁华的城市环境形成鲜明的对比，显得格格不入，不但造成文化遗产的破坏和物质资源的浪费，也影响了整个城市的风貌。[1]此次的研究对象——南京市一枝园小住宅群就属第三类民国建筑。

1.2 南京民国普通居民住宅人口老龄化

南京作为全国最早进入人口老龄化的城市之一，随着65周岁以上人口占比超过15%，已进入"深度老龄化"阶段，而上述南京民国建筑中普通居民住宅所面临的人口老龄化问题尤为突出，一方面，由于缺乏妥善的保护与更新，其建筑性能已远远无法满足现代居民的生活需求，导致许多年轻人不愿意居住于这样的空间中，空心化、老龄化问题日益严重；另一方面，留守的老年人作为社会弱势群体，缺乏足够的资金和动力去改善他们的居住状况，反过来进一步加剧民国普通居民住宅的衰败。因此，解决其人口老龄化问题是拒绝同质化的商业开发前提下对民国普通居民住宅进行保护与更新，重新焕发活力的重要切入点。

2 混合居住模式

混合居住模式是指老年人与其他年龄群体一起居住的住宅区，采用家庭与社会相结合的养老方式，它区别于目前盛行的纯老住区，强调居住者年龄结构的多层次。具体而言，在住区"面"的层次上保持普通住区的基本环境，面向大多数居家养老的老年人；但在"点"的层次上引入纯老住区的集中特征，以老年邻里的适宜规模在普通住区中"镶嵌"纯老住区，面向部分集居养老的老年人。[2] 显然这种居住模式可以最大限度地使老年人保持原有的生活方式，延续业已形成的邻里关系和情感环境，还可以保持老年人与各种年龄群体的社交生活，同时兼顾到了生活不能自理的老年人的养老需求。[3]

混合居住模式的提出建立在城市多样性的理论基础上，城市中多年龄层次人群的混合居住可以促成城市空间与功能的多样性，多样化人群的存在还触发了活动和事件的多样性，而这往往是城市活力产生的源泉，简·雅各布斯（Jane Jacobs）在《美国大城市的死与生》中所强调的城市活力正是基于上述多样性的机制。[4][5]

可以说混合居住模式既能有效解决现今城市普遍面临的人口老龄化问题，又可以促进城市活力的持续迸发，在面向高质量发展的时代命题下，混合居住模式作为一种策略可以有效解决建筑老龄化和人口老龄化的问题，重新焕发城市生机。

3 混合居住视角下南京市一枝园小住宅群保护与更新策略

3.1 基本概况

南京市一枝园小住宅群位于玄武区一枝园与碑亭巷交界处，紧邻浮桥，共分为四组民国时期的小住宅——碑亭巷191号、一枝园6号、一枝园8号和一枝园10号。

其中可考证的是碑亭巷191号，原是王子清别墅，现存3层楼房1幢，坐西朝东，砖木结构，青色砖墙，人字形屋顶，上有烟囱，建筑面积265平方米，保存较好，为玄武区文物保护单位的不可移动文物。[6] 目前碑亭巷191号产权归属政府，一层是书画培训室，二层三层为老年租户。书画培训室面向小学生开展课余书画培训，之所以选址于此一方面因为政府产权租赁稳定，更重要的是民国建筑古朴典雅的特质十分贴合书画培训的氛围。目前碑亭巷191号存在的主要问题是公共空间局促拥挤，特别是前来书画培训的儿童缺少课间休息、活动玩耍的空间。

一枝园6号目前是一个拥有12户租户，产权归属政府的高密度居住共同体，其中8户是老年人，剩余为中青年。目前其主要问题在于居住负荷过载，杂物侵占导致生活空间狭小拥挤；居所缺乏卫生设施，生活起居条件较差。

一枝园8号相较而言使用现状最好，原是民国时期国民党高官的府邸，沿街部分是司机警卫员的居所，临河部分是官员家属的居所，中间以庭院相连。现一枝园8号住有8户人家，除两户老人是单位分房外，其余为租户，建筑产权均属政府。一枝园8号现存问题是租户们在庭院中私搭乱建现象较为严重，由此侵占庭院使用空间，庭院原先的景观、活动、社交等功能被浪费。

一枝园10号产权同样属于政府，原建筑格局为一进一进院落式，但由于先前居住密度较大，私搭乱建现象较为严重，原有建筑布局遭到破坏，目前有零星租户租住，建筑衰败现象较为严重，整体建筑风貌较差。

可以看到，南京市一枝园小住宅群作为民国普通居民住宅目前整体使用状况不佳，居住空间狭小拥挤，生活起居条件较差，建筑存在一定程度的衰败，且老龄人口为主的居住主体使得这种衰败趋势越来越严重，虽然四组民国建筑产权均归属政府，但由于缺乏整体考虑，这里的住户彼此之间几乎没有交流，生活较为封闭，缺乏邻里氛围。但也正是因为四组民国建筑产权均归属政府，使得有机会从整体对其进行保护与更新，而基于建筑老龄化和人口老龄化的特征，混合居住模式不失为最好的应对策略之一（图1、图2）。

3.2 保护与更新策略

保护与更新策略首先保留并尊重目前一枝园小住宅群的使用主体，以保持社区记忆的延续性和场所文脉的原真性，基于混合居住模式，针对不同人群的使用需求，在分析评估建筑价值之后，以不同程度的

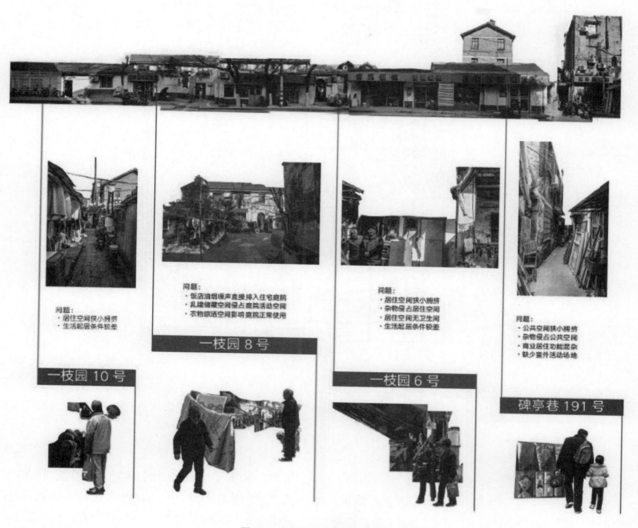

图1 一枝园小住宅群基本概况
（来源：作者自绘）

保留、改造和新建策略进行保护与更新，解决场地问题，使得以老年人为主体的不同年龄阶层能够打破现有围墙的界限，模糊代际的差异，在融合的社区空间中得到生活品质的提升，给城市增添活力。

1. 模式：混合养老·青年租客·儿童教育

基于一枝园小住宅群现有的使用主体，从混合居住模式的视角，在保留原有老年人、青年、儿童的人群结构基础上，细分养老模式，提出居家养老与集居养老相结合的模式，最大限度地满足老年人使用需求的同时优化空间的使用效率，避免单一居家养老模式的空间浪费来解决现有场地使用空间紧张局促的问题，同时可以匹配相应的养老服务功能，提升居家养老的便利性；针对四组民国普通居民住宅的建筑质量进行评估，保留建筑风貌较好的碑亭巷191号和一枝

园8号，改造保护状况一般的一枝园6号，重建破坏衰败严重的一枝园10号。根据相对位置把四组建筑分为沿街的碑亭巷191号和一枝园6号，临河的一枝园8号和一枝园10号，组合打包策划以优化空间利用效率，根据原有使用状况和功能私密性要求匹配使用模式如下：碑亭巷191号和一枝园6号为儿童教育、集居养老、社区活动，一枝园8号和一枝园10号为居家养老、青年租客、社区服务。

2. 功能：置换低效功能·填补公共服务

稳定的社区生活、融洽的邻里关系、美好的社群记忆都离不开公共活动与公共服务的支撑，针对原一枝园6号杂物严重侵占空间的现象，一层置换成与集居养老相配套的社区活动功能，服务于集居养老的同时还可兼顾场地其余居家养老老人的需求；针对新建

图 2　一枝园小住宅群原有平面
（来源：作者自绘）

的一枝园 10 号，填补此片区缺乏的社区服务功能，不仅可以服务一枝园小住宅群，还可服务于周边的住宅小区。作为纽带和触媒的公共活动与公共服务空间可以有效提升社区的生活品质，增进居民的归属情感，从而有效激发城市活力。

3. 空间：打破公共边界·激活共有庭院

一枝园小住宅群原有四组民国建筑彼此间被围墙隔开，由此形成了碑亭巷 191 号、一枝园 6 号和一枝园 10 号各自狭小局促的公共空间，而一枝园 8 号景色优美、观赏性高的庭院却出现了使用率低下的状况；而整个小住宅群最重要、最显著的场地特征就是

紧邻内秦淮河道，但一堵砖墙把滨河步道与小住宅群的公共空间分割开来，切断流线且隔绝视线，一方面使得滨河步道狭窄拥挤，停留性大大降低，使用感受负面，另一方面也使得一枝园小住宅群丧失了观赏内秦淮河道景观的机会，总体而言，城市公共空间与社区公共空间彼此隔离，一枝园小住宅群四组建筑的公共空间彼此隔离。基于此问题，提出策略为打破原有围墙界限，四组建筑面向内秦淮河道打开，模糊彼此间公共空间的边界，激活社区公共庭院，形成居民们休闲活动、生活社交的场所（图 3~图 5）。

图 3　模式：混合养老，青年租客，儿童教育　功能：置换低效功能，填补公共服务　空间：打破公共边界，激活共有庭院
（来源：作者自绘）

图 4　一枝园小住宅群保护与更新平面图
（来源：作者自绘）

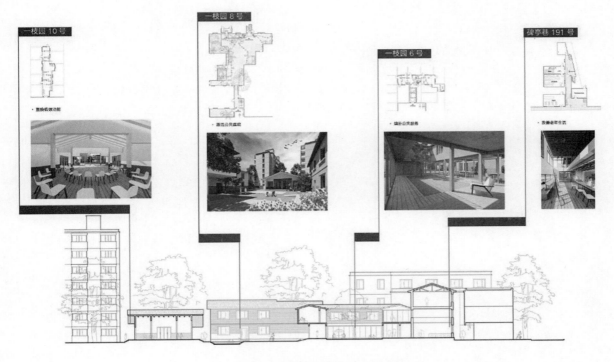

图 5　一枝园小住宅群保护与更新效果
（来源：作者自绘）

4　结语

上述三个策略——模式：混合养老 · 青年租客 · 儿童教育；功能：置换低效功能 · 填补公共服务；空间：打破公共边界 · 激活共有庭院，彼此支撑、相互促进，在混合居住模式的理论基础上，以尊重在地主体为前提，尝试去解决人口老龄化背景下南京民国普通居民住宅空心化、衰败化的问题。

总体而言，本文基于南京市一枝园小住宅群的保护更新展开研究，旨在能够比较切合实际地探求混合居住视角下的民国建筑保护与更新策略，以期对未来面向高质量发展的城市历史建筑保护和更新工作提供帮助。

参考文献

[1] 郑轶. 南京民国居住建筑的改造利用策略研究[D]. 西安：长安大学，2012.

[2] 袁逸倩，李蕾. 新型混合社区——适应老年人心理需求的居住模式[J]. 城市建筑，2011，（01）：19-20.

[3] 陈亮. 基于老龄化背景下的城市混合住区设计研究[D]. 长沙：湖南大学，2010.

[4] 陈佳伟，墨琳. 主动式混合社区养老模式初探[J]. 城市建筑，2011，（01）：21-22.

[5] 简 · 雅各布斯. 美国大城市的死与生[M]. 金衡山译. 南京：译林出版社，2006.

[6] 杨新华，杨小苑. 南京民国建筑图典[M]. 南京：南京师范大学出版社，2016.

专题七　地域文化与乡土营建

城市化背景下乡村建筑演变模式研究

铁雷

作者单位
北京建筑大学建筑与城市规划学院

摘要： 中国城市化进程中，乡村传统建筑在现代建筑的冲击下正在发生演变。本文通过实地调研，旨在探讨这种演变的类型、模式、及其后深层的思维模式，并认为，目前中国传统乡村建筑正在走向与现代建筑的混合，这种混合中建筑发生改变的部位和先后次序与其象征含义的多少直接相关，而决定这一演变方式的是中国乡村建筑实用主义的价值观。

Abstract: In the process of urbanization in China, traditional rural buildings are evolving under the impact of modern architecture.Through field research, this article aims to explore the type and mode of this evolution, as well as the deep-seated thinking mode, and believes that traditional Chinese rural buildings are currently moving towards a mix with modern building.In this process, which part the change begins from and what order will be followed are directly related to the amount of its symbolic meaning, and what determines this evolution is the pragmatism embedded in Chinese rural buildings.

关键词： 乡村建筑；演变；实用主义

Keywords: Rural Buildings; Evolution; Pragmatism

1 研究背景

中国传统乡村属于典型的"乡土社会"[①]，其基本特征是小型、封闭、不开化和同质性。然而，快速的城市化进程正在对这一社会形态形成冲击。全球性的资讯可以与最偏远的地区产生直接的碰撞；新建高速公路已经四通八达，尤其是那些被纳入旅游开发的地方，其道路尺度之大与周边传统乡村景观形成了强烈的反差，成为一副现代与传统二元关系的生动图解。大量乡村人口频繁地往返于城市与乡村之间，现代的建筑材料和结构形式随之不断从城市流入乡村的同时，那些城市的思想观念也潜移默化地流动着，并使乡村传统思想观念产生同质化。在以前传统"城乡"二元体制下，城乡之间不仅在制度上进行了区别，而且在思想上也设置了藩篱，形成一道不同族群自我划定的"边界"，阻碍了两者之间的交流。随着经济的发展和农村收入的增长，这种观念上的二元隔阂正在被打破，交通道路和信息传播形成的不仅是物质技术上的流通，更是思想观念和群体心理上的一体化整合。那些以往看似自然而然的事，今天却不由自

主地被置入到一种"中心与边缘""先进与落后"的价值体系中去重新衡量。

2 现代乡村建筑演变的类型

城市现代建筑材料和结构形式大量进入乡村，使得原本同质的乡村建筑类型变得复杂而多样，但概括起来主要包括四种类型，完全沿袭传统的、完全移植现代的，以及两者的混合，这种混合存在两种方式，一种是主次建筑之间的并置混合，即正房沿袭传统建筑，次要房间完全采用现代建筑，同一院落内两种建筑并存；另一种则是同一建筑内部的混合，即在传统建筑基本构架的基础上，局部地采用现代建筑材料和元素，或者相反，在现代建筑的结构基础上，局部保留传统建筑的某一部分或做法。为方便起见，本文姑且分别简称现代型、传统型、并置型、混合型。

（1）**现代型：** 即完全采用城市现代建筑材料和结构形式建造的建筑。在笔者多次实际调研中，一般而言，越是交通方便的乡村，现代建筑出现越早、数量越多；而越偏远的地方，现代建筑较少，村落保存

---

① 费孝通.乡土中国[M].北京：北京出版社，2005：02.

也相对完整。不过近年来，完全传统的传统村落已难觅踪迹，即使按图索骥，长途驱车也不一定有所收获，所谓被列入"传统村落保护名录"的村子，一般也只有少量的传统建筑，且多为已无人居住的废弃房屋。从类型来看，最早出现的完全现代的建筑，一般都是当地以前较少有过、倾向于实用性的功能类型，且多为政府或企业出资修建，严格按照城市建筑报批修建程序执行的建筑。所以，在传统的乡村，最先出现的现代建筑大多都是中小学校、政府机关、医院、银行等。就一般村民居住建筑而言，最先改为现代建筑的大多为厢房、厨房、厕所、储藏间等，并逐步扩展到主房。在这一过程中，存在于传统土木建筑建造过程中的村民互助模式已经开始转向市场化，户主与施工方的关系由传统的熟人之间的互助转为陌生人之间的契约关系，户主只要与施工方在平面功能和样式上达成一致外，剩余的事情就是验收结算。

（2）**传统型**：如果城市化之前，乡村居民建造传统土木房屋是出于一种集体无意识的传统和自发"应然"的话，那么，在当前具有多种可能的选择下还继续按传统样式来建造新房屋就是一种自觉行为和理性选择的结果。也即是说，传统房屋赖以延续的那种"集体无意识"已经为"个体有意识"所代替。虽然，如上文所言，现代房屋以经济上的优势获得了普遍的发展，但并不是所有人都能对之认同，传统建筑在很多方面依然有着明显的优势。比如，抗震性能好，不易倾塌，而且冬暖夏凉，通风好，在诸如屋顶防水等日常维护上，也相对方便快捷。

当然，以上影响现代建筑和传统土木房屋选择的原因都是现实的物质因素，如果进行更深入的了解就能发现传统房屋就如鲍德里亚所说的"古物"[①]一样，具有双重的作用：一是对"真确性"的满足，即把自己和其祖先通过传统的房屋形式联系起来，从而获得心理上对自己身份历史的"确认"；另一个则是作为民族的"边界"而存在，即选择传统土木房屋主要是基于对于自身本民族身份以及本地区身份自我认同。这一点在城市化进程迅猛发展的当下尤其如此，民族和地域身份的自我认同这一在较为封闭的传统乡土社会中是不是问题的问题，但随着不同地区之间的联系愈来愈紧密，"我者"与"他者"成为难以回避

的问题。

于是便形成了一种两难的选择：舒适安全度、经济造价与身份自我认同的矛盾，对这一矛盾的化解催生了两种新的房屋形式：并置型与混合型。

（3）**并置型**：所谓"并置型"指现代建筑与传统土木建筑并存于同一院落内，是一种折衷方案。通常的做法是，象征了家庭核心和家族身份象征的主房沿袭传统土木结构形式建造，而作为辅助功能的厢房则采用现代建筑，这已经成为乡村当前新建居住建筑最为普遍的模式。它的大量出现还归因于城市生活方式的出现和普及，比如，卫生习惯的改善导致了太阳能热水器的大量使用，厢房的平屋顶不仅解决了热水器的安放和维修问题，同时还提供了因家庭成员的增加而日益吃紧的室外活动空间（图1）。这从侧面反映了人们生活水平的提升对建筑形式的显著影响。作为主房的传统土木房屋既具有上文所说的优势，同时又能满足对"真确性"和"自我认同"的需要，而作为较少负载象征意义以功用为主的厢房则基于造价上的考虑采用现代结构，这似乎是一部西方现代建筑史缩微版的真实写照：西方现代建筑同样也是从以实用功能为主的厂房开始的，而象征性愈强的建筑类型则愈是难以改变其传统样式。

图1　传统与现代的并置（来源：自摄）

"并置型"不仅在一般的纯居住建筑中普遍存在，而且还在"商""住"类型的房屋中大量存在，即朝向街道的一面采用砖混结构的房屋，而后面居住的部分则采用传统土木房屋。以西藏日喀则郊区乡村新建商住房屋为例：前面临街"一"字形的店铺与后面三合的传统土木住房共同围合成当地典型的藏族合

① 让·鲍德里亚.物体系 [M].林志明译.上海：上海人民出版社，2018：85.

院。店铺完全采用现代建筑的框架结构，临街立面的檐口、腰檐及入口门头均安装预制混凝土斗栱装饰，完全没有手工制作的构件；合院其余三面均为居住用房，完全沿用藏族传统木构建筑，从结构构架到檐口斗栱装饰均使用木材手工制作（图2）。

图2 传统与现代的并置（来源：自摄）

（4）**混合型：**如果上一类型是现代建筑与传统建筑外在并存的话，那么，这种类型则主要指在同一栋建筑内两者的混合。既然是混合，自然存在比例上的主次问题。实地调研中，这种混合显得随机、多样，但归根结底主要有两种：一种就是采用传统的土木结构形式，局部构件和材料采用现代建筑材料；另一种则是采用现代建筑结构形式，部分保留传统建筑部件，而以前者为最普遍。比如，上文所举的日喀则实例中，属于居住部分的建筑，虽然主体依然采用传统木框架，主要房间的梁柱以及椽、斗栱等也均为木材手工加工制作的传统样式，但整体而言，实际上已经不是完全传统的了，其中出现了很多现代建筑材料，特别是那些较为辅助、间跨较小的所谓"半间房"[①]，为了去掉中柱，争取大跨度，木梁已经为工字钢替代，依然涂有强烈藏式色彩的椽子直接搭接于工字钢上面呈现出强烈的对比反差；屋顶依然沿袭传统的夯土做法，但是看似传统的屋面下铺有现代的防

水油布。类似的还有云南香格里拉的藏族传统房屋的双层屋顶，第一层屋顶是土掌房式的平屋顶，其上再加一层简易坡屋顶，上铺"闪片"，即木瓦，但在新盖房屋中，已经使用波纹彩钢板甚至陶瓷瓦来代替传统的木瓦。现代结构与土木结构混合程度最高的当属垂直支撑使用现代结构，而水平的屋顶则依然使用传统的木屋架，这一形式已经非常普遍，特别是具有中国传统建筑样式屋顶的乡村最为常见，这很大程度上是因为屋顶具有较强的象征含义[②]（图3）。

从以上四种新建房屋类型的简要说明可以看到，其改变总是以建筑结构体系为基础的，亦即要么是采用传统建筑的土木结构体系，要么是采用现代建筑的框架或砖混结构体系，然后在此体系之下进行局部构件的改换。从上文日喀则并置型实例可以看到，即使是同样的檐口装饰，使用砖混结构体现的商业部分使用的是预制混凝土斗栱，而居住部分仍然按照传统土木结构使用木质斗栱。传统土木结构的居住部分也只是个别构件和材料换为现代材料，基本的支撑结构体系依然沿袭传统[③]。

图3 传统屋顶的象征含义（来源：自摄）

3 现代乡村建筑演变的模式

中国乡村传统居住建筑这种看似随意的演变背后存在着什么样的规律呢？通过大量的实地调研和多年的跟踪访谈后，可以发现，建筑发生改变的次序总是与其象征意义成正比关系：越是具有象征意义和神圣

① 藏族建筑的"土木混合结构是外围的墙体和内部的梁柱共同承重。但很小的房间内部无柱，仅四面墙顶上承椽及屋顶，这种小房间称为'半间房'，多布置在大房间后面做库房、储藏用"。陈耀东.中国藏族建筑.北京：中国建筑工业出版社，2007：21.

② 屋架的重要象征意义在"上梁"仪式中可见一斑。以甘肃天水地区为例，上梁前，先需"供梁"。供梁前，先要在脊檩中间开两个小槽，称为"左仓""右库"。除了象征财富的银锭，还要放入象征生活富足的"十二精药"。然后用一尺二的方形红布以菱形方式，以肚兜状裹在其上，同时还需挂上五色布条，象征"五方五地"。此后，便可焚香烧纸进行祭拜，为的是将来房屋能稳固地立于此地。

③ 这种结构体系之间的泾渭分明在笔者看来主要在于两套结构体系都是非常普及的成熟的，而在两者之间创造出不同于二者的新体系对于乡村的自建者来说太过于冒险。这其中的关键在于他们无法解决技术上不同材料之间的构造连接问题。所以，建筑材料的替换只能发生在那些较易解决这一问题的地方。

感的地方越是维持传统、难以改变，而象征意义和神圣感越弱、实用性越强的地方则越是最先改变，也最容易接受现代建筑的结构体系和材料，这主要体现在从乡村到建筑构件四个不同的尺度层次上：

1. 同一民族不同地区建筑的改变次序

乡村建筑从实用再到象征的演变次序不仅从同一地区建筑因地区性因素的改变而发生的演化中得到体现，而且也反映在同一族群在不同地区的建筑差异上。大理地区的白族建筑多使用青砖砌墙，剑川的沙溪基本都使用夯土墙，周城则使用土坯砖墙，但是房屋的梁架以及基本型制各地均未改变，堂屋以及祖先神位的布置等亦复相同。丽江居住在山上的居民因少石多土，所以使用土坯砖墙，而居住川地的居民则使用石头砌墙。

藏族建筑在不同地区之间的差异更能说明这一问题。佛堂、火塘、中柱、神位、梁架上的色彩等具有较强象征意义的部分始终都是存在的①，而墙体的做法、楼层以及房间设置、屋顶形式等偏于技术和实用性的部分则因不同的地区而存在明显的差异。比如，拉萨和日喀则民居大多以土石为主要墙体材料，森林繁茂的昌都地区则使用大量的木楞墙，阿坝地区的山区民居使用石块砌墙，草地平原的则使用夯土墙。

2. 同一乡村不同类型建筑改变的次序

如果在更大尺度上从同一乡村内部横向比较的话，依然存在着这一现象。作为居住用途的建筑和作为宗教用途的庙宇相比，前者更倾向于技术系统的实用性，后者则更倾向于思想系统的象征性。所以，拉萨的民居和日喀则的民居之间的差异与布达拉宫和扎什伦布寺之间的差异相比要大得多，就从整个藏区来讲也是如此。这是因为寺庙强烈的宗教色彩使得建筑的型制、装饰、色彩甚至于构件的大小等级都有严格规定的结果，特别是对于同一教派内部来说，更是如此。一旦建筑与更为抽象的属于思想系统的宗教信仰对等起来，那么它的改变就远远比偏向于实用的民居来的迟缓。

3. 同一院落不同建筑的改变次序

从同一家庭的院落内部看，以乡村最为典型的四合院为例，最先采用现代建筑结构体系和样式的往往都是储藏、厨房、厕所等实用性用房，再其次是厢房等晚辈居住的用房，最难以改变、一直沿用传统建筑结构和样式的是作为家庭象征和精神寄托所在的主房，其中布置着最为神圣的空间：作为祖先崇拜的堂屋（图4）。在中国藏族乡村建筑中，始终遵循传统建筑体系建造的都是佛堂、火塘、中柱、神位、梁架上的色彩等具有较强象征意义的核心空间，而辅助空间以及墙体、楼板、屋顶形式等偏于技术和实用性的部分则最先得到改变，比如，使用混凝土砌块代替夯土墙、使用沥青油毡卷材代替传统的屋面防水，甚至将木瓦片的传统屋顶用现代彩钢瓦代替。

4. 同一建筑构件材料的改变次序

如果从更小尺度的单一建筑内部看，建筑构件的改变依然遵循着同样的次序：一般只看重构件的象征意义，而对其偏技术性和物质性的地方并不关注。在传统乡村，坡屋顶有着强烈的传统意味，是民族和地方识别性的重要标识之一，所以，这些地方即使建筑结构和墙体均采用现代混凝土结构，而屋顶依然保持着传统的木构架，其上依然铺砌传统青瓦。即使同样是室内的中柱，它的有无都是依照其象征地位的轻重决定的。在日喀则的房屋中，除了杂物间因偏于实用没有中柱外，其他相对重要的房间都有，并以重要程度的不同而施以不同繁复程度的雕饰，尤其以堂屋的中柱最为重要。西藏拉萨郊区乡村建筑中，堂屋中，最为神圣的"中柱"及其上面的梁均采用传统木料，并进行精美的手工雕刻，而隔壁辅助用房因其象征意义较弱，而采用了钢梁（图5）。云南香格里拉藏族的"闪片房"因当地森林茂盛，并不缺少大木料，所以中柱在很多房间均消失了，只有最具象征性的堂屋的中柱得以保留，并被称为"神柱"。

以上对传统乡村居住建筑作为文化之一，其改变的次序同样也体现在乡村其他文化元素上面。比如乡村居民衣着的变化等。随着城市化的不断深入，村民们穿着也从民族服装转为现代服装，但这种改变也同样遵循了一个渐进的过程。比如，大理周城的居民着重已经完全现代化，但是白族头饰还穿戴非常普遍。因为头饰作为当地村民自我身份的确认，是他们表现民族自我意识的"边界"，就像彝族中的诺苏人就流传有"穿裙子的是一家"说法一样。

---

① 当然，像四川、青海以及甘南等地因与汉族接触较多而更偏向汉族的建筑，在青海西宁郊区的藏族民居当地俗称"庄窠"，采用类似汉族四合院的布局，堂屋布置更像汉族，内无中柱，但大火塘依然存在。

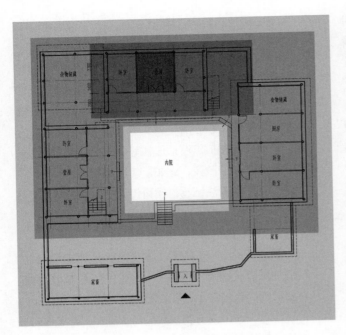
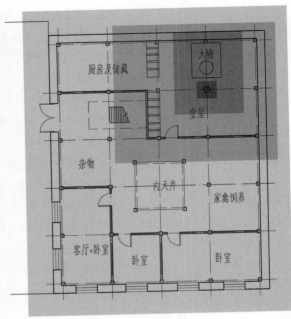

图 4 云南纳西民居院落（左图）与德钦藏族民居中房屋（右图）中房屋象征含义示意（颜色越深象征意义越强）（来源：自绘）

图 5 拉萨郊区乡村藏族民居中不同房屋的结构形式（来源：自摄）

4 现代乡村建筑演变的深层逻辑

以上对传统乡村居住建筑价值构成的讨论从另一个侧面佐证了拉普卜特的观点：文化①决定"宅形"，虽然偏实用的技术系统较易改变，但那些更偏思想系统的象征价值相对难以改变，并决定着整个建筑改变过程的次序。而之所以有这种改变的层级结构，是因为其后更为深层的思维模式和价值体系，即一种类似列维·施特劳斯所论述的"原始思维"。

列维·施特劳斯认为，原始思维是一种具体的科学。这种科学根据事物的表面现象和使用价值来确定其差异与相似之处，并据此建立分类系统和知识。列维斯特拉斯将这种原始思维比喻为修补术。修补匠与设计人员最大的不同之处是，他对大量各式各样工作的完成，并非基于预先规划设计的方案之上去获取适合的物质材料和机械工具的。他所做的是在一个相对封闭和有限的工具世界内，就手头所能找到的现有可用之物即兴发挥。其所拥有的工具和材料都既与眼

① 阿摩斯·拉普卜特.宅形与文化[M].常青等译.北京：中国建筑工业出版社，2007.

前的任务也与特定的计划无关。其手头的工具和材料总是与过去的各种建造和拆除相关的偶然结果：或更新、或丰富、或维持不变。总之，修补匠的手头材料都不是按照计划确定的，而是依照其实用价值被收集，并被临场地、创造性地加以发挥运用①。

在此，施特劳斯虽然是以技术层面的"修补术"来说明理智层面的"修补术"，但前者其实又何尝不是后者思维的一种具体体现呢？就实地的调研而言，乡村建筑不仅在其产生之初就是以实用主义为主导的，从当前新建建筑的演变来看，它依然遵循着这一基本思维模式。就像施特劳斯所说的"修补术"一样，居民的建房多以实用为出发点，它是以眼前所能得到的材料的使用价值来决定如何来利用它，而不是像建筑师那样，先有一个设计方案，将材料的使用纳入到一种形式的视觉效果中，并以此来决定材料的选择以及相互的搭配和加工。铁质的檐口经幡代替布料也在于其经久耐用，甚至比布料更为经济；钢筋混凝土的白族门头比起传统木构门头价格经济、施工方便快捷，且不容易损毁着火。乡村那些临时的或是修补过的建筑，这种以实用为主的材料使用方式便显得更为典型。在同一面墙上，有些砖是用来砌墙之用，有些则用以填补缺口的（图6）。更有围墙将剩余的材料堆砌起来而已，大小不同的石块、砖柱、土坯砖、混凝土砌块等反倒构成了极具表现力的表情，恰如一副"拼贴画"，这些基于实用的貌似随意之举蕴含着一种智巧在里面，所有的这些不同材料之间的"混搭"形成了一种"陌生化"的趣味。（图7）

图6 实用主义的材料使用（来源：自摄）

图7 实用主义的材料使用（来源：自摄）

"修补匠"式的材料实用主义所导致的结果就是只讲求材料的用途，并使用它达到某种目的而已。这一对待材料的方式所导致的就是对于材料本身的表现特性的忽视，虽然，就像上面提到的一样，有时在不经意间虽然会获得意想不到的表现效果，但那毕竟是在无意识中形成的。所以，在乡村建筑中普遍看到的都是材料加工以及施工上的粗糙，对于那些看不见的地方或者是次要的地方更是如此。在藏族民居中，底层作为家畜圈或者储藏室使用的都是几乎没有加工过的原木，柱顶托木只是一块简单砍削过的木块，顶层平屋顶和坡屋顶之间的屋顶构架更是粗糙，很类似于中国传统建筑中的"草栿"。即使是那些相对重要的地方也不是靠精确的加工和材料的本身表现来体现重要性的，更多地是通过强烈的色彩和繁复的纹饰来表现的，材料不过是承载想要表达的象征和价值观念的手段而已，这和上面谈到的重象征价值而不重材料的思维方式以一致的。材料本身的表现价值似乎到了现代的设计理念中才得到充分的重视和挖掘。

5 结语

中国乡村传统建筑在城市现代建筑的影响下，在建筑实用主义价值观和思维模式的塑造下，正在经历着演变，这种演变就是现代与传统的杂交，他们遵循着越具有象征含义的越难以改变，越是实用性的越是最先改变的次序演化着，在当前的这种演变中，矛盾重重，只有传统与现代达到某种调谐时，也是一种新的建筑类型的产生的时刻，这时，乡村建筑才算真正

---

① 列维·施特劳斯.野性的思维[M].李幼蒸译.北京：商务印书馆，1997：24.

完成了一次蜕变。而这种蜕变中，正是乡村建筑实用主义的逻辑才奠定了其开放性和包容性，使得其足以容纳现代建筑的新事物，并为其所用，成为其不断前行和创造的原动力；同时，也为当代城市建筑如何跳出现代主义"纯粹"的桎梏提供了一种借鉴。

参考文献

[1] H. James. *Encyclopedia of Anthropology*[M]. Thousand Oaks: SAGE Publications，2006.

[2] Robert Redfield. *Peasant Society and Culture: An Anthropological Approach to Civilization*[M]. Chicago: University of Chicago Press，1958.

[3] 让·鲍德里亚. 物体系[M]. 林志明译. 上海：上海人民出版社，2018.

[4] 列维·施特劳斯. 野性的思维[M]. 李幼蒸译. 北京：商务印书馆，1997.

[5] 阿摩斯·拉普卜特. 宅形与文化[M]. 常青等译. 北京：中国建筑工业出版社，2007.

[6] 费孝通. 乡土中国[M]. 北京：北京出版社，2005.

[7] 刘敦桢. 中国住宅概说[M]. 天津：百花文艺出版社，2004.

[8] 蒋高宸. 云南住屋文化[M]. 昆明：云南大学出版社，1997.

[9] 陈耀东. 中国藏族建筑[M]. 北京：中国建筑工业出版社，2007.

南屏“南薰别墅”空间特征浅析

熊玮

作者单位
东南大学建筑学院

摘要：论文通过对南屏“南薰别墅”平面型制、立面形式、空间结构、室内陈设及细部装饰的系统梳理与分析，还原了南薰别墅的历史样貌和整体空间特征，揭示了自然因素和社会文化因素在徽州古民居建筑营造中的重要影响，为后期“南薰别墅”的保护更新提供有价值的信息和有意义的参考。

关键词：南屏；南薰别墅；空间特征；保护与更新

Abstract: Through the systematic analysis of the planar system, facade form, spatial structure, interior furnishings and detailed decoration of “Nanxun Villa” in Nanping village, this paper restores the historical appearance and overall spatial characteristics of Nanxun Villa, and reveals the important influence of natural factors and social and cultural factors on the construction of Huizhou ancient residential buildings, which provides valuable Information and meaningful reference for the protection and renewal of Nanxun Villa in the later period.

Keywords: Nanping Village; Nanxun Village; Spatial Characteristics; Protection and Renewal

1　南薰别墅概况

南薰别墅原为徽商李宗帽家族的宅邸，位于安徽省黄山市黟县南屏村上首“满洲城”地段，建于清道光年间，距今约有180年历史，现为国家重点文化保护单位。这座老宅的第一代屋主是民国农林部次长孙洪芬的女婿，是一名医生，早年曾留学海外，因此受西方思想的影响，选取“别墅”这个在当时看来或是时髦或是叛逆的名字，又因大门正对风光秀丽的南屏山，沐南风而熏然，因此得名“南薰别墅”。

南薰别墅占地约154平方米，总建筑面积约256平方米。由于年久失修且缺乏有效的保护措施，南薰别墅濒临倒塌（2008年）。2010年被现房主购入，通过两年多的修缮和改造，2013年起南薰别墅成为一个高端古宅民宿。作者将若干年前的测绘成果重新进行了梳理，试图还原南薰别墅的历史样貌和整体空间特征，使更多的人了解这栋徽州古宅，也为南薰别墅后期的修缮和改造提供有价值的信息和有意义的参考。

2　南薰别墅空间特征分析

2.1　平面布局

南薰别墅主体由三部分组成，根据建造年代的先后顺序分别为位于西侧的正厅、位于东侧的前院和偏厅以及位于东北侧的厨房，体现了空间的主从和附属关系。徽州古人认为南方属火，克金，建筑朝南将破坏家族的财气，因此别墅的正厅坐东朝西，偏厅与厨房坐北朝南。徽州地少人多，再加上土地私有观念的影响，为了争取更多的使用面积，徽州建筑的平面形式多为不规则形状。南薰别墅除正厅的北东西三侧墙体外，其余墙体均不是正南正北朝向，可见正厅在建筑空间等级上的重要性。南薰别墅的平面规模虽然不大，但是布局紧凑，功能合理，环境清幽，小而精致（图1）。

与传统的开门方式不同，别墅大门并没有设在正厅的中轴线上，而是设在正厅左侧，使人有一步登堂之感。正厅面阔三间，中为厅堂，两侧为厢房，厅堂前方有一方天井，宽敞明亮，院落相套，造就出纵深自足型家族生存空间。楼梯隐藏于中堂字画之后，拾级而上，两个厢房与一层厢房相对排于左右。

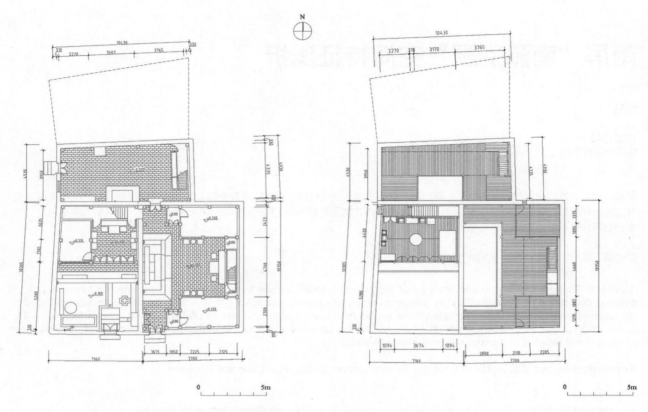

图 1　南薰别墅一层、二层平面图（来源：作者绘制）

正厅右侧穿过一个小门，进入偏厅，偏厅正对前院，大面积的可开启门窗使偏厅内光线明亮。正厅左前侧穿过一个小门，进入前院，前院南侧设砌有青砖门罩的大门一个，门罩下方刻有"南薰别墅"四字，与正厅南侧的大门相距约2.5米。偏厅中堂背后的楼梯较为狭窄，由此进入二层的小姐闺房"望云楼"，绣楼的木雕和砖雕足见屋主当年的富庶。南侧镶嵌着德国进口彩色玻璃的八扇莲花落地门和四扇窗，一字排开，因此室内光线明亮。设有木制栏杆的阳台正对着远处的南屏山，亦可直接俯视前院，再一次体现了屋主进步的思想观念。

厨房位于正厅和偏厅的北侧，下台阶而入，内有一个小天井，西侧有直通室外小巷的出口，二层为杂物间，堆放着干草等杂物。由于常年的油烟熏染，整个厨房内部的屋架、梁架、墙体、屋面等几乎都被熏黑，散发出一种压抑、破败之感。

2.2　立面形式

粉墙、黛瓦、马头墙，已成为徽州传统建筑最具识别性的三大特征。粉墙黛瓦的设计既符合了封建礼制思想的要求，也与古徽州人朴素的性格特征相符。正厅的南侧和北侧为"凸"字形三段叠落式马头墙，西侧临近天井的山墙为"凹"字形三段式马头墙，偏厅西侧外墙南向为五段叠落式马头墙。除防火的实用功能外，马头墙被人们赋予了丰富的精神象征意义，寓意仕途、官运、财富的步步高升。

厨房和正厅均设有天井，体现了古人"四水归堂"的传统观念。偏厅的南立面较为通透，二层还设有可以远眺的室外阳台。南立面为整个建筑的主立面，南侧的两个大门均设有雕刻精美的门楼。整个正厅仅二层南北侧各开有一个小高窗，室内采光和通风主要靠西侧约20平方米的天井。偏厅通往二层小姐闺房的楼梯尽头设有一扇小窗。厨房南北东三面均被其他建筑包围，因此二层西侧设有一个小高窗，一层除单独的出入口外，有两扇面积较大的窗户。这种立面形式既体现了徽州古人极强的防御性需求，也体现出屋主人独特的审美观念（图2）。

2.3　空间结构

由于徽州地区人多地少，土地资源极为紧张，因此徽州民居建筑多为两层至三层的阁楼。南薰别墅的三部分均为二层楼房，采用的是穿斗式木框架结构，外部砌筑空斗砖墙，使维护结构与承重结构形成相对独立的结构体系，从而使徽州建筑可以"墙倒房不倒"，同时砖包木的结构能有效地避免火灾蔓延。正厅、偏厅和厨房三部分空间虽相互独立却又彼此贯通。此外，砖墙与室内维护结构之间约有100毫米~120毫米的空气间层，这样的结构方式提高了建筑外墙的保温隔热性能，具有重要的生态学意义。一层和二层的柱子并非完全对应，二层柱子根据空间和功能进行了适当的移位和缩减，柱子上端有收分。正厅楼板为密肋木梁式，梁高约490毫米。天井挑檐檩用斜撑撑起来，类似于简化的斗枋（图3）。

图2 南薰别墅立面图（左：南立面，右：西立面）（来源：作者绘制）

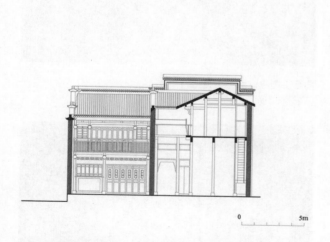

图3 南薰别墅东西向剖面图（来源：作者绘制）

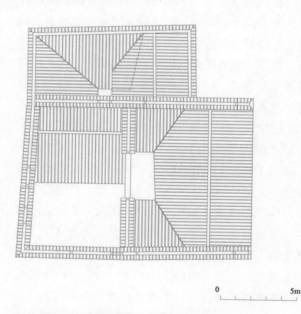

图4 南薰别墅屋顶平面图（来源：作者绘制）

南薰别墅建于晚清，与明代的徽州民居相比，人们的主要生活起居空间从二层转移到一层，生活和见客更为方便，因此正厅部分一层层高较高，约为4.9米，二层不设吊顶，层高相对较矮；偏厅一层层高约3.4米，二层小姐闺房有吊顶，层高约为2.9米；厨房

一层层高约为4米，二层层高最低处约为2.9米。正厅二层沿天井的跑马廊外设美人靠，小姐不方便见客时，便可以坐在美人靠上"偷窥"楼下的宾客，同时也加强了上下楼层之间的日常交流。

南薰别墅的正厅和厨房各有一个天井，厨房天井面积较小约2平方米，正厅天井面积较大约20平方米（图4）。天井是中原民居与徽州自然气候相结合的产物，是徽州民居中具有重要生态意义与精神象征意义的核心空间。一方面，由于徽商常年在外经商，家中多为女眷，因此建筑四周外墙较为封闭，多为小高窗，室内的自然通风、采光、排水等主要利用天井。天井中常常布置水池或水缸，摆放花木盆景，不仅可以美化环境、净化空气、调节室内的温度和湿度，还能在火灾时发挥重要的消防作用。另一方面，天井与天地相通，形成一个气口。因此天井在风水观念中具有聚财、凝气的象征意义，同时也是古人宇宙观在建筑中的具体体现，成为古人与天地沟通的重要精神纽带，天井自然成为徽州民居中重要的精神中心。此外，四水归堂也体现了古徽州人勤俭朴素的世俗心理——肥水不流外人田。天井的虚空与整体的封闭形成强烈的对比，在一定程度上天井扩大了室内的空间感受。

2.4 室内陈设

徽州民居中无论是中堂、卧室或者是偏厅，室内陈设均十分讲究。南薰别墅的室内陈设至测绘时仅有少部分保留为原样，大部分已散失，甚是可惜。正厅厅堂的条桌前摆放八仙桌和太师椅，两侧设茶几和座椅，侧壁上悬挂的名人字画、柱子上悬挂的木质楹联、太师壁上方悬挂的匾额和中堂的字画均已散失，中堂悬挂的为大盐商李宗煟的画像。条桌上东瓶西镜加自鸣钟，寓意子孙后代能"终身平静"（图5）。由于年久失修，正厅二层已荒废闲置，已全无当年的风采，一副破败、颓废之象，亟待保护和修复。偏厅二层小姐闺房北侧墙面上方悬挂"望云楼"匾额，一层厅堂条桌上方悬挂"南薰别墅"匾额，从与屋主的交谈中可知，并非为当初的原物，绣楼外匾额上书"望云轩"。小姐闺房的室内陈设相对保存较为完整，太师椅、方茶几、圆桌、衣柜、彩绘床等明清古家具的置入，使南薰别墅更多了一些独有的历史韵味（图6、图7）。据说孙家女儿嫁到南薰别墅时，从上海带来了西洋式的红木衣柜、法国铁艺床和柚木沙发，据此推断，闺房内部的家具已非原物。厨房中现存的灶台、洗手池等为后代加建或改建，很难看出当初的布置。

图5 偏厅中堂
（来源：作者拍摄）

图6 绣楼小姐闺房的彩绘床
（来源：作者拍摄）

图7 绣楼小姐闺房的字画
（来源：作者拍摄）

2.5 细部装饰

南薰别墅的细部装饰与宏村的承志堂、敬修堂相比，虽少了些许的富贵华丽，不施彩漆也没有鎏金，甚至略显朴素，原木色本真呈现，但是砖雕、石雕和木雕却格外典雅精致，从外墙的门楼、窗罩到墙裙、门裙、檐口、斜撑、美人靠等，雕刻无处不在。雕刻的内容多为植物、花卉、山水、飞禽走兽、人物、神话或历史故事、回纹等。

南薰别墅拥有徽州地区最为精美的绣楼，绣楼的木雕和砖雕图案朴素却格外精致（图8、图9）。绣楼一层窗下的整片外墙刻有精美砖雕，若隐若现。南侧立面大片的莲花门窗雕刻极为精致，由寿字、回纹和梅兰竹菊等图案组成，寓意寿比南山、吉祥如意。阳台外侧7个悬挑的柱头被雕刻成灯笼的形状，细节分明，甚至连流苏的线丝都清晰可见，极为精美。阳台栏杆的雕刻虽不及门窗精细，相对简洁但却与整个立面相协调，衬托出门窗雕刻的精致。上下38块德国进口的彩色玻璃窗（楼下部分被损坏）与莲花门窗中西合璧，独具一格。

图8 精美而朴素的绣楼木雕（来源：作者拍摄）

图9 砖雕（左：绣楼一层；右：绣楼门罩）（来源：作者绘制）

正厅一层两侧厢房窗下雕刻的"空城计""吕洞宾三戏白牡丹"及"秋胡戏妻"图，栩栩如生，精美绝伦。天井南北两侧镂空的挂落和通风窗，在视觉上对主体建筑要素进行了补充，拓展了空间的深度和广度。同时，通风窗使上下层之间的气流得以流通，成为调控室内环境的重要性能构件（图10）。而厨房的装修极为简单，与绣楼和正厅的精致形成强烈对比，体现了主次空间的等级差异。这些细部装饰成为古人区分身份地位、空间等级，甚至体现屋主情趣喜好的重要物质载体，同时成为封建统治阶级约束人类道德行为和社会秩序的重要途径。

图 10　正厅木雕（来源：作者拍摄）

3　结语

　　南薰别墅是在徽州地区特有的自然地理条件、气候条件、土地私有观念、礼制思想、风水观念等自然因素与社会文化因素的共同作用下形成的徽州传统民居的典型代表。调研时南薰别墅由于年久失修且缺乏有效保护，白蚁肆虐，主体结构腐败严重，濒临倒塌。值得庆幸的是，2010年南薰别墅被私人购买后，在原状基础上进行了长达两年的修缮和改扩建，选用老木料替换已损坏的木结构构件，经老匠人悉心

修复，将它打造成一个高端古宅民宿，实现了古宅的保护与更新。12年后当作者再次来到南薰别墅看到绣楼和正厅时，它们已焕然一新，那种惊喜和感动无法言喻（图11、图12）。诚然，这种吸收社会力量保护古建筑的方式使这些濒临倒塌的建筑遗产得到了有效保护和传承，但同时也使普通大众失去了参观、游览的机会。南屏的小洋楼、瑞祥楼等古宅，如今也同样通过这种方式被改造成高端民宿，这种现象在徽州地区极为普遍，成为当下古民居保护再利用的主要模式。

图 11　正厅二楼修缮前后对比图（来源：作者拍摄）

　　值得注意的是，这种模式在实现传统建筑保护的同时，也带来了一些问题，例如修缮和改造对原有建筑结构、布局或形态的破坏。就南薰别墅而言，偏厅和主厅历史价值较高，以修复为主，在修复的基础上增加了部分现代设施，提高了人们生活的舒适性。而厨房部分由于现状较差，为了获得更多的使用面积，改造中厨房部分加建了三层，西侧窗户的位置也根据空间功能进行了调整。厨房部分一层成为民宿门厅、

酒吧，二层为书画厅，三层为四面通透的茶厅，酒吧后为后院，院落右侧新建二层厨房，建筑的整体空间形态、立面形式、屋顶平面与原貌已大不相同（图13、图14）。如果没有政府层面的监督和管理，也许若干年之后，这些古建筑的原貌只能在图片资料中才得以呈现，也逐渐丧失其真正的历史文化价值。因此，在这些古民居的保护与改造中，应加强政府层面的监督作用，使这些建筑在获得保护并再次得到利用

图 12 正厅中堂修缮前后对比图（来源：作者拍摄）

图 13 正厅二层修缮前后对比图（来源：作者拍摄）

图 14 改造前南薰别墅远景（来源：作者拍摄）

的同时，最大限度地尊重历史并保留原貌，从而最终为后人留下弥足珍贵且最为真实的文化遗产。

参考文献

[1] 李俊. 徽州古民居探幽[M]. 上海：上海科学技术出版社，2003.

[2] 东南大学建筑系，歙县文物管理所. 徽州古建筑丛书[M]. 南京：东南大学出版社，1992，1994，1996，1998.

[3] 张十庆. 徽州乡土村落[M]. 北京：中国建筑工业出版社，2015.

传统村落发展模式探讨
——以蛇盘溪村为例

夏晓天　李晓峰

作者单位
华中科技大学建筑与城市规划学院

摘要： 乡村研究正不断深入，各界纷纷探索和助力着乡村的发展。作为更具地域文化特色的传统村落也正发生着变化，不同的传统村落会出现不同的发展现状。本文通过分析传统村落演变状态的类型，讨论对于传统村落营建应当秉持的态度，并且通过具体的案例分析去探讨营建模式。

关键词： 传统村落；发展模式；特色延续

Abstract: Rural research is deepening, and all walks of life are exploring and helping the development of the countryside. Traditional villages with more regional cultural characteristics are also changing, and different traditional villages will have different development status.By analyzing the types of traditional village evolution state, this paper discusses the attitude that should be held towards the construction of traditional villages, and discusses the construction mode through specific case analysis.

Keywords: Traditional Villages; Development Model; Continuation of Characteristics

1 调研传统村落与分析

笔者于2019年夏在鄂西地区进行了为期一周的村落调研，选点是根据第一至第四批的传统村落名录取样。经过筛选和信息汇编，以"产业发展"和"传统特色延续"作为两个重要比对因素，发现样本村落呈现出了一种变化梯度，笔者将其具体分为四种类型。产业发展势头向好类型当中，"传统文化"作为一种资源被加以开发利用，但是不知村子是否只是保留了文化表层，而它的转化形式多半以第三产业形式呈现，也不一定占据村子产业发展的主导地位；类型三——村落产业发展状态持平或者向好，但是文化特色在逐渐退去；类型四属于整个村子的消亡；类型二有意思之处在于，它可能存在着不同的分化可能性，下一阶段就会明显进入其余三种类型，取决于自身的资源和外界因素的博弈（图1）。

乡村产生、延续已久，随着时代变迁而变化是必然，片面的改变乡村面貌并不起到根本作用，乡村发展不能不考虑业态问题。传统村落具有同样诉求，但较之一般村落，它具有更加突出的传统文化价值。设立名录的初衷可能是想要呼吁社会关注传统和地域特色并且加以保护，但是结果并不一定理想。

如上所说，分类的两个指标因素之间并不一定互相关联，但是在传统村落的诉求——"保存与发展"上可以作为很直观的衡量。

村落现状精炼	
村落名称	特征
类型一：人文和产业双重开发，发展较好（5个）	
利川鱼木寨	人文景观为主自然景观为辅结合开发
来凤黄柏园	产业为主人文为辅结合开发
五峰栗子坪	产业资源人文资源良好，结合发展
五峰茶园村	产业资源人文资源良好，结合发展
利川大水井	景区产业结合一般发展
类型二：产业和人文协同延续，暂时没有开发（2个）	
咸丰蛇盘溪	传统农业或者手工业延续，传统文化和风貌更新延续
来凤冷水溪	传统农业或者手工业延续，传统文化和风貌更新延续
类型三：产业发展为主，人文更替（7个）	
利川老屋基	产业一般延续，传统风貌作为壳子单独存在，新建区更有活力
利川张高寨	人口流失，汉化，产业一般延续，新建房屋与传统区区分
建始田家坝	产业一般发展，传统文化和传统风貌弱食
来凤独石塘	产业一般发展，鉴于县域，传统风貌维持隔离，可能结合旅游
利川向阳村	产业一般发展，传统文化弱化，风貌维持而已
利川石板村	产业发展，传统文化和风貌弱化，可能结合旅游
利川山青村	产业发展，传统文化和风貌弱化
类型四：青壮人口流失，整体遗留衰减（2个）	
咸丰王母洞	老人，传统产业，传统建筑，文化停滞消逝
来凤铁匠沟	鉴于县域或阶段差，趋于老人，传统产业，传统建筑，文化停滞消逝

图1 调研村落现状分析
（来源：笔者自绘）

有学者提出"文化景观"的概念，从一种复合的文化形式看待传统乡村，物质层面的自然地貌和田园格局、人居建造以及非物质的层面——不仅是民俗礼仪，是一种包含日常生产生活的和自然和人互动的行为模式，背后隐含着一种认知价值和社会机制，而且与物质层面是一种投射和互相影响关系。

这种文明形态的形成存在于一种大的社会背景，我们需要思考的是城市化背景下它的新形式。传统村落的营建，业态也是根本。要清楚的是业态一定程度上影响了文化形态，但是文化形式并不完全由他决定，同时文化形态也存在着自身的独立性。

所以笔者的观点是，传统村落或者说所有乡村它具有一种自发展轨迹，不一定所有的传统村落发展下去还能够持有特色，如果说传统的文化景观是旧时一种生产生活模式社会机制下的映射，那它不应该作为装饰的表象。将传统的文化形式看作是一个相对独立的个体，它里面存在着诸如建造技术和技艺等具有价值的实体，可以活化发扬，不是不加思考的全盘复制，这种提炼形式可以直接关联到乡村业态的转变，具有实际的意义。但最值得期待的是，如果这种具有地域特色的文化提炼最终能够融合构建出一种新形式的乡村聚落，具有内生动力，那可能是乡村营建的成功。

下文则是选取调研案例类型二中的蛇盘溪，仍然相对保留着传统村落的形态，探讨蛇盘溪的发展可能性。

2 案例探讨

2.1 村落现状

蛇盘溪位于咸丰大路坝社区，地处湖北与重庆交界处。一路从县治所在之地驶向村湾，沿路两侧均是郁郁葱葱的山壁，雨季时节有山泉如白练成股流下，至一三片山体成合围之势、山脚坡度渐缓、中间形成近似三角形状的较为平坦的地带，便是村湾所在之处。蛇盘溪水蜿蜒绕过，两岸皆是茶田，满目青翠，更有山间凉风送爽，可谓景色天然、气候宜人（图2、图3）。

乡道活大线穿蛇盘溪村而过，地理方位为东南西北向，同时在三山交汇处分两支，也是村湾的主干道，具体各组团的次级道路以及入户口并未有规整建设。同时目前村子日常访客不多，私家车也未普及，临时临车一般在村委门口。

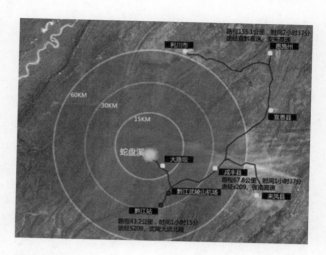

图2 村落区位
（来源：笔者自绘）

图3 村落地貌
（来源：华中科技大学文化遗产研究中心）

三山山脚处各有一居住组团，其中有两组团分布在主干道两侧，靠近东南入口处的组团沿乡道方向较长，垂直乡道方向也具有一定厚度，次级道路和小路结构为环状鱼骨；另一组团则范围较小，第三个组团传统风貌保持较为完整，属于典型的土家族吊脚楼建筑形式。

村落中的建筑大部分为居住建筑，公建有村委以及村小学两处，其中村小学处于闲置状态；公共活动场共有三处：村委入口空地、村小学操场以及传统风貌片区中的入口处，所属于村湾中比较缺乏规划的一类空间（图4、图5）。

整个行政村的人口大概在1600左右，6个小组，458户，规划村湾是其中的第三组，和现在许多村子的情形相似的是，青壮年人口流失。产业结构依然是传统的农业,种植经济作物茶叶和脆红李。算下来,村子人均年收入在3000左右,基本维持日常生活。

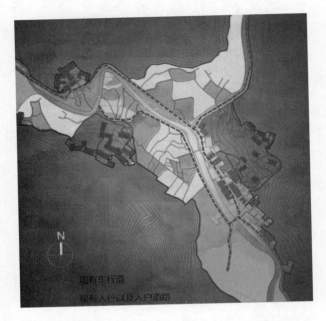

图4 村落道路结构
(来源:笔者自绘)

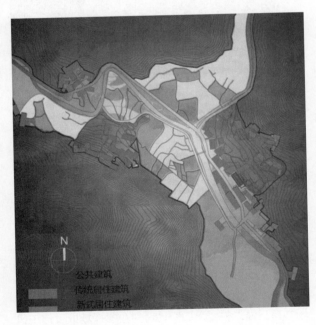

图5 村落建筑布局
(来源:笔者自绘)

蛇盘溪的土家族人口占到了85%,是一个土家族少数民族村落,虽然有一定程度的汉化,但在饮食、手工以及节日表演风俗上保留了土家传统。比如

土家美食神豆腐和刺绣以及缝制布鞋等手工艺。有意思的是村民们自发组织了民俗表演队伍,逢着节日载歌载舞。在调研这一带传统村落的时候,发现传统建造技术处于衰落状态,匠人团体也在逐渐消失,故而蛇盘溪一位传统匠人的发掘让人感到惊喜。匠人师傅从业几十载,谙熟土家族传统建筑的一套设计以及施工技巧,访谈过程中还十分热情和耐心地向我们展示了他的设计成果(包括了房屋建筑和农用工具)、作业工具和讲述具体设计施工的部分细节。

2.2 现状分析

村湾的现存问题包括人口流失、产业凋敝、需改善的人居环境以及走向没落的传统文化,这种消极变化其实是20世纪80年代城市发展以来对于乡村的一个普遍影响,传统的农业受到工业化以及新兴业态冲击,人口大量外流导致的一系列反应。村庄需要产业转型,这是打开乡村困境的关键。

3 规划设想

3.1 产业规划

业态策划建立在村庄自身的资源优势基础上,蛇盘溪的特色在于两点:清幽宜人的自然山水与田园风光;融合传统建筑、传统技艺以及美食节日的地域文化。结合咸丰-大路坝区域内规划,蛇盘溪属于山地休闲旅游一环,并且活大线穿村而过,它属于发展轴线上的中心村。综合考虑地区规划以及村庄自身优劣势,将蛇盘溪的产业对策制定为挖掘潜在资源,突破类型瓶颈;整合特色资源,突破模式瓶颈;构建产业集群,突破结构瓶颈。

产业策划项目分为三个:土家文化体验、康养度假住宿以及农业观光体验。其中土家文化体验则是围绕着土家歌舞以及手工技艺等元素,蛇盘溪的自身气候地貌以及所处的城市圈半径决定了它适宜周末短途休闲或者季节性度假,村落当中的茶田滨水,这条水景东南西北走势依傍着村落入口主干道,非常适宜打造农业景观体验。上述的第三产业规划也基于村子第一和第二产业基础上,希望三者联动,形成完整的产业结构(图6)。

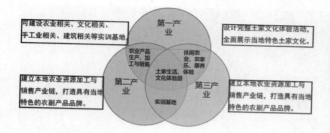

图6 产业结构规划
（来源：华中科技大学文化遗产研究中心）

3.2 建设规划

依托于产业规划，结合村落现状，规划结构定为"一心、两区、三带"。

三个居住组团中距离主干道较远，位于西南山脚下的片区传统风貌完整。这个居住片区为"传统风貌保护中心"，也是"两区"中的民俗体验区。主要持修缮建设计划，仍将生活于其中的村民作为主体。对现有的民宿和文化基地以及书屋等，考虑到未来村落可能开放的设定，改造现有的文化基地和民宿，提升环境品质和条件。

其余两个沿主干道分布的片区作为"两区"中的居住片区。首先是遵循原有的肌理设置了新建住宅，完善了主次道路结构，其次是现有住宅改造，包括修缮残损、内部功能的完善以及装饰风格（图7、图8）。

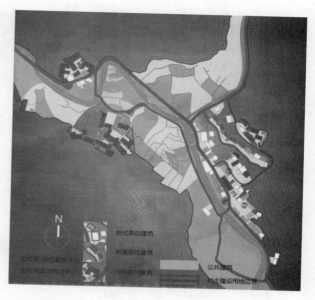

图8 建筑布局
（来源：笔者自绘）

沿着主干道的这条街道，由2~3层设置底商的民房依次排列组成。从村子区位来看，它紧邻入口；从视野景观来看，这条街道临水面山与对岸吊脚楼隔溪相望，加上已有的底商基础，规划将其作为"特色产业片带"。设想一层处理成为架空空间，每户左右墙壁去除，相邻两户地面存在高差以台阶衔接，做到临街户与户之间可连通；再入户处退出走廊，前后墙壁去除，无阻隔水看山视线。这样一条长街，可供村民在自家一楼做手艺活，彼此之间走动谈天，还可以展示工艺品与游客互动，或者村中人以及外来客在此各自闲坐观景，侧面观之如同长幅日常生活画卷（图9、图10）。

"滨水景观带""田园景观带"沿"特色产业带"延伸，三带并行，贯穿村落，衔接两岸活动景观散点和核心风貌保护区的文化表演舞台，结合利用村落景观以及村民的行为活动。

4 小结

笔者认为蛇盘溪的发展意味着合理利用资源，找到自身的竞争力来业态转型，传统村落相比较一般村落具备更加突出的文化资源，是一种可转化的价值，在第三、第二产业以及联动开发方面存在挖掘的可能性。这种方式一是以期达到村庄业态方面的激活和持续发展，但同时也期望这种资源化的做法能够延续

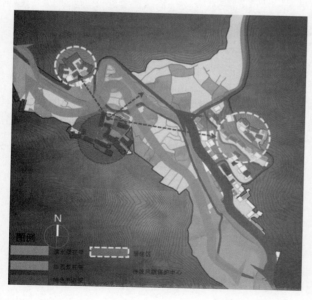

图7 规划结构
（来源：笔者自绘）

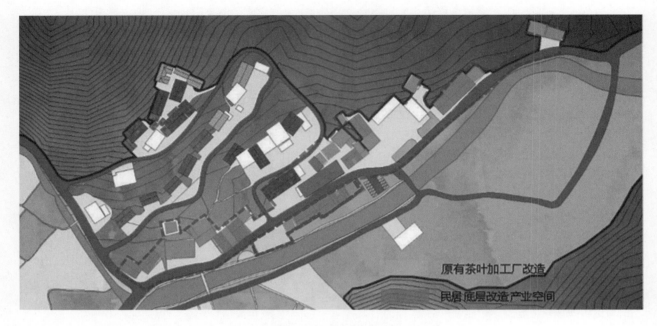

图 9　特色产业区规划（来源：笔者自绘）

图 10　特色产业区空间（来源：笔者自绘）

传统生态。设想这种方式能够保护与培育村落的特色，将零碎的文化现象："传统建筑+传统手艺工艺+特色民谣"串接，走向可持续发展的特色文化活力社区。

参考文献

[1] 孙华. 传统村落的保护与发展，https://mp.weixin.qq.com/s/acCBTGhCpT6DqES-TE6WWA，2016-6-3.

[2] 陈前虎. "五态"融合——浙江乡建的3.0版保护与发展，https://mp.weixin.qq.com/s/v7qzImkXHAt-FrgtcVTPTGA，2020-6-11.

产业融合下湖南湘北农舍功能改造研究

汪漪漪　徐峰　汪涟涟

作者单位
湖南大学建筑学院

摘要： 农业是农村经济发展的根本，农业作为第一产业开始和二三产业融合发展。产业融合下，农舍的平面功能出现升级。以湖南湘北农舍为研究对象，通过实地调研并结合案例，从农舍的功能空间进行分析，总结湖南湘北农舍的平面特征，了解农户农舍的现状及需求，基于调研结果并围绕平面功能改造的原则探讨湖南农舍的设计要点与方法。

关键词： 产业融合；湖南农舍；功能改造

Abstract: Agriculture is the foundation of rural economic development.As the first industry, agriculture began to integrate with the secondary and tertiary industries.Under the industrial integration, the plane function of the farmhouse has been upgraded.Taking the farmhouse in Northern Hunan as the research object, through field investigation and case study, the paper analyzed the functional space of the farmhouse, summarizes the plane characteristics of the farmhouse in Hunan, understanded the current situation and demand of farmers' farmhouse, and discussed the design points and methods of Hunan farmhouse based on the survey results and the principle of plane function transformation.

Keywords: Industrial Integration; Hunan Farmhouse; Functional Transformation

1　研究背景

自古以来，农民"靠地吃饭"，发展农村经济离不开第一产业的发展。随着城乡一体化建设，农村的发展模式越来越向城市靠近，其产业也随之变化，国家逐步提出了"美丽乡村""特色小镇"和"田园综合体"的农村建设模式。随着乡村建设模式的不断进阶，农村产业也越来越多样与现代化，开始出现产业融合。尽管农村建设模式层出不穷，然而传统的农舍平面设计没有将产业融合下新出现的功能考虑在内，存在许多不便和不美观的情况，这也直接影响到现代农村的建设模式，因此对农舍的平面功能进行改造迫在眉睫。

2　研究方法和研究对象的概述

本研究以建筑功能更新理论为基础，以实地调研为主，在湖南湘北的农村地区展开调研，调研地点位于岳阳市湘阴燎原村，通过摄像、访谈、测绘等针对农舍的建设情况和使用现状以及农户对农舍的使用需求、生活行为等进行调研，并以湖南湘北平面空间特征为基础，进行功能升级探索，并提出功能改造策略。

本文研究对象主要为湖南湘北的农舍，我国农业经营主体出现了农户家庭承包、家庭农场、合作社和公司等多种形式，据不完全统计，"微型"农户的比例占到97.01%。"微型"农户以农舍为依托，有量大面广、耕种面积小的特点[1]。"农舍"又叫"农民的房舍"，指农民居住的房屋，或者具有乡下风俗的房子。本文主要指的是农民自己根据需要修建，并在其中进行生产和生活的住宅[1]，需要和村镇住宅的概念分开，本文主要探讨农舍的生产功能。湖南三个批次的传统村落的数量共91个，湘北地区只占9个，其在农舍的研究中可不用过多考虑传统村落中农舍改造。湘北的农舍的建造形式作为一种建筑文化，在农村发展的过程中产生了别具特色的建筑形式，同时因其湘北地区农舍平面形式丰富较，具有湖南地区农舍的代表性，所以选取湘北地区农舍为研究对象。而"微型"农舍的农户资金并不充足，有针对性地对农舍进行小规模的平面功能改造，提高农户的生活和工作质量，解决农舍平面布局问题是本文探讨的核心。

3 相关研究

检索国内农舍改造研究，其研究成果主要有：黄盼林[2]针对涪陵地域特色的农舍进行调研后，对农舍的生态环境、特点和现状进行了研究，总结得出农舍的特点，以农村人民新的生活方式为出发点，对农舍进行改造设计。蔺晓岚[3]总结了我国台湾地区农舍建设相关法规，对比研究当地现存有建设体系的农舍的现状，并提出体系改造的策略。

综上可以看出，对"微型"农舍的改造设计已经有学者进行了地域性的探讨，但研究学者较少，所选地域和研究成果也较少。而在产业融合下，湖南农舍平面功能的升级和农舍平面改造仍处于空白状态。

4 调研与案例分析

4.1 改造案例分析

湖南是中国重点产茶省之一，自古名茶荟萃，素有"江南茶乡"的美誉，2019年湖南茶业实现茶叶综合产值910亿元。水稻生产是湖南农业的一大优势，常年粮食总产量580亿斤左右，稻谷产量居全国首位，由此可知茶叶和水稻是湖南农村的重点产业。水稻和茶叶两种不同类别的农作物，其生产与加工方式，各具有自己的特色。现选取在产业融合下，含有水稻和茶叶两种类型的农产物的农舍升级案例，对其功能进行探索分析。

1. 含有水稻加工类的农舍

自给自足的水稻生产模式在农村中常为出现，对于自给自足的生产者，可以改变民居的功能，形成"小型家庭农场模式"，既能保护好民居又能符合现代化的生产，如璞心家庭农场的模式是一个典型的案例代表，可以进行借鉴。其虽是小微规模但却多产融合，形成了多条产业链，并对以前废弃的羊圈进行改造，围绕着农耕讲堂进行新建（图1），完善了农业生产基地，实现"产、住、景"一体的"基本单元综合体"形式[4]。

2. 含有茶叶加工类的农舍

对于现代茶类加工建筑，随着旅游业与互联网的加速发展，传统茶园转型升级，多加入现代休闲农业，并不再局限于传统的制茶等农业劳作，而与服

图1 璞心家庭农场的功能置换
（来源：作者自绘）

务业、旅游业结合起来，使得茶叶产业多向发展[5]，永川茶山竹海农业园是典型的案例代表。在旅游业的加持下更加注重农业氛围的营造并增加休闲空间，包括接待、展览、居住和餐饮，让景观和建筑相互交融[6]。旅游业与茶叶产业的融合，带来了大批的游客，通过总结发现，可在茶叶加工厂中增加适当的功能，使传统的茶叶生产加工建筑转换成"加工客厅"，提高了游客的参与性（图2）。

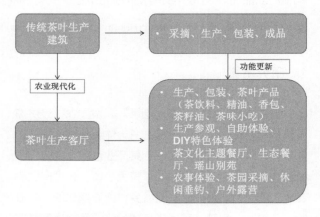

图2 茶叶生产空间功能更新图
（来源：作者自绘）

4.2 调研分析

为更加了解湖南农村中具有生产和居住功能的建筑现状，选取具有代表性的湖南新农村示范村——岳阳市湘阴燎原村，进行走访调研，并发现以下问题：以村民自家住宅作为生产加工基地的农舍，不能有效实施农业现代化的技术；农产品加工场地卫生条件堪忧，污水垃圾等处理设施不足；加工生产区规划杂乱，场地功能分区不明显，村民以便利为主，随心划分场地；民居形象粗陋、建造施工技术落后，更谈不上对能源的节约和建筑与场地的呼应，既不经济也不美观（图3）。

a 农产品加工建筑

b 农产品加工建筑周围环境

c 农产品加工建筑内部设施

图3 岳阳市湘阴燎原村农舍现状
（来源：作者自摄）

5 湘北农舍平面功能提升策略

5.1 湘北农舍的平面形式特征

湖南不同地区因其传统文化与气候环境、地形地势的不同，其平面类型存在差异，有"一字形""L形""U形""口字形"等多种类型（表1）。

湖南传统民居建筑结构类型　表1

地区	湘东	湘西南	湘南	湘西	湘北
平面布置形式	一字形、丁字形、门字形	一字形门字形	一字形、竖向天井对称形	一字形、L形、门字形	一字形、U形、

（表格来源：作者自制）

"一字形"和"U形"平面形式是湘北地区最常见的平面形式。"一字形"其最基本的形态是"一明两暗"或者"三连间"，这种平面形式能纵向和竖向增加用房，扩大使用空间。"U形"平面形式三面围和成院落，但对于平面改造由于地形的限制，纵向建筑改造增加功能的模式的可能是优选（图4）。

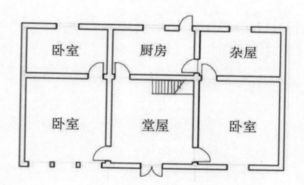

（a）"一字形"建筑平面

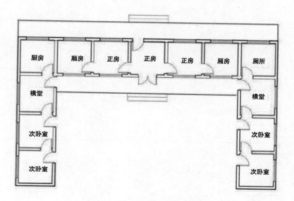

（b）"U形"建筑平面

图4 湖南民居常见的建筑形式
（来源：作者自绘）

5.2 农舍平面功能改造的影响因素

1. 农舍所处位置的选择

农舍周边有田和山，农村的田地与农舍的位置关系会影响农村民居的改造和扩建模式。产品的加工功能要紧靠农业用地，面积要适应加工类型的大小，流线的设置要使使用者保持最短距离，送货流线与游客的流线应分开，避免相互干扰。例如"一字形"的建筑平面，农业用地位置在民居的所处位置不同，农产品加工的空间位置会有不同（图5）。

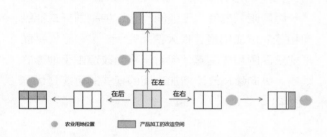

图5 农业用地对于"一字形"农舍功能改造的影响
（来源：作者自绘）

2. 新增功能的选择

新增功能类型的选择是影响农舍平面功能改造的因素之一，农户的产业不同、需求不同其选择的功能有所不同。功能的选择类型主要是以农户的生产和产业融合下功能增加的类型为出发点，新增功能类型和农舍结合会产生不同的内容及特点。根据前文调研分析，以下是各类农舍中新增功能类型及其特征（表2）。

3. 功能面积大小

面积也是影响功能改造的要素之一，传统农舍的面积在100~200平方米左右，在新增功能的选择上要合理估算功能面积的大小，不适宜选择面积需求较大的功能。在餐厨面积的大小选择上要符合餐厨比，而农户的厨房面积基本固定在10~15平放米左右，餐厅面积大小可以按1:1布置。在游览空间中，改造过程中博物馆、参观之类的功能可能需要的面积要求大，在农舍的改造过程中不要置入较大的面积的功能，可以增加小品设计。

农舍新增功能类型表　　　　　　　　　　　　　　　　表2

增加功能类型	内容	主要功能	农舍中新增功能的特点及措施
产品加工类	对农产品进行加工、包装成品、物流功能、提升游客可以进行加工体验	加工、储存、体验空间、商品物流	1. 产品加工类型需要现代化设施改造； 2. 增加游客体验空间； 3. 物流空间的设置要注意流线； 4. 储存空间的设置要符合商品的物理属性
餐饮类	品尝当地绿色食品、小吃及农户的日常生活	餐厅、厨房	1. 餐厅的使用要供应游客和农户的使用，注意分区的时候可以农户的使用空间可以和游客的分开设计； 2. 餐饮可以供应快餐、小吃类型待客休息； 3. 对于需要吸引游客的农舍，餐厅可以设置在有特色景观的庭院中； 4. 厨房可以做开放式，可供游客参观农家美食的制作； 5. 厨房要做好通风措施，注意其卫生安全问题
游览类	观赏特色美景：例如茶类采摘	展览、手工艺制作、文化小品的增加	1. 游览类功能适合于农舍旁有较优景色的农舍； 2. 农舍的展览空间可以不是单一的展览类建筑，可以合并在农舍中做，例如"U形"的天井空间中可以增加文化小品； 3. 在农田中可以适当增加小品建筑

（表格来源：作者自制）

4. 特色文化

农舍的功能改造要尊重当地农户的生活习惯和风俗文化，虽然农户的生活习惯和城市生活模式越来越相似，但还需要考虑当地的文化特色。湘北的传统村落虽然数量不多，在传统村落中增加含有文化功能的建筑时需要适应当地的本土文化。

5.3 农舍平面功能更新的具体措施

1. 产品加工类功能

农业现代化下，产品加工类功能更新其侧重点为农产品商品化处理空间、"互联网+"模式下的电商空间。两种功能改造的具体措施有以下特征。

（1）农产品商品化处理设施要符合农业现代化，在商品处理的过程中具体包括清洗、分级、保鲜、包装、临时储存等。农舍的面积较小，对于空间需要空间集约化处理，针对不同的功能和物理环境要求，可以对单一空间进行横向和竖向分隔。比如，空间过高时，可以布置两层或多层空间，尽量避免浪[7]。

（2）在农舍中增加"互联网+"模式下的电商空间，要考虑其产品的运输流线，保证能有较短的流线，其功能面积不需太大，保证物流运输车的停靠位置。

2. 餐饮类功能

餐饮类功能主要是厨房和餐厅，产业融合下，农舍中餐饮功能的服务对象不仅仅是农户本身，还需要服务外来旅游的人。湘北地区的农舍厨房有"火塘文化"（图6），其功能特点是农户围绕"火塘"进行用餐。将其"火塘文化"功能扩大，如何将其与现代建造的理念、技术与农户提高自身生活生产相结合，是功能提升策略研究的重点，现提出如下的改造策略[8]。

图6　湘北农舍厨房"火塘文化"
（来源：导师提供）

（1）在尺度上，原尺度太小，根据燃料及灶具数量，考虑邻里交往，适度扩大空间，方便游客来用餐；

（2）在生活习惯上，习惯腊肉熏制，熏肉房和厨房混用，室内环境恶劣。需要熏肉房和厨房分开设置，可以利用厨余的烟气设置熏肉房；

（3）在流线组织上，注重新炊具、电器引入厨房后，对厨房流线组织的影响，根据产业转型（农家乐、农家餐厅）需求，调整厨房尺度。

3. 游览类功能

游览类的功能需要用景打造，对于农舍旁边景色不佳或只有单一生产功能的农户可无需考虑。农舍的面积并不大，不适宜添加或者整体改造成博物馆之类的建筑，对于资金充足且有景色的农户，可以增加建筑小品。建筑小品可以合并在农舍中做，例如"U形"的天井空间中可以增加文化类建筑吸引游客。

6　结论与讨论

本文通过背景研究和案例，分析发现了农业在"二三产业"深度融合下，形成新的产业链，改变和提升农业生产的传统功能，农舍的平面功能出现新的升级。在此基础上，分析了湘北农舍的平面特征、农户功能改造的影响因素。千篇一律、一概而论的建筑功能改造不能从本质上改变和提高农户的生产质量和生活质量，要从农户的需求入手，并注重功能需求的侧重点。但此次研究对于功能提升和平面形式的改造并不全面，这些都有待下一步深入分析与研究。

参考文献

[1] 王竹，徐丹华，钱振澜. 基于精准助农的"小微田园综合体"——概念、模式与实践[J]. 西部人居环境学刊，2019，34（03）：89-96.

[2] 黄盼林. 重庆涪陵地域农舍设计与建造研究[D]. 重庆：西南大学，2018.

[3] 蔺晓岚. 适合台湾自然环境的自建农舍建筑体系研究[D]. 上海：同济大学，2008.

[4] 傅嘉言，王竹，钱振澜，孙姣姣. 江南地区精准乡建"基本单元综合体"策略与实践——以浙江湖州"璞心家庭农场"为例[J]. 城市建筑，2017（10）：14-17.

[5] 温泉，刘奭昊. 乡土建筑材料在生态农业茶园的应用研究——以永川茶山竹海农业园为例[J]. 福建茶叶，2018，40（09）：332.

[6] 柴克非. 体验消费视角下休闲农业园区建筑设计策略研究[D]. 重庆：重庆大学，2018.

[7] 何成，朱丽，程运江，刘倩如. 绿色农业建筑关键设计因素分析——以柑橘商品化处理建筑为例[J]. 建筑与文化，

2015（06）：87-89.

　[8] 卢健松，苏妍，徐峰，姜敏. 花瑶厨房：崇木凼村农村住宅厨房更新[J]. 建筑学报，2019（02）：68-73.

　　研究任务编号：2018YFD1100901-03

　　研究任务名称：乡村住宅空间优化设计技术与指标体系研究

课题名称：乡村住宅空间优化设计技术与指标体系研究

所属项目：乡村住宅设计与建造关键技术

课题牵头承担单位：中国建筑设计研究院有限公司

项目承担单位：湖南大学

研究负责人：徐峰

执行日期：2018年12月-2022年12月

明清盐政改革对淮南产盐聚落空间的影响研究

张晓莉

作者单位
华中科技大学

摘要：淮南盐业于明清时期达于鼎盛，其生产运销均由国家政策严格调控，作为盐业生息根本的产盐聚落，其类型、规模、空间等亦深受政策改革的影响，并随着政策的变迁而变化。本论文通过对明清历代两淮盐法志、县志、鹾政全书等文献资料的解读，整理明清淮南盐业政策的变迁，并结合大量历史地图，运用地图解读法、比较研究法等，对政策变迁下的淮南产盐聚落空间的组成及空间形态展开深入的研究，以期为淮南盐业聚落的保护与传承提供建议。

关键词：盐政改革；产盐聚落；空间组成；空间形态

Abstract: The Huainan Salt Industry reached its peak during the Ming and Qing Dynasties.Its production, transportation and sales were strictly regulated by national policies.As the basic salt production settlement for the salt industry, its type, scale, and space were also deeply affected by policy reforms.This thesis analyzes the historical records of Lianghuai salt laws, county chronicles, and Cuozheng Quanshu in Ming and Qing dynasties, sorts out the changes in Huainan salt industry policies in the Ming and Qing Dynasties, and combines a large number of historical maps, using map interpretation methods, comparative research methods, etc.Conduct in-depth research on the composition and spatial form of the salt-producing settlements in Huainan under policy changes, with a view to providing suggestions for the protection and inheritance of the salt settlements in Huainan.

Keywords: Salt Administration Reform; Salt-producing Settlements; Spatial Composition; Spatial Form

明清两淮盐业经济达于极盛，盐业税收占国家整体盐税之半，其损益盈亏，动关国计，而两淮之中又以淮南为主，深受政府重视。为保证食盐持续足量的生产，税收稳定，明清政府对淮南盐业运销、生产政策多有改革。在政策不断的调控下，淮南盐业的管理关系、生产关系逐渐改变，而聚落作为各种生产关系、管理关系的物质承载者，必然深受政策改革的影响，呈现不同的空间组织和空间形态。本文将在明清淮南盐业政策变迁梳理的基础上，深入分析淮南盐业聚落空间组成和空间形态，建立盐业政策与产业聚落空间两者的联系，以期为淮南盐业聚落空间研究添砖加瓦。

1 明清盐政改革与盐场聚落变迁

盐政改革是淮南盐业经济持续发展的重要因素之一，同时也是盐场聚落分化、发展的主要动因之一。分析我国历史可以发现，任何一项政策都有利

弊两面，随着时间的推移，弊端显现，需要进行变革，盐政亦不例外。由明至清，淮南盐政经历多次变革，不仅让盐商逐渐由经济领域深入管理层面，还改变了淮南盐业的生产关系，促进盐场的分化，形成了以"场镇聚落为核心，生产聚落为基础"的两级聚落体系。

1.1 盐业运销政策变迁与场镇聚落的市镇化发展

明清淮南盐业运销政策先后历经三次改革，完成了盐业的"政商分离"①，促进了场镇聚落的市镇化发展。明清盐业运销政策的变迁，主要为商人资本的介入和全面深入打开了大门，使得商人资本直接参与盐场的管理与建设之中。明初实行了"开中法"，打破明代以前国家专卖的制度，允许商人参与食盐的运销环节，为商人进入盐业经济打开了大门，但此时商人与灶户不能直接进行交易，盐商资本还未入场。后由于盐引印发与实际产盐量严重脱节，交易周期过

---

① 汪崇筼. 明万历年间两淮盐政变革及疏理[J]. 盐业史研究, 2009(02):4-13.

长，资金无法周转，为缩短周期，商人团体开始出现分化，即分为边商、场商、水商和土商。边商将粮运往边界换取盐引后，转卖给场商，场商拿引，下场支盐后，转卖给土商或者水商。至明中期，余盐开禁，场商可直接与灶户接触，收购灶户手中余盐，但此时灶户的正额盐仍不能直接卖给场商。万历至清代，改行"纲盐法"，政府只卖引，不收盐，商人自行赴灶收买正余二盐，至此"商政分离"，盐商获得了政府监督之下从事食盐买运销的全权。由于淮南盐商的进驻、民间资本的流入、盐业政策的变迁，场镇聚落的社会分工、人口结构、管理模式均发生了改变，推动着聚落逐渐向市镇化发展。

至清中期，场镇聚落市镇化已较为完备，其聚落空间亦较为稳定。活跃在场镇的商人以徽商为主，他们结交官员绅士，带动了盐场聚落商业、服务业以及市镇的建设，正如清代康熙《两淮盐法志》记载："徽州之业盐者多……能为人之所不能为，如修学宫、赈饥民、立育婴院、设救生船，其大端也。老成练达，任侠慷慨，绰有古风远近之人颂其行。"①可见徽州盐商的进入，直接推动了盐场市镇化的发展。

1.2 盐业生产管理政策改革与生产聚落的集散演化

由明至清，淮南盐业生产管理由"团煎法"向"盐斤入垣"转变，促进了生产聚落由集聚向分散转化。明代淮南制盐，实行计丁办课，立有"团煎法"，即"一场分几团，一团分几户，轮流办煎""其不在团煎并贮于私室者即作私盐"②。但随着运销政策的改变，场商于盐民直接交易的深入，盐民不再上交食盐，团煎之法败坏，私盐泛滥，盐业管理混乱不堪。为恢复生产，清初试图恢复"团煎法"未成后，开始实行"盐斤入垣"政策，并配以"火伏法"一同管理。此政策实施将原本"团"的基本生产单位打破，建立了以"灶"为基础的生产单位。至此

原本聚集的生产聚落，逐渐分散。

2 明清淮南产盐聚落空间的组成

明清盐业政策的改革，对淮盐场镇聚落与生产聚落均产生了重要的影响，而场镇聚落与生产聚落因在盐业生产环节中所起到的作用不同，其人口结构、社会分工、管理模式亦各不相同，因而两类聚落空间组成亦不尽相同。

2.1 场镇聚落的空间组成

明清时期，淮南场镇聚落主要由管理空间、文化空间、商业空间、公共空间、仓储空间等组成。场镇聚落空间组成由明至清不断完善，与市镇化同步，至清中期趋于稳定。管理空间是市镇聚落的核心，亦是场镇聚落空间不可或缺的组成部分。除管理空间外，聚落中商业空间发展最为全面，如《淮南中十场志》记载"安丰场……中街南北竟七里，东西几一里，人烟辏集，海河环共左，运河绕其右，烟墩峙其南北，相传为蜈蚣街，以期袤长而广所也。"③根据此段文字描述可见，此时安丰场中商业空间已形成，且面积、规模较大。再如富安场记载"大街，在场中，东西长二里。西场街，离场三里，街长里许，甃以砖石，居第市店不异富安，民多殷富。明末荒废，今惟剩瓦砾耳。"④从以上记载可见，自明代时起，盐场市镇化就已初成规模，虽明末历经战乱，破坏严重，但经清代初期的发展，整体规模扩大趋于稳定。且与市镇相似，商业空间不仅仅局限于场场内部中心街道两侧，同时还分布于场镇巷口及寺庙前，如富安镇有："铺舍三座，一在场东，周家巷口街南，一在新彝桥北，一在大圣寺土神庙前。"⑤除商业空间外，场镇聚落还形成了各类文化空间，如承载宗教信仰和盐神崇拜的各类庙宇，促进盐场文化教育的书院等，同时盐商还在盐场大量捐资，育婴堂、茶亭等公共慈善空间，如图1所示。

---

① （清）康熙，《两淮盐法志》，卷十五·商俗。
② （清）康熙《两淮盐法志》，卷十一。
③ （清）杨大经纂，汪兆璋修，《淮南中十场志》卷二·疆域。
④ （清）杨大经纂，汪兆璋修，《淮南中十场志》卷二·疆域。
⑤ （清）杨大经纂，汪兆璋修，《淮南中十场志》卷二·疆域。

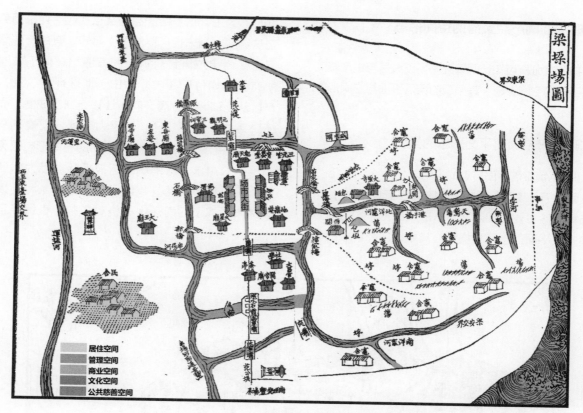

图1 清代梁垛空间组成示意图
（来源：作者自绘，底图来源嘉庆《东台县志》，成文出版社有限公司，"中华民国"五十九年，第92-93页）

2.2 生产聚落的空间组成

生产聚落的空间主要与明清淮盐生产流程相适应，主要由灶舍、便仓、卤池或卤井、滩场等空间组成。明清淮南盐业生产主要分为修建房屋、开辟摊场、引纳海潮、浇淋取卤、煎盐炼盐五步，其中对生产聚落空间组成产生重要影响的主要是开辟摊场、引

纳海潮、浇淋取卤、煎盐炼盐四步，而修建房屋是聚落空间形成的关键，亦是其余四部得以展开的根本。明清两淮盐业虽管理政策多有改革，但其煎盐的生产工艺未出现大的革新，故分析元代《熬波图》可知，明清时期生产聚落的空间亦主要由煎盐空间、储存空间、滩晒空间等组成（图2）。

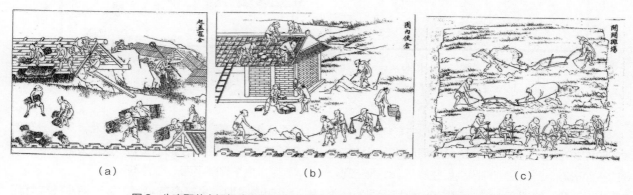

图2 生产聚落空间组成示意与（a）煎盐空间、（b）储存空间、（c）滩晒空间
（来源：（元）陈椿《熬波图》，卷上）

3 明清淮南产盐聚落的空间形态

由前文分析可知，明清淮南场镇聚落与生产聚落有着不同的空间组成，其呈现的聚落平面与空间形态亦有所不同。

3.1 产盐聚落平面形态的类型

1. 场镇聚落平面形态的类型

受生产、管理、地理环境等因素的制约，明清场镇聚落主要呈现四面环水的平面形态和沿河分布的带状平面形态两种类型，其中以四面环水的平面形态为主。这是由于自淮盐出现起，便采用煎盐之法制盐。据宋代《熬波图》可知，其生产聚落以"团"为单位进行修筑，团有围墙，似于城池，所有生产均位于团内。后由于地理环境改变，生产区从场镇聚落分离，向东迁移，独立成落，而场镇聚落亦因政策变迁，发展为市镇，规模不断扩大，空间组成不断丰富，原本团的布局形态已无法满足新的需求，故围墙逐渐被拆除。但为保证盐业外运，预防私盐，故以河道代替。从而场镇聚落整体形成了四面环水的格局，并一直保存至今（图3、图4）。

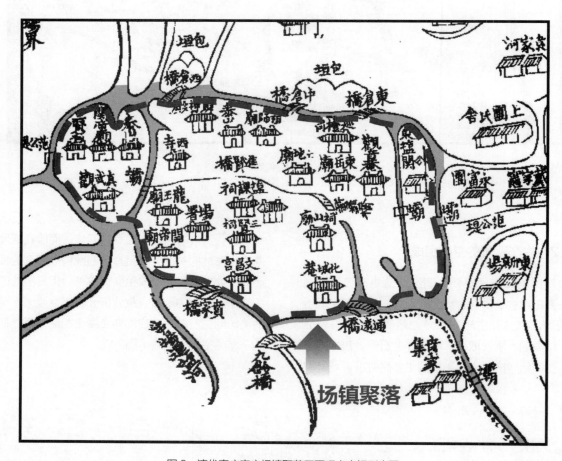

图3 清代嘉庆富安场镇聚落四面环水空间形态图

（来源：作者自绘，底图来源嘉庆《东台县志》，成文出版社有限公司，"中华民国"五十九年，第88-89页）

聚落内部因市镇化发展，形成了以主要街道为轴线的对称式布局。明清时期，街巷格局已成为场镇主要的平面形态，各类空间均围绕街巷展开。商业空间位于街道两侧，管理空间位于街巷的中心且近河流，文化空间多分布于巷道内部。如清代梁垛场，整体为四面环水的格局，中间为市场大街，街道两侧分布着众多民房店铺，各类空间沿街巷依次展开。

2. 生产聚落平面形态的类型

明清时期，生产聚落平面主要沿海岸线或灶河呈带状分布，且潮墩间隔设置。明代生产聚落主要沿

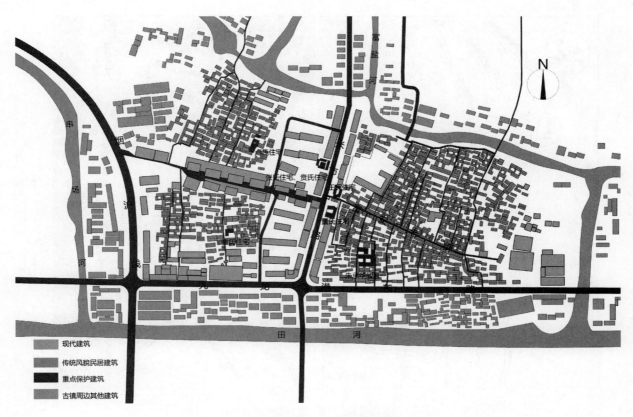

图4 现代富安古镇总图
（来源：作者自绘）

海岸线分布，且由于盐政管理中以团为单位，故聚落较为聚集，团与团之间用潮墩进行间隔，既划分了各团边界，由利于保障灶民安全。如嘉靖《两淮盐法志》记载："曰东台，避潮墩散列六团，凡十有二；梁垛，距分司凡七里、使司二百四十里……避潮墩散列六团，凡十有二。"清代，产盐聚落沿灶河呈东西向带状分布。因清代盐业管理基本单位由"团"转为"灶"，盐业生产无需如明代般，大规模聚集，加之清代海涂大规模外扩，海潮不至，故疏通多条灶河。为便于生产，聚落逐渐沿灶河聚集，沿东西方向纵深发展，整体沿灶河呈现东西向的带状分布，如图5所示。

3.2 场署建筑对场镇聚落的控制作用

明清场镇聚落以场署建筑为核心展开，场署建筑对场镇聚落空间形态具有整体的控制作用。盐政改革在促进商人资本对盐场聚落进行建设的同时，也扩大了盐场大使的管理职权，包括食盐生产、贮存以及支

出。同时，盐课司大使还与州县官员的职权相近，管理盐场的赋役、诉讼，并负责盐场的水利建设、基础设施建设、教育文化、农业经济、商业经济以及赈济灾荒等事宜，正如嘉靖《两淮盐法志》中记载"催办盐课政令，日督总灶，巡视各团铛户、浚卤池，修灶舍，筑亭场、稽盘铁……广积以待商旅之支给。"[①] 所以，管理空间为场镇建筑的核心空间，位于场镇整体布局的中心位置，且为便于实施管理，方便到达和运输，场署建筑需同时临近商业空间与河道。

3.3 仓储建筑对盐场聚落的连接作用

仓储建筑位于场镇聚落与产盐聚落的中间地带。明清时期，盐仓设于盐场，是盐场聚落空间的重要组成部分。盐仓所存之盐，由生产聚落而来，而其自身又受盐场大使管理，因而为便于双方，仓储空间一般设于场镇聚落与生产聚落之间。且盐商下场所支的食盐，需由仓储空间运出，为节约成本，仓储空间需临近主河道设置如图6所示。

---

① （明）张榘著，史起蛰、荀德麟校，（嘉靖）《两淮盐法志》，方志出版社，2010年。

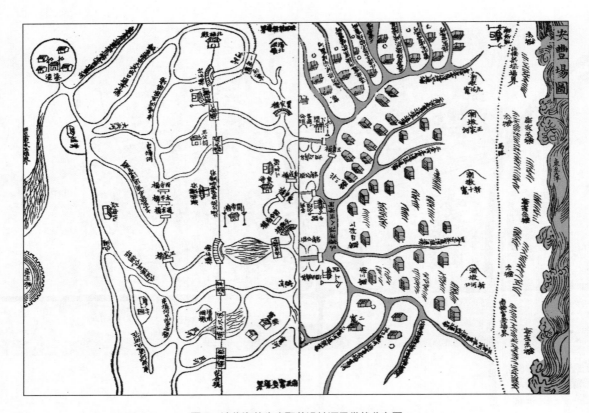

图 5 清代海盐生产聚落沿灶河呈带状分布图
（来源：作者自绘，底图来源嘉庆《东台县志》，成文出版社有限公司，"中华民国"五十九年，第 90-91 页）

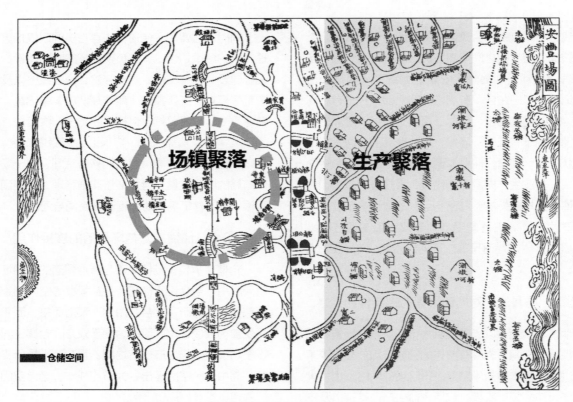

图 6 仓储空间与场镇聚落、生产聚落空间关系示意图
（来源：作者自绘，底图来源嘉庆《东台县志》，成文出版社有限公司，"中华民国"五十九年，第 90-91 页）

4 结语

明清淮南盐业是国家的财政支柱，是江淮地区的经济的核心，亦是江苏东部海盐文化发展的根源。聚落是淮南海盐文化的物质标本，是海盐文化传承不可忽视的重要组成部分。本论文通过对明清淮南盐业政策改革的分析，将海盐聚落划分为场镇聚落与产盐聚落两类，对其空间组成和空间形态特征进行详细的分析和总结，以期为淮南海盐的文化的传承与发展做出应有的贡献。

参考文献

[1] 李晓龙，徐靖捷. 清代盐政的"节源开流"与盐场管理制度演变[J]. 清史研究，2019（4）：31-44.

[2] 李岚，李新建. 江苏沿海淮盐场治聚落变迁初探[J]. 现代城市研究，2017，000（012）：96-105.

[3] 赵毅. 明代淮盐流通及管理机制[J]. 史学集刊，1991（02）：21-28.

[4] 赵毅. 明代盐业生产关系的变革[J]. 东北师大学报（哲学），1986（04）：49-55.

[5] 郭正忠. 中国盐业史（古代篇）[M]. 北京：人民出版社，1997.

[6] 杨选. 嘉靖两淮盐法志[M]. 北京：方志出版社，2010.

[7] （清）杨大经纂，汪兆璋修，淮南中十场志[M].

[8] 陈饶. 江淮东部城镇发展历史研究[D]. 南京：东南大学，2016.

[9] 方盈. 堤垸格局与河湖环境中的聚落与民居形态研究——以明清至民国时期江汉平原河湖地区为例[D]. 武汉：华中科技大学，2016.

空间生产视角下的当代乡村营造模式辨析

雷震

作者单位
东南大学

摘要： 当代社会空间正在发生历史性的转变，城市化进程下的乡村空间也正在变革。乡村的地理环境、乡土文化和经济产业的多重改变，使乡村空间异化，并在社区内部造成断裂和分离。我国传统乡村聚落从改革开放以来的自主发展，到当今时代的"乡村振兴战略"和"美丽乡村计划"政策实践，乡村社区的乡土性岌岌可危。本文通过空间生产理论的视角看待我国乡村营造中存在的普遍问题，并做出辩证式的思考和探究。

关键词： 空间生产；乡村营造；乡村范式；乡土文化

Abstract: The contemporary social space is undergoing a historic transformation, and the rural space under the process of urbanization is also undergoing a transformation.The multiple changes of the rural geographical environment, local culture and economic industry make the rural space dissimilated and cause rupture and separation within the community.From the independent development of China's traditional rural settlements since the reform and opening up to the policy practice of "rural revitalization strategy" and "Beautiful Rural Plan" in the present era, the localism of rural communities is in danger.This paper, from the perspective of space production theory, looks at the universal problems existing in the rural construction of Our country, and makes dialectical thinking and exploration.

Keywords: The Production of Space; Rural Construction; Rural Paradigm; Vernacular Culture

就我国广大的乡村地区而言，1947年费孝通先生笔下描绘的"乡土中国"，作为传统乡村空间结构，随着社会的变迁早已消失殆尽。传统乡村的衰败，在当代主要受到城市发展的影响，无论是从外在表象中所呈现出的建筑与景观，还是从内在本质中所呈现出的文化与习惯，都多多少少有不同程度的改变。如今，百年历史的乡村面临一种无法避免的抉择，一面是更新为城市的模仿品，另一面是成为一种现代的乡愁。前者激进的变革是盲目的崇拜与追随，是乡村不关注现实的未来化产物；后者保守的思想是被动的虚构与掩饰，是城市不关注现实的怀旧化产物。在这两种现象的背后，实际上乡村建设依然建立在城乡二元论的语境里。乡村社区营造并非一个新的学术话题，它从普遍意义上的乡村研究延伸到空间地理学、建筑学、社会学、人类学和生态学等众多领域，是普通乡村到复杂乡村的转变。

1 空间生产理论与当代乡村

1.1 空间生产理论的乡村空间

乡村地域作为社会历史的起源，相比城市，它却总是处于被动和忽略的地位。旧有思想中"城市—乡村"二元性的对立关系的演变使城乡成为矛盾的统一体，这一局面让各界学者逐渐认识到乡村在社会空间发展中衰落的危机。伊恩·麦克哈格（Ian McHarg）就"城市与乡村"（City and Countryside）一文中谈及城乡发展的抉择问题，认为空间并不是说城市或乡村之间选择何者更重要，而是两者皆很重要。但是，今天社区环境在乡村遭到侵害，而这种特质在城市中又极为稀少，因此变得十分珍贵[①]。亨利·列斐伏尔（Henri Lefebvre）的空间研究便是在20世纪40年代对乡村地区和乡村语境中栖息地的社会含义（Social Implications of Habitats）的研究中逐步产生，他的理论方向和理论

---

① [美]伊恩·伦诺克斯·麦克哈格. 设计结合自然[M]. 芮经纬译. 天津:天津大学出版社，2006. 10.

发展是从乡村研究走向城市研究的过程。空间生产理论将不同空间的界定和解释融合为一个整体范畴，打破了城乡僵化的认知局面，从而使乡村解释为一个在空间的生产中不均衡的异质类型，并统一到"三位一体"的空间生产理论模型中。

1.2 当代乡村空间的三重模型

以"乡村"为主题的空间生产理论研究的领域中，英国地理学家凯斯·哈菲克（Keith Halfacree）深受列斐伏尔的"空间的实践—空间的表征—表征性空间"三元辩证法的启发，在近年的《乡村空间：构建三重体系》一书中提出"乡村空间的三重模型"（图1），针对当代英国乡村的空间生产的重构过程进行分析、归纳和验证，以此作为反对城市化和乡村语境缺失的回应。乡村空间系统可划分为相互之间重叠渗透的三个部分：乡村地方性（Rural Locality）、乡村的表征（Representations of the Rural）和乡村的生活（Lives of the Rural）。其中，乡村的地方性是指直接的、明显的和独特的乡村具体活动实践及场所，是与生产、工作活动相关联的空间；乡村的表征是指资本利益、政治权力、文化权威和规划设计下的乡村抽象形态，是与交换、构想和建设相关联的空间；乡村的生活是指私人的、多样的和动态的乡村日常生活场所，是与文化、体验和记忆相关联的空间[①]。哈菲克结合列斐伏尔三元空间辩证法的内涵予以分析，认为现有的乡村空间理论的表述是有缺陷的，总是纠结于乡村的二元性的界定，即乡村地方性与乡村的表征之间的关系。一方面，乡村地方性处于感知层面的物理范畴，其偏向于物质化和实体化；另一方面，乡村的表征处于构想层面的知识范畴，其偏向世俗化和意识化。所以，两者之间形成了矛盾与对立，并脱离了实际情况，忽略了乡村空间中主体"人"的生活层面，造成了空间上的不连续性。同时，哈菲克批判地指出一个地域是否属于真正意义上的乡村，取决于乡村被何种空间所占据，并且判断一个乡村的地理状态，要从实际角度出发，以此达到空间与时间、地方与社会的辩证统一。

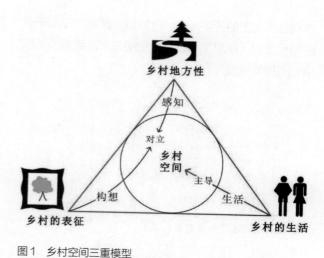

图1 乡村空间三重模型
（来源：作者自绘，根据 Keith Halfacree's Rural Space: Constructing a Three-fold Architecture，2006 文献资料）

1.3 我国乡村空间的生产模式

国内学界逐渐将乡村空间理论的研究体系转变为一种多维度的辩证模式。以人地关系地域系统为基础，以物质空间、社会空间和文化空间作为衍生产物，建构了地理与社会相结合的空间系统结构（图2），作为构建乡村转型中的空间生产尝试。"人地关系"作为人文地理学的研究基础，综合了自然要素和人文要素，是物质空间的基础背景和文脉场所。同时，人地关系基础符合乡村所特有的乡土性特征，就像费孝通先生所认为的"我们的民族确实是和泥土分不开了"的乡土本色。基于人地关系根本之上，物质层面是土地资源、生态景观和建筑形式，作为具象而实在的空间实践；社会层面是一系列的人为活动和生产实践，在物质层面上通过人的行为和组织来创造次生空间；文化层面是意识形态和制度观念，既有传统价值观，也有现代制度政策，它们构成了抽象的空间语言代码。基于此认知视角的解读，当今我国乡村空间的生产，是由于物质层面的土地使用的转变，随后工业和旅游业建设的兴起，导致了社会层面的工业化、商业化和绅士化等问题的，迫使人口大规模流动造成了乡村语境的断裂和缺失。而文化层面的乡村振兴战略与乡土集体记忆，起到抵抗城市化的导向作用，但它同时具有双向属性，一方面在乡村生活重构下恢复了乡土文化和田园诗意，另一方面也造成了资

① 李红波, 胡晓亮, 张小林, 等. 乡村空间辨析[J]. 地理科学进展. 2018. 37(05): 591–600.

本利益模式下的经济开发。这种历史过程往往是矛盾的和反复的，体现了我国乡村空间生产从普遍性到复杂性的转型特征。

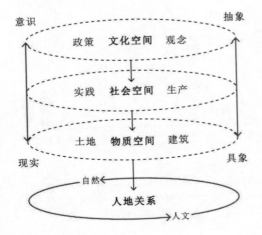

图 2　乡村空间系统结构
（来源：李红波等人的《乡村空间辨析》，2018 文献资料）

2　我国乡村营造的乡土演变

2.1　乡村营造的历史脉络

　　我国的乡村建设从长期历史来看是不断发生转变的历程（表 1），主要受到不同时期国家政策和社会环境的影响，并且各方指导以分时期、分批次的特征对乡村建设进行研究与实践。早在 20 世纪初，由于乡村社会和经济产业的严重衰败，开展了一系列社会改良运动，当时的思想家和教育家梁漱溟、平民教育家晏阳初和社会学家费孝通等文化精英就乡村社会形态进行田野考察和调研实践。其中，梁漱溟先生尝试构建时代背景下的新儒家思想，同时晏阳初先生在定县创办乡村学校，以及陶行知先生在晓庄创办实验学校。这些社会改良运动在文化层面改变乡村面貌，但是其未能从根本上解决乡村实际生活问题。到了 20 世纪中期，由于土地革命运动和社会主义改造，农民通过生产以及生活集体化提高了生活水平，但是 1958 年开展的人民公社运动和基础设施建设的大幅提升也造成原始资本积累和城乡二元化的隐患。直至 20 世纪后期，"三农"问题开始日益显化，逐渐成为乡村建设的重点。此时，1978 年的家庭联产承包责任制解决了温饱问题，以及 1992 年市场经济体质的改革带动了企业，乡村建设关注点开始转向乡土营造和生态文化等方面。在"新乡土中国"成为时代背景的主旋律下，不乏出现一批资本者和精英村民开展了自发性的乡土空间人居实践，伴随着的问题是传统乡村聚落的瓦解与土地开发建设的滥用。

中国乡村建设的历史脉络　　　　　　　　　　　　　表 1
（来源：作者自绘，根据网络资源、相关历史文献资料）

时期	1890年代-1920年代	1930年代-1960年代	1970年代-1990年代	2000年-2010年	2010年-2020年
事件					
类型	教育下乡	政治下乡	建设下乡	规划下乡	设计下乡
动因	乡村社会衰败	生活集体化	温饱与经济问题	三农问题	乡愁复兴
背景思想	社会改良运动	土地革命运动；新中国社会主义改造；人民公社运动	家庭联产承包责任制；市场经济体制改革	三农政策；新农村建设战略	美丽乡村计划；乡村振兴战略
典型案例	梁漱溟邹平实验；晏阳初定县建校；陶行知晓庄建校；卢作孚北碚实验；费孝通乡村考察	土地改革提高农业产生；共产主义生产关系变革；粮食三定的生活集体化；农业生产基础设施建设	浙江的"千村示范，万村整治"；成都三圣乡"土地流转"实验	江苏华西村建设；寿光村大棚产业	娄永琪的设计丰收；欧宁"碧山计划"；深圳南头古城的城中村双年展计划
主导	文化精英	公社干部>设计师	村民>政府>设计师	政府+企业>设计师	政府-企业-设计师
影响	本质为社会改良，忽略乡村根本问题	农业供给城市的资本累积，造成城乡二元化的隐患	乡村实践逐渐破坏传统聚落，土地过度开发	自上而下的方式，乡村空间肌理突变和异化	产业模式的开发和美学营乡，存在错位问题

步入21世纪初，我国开始"三农"政策背景下的又一轮乡土营建工作，承接上一阶段的实践反思以及当下的城市化问题，2005年提出了"新农村建设"战略。[①]但其作为自上而下的规划性介入，直接造成了乡村自然肌理异质和消亡。近年以来，在2013年的"美丽乡村计划"和2017年的"乡村振兴战略"的总方针下，以"设计与艺术下乡"为主题的跨界式的参与合作的乡村营造逐渐成为热潮。其中诞生了一些自下而上的代表性案例，如同济大学的设计学院教授娄永琪的"设计丰收"从社会创新的视角挖掘乡村经济和市场潜力，以及艺术家欧宁的"碧山计划"则从文化旅游的视角激活乡村生活和业态发展。但是，这种多元复合模式下的乡村复兴依旧存在着主体缺失与范式错位等诸多问题，值得深入分析和思考。最近，以乡村设计为研讨主题的"普通乡村"（Generic Village）论坛在中央美术学院举办，乡村的内在机制问题受到了广泛的讨论。当代建筑师周榕认为要在城市与乡村的二元认知结构中寻找"第三维组织"，它既不是传统城市长期所驯化的，也不是现代城市对乡愁所想象的。作为当代乡村空间的设计者，应该探索一种基于传统生产结构、建造实践经验和产业网络系统下的综合性乡村空间类型。

2.2 传统乡土的自组织机制

传统的乡土空间是处于基于"差序格局"特征下的社会结构里，它往往建立在固定的、不流动的人际关系和土地之上，同时也就意味着乡村可以在一个自组织式的系统内维持并衍生出各具地方特色的乡村形态。当代乡土空间的消失，是由于"差序格局"的乡土逻辑发生了根本性改变，从而改变整个乡土自组织机制系统中的各元素的关系。传统的乡土自组织机制系统（图3）是实现乡村空间实践和表现乡村地域特征的总过程，它从两个方面表现了地方传统，分别是意识形态和人居环境。乡土意识形态中包含日常生活、社会规范和信仰制度，前者是生活的、具体的象征表现，后者是社会知识体系构建的价值观；人居环境中包含了生活环境、文化环境和精神环境，

以此对应意识形态中的三个成分。这两大方面在地方传统中是相互融合的，形成了抽象与实践、想象与感知的统一关系。因此，意识形态中的信仰规范和人居环境中的经验技术结合成为地方知识，作为地方村民的文化、生活和人际关系的纽带和根基。地方村民是以父系为家族主轴的长期性社群，一方面受到精英文化的统治和教化，以长老和乡贤为主要代表的乡土文化性，即被社会不成问题地加以接受的规范，实现了乡村的稳定；另一方面深受社区大众的合作和共享，以村民本身和匠人为代表的乡土技艺性，在日常生活中产生集体认同及归属感，并且传承延续了物质文化[②]。综上，地方传统所形成的双重社会知识体系，被人的行为及社群关系运用在日常生活的实践中，从而反过来表征了传统乡土性空间。总体上，它是一种基于自组织性的循环往复的演化过程。

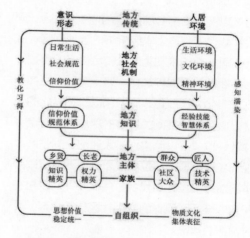

图3 乡土自组织机制系统
（来源：吴志宏等人的《内生动力的重建：新乡土逻辑下的参与式乡村营造》，2017 文献资料）

2.3 当代乡土逻辑的转型

当下我国的普遍乡村，传统的乡土自组织机制系统的溃败，内因在于乡土逻辑的转型。在"差序格局"下的传统社会结构里的基本概念中，以"己"为中心，从家庭往外与别人发生社会关系，这便是儒家所说的人伦思想，即人和人往来所构成的网络中的纲纪，就是一个差序，也就是伦。传统乡土逻辑便基于

① 叶露，黄一如. 当代乡村营建中"设计下乡"行为的表征分析与场域解释[J]. 建筑师. 2019. (05): 97–102.
② 费孝通. 乡土中国·生育制度·乡土重建[M]. 北京:商务印书馆, 2017. 69.

这种伸缩性的个人网络里，由于自给自足的乡土社会和固定不动的人口，在某种意义上而言，家族作为社群包含了地域的涵义，完全取代了乡村的概念。这种"血缘—地缘"的合一是社区的原始状态，其中人际关系是亲密无间的，乡土社区可以看作是一个血缘为主导的身份社会。然而，这种乡土逻辑受到了现代社会发展的洗礼，商业模式将地缘属性赋予了复杂的社会化，从封闭变成开敞，从固定变成流动，从人情变为交易，使乡土社区转变为了契约社会。从"血缘—地缘"为基础的传统社会到"市场—经济"为支配的现代社会的过渡，是中国乡村社会史的历史转折点。乡土逻辑的转型意味着传统的、地方的意识形态与人居环境的统一性被逐步消解，同时地方知识和地方主体也随之替换为以资本和政治为主导的新机制，新的抽象逻辑将传统乡村置之于异质空间的状态中。从乡土逻辑到抽象逻辑的演变（图4），一方面，传统乡土逻辑不再是以家庭为中心向外扩张的熟人社会，同时乡村社会实践也不再是小农经济下的因地制宜，以及村民之间不再具有传统文化观念和集体经验感知的联系，一切都断裂并呈现碎片化；另一方面，当代抽象逻辑受到城市化、产业化、旅游化以及符号化的多方面冲击，打破了传统空间关系中的次序等级，使乡村被划分为各种模式，以此实现最大化的空间生产，最终造成现代乡村范式的错位问题。因此，在以政治规划和资本利益为主导的当代乡村建设中，对乡村空间的征服和构想破坏了原有的乡土社区结构体系，成为当下乡村营造的悖论。

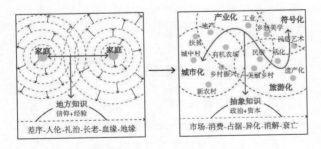

图 4　乡土逻辑与抽象逻辑
（来源：作者自绘）

3　我国乡村营造的类型范式

　　我国的乡村营造中，诸多理论和实践中已经创

造出形态丰富的乡村空间类型，然而却忽视了乡村的现实问题和主体缺失，在乡村设计的范式上产生了明显的错位。依据列斐伏尔的空间生产理论的三元辩证法，社会空间具有"感知的—想象的—生活的"三种空间关系，它们在组合和转移中可以界定不同类型的空间结构，并以此实现空间的生产。所以，基于这种"三位一体"的辩证关系，即以感知空间、想象空间和生活空间三者之间的比较分析，本文尝试建构出关于乡村空间类型的范式矩阵，以此来判断和探索乡村营造中存在的根本性问题。这将仅作为以空间生产理论出发的初步设计研究参考。

3.1　传统乡村基本范式

　　首先，以传统乡村空间作为基本原型范式，分为三个类型：偏远衰败的乡村、边缘转型的乡村和遗产保护的乡村。第一，处于地理劣势的偏远乡村，由于基本生活和环境问题的严重滞后等原因，被社会历史所淘汰，急需通过自上而下的技术手段实现居住空间的复兴。它既没有感知的存在，也没有生活的缩影；第二，部分乡村在城市或城镇的边缘处，属于非城非乡的态势。空间的肌理和建筑形式保留着传统文化的内涵和居住生活的足迹，但是传统的乡土社会实践已经停滞很久，大部分的务工人口流动到城市里去。在2019年的《农村绿皮书：中国农村经济形势分析与预测（2018-2019）》报告中，2018年的农村宅基地空置率为10.7%，样本村庄宅基地空置率最高达到71.5%。人口迁移和土地闲置极易导致乡村成为空心村，这在我国的东西部地区较为明显，是社区的整体衰落造成的区域性异化现象。乡村仅仅作为一个家乡，落后与衰败让它在城市化进程中随时都有可能重建；第三，其中一少部分处于地理条件优越、物质条件丰富的历史型乡村，由于具有鲜明的文化特征和悠久的历史积淀，它们被归类为文化遗产和建筑民居保护的范畴，作为一种传统空间的证明。例如，徽州传统民居、浙江古村落和西江千户苗寨等地域，乡村空间中保留了传统的手工业和建造技艺，以及代代相传的民俗文化和宗教信仰。这类传统乡村空间具备了可感知的、生活的乡土意象，较少存在现实社会发展所带来的干扰和诱导。但是，乡村需要达到空间差异性的统一与互补，否则会作为一种文化符号的象征（图5）。

图 5　偏远衰败乡村、边缘转型乡村、遗产保护乡村
（来源：image.baidu.com/）

3.2　现代乡村营造范式

　　从传统乡村形态到现代乡村营造的设计范式错位，大致受到四个方面的影响，它们塑造出各自典型的乡村空间类型。第一，城市化的进程改变了整个社会空间，从人口、经济结构、空间地理和社会文化等方面。近二十年里，城乡二元性问题迫使政府不断地通过自上而下的力量开展乡村空间的实践。由于它具有明确的目标性、指导性、战略性和制度性，通过资源整合的手段和协调统一的建设机制，在短期内大规模地实现一批又一批基础设施和人居环境。但是，这类扶贫性的乡村存在明显问题，以"新农村建设"为例，模块化、同质化的居住模式取代了乡土自然肌理，容易成为一种秩序化空间。即使乡村建设改变了村民生活的条件，但是在日常生活社区营造上存在巨大缺口。

　　第二，城市化也直接带动乡村产业化的现代转型。产业化作为城乡统一的经济层面的改革，具体到乡村实践中的危房改造、恢复文艺场所和营建商业空间等方面。它以扩张资本的经济效益为首要目的，所谓乡村营造根本上是对城市功能的拙劣模仿以及乡村环境的开发滥用。餐饮空间、娱乐休闲场所和野外奢侈活动都是以消费和服务为主的空间生产模式，促使乡村空间从地方化趋向绅士化，村民的感知和生活被排除在外，乡村物质基础作为资本累积被利用（图6）。

　　第三，产业化势必刺激旅游化方向的发展策略。旅游化作为一种市场行为，其主要手段是虚构假想的乡土文化体验，乡村被乡愁或异域文化重塑了它的历史。可以说，如果城市是现代化的"乌托邦"，那么

图 6　政治扶贫乡村与商业资本乡村
（来源：image.baidu.com/）

旅游化将乡村作为互补城市的对应物，即"乡愁乌托邦"。这也就是福柯认为的一种新的时间性"异托邦"，以度假村的形式，通常在一些具有原始性的传统村庄，生活在当代都市的游客与当地土著混杂，过节的日子与日常生活混杂，时间的暂时性与永久性重叠。例如，浙江的莫干山民宿和灵隐寺法云安缦酒店，作为临时性乡村居住空间仅供高端阶层使用；还有云南丽江和洱海的布景主题性乡村营造，赋予所谓特色的故事情节以此制造乡土文化的狂欢，造成了严重的迪士尼化现象。如此空间产物来源于资本精英

对乡村田园生活的美好幻想，其文化消费模式与乡土社区生活完全割裂，它将幻想与现实、公共和私人的世界分隔开了，内部虽然联系但实际是分离的。空间的表征所产生的事件的理想化是一种过滤和包装的过程，用来去除时间和悲剧。

第四，在空间的表征主导下，符号化的乡土设计与改造占据乡村营造风格的主流。为了回归具有中国特色、乡土文化的乡村空间语言，在近十年的乡村建筑及景观设计研究领域中，从空间形式、材料色彩和构建经验上探索了现代乡土主义形式的可能性。以中国当代建筑师为代表的设计下乡，批评和抵抗现代乡村的异化状态，同时从美学角度来实现中国乡土性的象征意义。可是，基于个人审美和知识体系下的空间设计倾向于表现自身，形成乡土文化的符号崇拜，这种标签化的美学营造设计手法忽视了真正居住的村民的日常空间使用习惯以及社区内空间行为产生的内在联系（图7）。

图7 乡愁主题乡村与美学营造乡村
（来源：image.baidu.com/）

3.3 乡村营造范式矩阵

对于如何处理传统乡土社区在现代社会背景下

的延续和更新，是当下乡村空间生产理论研究的重点。根据基于空间生产理论的乡村空间类型范式矩阵（图8）的分析，即"感知的—想象的—生活的"的三种空间关系的存在与缺失、积极与消极的状态以"正或负"的符号来表示，其中也存在"正与负"的模糊性。它们组成的空间序列对应以上七种不同的空间类型范式，其中包含三种传统基本原型和四种典型错位类型。通过对它们的具体分析和理论推导，可以总结出以下四个较为有价值的问题和思考：第一，除去偏远衰败的乡村类型，所有在社会影响下的乡村空间类型都存在构想空间与生活空间的对立。说明乡村在历史进程中，空间的表征和表征性空间之间的矛盾性是长期持续存在的；第二，若三种空间关系中的任意两者同时存在，则空间类型呈现出较大的积极性，如遗产保护和美学营乡有一定的正面参考价值。同时两者都具有感知的空间，即空间的实践的重要性；第三，若三种空间关系中的任意两者同时缺失，则空间类型呈现出严重的消极性。说明乡村空间被破坏和支配的倾向性，如城市化、产业化和旅游化的乡村特征。同时三者都存在生活空间的缺失，即表征性空间的消解性；第四，若三种空间关系皆为缺失，则意味着空间类型在社会的历史中消亡。反之，若三种空间关系皆为存在，则意味着这种当前未知的空间类型存在列斐伏尔所指的差异空间的可能性。

图8 乡村空间类型的范式矩阵
（来源：作者自绘）

4　当代乡村营造的重构方向

乡村空间生产的历史过程是多维度的，同样也是动态的，以至于造成它从广普乡村问题转变为复杂乡村危机。从城市化进程开始，便呈现出社区空间逐渐紊乱的趋势。其中，乡土性的丧失，意味着村民的生活空间受到了压制和消解，它现在被僵化的感知空间所稀释，被隐蔽的构想空间所规范。当下，出于对这些问题的回应，重构乡土社区的乡村实践普遍存在以下两种对立观点。一方面，以政府和市场所建立起来的乌托邦式的思想意识形态，使乡村的发展方向被政策规定和利益团体所控制，以城市为核心的发展模式造成乡村聚落的片断化，这种价值观将乡村空间作为一种副产品供生产使用。同时，新乡土设计被政治、企业、精英人士的想法所主导，而真正的乡村面貌却奄奄一息，生活在那里的村民，对自己所居住的空间完全没有营造参与的机会；另一方面，以底层阶级为代表的民间团体和社会组织，往往是一些受过高等教育且对社会有责任感的文化人士，以批判的眼光捍卫破落残骸的历史风貌乡村，把一切乡村社区空间里的日常行为习惯、居住活动空间和传统民间物件都无限制地视为乡土文化价值，吹嘘本土化的复兴。同时，由大众传媒所广泛、大肆地宣传，形成文化风潮的盲目追求。乡土作为艺术观赏的保护方式试图抵抗资本和规划的破坏性。然而，这两种二元性的对立矛盾是哈维所认为的后现代空间生产的"迷思"，在"都市乡村"（Urban Village）和"民间社区"（Communitarianism）主义这两种主流文化之间，互相排斥掉真正的乡土性[①]。其中，村民作为生活者的地位被抽象化，而社区的乡土文化被过度神圣化，最终这两个方面都将乡村误解为一种物件，不管是前者市场消费和流动的"商品"，还是后者自然生长并不具时代干扰的"文物"。这些现实问题的确值得当下反思，二元性的矛盾以及两者之间的共性结果都是乡村社区空间的病态现象。

从乡土的、社区的和生产的三元性角度出发，迫使乡村需要建构一种差异空间，可以融合市场政治和乡土文化之间的社区营造的方式。这种理想是一个不抽象化的"时间—空间"和"地方—环境"的概念，

也就是说，它应该基于具体地方的历史性。乡土社区空间的本质是内在自组织机制的演化过程，同时村民生活也必须符合当下的时代背景。这便是列斐伏尔空间生产理论的立足点，它的三位一体辩证法所重构的差异空间势必造成了地域之间的矛盾性，然而乡土本身之形成，实为不平均的地理空间的发展而衍生出来的文化特征。所以，它实际上恢复了生活、感知和构想的统一性，将人重新作为生活的主体，通过自下而上的日常生活实现身体与行为的一致。社区空间里所形成的在地归属感和文化认同感，也需要融合社会空间的外在因素，这种正义和民主的空间需要建立一种良性循环的乡土社区自组织机制。

参考文献

[1] Henri Lefebvre. The Production of Space. Translated by Donald Nicholson Smith. Oxford: Blackwell, 1991.

[2] 包亚明. 现代性与空间的生产[M]. 上海：上海教育出版社，2003.

[3] [法]居伊·德波. 景观社会[M]. 王昭风译. 南京：南京大学出版社，2006.

[4] [美]伊恩·伦诺克斯·麦克哈格. 设计结合自然[M]. 芮经纬译. 天津：天津大学出版社，2006.

[5] 段进. 城市空间发展论[M]. 南京：江苏科学技术出版社，2006.

[6] 李立. 乡村聚落：形态、类型与演变：以江南地区为例[M]. 南京：东南大学出版社，2007.

[7] 郭恩慈. 东亚城市空间生产：探索东京、上海、香港的城市文化[M]. 台北：田园城市文化，2011.

[8] 王勇，李广斌，王传海. 基于空间生产的苏南乡村空间转型及规划应对[J]. 规划师. 2012.28（04）：110-114.

[9] 王冬. 乡村社区营造与当下中国建筑学的改良[J]. 建筑学报. 2012.（11）：98-101.

[10] 吴志宏，吴雨桐，石文博. 内生动力的重建：新乡土逻辑下的参与式乡村营造[J]. 建筑学报. 2017.（02）：108-113.

[11] 叶露，黄一如. 当代乡村营建中"设计下乡"行为的表征分析与场域解释[J]. 建筑师. 2019.（05）：97-102.

---

① 郭恩慈. 东亚城市空间生产：探索东京、上海、香港的城市文化[M]. 台北：田园城市文化，2011. 53.

专题八　城市更新与乡村振兴

城市更新背景下图解社区十五分钟生活圈现状研究
——以上海 36 个存量更新社区为例①

姜晟¹ 刘刊²

作者单位
1. 同济大学建筑与城市规划学院
2. 通讯作者，同济大学建筑与城市规划学院

摘要：《上海市城市总体规划 2017-2035》提出"社区十五分钟步行圈"的目标，目前已经开展多个生活圈试点工作。针对其实施的现状和未来的社区更新侧重点的问题，基于近年来 36 个更新社区案例，通过对这些社区的位置分布、城市肌理、时间轨迹、空间结构图解研究，并梳理社区生活圈要素现状及特征，初步得到：生活圈建设目前处于设施要素区域分布不平衡、数量不充分的阶段，并结合要素特征给未来生活圈继续落实提供一些现实依据。

关键词： 社区更新；15 分钟社区生活圈；图解研究

Abstract: *Shanghai urban master plan 2017-2035* puts forward the goal of "community 15-minute walking circle".At present, a number of life circle pilot work has been carried out.According to the current situation of its implementation and the future focus of community renewal.Based on 36 renewal community cases in recent years, through the graphic research on the location distribution, urban texture, time trajectory and spatial structure of these communities, and combing the status quo and characteristics of community life circle elements, it is preliminarily concluded that the construction of life circle is in the stage of unbalanced regional distribution and insufficient number of facility elements, and combined with the characteristics of elements, it can provide the future life circle with the implementation of the following elements some realistic basis.

Keywords: Community Renewal; 15-Minute Community-Life Circle; Graphic Analysis

1 上海城市更新背景下的社区更新

1.1 上海城市更新

改革开放以来的上海城市更新大致可以分为四个阶段：改革开放初期及20世纪80年代，以改善居住条件为目标的城市更新；20世纪90年代，高速发展并以经济增长为目标的城市更新；21世纪初发展进程放缓，并开始注重城市历史文化遗产保存的城市更新；以及2010~2020年正式进入存量增长期的城市更新。而本文所关注的是第四个更新阶段，其标志是2014年5月6日第六次规划土地工作会议上，上海市委、市政府明确要求"上海规划建设用地规模要实现负增长"，从而通过土地的利用方式来倒逼城市的转型发展，进入更加注重品质的创新发展时期。其核心

原则就是要坚持以人为本，提升城市品质和功能，优先保障公共要素，改善人居环境。

1.2 上海 15 分钟社区生活圈为导向下的社区更新

在如此的城市更新目标导向下，社区空间作为最基本的城市空间母体，也最能体现出城市空间的更新与变迁。它的每一处细微的改变都能最切身地给居民带来更加美好的人居环境。这就使政府对生活圈的概念提出了迫切的研究和应用诉求，从而形成对社区工作的统一认识和指导。因此，2018年12月国务院住房和城乡建设部颁布新版《城市居住区规划设计标准》，标志着我国生活圈层级的居住区结构正式建立。全国最先落实生活圈规划的上海在《上海市城市总体规划2017-2035》[1]（以下简称《总规》）

① 国家自然科学基金面上项目，51978467；上海市哲学社会科学规划一般课题，2018BCK005。

中明确提出了"以15分钟社区生活圈组织紧凑的社区生活网络和休闲空间，营造人与自然和谐共处"的要求，并在这个基础上针对15分钟步行范围提出了相应的规划思路和对策。同时，《上海街道设计导则》《上海15分钟社区生活圈规划导则》[2]（以下简称《导则》）等政府主导城市更新政策得到了广泛的传播。这一轮的社区更新如火如荼地开展，如"行走上海计划""上海城市空间艺术季""共享社区计划""缤纷浦东计划"等，社区居民和学者以及社会各界人士都纷纷加入到这一系列的更新之中。"政府引导，多元主体参与，协作共治"是这次社区更新的特征。

2 从存量更新社区看上海社区发展

2.1 36个被更新社区作为研究对象

笔者从"行走上海2016——社区空间微更新"试点项目、"行走上海2017——社区空间微更新"试点项目、城市空间微更新案例库（上海城市公共空间设计促进中心网站①）中选择主要以点状的环境改善和设施优化工作推动社区生活圈建设的社区作为部分研究典型，一共36个，名单如下表1。

36个更新社区名单 表1

区域名称	数量（个）	小区名称
长宁区	7	华阳街道大西别墅；华阳街道金谷苑；仙霞街道虹旭小区；仙霞街道水霞小区；北新泾街道金钟小区；新华街道新华路669弄；北新泾街道新泾一村
浦东新区	7	塘桥街道金浦小区；南码头路街道浦三路601弄；陆家嘴街道东园二村；金杨新村街道罗山五村；陆家嘴街道东园一村；塘桥街道峨海小区；金桥镇佳虹小区
黄浦区	6	南京东路街道爱民弄；南京东路街道天津路500号里弄；南京东路贵州西里弄；南京东路街道贵州路109号；南京东路街道承兴里；瞿溪路1111弄22号~24号
徐汇区	4	康健街道茶花园；虹梅路街道桂林苑；长桥街道体育花苑；长桥街道汇成苑
虹口区	1	曲阳路街道东体小区中心绿地
杨浦区	2	五角场镇翔殷路491弄；四平路街道伊顿公寓
普陀区	4	万里街道大华愉景华庭；万里街道万里城四街坊；石泉街道管弄一村；石泉街道石泉一村
静安区	3	大宁街道上工新村；大宁街道宁和小区；彭浦新村艺康苑
闵行区	1	梅陇镇春馨苑
青浦区	1	盈浦街道复兴社区航运新村

（来源：作者自绘）

2.2 空间分布

如图1的分布来看，36个社区从内中外环再到青浦的郊区均有分布。其中，内环有15个，中环15个，外环4个，郊环为2个，中心城内的内环和中环是改造发生最多的区域，其中黄浦区、长宁区、浦东新区三个区最多。不难发现，上海的这一轮社区存量更新遍布范围极广，不论是处于市中心类似于贵州西里社区这样被高密度挤压的旧式里弄，还是位于青浦郊区的航运新村，更新社区遍布了主城区与新城。

2.3 社区——城市空间肌理

卫星图中截取的上海城市片段中几乎找不到有剩余未被开发的部分，并且密度较高，路网和建筑肌理清晰可见（图2）。从中可以发现有半数以上的小区是以红色条状呈现的，这对应的是红色的坡屋顶房子，也就是所谓的老公房，这些房子基本上从20世纪50年代开始陆陆续续被建造；还有一些绿色为主的小区则是小区绿化覆盖率较高，建筑密度较小的高层小区。这些小区通常由房地产公司开发，20世纪90年代后期才陆续被建造完成。36个小区几乎都

---

① www.sdpcus.cn

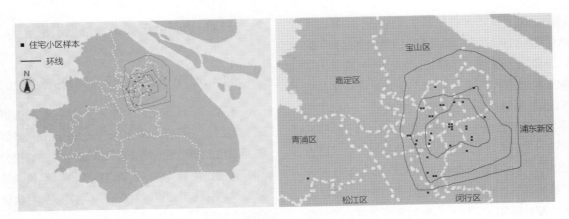

图 1 36 个社区在上海地域分布情况
（来源：作者自绘）

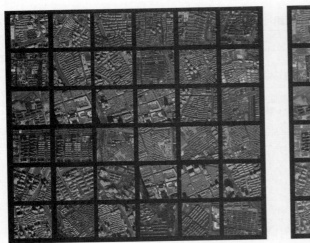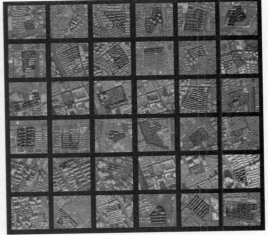

图 2 36 个社区与城市空间肌理关系
（来源：谷歌地图）

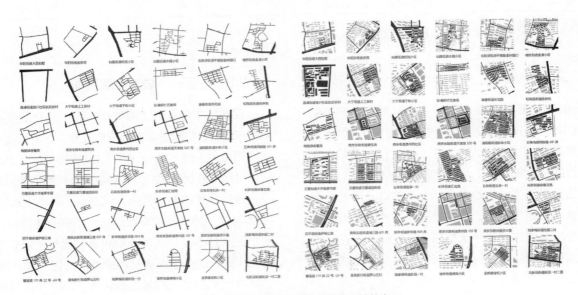

图 3 36 个社区路网结构和整体用地信息
（来源：作者自绘）

是呈现行列式的排布，除个别里弄处于封闭围合的状态，它们有着清晰的主街和数条支弄构成的路网结构（图3）。暗的区域和绿化的部分就形成了每个小区的公共部分，而目前更新的大部分场地就分布在这些小区的公共空间里。

2.4　时间轨迹

1. 上海市住宅小区的历史发展脉络

在对这36个社区的时间轨迹进行分析之前有必要先对上海市住宅小区整体的发展脉络进行简要梳理，笔者经过系列的文献阅读与史料参考[3]，做了罗列，在此不做赘述（表2）。

2. 36个住宅小区的时间轨迹

通过对图4的观察可以发现：属于低层的别墅和里弄的建造年代都在20世纪40年代以前，而多层是从20世纪50年代开始建造，高层和混合层数结构的产生则更为滞后，要到20世纪90年代以后。从低层到多层再到高层有着明确的时间延续性，并且低层和

上海市住宅小区发展脉络　　　　　　　　　　　　　　　　　　表2

建筑类型	时间	地点	典型案例
里弄石库门	1860年~20世纪初	老黄浦区、静安区、虹口区	仁兴里、老昌兴里
新式里弄住宅	20世纪20~30年代	徐汇区（法租界）、静安区、卢湾区	新康花园、威海别墅、太阳公寓、静安别墅
集居型公寓	20世纪30~40年代	租界地段	淮海公寓
工人新村	上海解放后	市郊结合部	曹杨新村、控江一村
商品住房	1978年后	城区	田林、潍坊新村

（来源：作者自绘）

多层之间也有明显的界限之分，其正好处于新中国成立的时间左右。可以说随着新中国成立以来，以低层围合式空间结构为主的里弄住宅已经基本告别了历史的舞台；社区的建筑层高逐步变高，同个社区的层高类型逐步复合化。位于郊区青浦的航运新村处于整个规律之外，其混合的形式更是与高—多、高—多—低不一样，它是由大量低层和多层混合而成。这种形式的存在和其处于上海郊区的地理位置有一定关系。36个社区建造年代整体的时间线索和上海住宅发展的脉络相吻合。再结合之前的区位分布，36个更新社区由内到外数量依次递减的特征和上海住宅区建设时间线整体由内及外的关系相吻合。

2.5　社区空间结构

1. 地块秩序

本研究提取了每个住宅小区4个与产权用地相关信息，即用地规模、所在街区的面积、地块边界的形式以及小区内道路的形态特征。经过观察发现，在经过城市道路简单地划分为街区之后，形成了平行于城市道路的街区用地边线，同一个街区里通常由若干个小区组成。大部分小区为封闭式小区，不同小区用地之间用围墙阻隔，仅对城市道路有个别出入口。小区对外的边界主要分为围墙和对外沿街商铺，且1949年以前的里弄住宅以沿街商铺为主，而之后的小区则以围墙为主。

2. 密度构成

对36个小区容积率和建筑密度两个向量进行图解，可以看出容积率和建筑密度整体特征呈现陀螺状分布（图5）。容积率大部分都在1~2，个别纯低层的大西别墅小区会在1以下，还有纯高层的伊顿公寓和金谷苑会达到4以上。而建筑密度也大部分都符合《上海市城市规划技术管理规定》中的要求，建筑覆盖率基本都处于40%以下，个别里弄能达到60%以上。并且随着年代推移，建筑密度有逐步减小的趋势，这和图4反映的高层化的趋势也有一定关系。

3. 空间布局

大部分小区都是以南北向行列式建筑布局为主，而里弄是以围合式为主。且在多层小区里前后排对仗十分整齐，高层或混合住区会采用错位的平面布局方式。

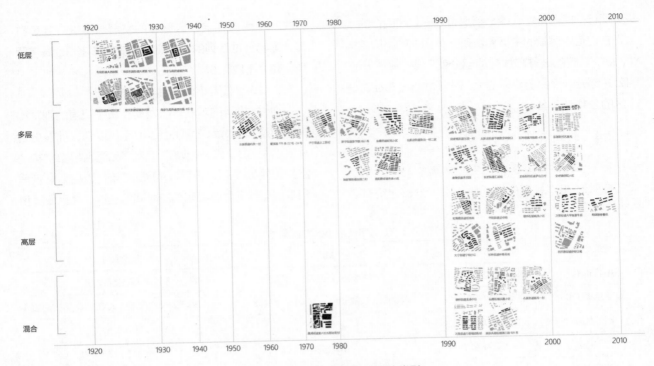

图 4　36 个社区时间轨迹与层高类型
（来源：作者自绘）

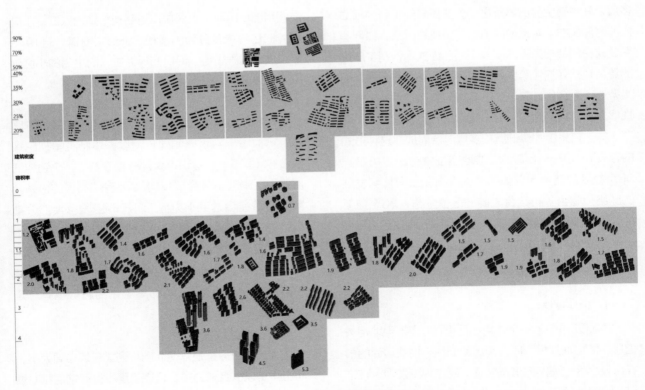

图 5　36 个社区空间密度
（来源：作者自绘）

3　生活圈

在15分钟社区生活圈设施内挑选八类基本公共服务设施[4]进行研究，分别为：商业设施，包含大型商场、小型超市、便利店（连锁便利店由于数量过多未在图中标注）和菜场，由于菜场与老年人行为联系更为紧密，故将其单独挑出；教育设施，为幼儿园、小学、中学；文体设施，为青老年文化活动中心、各类运动场馆、户外健身场地；医疗设施，主要包含综合医院、社区型卫生院、诊所；养老设施，为养老院、老年公寓、托老所、日间护理中心等；开敞空间，一般指公园和广场，主要选取城市大型公园；公共交通设施，为公交站点和地铁站点。这些设施配置的状况可以在一定程度上反映出各个小区周围公共服务设施配置完备程度。其中另外还有一项行政管理与服务设施，社区服务站、居委会、警务室等没列入本次研究范围之内。

《总规》中明确提出"城镇生活圈按照15分钟步行可达的空间范围，以500米步行范围为基准，划分包含一个或多个街坊的空间组团，配置日常基本保障性公共服务设施和公共活动场所。"笔者即以500米为半径，大致勾勒出每个社区的生活圈范围，并依据《导则》中对生活圈内的配备要求进行了现状逐点的调研（图6）。从整体情况上来看（图7），目前大部分社区都没有达到配置的要求，其中只有宁和小区、峨海小区、新泾一村满足要求。上海市提出的目标是至2035年，卫生、养老、教育、文化、体育等社区公共服务设施15分钟步行可达覆盖率达到99%左右。虽然还有很多小区没有达到全面覆盖，但是仔细观察每个小区的设施配备情况，其总量还是比较可观的，大部分小区只是欠缺了某一两种要素，其多归功于上海市自2006年起就通过整合资源逐年推进社区"三个中心"（即事务受理中心、卫生服务中心与文化活动中心）的建设，基本实现了中心城区全覆盖；另外，从图中的点的密集度可以明显看出中心城里的内环、中环并没有太大差异，但从外环开始到新城的生活圈设施密度明显小于中心城区的内环、中环，说明外环和新城的公共生活圈体系亟待加强；在内环和中环里同样存在个别社区的设施相对比较欠缺的情况，主要为在高校旁边的社区，如在华东理工大学徐汇校区与上海体育学院旁边的体育花苑，还有在

同济大学四平路校区南侧的伊顿公寓，上海大学延长校区西侧的上工新村。这些社区由于地理位置过于靠近高校，其生活圈范围的绝大部分都被高校所占据，且高校内的服务设施并不是所有都对公众开放，就造成了这些社区虽然处于中心城区但仍然较难满足生活圈的需求。

设施类型
○ 儿童常用设施
● 儿童&老人常用设施
○ 老人常用设施
● 上班族常用设施

设施服务圈
60~69岁老人日常设施圈：以菜场为核心，与绿地、小型商业、学校及培训机构等设施临近布局
儿童日常设施圈：以各类学校为核心，与儿童游乐场及培训机构等设施有高关联度
上班族周末设施圈：以文体、超市等设施形成社区文化、娱乐、购物中心，引导上班族周末回归社区生活

图6　社区设施圈层布局
（来源：《导则》）

将八大类分别拆开来看，不同设施之间的普及率也相差较大，其中目前覆盖率最高的是交通设施、教育设施和商业设施，36个社区生活圈内都有幼儿园、小学、中学之中的至少一个，且都有若干个小型商业和公交车站。而普及率最低的为社区文化设施，仅仅只有一半的社区生活圈具备。养老设施的数量分布较不平均，金杨新村街道罗山五村和瞿溪路1111弄22号~24号都有四处养老设施分布，而有12个社区生活圈内没配有养老服务设施。距离《总规》"到2035年养老设施15分钟步行可达覆盖率达到99%左右"的目标仍有一段距离。社区卫生公共服务设施方面，缺少的社区主要集中归为以下几类：靠近高校；建设年代久远的里弄社区；位于城郊的社区。公园覆盖率目前接近80%，基本符合目前阶段的要求。

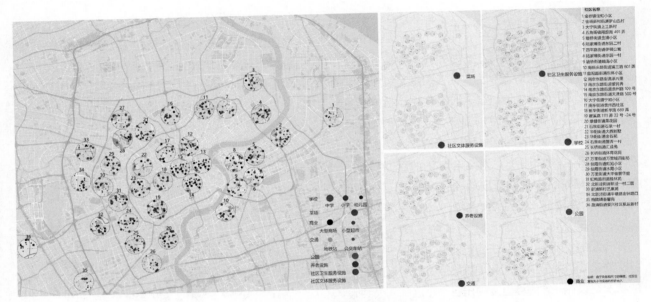

图7 36个社区15分钟生活圈分析图
（来源：作者自绘）

综上所述，生活圈目前的普及状况距离2035的目标仍有一段距离，总量与单个要素具有不同的分布特征。未来应该在充分调研的基础上，基于居民行为需求补强短板[5]，让上海市的市民都能公平地享受到平等的公共服务与体验。

4 结语

本文通过图解化的研究方法探析了36个社区实际案例的形态特征和演变规律，研究了它们目前15分钟生活圈实践现状。试图通过对社区本身各个要素的挖掘找出生活圈在未来实施过程中需要解决的难点，为准确指引生活圈的建设提出了优化方向。

上海市在依据《导则》的指导下，已经对部分存量社区进行了生活圈试点工作，本文主要是以社区内环境品质提升为主的老旧社区生活圈实践[6]为抓手，初步研究表明，生活圈目前建设仍处于设施要素区域分布不平衡，数量不充分的阶段。生活圈的建设虽然是在统一的规划目标和指导原则下进行的，但是不能千篇一律地用同一种手段和评估标准对其进行更新完善。后续需要更加关注于小区的差异，如文中提到的建设年代，区位特点和形态特征等，并有针对性地分

类建设。本文虽然挑选了36个实际案例进行分析，但样本量仍显不足，因此所获得的结论只能作为初步依据与参考，后续等待样本量的增大，将会增进结论可靠性以形成对社区15分钟生活圈实践的进一步指导。

参考文献

[1] 上海市人民政府. 上海市城市总体规划（2017-2035年）文本[R]. 2018.

[2] 上海市规划和国土资源管理局. 上海市15分钟社区生活圈规划导则（试行）[R]. 2016.

[3] 熊鲁霞. 社会理想与住宅规划——半个世纪上海住宅发展规划回顾[J]. 上海城市规划, 2011（03）: 84-91.

[4] 何瑛. 上海城市更新背景下的15分钟社区生活圈行动路径探索[J]. 上海城市规划, 2018（04）: 97-103.

[5] 李萌. 基于居民行为需求特征的"15分钟社区生活圈"规划对策研究[J]. 城市规划学刊, 2017（01）: 111-118.

[6] 杨晰峰. 城市社区中15分钟社区生活圈的规划实施方法和策略研究——以上海长宁区新华路街道为例[J]. 上海城市规划, 2020（03）: 63-68.

浅析美丽乡村背景下的传统村落拆改规划设计策略
——以福建省长乐区塘屿村为例

贾博雅[1] 张玉坤[2] 李严[2]

作者单位
1. 通讯作者，天津大学建筑学院
2. 天津大学建筑学院

摘要： 近二十年来，我国对传统村落的保护在政策支撑、理论支持和实践案例中均取得较大突破。但面对数量众多、形态各异的传统村落和广阔的发展前景，各地在建设美丽乡村的过程中仍存在一些问题。本文以2019年福建省美丽乡村项目为例，通过多方资料汇总与多种技术手段运用分析村落现状，结合当地历史文化和村民意愿，提出相应的整体规划方案、建筑拆改策略和各类建筑的改建设计方案，以期对今后同类型传统村落的规划设计提出可行性建议。

关键词： 传统村落；美丽乡村；规划设计；福建省；Agisoft PhotoScan

Abstract: In the past 20 years, the protection of traditional villages in China has made great breakthroughs in policy support, theoretical support and practical cases. However, in the face of a large number of traditional villages with different forms and its broad prospects for development, there are still some problems in the process of building Beautiful Village. Taking the Beautiful Village project of Fujian Province in 2019 as an example, this paper analyzes the present situation of the village through collection of various materials and use important technical means, combining local history and culture with the wishes of the villagers. Then put forward the corresponding overall planning scheme, strategies for building demolition and renovation, and the reconstruction design scheme for other kinds of buildings. Hopes to put forward feasible suggestions on the planning and design of the same type of traditional villages.

Keywords: Traditional Villages; Beautiful Village; Planning And Design; Fujian Province; Agisoft PhotoScan

2000年以来，随着社会主义新农村、幸福农村、美丽乡村和乡村振兴等政令的不断推出，乡村发展与农民幸福指数逐渐成为关联社会发展的关键词。习近平总书记在党的十九大报告中指出，"乡村振兴战略"是有效解决我国城乡发展不平衡、不充分、不同步状态，实现村镇聚落可持续发展，走出中国特色乡村振兴之路的首要任务。面对乡村广阔的发展前景，我国在传统村落建设中仍存在一些问题，比如，大范围的拆改、相似的规划布局思路、形式单一的产业发展等，这样的解决方案已经远远不能满足我国类型众多、形态各异的传统村落改革进程。如何在保留乡村文化底蕴与建筑风貌的前提下，满足村民日益提高的生活需求，是当前传统村落规划设计中所面临的难题。

1 项目背景

福建省福州市乡村建设领导小组为贯彻十九大

提出的乡村振兴战略，加快推进城乡统筹，全面提升农村人居环境，于2019年以"美丽乡村"建设为抓手，打造属于福建省的"美丽乡村"项目，助力乡村振兴。项目地点是位于福建省福州市长乐区首占镇的塘屿村，属城郊型乡村。村域范围约270.16公顷，包含自然村、水库、山林、墓地和农田等；核心区范围约23.64公顷，是村民们日常生活所居住的区域。

2 现状调研

为更加全面、更加快速地了解塘屿村现状，本团队采用"资料收集—走街串巷—入户调研—技术支持"的"四步走"方法进行实地调研与相应的数据分析。

①资料收集。通过了解上位规划、古籍文献以及浏览相关网页和公众号，初步了解塘屿村的基本信息、历史文脉和风土人情。

②实地调研。对村域和核心区进行深入了解，首先熟悉方位，进而对重要公共建筑或历史建筑的位置进行定位踩点，以其为原点扩散至下一个节点建筑、河道、市场、水库等，基本掌握村域范围和建筑特征，拍摄每栋建筑与周边街道的人视图片。

③入户调研。由基层出发，倾听百姓的真实诉求，通过基本信息采集和问卷调研的形式走访每一户村民，最终整理出庞大的基本信息表和调研问卷饼形图，为后续规划设计提供扎实的基础数据支撑。

④技术支持。运用无人机拍摄大量航拍图片，通过 Agisoft PhotoScan 在短时间内生成点云模型，清晰直观地还原村域现状，为后期绘制图纸带来便利；通过 Cloud compare 将核心区内的绿地、硬质铺装、平屋顶坡屋顶等面积进行分别计算，为后续规划设计提供数据支撑。

3 核心区建筑分析

获取各类基础数据和点云模型之后，分别对塘屿村村域现状和核心区现状进行地理区位、上位规划、坡向坡度、土地利用、道路交通、公共服务设施等方面的分析。在此基础上对核心区范围的区域与建筑进行用地分区、建筑性质、建筑层数、建筑产权、建筑质量、建筑风貌等方面的分析，运用 Agisoft PhotoScan 模型与 Cloud compare 计算出平屋顶、坡屋顶在核心区范围内各自所占面积与百分比，为下一步的建筑拆改规划奠定基础。

3.1 用地分区、建筑层数、建筑性质和建筑产权分析

1. 用地分区分析

随着时间的推移，塘屿村村民的生活习惯、家庭成员组成与其居住位置也在不断变化，并逐渐形成了界限较为清晰的三个区域（图1），1区以历史建筑为主，包括几组距今约500年的明朝时期建筑组团和几栋保存完好的民国时期青砖建筑；2区以2000年之后统一规划的房屋为主，房屋质量普遍较好，外形统一，风格多样；3区构成相对复杂，历史建筑与新建建筑共存。

2. 建筑层数分析

首先对相对比较直观的建筑层数进行分析（图

2），以1~3层为低层建筑，4~6层为多层建筑，7~9层为中高层建筑，≥10层的为高层建筑为标准，将现状层数反馈于图纸上。可以清晰地看出，塘屿村核心区的中心区域建筑多为低层建筑（1~3层）；西南部建筑为2000年后统一规划，多为多层建筑（4~6层）；村庄内部共有40栋中高层建筑（>7层），零散分布于村落中，多为村民自建房屋，无规律可循；其中有16栋超过10层，最高的一栋有16层，与周边大面积的中低层建筑形成了鲜明对比。

图1 核心区用地分区分析图
（来源：作者自绘）

图2 现状房屋建筑层数分析图
（来源：作者自绘）

3. 建筑性质和建筑产权分析

接下来对核心区内所有的建筑进行建筑性质划分（图3）和建筑产权（图4）确认，方便后续做拆改规划时能够确定需要拆改的具体是哪一户、该建筑在村中担任的具体功能等。

图3　现状房屋建筑性质分析图
（来源：作者自绘）

图4　现状房屋建筑产权分析图
（来源：作者自绘）

"研"的相关基础材料，绘制建筑质量和建筑风貌分析图，为后续的建筑拆改奠定基础。

1. 建筑质量分析

塘屿村核心区现状建筑质量评价如图5所示，按四个等级进行划分。

图5　现状房屋建筑质量评价图
（来源：作者自绘）

A等级：建成时间距今较短的自建房屋，多为≥7层的中高层和高层，质量较好；

B等级：位于核心区西侧、经统一规划的建筑，建成时间略长于村内的中高层建筑，紧邻入村主路两侧，需要对其立面进行整饬和视线遮挡处理；

C等级：距今年代较久远，但建筑外形、整体风貌和结构质量均保存较完整，中低层建筑居多；

D等级：多为加建、违建或结构质量较差的建筑。

2. 建筑风貌分析

塘屿村核心区现状建筑风貌评价如图6所示，按三个等级进行划分。

Ⅰ等级建筑：年代久远（大多建于明代，距今500~400年）、具有一定历史文化价值且外形、结构均保存较为完整的建筑；

Ⅱ等级建筑：多为近20年内建成的建筑，整体风格比较整齐、统一，建筑外形保存完整，建筑结构坚固耐用；

Ⅲ等级建筑：需要拆除的建筑，包含两种情况，一为加建、急需拆除的建筑（由于村中加建建筑过多，图上未能全部标出），二为建筑间距过近、形态不完整、结构不安全的建筑。

核心区内大多数建筑为居住类建筑，且均为私人建筑，占全村建筑的95%以上；商住两用建筑7栋，其中5栋属于私人建筑；此外，村中还有1栋行政办公建筑、1栋医疗卫生建筑、5栋公共服务类建筑、2栋文化娱乐建筑、3栋教育建筑（塘屿村小学）、2栋宗祠和2栋寺庙，以上均属于公共建筑。由此可以看出，塘屿村核心区范围内的建筑大多数为私人所有的居住类建筑，在后续规划设计中，如果涉及拆改，需要村干部积极与该户村民进行协调；公共建筑的类型虽然比较齐全，但数量较少，容纳和涵盖的力度不够，不能满足村民日常生活的需求。

3.2　建筑质量和建筑风貌评价

基于以上分析，我们对塘屿村的核心区建筑有了比较全面的认识，进而结合"走街串巷"和"入户调

图 6　现状房屋建筑风貌评价图
（来源：作者自绘）

图 7　核心区建筑拆改规划指引
（来源：作者自绘）

3.3　村民意愿调查

在村庄规划中不可或缺的一环就是村民意愿调查，为了倾听百姓的声音，规划出更符合百姓心声的村庄形象，我们在调研过程中发放了包含住房情况、娱乐设施及人居环境、村庄产业规划、村庄养老四个方面问题的调研问卷，回收后对其进行数据图形化处理，对每个项目的特征进行分析。综合所有问卷，我们发现塘屿村居民对提升其居住环境的要求主要集中在以下几点：①住房情况方面，村民需求较高，改善意愿较明显；②公共服务设施及人居环境情况方面，村民普遍满意度不高，改善意愿明显；③村庄产业规划方面，村民们需求较高，意见呈多元化；④村庄养老方面，村民们更希望留在乡村养老，需要提升村内养老环境。

4　塘屿村核心区建筑拆改策略与解困住宅设计

将用地分区、建筑性质、建筑层数、建筑产权、建筑质量、建筑风貌各部分所对应的分析图，与村民意愿调查结果相结合，最终确定本次规划设计的建筑拆改指引方案、与之相对应的拆改策略，解困住宅具体位置以及各类建筑的改建设计方案。

4.1　核心区建筑拆改规划指引方案（图 7）

A 等级：年代久远、具有一定历史文化价值，外形、结构均保存较完好，建议原样保留；

B 等级：年代比较久远，外形、结构比较完整，多为建筑组团，建议依原样修整修缮；

C 等级：近 20 年内建成的建筑，建议原样保留，可对其沿街面进行视线遮挡处理；

D 等级：依实际情况分为两类，D1 为加建、急需拆除的建筑（村中加建建筑过多，图上未能全部标出）；D2 为间距过近、形态不完整、质量较差的建筑，建议根据项目实施进度进行依次拆除。

4.2　核心区建筑拆改策略

1．A 等级——原样保留

①类型 1：具有历史文化价值的公共建筑，如祠堂或寺庙，是村中历史文化传承的重要载体，因此建议在保留原样的基础上进行保护与修缮；

②类型 2：具有历史文化价值的私人建筑，村中有三栋保存完整的、建于民国时期的青砖建筑，至今建筑的外形、结构与细节均保存非常完整，极具历史保护价值；

③类型 3：已经整改的具有历史文化价值的私人建筑，由于住宅产权属于个人，且房屋建成距今已有 400 余年的时间，因此部分村民根据自己的生活需求对其住所做出了一些整改措施，改造后不仅满足自己的生活需求，也没有破坏原始街道的尺度与景观。

2．B 等级——依原样修缮

大多是明朝时期的建筑，距今已有四五百年的历史。综合各个组团的情况来看，建筑本体、庭院、门窗框等建筑构件均保存较完整，其中还包含极具历史保护价值的明朝户部尚书林材的老宅组团、宅前半月池与周围的五座古井。评为B等级的原因有两点，一是因为它们大部分均需要在原基础上做修缮保护，二是因为部分组团中的老宅已被改建成高层建筑，拉低了组团整体的保护价值。

3. C等级——原样保留，做视线遮挡处理

C等级建筑多为近20年内建成的非历史建筑，部分经政府统一规划后建成，部分为村民自建，大多结构完好但立面处理稍有不足，建议在原样保留该类型建筑的基础上，将同一建筑中不同材质进行统一化处理，将沿街立面进行视线遮挡处理，将沿河立面进行"开放性"和"商业化"处理。

4. D等级——拆除

①类型1：沿河加建。塘屿村北侧临河，沿河道路毗邻村口可通车，是塘屿村的门面。现状是沿河的加建建筑数量多、类型杂，严重影响沿河立面的完整与美观；

②类型2：残垣断壁。核心区存在大量旧屋残破的现象，此类型的房屋大多无顶，建筑结构与门窗残破，立面材质杂糅，无法居住和使用；

③类型3：距离过近。由于村内土地和建筑大多属私人制，村民对本人房屋进行整改时并未进行统一、专业的规划，因此在房屋翻新建设的过程中未能考虑日照间距不足的问题，导致建筑密度过大，部分通道甚至狭窄到单人无法通行。因此在本次规划设计中，我们将房屋破旧、建筑密度过大的几个区域进行"透气性"处理，使建筑与建筑之间保持应有的间距，同时利用这些区域为村民提供更多的休闲场所。

4.3 解困住宅位置与各类建筑改扩建设计

1. 统计拆迁面积（图8）

将所有D类建筑的建筑面积和占地面积分别进行加和计算，得出需要拆迁的建筑面积为17873.82平方米，占地面积为11789.8平方米；结合核心区总建筑面积，得出容积率为1.148，此数值远远低于国家标准，从而印证了对部分残破建筑的拆除是十分必要的。

2. 解困住宅位置与建设面积（图9）

通过对旧建筑拆迁后的地块进行日照间距测算，得到六处比较适合新建住宅的位置，通过底层占地面积（即各层面积）计算出具体层数，加和后得出新建建筑面积共19560.8平方米，大于拟拆除面积17873.82平方米，满足安置需求。

图8 拆迁面积统计
（来源：作者自绘）

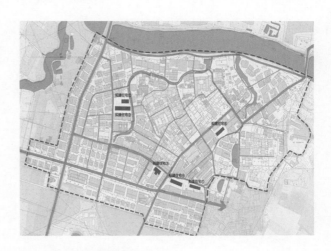

图9 解困住宅位置与面积图
（来源：作者自绘）

3. 部分改建设计方案

（1）组团式历史建筑（多为B等级）

以新兴街97号组团为例（图10），距今已有400余年的历史，因此我们在对此类型建筑的改造建设中所秉持的原则为将其建筑原貌不做过大的调整，保留原有的建筑形态；遵循美丽乡村的要求，平屋顶改为坡屋顶，水泥抹面改为贴砖饰面；门窗按照塘屿村中保存完好的传统建筑（A等级建筑）的门窗形式进行改造，且门窗框多为石材。

（2）解困住宅设计（图11）

以位于村庄东南部拟建的商住两用住宅为例，首层为商铺，二层为婚宴厅，三层及以上为住宅，居民由西北角的独立入口出入，与来往于底商和婚场的人流分离。住宅为一梯三户，有两种不同的户型供拆迁居民进行选择。

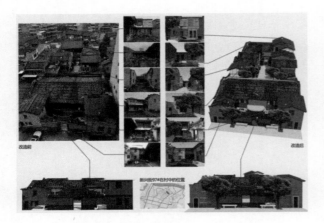

图 10　新兴街 97 号院改造案例
（来源：作者与团队成员自绘）

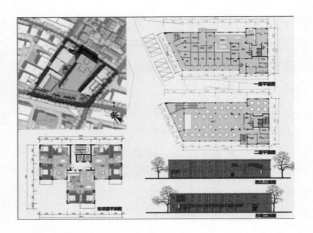

图 11　解困住宅设计
（来源：作者与团队成员自绘）

5　结语

笔者通过剖析实际参与的美丽乡村规划设计案例，梳理团队在美丽乡村建设过程中的调研数据获取途径、相关软件运用与规划设计思路，以期对今后传统村落的规划设计提供一些参考。值得一提的是，我国幅员辽阔，各地区地域文化和生活方式差异巨大，统一的规划设计思路和形式相近的产业发展已远远不能满足我国类型众多的传统村落改革进程，需要从个案中提炼典型问题，进而结合案例的实际情况对典型问题提出针对性的解决方案。

日常生活视角下旧城更新策略研究
——以都江堰蒲阳路旧城片区为例①

王蜜[1] 何洲历[1] 舒波[2]

工作单位
1. 西南交通大学建筑与设计学院
2. 西华大学土木建筑与环境学院

摘要： 快速变革的时代背景下，城市旧区发展往往落后于时代，主要原因是城市承载力与人们日常生活需求之间存在矛盾，故旧城更新中强调城市发展与日常需求的融合尤为重要。本文结合都江堰蒲阳路旧城片区更新设计，基于日常生活视角对其现状进行分析，从整合空间架构、加强交通循环、空间复合叠用和尊重城市文脉四个方面探讨该片区更新策略。旨在明确日常生活视角下旧城更新的目标与策略，使旧城发展更加符合日常生活需求，进而推动其可持续发展。

关键词： 旧城更新；都江堰；日常生活视角；更新策略

Abstract: Under the background of rapid change, the development of old urban areas often lags behind the times, the main reason is the contradiction between urban carrying capacity and people's daily life needs, so it is very important to emphasize the integration of urban development and daily needs in the renewal of old cities.Based on the daily life perspective, this paper analyzes the current situation of the old city district renewal design of Puyang Road in Dujiangyan, and discusses the renewal strategy from four aspects: integrating spatial structure, strengthening traffic circulation, combining space and respecting the urban context.The purpose of this paper is to clarify the goal and strategy of the renewal of the old city from the perspective of daily life, to make the development of the old city more in line with the needs of daily life, and then to promote its sustainable development.

Keywords: Old City Renewal; Dujiangyan; Daily Life Perspective; Renewal Strategy

1 引言

在城市现代化过程中，诸多因素影响导致城市旧区内部出现整体肌理破碎、区域职能衰退、公共空间活力不足、基础设施落后等问题，人们惯常的生活方式与生活节奏濒临瓦解，城市与生活在其中的人都面临巨大挑战。城市旧区更新不仅是在整体风貌、建筑肌理上与周边取得和谐，还应充分回应场所人群的现实生活，挖掘出人群的特色日常生活和切实需求，并从中构建人与空间环境的关系，以增强人们和城市的互动体验[1]-[3]。

人是城市的主角，城市因人群的聚集而诞生[4]。人群日常生活对城市空间产生需求，城市在适应不断变更的人群生活方式的同时也完成了自身空间结构和社会文化的更新。国外对于日常生活与城市发展的耦合关联的研究由来已久。1961年简·雅各布斯在《美国大城市的死与生》中提出日常生活的重要性，由此拉开了关注日常生活的建筑思潮序幕。近年来国内也开始将日常生活与城市空间相结合进行研究，如探讨日常生活作为主体因素影响城市空间的可行性，建构基于日常生活需求的旧城复兴设计策略等[5][6]。尽管目前从日常生活视角对城市空间的研究还尚未形成完善的体系，但学者们已经开始尝试将日常生活视角与诸如人居环境、可持续发展、人本主义等理论进行跨学科联动，有益补充了对该视角的研究[7]。

城市日常生活随城市物质与社会环境差异而呈现出很大不同，都江堰市作为我国重要的历史文化与生

资助项目：
① 四川省科技厅重点研发项目，基于避灾视角下川南地区
绿色宜居村镇聚落适宜性规划研究与示范（2020YFS0309）。

态旅游名城，其城市更新过程中也不可避免地出现漠视人群日常生活需求、缺乏对日常生活关注的倾向。本文以都江堰蒲阳路旧城片区为例，通过自下而上的日常生活视角，着眼于旧城更新过程中人群的日常生活，通过设计目标调整、设计原则确立及更新设计策略的探讨，使片区在城市发展与人群需求之间求得协调发展，进而提高片区生活品质。

2 旧城更新中存在的问题

2.1 区域边缘化

旧区大多曾以工业立足，其中的建筑以工业厂房和职工住区为主，而随着城市对于工业污染的治理，旧区中的工业几乎尽数搬离。在这一过程中，旧区淘汰传统产业之余未能及时植入适应城市发展取向的新产业，产业空心化使得旧区在城市发展中处于边缘地位。此外，随着旧产业搬离而发生的还有旧区内传统的家属院邻里社会结构的瓦解，旧居民不断搬迁，而新入住的人群主要活动范围不在场地内，使得旧区整体发展停滞、社会活力不足、边缘化现象明显。

2.2 肌理破碎化

高速城镇化时代的旧城更新往往既缺乏深层次的人文思考，又缺少对城市原有文化生活特色的理解与耐心。旧城发展由于长期缺乏整体规划，其内部建筑建设较为随意，片区整体结构受到破坏；旧区内各种违规搭建现象，肆意生长自建房使旧城肌理杂乱无章，缺少整体性与连续性；较少关注城市绿地空间，肌理破碎化现象较为严重。

2.3 空间孤岛化

由于长期的发展停滞，旧区在经济社会发展中与其周边出现明显差异，往往被发达的现代商业、现代居住为主的城市风貌所包围，因而形成了旧区空间环境的"孤岛化"现象。在当前的旧区更新实践中，不少地方推崇"推翻重建"的更新模式，造成旧区城市文脉整体性与延续性的割裂，加剧了旧区在社会文化上的"孤岛化"。

3 日常生活视角下旧城更新的内涵理解

3.1 日常生活视角

日常生活可以说是除具有重要意义的政治、经济、管理等有组织社会活动和科学、艺术、哲学等自觉精神生产之外的所有活动的总称，其存在并非刻意为之，而是以一种自在的、无意识的方式每天重复着[3]。对于旧城更新而言，日常生活视角主要关注三个基本要素：主体、事件和空间[5]。人是事件的主体，事件必须依托特定空间才能发生，空间是主体参与事件的发生地，承载着主体关于历史的文化与记忆的认同感。三者相互关联形成了以主体为核心、以事件过程为重点、以满足主体需求为根本的有机整体，在相互作用中探寻旧城更新与人群日常生活最协调的共生模式。

3.2 旧城片区更新

工业革命以来，人们为了建造更美好的城市进行了无数的实践与反思，然而在这些实践中，人群的日常生活却往往被视为干扰因素而被抛弃。总体而言，现代城市中存在着三对矛盾：其一是经验主义的僵化教条与现实生活的复杂随机；其二是全球趋同化与城市本我特征；其三是物质功能与精神需求。这些矛盾在过往旧城更新实践中体现得淋漓尽致。

旧城发展过程中，人们日常生活需求与城市承载力间产生了诸多矛盾，日常生活这种具有重复性与稳定性的集体行为，建立在熟悉的场所空间内，可提供一种深层次的安全感与舒适感，这也是旧城之于居民最大的价值。此外，旧城还具备一定的生态价值、文化价值与美学价值等。因此，探讨旧城场所精神与顺应时代发展的人群需求之间的关系，实现保护与发展之间的双赢，在其更新实践中具有重要意义。

3.3 日常生活视角下的旧城片区更新

在城市中，主体、事件和空间三要素相互依存，脱离了主体与事件的空间毫无意义。因此，在旧城片区更新中，应从自下而上的日常生活视角出发，顺应日常生活运行规律、满足居民不断变化的日常生活需求，在体验真实生活情景的基础上感悟这些情景中寄托的集体记忆与情感，才能更清晰地了解城市真实性，避免纸上谈兵。

4 基于日常生活的都江堰蒲阳路旧城片区调研和总结

4.1 片区概况

场地所属的都江堰市位于成都平原西北边缘与岷山山脉交界处，因同名水利灌溉工程而闻名于世，迄今已有2000多年的历史，具有深厚的历史文化底蕴。城市整体形态及发展以都江堰水利工程为起点，随着城市化进程与产业集聚发展，城市用地扩张逐步向东南方向呈扇形延展，其上位规划中包括一核两中心，三周两区，城市功能主要分为滨江新区、都江堰老城区、灌县古城、都江堰景区四大部分（图1）。

规划场地位于20世纪80、90年代都江堰城市发展而来的蒲阳路旧城片区，区域职能定位为蒲阳干道范围内城市服务功能轴上的城市综合功能区，该片区距离都江堰景区和古城区域都不到1公里，在未来的城市规划中具有重要的城市综合服务和交通连接意

义。片区地处连接主要景区的旧城核心区域，拥有较好的区域位置和配套条件，其边界环境存在较大差异，南面主要为蒲阳河自然景观，另外三面表现出不同时代与风格的城市面貌（图2）。整体而言，该片区人居环境品质不高，可以说是整个都江堰老城区发展滞后、缺乏规划的一个缩影。

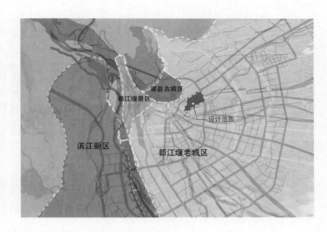

图1 都江堰城市规划功能片区示意
（来源：作者自绘）

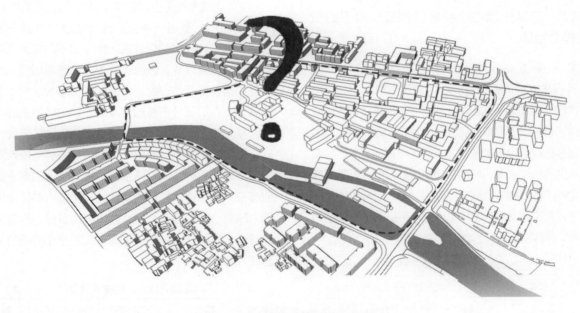

图2 都江堰蒲阳路旧城片区现状
（来源：作者自绘）

4.2 片区日常生活主要特征

1. 日常生活主体

从城市整体人口数据来看，都江堰人口近十年来

增长缓慢，大部分年轻人流入成都，中、老年人占比较大。通过调研发现，基于都江堰主导的旅游产业对人群的吸引，片区人口构成较为复杂；日常生活主体主要包括本地居民、外来租住者及外来游客，其中基

于城市人口流失严重的总体特征,片区人口老龄化状态突出;其他日常生活人群包括来此购物、就餐的周边市民、大学生等。

2. 日常生活主要特征

片区内的日常生活行为主要包括居住、工作、学习及日常休闲(图3),基于片区较为复杂的人口构成,多元化日常行为主体在生活中呈现出差异性的日常行为特征。该区域作为早期建设的老城区,逐渐成为了城市外来租住者的聚集地,在居住方式上形成了租住、自住混居,且以租住为主的模式;外来或本地务工人员、自营业主平日忙于工作,较少参与片区内的休闲和游憩活动;本地居民(中、老年人为主)是片区内休闲娱乐、交往游憩等公共活动以及购物等消费活动的行为主体;片区内的小学和周边高校人群也是其小商铺的消费群体。

图3 片区人群日常行为活动
(来源:作者自绘)

4.3 日常生活与物质环境相互作用下的空间及社会问题

1. 空间结构组织性弱导致日常联系受阻

片区现状空间整体性较弱,建筑主要以行列式布局方式集中在场地东北区域,西南区有大量空置区域;场地中的建筑以老旧多层居民楼为主,大部分是曾经的水电局等机构的职工家属区,临街底层有配套生活的商铺;从交通条件来看,场地外部可达性较好,但其内部道路密度较低,狭窄且断头路较多,空间闭塞流动性较弱。通过在不同路段对不同人群进行采访调研,总结归纳出目前片区空间结构方面的问题(表1)。

蒲阳路老城片区空间结构问题总结 表1

问题	视角	日常生活主体视角下片区存在的问题
1	居民角度	人行道狭窄,常被沿街住户侵占空间;小区之间缺乏交通联系;河道两岸缺乏联系
2	游客角度	交通可达性较弱,断头路多,不利于游览;缺乏停车设施和交通设施
3	自营业主角度	街道乱停乱放现象普遍;人车混行严重;街道环境缺乏统一管理和整治
4	设计者角度	片区内部路网密度低,大部分区域可达性与可视性都较弱

(来源:作者自绘)

2. 功能内卷化引起日常生活行为缺乏活力

内卷化,是指一种社会或文化模式在某一发展阶段达到一种确定的形式后,便停滞不前或无法转化为另一种高级模式,因而长期停留在简单层面的自我消耗和自我重复的现象。目前,蒲阳路片区内以居住建筑为主,沿街分布有部分服务居民生活为主的小商铺,整体来看,其承载的功能较20年前并无太大改变。居民休闲娱乐、健身交流等公共服务功能长期处于被忽略的状态,缺乏适应城市发展定位的商业旅游业态及旅游接待功能,因此形成的功能内卷化使场地活力缺失、发展停滞。对片区内不同身份的日常生活人群进行调研,以公众参与的方式对存在的问题进行总结(表2)。

蒲阳路老城片区功能问题总结 表2

问题	视角	日常生活主体视角下片区存在的问题
1	居民角度	年轻人:周边供年轻人外出聚会、娱乐休闲的选择不多
2	居民角度	中、老年人:缺乏满足大家交往需求的公共服务设施,如公园棋牌活动室、儿童活动中心等;原自建居住空间满足不了现有需求,需临时搭建
3	自营业主角度	商业环境较差,顾客以片区居民为主,对游客的吸引力较弱

续表

问题	视角	日常生活主体视角下片区存在的问题
4	游客角度	功能单一、无特色吸引力，需增加休闲服务设施和旅游相关服务功能
5	设计者角度	功能建设与功能定位节奏不匹配，功能多样性缺乏因而限制更多日常生活行为的发生

（来源：作者自绘）

3. 空间环境混杂带来日常生活舒适性和归属感降低

片区内的整体规划长期失位，加上建筑老化现象严重，居住环境品质不高；为满足更多需求，原住民的各种违规搭建现象层出不穷，尤其是蒲阳河两岸，各种棚户搭建占据了公共的道路、休闲、绿化空间等，割裂了居住与交往空间之间的连续性；另外，公共空间存在感较低，可供居民使用的公共空间较少、规模小，且空间质量不高，提供更多可能性活动的服务设施严重不足；随着空间环境混杂带来居住及公共空间品质降低，居民之间密切联系的生活网络与生活氛围不复存在，在忽视旧城空间布局、传统历史肌理、城市及建筑风貌而建设的过程中，城市记忆逐渐丧失（表3）。

蒲阳路老城片区空间环境问题总结　　表3

问题	视角	日常生活主体视角下片区存在的问题
1	居民角度	街道混杂，环境脏乱；街道狭窄，停车不便；缺乏公共空间，空间品质不高
2	游客角度	商业与居住功能混杂分布，居住环境较差；缺乏城市建筑及街区风貌特色
3	自营业主角度	街道整体环境较差，摊贩侵占街道现象普遍；早晚人流量大时街道非常拥挤
4	环卫工人角度	居民杂物较多不便清理；垃圾侵占公共区域现象严重

（来源：作者自绘）

5 日常生活视角下的片区更新设计目标与策略

5.1 片区更新设计目标

都江堰拥有丰富的生态本底和遗产资源，但城市在"后遗产时代"发展中推动力不足。随时代不断变化的日常生活需求与相对固定的空间场所之间的矛盾是旧城衰落的本质[8]，而在日新月异的城市发展中，旧城相对稳定的场所赋予人们认知情感上的延续性和心理深层次的归属感又恰恰是其最大价值体现。因此，日常生活视角下的旧城片区更新设计，应在客观分析旧区生活及资源现状基础上，积极介入场所的日常生活，充分挖掘并利用现有环境资源，强调物质和社会环境的延续性、营造场所环境的多样性，本着以人群需求为核心的原则，为人们塑造更适宜的城市生活空间。

5.2 整合空间架构，"优化"空间组织

在引导城市更新的过程中，应考虑自上而下的空间体系整合与自下而上的旧城空间记忆重塑相结合[9]，因此，该更新设计方案结合现状空间特征与自然、文化资源，以"强化轴线、联动河流、构建绿源网络"为主要空间架构思路，首先对蒲阳河旧城片区进行结构优化，分别打造连接蒲阳河两岸与景区的纵横主轴和沿河生态轴，在延续"蒲阳河绿廊"的同时，植入沿街绿化、围合绿化、景观栈道等多层级公共绿地空间，形成连续贯通、可持续的城市空间系统（图4）。

5.3 加强交通微循环，"营造"开放出行空间

旧城片区内长期的无序加建与旧区自然老化的环境，阻塞场所内部流通的同时，也割裂了其与城市周边的空间联系与生活交流。通过分析片区内现状交通状况及本地居民、游客、外来租户三大日常生活主体的生活出行特点，提出优化交通组织的思路：水平界面疏通道路系统，强化微循环交通（图5）；垂直界面增建桥梁、廊道等形成多层次漫步空间；疏理、构建多元慢行活动空间与路径。

规划方案根据场地环境关系和人群动向分析处理划分路网，打通片区北侧老旧小区之间的断头路，形成小街巷，增加场地可达性，加强与西北侧景区的纵向联系，增加南北向跨河桥梁，有效联系蒲阳河两岸。考虑到居民、游客等不同人群的活动需求，由西向东规划构建由"体验式商业街、滨河风光带、内街景观轴、街边活力带、滨水观景栈道等"组成的步行休闲系统，提供了满足多元需求的趣味、舒适生活体验空间。

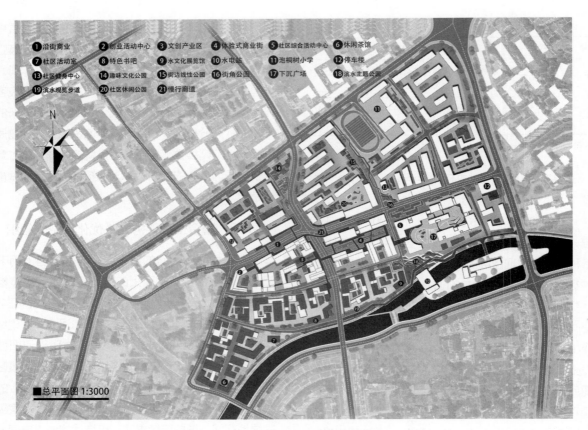

① 沿街商业　② 创业活动中心　③ 文创产业区　④ 体验式商业街　⑤ 社区综合活动中心　⑥ 休闲茶馆
⑦ 社区活动室　⑧ 特色书吧　⑨ 水文化展览馆　⑩ 水电站　⑪ 泡桐树小学　⑫ 停车楼
⑬ 社区健身中心　⑭ 趣味文化公园　⑮ 街边线性公园　⑯ 街角公园　⑰ 下沉广场　⑱ 滨水主题公园
⑲ 滨水观览步道　⑳ 社区休闲公园　㉑ 慢行廊道

N

■总平面图 1:3000

图 4　片区更新设计总平面图
（来源：作者自绘）

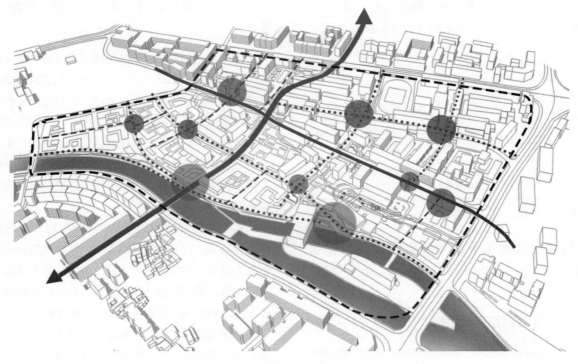

图 5　都江堰蒲阳路旧城片区现状
（来源：作者自绘）

5.4 空间复合叠用，"激发"多元生活

城市老城区往往空间有限，尊重旧区空间结构与肌理完整的同时，通过空间的复合叠用，利于实现空间利用高效与多元化，塑造出有限空间的最大潜力。蒲阳河旧城片区规划中除加强内外连通性外，还强调垂直界面上多层次的空间营造。沿纵向主轴兴盛街南侧新建的文创商业片区与活动中心整体采用围合式内街布局，在内街增设空中廊道衔接区域各类建筑，便捷人群的工作与生活，并提供仅属人群的、多元的路径体验；设计结合现状沿兴盛街两侧增设空中连廊，成为老旧居住区与新建商业片区之间的过渡；此外，片区南侧沿蒲阳河新建的新型居住区分层叠合成多形态体量，垂直界面上创造出多层级的景观与休闲空间，并与水景产生亲切对话。

5.5 尊重城市文脉，"延续"旧区生活

城市文脉的真正载体不是被保护的历史街道或历史建筑，而是在城市演进过程中形成的生活场景与历史记忆[8]。城市街区作为居民生活以及游客游览的主要空间，处处都承载着一代人或几代人的场所记忆[10]，片区现状虽然环境混杂、空间堵塞，但其呈现出了川西文化风格的街巷格局与下铺上居、穿梭街巷的市井气息，具有一定的保留、利用价值。

规划中保留片区北侧蒲阳路与兴盛街之间现有的老旧的街巷格局和下铺上居的空间模式，利用街区现有的存量空间，适当增加老街区商业旅游业态，构建满足多种人群需求的基本生活圈；兴盛街以南新建的文创商业街区和新型居住片区采用街巷—院落式布局，传承老街区的历史文脉及其承载的空间感受，利用连续的空中廊道建立联系水平与垂直方向的商业街道—新型居住—双创办公系统，商业内街、街边广场、屋顶平台等实现新建片区功能和交通上的过渡，在延续都江堰老城区独特文脉的基础上，塑造新的生活与空间体验；以满足片区三类日常生活主体的需求为核心，在社区内部庭院、外部街道沿线及闲置空地等空间内设置主题微公园、观景栈道等，营造满足不同人群类型化、差异化的活动类型、生活服务业态及活动所需的交流空间及场所。

6 结语

城市更新的本质在于更好地服务于生活在其中的人，不同人群具有不同的聚居模式与对场所不同的认知记忆[10]。法国社会学者列斐伏尔认为日常生活中潜藏着改变世界的革命性因素，简·雅各布斯也提出，城市的活力蕴含在日常生活中，可见要了解一座城市，就必须关注其中的人，贴近他们的日常生活，让城市空间与人们生活在相互作用中不断协调发展，寻求最适宜人类生活的方式与城市发展的最佳途径。因此，在旧城更新中强调日常生活在空间上的延伸与互动，重塑人与城市空间之间的互动关系，利于旧城重新获得内在演化的动力与活力，更好地实现激活旧城生活、旧城融入城市整体与可持续发展的目标。

参考文献

[1] 阳建强. 中国城市更新的现况、特征及趋向[J]. 城市规划，2000（04）：53-55+63-64.

[2] 李强，陈宇琳，刘精明. 中国城镇化"推进模式"研究[J]. 中国社会科学，2012（07）：82-100+204-205.

[3] 邹兵. 增量规划、存量规划与政策规划[J]. 城市规划，2013，37（02）：35-37+55.

[4] 刘生军. 城市设计诠释论[D]. 哈尔滨：哈尔滨工业大学，2008.

[5] 汪原. 迈向过程与差异性——多维视野下的城市空间研究[D]. 南京：东南大学，2002.

[6] 陈晓虹. 日常生活视角下旧城复兴设计策略研究[D]. 广州：华南理工大学，2014.

[7] 李峰. 日常生活视角下城市社区公共空间更新研究[D]. 成都：西南交通大学，2018.

[8] 陈晓虹，何正强. 日常生活视角下旧城更新模式探索——以广州市解放中路旧城改造一期工程为例[J]. 华中建筑，2014，32（05）：119-123.

[9] 陈沧杰，王承华，宋金萍. 存量型城市设计路径探索：宏大场景VS平民叙事——以南京市鼓楼区河西片区城市设计为例[J]. 规划师，2013，29（05）：29-35.

[10] 刘亮，贾梓苓，谢秉宏，苏子航. "记忆+"视角下城市更新规划路径初探——以咸阳市毕塬路街区为例[J]. 城市发展研究，2019，26（S1）：83-88.

城市微更新中的居住型口袋公园设计策略研究

宋梦梅

作者单位
东南大学建筑学院

摘要：居住型口袋公园是改善居民生活和完善城市景观系统的基础，但面临着同质化现象严重、后期运营差、绿化空间品质低和缺乏应对灾害能力的问题。通过韧性城市和城市微更新理论，分别从宏观城市角度——"景观系统规划""防灾避灾体系""公众参与运营"和微观建造角度——"结合基础设施""景观视觉焦点""新技术和传统的统一"，提出具有一定弹性的更新设计策略，为激发社区活动和城市公共空间系统提供一定参考。

关键词：城市微更新；居住型口袋公园；弹性；公共空间系统；基础设施

Abstract: Residential Vest-pocket park is an important part of improving community environment city landscape system. Community vest-pocket park, but it faces new problems, including serious homogenization phenomenon, poor operation in the later period, low quality of green space and lack of coping ability to face disasters.Through the theoretical explanation of resilience city and urban micro-renewal, this article respectively from macro aspect—— "landscape system planning" , "disaster prevention and avoidance system ", "public participation operation" and micro aspect —— "infrastructure combination" , "landscape vision focus", "new technology and traditional unity" , flexible updated design strategies are proposed to stimulate community activities and provide references to regenerate urban public space system.

Keywords: Urban Micro-renewal; Residential Vest-pocket Park; Public Space System; Public Participation

随着经济发展和城市化进程的加快，我国的工作重心已从存量转变到增量发展，着重强调城市微更新。同时，诸如地震火灾等灾害多发对城市发展的负面影响较大。社区是城市发展的最基本单元，所以优化城市生活和保障城市安全应从改善社区居民环境开始。其中，居住型口袋公园是社区居民交往和健身活动的重要场所，是联系城市大型景观系统和社区绿化之间的纽带，所以可从宏观城市和微观建构的社区口袋公园微更新来改造城市公共空间环境。

1 口袋公园现状及问题

高密度城市背景下产生了口袋公园，分散式的布点缓解了人民对绿色开放空间的需求。口袋公园来自于"vest-pocket park"，最早起源于罗伯特·泽恩设计的美国佩雷公园。这种小型绿地是城市绿地系统的重要一环。居住型口袋公园是指在街区半径内修建的居住区之间的绿色场所。[1]其位于城市高密度中心区，具有面积小，方便可达，使用率高，呈斑块

状分布等特征，适宜的面积在350~10000平方米左右[2]。不同国家根据本国的地理和社会需求有所差异（表1）。

四国的社区口袋公园特点 表1

国家	日本	英国	美国	西班牙
用途	疏散防灾	利用自然景观	补充公共设施	更新废弃场地
口袋公园特征	预留较大多功能活动平地作避灾空间	结合园林，亲近城乡自然	利用闲置空地建造	解决内庭空间私有化和绿化空间低的问题

（来源：作者自绘）

1.1 位置和功能特点

居住型口袋公园按照位置可以分为社区中间，跨社区，社区入口和街角四种基本位置。根据功能可分为休憩交往、交通疏散、缅怀历史、生态景观四种基本类型，例如"间隙香港"项目，海绵化改造的临港口袋公园，见证时代的北京西单公园，绿色循环的深湾街心公园等。

1.2　现状问题

目前口袋公园面临的问题：隔离独立，功能单一，同质化现象严重，后期运营差，绿化空间品质低和缺乏应对灾害的能力。2020年"新冠肺炎"疫情将社区问题直接呈现，口袋公园即是可更新改造的健身场所。同时，口袋公园更新应结合城市景观系统的延伸和公众对社会治理的参与，提高生活使用率。

2　城市微更新理论

2018年，中国城市化率已达59.55%，上海市提出土地利用方式由增量规模扩张向存量发展，中央城市工作会议提出"城市老旧社区更新"计划。

2.1　城市微更新理论

城市微更新理论是以小规模、触媒渐进式更新来实现人、自然和城市的和谐统一。触媒可以是社区事件，历史文化或者中心景观。[3]居住型口袋公园对社区的服务半径合适，选址灵活，是交往空间的载体。居民通过社区营造和公众参与增进集体意识，促进基层设施和生态修复，将废弃空间转化为城市活力值和品质高的空间。韧性城市具有长期的适应能力——"弹性"。居住社区是城市中最大组成部分，是城市风险治理的重要单元和构建生态系统的切入点，也是实现城市可持续发展的关键。[4]口袋公园中水环境可作灾前储备；绿色开敞空间灾中是避难所，同时也为居民提供运动健身和适当的交往娱乐场所；社区花园提供灾后绿色疗愈的环境。

2.2　口袋公园在城市微更新中的作用

更新中可将公园主题细节化，包括戏曲、工艺、老年大学等多样化活动，通过城市绿道和街道联系各点，构建城市公共空间系统，解决功能阻隔的问题；同时，社区公园可承载静态停车场和交通导流的作用，从社区基层出发解决片区内交通高峰期时服务不均衡和停车位不足的问题，从而美化城市环境。此外，公园中预留一定闲置场所作为面对灾害的医护处理区和应急场地，优化配置资源和平面布局，满足社区居民的健康要求。

3　居住型口袋公园宏观更新策略

从景观规划、防灾体系、公众运营的宏观策划角度和基础设施、视觉焦点、新旧技术的微观建造角度提出居住型口袋公园的更新设计策略。

3.1　丰富公共空间，融入整体城市景观规划

城市更新会分时分步进行，将散点式的社区口袋公园，街道景观连成线状的口袋公园，串联较大开放空间形成的面状口袋公园，即点线面的系统结合，完善整体绿色公园系统，纳入城市小型开放空间设计之中。

以"杭州临平一廊七园"为例（图1），以七个口袋公园为媒介连贯成文化艺术长廊，达到老城有机更新，融入城市更新历史文脉之中。七个公园包括老年健身曲艺类，青年轮滑交流类，表达驻营、市井等传统文化类，形式结合江南青砖粉墙，与现代气息的新城形成对比。文化长廊加入了网络控制运营，是未来社区的一次实践。

图1　杭州一廊七园项目
（来源：http://pc.news.hbjt.com.cn/hzrb/2018/06/22/article_detail_1_20180622A053.html）

3.2 增加避难空间，缓解交通疏散

口袋公园从最小单元——社区入手，为基层人群构建"城市绿化带系统—城市公园—小型社区公园"的城市分级防灾体系，使各层连贯的城市绿化系统可进行分级联动协调控制。灾害来临时，通过网络自动将平时的社区公园调整成避难场地。

公园更新中可设置明显标识，减少灾中居民的思考时间。例如平面图中用红色图示强化防灾区，用深色加粗线条和箭头强化逃生路线。设施使用简明易懂的图示，确保在较短时间内达到应急避难的作用。

3.3 弹性渐进，协调设计和居民

居民可具有部分控制权，自行设计部分使用空间，以良好过渡自上而下和自下而上的机制。公众参与可以将使用者变为决策者和管理者，避免设计过程、使用过程和管理过程的分离，同时公众参与到共同建造和后期管理维护中可加深对社区文化的认同，低成本高效率的提升城市环境。[5]

上海阜新路原本道路狭窄（图2），"四平空间创生行动"将80多米长的沿街绿化带改造为口袋公园。其中的六个花坛交给大学生、学校、居民和社区企业来设计。更新中设计创意学院学生用彩色几何图形改变行走体验，策划墙绘等社区展览空间，路径中嵌入儿童设施；居民自发合理结合邻里楼道设计共享宣传栏，学生种植培育花种。另外，公园中包含可变和不变的场所。可变场所满足周边居民的不同需要。市民参与和边使用边建造具有弹性渐进的特征。在分步设计中，对居民进行专业指导，更助于城市微更新的有效进行。

图 2 阜新路原貌和改造后
（来源：https://tjdi.tongji.edu.cn/NewsDetail.do?ID=4826&lang=）

4 居住型口袋公园微观设计策略

4.1 结合基础设施，优化生活需求

与社区相关的基础设施包括河道水系化、静态停车、道路管网等。口袋公园和基础设施结合，可优化资源配置，便利居民生活，改善生态环境。

上海临港家园口袋公园更新设计中，绿化屋顶解决屋面漏水，生态停车位解决居民停车难，透水环形跑道将居民健身和水资源结合，完善海绵城市的自然生态空间格局；深湾街心公园地表径流形成"叠瀑景观—一级过滤—叠泉雨水花园—二级过滤—铁人动力风车—蓄水池"的系统（图3）。叠瀑景观结合了生态系统和孩童的游乐空间，以雨水生态循环装置激发儿童对大自然的兴趣，丰富公共空间体系，形成多元的城市公共绿地空间。

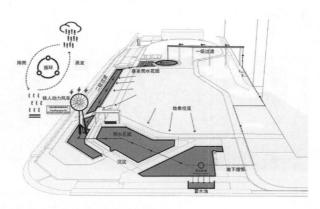

图 3 深湾街心公园水循环系统图
（来源：https://tjdi.tongji.edu.cn/NewsDetail.do?ID=4826&lang=）

4.2 针对具体人群，明确活动主题

不同社区的主要人群类型不同，包括儿童友好性社区、养老社区、运动友好型社区等，结合不同人群的心理和生理特征会产生不同的需求。儿童友好型公园应关注沙地跳跃等的益智性、低龄儿童的安全型、亲子活动的趣味性、游戏设施的尺度性；养老社区公园应注重无障碍改造、医疗设施的康复性、娱乐空间的识别性、光照空间的充足性；运动友好型公园应关注体育设施布局的合理性、运动类型的全龄化、健身

场所的健康性。

以儿童友好型社区为例，日本春野小川社区口袋公园分为游乐区、工具区、停车区三大类（图4）。针对游戏空间的设计，将游乐区细分为沙坑游乐区、覆土游乐区，清洗区和相关的家长监护区。[6]此外，公园配备停车场和自由开敞活动空间以供成人使用。成人和儿童的活动分区相互独立又有视线交流，保证了儿童的创造发展同时促进亲子互动交流。所以，更新中应针对不同主题的社区优化公园的平面布局，对特定人群进行特别处理，细化城市居民生活。

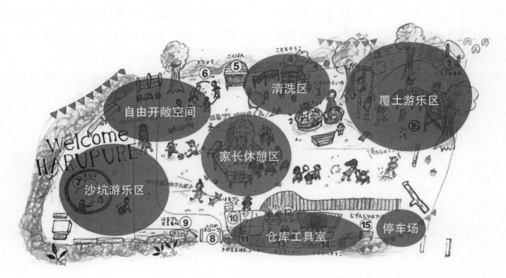

图4 日本春野小川社区口袋公园平面图
（来源：成喆.城市高密度区口袋公园环境设计研究[D].武汉：华中科技大学，2019.）

4.3 创造视觉中心，重构社区记忆

口袋公园更新设计中宜加入视觉中心，例如雕塑人物、景观核心、社区菜园、地域风貌等。雕塑地标类启示人民铭记历史事件，疗愈身心；种植花园类给老年人交往学习的机会——"老年大学"；地形地貌类是城市环境的另一象征，如窑洞可作为儿童游戏和社区展示的空间，河流密网体现水路交通。历史人物和社区菜园在灾害来临时给人以信念和食物补给，水网电网也给城市灾前储备和灾后修复提供机会。

日本天理站公园原是街边空地，更新后建造当地元素——圆台土坟，缓坡圆台可作滑板，倒置的圆台形成小剧场；美国佩雷公园对称轴末端6米高的水幕墙瀑布成为整个袖珍公园的背景板；香港百子里公园

将纪念性展览和日常性行为结合，以连续游线暗示革命路线，将现代化的城市空间与当年革命空间对比，激励人民积极应对灾害；北京永定河东岸公园更新中增加168个1米菜园，可作食用景观，给城市居民提供一块田园种植的区域。

4.4 运用新技术，保留传统元素

目前传统技艺和非物质文化遗产已随着新型机械技术渐渐消失，所以口袋公园更新中可置入相关元素使居民在游玩健身的同时摄入新知识，例如参照油纸伞设计座椅的遮蔽物，木版画可作为景墙，皮影可作为雕塑。

杭州小百花公园的古戏台可为社区活动的平台和居民交往的媒介，可传承豫剧、黄梅戏等地方戏，

凝聚社区精神，彰显家乡文化。长春蓝山社区公园将时光廊架和老柴厂呼应，用新型钢结构重现木结构的构架关系，并用两侧不等长的椽子对比新旧的不同。

5 结语

城市微更新和重大灾害的背景下，通过案例分析从宏观角度建议口袋公园设计纳入整体城市更新系统和防灾储备系统中，并且阶段性根据不同时期的变化需求而推进，提升居民对公共空间的改造和利用，做好灾前预防，灾中储备，灾后重建的弹性应对方式；从微观角度说明灰绿基础设施和生态资源的结合，优化社区口袋公园的利用效率和景观环境，并结合当地新技术对本土文化的加深和适应新时代的更新。

参考文献

[1] 张文英. 口袋公园——躲避城市喧嚣的绿洲[J]. 中国园林，2007（04）：47-53.

[2] 马杰. 杭州口袋公园设计研究[D]. 杭州：浙江大学，2012.

[3] 李光耀. 北京市丰台区棚改安置社区微更新研究[D]. 北京：北京建筑大学，2019.

[4] 申佳可. 基于韧性特征的居住区规划设计探讨[J]. 住宅科技，2016，36（08）：11-16.

[5] 赵灵佳. 共享城市背景下城市口袋公园弹性策略研究[C]// 中国城市规划学会、杭州市人民政府. 共享与品质——2018中国城市规划年会论文集（07城市设计）. 北京：中国建筑工业出版社，2018：1360-1366.

[6] 成喆. 城市高密度区口袋公园环境设计研究[D]. 武汉：华中科技大学，2019.

老城社区院落空间适老化更新研究

王涵　　胡雪松

作者单位
北京建筑大学建筑与城市规划学院

摘要： 在我国正在步入老龄化社会的形势下，居家养老正在成为未来的主要养老模式，但与养老机构相比，我国目前对支持居家养老的服务和设施的研究明显不足。本文在老城社区的适老性更新的前提下，以提升老年居民居家生活质量为目标，通过对当前院落空间改造更新的现状研究，提出老城社区院落空间的适老性更新要点，以促进居家养老模式的发展。

关键词： 老旧小区；院落空间；适老性更新

Abstract: Under the situation that China is stepping into an aging society, home-based care will become the main pension mode in the future.However, compared with the pension institutions, the research on the services and facilities supporting home-based care is obviously insufficient.In this paper, under the premise of the old-age renewal of the traditional community, in order to improve the quality of life of the elderly residents at home, through the study of the current situation of the renovation of the courtyard space, the paper puts forward the key points of the old-age-appropriate renewal of the traditional community courtyard space, to promote the development of the home-based care model.

Keywords: Old Community; Courtyard Space; Suitable for the Old Renewal

前言

《国务院办公厅关于全面推进城镇老旧小区改造工作的指导意见》中指出，要重点改造2000年底前建成的城镇老旧小区，改善居民居住条件，推动构建"纵向到底、横向到边、共建共治共享"的社区治理体系[①]。在"居家为基础、社区为依托、机构为补充"的养老体系下，居家养老作为当前与未来的主要养老模式，我国对居家养老及相应的社区服务设施支撑的研究还十分不足，老旧小区作为城市中老龄化程度最高的地区之一，其改造是社区适老化更新的重要一环。老城中有大量以合院为特征的老旧小区，本文将传统院落空间引入老城社区的适老性更新建设的研究中，试图在充分发挥院落空间的优势的基础上，以更有效的手段介入院落空间的更新，寻找一种符合老年人身心需求的空间，提高居民生活质量，激活社区活力。

1　老城社区院落空间概况

1.1　相关特征解读

1.1.1　社区

社区通常指人群聚集的所在，指地区性的居住环境，以及附于其上的生活、历史、产业、文化与环境等多向度的意义，并且隐含着"故乡"的情感意识[②]。也就是说，对社区的关注不仅仅停留在物质空间层面，更有精神空间层面的建设。对于社区居民来说，他们往往常年居住于此，开放的街巷空间、共同的生活经历使其人际交往更为开放，居民之间都拥有着更为良好稳定的社会关系，因此对于老年居民来说，孤独失落感伴随着年龄不断增长时，在原有的社会关系中保持交往、在熟悉的环境中参加各类活动，有助于保持他们的身心健康，提高养老生活的品质。

---

① 国务院办公厅. 国务院办公厅关于全面推进城镇老旧小区改造工作的指导意见[EB/OL]. http://www.gov.cn/zhengce/content/2020-07/20/content_5528320.htm
② 黄瑞茂. 社区营造在台湾[J]. 建筑学报，2013（04）：13-17.

1.1.2 院落

在中国传统民居中，以院落为中心的聚居生活方式深深根植于人们的生活当中，如今许多老城中仍然保留着有合院特征的居住空间。对于城市更新来说，这些住区既承担着保障老龄居民生活质量的责任，又承载着保留城市历史文化记忆的功能，应以保护改造为主；对于老年人来说，院落空间相比于多数现代住区拥有它自身空间的优越性，既能够提供一种小尺度的开放活动空间，又有一定的安全与私密性，能从多方面满足日常生活空间需要，从物质和情感等多方面共同提升老年人的养老品质。

1.2 现状问题分析

1. 适老设施

考虑到院落间既要吸引老年人走出来活动、交流、晒太阳，又要保证老年人在院落空间中活动的安全性，院落空间中除了基本的无障碍设施，其他的休息、遮蔽、撑扶等设施的设立也尤为重要。但是以往在老旧小区的建设过程中，很少考虑到老年人群的需求，最多停留在基本的无障碍设计层面，因此在适老设施这一基本层面，老城的院落空间就无法达到适老要求。

2. 活动与生活空间

习惯院落生活的居民往往将院落空间作为功能空间的一个延伸，室内放不下的杂物在院落空间越堆越多，室内满足不了的功能在院落空间随意搭建，这些行为从设计角度来看既不安全又不美观，院落的活动功能和生活功能交织在一起，使其越来越向一个"场地"或者"交通空间"靠拢，逐渐趋于消极，十分不利于老年人居家养老品质的提升。

3. 整体空间氛围

作为居民活动以及交往行为的物质载体，良好的空间环境会为老年人提供更多室外活动的机会，但由于建成时间较久的住区用地局促往往拥挤杂乱，景观系统的缺少使院落空间了无生机，更不必说考虑景观的观赏性、遮阳性，以及各个角度的视线交流。缺少舒适的环境体验，院落空间就难以成为优质的居家养老空间。

2 改造目标与原则

2.1 改造目标

通过对老城社区院落空间的核心功能的探索，以改造更新、维护升级等方式，恢复院落空间在老年人的活动与交往中的积极作用，提高老年人居家养老的舒适性与安全性，促进老年人的社会交往与独立生活。

2.2 改造原则

1. 听取各方意见，满足实际需求

在社区这一社会关系基础上，不论是居民之间还是与社区管理者之间都拥有更良好的社会关系。这既有利于居民更多地发现生活中的现存问题，充分表达自己的改造意愿，也有利于社区管理者与居民之间更好的沟通，使改造过程中各方的意见得到更有效的交流。老年居民是现状环境的实际亲历者和改造后环境的使用者，他们的需求和意愿应被充分尊重[①]；参与社区工作的各方组织、志愿者团体对于社区情况和老人情况也很熟悉，从不同的角度提出的意见也应被充分考虑。充分激发居民参与改造的主动性、积极性，充分调动社区关联单位和社会力量支持，听取各方意见，满足实际需求，是适老改造中重要的一环。

2. 保障基础设施，发展文化生活

在前文的现存问题中提到，大多老旧住区的适老设施十分不完善，因此对基础设施的保障，是任何一项适老更新任务中的首要环节，但单纯完成配套设施的基础要求是远远不够的，更应该达到基础、完善、提升的层层递进，既要保证生活需求的内容，也要关注老年人精神文化的需求，提升生活品质，促进院落空间在居家养老中的积极作用。

3 院落空间的适老性更新要点

近年来，很多团队的项目、竞赛作品都在对"院落更新"这一课题做出探索和大胆的尝试，但考虑到社区居民的年龄背景，结合他们的身体条件和活动特点，到底什么样的更新是有益于老年人的策略？以下

---

① 涂慧君，冯艳玲，张靖，宣一洲. 上海工人新村适老改造更新模式探究——以鞍山三村为例[J]. 建筑学报，2019（02）：57-63.

通过对相关案例的展示，从功能空间、活动空间、室内外一体化设计、景观设计、细部设计等几方面要点进行了分析。

3.1 功能空间梳理

在城市里很少有高楼的年代，如今的老年人从前大多是伴随着平房和院落生活的，经历过囤粮、囤柴火的年代，这些堆砌、储存的习惯往往也在老年人身上有深刻的体现；同时也因为居住空间较为狭窄，室内空间所承载不了的一些厨卫功能被安放在院落空间的临时搭建建筑中。这种空间功能划分的混乱，使得院落空间不断被侵占，院落空间的活力也不断衰弱。通过对大尺度的院落空间进行层次划分从而有序使用院落空间，既满足居民的功能需求，也保留院落空间的活动属性。福绥境胡同50号改造，采用在室外置入公租式的收纳模块和厨卫模块来解决院内的违法建设问题（图1）；2016白塔寺院落更新方案征集入围作品之一的"微合院"在保留原有建筑布局的基础上，将院落空间划分为入口小院、前院、内院，既形成了丰富的空间层次，又保留了传统的院落文化[①]。空间划分的处理方式是以有秩序的语言对流线和空间进行梳理，这种方式对老年人原有生活影响不大，易于接受，适合大多数老年家庭。

3.2 活动空间设置

让老年人走出户外，享受阳光和交往的乐趣，是老年人健康生活的方式之一，通过有效的空间设计能更好地引导他们走出户外。雨儿胡同16号、18号、20号院综合整治项目中，空旷的场地被生长的植物和不合理的空间划分挤成单一的交通空间，整个院落虽然由多户居民使用但却是一个没有吸引力的空间，很难起到促进居民交流的作用。设计师通过对空间的重新规划，限定出完整的活动空间，加之对整个空间环境的美化，使之既成为有吸引力的活动停留空间，也成为了邻里关系的凝聚力（图2）。白塔寺东夹道72号院改造项目利用垂直空间，在屋顶生成新的活动空间，扩展了活动交流空间，且丰富了院落环境，平台下部的空间也可以作为雨天的活动场地或其他功能空间（图3）。但因为垂直空间的利用多涉及攀爬，老年人在使用上不够方便，因此这一类的空间改造更适合多代同居的家庭，上下层的活动空间为老年人和年轻人提供了既可交流也可独处的环境。

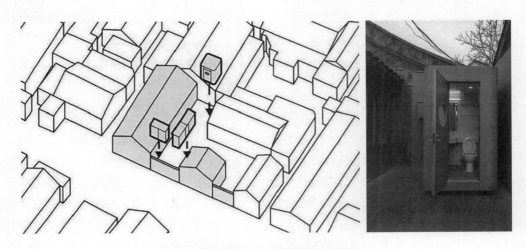

图1 福绥境胡同50号改造置入公租模块
（来源：世界建筑，2018（08））

① 施卫良，范路. 北京小院儿重生的五种设计策略——2016白塔寺院落更新国际方案征集入围作品解读[J]. 世界建筑，2017（01）：104-117+133.

图 2　雨儿胡同 16、18、20 号院改造一角前后对比
（来源：http://www.archiposition.com）

图 3　白塔寺东夹道 72 号院改造
（来源：http://www.urbanus.com.cn）

图 4　七舍合院透明连廊
（来源：http://www.archdaily.cn）

3.3　室内外一体化设计

　　老年人群体中的一部分身体状况不佳或行动不便，即便想要走出户外也面临很多困难，子女的照顾很难是全方位且随时随地的，尽量增加老年人与户外空间的联系和自主互动，一定程度上能够在精神层面给他们提供支撑。七舍合院位于北京旧城核心区内，采用透明的连廊加强了室内空间与院落空间的联系，在室内也可以观赏到院落里的色彩和场景（图4）。大栅栏 V 宅镂空的花砖墙既保证了室内光线以及室内外的视线渗透，又保护了室内活动的隐私性；入口空间较大的挑檐营造的灰空间又进一步强化了室内外的空间联系（图5）。这些不必完全走出室外且容易到达的空间，既给老年人提供了与室外交流的可能性，又在一定程度上保证了他们活动的安全性。

3.4　景观设计

　　老城社区院落空间由于建成年代早，很少有专门的景观设计，且空间一般较为狭窄，景观设计发挥空间不大，但亲近自然是老年人的普遍喜好，良好的景观设计也能提高老年人的愉悦度。"微缩北京"大院胡同28号改造项目将窗作为对院落中景观的取景器，为室内空间和景观创造了对话空间（图6）。但是当庭院本身的空间层次没有那么丰富的时候，单调的景观便难以形成系统，此时"景观设计"则不应该仅仅停留在"观"上，而应该注重整体性的环境营造，才能在有限的院落空间里将景观的作用发挥到最大。雨儿胡同16号、18号、20号院综合改造项目中，对原来影响交通的树木加以保留，树坛的设计不仅让老树成为院落空间的亮点（图7），还为居民提

图 5　大栅栏 V 宅的花砖墙与入口灰空间
（来源：http://www.archdaily.cn）

图 6　"微缩北京"大院胡同 28 号
（来源：https://www.gooood.cn）

图 7　雨儿胡同改造一角前后对比
（来源：http://www.archiposition.com）

供了可以坐下交流的空间，茂盛的树木也为居民提供了阴凉，原来是障碍物的树木在经过合理利用后成为了整个院落空间的活力要素（图8）；院落的设计还为居民的盆栽植物预留专门的空间，花花草草聚集在一起也形成一道赏心悦目的景色（图9）。

图 8　以景观为中心形成交流空间
（来源：http：//www.archiposition.com）

图 9　盆栽植物空间
（来源：http：//www.archiposition.com）

3.5　细部设计

当然，适老性更新最基本的要点还是无障碍设计相关的内容，针对以上提到的要点，主要提出以下两个要点：

（1）无障碍设施。除了在入口处设置无障碍坡道、各个通道宽度满足坐轮椅老人的通行宽度外，还应考虑休息座椅附近应至少留出一个轮椅位，方便使用轮椅的老年人参与交流[①]；必要的时候应在休息座椅处设置靠背和扶手，方便老年人的倚靠和撑扶。

---

① 周燕珉,刘佳燕.居住区户外环境的适老化设计[J].建筑学报,2013(03):60-64.

（2）地面铺装。地面铺装首先要考虑选择防滑、平整的材料，避免老人行动不便发生摔倒等；铺装方式上应避免砖与砖之间接缝过大，同时避免无障碍坡道等过度的防滑处理，避免拄拐杖的老年人被绊倒而发生危险。

4　改造难点与策略分析

传统社区院落空间的适老改造中，除了要考虑对院落空间本身的设计，社区的适老更新中普遍存在的问题也是改造过程的重难点。这些制约主要来自于：第一，改造过程多方参与主体各自角色及协同工作机制不够明确，居民的声音常常在整个改造过程中逐渐减弱，淹没其中；第二，居民对原有生活方式的习惯使其对改造后空间的后续使用和维护不足，更新后的长期发展往往被忽视。针对这两项难点，对以下两方面策略进行探讨。

4.1　健全协同工作机制，促进居民参与

居民、社区、政府、研究机构等多方参与主体在适老性更新过程中都有自己的角色和分工，从各自的视角提出合理建议有利于更新过程的推进。但是，一方面，在协同工作中，各方表达的力量有强弱，政府机构作为强势群体，难以避免因上下级关系的存在而过度掌握控制权的情况；老年居民作为弱势群体，虽然目前很多政策都在向其倾斜，但也难以避免其意见在更新过程前期得到重视，随着过程的推进其角色就慢慢淡出的情况。另一方面，繁复的程序和对权威的依赖也削弱了居民参与的热情。

因此，既要健全协同工作机制，明确各部门的职责分工，将居民意见听证会等纳入必要的程序中，鼓励居民作为社区的主人充分表达意见，各政府部门也要主动了解居民诉求，形成工作合力；同时，也可结合各社区的实际工作情况，鼓励居民自发成立志愿组织，让其成为衔接政府组织和居民群体之间的桥梁，有效协调直接沟通带来的压力。

4.2　坚持建管并重，促进长效发展

老年人对新环境的适应周期更长，而且出于对原有生活方式的习惯和依赖，改造后的院落空间真正发挥其积极作用需要一段发展时间。在这个过程中，如果社区和相关部门管理不到位，就可能会发生改造成果得不到良好维护，堆砌、搭建等行为对改造成果进行了二次覆盖等情况。因此，为避免"改造时轰轰烈烈，改造后冷冷清清"的局面，应鼓励各方主体积极参与改造的规划、建设和管理全过程，并对改造后空间的使用建立评估机制、搭建意见反馈的平台，了解居民的切实使用感受，做到建管并重；同时，社区组织也应引导居民协商确定改造后社区的管理模式等事项，共同维护改造成果，才有利于促进社区长效发展。

5　结语

"居家养老"作为提高养老服务供给能力的重要组成部分，对构建多层次、多样化的养老服务具有重要意义。以往对居家养老的关注，更多的停留在对室内物理环境、空间布局等的关注上，而忽略了老年人的居住行为与外界环境的联系。在当前全面推进城镇老旧小区改造工作的形势下，老年人是其中占有重要地位和较大数量的群体，本文通过对院落空间的适老性更新研究，为"居家养老"提供了新视角，给老年群体提供由内而外的优良生活环境，是老年人积极健康的生活状态的保证。在各类更新工作中，都应该把"适老性"原则放在首位，通过各方的不断努力，引导健康老龄化社会的发展。

参考文献

[1] 傅岳峰. 北京旧住宅适老性更新的新视角[J]. 建筑学报，2011（02）：78-81.

[2] 涂慧君，冯艳玲，张靖，宣一洲. 上海工人新村适老改造更新模式探究——以鞍山三村为例[J]. 建筑学报，2019（02）：57-63.

[3] 施卫良，范路. 北京小院儿重生的五种设计策略——2016白塔寺院落更新国际方案征集入围作品解读[J]. 世界建筑，2017（01）：104-117+133.

[4] 周燕珉，刘佳燕. 居住区户外环境的适老化设计[J]. 建筑学报，2013（03）：60-64.

[5] 谷鲁奇. 面向老年人的旧住宅区公共活动空间更新方法研究[D]. 重庆：重庆大学，2010.

[6] 楼瑛浩. 杭州老城区"街坊型"社区公共空间适老化更新策略研究[D]. 杭州：浙江大学，2014.

[7] 国务院办公厅. 国务院办公厅关于全面推进城镇老旧小区改造工作的指导意见[EB/OL]. http：//www.gov.cn/zhengce/content/2020-07/20/content_5528320.htm.

基于"城市记忆"理论的城中村更新设计研究
——以厦门集美大社为例

马娟

工作单位
重庆大学建筑城规学院

摘要： 我国的城市化进程不断推进，一个城市的发展不能只聚焦于最发达地区，还要放眼其综合状况，因此滞后于城市高速发展的城中村问题，成为每个城市亟待解决的问题。在保留传统记忆与制约城市发展的二元冲突下，城中村的更新改造问题越来越值得深究。本文基于城市记忆理论在城中村中的运行机制，以厦门市集美大社为研究对象，探索具有历史文化记忆的城中村更新改造的一种可能性。

关键词： 城中村；城市记忆；城市发展；厦门集美大社

Abstract: With the continuous advancement of urbanization in China, the development of a city can not only focus on the most developed areas, but also look at its comprehensive situation.Therefore, the problem of villages in cities lagging behind the rapid development of cities has become an urgent problem for every city.Under the dual conflict between retaining traditional memory and restricting urban development, the renewal and transformation of urban villages is more and more worthy of further study.Based on the operation mechanism of urban memory theory in urban villages, this paper takes Jimei Da she in Xiamen as the research object to explore the possibility of renewal and transformation of urban villages with historical and cultural memory.

Keywords: Village in City; Urban Memory; Urban Development; Jimei Society in Xiamen

1 引言

自古以来，乡村都在我国占据主导地位，而随着城市化进程的快速推进，被城市逐渐包围的乡村反而被冠以"城市毒瘤"称号，城中村的发展影响着整个城市发展的质量。面对一些村落保留着传统历史文化、承载着城市发展的记忆，以往拆除重建的改造方式早已不再适用。城市因为记忆而生动，每一个空间都存在着人们与城市互动的独特记忆，如何留住这些集体记忆、发展痕迹，同时跟上城市发展的脚步，如何使得新旧文化在这里融合，激发城中村的活力，是今天我国城市化发展进程中需要解决的问题。就此，本文通过对厦门集美区大社村进行研究，试图对这种保留历史文化的城中村的更新改造提出一种可行的更新策略。

2 基于"城市记忆"的城市更新方式

2.1 "城市记忆"概念

"记忆"现在是一个被全世界所共同关注的话题，一个城市的记忆产生于人们和城市的在时空中相互作用的过程之中。"城市靠记忆而存"[1]。城市之所以各具魅力，在于它们拥有不同的地域背景、人文气息和文化习俗，正是这些造就了不同的"城市记忆"。

就城市记忆而言，它与集体记忆是具有重合性的，群体生活在城市之中，每个人的个体记忆通过城市系统的整合，形成对城市的集体记忆，而城市记忆的形成、发展演化是一个不断被集体创造、修正、重构或者遗忘的过程[2]。城市记忆不仅是一种历史记忆、社会记忆、集体记忆，还是一种文化记忆[3]。它是集体意识下的一个动态系统，将系统内部的各种要素，自然的串联为人类延续的历史。只有保护好曾经的"我们"，才能更好的造就未来的"我们"。因此在我们走新型城镇化道路之时，强调城市记忆，延续一个城市的历史和文化才能更加有底气的喊出"文化自信"的口号。

2.2 "城市记忆"引入城中村的更新方式

近些年来，城市记忆在历史街区的更新保护的研究与实践方面的成果逐渐增多。国外对于城市记忆应用于历史街区主要包括三个方面。首先是通过城市记忆与历史遗迹之间的联系来研究少数民族聚落空间。其次是将城市记忆作为一种技术手段来激发城市中失去活力的社区。最后一种是通过对过去城市记忆的回顾，找出塑造成功的城市空间的关键因素。

国内的相关的研究成果也越来越多，其中肖磊将城市记忆要素分为符号记忆、场景记忆、实践记忆，然后根据相关案例提出了各要素设计原则策略。[4]秦川通过对实际案例的分析总结，从记忆归纳、记忆线索、记忆实践这三个方面分析了重塑历史街区文化活力的方法。[5]

总的来说，目前国内关于城市记忆与历史街区的研究中，主要的分析方法是提取城市记忆要素，总结运行机制，重塑历史街区的生活文化活力。以上将城市记忆运用于历史街区的研究对于作者将城市记忆引入集美大社的更新保护实践的探索提供了基础的方法与研究思路。

3 集美大社现状

3.1 集美大社概况

1. 集美大社历史背景

集美大社村位于福建省厦门市集美区东南侧（图1），故为同安县一渔村，同安东溪流经石浔入海，乃称"浔江"。此村居江尾，故名"浔尾"。明末，乡人陈文瑞中进士，改地名雅称集美，是古集美的发祥地。700多年前，陈嘉庚的祖上陈氏族亲迁居大社，一直繁衍到现在，人们习惯上称呼的大社人，也就是指世居集美的陈氏海边渔民。

2. 集美大社周围环境

大社周边即为集美学村，教育资源丰富，1913年，陈嘉庚先生在此兴建学校，各类院校在此逐渐形成规模，发展至今天的集美学村，周边教育资源充足。

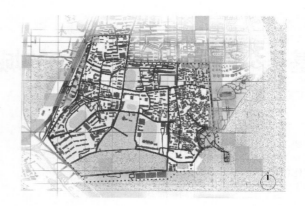

图1 集美学村地理区域

大社周围的历史景观丰富，"嘉庚风格"的华侨建筑是其最显著的特征。周围分布着39处历史风貌建筑，包括5处文物保护单位。[6]

3. 小结

大社与集美学村相伴而生，今天的集美学村已纳入了历史街区保护区，大社则处在保护区外的建设控制区内。大社也曾繁荣过，这里保留着集美文化的"根"，这里的传统生活、文化值得被延续下去。就此笔者探寻集美大社的历史发展文脉，找寻往日传统生活的记忆，保护老街小院，延续那种"土地平旷，屋舍俨然，有良田美池桑竹之属"的老城生活。

3.2 集美大社"记忆"探究

大社是典型的血缘型村落，依靠血缘关系发展，形成其独特的地缘认同，逐步形成它的"学缘"与"业缘"。就此，笔者通过对大社如何从血缘关系形成地缘认同，又如何发展其"学缘"和"业缘"做出梳理，回顾曾经使得大社繁荣的"记忆"，再结合城市记忆理论，探索能够激活大社活力的改造方式。

1. 集美大社血缘到地缘的发展

集美大社实现血缘到地缘认同经历了三个层次。首先是定居使得族群认同空间化。大社陈姓，五代、宋时便群居于此，自此便定居此地。在血缘纽带下经过长期聚居形成了族群认同，进而确定村落空间分区格局，宗族的聚居空间认同逐步形成。然后在各房的聚居空间——角头，建立角头庙及角头神信仰，将宗族聚居空间认同转变为祭祀空间认同。角头庙祭祀空间的意义即为宗族血缘关系在空间上的投射。[7]最后通过祭祀行为建构角头庙祭祀空间认同。角头神祭祀活动的举行，是在整个宗族聚居空间和宗族生活中逐渐融合宗族记忆，引入地方传统，建构地方记忆的过程。尤其是每年的元宵刈香巡境活动，将大社各个聚居区域连接为一个整体，使得血缘关系达成空间层面上的融合。以此来加深他们的祭祀空间归属认同，就此完成了从血缘为纽带的宗族空间认同到地方为纽带的祭祀空间认同的转化（图2）。

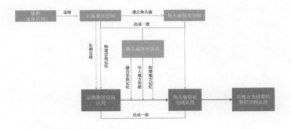

图2 集美学村血缘到地缘认同过程

2．集美大社业缘变迁

集美大社从定居在此，依靠着其地理位置，世代打鱼为生。2002年由于过度发展的海水养殖业导致生态环境的极大破坏，厦门市进行海域整治，沿海的所有养殖业全部清退，就此终结了大社渔民世代以海为生的生活方式。失去了支柱产业到大社逐渐成为城中村，而其与集美学村之间的联系也日渐式微，当时居民依靠着出租房屋给附近工厂来维持生计，后来许多工厂外迁，导致村内很多房屋空置下来，很多外来打工者租住，当地人反而都外出打工。大社的血缘传承也逐渐淡化。

3．集美大社学缘发展

集美大社一直延续着重视教育和文化的传统，历史上除了陈文瑞和清朝的进士陈治策，最为出名的就是华侨领袖陈嘉庚先生。一直在海外生活的陈嘉庚，深知教育对一个民族的重要性，因此他在取得成就之后，倾其所有回到家乡办学，陈氏家族也积极支持着他的办学事业，代表着爱国精神、敢为人先、敢于创新、团结奉献、对待东西方文化兼容并蓄的"嘉庚精神"就融合在集美学村的发展历程中。集美小学最初选址就在陈宅前村外西边的一口大鱼塘，可以说集美学村的学缘是起始于血缘。集美学村由浔尾时期的小渔村到今天的保护期，整个空间格局发展为校、村共存的教育、居住复合型街区的独特格局。

3.3 现状问题总结分析

今天的大社在城市的快速发展过程中面临着衰败，面临生产方式、生活方式的挑战。针对大社作为典型的城中村的现状，对其现状问题进行了一些总结。

大社内部的房屋多为村民所有，所以村民按照自己的意愿加建扩建，建筑密度越来越大，整体的空间风貌受到破坏；失去渔业支柱产业后，大社主要依靠小本经营、出租房屋给外来人口，因此出现许多无序经营、乱搭乱建、占用街道和公共空间的问题；也使许多大社村民外出务工，只留下老人在村里，整个大社缺乏管理，基础设施陈旧、整体生活水平下降，历史建筑也无法进行系统的保护和维修；人口的流失导致大社的血缘传承逐渐没落，文化的传承人和受众人群也大量减少，传统的生活氛围、邻里交往都逐渐消失。

集美大社保留着整个集美的"根"，保留着自然有机的道路空间肌理，有着典型传统村落中丰富的社会网络，是华侨文化、嘉庚精神的缩影，它应该以更加美好的面貌跟城市接洽。城市不只是现代的、机械的，也是生活的、有韵味的。因此如何还原大社本来的空间肌理和生活氛围，改善整体环境、提升内部居住空间、公共空间质量，促进传统的邻里生活发生，融入适宜的产业、留住当地人，发扬大社的传统文化是本次改造的目的。

4 基于"城市记忆"的集美大社更新设计策略

4.1 整体改造策略

针对大社的村落历史，基于城市记忆的城市更新方法，在对大社的历史记忆进行探究梳理后，对大社的共同记忆进行整理，提取出大社记忆要素，将大社血缘、业缘和学缘历史记忆通过记忆点、记忆线索、记忆域三个层次再现和延续（图3）。

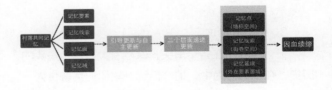

图3 改造策略
（来源：作者自绘）

1. 记忆元素整理

大社血缘传承下的外在遗存要素，是整个大社精神文化的具体表现，它们存在于大社村民心里的共同记忆中。就现存记忆元素，做了归纳整理（图4）。

共同记忆归纳	历史文化信息	1.历史演变信息	位于集美最南端，濒临大海，是古集美的发祥地，也是当年厦门有名的渔村。元末明初时期，陈嘉庚祖上陈氏族亲迁居大社，繁衍至今，并发展出集美学村，并与之保持同步发展，最终形成村校格局，集美学村深受近现代南洋华侨闽南文化广泛和深刻的影响的同时，更展现出本土传统文化在深厚的民族情感和文化根基的影响力。2002年以前填海为生，2002年，厦门开始对本岛西海域整治，传统生活状态被打破。
		2.历史人物信息	陈嘉庚、李林、陈敬贤、张锥生、汪国真
		3.饮食文化信息	大肠血、海蛎饼、沙茶面
		4.特色文化信息	渔文化：养殖海蛎、出海打渔 华侨文化：与东南亚、非洲、美洲贸易往来 民俗文化：刈香巡游、南音文化、莲赛、龙舟竞渡 建筑文化：侨民洋楼、大厝
	物质空间载体	5.规划结构	位于集美区东南部集美学村东侧，西临杏林湾、东林环东海域、北接侨英片区、南望高崎航空港片区，是厦门岛通往集美区的门户区域，街巷空间完整，历史遗存众多。
		6.街道	外部界面：尚南路、鳌园路、浔江路、公园路 内部界面：大社路、柯前路、柯后路等道路呈三横五纵格局
		7.建筑样式	大厝、洋楼、后期自建房等

图4 大社记忆要素归纳
（来源：小组绘制）

2. 记忆点提取

根据记忆元素，提取现存典型的物质载体作为激活记忆点，同时对大社的祭祀活动——元宵刈香巡境活动的路线进行分析，祭祀场所和祭祀活动的叠加加深对大社集体记忆的回顾（图5）。同时，针对记忆点确定更新点域，以点带面渐进更新（如图6）。

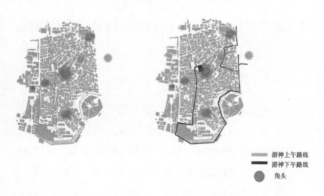

游神上午路线
游神下午路线
角头

图5 记忆点分析
（来源：作者自绘）

3. 记忆线形成

记忆点分布在各个角头，保存着大社各个角头的历史，在祭祀行为中，地方传统、集体记忆融合为一体，因此在记忆点的基础上，根据血缘、学缘、业缘的发展，将各个记忆点进行串联，疏通他们之间的交通流线，形成记忆路线，使其进一步被记忆者感知。

角头既有历史建筑
角头既有大厝和洋楼
角头既有祠堂
确定点域
现存公共绿地

图6 更新点域
（来源：小组绘制）

（1）血缘记忆路线

大社最核心的记忆是陈氏大宗祠，这里是整个大社信仰的聚点，因此在改造更新中，仍然以它为核心区域，而它北面有同样是大社信仰空间的大榕树广场，颖川世泽堂是陈嘉庚的祖屋，将这些记忆点连接，形成大社文化，嘉庚文化的体验带，代表了大社血脉的传承（图7）。

百年榕树
祠堂广场
向西舟
颖川世泽堂（嘉庚出生地）
渡头角
文化休闲带

图7 血缘路径
（来源：小组绘制）

（2）学缘记忆路线

嘉庚故居位于大社和学村的边界，是两者历史渊源与现代关联的节点。文确楼经修缮管理工作后，成为一座陈列馆，不仅是厦门市科普教育基地，也是大社与鳌园风景区边界节点。陈嘉庚故居、陈氏宗祠片区、文确楼陈嘉庚纪念馆串联形成渗透学村、大社、大海的学缘路径（图8）。

图8 学缘记忆路线
（来源：小组绘制）

（3）业缘记忆路线

据今天学村与大社的主要旅游路线，同时延续大社靠海而生的历史经历，保持尚忠楼群和鳌园之间实现的通廊形成业缘路径（图9）。

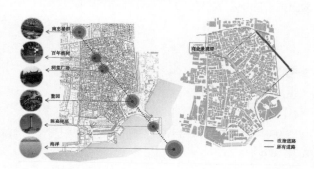

图9 业缘记忆路线
（来源：小组绘制）

（4）整体设计

通过三条记忆路线的连接，将整个大社的发展历史串联在一起，形成"一心三脉"的整体改造策略（图10），具体的功能分区如图11，以各个记忆点为出发点，根据每条路径的记忆主题进行具体的拆除、功能置换、公共空间、风貌设计等，最终改造策略总图如图12所示。

图10 一脉三心方案
（来源：小组绘制）

图11 功能分区
（来源：小组绘制）

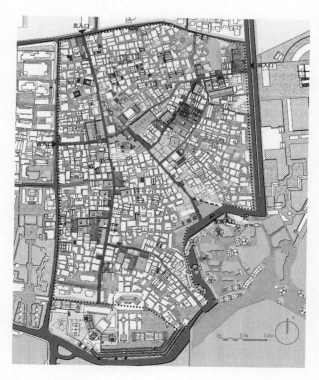

图12 改造总图
（来源：小组绘制）

4.2 具体路径设计

本文选取学缘记忆路径作进一步的功能分析（图13）。学缘记忆路径选取连接学校部分，经过主要的陈氏祠堂广场，重新将大社村与集美学村连接起来，增进学村与大社的交流互动，促进学生更好的在大社展开活动，以此带动大社的活力，以学生的创造力和激发力给大社融入新鲜的血液。结合学缘的路径记忆，在记忆带上置入相应功能，连接东面城市的入口处置入文化展示区、校史馆档案馆，展示大社与学村的共生历史，然后置入活动中心、文化剧场等活动、休闲场所，为大社和学生创造交流娱乐空间。在与学村连接处，设置文化创意区，通过学生在此自由创作艺术、宣传华侨文化、嘉庚文化，成为学村与大社展开交流融合新的时光起点。同时，针对各个记忆点建筑风貌导向设计整理成图14。

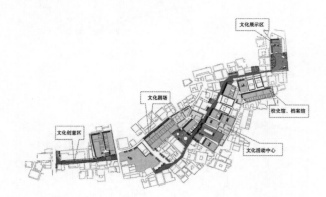

图13 学缘记忆路径功能分区
（来源：作者自绘）

主要街道建筑风貌活化导向

		例图	立面控制	功能	体量	材料与细部	色彩
洋楼			(1)以不改变原状、保持真实性、完整性为主；(2)拆除违章、去除涂料；(3)允许以一定量本时代建筑材料进行修缮；(4)损坏严重、危楼等考虑拆除，结合实际重建。	(1)以街道更新导向为主，结合自身平面进行功能改造或完善。(2)重要节点处洋楼考虑置入展览等功能创造新记忆。	(1)翻改建筑按原本宽度和比例许宁修缮或重建；(2)新建建筑应与周边环境协调，避免形成较大反差；(3)单体建筑与周边建筑出现宽度或比例差异过大时，应对立面进行处理。	(1)屋面屋身材料选用与原有或相近材料；(2)细部装饰可有一定自主选择性；(3)新建建筑可采用"出砖入石"等其他传统细部处理的现代符号。	(1)翻改建筑按原样修缮或重建，或选用与原有材料、色彩接近的材料；(2)新建建筑的材料和色彩选择应与相邻建筑和谐统一；(3)置入新记忆点可有一定自由度，但不应与周边差异过大。
大厝	祠堂		(1)以不改变原状、保持其真实性、完整性为主；(2)强化建筑本身，弱化添加物；(3)去除涂料，恢复建筑原貌；(4)损坏严重、危楼等考虑拆除，结合实际重建。	(1)祠堂类尊重原住民习俗，不进行改造；(2)居住类以保持原有功能为主，部分重要节点处考虑更换适宜功能。	同上。	(1)祠堂类屋身、屋面以及细部装饰不得采用与原材料差异大材料；(2)居住类导向同洋楼材料与细部导向。	(1)祠堂类选择与原有部位色彩相似色彩进行修缮；(2)居住类统一色彩大基调，避免明显变化或对立；(3)重建类且改变建筑功能者应选择与周边建筑和谐的色彩。
	居住						
解放后至今自建房			(1)注重每个立面间协调，不强求统一；(2)拆除违章、去除涂料；(3)允许一定程度的立面设计；(4)损坏严重、危楼等考虑拆除，结合实际重建。	(1)以街道更新导向为主，结合自身平面进行功能改造或完善。	同上。	(1)有风貌的建筑选择与原有相似的材料与细部处理；(2)无风貌建筑允许一定材料及细部处理的自由；(3)商业类建筑应统一店招、雨篷等标准，商店装修允许在街区整体和谐上有一定自由度。	(1)翻改建筑按原样修缮或重建，或选用与原有材料、色彩接近的材料；(2)新建建筑的材料和色彩选择应与相邻建筑和谐统一；(3)允许部分建筑在细部色彩有一定自身性格，但色彩选择应协调。

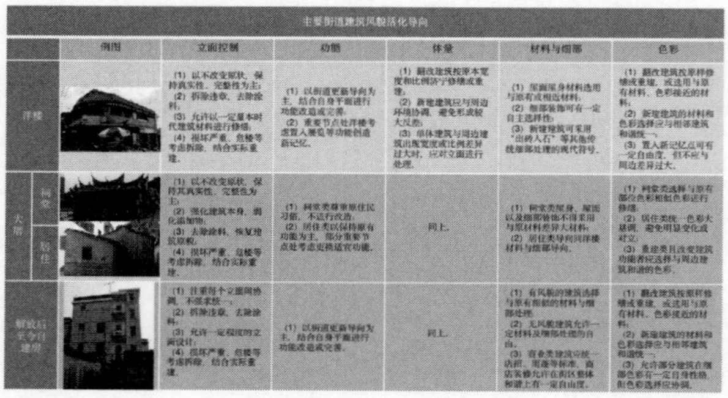

图14 街道建筑风貌活化导向
（来源：小组绘制）

5 结语

本文以厦门集美大社村为例，结合城市记忆理论，对大社的历史记忆进行探究，进一步对历史建筑、公共空间、街巷空间的改造、人文文化的再现等进行了更新策略探讨，希望解决它作为城中村所面临的一些问题，重新激发其活力，恢复往日的美好生活，实现城村共生、整体发展的目的。希望能够在城中村的更新改造中发掘更多可能的方式，为未来的城中村改造提供一种参考。同时我们需要注意每个城市的历史不同，城中村的境况也不同，更新改造不能生搬硬套，只能针对具体情况做出调整，在文化商业化符号化的今天，我们更应该避免文化雷同，避免文化的滥用，城市因不同而具有魅力。同时，要在商业与村民生活之间取得平衡，不能为了发展商业化反而丢失了村民需要的传统生活。今后的城中村改造会遇到越来越多的问题，我们需要不断探索，总结经验，探索出更多的更新改造策略。

参考文献

[1] Mumford L. The City in History：Its origins，its transformations，and its prospects[M]. Harvest Books，1961：89.

[2] Rossi A., Ghirardo D., Eisenman P. The architecture of the city[M]. Cambridge：MIT Press，1984.

[3] 燕海鸣. 集体记忆与文化记忆[J]. 中国图书评论，2009（3）：10-14.

[4] 肖磊. 广州西关历史环境保护中的城市记忆研究[D]. 广州：华南理工大学，2018.

[5] 秦川. 集体记忆视角下都市历史街区文化活力研究[D]. 天津：天津大学，2014.

[6] 集美学村保护性规划.

[7] 郑衡泌. 从血缘到地缘：传统村落角头祠神祭祀空间认同构建——以泉州小塘村为例的考察[J]. 世界宗教研究，2020（01）.

空间句法在旧城更新中的应用
——以合肥市老城南片区更新设计为例

朱韵涵

作者单位
山东建筑大学建筑城规学院

摘要： 空间句法的理论与方法近年来在我国不同尺度的城市规划基础实证研究中都有所运用，用网络拓扑关系解读空间生长逻辑下的经济社会活动，使旧城更新设计的成果更具科学性。本文以合肥市老城南片区的更新设计为例，首先尝试构建空间句法在旧城更新中的研究框架，其次通过现状调研的交通流量数据、爬取百度POI数据校核其模型的合理性，最后从特征空间识别、多方案对比、更新前后的空间绩效对比三个方面辅助旧城更新设计。

关键词： 旧城更新；空间句法；定量分析

Abstract: In recent years, the theories and methods of space syntax have been applied in the empirical research of urban planning at different scales in China.The topological relation of network is used to interpret the economic and social activities under the logic of spatial growth, which makes the results of urban renewal design more scientific.This paper based on the renewal design of the old city area in Hefei, for example, first try to build a space syntax to the regeneration of the old city research framework, the second through the status quo of the research of traffic flow data, crawl Baidu POI data check the rationality of the model, finally from the feature space recognition, scheme comparison, space performance comparison before and after the update auxiliary in three aspects: the old city renewal design.

Keywords: Urban Renewal; Space Syntax; Quantitative Analysis

1 研究背景

城市设计作为一门学科诞生于20世纪中叶的美国，其实践可划分为新城蓝图式的空间美学营造与旧城存量盘活式的公共空间组织，后者在当今欧美国家与我国大城市的实践更为广泛。合肥市于2018年9月出台《合肥老城城市更新规划》的意见征求稿，指出"以城市更新规划为统揽，以'传承·复兴·共赢'为目标，复兴老城区"[1]。其语义要求合肥老城的旧城更新应在传统城市设计方法上创新，让城市设计的艺术更加精准地满足人们对美好生活的向往。

本文引入空间句法的理论与方法指导合肥市老城南片区的旧城更新设计，探索空间句法在旧城更新设计不同阶段中的应用，以定量的城市设计技术方法分析旧城空间的有机组织，剖析旧城更新中的疑难问题，拓展旧城更新设计方法的广度与深度。

2 旧城更新与空间句法

空间句法创始人Hillier教授认为空间并不是承载社会活动发生的容器，而是社会生活的一部分，物质性的空间组织会影响人们的社会活动。基于"空间形式—人流活动—空间功能"的逻辑产生的空间句法与城市设计在空间理解上存在高度的一致性[2]。旧城更新是城市设计中一个重要的分支，区别以往视觉思维和认知思维下城市设计方法[3]，空间句法在旧城更新中的应用会赋予其新的组织逻辑。

2.1 旧城更新设计理论与新语境下的方法拓展

从图形和文字定性描述的时代开始，基于美学视角的图底理论、基于形态学视角的连接理论以及基于社会学视角的场所理论[4]就成为了奠定城市设计基调的研究理论。这是传统城市设计理论在视觉维度上的感知，也是建筑学理论在城市尺度研究的拓展。然而，图形描述虽然有具象和在视觉上对物质空间高理解度的特点，但其表述可能带来过多的限制从而阻碍创造力的产生[5]；文字描述在城市设计领域中存在大量定义不清、容易被混淆的语言，如"清晰的城市结构""连贯的街道路径"等，并没有明确的边界界定其修饰定语的准确性。随着计算机时代的来临，数字化的分析方法直接增加了文字描述的可信度和理解度，间接构建了以数据结果为基准的可视化图形表达，提高设计的分析能力。于是，美学视角下的图底理论拓展出了VR技术、天际线量化描述模型法；形态学视角下的连接理论衍生出空间句法；社会学视角下的场所理论产生了相关性分析、大数据分析等。

2.2 空间句法的理论研究与方法实践

空间句法运用拓扑概念将空间之间的关系与人的行为相结合，因此，它不仅是一种计算语言下的设计方法，也是一种组构空间逻辑的理论，利用拓扑关系建立对偶网络，以"整合度（Integration）""选择度（Choice）"为计算指标解释空间组织的关系，其中"整合度"表示每条街道到其他街道的平均拓扑距离，体现空间中心性的特征。整合度可分为全局整合度（半径为n情况下，空间整体结构的可达性）和局部整合度（以半径为300米为例，识别该半径范围内可达性的中心）。"选择度"表示每条街道在特定分析半径内被其他街道可计算的被穿行的次数，也就是被选择的程度，描述了该街道的被穿过性。

在方法实践上空间句法是将街道网放到研究的中心，学习分析它所采用的不同的形式[7]。有学者将空间句法应用在不同尺度的城市设计中，从城市尺度、街区尺度、广场尺度对空间句法参与规划设计进行实证研究[8]；也有学者将空间句法应用于交通规划领域，分析兰州市的城市道路网络特征，以期为城市道路网络建设与布局优化提供思路[9]。

2.3 空间句法在旧城更新中的研究框架构建

空间句法的理论基础是"自然出行原则"，即人们活动的规律由路网组构的特性决定[5]。两者的形成机制具有高度的一致性，都强调自然生长的重要作用。有学者将空间句法在旧城更新中的应用概括为"旧城整体空间形态研究""街区尺度的公共空间改造""建筑尺度的社区更新""公共利益的方案评价"四方面[10]。从时间维度对以上四方面重新进行分类与梳理，可得出空间句法在旧城更新中的研究框架（图1），其中空间句法模型建立步骤应包括模型构建、模型校核、模型对比。前两者应用于旧城更新的前期分析阶段，通过空间句法识别出现状的特征空间，制定出更新设计的目标与合理的规划策略；后者应用于方案评价阶段，通过不同方案之间的对比选择最优方案，且将其与更新前的现状空间句法模型对比，校核方案是否达到规划目标的要求。需强调现状空间句法模型需要结合其他数据如交通流量数据、POI数据等进行校核，验证模型构建的合理性。

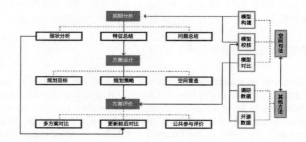

图1 空间句法的应用研究框架（来源：自绘）

3 案例选取及问题解析

3.1 研究区域概况

研究区域位于合肥市老城南片区，南侧为环城公园包河景区，北侧为街淮河路步行街（图2）。规划范围北至长江中路，南抵环城南路，西倚徽州大道，东靠环城东路，总用地面积约55公顷（图3）。用地主要包括省委原办公区、生活区、中科大第一医院等，该片区围绕省委大院的组建包括后来办公区的撤离、环城公园的打造以及长江中路的变迁而演变的，规划宜围绕上述三方面而展开。

3.2 空间句法模型构建与校核

空间句法作为一个被证明可行的空间模型应该遵循普适性的建模要求。首先，模型构建的缓冲区需扩张到符合调查范围外步行30分钟要求；其次，一般以自然要素或是人工障碍物为边界[7]；最后，基于旧城更新的特点，选择对步行和自行车出行的解释力度更优的线段图模型[11]。

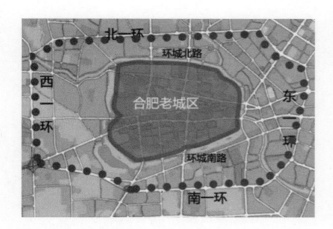

图2 研究区域区位（来源：自绘）

图3 研究范围（来源：自绘）

型。其中300~1000米的半径整合度表示步行5~15分钟范围内的可达性，2000米半径表示自行车可达性。

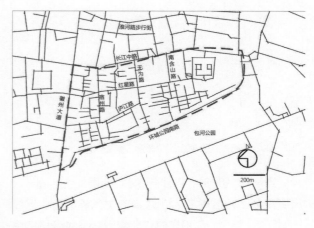

图4 未校核轴线图（来源：自绘）

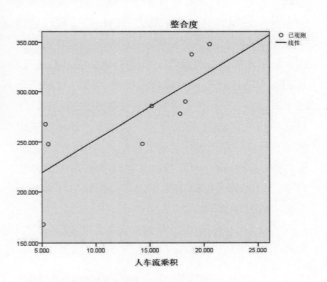

图5 整合度与交通流量相关度（来源：自绘）

构建与校核模型分四个步骤进行：第一，应根据百度卫星图、街景图，绘制未校核的现状轴线图（图4）；第二，通过实地调研，将主要道路上的人车交通流量与轴线图模型的全局整合度进行相关性分析，得出相关性系数R^2=0.61（图5），说明研究的可行性；第三，爬取百度POI数据，得出各类设施的兴趣点空间分布特征（图6），发现宿州路与红星路的活力与轴线图模型（图7）具有一致性，但梨花巷和无为路的商业活力度强于轴线模型；第四，通过Depthmap软件将轴线图模型转化为线段图模型，作为旧城更新设计中定量分析的精准模型。

3.3 基于空间句法的空间特征识别

基于空间句法的"中心性规律"，即不同尺度的整合度核心与城市功能的核心呈现高度的一致性[5]，建立米制距离半径为n，300米、500米、750米、1000米、1500米、2000米不同距离的整合度模

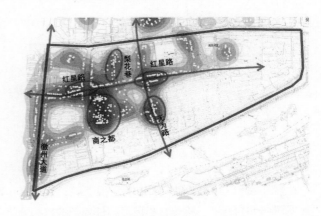

图6 设施POI分布（来源：自绘）

图 7 轴线图模型全局整合度（来源：自绘）

当R=300米时，即步行5分钟范围的生活圈，该尺度表征了社区中老人、儿童的生活圈的核心区域（图8）；当R=1000米时，即步行15分钟范围的生活圈（图9），该尺度包含了一个居住小区全面覆盖的公共服务设施的范围，其生活的核心区域已经过渡到长江中路，无为路呈现出社区小范围的核心与外围片区联动的核心双重效应；当R=2000米时，已经是自行车的出行范围，该半径的整合度下红星路已经不具备潜力空间的争夺优势，而徽州大道和长江中路的中心性则加强（图10）；当R=n，即半径无限大时，长江中路与徽州大道具有绝对的中心地位，省委大院内部的整合度不仅并未提高且有所下降（图11），封闭的大街坊隔离了包河公园与长江中路，割裂了城市空间。

图 8 R=300 米整合度（来源：自绘）

综上，针对研究区域55公顷范围来说，其特征空间可归纳为三点：第一，小尺度居住单元的核心聚集于居住边界区域，生活尺度扩展大时居住区的空间

私有化会导致大面积弱可达性空间出现；第二，过渡性空间分布的单一化，仅是无为路呈现出一定的内外双重联动效应，南北向的空间可达性不均衡，滨河空间被隔绝；第三，服务于城市尺度的长江中路和徽州大道呈现线性连接状态，一方面说明其需要高等级的服务设施支撑，另一方面也说明现状还未发育成均衡的网状连接结构。

图 9 R=1000 米整合度（来源：自绘）

图 10 R=2000 米整合度（来源：自绘）

图 11 R=n 整合度（来源：自绘）

4 基于空间句法的方案评价

空间句法在方案评价阶段可以根据多方案的句法模型对比，找到最优方案深化，并通过更新前后的对比并判断是否达到规划目标[2]。一方面，在前期研究空间特征并制定了相应的规划目标与策略后，可以通过搭接、擦除线段图模型得出不同方案的整合度对比；另一方面，将更新设计前后的空间句法模型在整合度与选择度计算指标上进行对比，验证方案是否满足规划前期的目标预设。

4.1 目标导向的多方案对比

基于前期空间句法的特征总结出三个主要的规划目标：复兴社区生活、构建生态网络、恢复商业活力，先导方案从以上维度展开：方案a（图12）与方案b（图13）致力于复兴社区生活的规划目标，方案a构建的是一种"大开敞、小围合"的居住空间模式，而方案b将原本的单位大院打破后形成条形街坊式的居中单元；方案c（图14）从构建生态网络的规划目标出发，搭接多条南北向的空间句法线段，为环城公园的景观渗透提供可达路径；方案d（图15）以恢复商业活力为目标，通过构建斜向的轴线使商之都成为向心结构的中心。

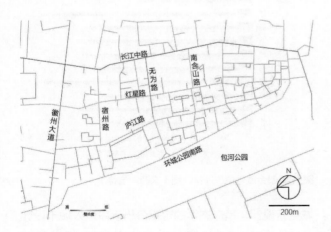

图12 概念方案 a 整合度（来源：自绘）

选取R=2000米为半径，以整合度指标为表征，将四个概念性方案结构进行比较研究：方案a与b都做到了消解单位大院封闭空间的消极影响，但方案a中无为路的整合度优于方案b；方案c将环城公园南路的整合度从200.084提升至216.47，但考虑到过

图13 概念方案 b 整合度（来源：自绘）

图14 概念方案 c 整合度（来源：自绘）

图15 概念方案 d 整合度（来源：自绘）

多纵向联系的路径穿过住区，对原本的居民生活会产生一定的影响；方案d引导了新的空间结构，斜向轴线对商业空间人气的吸聚提供了帮助，同时也提供一种自然景观空间渗入建成环境的思路，但与方案c类似，大规模改造原有的居住空间，对自然生长的老城社会产生的影响不可估量。

整体上，四个更新方案的整合度都优于现状，说明方案对现状的空间问题缓解与地区未来潜力空间的提升有一定帮助。在各方案的对比下，选择方案a为继续深化的研究方向，同时吸取其他方案的优点深化设计。

4.2 更新前后的空间绩效对比

阶段性方案生成的基础上，验证更新设计有效性需对前期问题总结中的设计难点提出回答：开放单位大院组团的路网是否真正影响出行路径选择，利于城市交通的血管疏通？网络状商业空间结构对城市级商业设施提升活力的支持力度如何？扩大退界形成的滨水公园是否具有高可达性，可与城市其他公共空间发生互动？更新片区内部的交通循环是否得到改善？

在以上四方面的思考下构建优化方案的线段图模型。首先，选择R=1000米即15分钟生活圈的局部选择度为对比指标，更新设计前的局部选择度（图16），省委大院内部选择度低，被穿越的次数少，交通易在居住区外围造成拥堵；更新设计后的局部选择度显示（图17），穿行性优越的街道网络由南北向转为东西向，省委大院内部道路分担了城市主路上的部分交通流量，提升了环城公园区域慢行品质。其次，选择更新前后的全局整合度作为对比指标，发现旧城更新设计后的街道空间网状结构明显，低可达性空间减少，从全局整合度的数据变化上看，从更新设计前的273.415增加到更新后的298.176，区域内部整体的可达性得到明显地提升。最后，构建更新设计前后整合度差值位序排列图（图18），从整合度的增加值来看，设计重点区域都得到了改善，省委大院内部道路的整合度增加34.793，可达性提升最快；长江中路作为服务城市尺度的道路的整合度增加32.816，有利后期大型商业综合体的构建；环城南路的整合度增加27.29，表示环城公园包河景区的景观中心地位上升，更易作为出行目的地；其他增加值位序靠后的街道整合度增加值也存在大于18的提升，表明本次更新设计的合理与有效。

5 结语

本文将空间句法应用于合肥市老城南片区的旧

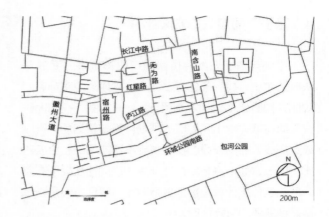

图16 更新前选择度（来源：自绘）

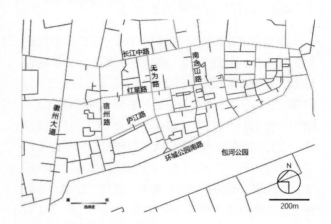

图17 更新后选择度（来源：自绘）

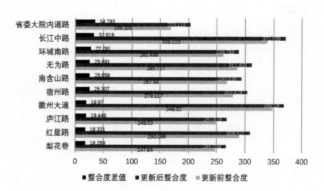

图18 整合度差值位序排列图（来源：自绘）

城更新设计，是形态学的定量分析手段进入城市设计领域的尝试。分析证明，空间句法能较好地融入旧城更新的前期分析阶段与方案评价阶段，在特征空间识别、多方案对比、更新前后的空间绩效三方面提供针对性的设计思路、合理的解决策略与可定量的方案评价手段。但也需要注意，构建不同设计条件下的空间句法模型应做本土化的调试与校核，切勿将空间句法模型构建与应用的成功案例当成定式而非范式。

基于现有的空间句法在城市规划领域的实证研究，本文仅将其应用于旧城更新的前期分析与后期的方案评价阶段，相信未来随着空间句法模型构建逐渐简单化，参数指标的扩展多元化，空间句法必将辅助于城市设计的全过程。

参考文献

[1] 合肥市自然资源和规划局，《合肥老城城市更新规划》[EB/OL].

http://zrzyhghj.hefei.gov.cn/xwzx/ywlb/12738331.html.2018-09-13.

[2] 黄铎，古恒宇，姜洪庆. 基于空间句法的城市设计方法与流程融合机制构建[J]. 规划师，2018（03）：59-65.

[3] 牛强，鄢金明，夏源. 城市设计定量分析方法研究概述[J]. 国际城市规划，2017（06）：65-72.

[4] Trancik R. Finding lost space：theories of urban design[M]. New York：Van Nostrand Reinhold，1986.

[5] 于露. 城市旧区更新设计分析方法研究——以空间句法及其应用为例[D]. 重庆：重庆大学，2017.

[6] 杨滔. 空间句法：基于空间形态的城市规划管理[J]. 城市规划，2017（02）.

[7] 段进，比尔·希利尔. 空间研究：空间句法与城市规划[M]. 南京：东南大学出版社，2007.

[8] 盛强，杨滔，刘宁. 空间句法与多源新数据结合的基础研究与项目应用案例[J]. 时代建筑，2017（5）.

[9] 雒占福，徐静，巩萧. 基于空间句法的兰州市城市道路网络特征分析[J]. 西北师范大学学报（自然科学版），2018，200（03）：109-115+122.

[10] 钟婷. 空间句法在旧城更新中的应用回顾与展望[J]. 四川建筑，2016（05）：21.

[11] 戴晓玲，于文波. 空间句法自然出行原则在中国语境下的探索——作为决策模型的空间句法街道网络建模方法[J]. 现代城市研究，2015（04）：124-131.

专题九　建筑技术与施工建造

城市综合交通体数字化技术浅析
——以重庆市沙坪坝站进站大厅空间人流拥堵分析基于 Massmotion 仿真模拟

公雅妮

作者单位
重庆大学建筑城规学院

摘要： 城市综合交通体存在着可塑性强、可变性弱的特点，笔者以典型个案重庆市沙坪坝站为例，探究自建成以来交通集散功能被逐年减弱现仅作为成渝高铁的一个站点的成因，针对这一现象运用 Massmotion 软件模拟空间人流情况，让其成为连接前期设计和后期运营的媒介同时为决策提供参考。首先针对平时和节假日不同情况下同一车次在同一时间段行人调研，然后运用调研数据在 Massmotion 中运行得到若干分析图表，总结问题并提供相应的解决策略。

关键词： 进站大厅；人流分析；Massmotion；仿真模拟

Abstract: The urban comprehensive traffic body has the characteristics of strong plasticity and weak variability.The author takes a typical case of Shapingba station in Chongqing as an example, this paper explores the reason why the traffic distribution function has been weakened year by year since its establishment and is now only used as a station of chengdu-chongqing high-speed railway.In view of this phenomenon, Massmotion software is used to simulate the human flow in space, make it a medium for connecting pre-design and post-operation as well as for decision-making.In this paper, we first investigate the pedestrian on the same train at the same time under the different conditions of normal times and holidays, then use the investigation data to get some analysis charts in Massmotion, summarize the problems and provide the corresponding solutions.

Keywords: Arrival Hall; Passenger Flow Analysis; Massmotion; Simulation

1 绪论

城市综合交通体作为交通建筑的重要组成，通过不断地实践发现具有可塑性较强，可变性较弱的特点，即常以改扩建的形式适应城市变更。这就意味着此类建筑无论在前期设计还是后期运营甚至是面对突发状况的种种情况下都应该能快速机动，并降低相应的成本。通过对国内 Massmotion 相关课题领域已有研究和相关行人行走效率规范收集和整理分析发现，Massmotion 是偏向于建筑技术领域的一款基于对复杂人流定性定量分析，用以解决高效安全通过的软件。它不仅在建筑和交通设计的前期帮助设计师做出最明智的决策。而且随着设计进程中问题的不断出现，用以测试不同的场景和方案，进一步优化项目方案。但是国内现有研究成果较少且没有形成系统。基于此，笔者认为利用 Massmotion 的人流模拟仿真实时分析相关问题不仅成为连接前期设计和后期运营的媒介同时为决策提供参考。

2 现状调研

2.1 重庆市沙坪坝站概述

沙坪坝站始建于 1979 年，北侧紧邻中心商业区三峡广场与重庆师范大学，南侧为沙坪坝公园与居民区，占地约 46 公顷。经 1990 年扩建成为一个重要的交通枢纽站，用以缓解重庆站的交通压力。2006 年根据重庆市城市总体规划要求，沙坪坝站的交通集散功能被减弱，仅作为成渝高铁的一个站点。[1] 直至 2011 年因其地处沙坪坝核心区域，不仅周围配套设施十分完善（图 1），而且是高铁、轨道、公交、出租、社会车辆等多种交通方式的交汇中心（图 2）。同时也具备沙坪坝区城市 TOD（Transit Oriented Development）的发展潜力。TOD，即以公共交通为导向发展的城市规划原则，通过最大化公共交通与经济活动的接入，确保城市能够创建充满活力、以人为本的社区[2]。基于此，未来沙坪坝铁路交通综合枢纽将实现地上及地下多条交通线路并行，多种交通方式换乘高效便捷。并以商业为核心基础，酒店住宿、商务洽谈为价值提升，打造重庆TOD都市综合体新地标。

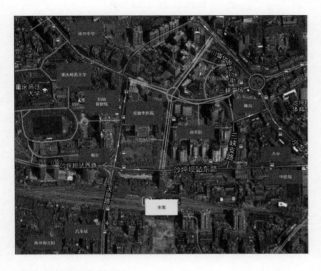

图1 沙坪坝站区位图
（来源：笔者自绘）

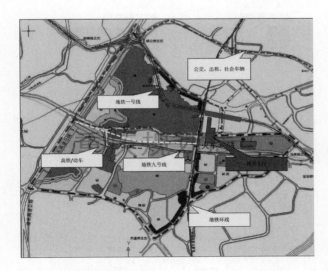

图2 沙坪坝站周边交通网络
（来源：笔者自绘）

2.2 沙坪坝站现状流线分析

高铁站、火车站、机场等以交通运输作为主要功能的公共建筑，承载人流量的能力常常作为衡量

其设计好坏的决定性因素之一。特别是在节假日期间，客流量急剧增大，常常会发生室内行人拥堵甚至踩踏事件。笔者通过对沙坪坝站进行了两次现场调研，第一次是平时工作日（6月16日），第二次是端午节假日（6月25日）。为能得到真实客观的调研数据，对比平时工作日和国庆节假日行人量的差异，选用控制变量法[3]。即控制调研开始时间、时长、站位点、数据采集方法、整理记录均不变，最大程度地减少其他因素对行人的影响。选取下午高峰时间段（15：00~16：00）作为调研对象，采用人工观测和视频采集的方法，整理得出平时工作日和节假日进站人数、检票人数的通行速率以及等候人数的密度（表1~表3）。通过将以上调研数据与相关规范对比得出，节假日期间行人密度、流量和速度均大于最大承载力指标，即表明沙坪坝站在节假日期间的行人量承载能力较差，有造成严重拥堵甚至踩踏事件的可能，这与现场调研实际定性判断相符合。

平时工作日行人速率（s/人）		表1
	进站口	检票口
调查开始时间	2020年6月16日 15：00~15：05	2020年6月16日 15：35~15：40
车次	—	G8554
调查人数	53人	—
调查时长	300s	—
行人速率	5.6s/人	1.2s/人
通过时长	—	4min15s

（来源：笔者自绘）

节假日行人速率（s/人）		表2
	进站口	检票口
调查开始时间	2020年6月25日 15：00~15：05	2020年6月25日 15：35~15：40
车次	—	G8554
调查人数	500人	—
调查时长	300s	—
行人速率	0.6s/人	1.5s/人
通过时长	—	15min45s

（来源：笔者自绘）

等候区行人密度（平方米/人）　　表3

	平时工作日	节假日
调查开始时间	2019年10月1日 15：10~15：30	2019年10月1日 15：10~15：30
密度	1人/m²	2人/m²
调查人数	279人	536人
男性	85人	349人
女性	68人	187人
老人	17人	36人
儿童	16人	50人

（来源：笔者自绘）

沙坪坝站一层进站大厅作为本案的研究对象，其内部流线可按照不同人员分为以下几类：旅客、工作人员、安保人员、服务人员。其中旅客的流线是最主要和复杂的，而且也是拥堵状况最直接的影响因素。行人从北侧的3个进站入口门经由3个安检通道进入，接着通过三个安检口进入等候集散大厅，最后通过检票闸机进入下行楼梯和扶梯到达站台（图3）。其余三种人员因为基数远小于旅客，所以对进站大厅的影响可以忽略不计。虽然这看似是非常简单的流线构成，但是与其他建筑内部行人流线不同的是它具有很强的时间性[4]，根据实地调研访谈可知在8~10分钟内人流量可以达到一昼夜的最大值。也就是说要尽快使大量聚集的无序行人按照有序、高效、安全的方式运输到指定的位置。另外，通过前后两次调研可以发现从进入进站大厅到离开检票口经由扶梯或楼梯到达站台的行进过程中，行人存在多种状态（图4），从而间接反映出拥堵情况的影响因素。通过查找相关资料展开定量评价可知，影响沙坪坝站拥堵情况除了行人的先天个体差异（包括性别、年龄）之外，还与诸多客观因素[5]。通过调研发现造成拥堵的因素按照影响力大小依次为视线寻找>携带行李>车票/身份证>排队/等候（表4）。并且由于前两个影响因素占比较大而导致在进站入口和安检口是人流最无序拥堵的。所以要想解决沙坪坝站人流高峰期拥堵问题主要应该从"视线寻找"和"携带行李"两方面找到优化突破口。"视线寻找"主要是解决在视野范围内可以快速清晰地找到相应的标识，或者通过设计将人流高效、安全、有序的导向相应的区域；"携带行李"主要是解决在建筑运营方面适当减少乘车步骤，或者通

过设计考虑改变室内通道等狭长空间的尺度来解决行李的运输问题。而运用Massmotion仿真分析，从上述两个客观因素出发，进一步优化项目方案。降低建筑运营成本，为提高沙坪坝站空间品质，从根本上改善拥堵情况提出建议。

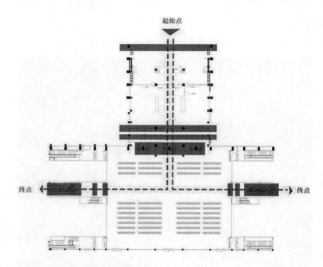

图3　沙坪坝站行人流线分析
（来源：笔者自绘）

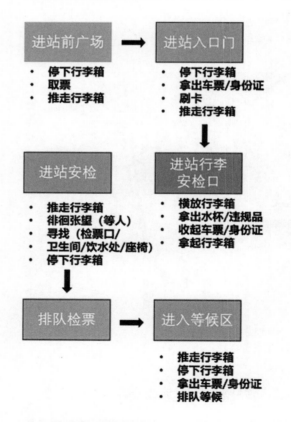

图4　沙坪坝站行人的多种状态
（来源：笔者自绘）

造成拥堵影响因素的评价　　　表4

影响因素	拥堵影响因素评价			
	重要50%	较重要30%	一般15%	普通5%
携带行李		√		
视线寻找	√			
排队/等候				√
车票/身份证		√		

（来源：笔者自绘）

3 Massmotion 仿真结果分析

选用Massmotion 软件对沙坪坝站进站大厅进行建模，并设置前文表格中的参数。模型结果如图（图5~图12）所示：

3.1 拥堵结果分析

根据预测判断造成行人可能拥堵情况主要发生在安检处和进站处，安检处因为建筑分配面积较小而

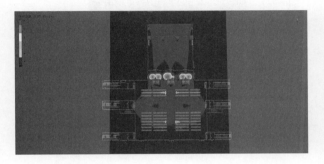

图 5　人流平均密度图
（来源：笔者自绘）

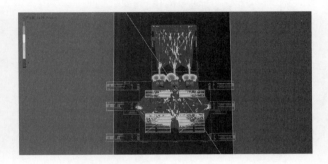

图 6　人流瞬时密度图
（来源：笔者自绘）

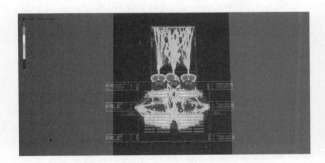

图 7　人流最大密度图
（来源：笔者自绘）

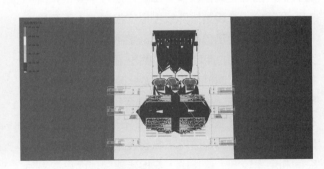

图 8　人流占用的持续时间图
（来源：笔者自绘）

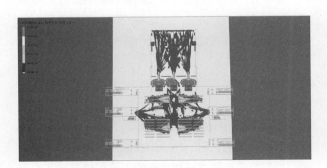

图 9　人流超过 0.43 人 /㎡的时间
（来源：笔者自绘）

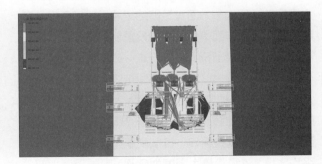

图 10　人流个体清除持续时间
（来源：笔者自绘）

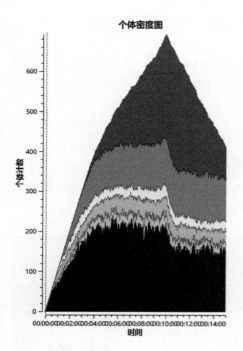

图 11　人流个体密度图
（来源：笔者自绘）

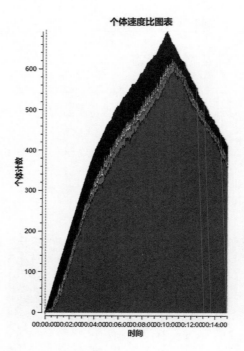

图 12　人流个体速度比图
（来源：笔者自绘）

行人执行的规定动作较多，主要包括行李安检和身体安检两部分。并设置排队线模拟安检时的人工疏导，但是在结果中显示仍存在着无论是平均、瞬时以及最大密度均为F级的拥堵情况（图5~图7），并且当模拟人数为500人时间跨度到达6分钟左右时开始发生明显的拥堵现象（图11），但直至8分钟左右速度才有明显的降低（图12）。另外，在中间偏右的安检口不存在拥堵情况，这就意味着通过行人数量较少，空间利用率较低。这是由于安检步骤繁琐而只依靠后期运营增加管理人员和围栏应对拥挤的人群，设计方面没有根据行人特点引导人流。然而进站处与等候大厅相接，行人一方面有足够的缓冲场所用于维持有序排队，另一方面等候大厅的设置使得行人在进入和离开的过程中给予行人一边行走一边视线寻找的路径长度，并且在等候区域行人停留持续时间呈点状分布（图8）。这样的空间处理方式大大降低了后期运营的人工成本。如图5、图6以及图7所示行人从安检处到达等候区再到检票口，排队刷票（证）进站，行人平均密度为A级、最大密度为C级、瞬时密度大部分达到B级服务水平，能满足基本乘车的需要，排队顺畅，不存在大量拥堵区域。

3.2　等候大厅空间利用率分析

沙坪坝站等候大厅如图9所示在四个等候区靠近公共走道的一侧利用率较高普遍每平方米达到0.43人的普遍时间超过了1分钟，即这些地方的空间利用率较高。这是由人流流线分布特点符合最短距离可达性决定的[6]，最短距离可达性是人行走路线总沿着两点之间直线最短的路径。另外，对比图12可知等候大厅红色所示的线性空间是空间利用时长最高的区域达到了5分钟以上，也就是说在等候大厅人流聚集是不均匀的，东北方向的等候区空间利用率最低行人持续活动时间在4~5分钟之间。这种空间利用率不平衡的状态说明该等候区域的设置受到安检口的影响较大。

4　结论

沙坪坝站进站大厅旅客流动过程中，在安检口存在严重拥堵的风险。Massmotion仿真模拟结果证明，携带行李和视线寻找是影响人流拥堵最重要的两个原因，采用合理的设计手法，提高行人通行能力，达到有序、高效、安全的承载能力，为我们今后的相关设计研究提供思考：首先相比于工作日，节假日同一地点行人流动平均密度明显增大，科学预测节假日高峰期的行人流动密度是沙坪坝站事故风险控制的关键手段。其次运用Massmotion对人行流量的仿真模拟不能只看数据的表象，还应该通过数据分析出优化方案，针对本案应该在进站口前设置缓冲地带，疏导人流，预防突发事件发生。在最复杂的安检口建立合理有效的安全管理制度，着重培养工作人员的安全素质提高服务效率。

参考文献

[1] 毛晓兵，李飞. 站城一体重庆市沙坪坝站铁路综合交通工程[J]. 建筑技艺，2019（7）：52-56.

[2] 刘勇. 深港中轴TOD导向的站城一体化空间提升[J]. 工程建设与设计，2020（9）：118-119.

[3] 贾洪飞，杨丽丽，唐明. 综合交通枢纽内部行人流特性分析及仿真模型参数标定[J]. 交通运输系统工程与信息，2009（5）：117-23.

[4] 胡清梅. 轨道交通车站客流承载能力的评估与仿真研究[D]. 北京：北京交通大学，2011.

[5] 卢春霞. 人群流动的波动性分析[J]. 中国安全科学学报，2006，16（2）：30-34.

[6] 李永行. 城市轨道交通车站行人微观行为建模与仿真[D]. 长春：吉林大学，2018.

数学建模方法在功能性设计场景中的应用探索[①]

颜冬　单立欣

作者单位
中国建筑设计研究院有限公司

摘要： 实际工程中的建筑项目，其功能方面的设计要求来自各方各面，对设计师的统筹协调工作带来了诸多挑战。为了使得复杂功能问题的设计解决过程更加逻辑严密、稳固可控，促进学科交叉研究，本文从数学建模视角下，重新审视传统设计模式，剖析功能性设计场景的抽象本质，探索展示进一步提高设计质量的可能途径。

关键词： 功能性设计；算法原型；计算机辅助建筑设计；参数化设计

Abstract: The functional requirements of actual building projects in engineering come from all sides, which brings many challenges to architects.In order to make the design-solving process of complex functional problems more reasonable, controllable, as well as promoting interdisciplinary research, this article re-examines the classic design process from the perspective of mathematical modeling, summarizes the typical problems in functional design, and demonstrates possible ways to improve design quality further.

Keywords: Function in Architectural Design; Mathematical Modeling

1　引言：功能设计的方方面面

功能因素既是设计活动的限制条件，又是灵感源泉。相对于其他因素，功能因素在实际项目尤其是大中型公共建筑的设计过程中更显份量。一般而言，建筑师需要统筹考虑的功能因素来自各方各面，不仅跨越一个极其繁杂的知识范围，而且牵扯盘根错节的逻辑关系：从上游的规划条件、设计任务书、国家规范、行业标准，到空间自身的使用逻辑、结构机电专业的设计要求、图审专家的咨询审核意见，再到施工阶段造价控制、材料特性、施工工艺技术水平，太多的方方面面给设计工作带来了广度和深度上的双重挑战。更全面、更细致地思考变得越来越困难，需要投入的精力与花费逐渐递增。然而，更令人唏嘘的是，即便小心谨慎，遗漏疏忽导致返工甚至重做在所难免，因此设计程度越深入，设计者预期付出的修改劳动代价也就越来越高昂。随着代价预期到达了设计者不能接受的顶点，设计质量的提升也就陷入了停滞。

因此，需要找到一条路径，在人的劳动时间层面上，至少能够使得在设计过程中占比很大的功能性问题的解决过程，得到充分的简化和明晰的论证，以使得预期的付出稳固可控。

在这样分析的基础之上，本文尝试引入数学建模的思想来看待建筑的功能性设计问题，并探索其应用。这里的数学"建模"一词，区别于建筑行业语境下的三维建模。数学是来源于空间结构、数量关系共性的抽象升华，而数学模型，是指通过抽象和简化，使用数学语言对实际现象近似刻画出的一种纯关系结构[②]。

2　对传统设计工作模式的抽象解读

在实践中，设计师往往依赖多年的工作积累，依照感觉、经验提出概念草图阶段的设计，以此为底图，逐步深入、试错，核查是否满足前一节列出的功能性相关的各方各面。

这个自然而来的工作方式的存在缘由，极可能是人脑"缓存"有限的特性，无法同时处理大量信息，因此人会选择将注意力聚焦，逐项进行。具体到实例，比如设计师修改结构专业地下室底板的时候只方

---

① 项目基金：本研究课题得到中国建设科技集团青年科技基金资助（W2017125）

② 刘来福，曾文艺. 数学模型与数学建模[M]. 北京：国防工业出版社，1999：3.

便考虑底板图引发的变化本身，至于引起的上下层功能排布影响，就暂时无暇顾及，否则沿着一个思考链条不断延伸下去，就会超出了短时记忆的限制，问题开始的原点就会被忘记。

抛开原有定式，按照符合计算逻辑的信息论抽象思路重新探索，设计过程，本质上即是根据一定前提条件将建筑构件"定位"到各个空间位置的过程。功能信息从各方各面流向建筑专业，并经过统筹处理，流向其他各专业工程师，最终到达施工方。因此，可以按照信息"输入—处理—输出"流向，将设计过程简明地概括为三个步骤：第一步，将收入的自然语言包含的信息做出精确转化，得到用形式化语言表述的设计条件；第二步，处理逻辑关系，解决冲突、寻找最优解；第三，将信息精确地表达输出，指导施工。

3　设计质量提高的潜在途径

下文将用若干实例证明，同在其他学科中的应用一样，数学建模方法在上述三个步骤的设计过程中仍然具有在长期意义上提升设计质量的明显优势。

建立完成的数学模型可直接转化为计算机程序，因此处理含有大信息量的问题不会受到人脑短时记忆的限制；其描述采用数学语言，表达信息时具有明确无歧义的特征；数学模型虽源自感觉和经验，但其解决执行是基于严密的逻辑推理，因此答案稳固可靠；因为是抽象的纯关系结构，凝聚了问题的关键点，因而同其他学科已有研究重合的可能性大大增加。

3.1　更强大的处理资源能力

使用数学模型可以借助计算机的优势来动态地处理大量信息。这里讨论一类简明的功能性设计任务：估算建筑功能空间（构件）之间的数量比例关系。虽然司空见惯，但仍具提升潜力。

场景1：估算使用空间的面积。如一个3000座的体育馆，总建筑面积应是多大？1万平方米的银行办公楼，需配建多少平方米餐厅？

场景2：估算疏散宽度。如一处1800平方米的人

防防护单元（人员掩蔽），楼梯间需要的梯段总宽度是多少？

场景3：估算机电专业占用层高。例如一组200人阶梯教室所需机械通风量，需占用吊顶净高空间多少截面积？

这些问题在实践中难以有确切的、稳定的答案，而且零散地分布在建筑策划案例、各类标准规范，以及工程师的经验中，需要消耗大量精力去搜集；但为了继续后面工作，却必须要先行"拍定"一个值。

对这个难题建立的数学模型却很简洁，是两个量之间的转换。

$$N=f（A）$$

因此问题的关键就在于如何确定转换方法f。

现行实践中，有些规范会给出建议性的计算方法，例如"快餐店用餐区域每座最小使用面积1.0平方米"[①]。

对照数学模型反思这种方式，显而易见，其具备提升空间，它可能是受到了纸面印刷限制，将f确定为"固定系数的线性映射"。如此，采用更细节丰富的数学模型明显可以做到更好地贴合现实世界。采用可执行程序的方式盘活利用大量建成实例的项目资料，以统计学方式交互式地给出：告知转换方法在附近地区同类型案例中的分布情况，或是近年来随时间变化的趋势，甚至转换结果的可信程度。

思想和软件工具是相辅相成的。相比传统设计成果图纸，应用了BIM技术的模型因其数据结构化[②]程度高，故更易于提取，避免了人工整理的成本高昂、换取的设计质量提升却很有限的窘境。

3.2　跨专业背景的沟通载体

数学建模方法的优势在于，其表述事物使用的是通用的数学符号，进而易于构建出直观的图形，不依赖于共同专业背景下的知识术语，减少了沟通阻碍。

在这个案例中，建筑师充当中间桥梁，处理两个诉求：暖通专业工程师要在室内的储烟仓高度以上设置排烟管道和电动排烟口；结构专业则希望不要反复修改，即便修改也要保持桁架网格结构合理性；最

---

① 中华人民共和国住房和城乡建设部.饮食建筑设计标准JGJ64-2017[S].北京：中国建筑工业出版社，2017.
② 建筑理想的结构化信息组织形式，应当将分区关系、空间关系（房间关系）作为顶层结构。现阶段常用的BIM模型，与此理想目标更接近。传统出图的电子成果，大多以更基本的层级——墙柱构件、文字标注等对象来表达，甚至扁平到线段、填充图案层级，这样基本丢失了设计思考的关系信息，大大提高了用编程语言处理复原的难度。

后，所有设计师都希望管道不要影响空间美观。

这个信息交流会出现一些专业的术语，比如结构工程师通常并不理解储烟仓；甚至会出现不同专业背景的人有不同理解的词语，比如"风管直径"[①]，诸如此类，易于引发大量的解释甚至亡羊补牢的工作。

用数学语言描述这个问题，即是找到一条穿过空间顶部的网格间三角形的平面曲线（图1b），使得沿着曲线的矩形截面放样得到的曲面与桁架管管壁保持50毫米间距以上。

这样的一段话，整合了细碎的需求，不仅对于上述方面的工程师是明确无误的，而且还可以方便地交予熟悉参数化的设计师进一步简化，投影到平面上（图1c），采用Grasshopper上的遗传算法（Genetic Algorithm）[②]运算器计算这时矩形的最大截面积（图1d），即可以顺利找到精确到5毫米以下的答案，并做出图纸指导施工。

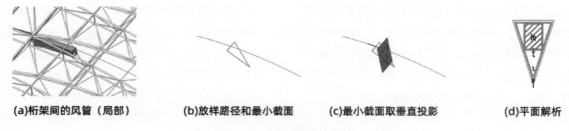

(a)桁架间的风管（局部）　　　(b)放样路径和最小截面　　　(c)最小截面取垂直投影　　　(d)平面解析

图1　穿桁架网格的风管截面

3.3　更具洞察力的逻辑关系判断

数学建模可以帮助极早地认知图形关系的答案。如下面案例中，平面房间的布局也是一项最为基本的功能性设计任务。不同的功能房间之间会有一些联系，建筑师通常先绘制一个功能气泡图（草图，如图2a的某博物馆）来表示这种联系，例如"贵宾室必须同报告厅相联系"，这类联系通常是不允许交叉的。之后的设计任务就是将气泡图落实到具有实际尺度的平面图中：多次草图推演之后，发现可能存在矛盾，从而被迫放弃某些联系，这个过程是令人沮丧的。那么是否能够明晰地确定，存在或者不存在无流线交叉的布置方法呢？

应用数学建模的方法可以发现，这些联系能够表示成一个"图"[③]，进而判断其是否可"平面图化"。通俗地说，即是否存在平面内联系不交叉的布置方法。

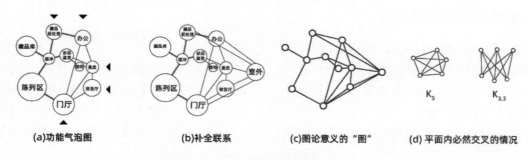

(a)功能气泡图　　　　(b)补全联系　　　　(c)图论意义的"图"　　　(d) 平面内必然交叉的情况

图2　对功能气泡图的建模计算

---

① 实际的通风管道在接缝处有法兰盘，因此准确地说风管在碰撞语境下，其"直径"包含这个细节。
② 功能性的设计问题，虽然不易于写出简明的解析式，但步步推演后通常是显式函数的形式，对此梯度下降法比后者更有效。后者在Rhinoceros®的Grasshopper®上已经得到了插件实现，名称为Galapagos。
③ 此小节下划线标明的"图"使用了图论中的图概念。

将室外出入口同样看成一个气泡，补全所有气泡之间的联系。暂时忽视气泡的大小，抽象成为图论意义的图之后，利用Kuratowski定理[①]，这个问题的答案就变得显而易见：只要当功能气泡图的其中一部分气泡联系——复杂到图2d的两种情况之一，就确实是矛盾无解的；这时，必须果断舍弃某些联系以去除图2d的情形，而不必在平面布置上做任何徒劳地尝试。

3.4　引入其他学科成熟方法

数学模型易于归纳不同问题的本质，因此很容易在不同学科之间建立联系，以便"为我所用"。本节

多个功能性场景经过数学建模后，都可以归结为可视性问题——也就是光线求交问题，而这是各类效果图渲染器最基本的算法。

场景1：视线设计。例如，某些私密空间的情况不应为处在一般位置的使用者所见（图3a）。反例如，组织园区景观序列，标志性节点需要被看到，以给游客清晰的方向感。

场景2：自动喷水系统设计。在多数建筑的房间、走廊内，根据消防要求，天花板上需要隔一定间距[②]布置喷淋头（图3b），每个喷淋头保护一定半径的平面区域；自动消防炮同理，是前者的三维形式。

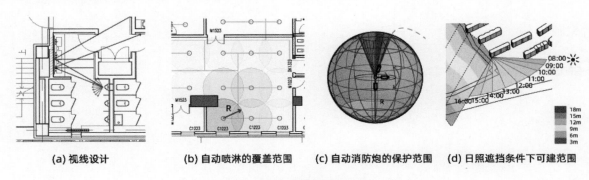

(a) 视线设计　　　　　(b) 自动喷淋的覆盖范围　　　　(c) 自动消防炮的保护范围　　　　(d) 日照遮挡条件下可建范围

图3　光线求交模型的应用场景

场景3：日照遮挡设计。在场地设计时，如周边有住宅区，需要考虑新建建筑对原有住宅区的遮挡。一般情况下，新建建筑不应该对既有住宅的有效日照时间有丝毫影响，因而需要计算出新建建筑可建的空间范围（图3d）。

上述问题都可以看成光线对目标物体的照射焦点问题。随之，光源对应场景1中的私密空间、冷却塔、标志性节点，场景2内的自动喷水末端，场景3中的既有住宅（采光窗口）。这样就对接了计算机图形学中的相关算法。此外，幕墙划分嵌板、编织结构等设计问题，类似地可以在计算几何、计算共形几何中找到同本质的研究主题，此处不再赘述。

4　结语

相对于数学建模已经得到成熟发展的学科，设计

任务的挑战性和魅力，在于没有绝对黑白分明，而是在大量功能性设计依据与空间、形式美感三者之间找到总体平衡，因此发展较慢。

不可否认，数学建模的工作思路，已经得到部分从业者不知不觉地运用，例如建筑消防的性能化模拟，但是运用者未必明确地认知到抽象工作方法的普适性所在。而本文的前述研究工作，正是用探索实例明确揭示这一可能；总而言之，推广数学建模的思考方法在设计师个体、团队知识传承以及规范引导方面，都有直接的意义。

从微观的层面看，数学建模后的用户需求，更易于开发成适合中国本土的辅助设计软件工具。而后者，不仅仅是加速设计探索，更有助于潜移默化地激励设计师去尝试更加细致或革新的设计。

从中观的层面看，数学建模后的设计理论，更易于包含更大的信息量以及得到准确的传承。设计行业

---

① Kuratowski定理：一个图是平面图的充要条件是它不包含任何同胚于K5或K3,3的子图（图2d）。
② GB 50084-2017.自动喷水灭火系统设计规范[S].第7.1.2款

内常见的一个现象，就是某些技艺随着资深工程师的退休或者转行，即散失；后来的新人总是从零开始。利用数学建模的思路，将前辈们的知识集成化、模块化，使得设计师们得以站在前人之肩，节省精力来用于更有设计价值的创意环节。

从顶层的层面看，各类国家规范、标准，有望做到用数学建模的思路进行描述，甚至进一步融入设计辅助软件，而这样将赋予规范标准"可执行性"，使得专家学者们的辛勤劳动不再是分散在一本本待人翻阅的书籍，而是共同构建同一软件框架，从而主动参与到一线设计人员工作中去。这于行业上上下下的整体进步，是极具意义的。

图片来源

所有配图均为作者绘制；图片背景采用的施工图图纸，均为中国建筑设计研究院第一建筑专业设计研究院设计作品。

参考文献

[1] 刘来福，曾文艺. 数学模型与数学建模[M]. 北京：国防工业出版社，1999.

[2] 中华人民共和国住房和城乡建设部. 饮食建筑设计标准 JGJ64-2017[S]. 北京：中国建筑工业出版社，2017.

[3] 屈婉玲，耿素云，张立昂. 离散数学（第2版）[M]. 高等教育出版社，2008.

[4] GB 50084-2017. 自动喷水灭火系统设计规范[S]. 第7.1.2款

生境视角下绿色屋顶对城市生物多样性的影响

何毅文

作者单位
重庆大学建筑城规学院

摘要：绿色屋顶可以在建筑物顶部开辟出一块生境，模拟自然生态要素并影响生物多样性水平。但关于绿色屋顶具体是在哪些方面模拟自然要素，以及它在城市尺度上是如何影响城市生物多样性的问题，却一直没有定论。因此本文从绿色屋顶的生境场地条件以及生境网络中绿色屋顶的功能两方面，由微观至宏观的讨论生境视角下绿色屋顶对城市生物多样性的影响。研究发现绿色屋顶作为一种特殊的城市生境，在场地条件上略逊于自然生境，因此它可支撑的物种数量更少。而在城市生境网络中，绿色屋顶扮演了多重角色，如果能统一规划布局，就能有效提提升城市生物多样性。

关键词：绿色屋顶；生境场地条件；城市生境网络；生物多样性

Abstract: Green roof can create the ecological habitat on the top of building, it stimulates natural elements and impacts the urban biodiversity.But there is no specific conclusion about how could green roof can achieve that in both micro and macro scales.So this paper is trying to research this topic from site conditions of green roof habitat and urban habitat network.The conclusion indicates that the quality of urban habitat is slightly worse than natural habitat because of fewer species it can afford, but green roof plays multiple roles in urban habitat network, if we can systematically plan it, which could be effective for improving the urban biodiversity.

Keywords: Green Roof; Habitat Condition; Urban Habitat Network; Biodiversity

1 前言

近年来绿色屋顶设计因为其良好的生态效益，在全球范围内广泛流行。大量证据表明，绿色屋顶在城市雨洪管理、提升空气质量、减缓热岛效应、降低建筑能耗等方面有着突出表现。这是因为绿色屋顶本质上是一种人造城市生境，可以通过科学调整土壤成分、合理搭配植物群落等方式，帮助城市更加可持续的发展。除此之外，绿色屋顶作为城市生境，还可以为生物的栖息或迁徙提供必要的场所，从而提高城市的生物多样性。生物多样性是保持城市生态系统稳定的重要因素，也直接受到城市生境的影响。但目前这方面的研究却相对缺乏，因此从城市生境视角去探究绿色屋顶对城市生物多样性的影响是十分必要的。

2 相关概念解释

2.1 城市生境

1. 生境场地条件
生境是指生物（个体、群体、群落）生存空间范围内的全部环境条件的总和，而城市生境则是指城市范围内维持生物生存与繁衍的环境条件[1]。城市生境以绿地作为载体，由分散的生境斑块以及廊道共同构成。而生境场地条件则是指生境中如土壤环境、植物结构等客观条件的好坏。好的场地条件可以提供更多的物质能量，有助于城市生物多样性的提升。

2. 城市生境网络
城市生态学研究认为城市提供的生态系统服务依赖于城市生境斑块的空间排列，特别是斑块的大小、连通性和异质性[2]。正是因为这些规模性质各异的生境斑块在空间上产生了关系，促进了能量和物质的流通，所以才形成了城市生境网络，它是城市生态系统良性发展的前提条件，也是城市中生物迁徙和交流的生态基础。

2.2 绿色屋顶

1. 绿色屋顶概念
绿色屋顶因为其生态性和景观性，也被称为生态屋顶或屋顶花园。广义上的绿色屋顶是指不与地面土层连接，并栽种绿植的建筑顶部或平台。但如果植物是被栽种在容器中（比如花盆），那么这样的屋顶通常不被认为是绿色屋顶。虽然绿色屋顶在场地条件上模拟自然生境，但因为建筑承重、防渗防漏等一系列客观因素，它在土壤和植物的选择上会有特殊要求。

2. 绿色屋顶类型

绿色屋顶的类型可根据其植被种植模式分为密集型（Intensive）、半密集型（Semi-intensive）以及粗放型（Extensive）（图1）。密集型屋顶多见于平坦开阔的大型公共建筑顶部，除了配制丰富的乔灌草植物外，部分密集型屋顶还拥有一定比例的水面，环境要素丰富多样；半密集型屋顶多见于私人住宅或者低矮建筑上，平屋顶和坡屋顶皆可安装，植物种类以低矮灌木、花卉为主。半密集型屋顶上的人类活动开始明显变少，整体风格逐渐原生态化；粗放型屋顶结构简单且应用最为广泛，植物选择以生命力顽强的草本植物为主，如果说密集型屋顶是根据植物来设计屋顶，那么粗放型屋顶就是根据屋顶来选择植物。三种绿色屋顶因植物群落的丰富程度不同，生境的场地条件依次递减，但这并不意味着好坏之分，它们在生境网络中存在互补关系，合理配置就能发挥好的生态效益。

（a）密集型绿色屋顶　　　　　　　　　（b）半密集型绿色屋顶　　　　　　　　　（c）粗放型绿色屋顶

图1 绿色屋顶的三种类型
（来源：www.zinco.de）

3 国内外相关文献综述

3.1 生境场地条件对生物多样性的影响

绿色屋顶的生境场地条件包括气候、土壤以及植被等要素，通过直接或间接的方式调整这些场地条件，可以对生物多样性产生不同的影响。气候方面，有学者发现通过绿色屋顶来增加城市生境面积，能够明显改善场地周围的微气候[3]，提升了城市气候的异质性，进而对城市生物多样性产生积极影响[4]。土壤方面，一些研究发现在绿色屋顶建造时往土壤中添加不同类型的聚合物可以满足不同的性能需求[5]，比如向土壤中添加生物炭，可以增加土壤中的含氧量并且改善水质[6][7]，进而有利于土壤中微生物群落以及无脊椎动物的繁衍[8]。植被方面，一些研究发现如果将绿色屋顶生境的植被层次简单地配置为底层植被和中层植被，而缺少原生的高大树木的话，会对鸟类的繁衍栖息产生不利影响[9]~[11]。但如果增加底层植被的覆盖率，且加大本地植物的种植比例，就可以有效提升生物多样性[12]。总的来说，绿色屋顶的生境场地条件对生物多样性的影响是复杂的，其中对底层生物多样性的影响显著性较高，而对以中高层植被作为栖息地的生物来说，其影响力强度受到多种因素干扰而无法确定。目前来说国内外对于生境场地中各项条件的研究相对独立，没有系统的将其与城市生物多样性联系起来。

3.2 绿色屋顶在城市生境网络中的作用

绿色屋顶在城市生境网络中发挥着多种功能，其中最受重视的是它作为城市中稀缺的生境斑块，可以为本地物种提供宝贵栖息地。有学者在过去20年间统计了瑞士100多个绿色屋顶上的昆虫物种数量，最后证明绿色屋顶可以维持本地常见昆虫物种的生存并提供具有保护意义的生境[13]。也有学者对新加坡30个绿色屋顶项目进行每日20次的物种数目统计，发现当地近20种鸟类和15种蝴蝶都在上面有过休憩或繁殖行为，进一步证明了绿色屋顶作为城市生境给本地物种带来的积极影响[14]。除了充当生境斑块，绿色屋顶在城市生境网络中也具有连接作用，有研究证明绿色屋顶有助于在密集的城市区域增加不同动物群体栖息地之间的连通度[15]，但是随着建筑物高度的增加，这种连接作用呈下降趋势[8]。目前国外关于绿色屋顶的研究处于领先地位，得益于它在国外发展的时间较长且体系相对成熟。而国内的绿色屋顶相关研究则比较缺乏，大部分都集中在城市雨洪管理和建筑节能等作用上，绿色屋顶对城市生物多样性的重要意义还没有被充分认识。

4　生境场地条件对自身生物多样性的影响

4.1　土壤及其含水量

区别于地面生境的土壤，绿色屋顶土壤必须具有容重小、重量轻、疏松透气、保水保肥、适宜植物生长和清洁环保等性能，因此绿色屋顶的土壤会使用多种介质配制而成。目前一般选用泥炭、腐叶土、绿保石（粒径 0.5~2 厘米）、蛭石、珍珠岩、聚苯乙烯珠粒等材料，按一定的比例配置而成（图2）。其中泥炭、腐叶土能够将土壤中有机质的含量最高提升至45%[16]，从而为其中微生物的生存提供了良好的条件；而绿保石、蛭石、珍珠岩、聚苯乙烯珠粒可以减少种植介质的堆积密度，有利于增加土壤中的氧气含量，有利于蚯蚓等无脊椎动物的繁衍；绿色屋顶土壤的含水量是可以根据需求灵活调整的，因为添加的聚合物会在土壤中创造很多孔隙，透气的同时可以引导雨水快速排出，防止植物烂根，并将土壤含水量控制在合适的比例上，有利于动植物的生长。

（a）泥炭　　　　　　　　　　（b）腐叶土　　　　　　　　　　（c）蛭石

图2　常见的三种土壤介质
（来源：www.shetland.org）

因为绿色屋顶的土壤成分是经过慎重挑选和配制的，所以仅从性能方面考虑，它完全符合优秀生境的质量要求。但因为建筑物承重等限制，土壤层厚度会随着设计栽种植物种类而各不相同，例如栽种乔木的土壤层厚度最大不会超过120厘米，栽种草本植物的土壤厚度仅有20厘米左右。而随着土壤层厚度的减少，微生物多样性会逐渐减弱[17]。偏薄的土壤层是绿色屋顶生境质量的弱项，所以如果想通过提升生境质量来提升生物多样性，应尽量多选择密集型或半密集型绿色屋顶。

4.2　气候与植物

屋顶生境因其位于空中的独特性，故相较于地面生境而言，对植物的生长条件来说有利有弊。首先，由于建筑顶面光照强度大、时间长、昼夜温差大，提升了植物的光合作用和蒸发蒸散作用，有利于植物囤积营养物质；但同时，屋顶风速大、水分蒸发快、土壤层薄等限制，导致植物种类的选择受到限制，无法栽种深根系植物。因此，根据屋顶生境的气候特点，应尽量选择喜光耐旱、抗风性强且根系浅的植物，如小乔木、花灌木、竹类以及草本植物等。另外屋顶生境的植物选择还跟屋顶类型紧密相关，例如坡度较大的屋顶只适合做成粗放型绿色屋顶，栽种简单的草坪或者地被植物，因此植物群落构成相对单一，不适合大部分生物的繁衍生息。而坡度相对平坦的屋顶可以做成密集型或半密集型绿色屋顶，在考虑建筑承重的前提下将草本植物、灌木和中小型乔木搭配着栽种，尽量丰富植物群落的构成，以此提高生境质量。

总的来说，因为强风和土壤层薄的关系，绿色屋顶的植物高度大多不会超过2.5米[18]，所以屋顶生境的植物群落在垂直分布上是不如地面生境丰富的，最直接的后果是无法满足某些鸟类筑巢或迁徙的需求。但另一方面，灌木和草坪却是甲虫、蚯蚓等底层植被生物的天堂，再加上因环境相对隔绝而导致天敌缺失，所以底层植被生物的多样性基本都是上升的，目前已有的研究成果[8]也已证实这一结论。

5 生境网络中绿色屋顶对城市生物多样性的影响

5.1 特定生物的栖息地

单个绿色屋顶因为面积有限，很难将它与生物栖息地联系起来，但事实上它的确具有成为某些小型生物栖息地的潜质。因为绿色屋顶采用的是一种近自然的景观设计手法和资源整合式设计，它是人工景观对自然景观的一种浓缩和模仿[19]。所以尽管绿色屋顶在植物选择和材料运用上都是人为操作的，但生物栖息地所需的土壤、植被、水以及阳光等元素都可以在这上面找到。唯一的区别在于绿色屋顶的位置相对特殊，不与自然土层连接，空间不相连的确阻碍了陆行生物的交流迁徙，但对于飞行生物来说却影响不大。因为尽管有研究证明了绿色屋顶高度与飞行生物的物种多样性成反比关系[20]，但如果绿色屋顶广泛存在于城市各类建筑之上，那么一定涵盖了不同的面积和高度属性，所以整体看来肯定会有满足各类生物栖息地条件的绿色屋顶存在（图3）。同时，绿色屋顶相对隔绝的位置又可以很大程度上减少人为干扰，有利于一些保护物种的繁殖培育，加上合理的土壤基质与植物配置，反而有可能实现地面生境达不到的效果。但需要注意，如果打算将绿色屋顶打造成生物栖息地，需要严格论证相关条件，避免其成为生态陷阱[21]，即不能维持物种繁育的栖息地。

5.2 建成区中的迁徙跳板

除了成为生物栖息地之外，绿色屋顶其实也可被看作小型动物迁徙路线上的跳板。跳板通常都是一些小而优质的生境斑块，类似于"旅店"的作用，可以帮助生物向更远的地方扩散，同时也方便其在各生

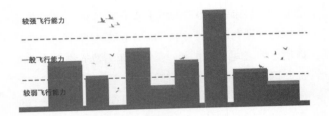

图 3 绿色屋顶栖息地的竖向分布
（来源：作者自绘）

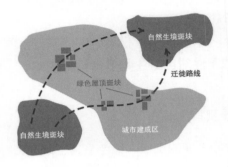

图 4 生物迁徙的跳板
（来源：作者自绘）

境之间流动。近年来，快速城市化消耗了大量的自然生境，破碎的生境斑块则需要通过各种廊道的连接来满足物种交流的需求。但是建成区复杂的人类活动直接杜绝了生物迁徙的可能性。如果没有足够多的绿色基础设施布局，那么大大小小的生境斑块就会成为一个个生态孤岛，降低城市生物多样性。绿色屋顶的普及可以部分解决这个问题，它相当于是钢筋水泥沙漠中的绿洲，可以为鸟类等飞行生物的迁徙提供歇脚点（图4）。久而久之这些生物产生了路径依赖，并逐渐吸引来更多的物种，尤其是在像东京这样高密度的超级都市区，规模化的绿色屋顶布局有其特殊的生态学价值。但如果想要将绿色屋顶打造成为迁徙跳板，除了考虑与其他生境的位置关系以外，还应重点讨论建筑高度、屋顶面积、植物搭配等因素。因为不同鸟类或昆虫的飞行路线高度区间是不同的，对于歇脚点的规模面积、植物种类等喜好也不尽相同。在设计建造绿色屋顶之前，若能对一定范围内的生物多样性有大致的摸底调查，就可以针对性地进行设计以发挥其迁徙跳板的功能。

5.3 破碎生境的重要补丁

除了栖息地和迁徙跳板，其实若干绿色屋顶的集合在生态层面上还应该被看成城市绿色基础设施的一

种，与其他斑块、廊道等一起形成完备的生境网络。因为原有的自然生境已经被过度的城市扩张冲击得七零八落，而已经建成的城市区域也很难再恢复之前的生境质量，所以为了提高城市生境网络的完整性，绿色屋顶这种补偿式的增绿手段可能是目前最切实可行的办法。可以预见的是，当绿色屋顶足够普及时，成千上万的绿色屋顶就会汇聚成一个个规模可观的生境斑块，它们可以像补丁一样修复好破碎的城市生境。而且随着绿色屋顶数量和面积的逐步扩大，其产生的生态效益也会由量变引发质变，进一步提升城市生物多样性的水平。以生态修复为目的的绿色屋顶在无意中也创造了一种新颖的城市景观，绿意盎然的街道建筑也势必会打破人们对城市旧有的认知，转而衍生出一种异质性美感。绿色屋顶既是新时代下人们追求城市与自然和谐统一的产物，也是景观都市主义在面对城市发展问题时的一种解决方案，这体现了它在生态与景观两方面的重要价值，修复破碎生境的同时，也是在塑造新的城市景观秩序。

6　总结与建议

绿色屋顶生境的场地条件相较于自然生境来说有好有坏。首先，绿色屋顶土壤成分可根据需求灵活配制，在透气排水等性能上优于自然土壤，有利于植物以及土壤里生物的生存繁衍。但同时，因为受到植物种类和高度等条件限制，绿色屋顶可支撑的物种数量相对较少。从城市生境网络的角度来看，绿色屋顶在提供生物栖息地、帮助生物迁徙、连接破碎生境等方面都有积极影响。但因为缺乏统一规划，导致绿色屋顶的质量良莠不齐，很容易形成生态陷阱。再加上很多时候绿色屋顶只是一种补偿策略，并不能决定建筑高度、材料以及位置等影响生物多样性的关键因素。以至于绿色屋顶建造完成后，无法达到预期的效果。

如果想要充分发挥出绿色屋顶对生物多样性的影响力，则必须先解决其缺乏系统性的问题。建议在控制性详细规划或者城市设计阶段就将绿色屋顶纳入专题讨论，并在设计导则中加以规范。统筹考虑绿色屋顶之间的距离、位置关系等。另外，建筑高度以及材料等因素在建筑设计阶段应充分考虑本地物种特征，将实现生物多样化作为设计目的之一。宏观规划结合微观设计，将绿色屋顶真正纳入到城市生境网络体系

中，对提升城市整体生物多样性水平大有裨益。

参考文献

[1] 王如松，李锋，韩宝龙. 城市复合生态及生态空间管理[J]. 生态学报，2014，34（1）：1-11.

[2] 刘晖，许博文，陈宇. 城市生境及其植物群落设计——西北半干旱区生境营造研究[J]. 风景园林，2020，27（04）：36-41.

[3] Yan B. The Research of Ecological and Economic Benefits for Green Roof. AMM 2011; 71-78: 2763-6.

[4] A. J. Suggitt, et al. Extinction risk from climate change is reduced by microclimatic buffering Nat. Clim. Change, 2018: 713-717.

[5] 陈颢明. 屋顶绿化基质中添加生物炭的生态效应研究[D]. 南京：南京农业大学，2018.

[6] Teemusk A, Mander Ü. Rainwater runoff quantity and quality performance from a greenroof: the effects of short-term events. Ecol Eng 2007; 30（3）: 271e7.

[7] Deborah A. Beck, Gwynn R. Johnson, Graig A. Spolek, Amending greenroof soil with biochar to affect runoff water quantity and quality, Environmental Pollution, Volume 159, Issues 8-9, 2011, Pages 2111-2118.

[8] Jacinda R Dromgold, Caragh G Threlfall, Briony A Norton, Nicholas S G Williams, Green roof and ground-level invertebrate communities are similar and are driven by building height and landscape context, Journal of Urban Ecology, Volume 6, Issue 1, 2020, juz024.

[9] Chace, J. F. & Walsh, J. J.（2006）Urban effects on native avifauna: a review. Landscape and Urban Planning, 74, 46-69.

[10] Stagoll, K., Lindenmayer, D. B., Knight, E., Fischer, J. & Manning, A. D.（2012）Large trees are keystone structures in urban parks. Conservation Letters, 5, 115-122.

[11] Evans, K. L., Newson, S. E. & Gaston, K. J.（2009）Habitat influences on urban avian assemblages. Ibis, 151, 19-39.

[12] Threlfall, C. G., Mata, L., Mackie, J. A., Hahs,

A. K., Stork, N. E., Williams, N. S. G. and Livesley, S. J. (2017), Increasing biodiversity in urban green spaces through simple vegetation interventions. J Appl Ecol, 54: 1874-1883.

[13] Pétremand, Gaël et al. Hoverfly diversity supported by vineyards and the importance of ground cover management. In: Bulletin of Insectology, 2017, vol. 70, 147-155.

[14] Wang, J. W., Poh, C. H., Tan, C. Y. T., Lee, V. N., Jain, A., and Webb, E. L. . 2017. Building biodiversity: drivers of bird and butterfly diversity on tropical urban roof gardens. Ecosphere 8 (9): e01905.10.1002/ecs2.1905.

[15] Banaszak - Cibicka, W. & Zmihorski, M. (2012) Wild bees along an urban gradient: winners and losers. Journal of Insect Conservation, 16, 331-343.

[16] 陈晋. 绿色屋顶的结构及材料[J]. 建材世界, 2012, 33 (01): 60-62+73.

[17] 周玮, 苏春花, 严敏. 喀斯特地区不同土层厚度下土壤微生物数量与植物多样性的关系[J]. 广东农业科学, 2017, 44 (02): 112-117.

[18] Shafique, M., Kim, R., & Rafiq, M. Green roof benefits, opportunities and challenges - A review[Z]. Renewable and Sustainable Energy Reviews 2018; 90: 757-773.

[19] 陆芸. 绿色屋顶的生态效益研究[D]. 北京: 北京林业大学, 2016.

[20] Jacinda R Dromgold, Caragh G Threlfall, Briony A Norton, Nicholas S G Williams, Green roof and ground-level invertebrate communities are similar and are driven by building height and landscape context. Journal of Urban Ecology, Volume 6, Issue 1, 2020.

[21] Hofmann, M. M., Renner, S. S. Bee species recorded between 1992 and 2017 from green roofs in Asia, Europe, and North America, with key characteristics and open research questions. Apidologie 49, 2018, 307-313.

川西平原农村住宅冬季供暖现状调查及围护结构模拟优化

简蕾骥[1]　陈奕希[1]　鲍佳馨[1]　黄颖吉[1]　杨易[1]　李彦儒[2]

作者单位
1. 四川农业大学
2. 通讯作者，四川农业大学

摘要：我国川西平原属夏热冬冷地区，冬季阴冷潮湿，居民供暖需求强烈，而农村住宅冬季室内热环境难以满足人体最低舒适度要求。本文对川西平原地区农村住宅冬季供暖现状进行问卷调查，而后，基于调查结果选取代表性农村住宅，利用 DeST 软件计算分析改变农宅围护结构热工性能对供暖季累计热负荷的影响。结果显示，在供暖室内温度设置为18℃时，优化内墙后的节能效果最好，节能效率可达 15%。其次为外墙和屋顶，地面对室内热环境影响较小。

关键词：农村住宅；冬季供暖；围护结构；优化模拟

Abstract: The Western Sichuan Plain in china is belong to the hot summer and cold winter zone.In winter, it is cold and humid, and residents have a strong demand for heating.However, the indoor thermal environment of rural residents in winter cannot meet the minimum human comfort requirements.This paper conducted a questionnaire survey about the winter heating in rural residential buildings in the western Sichuan Plain.Then, based on the survey results, we selected a representative rural residential building, and used DeST software to calculate and analyze the influence of changing the thermal performance of the building envelope on the cumulative heating load during the heating season.The results showed that when the indoor comfortable temperature was set to 18℃ , the optimized energy saving effect of the inner wall was the best, and the energy saving efficiency could reach 15%.Followed by the external walls and roof, the ground had little impact on the indoor thermal environment.

Keywords: Rural House; Winter Heating; Building Envelope; Optimization Simulation

1 引言

我国川西平原包括29个县（市、区），总面积达22900平方公里。由于邻近川西高原山地，受冷空气下沉影响，这一区域冬季气温较低。而农村住宅多为农民自行修建的单体建筑，围护结构缺乏有效的保温隔热措施，热工性能差，因此室内热环境恶劣，尤其在冬季难以满足人体最低舒适度要求。随着川西平原农村经济发展和农民生活水平的提高，农宅冬季供暖逐渐成为刚需。然而，受经济条件和农村传统习惯影响，农村居民的采暖需求与城市居民相差较大，多为"部分空间，部分时间"的间歇运行方式[1]。

李兆坚等[2]研究认为由于间歇供暖存在蓄热转移效应，同样室内舒适度条件下，比连续供暖时室温提升所需时间更长，节能效果不佳。建筑围护结构作为室内外环境的热界面，对室内热环境和空调系统能耗有很大的影响[3]。《夏热冬冷地区建筑节能技术》一书中，分析了建筑围护结构对建筑节能的影响，提出窗户节能的突出意义[4]。吴伟伟[5]选取了夏窗户及遮阳等对建筑物能耗的影响，结果表明，保温墙体对冬季节能率明显提高。然而，川西平原农村地区居住建筑的设计对保温隔热问题不够重视，围护结构的热工性能普遍较差[1]。同时由于农宅大多体形系数较大，在同等条件下，农村建筑能耗比城市建筑高10%~30%[6]。刘晋等[7]研究表明，改善外围护结构的保温对室内热环境的影响起到主导作用。结合前人经验可发现，间歇供暖方式对供暖的效率存在很大影响，同时建筑围护结构可以有效改善室内热环境。但针对川西地区农民自身生活习惯对实际热环境及取暖现状的研究非常少，围护结构优化多停留在理论分析阶段。

本文针对川西平原农宅冬季供暖的特殊性，通过调研对农村居民的冬季供暖需求和室内热环境需求进行研究；在此基础上，通过DeST软件对建筑围护结构进行了优化以减少冬季农宅供暖热负荷。该研究可解决农村居民冬季供暖的民生问题，对川西平原地区农村建筑节能具有工程指导意义。

2 川西农村住宅冬季供暖现状调查

2.1 基本情况调研

为了了解川西平原地区农民的实际供暖需求及供暖状况，我们对建筑的基本情况及居民的实际采暖需求进行了问卷调查。2019年12月，通过网上在线问卷的方式在川西地区开展问卷调查，共发放问卷237份，收回237份。其中川西平原农村地区占比48.1%，川西平原城市地区占比51.9%，二者基本持平。调查问

卷的主要内容包括住宅基本情况、室内热环境及供暖现状。结果统计了各题各选项的频数占有效人数的百分比，即各选项的频数分布。选项的百分比越大，表明该选项越具有普遍性。由于部分题设置为多选，因此部分选项的百分比之和可能大于100%。

2.2 结果与分析

1. 农村住宅基本情况调研

川西平原农村地区住宅基本情况调研从建成年代、房屋类型、住宅层数及房屋建筑面积四个方面进行，结果如表1所示。该地区农宅为自行修建的占绝大部分，为79.82%，且修建时间主要分布在1980~2008年；少数为政府或承包商统一修建，占比20.18%，修建时间主要分布在2000~2014年。

住宅基本情况 表1

房屋类型		房屋层数		建筑面积		建筑时间	自建房	统建房
自建房	79.82%	一层	22.81%	<150平方米	42.11%	–1980	8.77%	2.21%
统建房	20.18%	两层	42.98%	150-300平方米	37.72%	1980-2000	26.32%	11.76%
		三层	26.32%	300-400平方米	13.16%	2000-2008	31.58%	37.50%
		四层及以上	7.89%	>400平方米	7.02%	2008-2014	26.32%	33.09%
						2014-	7.02%	15.44%

农宅建筑层数主要为两层，占比42.98%，其次为三层或一层，分别占比26.32%、22.81%，少量为四层及以上。对于农宅面积情况，150平方米以下或150~300平方米占比大部分，分别占比42.11%、37.72%，300~400平方米及400平方米以上占比较少。可见，川西农村地区住宅多属农民个人修建的两至三层小型独栋建筑，且修建时间较为久远。

2. 农村住宅冬季室内热环境情况

图1给出了该地区农村住宅冬季室内热环境情况的调研结果。对比城市和农村居民调查结果可知，在

冬季未开启取暖设备的情况下，农村地区居民的温度感受为冷的占比为40.35%，远大于城市居民对冷的感知（23.58%），且农民室内衣着较厚，反映出农村地区较于城市地区其室内温度感受更差，建筑围护结构的保温性更弱。农村与城市地区室内理想温度都集中于24~26℃。可见川西平原地区居民对室内理想温度有几乎一致的要求，而在实际的温度感受中，农村地区受房屋围护结构条件、经济条件等因素的限制，较城市地区有明显差异。由此，川西平原农宅围护结构改造确有必要。

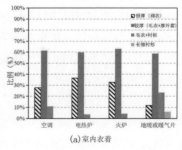
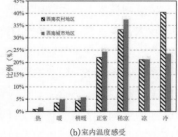
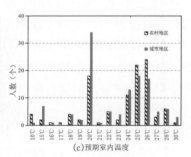

(a)室内衣着　　(b)室内温度感受　　(c)预期室内温度

图1　川西农村住宅冬季室内热环境情况

3. 农村冬季供暖现状

图2为川西平原地区冬季供暖现状的调查结果。农村地区采暖季取暖时长（60天）明显短于城市地区（95天）。在取暖方式上，农村地区主要采用空调、电热炉或者火炉，极少数采用地暖；城市地区主要采用空调取暖，其次为电热炉，采用火炉或者自装地暖的最少。农村地区取暖方式较为落后，不采暖住房比例明显高于城市地区（图2a）。在图2c中，取暖设备开启后达到预期温度的时间小于或等于30分钟的设备占比由高到低依次为火炉、电热炉、空调、

自装地暖或暖气片。其中火炉在30分钟内达到预计温度的比例达到93.48%，这可能是由于农民预期温度较低等原因导致。由图2d可知农村住宅卧室取暖时间集中在18点至次日3点，对比城市地区卧室供暖设施使用时间（集中在18点至次日6点）可以看出农村居民夜晚供暖时间较短。农宅建筑热环境相对较差，夜间开启时间却更短，反映出经济条件和节俭观念一定程度上限制了供暖设备的使用时长。故在对该地农宅建筑进行改造以及对供暖方案进行优化时，应考虑到本地居民的生活习惯。

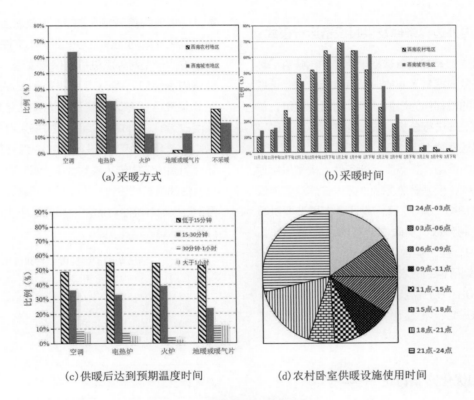

(a) 采暖方式

(b) 采暖时间

(c) 供暖后达到预期温度时间

(d) 农村卧室供暖设施使用时间

图2　川西平原农宅供暖现状

3　川西农村住宅围护结构模拟优化

问卷调查结果发现，川西农村住宅围护结构热工性能是影响冬季室内热环境的主要原因。本文进一步使用DeST软件，对川西平原代表性农村建筑的围护结构构造进行优化模拟分析。

3.1　建筑描述

根据文献调研及问卷调查结果，本文选取一栋坐南朝北的两层典型农村住宅为模拟研究对象

（图3），建筑层高3.2米，面积为83平方米。该农村住宅从常住人口数量、围护结构类型、经济水平以及家庭作息习惯和空调使用模式等方面都具有川西平原普遍农宅代表性以及研究的价值，且建筑模型已经过实验验证可行。

建筑模型内外墙均采用普通24砖墙，传热系数为2.1 W/（m²·K）左右，地面为裸露混凝土，楼板为钢筋混凝土结构，屋顶除了瓦片还有空气层，外窗采用普通单层浅色玻璃，内遮阳采用浅色布帘，无外遮阳。所有的门均为松木门。

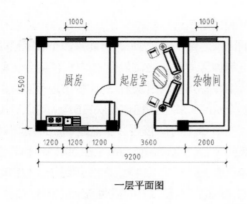

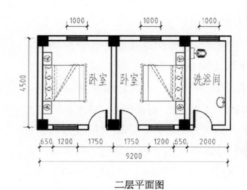

一层平面图　　　　　　　　　　　二层平面图

图 3　建筑整体布局

3.2　室内外边界条件及供暖设备运行模式

　　模拟计算中的室外气象数据采用《中国建筑热环境分析专用气象数据集》中的典型气象年数据。选取川西平原地区的成都作为研究地点，对模型建筑在供暖季的能耗情况等进行分析。根据问卷调查结果确定该区域农宅供暖季为12月1日~次年2月1日，共计60天。能耗模拟中使用理想温度控制条件，模型采用理想负荷空调系统，根据夏热冬冷地区居住建筑节能设计标准（JGJ134-2010）及问卷调查结果选取供暖空调的设备控制参数：供暖季的室内温度为18℃，设备能效比1.9，换气次数为1次/小时。供暖设备的运行模式根据调研得到的农民的作息进行设置：卧室18：00~次日03：00开启，03：00~18：00关闭；起居室09：00~11：00及18：00~21：00开启，其余时间关闭。

4　围护结构优化方案讨论

　　建筑围护结构的保温隔热性能决定了室内热环境的舒适性，也是影响供暖设施能耗的关键因素。但农村地区建筑的设计建造多为居民自发行为，缺乏专业的建筑节能设计，普遍存在围护结构热工性能差，冬季室内热环境恶劣的情况。本文在原模型基础上，通过改变单一参数设置，包括内墙、外墙、外窗、屋面、地面的热工性能参数，探讨该典型住宅模型围护结构保温隔热性的优化方案。

4.1　非透明围护结构优化

　　表2给出了非透明围护结构的优化情况。其中热

能从外墙流失是热能流失的最主要途径，因此对外墙保温隔热性能的优化极为重要，本文提供两种优化方案。方案一是对外墙进行内保温改造，具体做法是在外墙内表面加20毫米厚挤塑聚苯板保温层，再用水泥砂浆进行10毫米厚抹面。方案二是对外墙进行外保温改造，在外墙外表面加20毫米厚挤塑聚苯板保温层，再用水泥砂浆进行10毫米厚抹面。优化后的非透明围护结构传热系数数值大幅下降，达到了《农村居住建筑节能设计标准》的指标要求。在此基础上再用Dest-h软件对优化前后的建筑供暖季累计热负荷进行计算，结果见表3。

非透明围护结构传热系数优化　　　　表2

围护结构		优化前传热系数 W/（m²·K）	优化后传热系数 W/（m²·K）
屋顶		2.02	0.046
地面		3.13	1.44
内墙	方案1	2.10	0.701
	方案2		0.47
外墙	方案1	2.04	0.737
	方案2		0.737

非透明围护结构的供暖季累计热负荷优化计算结果

表3

		优化前 （kW·h）	优化后 （kW·h）	节能率
屋顶			2748.98	5.01%
地面			2430.9	0.08%
内墙	方案一	2432.89	2147.184	11.74%
	方案二		2051.28	15.70%
外墙	方案一		2194.47	9.80%
	方案二		2197.8	9.66%

　　由表3可知，外墙优化改造作为常见的优化方式具有较好的效果，其中外墙内保温节能率略好于外墙

外保温。研究还发现改造后的内墙保温的节能效果非常好,尤其是采用自保温材料的内墙。农宅由于供暖设备局部空间使用的现状,普遍存在着供暖房间与非供暖房间相邻的情况,因此进行内墙优化改造效果十分显著。屋顶和地面散热也是热能流失的主要途径之一,优化后屋顶的节能率可以达到5.01%,而优化后地面虽然传热系数较大幅度地降低了,节能率却只有0.08%。

4.2 透明围护结构优化

该模型的透明围护结构有外门和外窗,本文只讨论外窗的优化。在查阅文献资料后,选择用传热系数低、遮阳效果好的低辐射中空玻璃(5+12A+3)材料替换原本的窗玻璃,优化后的传热系数等数据见表4。

透明围护结构传热系数优化数据 表4

物性参数	传热系数 (W/m²·K)	遮阳系数 (SC)	太阳能得热系数 (SHGC)
优化前	5.94	0.849	0.739
优化后	2.07	0.490	0.426

由表4可知,优化后的外窗传热系数、SC和SHGC都大幅度降低,达到了节能标准,按照优化后的构造进行能耗模拟分析,得到透明围护结构的供暖季累计热负荷优化结果,数据见表5。由结果可知,在不改变窗墙比、气密性的前提下,仅优化窗的材质,可以实现2.90%的节能率。如果在改造时选择传热系数较小的窗框、增加窗洞口的气密性,外窗的保温隔热性能会更好。

透明围护结构的供暖季累计热负荷优化计算结果
表5

围护结构	优化前 (kW·h)	优化后 (kW·h)	节能率
外窗	36.53	35.477	2.90%

5 结论

本文通过对川西平原农宅建筑情况、冬季供暖情况、居民生活情况等三个方面进行网络问卷调查,并模拟实验模型在不同类围护结构构造保温隔热措施优化下的供暖季累计热负荷变化情况,现有结论如下:

(1)川西平原地区现有农宅建成年代较久且以自行修建为主,基本没有考虑建筑围护结构的保温隔

热。农宅普遍在2~3层,面积较大。过度开敞的环境致使室内热环境难以达到舒适度要求。即使在开启供暖后,达到目标温度的时间也远高于城镇住宅,有40%的农民认为室内舒适度低,这会严重影响居住者健康。该地区农村居民生活水平较低,多采用电热炉、空调、火炉等传统取暖方式,取暖时长及频率也严格调控。

(2)对内外墙体使用保温措施可以很大程度上提高冬季室内热舒适度,根据模拟计算,内墙、外墙分别优化后的供暖季节能率大约在13%、9.5%。在房屋围护结构的保温隔热优化上,建议考虑内墙体改善,采用空心砖。在节约成本的同时,也将大大提升墙体自保温效率。

(3)该地区农民对居住环境的要求随时代发展越来越高,且普遍有改善室内热环境,对房屋围护结构进行改造的意愿。但供暖费用与经济水平相关,节能改造的过程需充分考虑民众的经济因素。建议从提高室内舒适度、节能减排方面进行改善。

参考文献

[1] 董旭娟. 夏热冬冷地区住宅供暖与节能设计研究[D]. 西安: 西安建筑科技大学, 2016.

[2] 李兆坚, 江亿, 燕达. 住宅建筑间歇采暖热工特性模拟分析[C]//中国建筑学会暖通空调专业委员会, 中国制冷学会空调热泵专业委员会, 全国暖通空调制冷 2004 年学术年会资料摘要集(2). 北京: 中国制冷学会, 2004: 38.

[3] 王舒寒, 钟珂, 张云, 陆世明, 刘加平. 保温层位置对间断供暖房间不同因素造成能耗的影响[J]. 建筑科学, 2016, 32(06): 72-79+158.

[4] 付祥钊. 中国夏热冬冷地区建筑节能技术[J]. 新型建筑材料, 2000(06): 13-17.

[5] 吴伟伟. 夏热冬冷地区居住建筑围护结构节能研究[D]. 重庆: 重庆大学, 2008.

[6] 汪洋, 王晓鸣, 朱宏平. 夏热冬冷地区农村低碳建设技术集成与效益评价研究[J]. 土木工程学报, 2010(43): 410-415.

[7] 付祥钊, 孙婵娟. 长江流域居住建筑节能思路及技术体系研究[J]. 暖通空调, 2009(10) 69-73.

[8] 常利强, 张华玲. 重庆农村住宅热环境调查与能耗模拟分析[A]. 煤气与热力. 2014, 34(04): 13-17.

对现有"街区制"模式下居住区的室外声环境分析
——以西安市为例

马一哲　郝玉林　刘晓宇

作者单位
长安大学

摘要： 当前国内居住区多以封闭式小区为主，而国务院出台的对于城市规划指导意见中主动将"街区制"确立为未来居住区的一种发展可能，本文将从居住区声环境的角度来探讨开放式居住区中噪声对于室外公共空间声环境的影响，并主要通过现场测量的方法，以西安市内现存的开放式居住区作为典型案例进行测量分析。目的是为了更好的探究现有开放式居住区中存在的噪声问题及其所产生的影响。

关键词： 声环境；街区制；居住区；噪声；等效声级

Abstract: At present, domestic residential areas are mostly closed-type communities, and the guidance on urban planning issued by the State Council proactively establishes the "block system" as a development possibility for future residential areas.This article will discuss from the perspective of residential area acoustic environment The impact of noise in the open residential area on the overall acoustic environment of the public space is mainly measured and analyzed by the method of on-site measurement, taking the existing open residential area in Xi'an as a typical case.The purpose is to better explore the noise problem and its impact in the existing open residential area.

Keywords: Acoustic Environment; Block System; Residential Area; Noise; Equivalent Sound Level

1 研究背景及意义

2016年初《中共中央国务院关于进一步加强城市规划建设管理工作的若干意见》出台，在完善城市公共服务的意见中提出"新建住宅要推广街区制，原则上不再建设封闭住宅小区。已建成的住宅小区和单位大院要逐步打开，实现内部道路公共化，解决交通路网布局问题，促进土地节约利用。" 近年来，城市交通拥堵已成为难以忽视的城市问题。于是传统的封闭式居住区作为占地面积大，存在范围广，内部路网完善的存在，立刻成为缓解现有交通问题的有效抓手[1]。并且意见中也明确指出了现有居住区中存在的不足，希望将居住区内部的道路尽可能的与交通主干道互相对接，打通道路末端的毛细血管，将路网主要排列方式由粗而疏向细而密转变[2]，最大程度地利用现有的条件来解决城市交通问题。

本文基于一系列的现场测量，对现有符合街区制的城市居住区进行调研、监测、数据处理及分析，其中包括噪声分布情况，环境噪声大小，居住区内路网情况等。采用统计噪声级方法测得随机噪声峰值、平均值、背景噪声和等效连续A声级。通过这一系列数据来探讨街区制实行过程中与现行标准的差距，并为日后全面打开封闭式居住区提供有效的声环境科学依据。

2 研究形式与方法

选择西安市主城区内三个现场情况基本符合街区制的居住区，对其进行声环境整体调研与连续等效A声级测定。

2.1 研究场所

为明确在将来实行街区制后，对其声环境品质，噪声强度有一个明确的把控，故先在现有的居住区中选择形式近似于街区制的居住区样例进行测量分析。本次研究主要是在西安市内选取合适的居住区。所选的三个居住区案例各有差异，方便将来进行数据的横向对比[3]。

街区制下开放式居住区的声环境在客观条件下与其所处位置，居住区规模，人口密度，住区内车辆普及率等相关条件息息相关。为此，在前期调研中特意选择了三个层级定位不一的居住区作为样例进行分析研究。其分别为兴庆小区所处范围、民航社区所处范围和紫薇田园都市小区所处范围。

兴庆小区位于主城区东部，于20世纪80年代中期建设并交付使用。总占地面积约为9.7公顷，小区内建筑多为多层建筑。属于20世纪80年代改革开放后出现的第一批典型的开放式居住区（图1）。

图1 民航社区居住范围
（来源：Google Earth）

民航社区位于主城区西部，整体区域形成于20世纪90年代初期，在2000年后也有一定扩建，小区内建筑同样多为红砖样式多层建筑，属于20世纪90年代具有鲜明厂办机关家属院特征的开放式居住区（图2）。

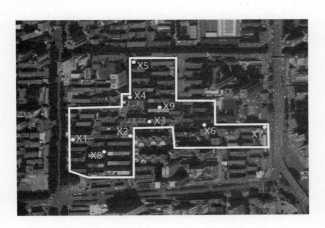

图2 兴庆小区居住范围
（来源：Google Earth）

紫薇田园都市位于主城区南部。2002年作为商品房开盘销售并使用。总占地面积约为132公顷，小区内核心区域多为独栋或联排别墅，外围为一般多层建筑。属于2000年后以商品房形式出现的具有差异消费属性开放式居住区（图3）。

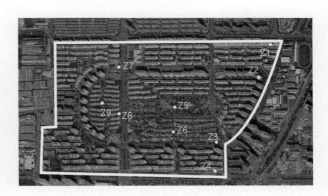

图3 紫薇田园都市居住范围
（来源：Google Earth）

以上三个大型开放式居住区不仅在城区地理位置上属于各个区位的代表性居住区，并且在时间跨度上同样覆盖了从20世纪80年代到21世纪各个重要时间节点的代表性居住区。通过对这三个居住区进行一定程度的声环境测量，可以对未来将要实施的街区制居住区在声环境建设上提供一定的理论与数据支撑。

2.2 研究方法

主要研究目的是为探究在打开封闭式居住区后，居住区内原有路网与交通主干道进行接驳这项举措对居住区声环境带来的影响。故在三个居住区内部各选取9个左右的点位进行监测。监测点大多布置在居住区内机动车行驶的道路旁，但同样为进行对比分析，也在居住区楼宇间机动车无法行驶通过的位置进行了布点调研[4]。使用HS5671A型噪声频谱分析仪进行环境噪声监测。

本次调研主要是以等效连续A声级作为居住区声环境的评价指标，A声级目前是全球使用最为普遍的评价方法，对于环境噪声与人耳的主观感受都有更好的反应。并且对于居住区这样声级随时间变化起伏较大的场所，内部噪声则多属于起伏噪声，其L_A在一段时间内是不断变化的，因而很难用一个单一的数值来表示，于是使用等效声级的方法，将一段时间内的声音的声压级进行平均表示，被称为等效连续A声级。

实际测量中取样间隔 Δt=5s，连续读取 n=200个A声级数，然后通过公式 $L_{eq}=10lg\left[\dfrac{1}{N}\sum_{i=1}^{N}10^{L_{Ai}/10}\right]$ 得出连续等效声级 L_{eq} [5]。各小区中典型的监测点情况见表1。

各居住区监测点附近声源状况 表1

居住区名称	监测点编号	监测位置	主要声源分布情况
紫薇田园都市	Z1	靠近对外交通主干道	城市交通道路声
	Z2	小区内部十字路口	内部交通道路声
	Z3	小区内部交叉路口	内部交通道路声与周边商铺叫卖声
	Z4	靠近对外交通主干道	城市交通道路声
	Z5	小区内部中心花园	居民娱乐生活声
	Z6	小区组团核心内部	居民生活声
	Z7	小区内部十字路口	内部交通道路声与周边商铺叫卖声
	Z8	小区内部十字路口	内部交通道路声与周边商铺叫卖声
	Z9	小区组团核心内部	居民生活声
兴庆小区	X1	靠近对外交通主干道	城市交通道路声
	X2	小区内部交叉口	内部交通道路声与周边商铺叫卖声
	X3	小区内部主要干道	内部交通道路声与居民娱乐生活声
	X4	小区内部交叉口	社区农贸市场叫卖声
	X5	靠近对外交通主干道	城市交通道路声与周边商铺叫卖声
	X6	小区内部主要干道	居民生活声
	X7	靠近对外交通主干道	城市交通道路声
	X8	小区内部楼宇间	居民生活声
	X9	小区内部楼宇间	居民生活声
民航社区	M1	靠近对外交通主干道	城市交通道路声
	M2	小区内部楼宇间	居民生活声
	M3	小区内部交叉路口	内部交通道路声与周边商铺叫卖声
	M4	靠近对外交通主干道	城市交通道路声与周边商铺叫卖声
	M5	小区内部中心花园	居民娱乐生活声
	M6	小区内部主要干道	内部交通道路声与边商铺叫卖声
	M7	靠近对外交通主干道	城市交通道路声
	M8	小区内部楼宇间	居民生活声

3 数据统计与分析

3.1 开放式居住区整体声环境特征

城市噪声中对居住区影响较大的噪声大概可以分为三类，分别为交通噪声、生活噪声与施工噪声，而在本次所调研的居住区中暂时没有发现施工噪声所造成的影响，所以在现有的三个居住区中噪声的主要来源分别是交通噪声与生活噪声，而由于开放式居住区的开放属性，交通噪声又可以细分为城市道路交通噪声与居住区内部交通噪声[6]。

三个居住区内各个监测点的等效连续A声级见图1，从中我们可以了解到现有的街区制条件下居住区整体声环境情况不容乐观。根据《声环境质量标准》[7]中对1类声环境功能区的等效声级限制，昼间不大于55dB（A），夜间不大于45dB（A）的标准来看，三个居住区中能够完全达到这个标准的监测点只有5处，占总监测点数的19.2%。在这其中最低的等效声级是45.4dB（A），是位于民航社区核心组团内部的楼宇间。所处位置远离机动车道路因而获得了较好的声环境。而在超标的监测点中等效声级最高可以达到73.2dB（A），是位于兴庆小区内部一处自发形成的农贸市场的早市。主要声源是来自于露天的商业经营活动。可以明显地感受到居住区中噪声出现的强弱是和人员的活动紧密相关的，人流量密集的区域与人流量稀疏的区域差距最高可达近30dB（A）。

而从时间维度来看，在同一地点，工作日内的上午和下午的噪声则一般比中午要高。比较具有代表性的是兴庆小区内部的一处商贩聚集形成的农贸市场，其早晚的噪声基本持平，分别为73dB（A）与73.2dB（A），而中午则只有61.7dB（A），其中相差最大有11.5dB（A）。这也说明噪声的分布具有一定的时间性特征。而工作日早晚高峰正是小区内居民出门或进门，与整个居住区内公共空间交往联系最紧密的时刻。

3.2 居住区组团内部噪声结果分析

整个开放式居住区的组团处于内部相对深层次的空间，内部的道路完全禁止机动车穿行，并且人流和商户的数量也相对地减少甚至于没有。因而内部的区域整体保持了良好的声环境，在时间上等效声级也整体呈现出早晚高、中午低的情况，这与住户的生活状态是紧密相关的。从图4可以看出，在所调研的6个组团内部监测点中只有一处X9监测点工作日内全天内噪声值均超标。主要原因是由于该监测点所处居住区整体存在时间较长，又缺乏有效的管理，因此即使处于小区组团内部，仍然会有商户小贩在此活动并进行小规模商业活动。更有一层住户将自己原本的住

宅阳台部分拆除并改造成为入户门，将原有的住宅私自改造为了商铺使用。因此不合时宜的商业活动导致该区域组团内部噪声值仍然超标。并且该监测点在正午时分达到了一天中的噪声最大值，超过规范要求近5dB（A）。这又与该区域中的住户年龄结构有一定联系，该区域中住户多为中老年人，其日常活动主要在白天进行。

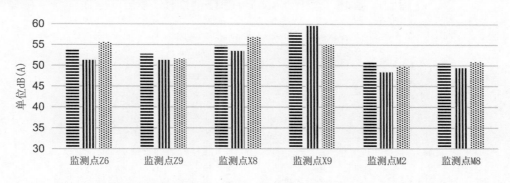

图4　内部组团噪声评测结果
（来源：作者自绘）

3.3　城市外部道路交通噪声结果分析

因开放式居住区自身固有的开放属性与规模，所以开放式居住区大多紧邻城市道路，并在居住区内拥有相对应的出入口与其接驳[8]。因此临街一侧所受城市道路交通噪声的影响则不容小觑。由图5可知，在所调研的监测点中，居住区内所有靠近出口与临街的监测点在工作日昼间的等效声级全部超标。这其中城市道路交通噪声的最高值出现在监测点X7处，而X7处东侧紧邻西安市东二环，二环路上无论是车的速度还是数量都要远超一般的城市主干路。这也导致该点全天的等效声级均值达到了70dB（A）以上。而同样情况的还有监测点M1与X1，这两个监测点也同样是靠近城市主干路，虽然噪声情况要低于二环路但噪声值也接近70dB（A）。比较明显的是在民航社区中，相对于该居住区内其他临城市次干路或支路的监测点，紧邻城市主干路的M1噪声值是超过其余监测点的。而同样紧邻城市主干路的监测点Z1与Z4所受城市主干路的交通噪声影响相对于前两个监测点就要小一些，这是受Z1与Z2监测点所处居住区的地理位置因素影响的，前面的兴庆小区与民航社区都是处于

城区二环以内的，而紫薇田园都市则是处于三环外，因此即便居住区紧邻城市交通主干路但受到的影响也会小一些。由此可见居住区受城市道路交通噪声影响大小的决定因素不仅仅是居住区所处位置是否紧邻城市主干路，还与居住区在整个城区中所处的地理位置有着一定的关系。

但仅仅远离城市主干路还是不够的，监测点X5与M7即使处于城市支路的一侧，但所受噪声影响仍然居高不下。这其中噪声来源的主要因素成为来自商户与居民的经营生活噪声。由于城市支路所处的地理位置相较于主路更为偏僻，因此在城市道路经营管理上就略显松懈，使露天流动商贩在此大量聚集。X5与M7两处监测点的噪声影响程度与商贩经营的活跃程度在时间上不谋而合。前一个监测点的噪声高峰出现在下午，是由于下班回家的大量住户与商户进行商业行为而形成的，后一个监测点的高峰出现在中午，是由于中午在附近工作的大量人群聚集于此进行大量餐饮活动。在所有紧邻城市道路监测点中噪声表现最为良好的是M4监测点，很大程度是因为其本身处于城市次干路上并且周边道路商业经营较为规范，少有露天流动商贩的出现。

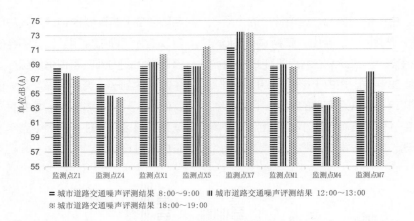

图 5　城市道路交通噪声评测结果
（来源：作者自绘）

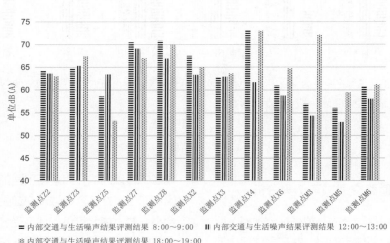

图 6　内部交通与生活噪声评测结果
（来源：作者自绘）

3.4　居住区内部交通与生活噪声结果分析

从图6可以发现在居住区内部远离城市道路的位置同样也会受到来自于内部的交通噪声与生活噪声的影响，而由内部这两种因素所造成的影响有时不亚于外部城市道路噪声的影响。在所调研的居住区内部受到这两种因素影响的监测点中，没有一个监测点可以将全天内各时段的等效声级都保持在55dB（A）以下。即使表现相对良好的监测点如监测点M5与Z5也是仅仅在下午或中午的一段时间内达标。这两个监测点都处于其所属居住区的中心绿化带内，所受的噪声影响仅有单纯的居民正常聚会活动的噪声，相比于交通与商业经营活动，所受噪声影响会相应的小一些。而绿化带又拥有植物的降噪效果。这是这两个监测点

拥有相对良好的声环境的客观原因。接下来的监测点X6、M3、M6的情况类似，情况较上两个监测点稍差。这三个监测点全天的平均等效声级都基本保持在60（±1.5）dB（A）。都是单纯的只受到交通噪声，并且是少量交通噪声的影响。这三个监测点的相似点在于其位置都处于居住区内部一条两端连接城市主、次干路的道路中段。而且所处位置也属于整个居住区内部较深层次的空间，人员活动情况也较弱，基本排除了生活噪声中来自商业经营噪声的影响，主要的噪声源还是来自穿行于此的机动车辆。并且由于这段道路机动车道宽度的限制，来往车速和车辆数量都保持在一个较低的水平，于是主要来自机动车的交通噪声也随之能够保持在一个较低的水平。

而接下来的Z2、Z3、X2、X3四个监测点的

情况稍差。其日平均等效声级则维持在65（±2）dB（A）的水平上。造成的原因与其位置相关，其中Z2与Z3两个监测点主要受到来自交通噪声的影响，这两个监测点所处的位置恰好位于居住区内的交叉路口中，交通量显著增大，并且还伴随着鸣笛等不文明驾驶行为的存在。而X2与X3所受到的噪声影响则不仅仅来自于交通噪声，更多的还是由于商业经营所引起的噪声。位置同样处于路口，但由于小区内缺乏对商业经营的有效管理，从而导致在路口这样人流较大的位置同样吸引了流动商贩大量停驻，其露天的商业经营行为引起了大量的噪声。最后噪声最强烈的则是Z7、Z8、X4这三个点，其日平均连续稳态声压级均达到了70（±1.5）dB（A），但其主要的噪声来源却不一致。其中Z7、Z8主要受到的是来自交通噪声的影响。这两个监测点分别位于居住区内一条名为博士路的双向四车道中的一南一北两个十字路口中。整条道路为南北向分布，连接着南面与北面两条城市主干路，因此无论是车流量还是行车速度都远高于一般的居住区内部道路。因而呈现在等效声级上的数值也逼近紧邻城市主干路的监测点。而X4监测点则与刚刚提及的两个监测点在噪声来源上有很大的不同，他主要是受到来自当地商业经营的噪声影响，并且噪声产生的时段性很强。监测点的位置处在居住区内的一处人流较为稠密的交叉路口中，每天早晚这里都会有流动商贩自发性的聚集，形成一个小型的露天农贸市场。噪声的产生与露天集市的存在密切相关。监测点所处位置在工作日正午和早晚的等效声级可以相差10dB（A）以上。

4　结论

在对现有的开放式居住区从声环境的角度进行一系列的调查分析后发现：

（1）居住区内部的噪声分布规律具有相对明确的时间性特征，整体呈现出早晚高、午间低的特点。而这也与整个居住区内部住户的居住行为模式相关。通常居住区内噪声的高低也伴随着人流的稠密与稀疏在不断变化。

（2）居住区内道路规模尺度的大小同样是影响居住区内噪声的一项重要因素，其中机动车穿越居住区内的车速与流量与其内部道路的车道宽度呈正

相关。

（3）现有的开放式居住区整体的声环境质量不容乐观，但是在居住区的组团核心内部却拥有着相对良好的声环境，其主要原因是在组团内部处于一个个相对封闭与独立的空间中，无论是人员还是机动车都很难形成在短时内大规模的输入或输出。

（4）居住区在紧邻城市主、次干路的一面受城市道路交通的噪声影响较大，并且所受影响的程度也与居住区所处的地理位置和紧邻道路的等级存在着一定的关系，距离主城区距离较远的位置相比靠近主城区的在面临同样等级的道路时所受影响较小，前提是要尽量避开城市的主要交通环线。

（5）开放式居住区所受到的噪声影响除交通噪声外，其中很大一部分是来自生活噪声中的商业经营噪声，尤其是露天室外商业经营影响最甚。而一些老旧居住区由于缺乏完备的物业管理，因而使商贩可以随意的在居住区内部进行活动，从而对整个居住区的声环境质量造成极其严重的负面影响。

参考文献

[1] 陈友华，俱莉. 从封闭小区到街区制：可行性与实施路径[J]. 江苏行政学院学报，2016（04）：50-55.

[2] 吴晓林. 从封闭小区到街区制的政策转型：形势研判与改革进路[J]. 江汉论坛，2016（05）：40-45.

[3] 董峻岩，金虹，康健，王丽颖，郝秋实. 基于使用者特征的居住区公共空间交通声环境评价研究[J]. 建筑学报，2013（S2）：124-129.

[4] 郑伯煊. 北京高层居住小区室外声环境现状及影响因素研究[D]. 北京：北京建筑工程学院，2012.

[5] 贾丽，卢向明，翟国庆，朱艺婷，张邦俊. 用社会声学调查方法研究居住区噪声烦恼阈值[J]. 中国环境科学，2008（10）：955-960.

[6] 吴硕贤. 城市居住区声环境设计[J]. 城市规划，1985（04）：52-56.

[7] 声环境质量标准（GB-3096-2008）. 中华人民共和国环境保护部. 2008.

[8] 高焱，李英. 居住区规划对住宅建筑声环境影响的研究[J]. 建筑技术开发，2014，41（09）：56-59.

改性无机粉复合建筑饰面片材应用技术研究

杨筱平[1] 苏湘鄂[2] 张磊[3]

作者单位
1. 西安市建筑设计研究院有限公司
2. 广东福美集团有限公司
3. 西安理工大学

摘要：外墙外保温体系在保温、防火、耐久性能及装饰效果等方面存在的矛盾日渐突出。开展保温、防火、耐久性能多维度协同优化，强化构造、改善施工工艺，是探索保温—结构—装饰一体化发展的有效途径。本文采用有机活化与高分子聚合相结合的方法，制备出改性无机粉复合建筑饰面片材（MCM），针对其适用范围、基本构造要求、构造节点设计、施工工艺、检验方法等方面提出了一整套应用技术体系，该体系能够为 MCM 在实际工程应用提供工程指导。

关键词：改性无机粉；建筑饰面材料；构造做法；应用技术

Abstract: The contradictions existed between thermal performance, fire resistance, durability and decorative effect became more and more prominent.Synergic optimization of thermal performance, fire resistance and durability, and improvement of both construction and technology are the efficient approaches to develop the integration of insulation, structure and decoration of the exterior insulation system.This study prepare a novel modified inorganic powder composite building decoration material (MCM) using the method of both organic activation and polymer polymerization.Further, a set of application technology system has been proposed, including application scope, structural requirements, node design, construction technology and inspection methods.The application technology system could be used to guide the application of MCM.

Keywords: Modified Inorganic Powder; Building Decoration Material; Structural Method; Application Technology

1 引言

作为我国国民经济发展和民生改善的基础性产业，近年来建筑材料工业在转变发展方式、促进结构调整、推动科技创新、提升发展水平等方面取得了长足的进步[1]。然而，在社会经济发展与人居环境需求不断提高的协同驱动下，外墙外保温体系在材料保温性能、防火性能、耐久性及装饰效果等方面存在的矛盾日渐突出。以EPS板、岩棉为保温材料的外保温体系为例，其装饰面层通常采用薄抹灰涂料或真石漆，由于这类面层涂料组分多为溶剂型产品，存在自洁功能不佳、耐老化性能差等缺陷，装饰面层变色脱落情况时有发生，对于外保温体系的耐久性和保温性能十分不利[2][3]。即使是近年来兴起的保温装饰一体板，由于在保温饰面材料合成处理、饰面材料耐久性、合成板材与墙体基层连接构造等方面的技术不够完善，保温装饰一体板在实际工程中出现翘脚、变色甚至脱落的问题仍不可避免[4]~[6]。因此，从材料设计研发入手，在开展保温材料保温、防火、耐久多维性

能协同优化的同时，强化构造连接方式、改善施工工艺，是探索保温—结构—装饰一体化发展的关键和有效途径。

针对目前外墙外保温体系存在的诸多问题，本文设计研发了一种改性无机粉复合建筑饰面片材，形成了一整套技术应用体系，在国内外实际工程应用中取得了良好的经济、社会和环境效益，能够对全国旧城改造、建筑更新及美丽乡村的建设和发展提供积极的推动作用。

2 改性无机粉复合建筑饰面片材

改性无机粉复合建筑饰面片材（Modified inorganic powder composite building decoration material，MCM），即以改性无机粉为主要原料，添加高分子聚合物，经成型、交联、加热、复合制成的，能表现各种砖、木材、石材、皮革、陶瓷、编织物和浮雕等效果的，厚度为2~10毫米，具有柔性的可回收再生的轻质建筑饰面片材。

2.1 原材料及制备工艺

以砂土、石粉、粉煤灰、尾矿粉等无机物为原材料，通过对普通无机粉表面有机化，使无机粉颗粒之间形成"分子桥"，进而在高分子聚合物作用下复合成各类片材、块材、板材等。MCM的制备工艺如下：

（1）将砂土、石粉、粉煤灰、尾矿粉等原材料加水混合制成泥浆，泥浆过100~800目筛后，在105℃温度下完全干燥，经粉碎后获得普通无机粉；（2）对普通无机粉在一定温度曲线（80~130℃）条件下进行动态加热，采用雾化法加入表面改性剂，得到普通无机粉—表面改性剂混合物；（3）混合物在高速动态条件下恒温（100℃）2~6分钟直至充分反应，在105℃温度下完全干燥，获得表面改性无机粉；（4）将表面改性无机粉均匀分散至水中，加入水溶性高分子聚合物乳液，在特定温度下使无机粉颗粒表面功能性基团与高分子功能性端基形成价键交联，形成具有网络链状结构的改性无机粉复合建筑饰面片材。

2.2 材料特点

（1）MCM通过模具获得砖、木、石、皮、编织等多种表面纹理，颜色在烤制过程中呈天然变化，具有优异的仿真效果。

（2）MCM以砂土、石粉、粉煤灰、尾矿粉等无机物为原材料，具有不燃性，经国家防火建筑材料质量监督检验中心检测防火等级为A2级。

（3）MCM对室内环境无污染且可循环使用，其制备及运输过程中所消耗的能源较常规饰面材料（如石材、陶瓷砖等）可节约80%以上。

（4）MCM具有一定的柔性，背面的网格布赋予MCM较强的抗张拉性，经检测，MCM在直径200毫米的棒上作180°绕折，无裂纹。

（5）MCM耐候性强，−30℃冻融温度下人工加速老化实验达到3500小时以上，能够满足室外使用50年以上的要求。

（6）MCM自重轻、透气性好，与外墙外保温系统具有良好的相容性，克服了常规饰面材料易脱落的安全隐患。

2.3 主要性能指标

基于相关标准对改性无机粉复合建筑饰面片材的防火性能、耐久性、吸水率等物理性能指标进行试验测试，其主要性能指标如表1所示。

改性无机粉复合建筑饰面片材性能指标

表1

项目		性能指标	测试标准
吸水率/%		≤15，试件无起鼓、开裂、分层、粉化现象	GB/T 9966.3
抗冻性		100次冻融循环下试件表面无裂纹、分层、分化现象	JG/T 25
耐热性	尺寸变化率/%	≤0.5	GB/T 4085
	表面	无发粘、起泡现象	
耐老化性	老化试件/h	2000	GB/T 16259
	外观	无起泡、开裂或分层	
	粉化/级	≤1	
	变色/级	≤2	
抗磨损性/（g·750r⁻¹）		≤0.15	GB/T 3810.7
耐玷污性/级		≤1	GB/T 9780
耐化学腐蚀性	耐酸性	表面无开裂、分层、明显变色	GB/T 4100
	耐碱性	表面无开裂、分层、明显变色	
燃烧性能级别		A2	GB 8624

（来源：作者自绘）

3 改性无机粉复合建筑饰面片材的应用技术

基于改性无机粉复合建筑饰面片材（MCM）的性能特点，本文从适用范围、性能指标限定、基本构造要求、构造节点设计、施工工艺、检验方法等方面提出了一套完整的应用技术体系，能够为MCM在实际工程应用提供必要的理论依据和工程指导。

3.1 适用范围及使用要求

（1）MCM可直接粘贴或复合于底材并干挂于外墙面。当采用湿粘贴工艺时，MCM的粘贴高度不宜超过100米，且单块MCM的面积不宜大于0.8平方米，避免因单块MCM尺寸过大带来的施工难度过大和使用安全问题。

（2）由于混凝土基层和外保温基层的承重能力具有较大差异，当外墙面基层为混凝土时，MCM面密度不宜大于15kg/m²；当外墙面基层为24米以上高度的外保温系统时，MCM面密度不应大于8kg/m²；当外墙外保温系统高度在24米及以下时，MCM面密度不宜大于15kg/m²。

（3）MCM适用于新建、扩建、既有建筑的各种基面，包括混凝土墙或砌体找平层、保温系统抹面层、龙骨无机板覆面层、复合木板面层、各类金属板面层等。要求粘贴基层牢固、平整，无粉化、空鼓、开裂、油污等情况。如粘贴基层不满足上述要求，需铲除旧饰面层后，再进行MCM粘贴作业。

（4）当粘贴基层为瓷砖、马赛克、石材、铝塑板等非吸水性饰面层时，应先对旧饰面层进行界面处理，再使用专用胶粘剂进行粘贴。

3.2 基本构造设计

1. 粘贴于墙面基层

图1为MCM直接粘贴在墙面基层上的构造示意图，构造层从内到外依次为建筑外墙、找平层、粘结层和MCM片材。如图所示，MCM片材之间的拼接缝宽度应为3毫米以上，使用抗泛碱的嵌缝剂、建筑用硅酮密封胶或聚氨酯建筑密封胶封堵。

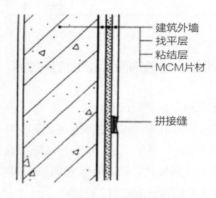

图1　MCM 直接粘贴于墙面构造示意
（来源：CECS 376《改性无机粉复合建筑饰面片材应用技术规程》）

2. 粘贴于保温系统抹面层

图2为MCM粘贴在保温系统抹面层上的构造示意图，构造层从内到外依次为建筑外墙、保温层及抹面砂浆层、粘结层和MCM片材。MCM片材之间的拼接缝处理与3.2.1相同。

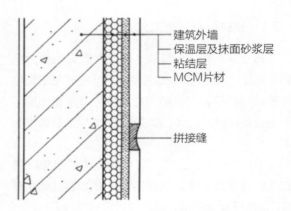

图2　MCM 粘贴于保温系统抹面层构造示意
（来源：CECS 376《改性无机粉复合建筑饰面片材应用技术规程》）

3. 粘贴于既有建筑旧墙面

图3为MCM粘贴在既有建筑就墙面上的构造示意图，构造层从内到外依次为建筑外墙、经处理的旧饰面层、界面层、粘结层和MCM片材。MCM片材之间的拼接缝处理与3.2.1相同。

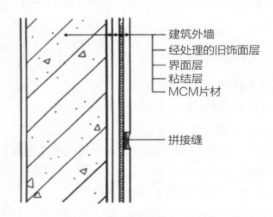

图3　MCM 粘贴于旧墙面基层构造示意
（来源：CECS 376《改性无机粉复合建筑饰面片材应用技术规程》）

3.3 节点构造设计

图4为MCM阳角铺贴构造示意图，构造层主要包括混凝土或砖砌体、保温层及抹面砂浆层、粘结层和MCM片材。当MCM用于外保温系统墙面阳角处时，宜采用转角专用片材粘贴，也可采用碰角（鸭嘴角）留缝铺贴，两片材应离阳角边缘2~3毫米，然后用专用同色填缝剂嵌缝。此外，也可采用45°角对碰后，采用专用同色胶粘剂连接。

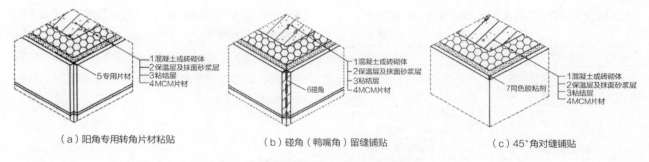

（a）阳角专用转角片材粘贴　　　（b）碰角（鸭嘴角）留缝铺贴　　　（c）45°角对缝铺贴

图4　MCM阳角铺贴构造示意
（来源：CECS 376《改性无机粉复合建筑饰面片材应用技术规程》）

3.4　施工工艺

MCM饰面工程施工流程包括基层检查处理→试排、弹线或吊线→刮浆、粘贴、压实→整体效果检查→填缝→检查、修补、清洁→验收。

（1）试排、吊线或弹线应符合下列规定：

①应按设计要求和施工样板并结合门窗洞口的实际位置、尺寸进行试排，应确定接缝宽度，分格、试排应采用整块片材；

②应以MCM规格、尺寸为标准，按试排效果和整块的倍数弹出垂直线和水平线作为粘贴的控制线；

③终端部位的MCM应均分套割。

（2）MCM可采用裁纸刀进行切割。

（3）粘贴MCM应符合下列规定：

①垂直方向应自上而下粘贴，水平方向宜从门窗洞口位置开始粘贴；

②应采用薄层粘贴法，粘结层厚度应控制在1~3毫米之内；

③应按MCM的规格采取不同的刮浆方法：单块面积小于或等于0.4平方米时，宜采用背粘法；单块面积大于0.4平方米时，宜采用组合法；

④铺贴MCM时，应将片材均匀平整压实，在胶粘剂初凝前，应按设计要求调整接缝宽度；

⑤MCM与基层采用满粘法粘贴，粘贴外墙外饰面时，墙面粘贴的胶粘剂面积与MCM面积之比不应小于80%。

（4）嵌缝应饱满、连续、顺直、无裂纹。

（5）MCM表面玷污的胶粘剂未干时，不得用水洗或用含水的擦物进行擦拭，应在初凝后，使用胶板刮除或用干燥海绵清洁。

3.5　质量验收

1. 验收原则

（1）MCM饰面工程质量验收应提交相关工程技术资料文件，主要包括MCM饰面工程设计文件、通过审批的施工方案、MCM及配套材料的产品合格证和检验报告、样板饰面墙的粘结强度检验报告、监理单位过程质量控制资料、施工记录等。

（2）相同材料、工艺和施工条件下的MCM饰面工程，每1000平方米应划分为一个检验批，不足1000平方米时应划分为一个检验批。

（3）对于每个检验批，每100平方米应至少抽查1处，每处不得小于10平方米。

2. 验收项目及检验方法

（1）MCM饰面工程的表面应平整、干净、无污染、无歪斜、无裂痕及破损现象，检验方法为观察、目测检查。

（2）非整片使用部位应适宜，嵌缝应牢固、无开裂，颜色应一致，且连续、平直、光滑、密实；阴阳角处搭接应正确；嵌缝宽度和深度应符合设计要求。检验方法为观察检查。

（3）在墙面的突出部位周围，MCM的套割应吻合，边缘应整齐，缝隙应符合设计要求。检验方法为观察检查。

（4）MCM在外墙腰线、窗口、女儿墙压顶、檐口等处应有滴水线（槽）或排水措施。滴水线（槽）应顺直，排水方向应正确，坡度应符合设计要求。检验方法为观察检查。

（5）MCM墙面装饰工程表面尺寸允许偏差及检验方法应符合表2的规定。

MCM墙面装饰工程表面尺寸允许偏差及检验方法

表2

序号	检验项目	允许偏差/毫米		检验方法
1	立面垂直度	3	2	用2米垂直检测尺检查
2	表面平整度	4	3	用2米靠尺检查
3	接缝平直度	4	2	拉5米线，不足5米拉通线，用钢尺检查
4	接缝高低差	2	1	用钢直尺和塞尺检查

（来源：作者自绘）

4 结论

　　针对外保温体系在保温性能、防火性能、耐久性及装饰效果等方面存在的突出问题，本文以砂土、石粉、粉煤灰、尾矿粉等无机物为原材料，采用有机活化与高分子聚合相结合的制备工艺，制备出一种改性无机粉复合建筑饰面片材（MCM）；基于其物理性能特点，从适用范围、性能指标限定、基本构造要求、构造节点设计、施工工艺、检验方法等方面出发，提出了一套完整的应用技术体系。在国家倡导绿色可持续发展的背景下，具有广阔的应用前景，尤其适用于各地区的旧城改造、既有建筑更新、美丽乡村建设等民生工程。相关研究成果对于建筑固体垃圾的利用和消减、环境污染治理、既有建筑形象美化和景观整治、实际工程中建筑饰面材料的合理选择具有积极的作用。

参考文献

[1] 史丹. "十四五"时期中国工业发展战略研究[J]. 中国工业经济，2020（02）：5-27.

[2] 肖群芳，夏旺，苟洪珊. 外墙保温用保温板关键性能调研[J]. 建筑节能，2012，40（09）：41-44+47.

[3] 许红升，曹杨，段艳娥. 既有建筑节能改造外墙保温技术应用[J]. 建设科技，2013（13）：54-56+59.

[4] 李永涛. 外墙保温装饰一体板在外墙中的应用[J]. 建材与装饰，2020（07）：43-44.

[5] 张庆磊，商志辉. 建筑保温装饰一体板施工技术应用[J]. 施工技术，2019，48（S1）：1376-1378.

[6] 黄作平，邵珠令，卢军刚. 高层住宅建筑外墙保温装饰一体板施工技术[J]. 建筑施工，2019，41（01）：101-103.

TABS 蓄能系统的优化设计与应用

刘敏　陈晓春　李新中　李天阳

作者单位
中国城市发展规划设计咨询有限公司

摘要： TABS 蓄能系统可充分利用混凝土楼板或墙体的蓄热能力储存能量。通过建立二维自然对流模型，得到 TABS 楼板的表面换热系数。在此基础上建立二维楼板传热模型，得到冬夏两种典型工况下 TABS 楼板单位面积传热量。为避免夏季运行时楼板结露，分析了冷水供回水温度分别为 10/16℃、12/18℃、16/21℃、20/25℃ 等四种工况下楼板表面温度和供冷能力。当冷水供水温度为 16℃ 和 20℃ 时，均不存在结露风险。四种供回水温度下均无法完全移除房间显热负荷，需要搭配其他形式的空调系统。

关键词： TABS 蓄能；传热特性；数值模拟；设计优化

Abstract: Thermally activated building systems (TABS) are designed to use the massive concrete ceilings or walls as thermal storage.A two-dimensional natural convection model has been used to obtain its surface heat transfer coefficient. Then a two-dimensional ceiling was modeled to obtain its heat transfer quantity per unit area in summer and winter.In order to avoid condensation on ceilings, ceiling surface temperature and TABS cooling capacity were calculated under four typical supply water temperatures.There would be no condensation risk when the chilled water supply temperature was above 16℃ .However, either cooling system model cannot remove the whole sensible load.

Keywords: TABS; Heat Transfer Characteristics; Numerical Simulation; Optimum Design

　　TABS蓄能系统在20世纪90年代由瑞士工程师 Robert Meierhans提出，该系统将采暖供冷的水管均匀地埋设在混凝土楼板或墙体内，充分利用混凝土的蓄热能力，将能量蓄存起来，此时整个结构板被用作能量储存系统，能有效地调节峰值负荷，尤其适用于中小型建筑[1]-[3]。由于房间内表面辐射温度和室温非常接近，因此室内热舒适度较高[4]。目前TABS蓄能系统较多地应用在瑞士和德国等欧洲国家。

　　本文将分析TABS板的传热特性，建立TABS蓄能系统的数学模型，根据建筑能耗特点，对空调方案进行优化，为TABS蓄能系统的设计和应用提供参考依据。

1　工程概况

　　中国—丹麦科研教育中心工程位于北京市怀柔区北镇南部怀北庄，由中国科学院研究生院与丹麦高校联盟共建的一所中丹高级在华教育和科研中心，是参考丹麦低能耗建筑2015的要求设计的微能耗建筑。中丹中心以教学、科研为主，兼有会议、办公及

公寓（交流学者宿舍）于一体的综合楼。总建筑面积约10895.48平方米，地上五层、地下一层。建筑高度约20.36米，主体为现浇混凝土板柱—剪力墙结构（图1）。

图1　建筑效果图

　　本工程在混凝土楼板内均匀埋设TABS蓄能系统，负担敷设区域内的围护结构负荷（图2）。TABS系统管材为PE-Xb管，具有较好的耐热、耐湿和耐磨的特性（图3）。管道直径20/18毫米，按

照60厘米间距铺设，高度应保证安装后TABS管道位于结构楼板中心平面位置，即管道埋深250毫米。混凝土楼板各层材料参数如表1所示。

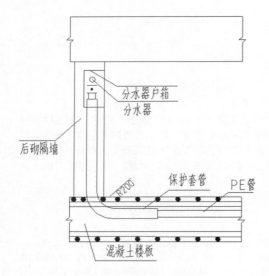

图2 TABS 蓄能系统安装示意图

图3 PE-Xb 管道安装

混凝土楼板各层材料物性参数 表1

楼板各层材料类型	厚度/mm	导热系数/ W/m·K	热阻值/ （m²·K）/W
3∶1的水泥∶石子C30混凝土楼面	50	1.51	0.033
1∶3水泥砂浆找平层	20	0.93	0.022
干拌复合轻集料混凝土垫层	30	0.25	0.120
钢筋混凝土楼板	300	1.740	0.172
各层之和	400		0.347
TABS楼板导热系数/W/ m·K		1.153	

续表（表头部分）

2 楼板表面换热系数

建立二维自然对流模型，设置第一类边界条件，得到表面换热系数。二维自然对流模型如图4所示。

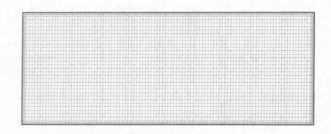

图4 二维自然对流模型及网格划分图

采用低黏度模型分别计算冬夏两种工况的楼板表面换热系数。冬季工况时，楼板上表面换热系数为5.997 W/m²·K，下表面换热系数为0.938 W/m²·K；夏季工况时，楼板上表面换热系数为1.081W/m²·K，下表面换热系数为9.834W/m²·K。

3 物理模型

3.1 物理模型

为便于分析计算，做出如下假设：

（1）TABS实际传热过程是三维非稳态问题。由于管段轴向温度变化相比径向温度变化非常缓慢，且房间持续供热（冷）一段时间后，室内温度场渐趋稳定，因此可以将三维非稳态问题简化为二维稳态导热问题；

（2）认为地板各层材料紧密接触，不考虑接触热阻。

TABS管路布置图如图5所示，网格划分详图如图6所示。

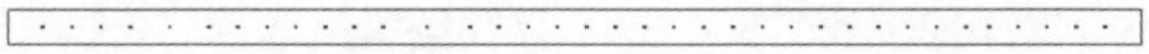

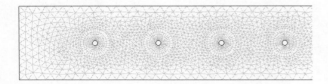

图5 TABS 管路布置图

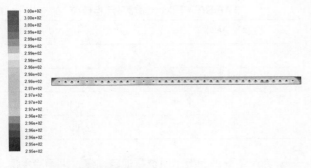

图6 网格划分详图

3.2 边界条件设置

（1）地板两端近似为绝热边界条件；

（2）地板上下设为第三类边界条件；

（3）供热（冷）管壁面温度等于热（冷）媒算数平均温度；

（4）楼板导热系数为1.153W/（m·K）；

（5）TABS管的导热系数取0.35W/（m·K）。

4 结果分析

4.1 冬季工况

冬季空调热水由市政热力提供，TABS系统设计时在每层管井内设置带有混水装置的集配器，冬季运行供回水温度为30/25℃。楼板温度云图如图7所示。

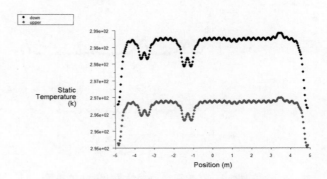

图7 冬季工况楼板温度云图

TABS往上的热流密度q_{up}=18.58W/m^2、往下的热流密度q_{down}=4.6W/m^2，冬季TABS

单位面积传热量为23.18W/m^2。两者比例q_{up}：q_{donw}=80.2%：19.8%。

楼板上下表面温度分布图如图8所示。

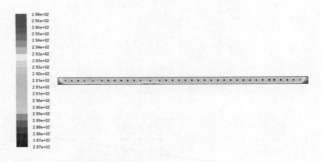

注：down—指楼板朝下的表面；upper—指楼板朝上的表面
图8 冬季工况楼板上下表面温度分布图

根据整栋建筑敷设TABS系统的建筑面积，TABS在冬季设计工况下供热功率约135.4kW。

4.2 夏季工况

原设计夏季空调冷水温度为10/16℃。由于TABS系统属于低温辐射供冷，存在结露风险，因此应从结露和供冷能力两方面设计TABS系统。

（1）原设计工况传热计算

夏季工况楼板温度云图如图9所示。

图9 夏季工况楼板温度云图

TABS往上的热流密度q_{up}=7.96W/m^2、往下的热流密度q_{down}=32.26W/m^2，夏季TABS单位面积传热量为40.22W/m^2。两者比例q_{up}：q_{donw}=19.8%：80.2%。

楼板上下表面温度分布图如图10所示。当室温26℃、相对湿度60%时，室内露点温度为17.66℃。而设计冷水温度为10/16℃时，楼板朝上的表面温度在16.8~20.7℃，因此存在结露风险。并且，用TABS单位传热量乘以各房间的面积，TABS提供的冷负荷远大于设计承担负荷。

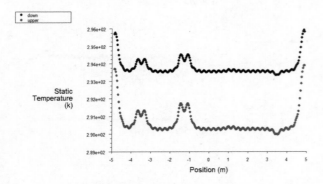

注：down 指楼板朝下的表面；upper 指楼板朝上的表面。

图10　夏季工况楼板上下表面温度分布图

因此，有必要提高冷水供水温度。

（2）临界结露温度计算

通过计算冷水温度分别为10℃、12℃、14℃、16℃等四种工况时，得出楼板上表面温度，如图11所示。可见，楼板表面不结露的临界冷水供水温度在15.3℃以上（图12）。

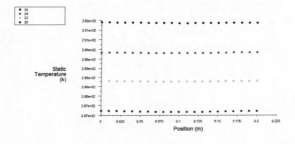

图11　不同冷水温度楼板上表面温度

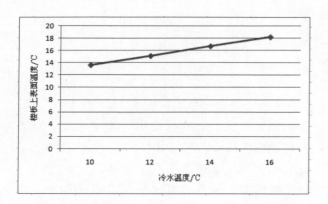

图12　不同冷水温度楼板上表面温度曲线图

（3）不同冷水温度供冷能力计算

不同冷水温度下TABS的热流密度如表2所示，楼板朝上的表面温度如图13所示。可见，冷水温度为16/21℃和20/25℃时，均不存在结露风险。

不同冷水温度下供冷负荷TABS的热流密度

表2

冷水温度/℃	热流密度/W/m²		单位面积传热量/W/m²
	向上	向下	
10/16	8.0	32.3	40.2
12/18	6.7	27.3	34.0
16/21	4.6	18.6	23.2
20/25	2.1	8.8	10.9

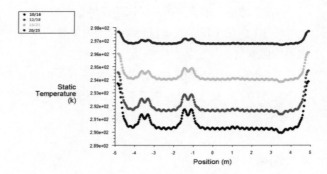

图13　不同冷水温度下楼板上表面温度分布图

根据整栋建筑敷设TABS系统的建筑面积，统计TABS在不同冷水温度下的供冷负荷的值如表3所示。根据建筑逐时负荷分析结果（图14），敷设TABS系统的房间显热负荷之和为404.7kW。可见，四种冷水温度下均无法完全移除显热负荷。

TABS在不同冷水温度下承担负荷　表3

冷水温度/℃	TABS承担负荷/kW
10/16	235.0
12/18	198.8
16/21	135.5
20/25	63.9

为避免夏季地板出现结露现象，建议采用冷水温度为16/21℃高温冷水机组单独供应TABS系统，额定制冷量为150kW。两种冷机方案的年运行费用如表4所示，方案的综合比较如表5所示。

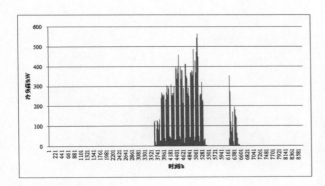

图14 建筑逐时冷负荷

两种冷机方案的运行费用比对 表4

方案	冷机选型		制冷能耗 kWh/年	运行费用 万元/年
	额定制冷量/kW	性能系数/W		
一	两台400kW，冷水温度10/16℃	4.1	145435.2	12.7
二	一台150kW，冷水温度16/21℃	150kW：COP=6	128848.3	11.3
	一台450kW，冷水温度10/16℃	450kW：COP=4.3		

注：北京市一般工商业用电平段电价为0.8745元/kWh。

两种冷机方案的综合比较 表5

方案	冷机方案描述	优点	缺点
一	两台400kW，冷水温度10/16℃	只需设置一套分集水器，且自控方便。但TABS为24h运行，当其他空调末端关闭时，冷机低效运行	TABS楼板存在结露风险，且运行费用较高
二	一台150kW，冷水温度16/21℃ 一台450kW，冷水温度10/16℃	TABS设单独冷源，相当于承担基载负荷。每年节能量16586.9度电，节约运行费用1.5万元	需设置两套分集水器，且管理较麻烦

5 结论

通过分析冬夏设计工况下TABS楼板的传热特性，建立二维自然对流模型，设置第一类边界条件，得到表面换热系数。在此基础上，建立二维楼板传热模型，设置第三类边界条件，得到冬夏两种典型工况下单位面积传热量。

分析了冷水供回水温度分别为10/16℃、12/18℃、16/21℃、20/25℃等四种工况下楼板表面温度和供冷能力。当冷水供水温度为16℃和20℃时，均不存在结露风险。四种供回水温度下均无法完全移除房间显热负荷，需要搭配其他形式的空调系统。

参考文献

[1] Meierhans RA. Slab cooling and earth coupling. ASHRAE Trans 1993；99（2）：P511-8[DE-93-02-4].

[2] Meierhans RA. Room air conditioning by means of overnight cooling of the concrete ceiling. ASHRAE Trans 1996；102（1）：693-7[AT-96-08-2].

[3] Beat Lehamann, Viktor Dorer, Markus Koschenz. Application range of thermally activated building systems tabs. Energy and Buildings 39（2007）：593-598.

[4] Sang Hoon Park, Woong June Chung, Myoung Souk Yeo, Kwang Woo Kim. Evaluation of the thermal performance of a Thermally Activated Building System（TABS）according to the thermal load in a residential building. Energy and Buildings 73（2014）：69-82.